普通高等教育"十一五"国家级规划教材
科学出版社"十四五"普通高等教育本科规划教材

高等师范院校生命科学系列教材

植物生理学

（第四版）

王宝山　主编

科学出版社

北京

内 容 简 介

本书保持了前三版的特色,系统性好、逻辑性强,反映植物生理学进展、注重与中学生物教材相关知识点的衔接和拓展,并在此基础上,对近年来植物生理学主要领域的新发现、新成就进行了补充和完善,关注我国科学家所做的重要贡献、学科前沿问题和国际热点,注重社会、生活和环境保护等相关知识的介绍,对部分章节进行了调整。

全书除绪论外共分11章,包括植物的水分代谢、植物的矿质营养、光合作用、植物的呼吸作用、植物细胞的信号转导、植物生长物质、植物的光形态建成、植物的生长生理、植物的生殖生理、植物的成熟和衰老生理,以及植物的逆境生理。第四版教材将原第12章植物分子生物学与植物生理相关内容整合到相关章节中,对思考题、专业名词和参考文献进行了修改补充。

本书可作为高等师范院校、综合性大学和高等农林院校的植物生理学教材,也可作为其他教学、科研人员及中学生物教师的参考用书。

图书在版编目(CIP)数据

植物生理学 / 王宝山主编. —4 版. —北京:科学出版社,2023.8

科学出版社"十四五"普通高等教育本科规划教材

高等师范院校生命科学系列教材

ISBN 978-7-03-075490-5

Ⅰ. ①植… Ⅱ. ①王… Ⅲ. ①植物生理学-高等学校-教材 Ⅳ. ①Q945

中国国家版本馆 CIP 数据核字(2023)第 078472 号

责任编辑:朱 灵 / 责任校对:谭宏宇
责任印制:黄晓鸣 / 封面设计:殷 靓

科学出版社 出版

北京东黄城根北街 16 号
邮政编码:100717

http://www.sciencep.com

南京文脉图文设计制作有限公司排版

广东虎彩云印刷有限公司印刷
科学出版社发行 各地新华书店经销

*

2003 年 12 月第 一 版	开本:787×1092 1/16
2023 年 8 月第 四 版	印张:21
2025 年 3 月第二十八次印刷	字数:665 000

定价:75.00元

(如有印装质量问题,我社负责调换)

《植物生理学》(第四版)编委会

主　编　王宝山

副主编　陈　敏　包爱科

编　委（按姓氏笔画排序）

　　　　　王宝山　包爱科　孙　健　邱念伟

　　　　　张海燕　陈　敏　范　海　袁　芳

　　　　　郭建荣　韩国良

第四版前言

2003年，科学出版社组织成立了"高等师范院校新世纪教材·生命科学系列"教材编委会，主要负责组织并确定各分册编委会等事宜。《植物生理学》为该系列教材中的一册，由全国10余所高等师范院校从事植物生理学教学和科研工作的骨干教师编写而成，第一版于2004年问世后，在全国50余所高等院校使用，受到教师和学生的广泛好评，后于2006年入选教育部"普通高等教育'十一五'国家级规划教材"。为了确保科学性和先进性，及时补充植物生理学的最新进展和成就，编委会分别于2007年和2016年对本教材进行了修订，出版社了《植物生理学》第二、三版。

近年来，分子生物学方法和技术已经普遍应用于植物生理学研究，并在许多方面取得了重要进展。为充分反映植物生理学的学科进展，本教材再次进行修订，2022年成立第四版编委会，召开会议对本次的修订目标和任务进行了充分的讨论和分工，增加了副主编和编委。本次修订主要包括以下几个方面：删除第12章植物分子生物学与植物生理，将相关进展整合到其他章节相关内容中；第11章植物的逆境生理做了较多修改和调整，按照植物逆境生理通论、非生物逆境和生物逆境的层次依次阐述，相应的标题也做了修改，如原来的"11.2 寒害与植物抗寒性"修改为"植物对温度胁迫的应答与适应"，包括了高温和低温两个部分；增加了植物响应逆境信号转导途径的相关内容及示意图。各章修订的主要内容如下：

绪论（王宝山修订）：修订植物生理学的发展、展望和任务的相关内容。

第1章　植物的水分生理（陈敏修订）：新增拟南芥气孔发育过程示意图，跨膜途径、质外体屏障形成的分子调控机制及生理功能，气孔复合体发育过程相关内容；修订水分跨过细胞质膜的途径示意图，根部从外界通过质外体、跨膜和共质体等途径吸收水分至木质部的示意图。

第2章　植物的矿质营养（包爱科修订）：新增植物根尖不同区域的功能和特点，以及根尖纵切示意图、结瘤因子诱导寄主植物中特定基因的表达示意图、根瘤菌侵染豆科植物根及根瘤器官发生的过程示意图及相关内容；修订根瘤菌侵入根毛及固氮根瘤形成过程的叙述、溶液培养的几种类型示意图及相关内容。

第3章　光合作用（邱念伟修订）：新增放氧生物光合电子传递模式图、细胞色素 b_6f 复合体的结构和电子传递过程示意图，以及 C_3 途径、C_4 途径和 C_2 途径的相关图表和内容；增加叶绿素合成、光系统的晶体结构等方面研究的最新进展；完善ATP合成酶的旋转催化机制；修订光合膜蛋白复合体的结构图、ATP合成酶的旋转催化示意图和放氧生物的光合电子传递模式图及相关内容。

第4章　植物的呼吸作用（范海修订）：修订植物线粒体内膜电子传递链组成的示意图、戊糖磷酸途径的生理意义和酚氧化酶的应用；补充引起植物呼吸商变化的因素；更新交替氧化酶的意义及应用相关内容。

第5章　植物细胞的信号转导（王宝山修订）：新增植物细胞信号转导途径和膜受体激酶及功能示意图，信号、受体、信号的跨膜转换及放大、胞内信号与第二信使传导、蛋白质修饰和基因表达等植物细胞信号转导途径基本概念、过程，以及膜结合的受体激酶与跨膜信号转导相关内容；修订植物细胞钙离子运输系统和肌醇磷酸代谢循环过程示意图。

第6章　植物生长物质（袁芳修订）：新增赤霉素生物合成途径、油菜素内酯生物合成及信号转导途径、茉莉酸和独角金内酯的信号转导途径相关内容及插图；修订生长素的极性运输机制、吲哚乙酸的生物合成途径、细胞分裂素的生物合成途径及插图；重点阐述细胞分裂素和新增加途径的信号转导途径。

第7章 植物的光形态建成（孙健修订）：新增光参与的植物光形态建成反应和蓝光受体结构及作用机制相关内容及示意图，紫外光-B受体（UVR8）介导的光形态建成信号转导机制和蓝光受体（隐花色素、向光素和ZEITLUPE蛋白）调控的光形态建成和信号转导机制相关内容。

第8章 植物的生长生理（张海燕修订）：按照植物细胞周期、组织培养和种子萌发的顺序对内容进行了调整和修订；新增植物顶端分生组织的结构及发育调控、生物钟调控和向盐性相关内容及插图；修订细胞周期及调控相关内容及插图。

第9章 植物的生殖生理（郭建荣修订）：新增植株幼年期向成年生殖期转变的调控机制相关内容、植株幼年期和成年生殖期部位示意图、花粉管顶端生长机制及调控基因的相关内容及插图、拟南芥双受精中精子细胞行为的相关内容及示意图；修订暗期闪光中断对长日植物和短日植物开花作用的插图，植物成花诱导信号转导途径的相关内容及插图，花器官发育的基因调控和ABCDE模型的相关内容、插图及表格，促进植物开花的物质相关内容。

第10章 植物的成熟和衰老生理（韩国良修订）：新增种皮发育、种子和果实成熟过程中有机物变化及分子调控、植物激素与休眠调控基因、程序性细胞死亡、细胞自噬、植物衰老的基因调控、生长素和乙烯在叶片脱落中的作用、器官脱落的分子调控机制等相关内容及插图；修订种子发育过程中的基因表达和激素调控叶片衰老的相关内容及插图。

第11章 植物的逆境生理（王宝山修订）：按照植物逆境生理通论、非生物逆境（温度、水分、盐碱和环境污染）和生物逆境（病害和虫害）的顺序对内容进行了调整和修订；新增植物应答低温胁迫的信号转导机制、植物对干旱的信号转导与适应、植物对涝害的应答与适应、植物对盐胁迫的信号转导与适应、盐生植物拒盐和肉质化的机制、植物天然免疫与系统获得抗性机制的内容及插图；修订第三版中第11、12章中活性氧、植物抗逆性、HSP相关内容及图表，并补充到第11章植物逆境生理通论相应部分中。

为贯彻党的二十大报告中提出的绿色低碳发展理念，反映改革开放以来在科学技术领域取得的成就，在第四版有关章节重点介绍了我国科学家在植物生理学领域的重要贡献，突出了植物生理学研究成果在绿色、低碳、环保等生态文明建设中的作用和意义。

借此第四版修订之际，我要深深感谢第三版全体编委对本教材付出的辛勤劳动。主编：山东师范大学王宝山教授（绪论、第2章和第5章）；副主编：山东师范大学侯福林教授（第4章和第10章）、河南师范大学刘萍教授（第9章）和曲阜师范大学刘家尧教授（第11章）；编委：鲁东大学蒋小满教授（第1章）、聊城大学刘国富教授和四川师范大学陶宗娅教授（第3章）、福建师范大学李凤玉教授（第6章）、江西师范大学李守淳教授（第7章）、临沂大学张立富教授（第8章）和上海师范大学余沛涛教授（第12章）。正是你们兢兢业业、一丝不苟地努力和付出，奠定了本教材的基础和特色。感谢山东农业大学邹琦先生对本教材的细心审校。感谢山东师范大学范海、宋杰、隋娜、郭建荣和袁芳等各位同事在第三版修订中的辛勤劳动。我还要感谢第四版编委对植物生理学新进展及时补充和相关章节内容的修订。

植物生理学发展日新月异，新进展、新成果和新方法不断涌现。每次修订都感觉到自己知识赶不上时代步伐，语言表达能力也嫌不足。书中若有错误和不妥之处，敬请读者批评、指正。

王宝山
2023年1月
于山东师范大学

第三版前言

本教材是在教育部面向"21世纪生物学教育专业的培养目标、规格和课程方案的改革与实践"项目(项目号JS182B)研究的基础上,由科学出版社组织全国10余所高等师范院校从事植物生理学教学和研究的骨干教师编写而成。第一版于2004年问世后,在全国五十余所高等院校使用,受到教师和学生的广泛好评。于2006年被教育部列为普通高等教育"十一五"国家级规划教材。

2007年在第一版基础上进行修订再版。主要改动的方面有:某些章节内容次序进行了调换(如光合作用中3.6光合产物的运输、分配及调控与3.7植物对光能的利用);更新了部分内容(如光敏色素作用机理和花器官发育的基因控制与ABCDE模型等);更换了部分图表(如叶绿体的结构和光敏色素通过光调节元件调节Rubisco小亚基基因和通过PIF3调控核基因等);增加了少部分图(如零下低温细胞间结冰示意图);在文字上也作了一些修改。

自2007年本教材第二版以来,植物生理学某些领域取得了突破性进展,特别是光合作用和激素受体及信号转导途径方面。为了全面及时补充植物生理学的最新进展,编者自2011年后每年担任山东师范大学生物科学类卓越班"植物生理学"双语课教学任务,在教学中注意发现第二版中的错误及不足,也每年至少参加2~3次国内外植物生理学相关学术会议及教学研讨会,注意吸收植物生理学的最新成果。同时,咨询了使用本教材的部分教师的意见。因此,第三版在第二版基础上有较大修改。主要表现在以下几个方面:增加了10幅插图;修改完善了13幅插图;对某些章节的内容之间的逻辑关系进行了更为合理的调整和修改,如植物激素一章都在作用机理后边增加了信号转导途径内容等;对发现的文字及数字错误进行了修改。由于课时限制,补充新内容时尽量简明扼要,某些内容用小五号字排版作为补充阅读。

经过第三版修订能够确保这本《植物生理学》跟上国际植物生理学的新进展,也保证了本教材良好的系统性、科学性和适用性,使教材在保持第一、二版章节结构和内容基础上,章节框架更合理、内容更条理清楚和反映最新进展、图表更新颖,有利于教师教和学生学。我们还制作了与本教材配套的课件、创建了混合式课程网站、编写出版了学习指导书,为使用本教材的院校与老师提供便利。山东师范大学生命科学学院范海教授参与了第三版光合作用一章的修改,陈敏教授参与了水分生理一章的修改,宋杰教授参与了光形态建成一章的修改,隋娜副教授参与了生殖生理一章的修改,郭建荣和袁芳博士参与了矿质营养和植物生长物质章节的修改。我要特别感谢山东师范大学生命科学学院郭建荣博士,她负责完成了第三版23个图的绘制和修改及文字的输入。借此第三版修订之际,我深深感谢科学出版社陈露女士十多年来对本教材的付出,也要感谢各位编委的辛勤劳动,更要感谢全国60多所高等院校使用本教材的教师所提出的宝贵意见和建议。我深知,由于编者水平有限,书中定有错误和不妥之处,敬请读者批评、指正。

王宝山
2016年7月1日
于山东师范大学

目　　录

绪　　论 / 1
　0.1　植物生理学的概念和内容 / 1
　0.2　植物生理学的产生和发展 / 1
　　0.2.1　植物生理学的产生 / 1
　　0.2.2　植物生理学的发展 / 2
　0.3　植物生理学的学习方法 / 3
　　0.3.1　学习植物生理学的基础 / 3
　　0.3.2　要贯彻三个观点 / 3
　0.4　植物生理学的展望与任务 / 4
　思考题 / 4

第1章　植物的水分代谢 / 5
　1.1　水分与植物的生命活动 / 5
　　1.1.1　植物的含水量 / 5
　　1.1.2　植物体内水分的存在状态 / 6
　　1.1.3　水分在植物生命活动中的作用 / 6
　1.2　植物细胞对水分的吸收 / 7
　　1.2.1　水势的概念及水的迁移过程 / 7
　　1.2.2　植物细胞的水势组成 / 10
　　1.2.3　植物细胞吸水的方式 / 11
　　1.2.4　水分的跨膜运输与水孔蛋白 / 12
　　1.2.5　细胞间水分的移动 / 14
　1.3　植物根系对水分的吸收 / 15
　　1.3.1　土壤中的水分和土壤水势 / 15
　　1.3.2　植物根系吸水的部位 / 16
　　1.3.3　根系吸水的途径 / 16
　　1.3.4　根系吸水的动力 / 17
　　1.3.5　影响根系吸水的外部因素 / 18
　1.4　植物体内水分向地上部的运输 / 19
　　1.4.1　植物体内水分运输的途径及速度 / 19
　　1.4.2　水分运输的动力 / 20
　1.5　蒸腾作用 / 20
　　1.5.1　蒸腾作用的意义 / 20
　　1.5.2　蒸腾作用进行的部位与方式 / 21
　　1.5.3　气孔蒸腾 / 21
　　1.5.4　蒸腾作用的指标及影响蒸腾作用的因素 / 26
　1.6　合理灌溉的生理基础 / 28
　　1.6.1　作物的需水规律 / 28
　　1.6.2　合理灌溉的指标 / 29
　　1.6.3　节水灌溉与节水农业 / 29
　　1.6.4　合理灌溉增产的原因 / 30
　思考题 / 30

第2章　植物的矿质营养 / 32
　2.1　植物必需的矿质元素 / 33
　　2.1.1　植物体内的元素 / 33
　　2.1.2　植物必需的矿质元素及其生理作用 / 34
　2.2　植物细胞对矿质元素的吸收 / 38
　　2.2.1　被动吸收 / 38
　　2.2.2　主动吸收 / 40
　　2.2.3　胞饮作用 / 42
　2.3　植物体对矿质元素的吸收 / 43
　　2.3.1　根系对矿质元素的吸收 / 43
　　2.3.2　环境因子对根系吸收矿质元素的影响 / 46
　　2.3.3　植物叶片对矿质元素的吸收 / 47
　2.4　矿质元素在植物体内的运输与分配 / 47
　　2.4.1　矿质元素在植物体内的运输 / 48
　　2.4.2　矿质元素在植物体内的分配 / 49
　2.5　植物对无机养料的同化 / 49
　　2.5.1　氮素的同化 / 49
　　2.5.2　硫酸盐的同化 / 56
　　2.5.3　磷酸盐的同化 / 56
　2.6　合理施肥的生理基础和意义 / 56
　　2.6.1　作物的需肥规律 / 56
　　2.6.2　合理施肥的指标 / 57
　　2.6.3　合理施肥与现代农业 / 58
　思考题 / 58

第3章　光合作用 / 59
　3.1　光合作用的概念及其重要性 / 59

3.2 叶绿体及光合作用色素 / 60
　3.2.1 叶绿体的形态结构和成分 / 60
　3.2.2 光合作用色素的种类及理化性质 / 61
　3.2.3 叶绿素的形成及其条件 / 65
3.3 光合作用的机制 / 67
　3.3.1 光合作用的原初反应 / 67
　3.3.2 电子传递和光合磷酸化 / 69
　3.3.3 碳素同化 / 77
　3.3.4 光合作用的产物 / 86
3.4 光呼吸 / 87
　3.4.1 光呼吸的现象与定义 / 87
　3.4.2 光呼吸的生物化学过程 / 87
　3.4.3 光呼吸的生理功能 / 89
　3.4.4 C_3 植物、C_4 植物以及 CAM 植物的光合特点 / 89
3.5 影响光合作用的因素 / 91
　3.5.1 光合作用的指标 / 91
　3.5.2 外界因素对光合速率的影响 / 91
　3.5.3 内部因素对光合速率的影响 / 95
3.6 植物对光能的利用 / 95
　3.6.1 植物的光能利用率 / 96
　3.6.2 提高光能利用率的途径 / 97
3.7 光合产物的运输、分配及调控 / 98
　3.7.1 光合产物运输的途径、方向、速度和形式 / 98
　3.7.2 光合产物运输的机制 / 99
　3.7.3 光合产物装载和卸载的机制 / 99
　3.7.4 外界条件对光合产物运输的影响 / 102
　3.7.5 光合产物的分配及其与产量的关系 / 102
　3.7.6 光合产物运输与分配的调控 / 103
思考题 / 103

第 4 章　植物的呼吸作用 / 105

4.1 呼吸作用的概念和指标 / 105
　4.1.1 呼吸作用的概念 / 105
　4.1.2 呼吸作用的指标 / 106
4.2 植物呼吸代谢的多样性和意义 / 106
　4.2.1 呼吸途径的多样性 / 107
　4.2.2 呼吸链电子传递系统的多样性 / 112
　4.2.3 末端氧化酶的多样性 / 115
　4.2.4 呼吸作用的生理意义 / 116

4.3 呼吸作用的调节、控制及与光合作用的关系 / 119
　4.3.1 糖酵解的调控 / 119
　4.3.2 TCA 循环的调控 / 120
　4.3.3 PPP 的调控 / 120
　4.3.4 能荷调节 / 120
　4.3.5 pH 的调节 / 120
　4.3.6 呼吸作用和光合作用的关系 / 121
4.4 影响呼吸作用的因素 / 121
　4.4.1 内部因素对呼吸作用的影响 / 121
　4.4.2 外界条件对呼吸作用的影响 / 122
4.5 呼吸作用和农业生产 / 123
　4.5.1 呼吸作用与作物的栽培 / 123
　4.5.2 呼吸作用和农产品的贮藏 / 123
思考题 / 124

第 5 章　植物细胞的信号转导 / 125

5.1 信号的概念及类型 / 126
　5.1.1 信号 / 126
　5.1.2 信号的类型 / 126
5.2 信号的跨膜转换 / 127
　5.2.1 受体 / 127
　5.2.2 G 蛋白与跨膜信号转导 / 129
　5.2.3 受体激酶与跨膜信号转导 / 130
5.3 胞内信号和第二信使系统 / 132
　5.3.1 环核苷酸信使系统 / 132
　5.3.2 钙信使系统 / 132
　5.3.3 磷脂酰肌醇信使系统 / 134
5.4 蛋白质的可逆磷酸化 / 135
　5.4.1 蛋白激酶 / 136
　5.4.2 蛋白磷酸酶 / 137
思考题 / 137

第 6 章　植物生长物质 / 138

6.1 生长素类 / 139
　6.1.1 生长素类的发现 / 139
　6.1.2 生长素的种类及其化学结构 / 140
　6.1.3 生长素的分布、存在形式和运输 / 141
　6.1.4 生长素的生物合成和降解 / 143
　6.1.5 生长素的生理作用 / 145
　6.1.6 生长素的作用机制 / 146
6.2 赤霉素类 / 149

6.2.1 赤霉素的发现和化学结构 / 149
6.2.2 赤霉素的分布和运输 / 150
6.2.3 赤霉素的生物合成 / 150
6.2.4 赤霉素的生理作用及应用 / 152
6.2.5 赤霉素的作用机制 / 153
6.3 细胞分裂素类 / 154
6.3.1 细胞分裂素的发现 / 154
6.3.2 细胞分裂素的种类及其化学结构 / 155
6.3.3 细胞分裂素的生物合成、运输和代谢 / 156
6.3.4 细胞分裂素的生理作用 / 158
6.3.5 细胞分裂素的作用机制 / 159
6.4 乙烯 / 160
6.4.1 乙烯的发现与分布 / 160
6.4.2 乙烯的生物合成及其调节 / 161
6.4.3 乙烯的代谢与运输 / 163
6.4.4 乙烯的生理作用及其应用 / 164
6.4.5 乙烯的作用机制 / 165
6.5 脱落酸 / 165
6.5.1 脱落酸的化学结构、分布与运输 / 166
6.5.2 脱落酸的生物合成和代谢 / 166
6.5.3 脱落酸的生理作用 / 168
6.5.4 脱落酸的作用机制 / 169
6.6 植物激素间的相互关系 / 171
6.6.1 不同激素间的比值对生理效应的影响 / 171
6.6.2 不同激素间的拮抗作用对生理效应的影响 / 171
6.6.3 不同激素间代谢的相互关系对生理效应的影响 / 172
6.6.4 不同激素间的连锁性作用对生长发育的调控 / 172
6.7 其他天然的植物生长物质 / 172
6.7.1 油菜素甾醇类 / 172
6.7.2 多胺类 / 175
6.7.3 茉莉酸类 / 177
6.7.4 水杨酸类 / 180
6.7.5 独角金内酯 / 182
6.7.6 其他内源生长物质 / 182
6.8 植物生长调节剂及其应用 / 183
6.8.1 植物生长调节剂的种类及其应用 / 183
6.8.2 植物生长调节剂施用的原理及技术 / 185
思考题 / 186

第7章 植物的光形态建成 / 188
7.1 光受体 / 188
7.1.1 光敏色素 / 188
7.1.2 蓝光受体 / 194
7.1.3 紫外光B受体 / 195
7.2 光形态建成 / 195
7.2.1 光与种子萌发 / 195
7.2.2 光与营养生长 / 196
7.2.3 光与花色素苷和其他类黄酮物质的合成 / 197
7.2.4 光与叶绿体的向光性反应 / 197
7.2.5 光与细胞器的形成 / 197
7.2.6 光与气孔开启 / 197
7.2.7 光周期反应 / 197
思考题 / 198

第8章 植物的生长生理 / 199
8.1 细胞的分裂、伸展和分化生理 / 199
8.1.1 细胞周期及调控 / 199
8.1.2 细胞伸展生理 / 201
8.1.3 细胞分化生理 / 202
8.2 植物组织培养 / 203
8.2.1 植物组织培养的概念及类型 / 203
8.2.2 植物组织培养的原理 / 204
8.2.3 植物组织培养的方法 / 204
8.2.4 组织培养的应用 / 206
8.3 种子的萌发 / 207
8.3.1 种子萌发的概念 / 207
8.3.2 种子的寿命和活力 / 208
8.3.3 影响种子萌发的外界条件 / 209
8.3.4 种子萌发时的生理生化变化 / 210
8.3.5 种子预处理与种子萌发的调节 / 213
8.4 植物的生长 / 213
8.4.1 顶端分生组织的结构及发育调控 / 213
8.4.2 植物生长的周期性 / 214
8.4.3 影响植物生长的外界条件 / 216
8.5 植物生长的相关性 / 218
8.5.1 地下部与地上部的相关性 / 218
8.5.2 主茎与侧枝的相关性 / 219
8.5.3 营养生长与生殖生长的相关性 / 221
8.5.4 植物的极性与再生 / 221
8.5.5 植物生长的相互竞争和相生相克 / 222

8.6 植物的运动 / 223
    8.6.1 向性运动 / 223
    8.6.2 感性运动 / 227
    8.6.3 昼夜节律——生物钟 / 228
思考题 / 230

第9章 植物的生殖生理 / 231

9.1 幼年期与花熟状态 / 231
9.2 春化作用 / 232
    9.2.1 春化作用的发现 / 232
    9.2.2 春化作用的条件 / 233
    9.2.3 春化作用的时期和部位 / 234
    9.2.4 春化作用刺激的传导 / 234
    9.2.5 春化作用的生理生化变化 / 234
    9.2.6 春化作用的机制 / 236
9.3 光周期 / 236
    9.3.1 光周期现象的发现 / 236
    9.3.2 光周期的反应类型 / 237
    9.3.3 光周期刺激的感受和传导 / 239
    9.3.4 光周期诱导 / 240
    9.3.5 光对暗期的中断效应 / 240
    9.3.6 光敏色素与开花诱导 / 241
9.4 成花诱导的信号转导途径 / 242
9.5 春化和光周期理论在生产实践中的应用 / 243
    9.5.1 春化处理 / 243
    9.5.2 指导引种 / 244
    9.5.3 控制花期 / 244
    9.5.4 调节营养生长和生殖生长 / 244
9.6 花器官形成及性别分化生理 / 245
    9.6.1 花器官形成的形态和生理变化 / 245
    9.6.2 花器官发育的基因控制和 ABCDE 模型 / 246
    9.6.3 影响花器官形成的外界条件 / 247
    9.6.4 植物性别分化 / 248
9.7 授粉和受精生理 / 249
    9.7.1 花粉的生理生化特点 / 249
    9.7.2 柱头的生理特点 / 251
    9.7.3 花粉和柱头的相互识别 / 251
    9.7.4 花粉的萌发和花粉管的伸长 / 252
    9.7.5 受精前后雌蕊的生理生化变化 / 253
思考题 / 255

第10章 植物的成熟和衰老生理 / 256

10.1 种子的发育和成熟生理 / 256
    10.1.1 种子的发育过程 / 256
    10.1.2 种子发育过程中主要有机物质的变化 / 257
    10.1.3 种子成熟过程中的其他生理生化变化 / 258
    10.1.4 种子发育过程中的基因表达 / 259
    10.1.5 影响种子成熟和化学组成的外界因素 / 261
10.2 果实的发育和成熟生理 / 262
    10.2.1 果实生长的特点 / 262
    10.2.2 果实发育成熟时的生理生化变化 / 263
    10.2.3 果实成熟的分子调控机制 / 265
10.3 植物的休眠生理 / 266
    10.3.1 种子的休眠原因 / 266
    10.3.2 休眠的人工调节 / 268
10.4 植物的衰老生理 / 269
    10.4.1 植物衰老的类型与生物学意义 / 269
    10.4.2 植物衰老时的生理生化变化 / 270
    10.4.3 影响衰老的外界因素 / 272
    10.4.4 植物衰老的机制 / 272
10.5 器官脱落生理 / 277
    10.5.1 器官脱落的类型及生物学意义 / 277
    10.5.2 器官脱落的机制 / 277
    10.5.3 影响器官脱落的外界因素 / 280
    10.5.4 器官脱落的人工调控 / 281
思考题 / 281

第11章 植物的逆境生理 / 282

11.1 植物逆境生理概述 / 282
    11.1.1 逆境与植物的抗性 / 282
    11.1.2 植物在逆境下的形态与代谢变化 / 283
    11.1.3 植物对逆境的生理适应 / 284
11.2 植物对温度胁迫的应答与适应 / 290
    11.2.1 冷害与植物抗冷性 / 290
    11.2.2 冻害与植物抗冻性 / 292
    11.2.3 热害与植物抗热性 / 294
11.3 植物对水分胁迫的应答与适应 / 297
    11.3.1 植物对干旱胁迫的应答与适应 / 297
    11.3.2 植物对涝害的应答与适应 / 299
11.4 植物对盐胁迫的应答与适应 / 301

11.4.1 盐害 / 301
11.4.2 植物对盐胁迫的信号转导与适应 / 301
11.4.3 植物的抗盐性 / 302
11.4.4 提高植物抗盐性的途径 / 304
11.5 植物对环境污染的应答与适应 / 305
　11.5.1 大气污染及其对植物的伤害及抗性 / 305
　11.5.2 水体污染及其对植物的伤害及抗性 / 306
　11.5.3 土壤污染 / 307
　11.5.4 提高植物抗污染能力的措施 / 307
　11.5.5 植物在环境保护中的作用 / 307
11.6 植物对生物胁迫的应答与适应 / 308
　11.6.1 植物对病原微生物的应答与抗病性 / 309
　11.6.2 植物对害虫的应答与抗虫性 / 311
思考题 / 312

参考文献 / 313

索引 / 318

绪 论

0.1 植物生理学的概念和内容

植物生理学(plant physiology)是研究植物生命活动规律的科学。植物的生命活动,包括植物的水分代谢、矿质代谢、光合作用、呼吸作用、中间物质代谢,以及在此基础上植物的种子萌发,营养器官的生长,生殖器官的形成及开花、传粉、受精、果实和种子成熟等生长发育过程。植物的生命活动是一个十分复杂的过程,不但内容众多,而且各种代谢活动之间又相互联系、相互依存和相互制约。

具体地说,植物生理学是一门研究植物的各种生理过程,作为这些生理过程基础的生物物理和生物化学过程,以及它们的机制,它们与外界环境、形态构造的关系等的科学。学习和研究植物生理学,不但要了解和掌握植物生命活动的规律,而且要应用这些规律为农、林、牧等各个领域的生产服务,使这门科学不但具有重要的理论意义,而且具有更大的经济和社会效益。

植物生理学的研究内容随着其他学科的发展而拓展和深入。植物生理学的研究内容可以在个体、组织、器官水平上,也可以在细胞、亚细胞及分子水平上探讨植物生理活动规律及其与环境因子之间的相互关系。例如,在20世纪30~80年代,植物生理学家们一般在器官、组织和细胞水平上研究矿质元素的吸收及其生理功能,但80年代后随着分子生物学等学科的迅速发展,人们逐步地从膜转运蛋白(泵、载体和通道)基因的克隆、表达调控及其分子结构与功能等分子水平上研究矿质元素的吸收及其生理生化作用机制。特别是进入21世纪后,随着拟南芥和水稻等高等植物基因组测序的完成,植物科学已开始了植物功能基因组学(plant functional genomics)、植物蛋白质组学(plant proteomics)和植物代谢组学(plant metabolomics)的研究,而植物生理学正是研究植物生命活动规律的科学,植物生命活动规律具体地讲就是植物各性状表达、生长和发育的生理生化机制,而生理生化过程又是由相应基因表达调控的。也就是说,从基因表达到性状表达的过程既依赖于许多生理生化过程及其调控,也依赖于这些过程与环境因子的相互作用。因此,近年来出现了植物分子生理学(plant molecular physiology)和植物生理生态学(plant ecophysiology)等提法。由此可见,植物生理学的研究内容也是在不断变化和发展的。

从植物生命活动与环境之间的关系来看,植物生理学可以划分为两大部分:植物正常生理学(即一般所说的植物生理学),研究在正常环境条件下的植物生命活动规律;植物逆境生理学,研究在逆境条件下的植物生命活动规律。从植物生命活动内在关系来看,植物生理学可以划分为三大部分:物质与能量代谢(水分、矿质、光合和呼吸)、信息传递和信号转导(信号转导、植物生长物质和光形态建成部分内容)和生长发育与成熟衰老(生长、生殖、成熟及衰老)。当然这种划分不是绝对的,它们之间是不能绝对分开的,而是相互联系、相互依存和相互制约的。

0.2 植物生理学的产生和发展

0.2.1 植物生理学的产生

植物生理学的产生和发展同其他学科一样受到生产力发展水平、相关学科的发展水平及思想意识形态制约。早在公元前1400～前1100年,我国劳动人民在农业生产中就积累了许多植物生理学方面的知识。例如,中国的农民知道豆科植物与谷物轮作可以增产,懂得应用七九闷麦法(即春化法)等,西欧和古罗马的农民知道施加动物排泄物和某些矿物质(如灰分、石膏、石灰等)可以增产,许多国家的古代已出现植物生理学的萌芽。有关植物生理学知识也在我国《氾胜之书》、《齐民要术》和《农政全书》等古农书中有较详细阐述。

14～16世纪的"文艺复兴"使人们从神学观念的束缚中解放出来,回到客观的物质世界。16～17世纪,科学的植物生理学的实验工作开始展开,当时主要集中在土壤营养(矿质和水分)方面,这是受到"文艺复兴"哲学思想影响的结果。

此后,由于资本主义的发展,对农业提出各种各样的要求,与此同时,物理学和化学也有了飞跃发展,为生物学研究提供了更先进的方法,大大推动了植物生理学的研究和发展。到1882年萨克斯(J. Sachs, 1832～1897)编写了最早的《植物生理学讲义》,在此基础上萨克斯的学生费费尔(W. Pfeffer, 1845～1920)于1897年编写成了一部三卷《植物生理学》,1904年第二版时把三卷合成一册,标志着植物生理学成为一门独立的学科。

0.2.2 植物生理学的发展

植物生理学成为一门独立学科以后至20世纪末,物理学和化学等学科的发展使得有关物质和能量分析技术和方法更加精细和准确,细胞生物学、生物物理学、生物化学、分子生物学和遗传学等与植物生理学密切相关学科也迅速发展并相互促进、相互渗透,极大地促进了植物生理学的发展,植物生理学各个领域都取得了突破性的进展。光合作用的光反应、暗反应、光呼吸、碳同化途径都基本研究清楚。五大类植物激素的发现、代谢、生理作用及其作用机制也得以阐明,使植物激素的研究及其应用进入了崭新的阶段。植物细胞全能性概念的提出,以及成功地在胡萝卜等植物中先后完成了由营养器官、组织或细胞离体培养成一个完整植株,之后植物组织培养大量用于花卉快繁和马铃薯等作物脱毒苗生产。光周期现象、春化作用、光敏色素、成花诱导、钙调素等的发现和研究也极大地促进了开花生理、光形态建成和植物细胞信号转导等机制的深入研究和阐述。

21世纪至今,随着计算机科学、测序技术和生物信息学的发展,分子生物学、基因组学、蛋白质组学、代谢组学、表观遗传学、功能基因组学和基因编辑等新技术、新方法广泛应用于植物生理学的各个领域,植物生理学进入了分子时代。利用拟南芥和水稻等模式植物功能基因缺失突变体、过表达及回补株系的表型观察及相关分析,在控制植物水分的吸收,矿质元素的吸收、转运和同化,光合作用、植物激素作用、生长发育和逆境应答等重要生理过程分子机制及信号转导途径等方面取得了一系列重要进展。这些成果对作物分子育种及粮食增产产生了重要作用。

我国植物生理学的发展起步较晚,早期发展缓慢。钱崇澍先生(1883～1965)是我国植物生理学创始人,是最早在大学讲授植物生理学的教授,于1917年在国际刊物上发表了《钡、锶、铈对水绵属的特殊作用》的研究论文,开启了我国植物生理学研究的新阶段。20世纪30年代,李继侗(1897～1961)、罗宗洛(1898～1978)和汤佩松(1903～2001)三位中国植物生理学的奠基人先后学成回国担任大学教授,他们在大学里一边讲授植物生理学,一边创建实验室进行相关研究,为我国植物生理学发展奠定了基础。中华人民共和国成立后,百废待兴,植物生理学和其他学科一样,相关研究机构和大学数量迅速增加,研究人员、教学人员和学生队伍不断壮大,涌现了一批知名学者和重要的研究成果。殷宏章先生等在作物群体生理与产量方面进行了较全面的深入研究,沈允钢先生等证明了光合磷酸化过程中存在高能态,汤佩松先生等提出了植物呼吸代谢多条途径的概念,娄成后先生等深入研究植物细胞原生质在细胞间转运和生物电的细胞间传递。此外,我国在植物组织培养、花药培养及单倍体育种等方面也取得了一系列重要成果,许多成果已经被广泛应用于生产实践。这些成果为新中国成立后我国植物生理学相关研究机构和大学相关专业的设立和发展奠定了基础。

改革开放后,我国植物生理学进入了迅速发展时期,涌现了一批国际知名学者,取得了一批国际一流的成果。一方面,1978年开始大量学者和学生公派或自费到国际著名研究机构和大学进行访问研究或攻读博士学位,他们完成学业后将国外新知识、新技术、新方法、新理念带回国内,极大地促进了植物生理学研究和人才培养。另一方面,随着改革开放和经济发展,国家对大学和研究的经费投入逐年加大,植物生理学研究队伍迅速发展壮大,研究条件得到极大改善,研究成果迅速增加,涌现出一批具有国际水平的学者和成果,在水稻生长发育、分子育种、产量及品质的调控,植物激素作用机制,植物逆境应答分子机制,以及模拟光合作用利用 CO_2 和 H_2O 实现实验室人工合成淀粉等方面都处于世界领先地位。相信随着国家对科研和教育投入的不断加大,我国科学家将会对植物生理学发展做出更大的贡献。

0.3 植物生理学的学习方法

植物生理学是一门比较复杂,又与许多学科有密切关系的学科,所以在研究和学习植物生理学时,既要具备一些学科的基础知识,又要贯彻几个科学的基本观点。

0.3.1 学习植物生理学的基础

植物生理学是研究植物生命活动规律的科学,而植物的生命活动与植物的形态构造是相互统一的,所以在学习植物生理学时,必须熟悉植物的形态构造,学好植物形态学和解剖学。另外,植物种类不同,其生理特点也不一样,因此在学习和研究植物生理学时还必须具备一定的植物分类学基础。

众所周知,大部分植物是生活在土壤中的,它不断从土壤中吸收水分和矿质元素,土壤的物理、化学性质都会影响植物的水分和矿质供应,显然,学习和研究植物生理学还需要具备一定的土壤学知识。

植物的生命活动具体表现在植物体内的一些物理和化学变化上,要了解植物的生命活动,必须从植物体内的物理和化学变化入手。当前植物生理学的种种发现,都与现代物理和化学的手段分不开,所以学习和研究植物生理学必须具备较多物理和化学方面的知识,否则很难进入现代的植物生理学领域。当然,分子生物学的知识和方法也是学习现代植物生理学必备的基础。

0.3.2 要贯彻三个观点

1. 辩证唯物主义的观点

植物的生命活动十分复杂,但它仍是一种物质运动形式,归纳起来,也不超出物质变化和能量变化,显然,它也符合物质运动的规律,也应当用辩证唯物主义的观点去分析和认识。植物生理过程实质上是一种矛盾运动,它既要从外界吸水,又要向外界失水,既要合成(光合),又要分解(呼吸)。所有的生理变化,都是由内因决定的,外因只是变化的条件。例如短日照植物和长日照植物,决定其长短日照特性的是其基因(内因),在具备开花条件时,它就可以开花(长日照植物在长日照下,短日照植物在短日照下)。植物的各种生理特性都是如此。所以必须用辩证唯物主义的观点去分析和了解。

2. 进化发展的观点

植物的生命现象是连续的,任何一种植物,都有它的过去、现在和将来。研究一种植物的生理活动,如果不了解它的过去,就很难了解它的现在,也难以预见它的将来。例如,研究甘薯的开花生理,会发现它在山东、河北一带生长时既不开花也不结果。这是为什么?用什么办法可以让它开花?如果了解甘薯的过去(原产地)是生长在南方短日照地区,就可以解释它在长日照地区(山东、河北一带)不开花的原因,也会想到利用短日照诱导的办法使甘薯在该地区开花结果。

3. 实践的观点

植物生理学是一门起源于生产实践的学科,它是通过大量生产实践和大量实验产生的,所以学习植物生理学也必须强调实验和观察。只有通过实地调查、反复实验、细心观察,才可能了解植物生理的变化规律,得到正确的结论,再进一步设法用这个理论去指导生产实践。通过多次实践,再进一步发展理论,即从理论到实践,再从实践到理论,才可能正确了解植物生命活动的规律。最后应用这个规律去指导生产,为人类创造财富,达到学以致用的目的。

0.4 植物生理学的展望与任务

由植物生理学的产生与发展可以看出,由于物理、化学、生物化学和分子生物学等相关学科的发展,植物生理学研究不断地由个体深入到器官、组织、细胞、亚细胞乃至分子水平。人类对植物生命活动规律的认识不断深入,许多研究成果广泛应用于生产实践并在现代农业中做出了突出贡献(如由矿质营养研究推动的化肥和无土栽培的应用,由组织培养产生的花卉快繁、作物花药离体培养及单倍体育种,植物激素研究产生的作物与园艺化控栽培及植物逆境生理研究推动的作物抗性育种等)。但是,人们对植物生命活动规律的认识还远远不够,任务艰巨,任重道远。

植物生理学的许多基本问题有待突破:阐明植物光合作用机制,实现人工模拟光合作用,在工厂里实现利用太阳能、CO_2 和 H_2O 高效合成糖和淀粉,解决自古以来粮食生产依赖于土地的难题;弄清楚大豆等固氮作物固氮的机制,赋予小麦、玉米等主要粮食作物固氮特性,深入研究作物 N、P、K 等高效利用的分子机制,培育 N、P、K 高效利用作物新品种,从而摆脱农业生产对化肥的依赖,降低农业投入成本,从根本上解决水体富营养化等环境污染问题;深入研究作物抗逆分子机制,培育抗旱、抗盐、抗冷、抗冻、抗涝、耐高温、抗病虫害、抗除草剂等高产优质的作物新品种,降低极端环境对作物生长发育及产量的影响,确保粮食安全;深入研究小麦等作物雄性不育的分子机制,培育抗逆、高产、优质杂交小麦等作物新品种;深入研究植物生殖生理分子机制,克服作物开花对光周期和低温依赖性,实现小麦等作物在不同地区的自由种植,提高粮食产量等。

植物生理学面临的主要任务是:一方面要紧紧围绕制约农业、林业和牧草等生产中关键问题进行深入攻关研究,机制和理论问题的突破是农业生产革命性变化的前提和基础;另一方面,要重视应用基础和应用研究,要投入更多的人力、物力和财力对进展快且具有显著应用潜力的植物生理学重大理论问题进行应用研究攻关,使之及早地应用于农业生产。相信植物生理学必将对人类揭示植物生命活动规律和实现我国农业现代化做出更大的贡献。

思 考 题

1. 解释植物生理学的概念和主要研究内容。
2. 你觉得如何才能学好植物生理学?
3. 试述植物生理学与农业现代化的关系。

第 1 章 植物的水分代谢

提 要

水分对植物的生命活动有极其重要的作用。水分在植物体内有束缚水和自由水两种形式,二者比值可反映植物代谢活性与抗性强弱。

植物细胞的水势是指相同温度和压力下每偏摩尔体积水的化学势与每偏摩尔体积纯水的化学势之差。典型细胞水势:$\psi_w = \psi_s + \psi_p + \psi_m$;具有中央大液泡的细胞水势:$\psi_w = \psi_s + \psi_p$;分生细胞、风干种子的水势:$\psi_w = \psi_m$。在任何两个相邻部位之间或两个相邻细胞之间的水分移动取决于两者的水势差,水分从高水势区域流向低水势区域。

植物细胞吸水主要有两种方式:渗透吸水、吸胀吸水,以渗透吸水为主。水分跨膜运输的方式有两种:一是通过膜脂双分子层的间隙进出细胞;二是通过水孔蛋白进出细胞。

根系是植物吸水的主要器官,根尖的根毛区是吸水的主要区域,根系吸水动力有根压和蒸腾拉力两种。植物失水的方式有吐水和蒸腾两种。植物主要通过叶片蒸腾散失水分,叶片蒸腾又包括角质蒸腾和气孔蒸腾两种形式,气孔蒸腾是植物叶片蒸腾的主要形式。目前主要用淀粉与糖转化学说、K^+积累学说和苹果酸代谢学说来解释气孔的运动。

作物需水因作物种类不同而异,同一作物在不同的生育期需水量不同。合理灌溉就是要用最少量的水取得最好的生产效果。

本章主要了解植物对水分吸收、运输及蒸腾的方式、途径和机制,认识植物维持水分平衡的过程及其重要性,为合理灌溉提供理论依据。

根据生命起源的现代观点,最初的植物起源于水中,后来才从水生逐渐进化为陆生。可见水是植物的先天环境条件,没有水就没有生命,也就没有植物。植物的一切生命活动,都只有在一定的细胞水分状态下才能进行,否则,植物正常生命活动就会受阻,甚至停止。在农业生产上,水也是决定收成有无的重要因素之一,农谚说"有收无收在于水",就是这个道理。

陆生植物一方面必须不断地从土壤中吸收水分,以保持正常含水量,另一方面它的地上部分(尤其是叶子)又不可避免地要向外散失水分。所以,植物体内水分实际上是始终处于水分吸收和散失的动态平衡之中,形成"土壤-植物-大气连续系统"间的水分流动。这就构成了植物水分代谢的主要内容,即植物从环境中吸水;水分在植物体内运输和分配;水分从植物体内向环境排出。在农业生产上,农作物常常面临着水分吸收与散失(蒸腾)的矛盾,并直接影响着作物的产量。所以,对植物水分代谢的研究和学习,在理论和实践上均有重要意义。

1.1 水分与植物的生命活动

1.1.1 植物的含水量

水是植物体的主要组成成分。植物的含水量(water content)是指植物所含水分的量占鲜重的百分数。

植物的含水量与植物的种类、器官和组织本身的特性及其所处的环境条件有关。不同种类的植物含水量不同，水生植物的含水量在90%以上，中生植物含水量一般为70%～90%，而旱生植物含水量可低达6%。肉质植物含水量高于草本植物，而草本植物的含水量一般高于木本植物。不同发育时期的植物含水量亦不同，一般幼嫩的植物比成熟、衰老的植物含水量大。不同器官组织含水量不同，根的含水量一般为80%～90%、茎为50%～80%、叶为80%～90%、果实为85%～95%、种子为5%～15%、休眠芽约为40%。植物的含水量也随外界环境条件而变化，凡是生长在荫蔽、潮湿环境中的植物，其含水量比生长在向阳、干燥环境中的植物含水量高。一天之中，植物在早晨的含水量大于中午。所以，植物体内的含水量与植物生命活动有密切关系，生命活动旺盛的部位，含水量就高。在研究植物生理活动的各种指标时，常常要测定植物的含水量。同时作物含水量也可以间接地反映出土壤的水分供应情况。生产上通常用相对含水量(relative water content，RWC)作为作物是否需要灌溉的指标。相对含水量为植物实际含水量占水分饱和时含水量的百分率，可用下式表示：

水的理化性质

$$RWC(\%) = W_{act}/W_a \times 100\% \tag{1.1}$$

式中，W_{act}表示植物的实际含水量；W_a表示植物在水分饱和时的含水量。

1.1.2 植物体内水分的存在状态

水分在植物细胞内通常有两种存在形式：束缚水和自由水。束缚水(bound water)是指被原生质胶体颗粒紧密吸附的或存在于大分子结构空间的水。它们在体内不能够移动，不起溶剂作用，其含量变化较小。由于植物细胞的原生质、膜系统以及细胞壁是由蛋白质、核酸和纤维素等大分子组成，含有大量的亲水基团，与水分子有很高的亲和力，吸引水分子在周围形成水化层。自由水(free water)是指存在于原生质胶粒之间、液泡内、细胞间隙、导管和管胞内以及植物体的其他组织间隙中，不被吸附，能在体内自由移动、起溶剂作用的水。其含量随植物的生理状态和外界条件的变化而有较大的变化。它主要供给蒸腾，补充束缚水，并且负担营养物质的传导和维持植物体一定的紧张状态，直接参与植物的生理生化反应。实际上，这两种状态水分的划分是相对的，它们之间并没有明显的界线，只是物理性质略有不同。

细胞内的水分状态不是固定不变的，随着代谢的变化，自由水/束缚水比值亦相应改变。自由水直接参与植物的生理过程和生化反应，而束缚水不参与这些过程，因此自由水/束缚水比值较高时，植物代谢活跃，生长较快，抗逆性差；反之，代谢活性低，生长缓慢，但抗逆性较强。例如，越冬植物组织内自由水/束缚水比值降低，束缚水的相对含量增高，植物生长极慢，但抗逆性很强。在干旱条件下，植物体内的束缚水含量也相对提高，所以旱生植物生长缓慢，抗旱性强。当自由水降低到很低水平时，原生质由原来的溶胶状态转变为凝胶状态，如风干的种子，其代谢活动几乎观察不到，这时的抗逆性也最强。由此可见，影响植物正常生理活动的不仅是含水量的多少，而且还与水分存在状态有密切关系。

1.1.3 水分在植物生命活动中的作用

1. 水的生理作用

(1) 水是细胞的主要组成成分　　植物细胞原生质含水量一般在80%以上，这样才可使原生质保持溶胶状态，以保证各种生理生化过程的进行。如果含水量减少，原生质由溶胶趋于凝胶状态，细胞生命活动也随之减弱。如果原生质失水过多，就会引起原生质正常结构破坏，导致细胞死亡。

(2) 水是植物代谢过程中的重要原料　　水是光合作用的原料，并参与呼吸作用、有机物质合成和分解过程。

(3) 水是各种生化反应和物质吸收、运输的介质　　植物体内绝大多数生化过程都是在水介质中进行的。而绝大部分物质(无机物和有机物)只有溶解在水中才能被植物吸收。同样，植物体内的矿物质及有机物质也必须以水溶液状态才能通过输导组织运送到植物体各个部分。

(4) 水能使植物保持固有的姿态　　水分可使细胞保持一定的紧张度，使植物枝叶挺立，便于充分接受阳光和进行气体交换，同时也可使花朵开放，利于传粉。

(5) 水分能保持植物体正常的体温　　水具有很高的汽化热和比热，因此在环境温度波动的情况下，植物体内大量的水分可维持体温相对稳定。在烈日暴晒下,通过蒸腾散失水分以降低体温,使植物不易受高温伤害。而在寒冷的情况下,水较高的比热,可保持体温不致骤然下降。

2. 水对植物的生态作用

水对植物的重要性除上述的生理作用外,尚有生态作用,即通过水的理化特性,调节植物周围的环境。

(1) 水对可见光的通透性　水对红光有微弱的吸收,对陆生植物来说,阳光可通过无色的表皮细胞到达叶肉细胞叶绿体进行光合作用。对于水生植物,短波的蓝光、绿光可透过水层,使分布于海水深处的含有藻红素的红藻也可以正常进行光合作用。

(2) 水对植物生存环境的调节　水分可以增加大气湿度、改善土壤及土壤表面大气的温度、影响肥料的分解和利用等。在作物栽培中,利用水来调节田间小气候是农业生产中行之有效的措施。例如,冬季越冬作物可灌水保温抗寒,水稻栽培中利用灌水或烤田调节土壤通气或促进肥料释放等。

1.2 植物细胞对水分的吸收

一切生命活动都是在细胞中进行的,细胞是执行生理功能的基本单位。要了解植物如何从外界吸取水分,首先要弄清植物细胞对水分的吸收过程。

1.2.1 水势的概念及水的迁移过程

1. 自由能、化学势与水势

(1) 自由能与化学势　任何物质的移动都要消耗能量以做功,其所需能量来源无外乎两条途径:一条来自体系之外,如加热使水沸腾、机械运动要靠发动机供能。另一条来自运动物质体系内部,如江河水从上游流向下游、热总是从高温体流向低温体。这一方式是自发进行的过程,自发过程进行的条件是存在水的位势差、物体的温度差、电势差等。当这些势能差为零时,自发过程就会停止进行。一切自发过程都要消耗体系内的这种潜在的"势能",利用这种能量去做功。体系内这种能用于做功的能量称作自由能(free energy),严格讲就是在恒温恒压下,体系能够做最大有用功的那一部分能量,它是体系的固有性质。与自由能相对应,体系中不能用于做有用功的能量称为束缚能(bound energy)。物质的运动,或者化学反应总是自发地从自由能高的状态向自由能低的状态运动或变化,即顺着自由能降低的方向进行。如果要逆向进行,就需要从体系外注入能量。所以,通过比较体系中不同部位的自由能的高低,就可以判断物质变化方向和限度。但自由能的绝对值是无法测定的,只知道在变化前后两个不同系统自由能的变化。

$$\Delta G = G_2 - G_1 \tag{1.2}$$

式中,ΔG 为自由能差。若 $\Delta G < 0$,说明系统变化过程中自由能减少,这种情况属自发变化;若 $\Delta G > 0$,说明自由能增加,系统不可自动进行,必须从外界获得能量才能进行;若 $\Delta G = 0$,说明自由能不增不减,表示系统处于动态平衡。可见,自由能的变化是判断系统能否自动进行反应的标准。

由于实际所遇到的体系常常会有质量和组分上的变化,因此热力学中又引入了化学势(chemical potential)的概念,用希腊字母 μ 表示,某组分的化学势定义为该组分的偏摩尔自由能。这个概念表示,当等温等压力和保持其他组分不变时,在多组分体系中加入 1 摩尔某组分所引起体系的自由能变化。化学势用来描述体系中某组分发生化学反应的本领或转移的潜在能力。化学势的单位是焦/摩尔(J/mol)。

在任一化学反应或相变体系中,物质移动的方向和限度都是以化学势高低来决定的。物质总是从化学势高的地方自发地转移到化学势低的地方,而化学势相等时,则呈现动态平衡。

(2) 水的化学势与水势　水分作为自然界的一种物质,它的运动方向和限度同样遵循热力学规律。水的化学势用 μ_w 表示,其热力学含义为:当温度、压力及其他物质数量一定时,体系中 1 mol 水的自由能。

水的化学势可用来判断水分参加化学反应的本领或在两相间移动的方向和限度。水的化学势与其他热力学量一样,不用其绝对值,而是用其相对值 $\Delta \mu_w$,通常情况下都以纯水(指不以任何物理的或化学的方式与任何其他物质结合的水)的化学势(μ_w^0)作为参比,并把纯水的化学势指定为零,其他状态的水的化学势则为偏离这一零值的数值（$\Delta\mu_w$）。

$$\Delta\mu_w = \mu_w - \mu_w^0 \tag{1.3}$$

由于其他状态下的水的化学势都因为溶质颗粒的存在消耗了水的自由能而比纯水的小，所以，纯水的化学势最大（规定为零），其他状态下的水的化学势均为负值。

然而，为了突出水的化学势在水分代谢中的物理意义，通常把水的化学势除以水的偏摩尔体积 V_w 使其成为压力单位，即在植物生理学中被广泛应用的概念——水势（water potential）。所以，水势的定义就是在相同温度压力下每偏摩尔体积水的化学势差，即在一个系统中水的化学势（μ_w）与相同温度压力下纯水的化学势（μ_w^0）之差，再除以水的偏摩尔体积，可以用公式表示为：

$$\psi_w = \frac{\mu_w - \mu_w^0}{V_w} = \frac{\Delta\mu_w}{V_w} \tag{1.4}$$

式中，ψ_w 为水势；$\Delta\mu_w$ 为化学势差，单位为 J/mol，J=N·m；V_w 为水的偏摩尔体积，单位为 m^3/mol。则水势的单位：

$$\psi_w = \frac{J/mol}{m^3/mol} = J/m^3 = N/m^2 = Pa（帕）\tag{1.5}$$

由此可见，水势单位为压力单位，一般用兆帕（MPa，1 MPa=10^6 Pa）来表示。过去曾用大气压（atm）或巴（bar）作为水势单位，它们之间的换算关系是：1 bar=0.1 MPa=0.987 atm，1 标准 atm=1.013×10^5 Pa=1.013 bar。

偏摩尔体积（V_w）是指在恒温恒压和其他组分浓度不变情况下，多组分体系中 1 mol 该物质所占据的有效体积。在纯的水溶液中，水的偏摩尔体积与纯水的摩尔体积（V_w=18.00 cm^3/mol）相差不大，实际应用时往往用纯水的摩尔体积代替偏摩尔体积。

由于纯水的化学势定为零，所以纯水的水势即为零，其他任何溶液的水势由于水分被溶质吸引，降低了自由能，皆为负值。表 1.1 列举了几种常见化合物水溶液的水势。

表 1.1　几种常见化合物水溶液的水势

溶　液	ψ_w/MPa	溶　液	ψ_w/MPa
纯　水	0	1 mol/L 蔗糖	−2.69
霍格兰（Hoagland's）营养液	−0.05	1 mol/L KCl	−4.50
海　水	−2.50		

水分的移动和其他物质一样是顺着能量梯度的方向进行的。在任何两个相邻部位之间或两个相邻细胞之间，水分总是从水势高处移向水势低处，直至两处水势差为 0。

2. 含水体系的水势组成

任何含水体系的水势，都会被能够改变水分子自由能的诸多因素影响。一般来说，有几个独立因素对体系的水势发生影响时，则体系的水势等于它们的代数和。影响体系水势变化的因素通常有溶质浓度、压力、能吸附或束缚住水的衬质和海拔高度。所以体系的水势等于它们的代数和：

$$\psi_w = \psi_s + \psi_p + \psi_m + \psi_g \tag{1.6}$$

式中，ψ_w 为水势；ψ_s 为溶质势；ψ_p 为压力势；ψ_m 为衬质势；ψ_g 为重力势。

（1）溶质势（或渗透势）　溶质势（solute potential，ψ_s）是由于溶质颗粒的存在降低了水的自由能而使体系水势降低的数值。溶质势反映了溶液浓度对水势的影响。溶液的溶质愈多，其溶质势愈低，因此任何溶液的水势均低于纯水的水势而为负值。在渗透系统中，溶质势表示了溶液中水分潜在的渗透能力的大小，因此，溶质势又可称为渗透势（osmotic potential，ψ_π）。

(2) 压力势　　压力势(pressure potential, ψ_p)是由于压力的存在而使体系水势改变的数值。加正压力会使体系水势升高。如果讨论同一大气压力下两个开放体系间水势差时,压力势可忽略不计。

(3) 重力势　　由于重力的存在使体系水势增加的数值,称为重力势(gravitational potential, ψ_g)。重力作用使水向下移动,使处于较高位置的水比较低位置的水有较高的水势。当我们考虑的是在很小范围内(即一个区域与另一区域的高度差不大)水的移动时,水势组成中的重力项(ψ_g)可以略去。

(4) 衬质势　　表面能够吸附水分的物质即为衬质(matrix)(如木头、淀粉、蛋白质、泥土),由于衬质的存在而引起体系水势降低的值称为衬质势(matrc potential)。衬质势的数值与衬质的含水量有关。干燥的衬质,其衬质势很低,$\psi_m \ll 0$;衬质为水饱和时,ψ_m趋于0。

衬质可以通过三种作用使水势降低:① 衬质的表面与水分子间的吸引力使得在衬质周围形成水膜,这部分水的自由能降低;② 衬质表面所带的固定电荷使得带相反电荷的离子聚集在其周围,这使衬质附近溶质的浓度升高,从而使溶质势降低;③ 衬质与其周围的水间存在的毛细现象使水受到拉力(负的静水压力),降低水的压力势。

3. 水的迁移过程

植物与环境之间、两个相邻的细胞之间都不断有水分交换和迁移。这些交换和迁移的方式主要有4种,即扩散、集流、渗透和蒸腾(见本章1.5)。

(1) 扩散　　扩散(diffusion)是一种自发过程,它导致物质从某一浓度较高(化学势较高)的区域向其邻近的浓度较低(化学势较低)的区域发生净移动。扩散作用是由于分子的随机热运动所造成的。由于浓度高的区域比浓度低的区域每单位体积有较多的分子,因而向低浓度区域移动的分子就比向相反方向移动的分子多,一个中性物质的扩散作用将使存在于同一液体或气体的不同区域间的浓度差拉平。例如,把糖块放入一杯水中,不断搅拌,最后糖会均匀地溶解在整杯水中。

由于物质扩散的速度较慢,水溶液中的小分子物质在细胞大小的范围内移动,扩散作用是有效的,而对于长距离的迁移扩散作用则远不能满足生理需要。

(2) 集流　　集流(mass flow 或 bulk flow)是指液体中成群的原子或分子(如组成水溶液的各种物质分子)在压力梯度作用下的共同移动的现象。例如,由水塔形成的水柱在重力驱动下水的流动;由重力产生的静水压引起的河水的流动等。只有当外力(如重力或压力)存在时,才会产生集流。所以,集流与扩散不同,其与物质的浓度梯度无关。在植物体内,木质部导管细胞中的水分移动及水分的向根移动都是集流。

(3) 渗透作用　　渗透作用(osmosis)是指液体通过半透膜(semipermeable membrane)进行扩散的现象,是扩散作用的一种特殊形式。半透膜也叫选择透性膜,它允许水或某些分子通过,而不允许其他分子通过。如火棉纸、透析袋、动物膀胱、花生种皮、蚕豆壳等都有半透膜的性质。渗透作用可由图1.1的装置来演示。一个开口容器,其底部为一层坚固的半透膜,它允许水分子通过,不允许蔗糖分子通过。在这一容器内加入蔗糖溶液,将容器浸入烧杯内的纯水中,使蔗糖液面与水面相平(图1.1a)。由于容器内外化学势梯度的存在,容器内蔗糖分子有向容器外扩散的趋势,容器外水分子有向容器内扩散并达到平衡的趋势。但又由于半透膜的存在,蔗糖分子不能扩散出来,水分子却可由外通过半透膜向容器内扩散,随着水的进入,容器中的液面不断上升,静水压力也不断增大,即蔗糖溶液的水势不断增高(水柱的压力使水分子从容器向烧杯移动的速度加快)。最后当液面上升到某一高度时,半透膜两侧水分子进出的速度相等,达到动态平衡,液面高度不再变动(图1.1b)。这时水柱产生的静压称为该蔗糖溶液的渗透压。上述装置即为一个渗透系统(半透膜及其两侧的溶液)。从另一个角度看,若开始时便给蔗糖溶液施加相当于平衡时水柱静压的压力,那么就会使膜两侧水分子通过的速度相等,即阻止渗透作用(图1.1c)。所以溶液的渗透压也可以定义为:为阻止渗透作用所需施加给溶液的额外压力,渗透压是一种压力(W),它是外观的。而在不具备渗透系统必要的条件时,溶液的渗透压就不能表现出来。例如,当含有一定溶质的溶液置于烧杯中时,它不产生渗透压,但仍具有这种潜在能力,这种潜在的渗透能力称为渗透势(ψ_π)。从本质上看,渗透势是由于溶液中溶质(蔗糖分子)的存在引起的。因此,渗透势即为溶质势(ψ_s),亦为负值。溶液的浓度越高,渗透能力越强,其渗透势就越低。

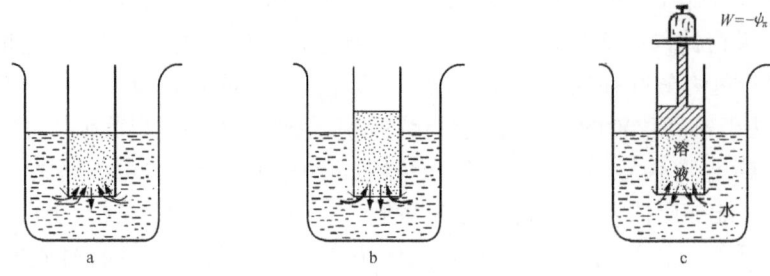

图 1.1 渗透作用示意图

稀溶液的渗透势(溶质势)可用范托夫(van't Hoff)计算渗透压(π)的公式来计算：

$$\psi_s = \psi_\pi = -\pi = -iCRT \tag{1.7}$$

式中，i 为溶质的解离系数；C 为溶质的质量摩尔浓度(mol/kg)；R 为气体常数[0.008 3(dm³·MPa)/(mol·K)]；T 为绝对温度(K)。对于一个开放系统来说，在常温常压下，溶液的水势就等于其渗透势。

在活细胞中有多种生物膜，它们将细胞分隔为不同的区域，并在很大程度上控制着物质在不同区域间的运动。这些膜在不同程度上具有选择透性，它们允许水和某些不带电荷的小分子物质通过，限制大的分子，特别是带电荷的物质通过。当膜两侧的溶液存在水势差时，就会发生渗透作用。

1.2.2 植物细胞的水势组成

植物细胞与一个开放的溶液体系有所不同，它外有细胞壁，内有大液泡，液泡中有溶质，细胞中还有多种亲水衬质，这些都会对细胞水势产生影响。一般认为，植物细胞水势(ψ_w)至少受到三个组分的影响，即溶质势(ψ_s)、压力势(ψ_p)和衬质势(ψ_m)：

$$\psi_w = \psi_s + \psi_p + \psi_m \tag{1.8}$$

1. 细胞的溶质势或渗透势

这里的溶质势(ψ_s)是指由于细胞液中无机离子、糖类、有机酸、色素等溶质的存在降低了水的自由能而使细胞水势降低的值。细胞液中溶质的数量越多，细胞液的溶质势就越低。植物细胞的溶质势会因植物种类和植物所在环境而不同。一般陆生植物叶片细胞的溶质势是$-2 \sim -1$ MPa，旱生植物叶片细胞的溶质势可以低到-10 MPa。凡是影响细胞液浓度的内外条件，都可引起溶质势的改变。例如干旱时，细胞液浓度高，溶质势较低。

2. 细胞的压力势

如果把具有液泡的植物细胞放于纯水中，外界水分进入细胞，液泡内水分增多，体积增大，整个原生质体呈膨胀状态。膨胀的原生质体对细胞壁产生一种压力，这种压力叫膨压(turgor pressure)。同时，细胞壁则产生出一个数值相等、方向相反的对原生质体的压力，这一压力的作用使细胞内的水分向外移动，即提高了细胞的水势。这种由于细胞壁压力的存在而引起的细胞水势增加的值叫细胞的压力势(ψ_p)。细胞的压力势一般为正值，当压力势足够大时，就能阻止外界水分进入细胞，于是水分进出细胞达到平衡，水的净转移停止。在特殊情况下，压力势也可为负值或等于零。例如，原生质体与细胞壁分离后，细胞的压力势为0；剧烈蒸腾时，原生质体快速失水收缩，而细胞壁与细胞质膜未能分离时，细胞的压力势为负值。

3. 细胞的衬质势

细胞衬质势是指由于细胞胶体物质(蛋白质、淀粉和纤维素等)的亲水性和毛细管对自由水的束缚(吸引)而引起的水势降低的值。

对已形成中央大液泡的细胞，当细胞处于水分平衡时，细胞内各含水体系(细胞质、液泡和其他细胞器)的水势值是相等的。也就是说此时细胞的水势可以用细胞内任何含水体系的水势表示。由于细胞质水势组分较为复杂，各细胞器的水势又难以直接测定，而液泡的水势较易测定，所以细胞的水势通常用液泡的水势来代替。由于具有液泡的成熟细胞含水量很高，ψ_m 趋于 0。因此，对具有液泡的成熟细胞其水势（ψ_w）可以用下式表示：

$$\psi_w = \psi_s + \psi_p \tag{1.9}$$

但对未形成中央大液泡的分生细胞、风干种子内细胞等，其衬质势很低，是其水势组成的主要部分。

1.2.3 植物细胞吸水的方式

1. 渗透吸收

（1）植物细胞和溶液环境共同构成一个渗透系统　　成熟的植物细胞具有一个大液泡，其细胞壁主要是由纤维素分子组成的微纤丝构成，水和溶质都可以通过；而质膜和液泡膜则为选择透性膜，水易于透过，对其他溶质分子或离子具有选择性。这样，在一个成熟的细胞中，原生质层（包括原生质膜、原生质和液泡膜）就相当于一个半透膜。如果把此细胞置于水或溶液中，则含有多种溶质的液泡液、原生质层以及细胞外溶液三者就构成了一个渗透系统。水分就可从水势高的一侧通过原生质层向水势低的一侧移动，即发生了渗透作用。含有液泡的成熟植物细胞，依赖于这种渗透作用，从细胞外吸水，这种吸水方式称为渗透吸水（osmotic absorption of water）。

如果把具有液泡的细胞置于比较浓的蔗糖溶液（其水势低于细胞的水势）中，细胞内的水向外扩散，整个原生质体收缩，最后原生质体与细胞壁完全分离（图 1.2）。植物细胞由于液泡失水而使原生质体和细胞壁分离的现象，称为质壁分离（plasmolysis）。这个现象证明，原生质层确实具有半透膜的性质，植物细胞是一个渗透系统。

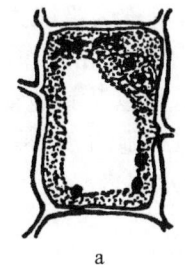 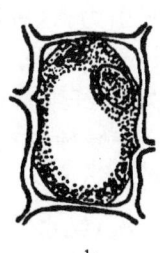 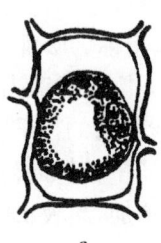

　　　　　　a　　　　　　　　　　　b　　　　　　　　　　　c

图 1.2　植物细胞的质壁分离现象

a. 未发生质壁分离　b. 初始质壁分离　c. 原生质体与细胞壁完全分离

如果把发生了质壁分离的细胞浸在水势较高的溶液或蒸馏水中，外界的水分子便进入细胞，液泡变大，整个原生质体慢慢地恢复原状，这种现象叫质壁分离复原（deplasmolysis）。事实上原生质层并不是理想的半透膜，某些溶质还是可以通过原生质层的，只是速度极慢。若将发生质壁分离的细胞长久地放在较高浓度的溶液中，最终也会发生质壁分离复原现象。

质壁分离现象是生活细胞的典型特征，因为只有生活细胞的原生质层才具有选择透性（selective permeability）。细胞一旦死亡，原生质层瓦解，不再具有选择透性。可以根据质壁分离现象解决如下几个问题。

1) 确定细胞是否存活：已发生膜破坏的死细胞，半透膜性质丧失，不产生质壁分离现象。

2) 测定细胞的渗透势：将植物组织或细胞置于一系列已知水势的溶液中，那种恰好使细胞处于初始质壁分离状态（此时的 $\psi_p = 0$）的溶液水势与该组织或细胞的渗透势相等。

3) 观察物质透过原生质层的难易程度：利用质壁分离复原的速度来判断物质透过细胞膜的速率。同时可以比较原生质黏度大小。

（2）细胞吸水过程中体积和水势组分的变化　　把一个成熟细胞放入纯水中，细胞必然吸水，随着水分的进入，细胞的水势、渗透势、压力势及细胞体积均会发生改变。图 1.3 表明了细胞体积变化时细胞水势各个组分之间的变化趋势。图中垂直于横轴的虚线及其与三条曲线相交点的数值，表示一个常态下细胞的体积和与之相应的 ψ_w、ψ_s、ψ_p。如果把细胞放到纯水中，细胞吸水，随着细胞含水量的增加，细胞液浓度降低，ψ_s 增高，同时细胞体积增大，膨压增大，ψ_p 随之增高，ψ_w 也随着升高，细胞吸水能力下降。当细胞吸水达完全

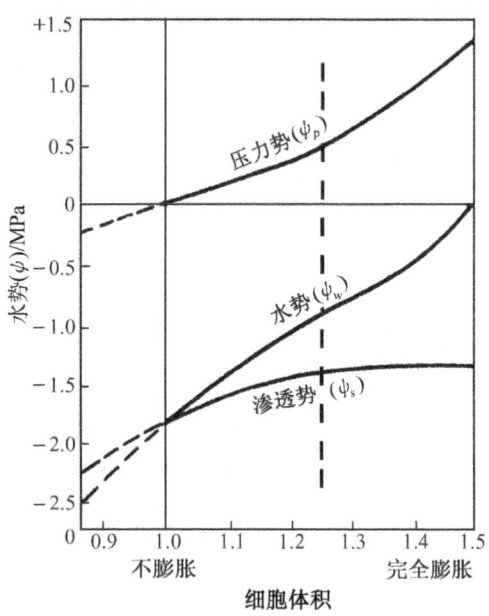

图 1.3 细胞水势、渗透势、压力势与细胞体积的关系

紧张状态时,细胞体积最大(相对体积为1.5),$\psi_w=0$,$\psi_p=-\psi_s$。如果把细胞放到低水势溶液中,细胞失水,随着细胞含水量的减少,细胞液浓度增高,ψ_s降低,同时细胞体积缩小,细胞膨压减小,ψ_p降低,ψ_w也随着降低,细胞吸水能力增加。当细胞失水达到初始质壁分离时(相对体积为1.0时,细胞壁对原生质体不产生压力),$\psi_p=0$,这时水势等于其渗透势($\psi_w=\psi_s$)。若细胞继续失水,则发生质壁分离,在细胞壁与原生质体间充满外界溶液。此后,细胞体积不再缩小,原生质体的体积继续缩小,ψ_s不断降低,ψ_w也降低。

当剧烈蒸腾时,细胞失水加快,细胞壁和原生质体未能及时分离,原生质体将细胞壁向内拉,此时,细胞的相对体积<1,压力势会呈负值,即$\psi_p<0$,此时,$\psi_w<\psi_s$,细胞的吸水能力最大(虚线表示的区域)。

以上表明,细胞的水势不是固定不变的,ψ_s和ψ_p随细胞含水量的增加而增高,细胞的吸水能力则相应减弱;反之,ψ_s和ψ_p随细胞含水量的减少而降低,细胞的吸水能力也随之增强,所以植物细胞颇似一个自动调节的渗透系统。

2. 植物细胞的吸胀吸水

在未形成液泡的细胞和干燥种子细胞中的亲水胶体包括原生质和细胞壁组成成分,以及细胞的贮藏物淀粉、蛋白质等都呈凝胶状态,对水分有强大的吸引力,这种吸引水的力量称为吸胀力,即ψ_m。因吸胀力的存在而吸收水分子的作用称为吸胀作用(imbibition)。不同物质与水分子间的相互作用的力量不同,其吸胀力大小也不同,蛋白质类物质吸胀力最大,淀粉次之,纤维素较小。因此,大豆及其他富含蛋白质的豆类种子吸胀力很大,禾谷类富含淀粉的种子吸胀力较小。干燥种子和未形成液泡细胞的ψ_m是细胞水势的主要组分,通常很低,例如,豆类种子中胶体的衬质势可低于-100 MPa,所以吸胀吸水很容易发生。把种子放在纯水中,细胞很快吸水,ψ_m很快增加,当吸水饱和时,$\psi_m=\psi_w$(纯水的水势)=0。

1.2.4 水分的跨膜运输与水孔蛋白

成熟细胞吸水与失水,不仅是液泡的吸水和失水,细胞质中的细胞器、细胞核等部分也会随之发生水分的得失,当细胞内的不同区域水势有差异时也会发生水分移动。但当细胞内水分在各区域间或细胞间移动时,水分是如何跨过细胞膜的呢?长期以来,人们一直认为水分是以自由扩散的方式自由通过各种生物膜,并由静水压和渗透势共同驱动,但有许多事实用上述理论无法解释。例如,低脂溶性的单个水分子要通过排列紧密的膜脂双分子层的间隙扩散进入细胞,其速度应该很慢,而且需要很高的表面活化能。而事实上生物膜对水有高的透过性。直到20世纪80年代后期水孔蛋白的发现,人们才认识到水分子除了可通过膜脂双分子层的间隙进入细胞外,还可通过水孔蛋白中的水通道进入细胞(图1.4),这也使植物水分关系的研究进入分子水平。

水孔蛋白(aquaporin,AQP)是一类对水分子专

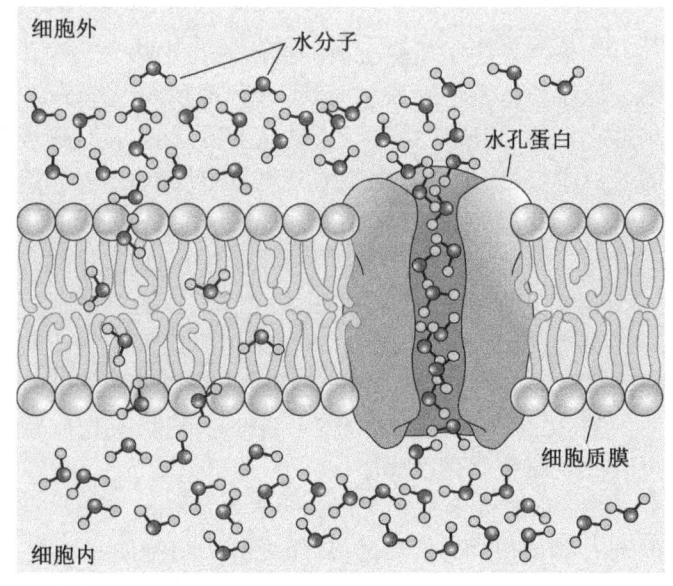

图 1.4 水分跨过细胞质膜的途径(引自 Taiz et al.,2015)

水分子可以通过膜脂间隙进出细胞,也可以通过水孔蛋白形成的水通道进出细胞

一的通道蛋白,它介导细胞或细胞器与介质之间水的快速运输,是水分进出细胞的主要途径。植物细胞主要存在4种类型的水孔蛋白,分别称为质膜内在蛋白(plasma membrane-intrinsic protein, PIP)、液泡膜内在蛋白(tonoplast-intrinsic protein, TIP)、根瘤共生体外周膜内在蛋白(nodulin-like intrinsic protein, NIP)和小的基本内在蛋白(small basic intrinsic protein, SIP),它们都是生物膜通道蛋白家族中的一个类群,分子质量为25～30 kDa。水孔蛋白的结构都具有主要内在蛋白(major intrinsic protein, MIP)家族结构的典型特征,即含6个跨膜α螺旋区段(H_1、H_2、H_3、H_4、H_5和H_6),其氨基末端和羧基末端都位于细胞质侧,有三个膜外环(L_A、L_C和L_D)和两个膜内环(HB和HE)。其中HB和HE分别位于H_2与H_3、H_5与H_6之间,都含有保守的NPA序列(天冬酰胺-脯氨酸-丙氨酸,Asn-Pro-Ala,NPA)。HB和HE以相反的方向排列在膜脂双分子层中,形成对称的分子结构,对水孔蛋白通道的形成及选择性有重要作用(图1.5)。水孔蛋白的三级结构如图1.6所示,2个含有NPA序列的半环位于水孔蛋白的中心部位,彼此相邻,形成水孔蛋白通道的最窄部分。人红细胞的水孔蛋白的通道的最窄部位大约0.3 nm,它比水分子的直径(0.28 nm)稍大一些。因此有人认为,NPA单元的存在使水孔蛋白对通过物具有选择性。水孔蛋白一般以同型四聚体的形式存在,水分子则是从每个亚单位的中心穿过。结构的多样性是植物水孔蛋白的特点,在拟南芥基因组中有35个水孔蛋白同源基因,而水稻中有33个同源基因。

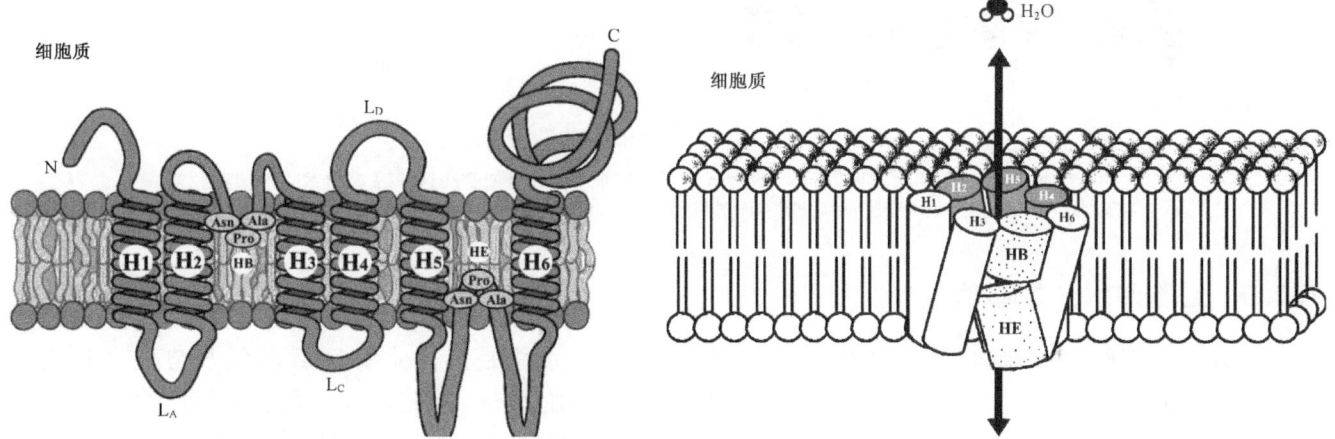

图1.5 水孔蛋白的结构(改自 Buchanan et al., 2000) 　　图1.6 水孔蛋白的三维结构模型(引自 Maeshima, 2000)

水通道的开闭可有效地调节水分的跨膜运输,但水孔蛋白不是水泵,它只是通过减小水分跨膜运输的阻力而使水分顺水势梯度迁移的速率加快。

许多因素都会影响水孔蛋白的活性。可以通过调节水孔蛋白的基因表达来影响其丰度及分布,从而影响水分代谢。也可通过蛋白质磷酸化在蛋白水平调节水孔蛋白的活性。Hg^{2+}、高浓度的外部溶质会使孔道关闭;水势和膨压的变化也影响孔道的开闭;水孔蛋白磷酸化后活性提高。某些因素也可能通过影响水孔蛋白基因的表达调节水孔蛋白,尤其是存在于原生质膜上的水孔蛋白在控制水分的跨膜运输中起着主要作用。一般水孔蛋白在需水量大、水导度高的细胞中,表达也高。在根系中,内皮层细胞壁上的凯氏带对水分的径向运输形成阻碍,皮层中的水分要进入中柱导管,必须通过内皮层细胞。实验表明,PIP在根内皮层细胞中的表达明显高于在根皮层中的表达。同时,木质部薄壁细胞也是水孔蛋白高表达的地方。氯化汞能与水孔蛋白上的自由硫氢基反应使水孔蛋白关闭,经常被作为水孔蛋白的抑制剂。用0.5 mmol/L $HgCl_2$处理离体西红柿根系,水导性下降了57%,而K^+运输没有任何改变。这些都表明,水孔蛋白在控制水分运转过程中起着重要作用。

存在于液泡膜上的TIP对细胞的渗透调节也起着重要的作用。在许多成熟的植物细胞中,液泡占据细胞内大部分体积,而原生质仅仅占据液泡与原生质膜之间的狭小空间。液泡膜上TIP的存在,其导水性是PIP的上千倍,有利于水分的快速转移,可以使植物细胞有效地利用巨大的液泡空间来缓冲细胞质内的渗透波动以维持细胞质的稳态,保证各种代谢的顺利进行。

目前研究水孔蛋白的方法为非洲爪蟾卵母细胞异源表达系统。将编码某种水孔蛋白基因的 RNA 注射到非洲爪蟾卵母细胞中,保育一定时间后放在载玻片的等渗溶液中,加入一定体积纯水,开始观察卵母细胞体积变化,处理组因卵母细胞将水孔蛋白基因的 RNA 翻译成水孔蛋白并整合到细胞膜中在高水势溶液中吸水更快,比对照组细胞体积增加更快,2~3 min 细胞涨破,而对照则慢慢吸水膨胀(图 1.7)。2003 年,美国霍普金斯大学的科学家彼得·阿格雷(Peter Agre)与洛克菲勒大学的罗德里克·麦金农(Roderick MacKinnon)因为发现细胞膜水通道,以及对离子通道结构和机制研究做出的开创性贡献而获得诺贝尔化学奖。

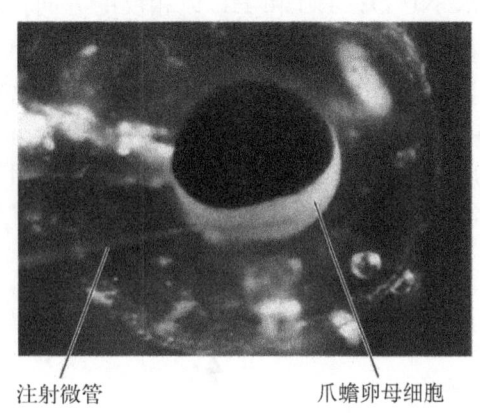
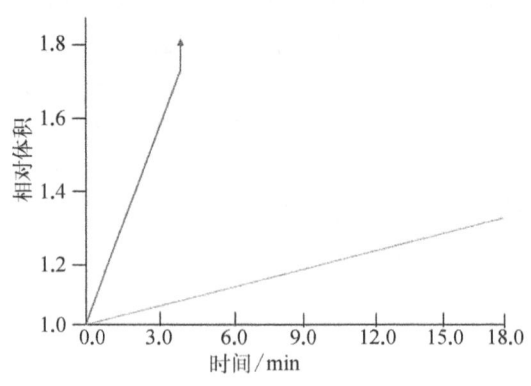

图 1.7 非洲爪蟾卵母细胞研究水孔蛋白功能

左图:卵母细胞,显示注射用玻璃微管和卵母细胞;右图:非洲爪蟾卵母细胞注射编码 MIP RNA 处理组(箭头),在高水势溶液中迅速吸水膨胀,然后破裂,而对照组(无箭头线)则缓慢吸水膨胀

1.2.5 细胞间水分的移动

水分进出细胞,由细胞与周围环境之间的水势差决定,水总是从高水势区域向低水势区域移动。若环境水势高于细胞水势,细胞吸水;反之,则细胞失水。两个相邻细胞间的水分移动方向也是由两者的水势差决定。例如,现有相邻的两个细胞 A 和 B,已知 A 的渗透势为 -1.5 MPa、压力势为 0.6 MPa,B 的渗透势是 -1.0 MPa、压力势是 0.5 MPa,经计算知,A 细胞的水势为 -0.9 MPa,B 细胞的水势为 -0.5 MPa,水则从细胞 B 向细胞 A 移动,直到两者间水势差为 0。当有多个细胞连在一起时,如一排薄壁细胞之间的水分运动方向,也完全由它们之间的水势差决定。植物器官、组织之间水分流动均符合这一规律。水势差不仅决定水流的方向,而且影响水分移动的速度。细胞间水势梯度越大,水分移动越快;反之则慢。

植物根系从土壤吸收水分,经体内运输和分配后,大部分又从叶片散失到大气中,这一水分转移过程也是由水势差决定。一般说来,土壤水势>植物根水势>茎木质部水势>叶片水势>大气水势,使根系吸收的水分能够不断运往地上部分(图 1.8)。这使土壤、植物、大气成为一个连续整体,即土壤-植物-大气连续体(soil-plant-atmosphere continuum,SPAC)。

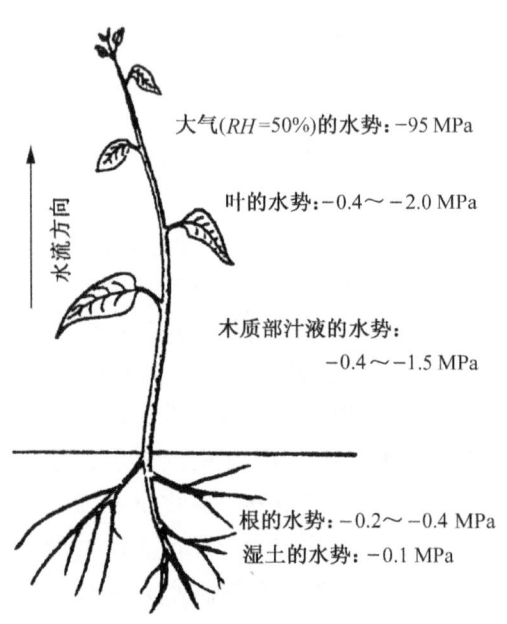

图 1.8 土壤-植物-大气连续体中的水势
(引自王忠,2000)

1.3 植物根系对水分的吸收

1.3.1 土壤中的水分和土壤水势

1. 土壤中水分的性质

土壤中的水分按物理状态可分为三类：毛细管水、重力水和束缚水（或称吸湿水）。毛细管水（capillary water）指由于毛细管力所保持在土壤颗粒间毛细管内的水分。毛细管水又可分为毛细管上升水和毛细管悬着水两种。毛细管上升水就是土壤下层的地下水在毛细管力作用下沿着毛细管孔隙上升的水分。毛细管悬着水是在降水或灌溉之后，渗入土壤中，并被毛细管孔隙所保持的水。由于土壤吸附毛细管水的力量不大，因此，毛细管水较易被根系所吸收，是植物吸水的主要来源。重力水（gravitational water）指水分饱和的土壤中，在重力作用下通过土壤颗粒间的空隙自上而下渗漏出来的水分。这部分水对植物一般有害无益，如果土壤下层无不透水层，则重力水很快流失，难以为根系所吸收。对于旱作物来说，它占据了土壤中的大孔隙，排除了其中原有的空气，造成根系呼吸、生长受到抑制。在农业生产中要求土壤排水良好，就是使重力水尽快流失。束缚水指土壤颗粒或土壤胶体的亲水表面紧紧吸附的水分，一般不能被植物吸收利用。

按水能否被植物利用，土壤水分可分为可利用水和不可利用水。反映土壤中不可利用水的指标是永久萎蔫系数（permanent wilting coefficient），指植物刚刚发生永久萎蔫时，土壤中存留的水分含量（以占土壤干重的百分率计）。永久萎蔫（permanent wilting）是指土壤缺少植物可利用的水，即使降低蒸腾，植物仍不能消除水分亏缺恢复原状的萎蔫。与永久萎蔫相对的是暂时萎蔫（temporary wilting），是指通过降低蒸腾即能消除的萎蔫。例如，晚间植物的蒸腾作用降低，根系吸收的水分足以弥补失水消除水分亏缺，即使不浇水植物也能恢复原状。达到永久萎蔫时土壤所含的水分自然就是植物所不能利用的水。萎蔫系数因土壤种类不同而异，变化幅度很大，粗砂为1%左右，砂壤土为6%左右，黏土为15%左右。就同一种质地的土壤而言，不同作物的永久萎蔫系数变化不大（表1.2）。

表1.2 不同植物在各种土壤中的萎蔫系数/%

植物种类	粗 砂	细 砂	砂 壤	壤 土	黏 土
水 稻	0.96	2.7	5.6	10.1	13.0
小 麦	0.88	3.3	6.3	10.3	14.5
玉 米	1.07	3.1	6.5	9.9	15.5
番 茄	1.11	3.3	6.9	11.7	15.3

表示土壤保水性能的指标主要有两个：最大持水量（greatest capacity）和田间持水量（field capacity）。最大持水量又称土壤饱和水量（soil saturation capacity），指土壤中所有孔隙完全充满水分时的含水量。这一数量大小与土壤质地有关。团粒结构良好的砂壤土最大持水量为50%左右。田间持水量指当土壤中重力水全部排除，保留全部毛细管水和束缚水时的土壤含水量。它是土壤耕作性质的重要指标，当土壤含水量为田间持水量的70%左右时，最适宜耕作。不同性质的土壤在达到田间持水量时其土壤含水量差别很大，砂壤土为14%～18%、中壤土为22%～27%、黏土为41%～47%。一般土壤砂性越强，田间持水量越小，而土壤黏性越大，田间持水量就越大。田间持水量减去永久萎蔫系数所得的值，就是植物可利用的水分。

2. 土壤水势

土壤中不同种类的水具有不同的水势。一般来说，低于-3.1 MPa的水为土壤束缚水，-3.1～-0.01 MPa的水为毛细管水，高于-0.01 MPa的水为重力水。对于大多数植物，当土壤含水量达到永久萎蔫系数时，其水势约为-1.5 MPa，该水势称为永久萎蔫点（permanent wilting point）。与细胞的水势相似，土壤水势也由溶质势（ψ_s）、压力势（ψ_p）和衬质势（ψ_m）构成。通常土壤溶液的浓度较低，ψ_s约为-0.01 MPa。盐碱土中盐分浓度很高，ψ_s 可达 -0.2 MPa 或更低。土壤溶液的衬质势主要是由于土壤胶体对水分子的吸附所引起的。ψ_m 与土壤的含水量密切相关，干旱土壤的衬质势可低达 -3 MPa。但在潮湿土壤中，ψ_m 接近于 0；土壤的压力势 ψ_p 是由土壤的毛细作用造成的，一般小于或接近于 0。水具有很高的表面张力，它驱使空气-水界面缩小，当土壤开始干燥时，水分先从土壤颗粒间大空隙中退出，进入颗粒间的小孔隙，土壤中水与空气间的界面被拉伸，形成弯月面，在弯月面下的水受到拉力，便产生了很大的负压。所以干旱土壤的 ψ_p 可低至 -3 MPa。而在潮湿的土壤中，ψ_p 也接近于 0。

不同土壤的田间持水量和永久萎蔫系数值相差很大，但不同土壤在达到田间持水量或永久萎蔫系数的水分含量时，其水势却相同。

3. 土壤中水分的移动

土壤中的水分是以集流的方式向根移动的。当植物从土壤中吸收水分时，消耗了根表面附近的水分，造成根表面附近水的压力下降，使其与邻近区域产生压力梯度。这样，水便沿着连续空隙，顺着压力梯度向根系移动。

水向根集流移动的速率取决于压力梯度的大小及水的传导率。水的传导率即水导率（hydraulic conductivity），是指在单位压力下单位时间内水移动的距离。它是测量土壤中水分移动难易程度的指标。水导率与土壤质地有关。砂土颗粒疏松，水导率高；黏土颗粒之间空隙小，水导率最小；壤土的水导率介于二者之间。

1.3.2 植物根系吸水的部位

植物虽然可以通过叶面吸水，但数量很少。植物吸水的主要器官是根系。根系吸水的部位主要是在根尖。根尖包括根冠、分生区、伸长区和根毛区，其中以根毛区的吸水能力最强。这是因为根毛大大增加了吸收面积，同时根毛细胞壁的外部由果胶物质覆盖，黏性强，亲水性好，有利于与土壤颗粒附着和吸水；而且根毛区输导组织发达，对水分的移动阻力小，水分转移快。而根尖的其他部位由于原生质浓厚，输导组织尚欠发达，对水分移动阻力大，吸水能力较弱。

由于根系主要靠根的尖端部分吸水，所以移栽苗木时，宜带土移栽，这可避免损伤根尖，同时去掉部分老叶，减轻移栽后植株的萎蔫程度，从而提高成活率。

1.3.3 根系吸水的途径

植物根部吸水主要通过根毛、皮层、内皮层，再经中柱薄壁细胞进入导管。水分在根内的径向运转有质外体途径、跨膜途径和共质体途径。

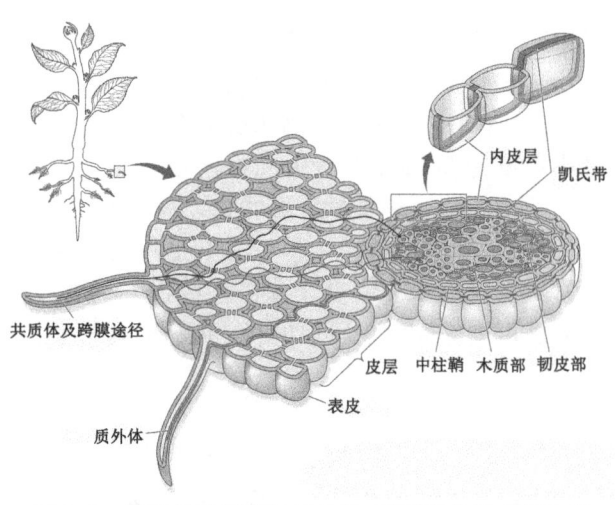

图 1.9 根部从外界通过质外体、跨膜和共质体等途径吸收水分至木质部的图解（引自 Taiz et al.，2015）

1. 质外体途径（apoplast pathway）

水分通过质外体进入根内部。所谓质外体是指由细胞壁、细胞间隙、胞间层及导管的空腔组成的部分。当水分在质外体中移动时，不越过任何膜，所以移动阻力小，移动速度快。但根中的质外体常常是不连续的，它被内皮层的凯氏带分隔成两个区域（图1.9）：一是内皮层外，包括根毛、皮层的胞间层、细胞壁和细胞间隙，称为外部质外体；二是内皮层内，包括成熟的导管和中柱各部分细胞壁，称为内部质外体。因此，水分由外部质外体进入内部质外体时必须通过内皮层细胞的共质体途径才能实现。

2. 跨膜途径（transmembrane pathway）

水分从一个细胞的一端进入，从另一端流出，并进入第二个细胞，依次进行下去，在这条途径中，水分每通过一次细胞,至少两次越过质膜,甚至越过液泡膜。

3. 共质体途径(symplast pathway)

共质体途径是指水分以胞浆(细胞质基质)形式从一个细胞的细胞质经过胞间连丝,直接流到另一个细胞的细胞质,依次进行下去。

水分由土壤溶液经根质外体途径进入木质部导管过程中必须通过内皮层的凯氏带等质外体屏障。根质外体屏障在水分和离子等溶质吸收过程中起着重要作用。近年来根质外体屏障形成的分子机制研究取得了重要进展。

1.3.4 根系吸水的动力

植物根系吸水的动力主要来自根压和蒸腾拉力。

1. 根压

根压(root pressure)是指由于植物根系生理活动而促使液流从根部上升的压力。根压把根部吸进的水分压到地上部分,同时土壤中的水分又不断地补充到根部,这样就形成了根系的吸水。大部分植物的根压为 0.05~0.5 MPa。

证明根压存在的证据有伤流和吐水。完整的植物在土壤水分充足、土温较高、空气湿度大的早晨或傍晚,会从叶尖(单子叶植物)或叶缘(双子叶植物)吐出水珠,这种现象称为吐水(guttation)(图1.10)。表明这时植物的吸水大于蒸腾,过多的水分在根压的作用下,由叶尖或叶缘的水孔排出。

假若将一株很健壮的作物(如玉米)在近地面的基部切断,不久就会有汁液从伤口流出,这种从受伤或折断的植物组织茎基部伤口溢出液体的现象称为伤流(bleeding),流出的汁液叫伤流液(bleeding sap)。若在切口处连接一压力计,可测出一定的压力(图1.11)。这种汁液的流出显然与地上部分无关,是由根部的活动——根压引起的。

质外体屏障形成的分子调控机制及生理功能

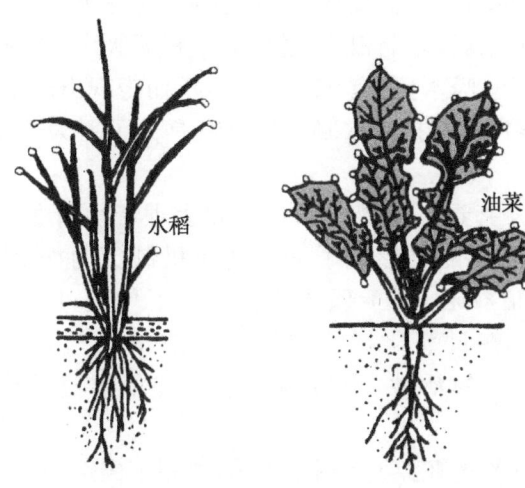

图1.10 水稻、油菜的吐水现象
(引自李合生,2002)

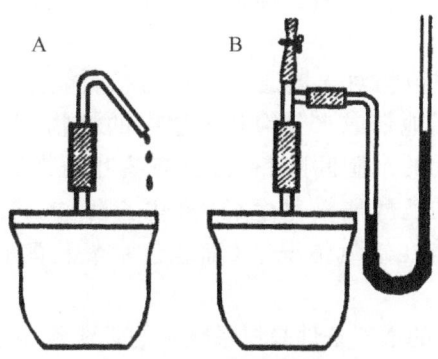

图1.11 伤流和根压示意图
A:伤流液从茎部切口流出;
B:用压力计测定根压

不同植物的伤流程度不同,葫芦科植物伤流液较多,稻、麦等较少。同一种植物根系生理活动强弱、根系有效吸收面积的大小等都直接影响根压伤流液的量。伤流液中除含有大量的水分外,还含有各种无机离子、有机物和植物激素。无机离子是根系从土壤中吸收的,而有机物则主要是由根系合成或转化而来。因此,根系伤流液的多少和成分可以反映根系生理活性的强弱,吐水现象亦可作为植物根系生理活动的指标。

根压产生的机制目前尚未彻底弄清,显然与水的吸收有关。根中水分运转是通过质外体空间进入内皮层细胞原生质层(共质体),再进入质外体空间(导管)。因此,可以把根系看成一个渗透系统,内皮层通道细胞就是一个具有选择透性的膜,它对根中的水分运转起控制作用。土壤溶液在根内沿质外体向内扩散,其中的离子则通过依赖于细胞代谢活动的主动吸收进入共质体中,这些离子通过连续的共质体到达中柱内的活细胞,然后释放到导管中,引起离子积累。其结果使内皮层以内的质外体内溶液渗透势降低。而内皮层以外的质外体水势较高,水分通过渗透作用顺着水势梯度透过内皮层细胞到达中柱的导管内。这样造成的水分向中柱的扩散作用,在中柱内就产生了一种静水压力,这便是根压。

2. 蒸腾拉力

当植物进行蒸腾作用时,水分便从叶子的气孔和表皮细胞表面蒸腾到大气中去,其 ψ_w 降低,失水的细胞便从邻近水势较高的叶肉细胞吸水,如此传递,接近叶脉导管的叶肉细胞向叶脉导管、茎的导管、根的导管和根部吸水,这样便形成了一个由低到高的水势梯度,使根系再从土壤中吸水。这种因蒸腾作用所产生的吸水力量,叫作蒸腾拉力(transpiration pull)。蒸腾拉力是蒸腾旺盛季节中植物吸水的主要动力。

1.3.5 影响根系吸水的外部因素

土壤因素以及影响蒸腾的大气因素均影响根系吸水。大气因素是通过影响蒸腾而影响蒸腾拉力,间接影响吸水。这里主要讨论土壤因素。

1. 土壤水分状况

植物主要通过根系从土壤中吸取水分,所以土壤水分状况直接影响着根系吸水。只有超过永久萎蔫系数的土壤中的水分才是植物的可利用水。当土壤含水量下降时,土壤溶液水势亦下降,土壤溶液与根部之间的水势差减小,根部吸水减慢,引起植物体内含水量下降。土壤含水量达到永久萎蔫系数时,土壤的水势等于或低于根系水势,根部无法从土壤中吸水,不再能维持叶细胞的膨压,叶片发生萎蔫。只有通过灌溉等途径增加土壤可利用水,提高土壤水势,才能消除萎蔫。

2. 土壤通气状况

土壤的通气状况对根系吸水影响很大。试验证明,用 CO_2 处理根部,以降低呼吸代谢,小麦、玉米和水稻幼苗的吸水量降低了 14%~15%;如通以空气,则吸水量增大。土壤通气不良造成根系吸水困难的主要原因是:根系环境内缺乏 O_2,同时 CO_2 累积,短期内使呼吸减弱,影响根压,继而影响根系吸水;长时期缺氧,根进行无氧呼吸,产生并积累较多的乙醇,使根系中毒受伤,吸水更少。作物受涝,反而表现出缺水症状,就是因为土壤通气不良,抑制根部吸水。农业生产中的中耕耘田、排控水晒田措施就是为了增大土壤的通气条件。

不同植物对土壤通气不良的忍受能力差异很大,这主要与植物特殊结构和生理特性有关。长期生活在沼泽地带或水分饱和土壤中的植物,其结构和生理功能上形成了一套适应机制。例如,水稻根内具有较大的细胞间隙和气道,与茎叶的细胞间隙和气道相通,便于氧从叶茎中向下传递;同时,根部具有较强的乙醇酸氧化途径,氧化乙醇酸,产生的 H_2O_2 在过氧化氢酶的作用下放出氧气,用于呼吸。水稻幼苗在缺氧情况下,细胞色素氧化酶仍能保持一定的活性,也可能是水稻秧苗耐淹的生理原因之一。

良好的通气条件是根系吸水的必要条件,但土壤中的水分和空气会相互排斥,争夺土壤空间。不是水多空气少,就是水少空气多。土壤的团粒结构可以克服这一矛盾。因为团粒土壤中具有大、小空隙,在大空隙里,除下雨或浇水外,都充满着空气;而小空隙里则含有水分。所以既可满足根系对水分的需要,又可满足对空气的要求。

3. 土壤温度

土壤温度与根系吸水关系很大。低温使根系吸水下降的原因是:原生质黏性增大,对水的阻力增大,水不易透过生活组织,植物吸水减弱;水分子运动减慢,渗透作用降低;根系生长受抑,吸收面积减少;根系呼吸速率降低,离子吸收减弱,影响根压。高温加速根系老化过程,使根的木质化部位几乎到达根尖端,根吸收面积减少,吸水速率也下降。

4. 土壤溶液浓度

土壤溶液所含盐分的多少,直接影响其水势的大小。只有在根部细胞水势低于土壤水势的情况下,根系才能从土壤中吸水。一般情况下，土壤溶液浓度较低，水势较高，根系能够正常吸水。但盐碱土则不同，其土壤溶液中盐分浓度很高，水势很低，导致作物吸水困难，甚至体内水分有可能外渗，作物不能维持体内水分平衡而处于缺水状态，形成一种生理干旱。所以在农业生产中给土壤施用肥料时不宜过多或过于集中，以免使根部土壤溶液浓度急速升高，阻碍根系吸水，引起烧苗。

1.4 植物体内水分向地上部的运输

1.4.1 植物体内水分运输的途径及速度

水分被植物吸收后在体内向上运输，除少部分用于各种代谢和构建植物体外，绝大部分又通过蒸腾以水蒸气的形式散失到体外大气中。水分在植物体内的运输途径是：土壤→根毛→根皮层→内皮层→中柱鞘→根导管或管胞→茎导管→叶柄导管→叶脉导管→叶肉细胞→叶细胞间隙→气孔下腔→气孔→大气（图1.12）。上述途径一部分是在生活细胞中进行。从根毛→根皮层→根中柱以及从叶脉导管→叶肉细胞→叶细胞间隙，都是在活细胞中进行的径向运输，距离虽短，但水分要通过生活细胞，运输阻力大，运输速度一般只有 10^{-3} cm/h。另一部分运输是通过维管束中的死细胞（导管或管胞）和细胞壁与细胞间隙进行的长距离运输。由于导管是中空而无原生质的长形死细胞，阻力小，运输速度快。一般运输速度为 3~45 m/h。而管胞中由于两管胞分子相连的细胞壁未打通，水分要经过纹孔才能在管胞间移动，所以运输阻力较大，运输速度一般不到 0.6 m/h，比导管慢得多。水分在木质部导管或管胞中的运输占水分运输全部途径的 99.5% 以上。

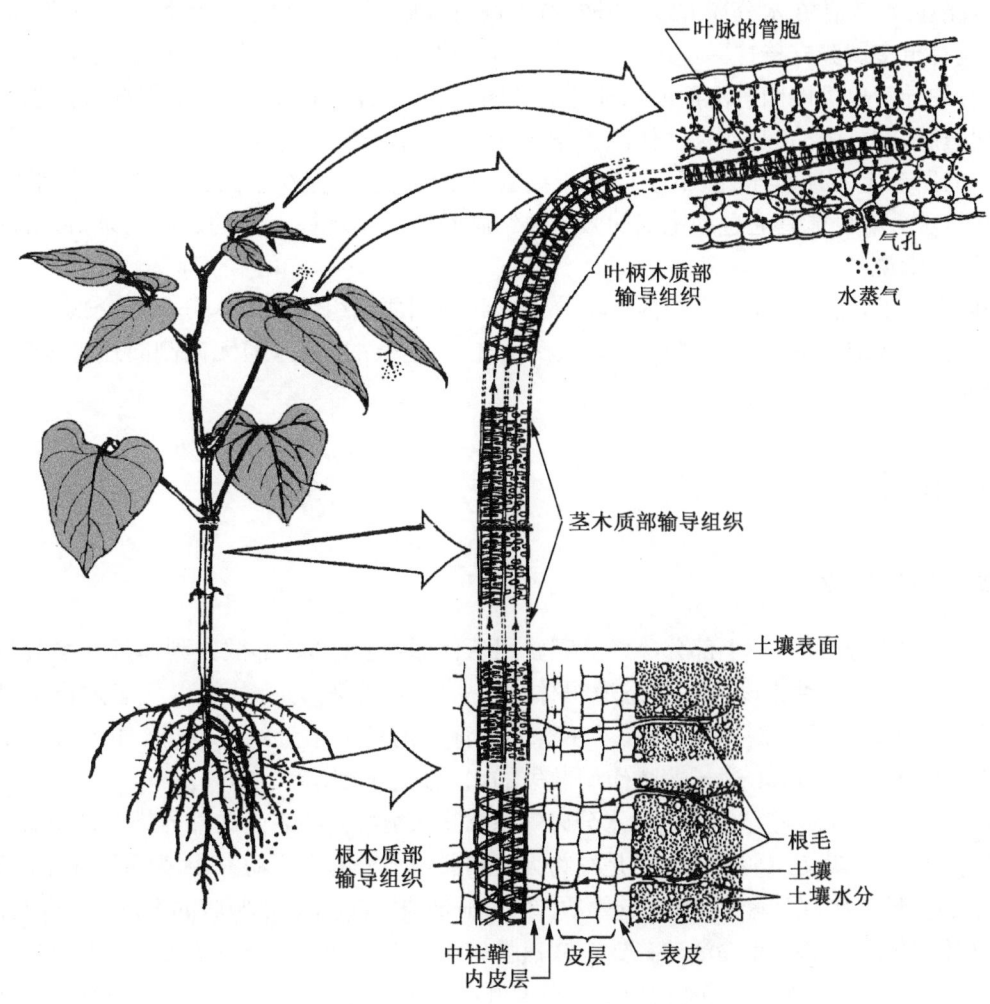

图 1.12　水分从根部向上运输的途径（引自曾广文，2000）

1.4.2　水分运输的动力

水分沿导管或管胞上升的动力有两个：一是下部的根压，另一个是上部的蒸腾拉力。

根压能使水分沿导管上升，但根压一般不超过 0.2 MPa，而 0.2 MPa 的根压即使无阻力，也只能使水分上升 20.4 m。许多树木的高度要比这个数值大，并且一般植物在蒸腾旺盛时根压亦很小，所以对高大的乔木，水分上升的主要动力不是靠根压，只有在早春芽叶尚未展开以前以及土温高、水分充足、大气湿度大、蒸腾作用很小时，根压对水分上升才起主导作用。对于高大乔木而言，蒸腾拉力才是水分上升的主要动力。由于叶片因蒸腾作用不断失水，水势下降，叶片与根系之间形成水势梯度。在这一水势梯度的推动下，水分源源不断地沿导管上升。蒸腾作用越强，蒸腾拉力越大，则水分运转也越快。

导管中的水流，一方面受蒸腾拉力的驱动，向上运动；另一方面水流本身具有重力。这两种力的方向相反，上拉下坠使水柱产生张力。当蒸腾旺盛时，蒸腾拉力增大，导管中的水柱能否被拉断？试验证明，水分子的内聚力可达 30 MPa 以上，而水柱的张力一般为 $0.5\sim 3.0$ MPa，可见水分子的内聚力远大于水柱的张力，可以保证水柱不断，水分能够不断上升。这种由于水分子蒸腾作用和分子间内聚力大于张力，使水分在导管内连续不断向上运送的学说，称为蒸腾-内聚力-张力学说（transpiration-cohesion-tension theory），也称内聚力学说（cohesion theory）。

自爱尔兰人狄克逊提出此学说后，虽得到广泛的支持，但也存在一些争论。争论的焦点主要有两个方面：一个方面是水分上升是否有活细胞的参与。有人认为导管和管胞周围的活细胞对水分上升也起作用，但更多的研究表明，茎局部死亡（如用毒物杀死或烫死）后，水分照样能运送到叶片。另一方面是木质部里有气泡，水柱不可能连续，为什么水分还继续上升？有人进行木质部环割试验后，植物并不萎蔫，因而对该学说产生怀疑。但也有更多试验支持这一学说。一些研究证明即使水柱中产生气泡，对于粗导管，气泡可随水流上升，影响不大；细导管也可能因气泡而使水柱暂时中断，但茎内存在很多导管，个别导管内水柱暂时中断无关大局，到夜间蒸腾减弱，张力减少时，气体既可溶解于木质部汁液中，又可恢复连续水柱。而且，在张力的作用下，植物体内所产生的连续水柱，不仅存在于导管（或管胞），也存在于其他空隙（如细胞壁的微孔）中。在木质部环割时，水分有可能是通过细胞壁的微孔及细胞间隙的小水柱上升的。总的来讲，目前还没有更好的学说代替内聚力学说。

水在植物体内运输过程中，输导组织内的水分可以和周围薄壁组织内的水分相互交换，周围薄壁细胞可向导管内排出水分或吸取水分，所以水分的运输是一个较为复杂的过程，但无论侧向还是纵向运输，都是由水势梯度引起的。

1.5　蒸腾作用

1.5.1　蒸腾作用的意义

陆生植物吸收的水分，只有一小部分（1‰～5%）用于代谢，绝大部分都散失到体外。水分从植物体内散失到体外的方式有两种：一种是以液体状态逸出体外——吐水现象；另一种是以气态逸出体外——蒸腾作用，这是植物失水的主要方式。例如，一株玉米在整个生育期消耗的水量约 200 kg，作为植株组成的水不到 2 kg，作为反应物的水约 0.25 kg，通过蒸腾作用散失的水量达总吸水量的 99%。

蒸腾作用（transpiration）是指植物体内的水分以气态方式从植物体表面向外界散失的过程。它在植物生命活动中具有重要的生理意义：① 蒸腾作用是植物吸收和运输水分的主要动力，因为蒸腾作用产生的蒸腾拉力是植物被动吸水的主要动力。② 蒸腾作用引起木质部的上升液流，有助于根部吸收的无机离子以及根中合成的有机物转运到植物体的各部分，满足生命活动需要。③ 蒸腾作用能够降低植物体的温度。叶片在吸收光辐射进行光合作用的同时，大部分光能转变为热能而使叶片温度升高。由于水具有高汽化热，蒸腾作用可带走大量热量防止叶温过高，避免热害。

1.5.2 蒸腾作用进行的部位与方式

当植物幼小的时候,几乎地上部的全部表面都能进行蒸腾。木本植物长成后,其茎干与部分枝条表面发生栓质化,只有茎枝上的皮孔可以蒸腾,称为皮孔蒸腾(lenticular transpiration)。但是皮孔蒸腾的量只占全部蒸腾量的0.1%,所以,植物的蒸腾作用绝大部分是通过叶片进行的。

叶片的蒸腾有两种方式:一是通过角质层的蒸腾叫角质蒸腾(cuticular transpiration);二是通过气孔的蒸腾叫气孔蒸腾(stomatal transpiration)。角质层本身不易透水,但角质层中间杂有吸水能力大的果胶质,同时角质层还有孔隙,可使水分通过。角质蒸腾在叶片蒸腾中所占比例,与角质层的厚薄有关,而角质层的厚薄又随植物生态条件和叶片老嫩而变化。阴生和湿生植物的角质蒸腾往往超过气孔蒸腾;水生植物的角质蒸腾也很强烈;遮阴叶子的角质蒸腾能达到总蒸腾量的1/3;幼嫩叶子的角质蒸腾能达到总蒸腾量的1/3~1/2。但一般植物的成熟叶片,角质蒸腾仅占总蒸腾量的5%~10%,因此,气孔蒸腾是一般中生植物和旱生植物叶片蒸腾的主要形式。

1.5.3 气孔蒸腾

1. 气孔的大小、数量和分布

气孔(stoma)是由植物叶表皮组织上的两个特殊的小细胞即保卫细胞(guard cell)所围成的一个小孔,它是植物叶片与外界进行气体交换的主要通道。不同植物气孔的大小、数目和分布不同(表1.3)。气孔一般长7~30 μm,宽1~6 μm。每平方毫米的叶面约有100个气孔,也有高达2 230个的记录。大部分植物叶的上下表面都有气孔,但不同类型的植物其叶上下表面气孔数量不同。一般禾谷类作物如麦类、玉米、水稻叶的上、下表面气孔数目较为接近,双子叶植物如向日葵、马铃薯、甘蓝、菜豆、番茄及豌豆等,叶下表面气孔较多;有些植物,特别是木本植物,通常只是下表面有气孔,如桃、苹果、桑等;也有些植物如水生植物气孔只分布在上表面。气孔的分布是植物长期适应生存环境的结果。近期的研究发现气孔密度对环境CO_2浓度很敏感,CO_2浓度高时,气孔密度低。在过去的两个世纪里,大气CO_2浓度从280 $\mu mol/mol$增至350 $\mu mol/mol$以上,植物的气孔密度下降了40%。

2. 通过气孔的扩散速度

气孔的数目虽多,但气孔的总面积往往只占叶面积的1%以下,甚至气孔完全张开时也只有1%~2%。按一般的蒸发规律,蒸发量与蒸发面积成正比,气孔的蒸腾量就应该不会超过与叶片同样面积的自由水面蒸发量的1%,但事实上可达50%以上,即经气孔的蒸腾速率要比同面积的自由水面的蒸发速率快50倍以上。这是为什么呢?

气孔复合体发育过程

表1.3 不同类型植物的气孔数目和大小

植物种类	气孔数/叶面积/(个/mm²)		下表皮气孔大小 长/μm×宽/μm	气孔面积占叶面积/%
	上表皮	下表皮		
小麦	33	14	38×7	0.52
玉米	52	68	19×5	0.82
燕麦	25	23	38×8	0.98
向日葵	58	156	22×8	3.13
番茄	12	130	13×6	0.85
菜豆	40	281	7×3	0.84
苜蓿	169	138	—	—
马铃薯	51	161	—	—
甘蓝	141	227	—	—
苹果	0	400	14×12	5.28
莲	46	0	—	—

表 1.4 同样面积下水蒸气通过各种小孔的扩散

小孔直径/mm	扩散损失水分/g	扩散失水相对量	小孔相对面积	小孔相对周长
2.64	2.655	1.00	1.00	1.00
1.60	1.583	0.59	0.37	0.61
0.95	0.928	0.35	0.13	0.36
0.81	0.762	0.29	0.09	0.31
0.56	0.482	0.18	0.05	0.21
0.35	0.364	0.14	0.01	0.13

从表 1.4 可知,水蒸气通过多孔表面扩散的速率,不与小孔的面积成正比,而与小孔的周长成正比,这就是小孔扩散律(small pore diffusion law)。若总面积相同,孔越小扩散失水量越大。通过小孔的蒸发速率之所以与周长成正比,是因为在任何蒸发面上,气体分子除经过表面中间向外扩散外,还沿边缘向外扩散。孔中央气体分子彼此碰撞,扩散速率很慢;在孔边缘,气体分子相互碰撞的机会较少,扩散速率就快。对于大孔,其边缘周长所占的比例小,扩散的分子主要是从表面中部出去,故水分子扩散速率与大孔的面积成正比,但如果将一大孔分成许多小孔,在面积不变的情况下,其边缘总长度大为增加,将孔分得愈小,则边缘所占比例愈大,即通过边缘扩散的量大为提高,扩散速率也提高。这时经小孔的扩散速率就不与面积成正比,而是与孔的周长成正比。另外,小孔间的距离也影响扩散速率。如果小孔间距离太近,从边缘扩散出去的分子彼此碰撞的概率增大,发生干扰,就会使扩散速率下降。如果小孔之间的距离为小孔直径 10 倍以上时,边缘效应即能充分发挥出来。叶表面的气孔正是这样的小孔,其大小合适,分布彼此相间至少 1 个表皮细胞。所以在气孔张开时,通过气孔的蒸腾速率很高。

3. 气孔的结构、生理特点与气孔的运动

大多数植物气孔一般白天张开,夜间关闭,此即气孔运动。气孔张开和关闭的程度是由围绕气孔的一对保卫细胞的形状改变来调节的。保卫细胞形态上可分为两种类型:一种仅限于禾本科植物中,由一对哑铃形的保卫细胞组成;另一种存在于双子叶植物和大部分单子叶植物中,由一对肾形细胞组成(图 1.13)。这两类保卫细胞四周环绕着表皮细胞,如果毗连的表皮细胞,在形态上和其他表皮细胞相同的话,就称之为邻近细胞(adjacent cell)。但如果有明显的区别,则称为副卫细胞(subsidiary cell)。保卫细胞与邻近细胞或副卫细胞共同组成气孔复合体(stomatal complex)。

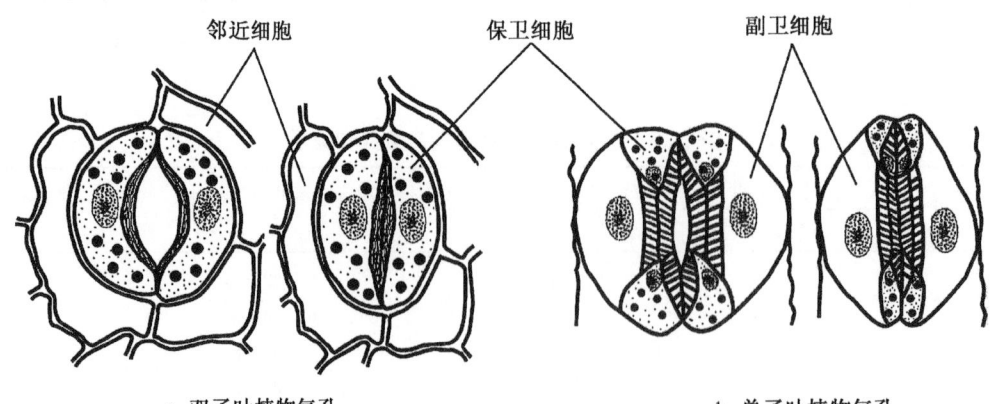

图 1.13 双子叶植物和单子叶植物的气孔复合体

气孔运动与保卫细胞特点密切相关。与表皮细胞相比,保卫细胞有以下特点:① 保卫细胞体积小,只要少量的溶质进出保卫细胞,便会引起保卫细胞膨压的迅速变化,调节气孔的开闭。② 保卫细胞的细胞壁是不均匀加厚的。哑铃形保卫细胞两端膨大部分的壁薄,中间的壁厚,保卫细胞吸水膨胀时,两端薄壁部分膨大,将气孔撑开;肾形保卫细胞的靠气孔口一侧的壁厚,背气孔口一侧的壁薄,且在保卫细胞的细胞壁中有径向排列的辐射状微纤丝与内壁相连,它限制了保卫细胞沿短轴方向直径的增大。当保卫细胞吸水时,外侧壁

向外扩展,并通过微纤丝将拉力传递到内壁,将内壁彼此拉开,气孔即张开(图1.14)。③ 保卫细胞的细胞器与表皮细胞明显不同,表皮细胞缺少有功能的叶绿体,而保卫细胞中的叶绿体却很多。大多数典型保卫细胞每个大约含有10个叶绿体,阴地植物则可达50多个。这些叶绿体具有PSⅠ、PSⅡ活性,能进行光合磷酸化,但缺乏卡尔文循环中的关键酶核酮糖-1,5-双磷酸羧化酶(rubisco)和磷酸核酮糖激酶,故不能固定CO_2。保卫细胞中的叶绿体含有相当丰富的淀粉体,但是在黑暗时积累淀粉,而光照时淀粉减少,这与正常光合组织恰好相反。另外保卫细胞中的线粒体异常丰富,为叶肉细胞的5~10倍。④ 保卫细胞与副卫细胞或邻近细胞间没有胞间连丝,细胞之间的代谢物的出入都必须经过细胞壁的液相才能间接发生。这些结构特点有利于保卫细胞与邻近细胞建立水势梯度,引起膨压的改变。

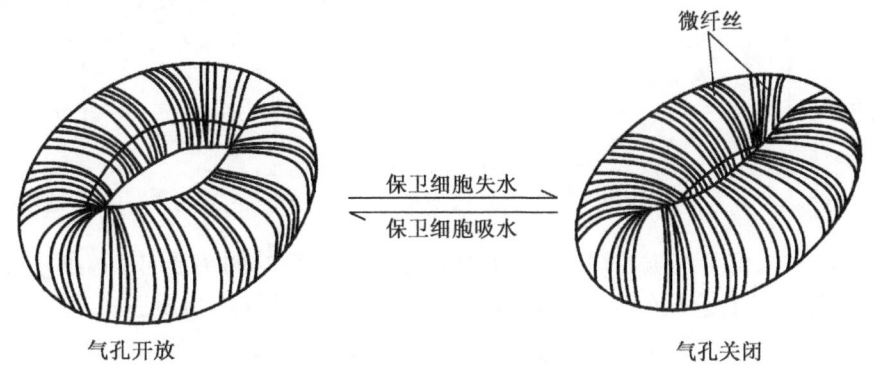

图1.14　微纤丝在肾形保卫细胞中的排列

总之,保卫细胞吸水,膨压增大,气孔张开;反之保卫细胞失水,膨压减小,气孔关闭,这就是气孔的运动。

4. 气孔的运动及其运动机制

是什么原因引起保卫细胞的吸水或失水,最后导致气孔的开放或关闭的呢? 即气孔运动的机制是什么? 这一直是植物生理学的研究热点之一,目前主要有以下三种学说。

(1) 淀粉与糖转化学说(starch-sugar interconversion theory)　　此学说于20世纪初提出,认为保卫细胞在光下进行光合作用,消耗了CO_2,使保卫细胞细胞质pH增高,淀粉磷酸化酶催化正向反应,水解淀粉为葡萄糖-1-磷酸,使保卫细胞内葡萄糖浓度提高,渗透势下降,水势降低,从周围细胞吸取水分,保卫细胞膨大,气孔便张开。

在黑暗中则相反,保卫细胞光合作用停止,而呼吸作用仍进行,产生的CO_2积累使保卫细胞pH下降,淀粉磷酸化酶催化逆向反应,使糖转化成淀粉,溶质颗粒数目减少,细胞渗透势升高,水势亦升高,保卫细胞失水,膨压丧失,气孔关闭。

该学说可以解释光和CO_2对气孔的影响,也符合观察到的淀粉白天消失、晚上出现的现象。然而,随着研究的深入,发现这一学说存在一定的局限性:① 已有证据表明气孔运动不依赖于光合作用,因而与CO_2的固定无关。② 某些植物的保卫细胞中无叶绿体,如洋葱等,因此无淀粉的积累与代谢,但气孔仍可开闭。③ 保卫细胞中糖的含量在白天高,黑夜低;但黑夜转为白天或白天转为黑夜时,是气孔先开张或先关闭,而后才是糖含量的升高或降低,因此可以认为糖含量与气孔运动的关系不大。

(2) K^+积累学说　　20世纪60年代末,人们发现气孔的运动与保卫细胞积累K^+有着十分密切的关系。将鸭跖草叶片表皮漂浮于KCl溶液中,在照光时,保卫细胞内的K^+浓度显著增加,同时气孔张开。用微型玻璃钾电极插入保卫细胞及其邻近细胞可直接测定K^+浓度变化。结果表明,鸭跖草气孔复合体各部分之间存在着相当大的K^+浓度梯度(图1.15)。光照时,保卫细胞中K^+浓度最高,由保卫细胞向外到表皮细胞K^+浓度依次降低;而在黑暗时,从保卫细胞向外到表皮细胞K^+浓度依次增高。这说明光照时,K^+能逆着浓度梯度迁移,并在保卫细胞中积累,使保卫细胞的渗透势降低,引起保卫细胞吸水,气孔张开。研究表明,保卫细胞质膜上存在着受光激活的H^+-ATP酶,能利用水解ATP产生的能量将H^+分泌到细胞外,产生电化学势梯度驱动K^+通过质膜上的内向整流K^+通道(inwardly rectifying K^+ channel)进入保卫细胞,再进一步进入液泡,K^+浓度增加,水势降低,保卫细胞吸水,气孔开张。

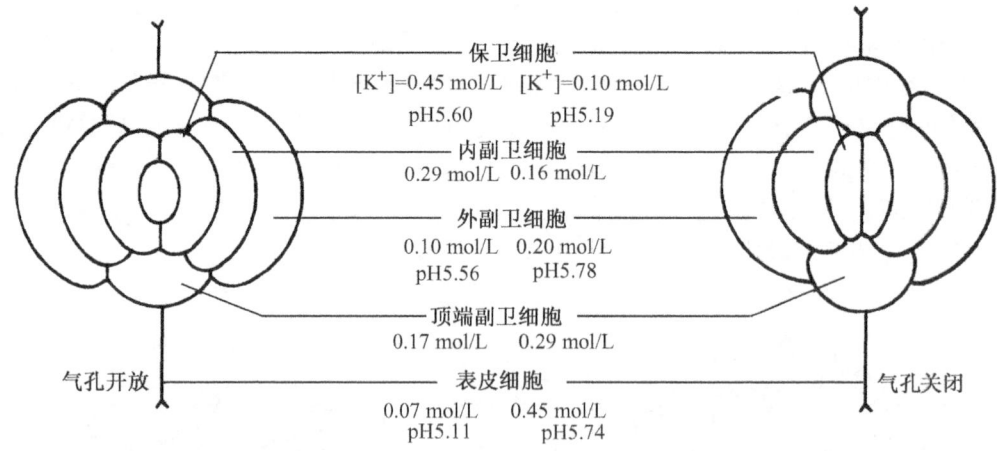

图1.15　鸭跖草气孔开放或关闭时,气孔复合体细胞内K^+的浓度和pH变化(引自潘瑞炽,2001)

实验还发现,在K^+进入保卫细胞的同时,还伴随着等量负电荷的阴离子(Cl^-、苹果酸根等)进入,以保持保卫细胞的电中性,这也具有降低细胞水势的作用。在黑暗中,保卫细胞质膜上H^+-ATP酶钝化,从而使保卫细胞的质膜去极化,K^+经质膜上的外向整流K^+通道(outwardly rectifying K^+ channel)向外扩散,同时也伴随着阴离子的释放,导致保卫细胞水势升高,水分流出细胞,保卫细胞膨压降低,气孔关闭。

(3) 苹果酸代谢学说　20世纪70年代初,人们发现在气孔开放期间,保卫细胞内大量积累K^+,但却很少积累无机阴离子(Cl^-等),其电中性的维持有1/2甚至2/3是被苹果酸所平衡的。叶片表皮细胞的苹果酸水平与气孔开度具有密切的正相关,便提出了苹果酸代谢学说(malate metabolism theory)。在光照下,保卫细胞内的部分CO_2被利用时,pH就上升至8.0~8.5,剩余的CO_2在此pH条件下就转变成HCO_3^-。同时由于pH的升高活化了磷酸烯醇式丙酮酸(phosphoenolpyruvate, PEP)羧化酶,催化由淀粉降解产生的PEP与HCO_3^-结合形成草酰乙酸,并进一步被NADPH还原为苹果酸。

$$PEP + HCO_3^- \xrightarrow{PEP羧化酶} 草酰乙酸 + 磷酸 \qquad (1.10)$$

$$草酰乙酸 + NADPH(或NADH) \xrightarrow{苹果酸还原酶} 苹果酸 + NADP(或NAD) \qquad (1.11)$$

苹果酸解离为2个H^+和苹果酸根,H^+通过H^+/K^+转运体与胞外的K^+交换,使保卫细胞内K^+浓度增加,水势降低;苹果酸根进入液泡和Cl^-共同与K^+保持电中性。同时,苹果酸也可作为渗透物质降低水势,促使保卫细胞吸水,气孔张开。当叶片由光下转入暗处时,过程逆转。

概括起来讲,糖、苹果酸、K^+、Cl^-等进入液泡,使保卫细胞的水势下降,吸水膨胀,气孔就开放(图1.16)。

5. 影响气孔运动的因素

气孔运动是一个非常复杂的问题,其调控涉及内在节律以及外部因素。实验发现,气孔运动有一种内生昼夜节律(endogenous circadian rhythms),即使置于连续光照或黑暗之下,气孔仍会按一天的昼夜节奏交替开闭,这种节律可维持数天。其机制还需进一步研究。此外,许多外部因子可调节气孔运动,凡是影响保卫细胞膨压状态的因素,都会影响气孔的运动。

(1) 光　光是影响气孔运动的主要因素,因为它可促进保卫细胞内糖、苹果酸的形成以及K^+、Cl^-的积累。除景天酸代谢植物外,大多数植物的气孔都是白天开放,夜间关闭。不同植物气孔开张所要求的光强不同,某些植物(如烟草)只需全日照的2.5%的光强气孔即可开放,而大多数植物则要求较高的光强。气孔开张的作用光谱类似于光合作用的作用光谱,但对蓝光更加敏感,蓝光下气孔开放的程度比红光下大。光合作用的抑制剂能抑制红光对气孔的开张作用而不抑制蓝光对气孔的开张作用。所以有人认为,红光对气孔的开启作用是通过光合作用间接起作用,而蓝光则是直接对气孔的开启起作用。总之,气孔对光的反应是否独立于光合作用,目前还有争论。

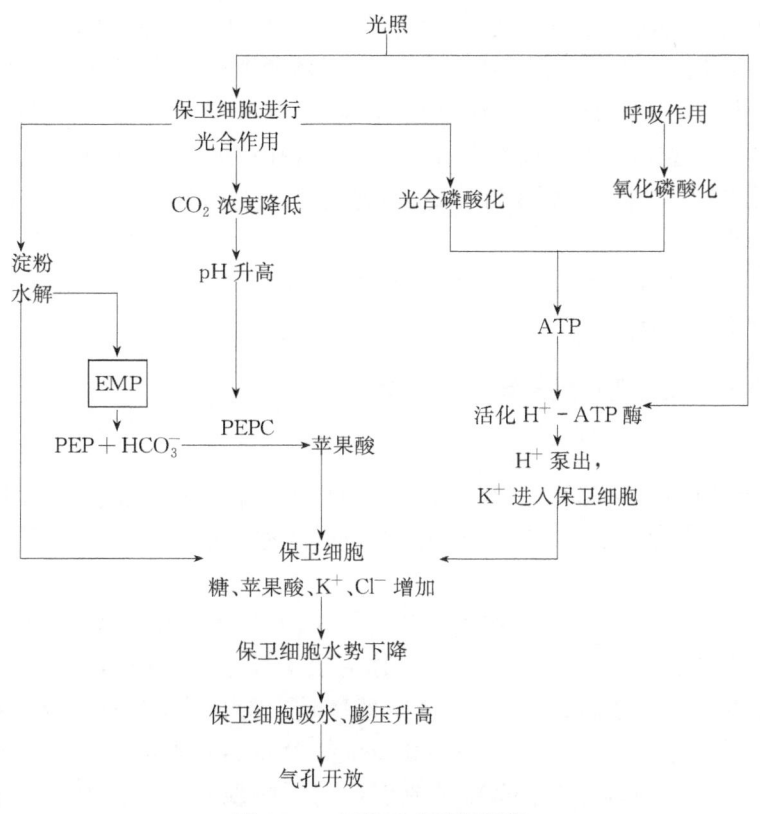

图 1.16 气孔运动机制图解

(2) CO_2　　CO_2 对气孔的开启影响很大。一般来讲,低浓度的 CO_2 促进气孔开放,高浓度的 CO_2 能使气孔迅速关闭,在光下或暗中都可以观察到这种现象。高浓度 CO_2 下气孔关闭的原因可能是由于 CO_2 量的增多引起细胞内酸化,影响跨膜质子浓度差的建立,导致 K^+ 泄漏而使气孔关闭。其他外界环境因素(光照、温度等)也可通过影响叶内 CO_2 浓度而间接影响气孔开关。

(3) 温度　　气孔的开度一般随温度的升高而增大,在 30℃ 左右气孔开度最大,但超过 30℃ 或低于 10℃ 的温度下,气孔部分张开或关闭。温度对气孔开度的影响可能是通过影响呼吸作用和光合作用,改变叶内 CO_2 浓度而起作用的。

(4) 水分　　气孔运动与保卫细胞膨压变化密切相关,而膨压的变化又是由于水分进出保卫细胞引起的。因此,植物叶片的水分状况是直接影响气孔运动的关键因素。当白天蒸腾强烈时,保卫细胞失水过多,即使在光照下气孔也会关闭。久雨天气,叶片被水饱和时,表皮细胞含水量高,体积增大,会挤压保卫细胞,引起气孔关闭,故在白天气孔也不能开启。叶片的水势对气孔开张有着强烈的控制作用。一般当叶水势下降时,气孔的开度就会减小或关闭。

(5) 气孔的振荡　　植物在相对稳定的环境条件下,气孔以数分钟或数十分钟为周期的节律开合的现象称为气孔振荡(stomatal oscillation)。干旱条件下,植物调节气孔孔径,限制水分过度散失,同时也阻碍了植物同化所需 CO_2 的供应。而气孔振荡不但能降低蒸腾,而且可使光合速率几乎不受影响。这是由于气孔有节律地开合,使气孔的平均导度下降,约为最大导度的 50% 左右,而在稳定条件下,气孔是以最大导度进行蒸腾作用的,所以气孔振荡可大幅度降低蒸腾速率。振荡时,气孔只呈现极短瞬间的关闭,这种瞬间的气孔关闭不会使光合细胞内的 CO_2 浓度降得过低,而且,当气孔孔径达到 2 μm 时,CO_2 同化已趋于最大。即当气孔很狭窄时,光合作用与气孔运动的关系才特别密切。所以气孔振荡对光合作用的影响不大。

(6) 植物激素　　细胞分裂素(cytokinin,CTK)可以促进气孔张开,而脱落酸(abscisic acid,ABA)则促进气孔关闭。当植物受到水分胁迫时,叶片内源 ABA 含量迅速增加,促使气孔关闭。ABA 对气孔的这种调节作用已为近年来对根源信号传递理论的大量研究所证实。当土壤含水量逐渐减少,部分根系处于脱水状态,地上部叶片水分状况尚未表现出任何可检测性变化之前,气孔导度已明显降低,这是由于脱水根系产生的根源信号物质脱落酸可通过木质部运到地上部,促进保卫细胞膜上 K^+ 外流通道开启,使外流 K^+ 的量增加,同时又抑制 K^+ 内流通道活性,减少 K^+ 内流量,因而使保卫细胞膨压下降,气孔导度减小。进一步的实验证明,ABA 的作用是通过增加胞质 Ca^{2+} 浓度间接起作用的,钙调素也可能参与了气孔的运动。这种由部分根系缺水信号的传递所引起的气孔关闭,是发生在叶片水势变化之前,因而能够避免植物过度散失水分,这种气孔调节方式称为前馈式调节(feedforward manner)。

当叶片水势降到某一临界值以下时,会引起保卫细胞失水,气孔开始关闭,以减少水分的进一步散失,这种气孔调节方式称为反馈式调节。

1.5.4 蒸腾作用的指标及影响蒸腾作用的因素

1. 蒸腾作用的指标

(1) 蒸腾速率(transpiration rate)　　植物在一定时间内,单位叶面积上蒸腾的水量称为蒸腾速率,又称蒸腾强度,常用 $g/(dm^2 \cdot h)$ 作为单位。大多数植物白天的蒸腾速率为 $0.5 \sim 2.5\ g/(dm^2 \cdot h)$,夜间为 $0.01 \sim 0.2\ g/(dm^2 \cdot h)$。

(2) 蒸腾效率(transpiration ratio)　　植物每消耗 1 kg 水所形成的干物质的克数,或者说,植物在一定时间内干物质的累积量与同期所消耗的水量之比称为蒸腾效率。一般植物的蒸腾效率是 1~8 g 干物质/kg 水。大部分作物的蒸腾效率为 2~10 g。蒸腾效率越大的植物,表明合成干物质越多,植物利用水分越经济。近年来则用水分利用效率(water use efficiency, WUE)来表示干物质的累积量与同期所消耗的水量之间的关系,即 WUE 为植物固定的 CO_2 量或生产的干物质量/同时期消耗的水量,所以常用 mg/g 作为单位。

(3) 蒸腾系数(transpiration coefficient)　　或称需水量(water requirement),植物制造 1 g 干物质所消耗的水量(g)称为蒸腾系数,它是蒸腾效率的倒数,植物的蒸腾系数小,表明对水分的利用较经济。一般植物的蒸腾系数为 125~1 000 g,大部分作物的蒸腾系数为 100~500 g。

2. 影响蒸腾作用的内外因素

蒸腾作用中水分首先是从细胞间隙及气孔下腔周围的叶肉细胞壁上蒸发至气孔下腔,然后是水蒸气由气孔下腔经气孔扩散到叶面的扩散层,再由扩散层扩散到空气中(图 1.17)。所以,蒸腾速率取决于水蒸气向外扩散的力量和扩散途径的阻力。

$$蒸腾速率 = \frac{扩散力}{扩散途径的阻力} = \frac{气孔下腔蒸气压 - 叶外蒸气压}{气孔阻力 + 扩散层阻力} \quad (1.12)$$

气孔下腔和外界之间的蒸气压差制约着蒸腾速率。蒸气压差大时,蒸腾速率快;反之则慢。气孔阻力(即内部阻力)包括气孔的开度、气孔及气孔下腔的形状、体积等。气孔阻力大,蒸腾慢;阻力小,蒸腾快。水蒸气通过气孔扩散出去形成半球形扩散层,扩散层越厚,扩散阻力越大。

(1) 环境因素对蒸腾作用的影响　　凡能影响叶片内外蒸气压差的外界条件,都会影响蒸腾作用。

1) 光照:光照是影响蒸腾作用最主要的外界因素。太阳光是供给蒸腾作用的主要能源,叶子吸收的辐射能,只有一小部分用于光合作用,而大部分用于蒸腾。另外,光直接影响气孔的开闭。在光下气孔开放,减少气孔阻力,使蒸腾加强。光照还可通过提高叶片温度,使叶内外的蒸气压差增大,蒸腾加快。

2) 大气湿度:温度相同时,大气的相对湿度越大,大气的蒸气压就越大,叶内外蒸气压差就变小,蒸腾变慢;反之,则加快。

3) 大气温度:温度对蒸腾速率的影响较大。在一定范围内,温度升高使水分子从细胞表面蒸发以及水蒸气分子通过气孔的扩散过程加快,促进了蒸腾作用。事实上,气温和叶温不会相同,尤其在太阳直射下,一般叶温较气温高 2~10℃。所以当气温增高时,气孔下腔细胞间隙的蒸气压的增大要多于大气蒸气压的增大,使叶内外的蒸气压差加大,有利于水分从叶内逸出,蒸腾加强。

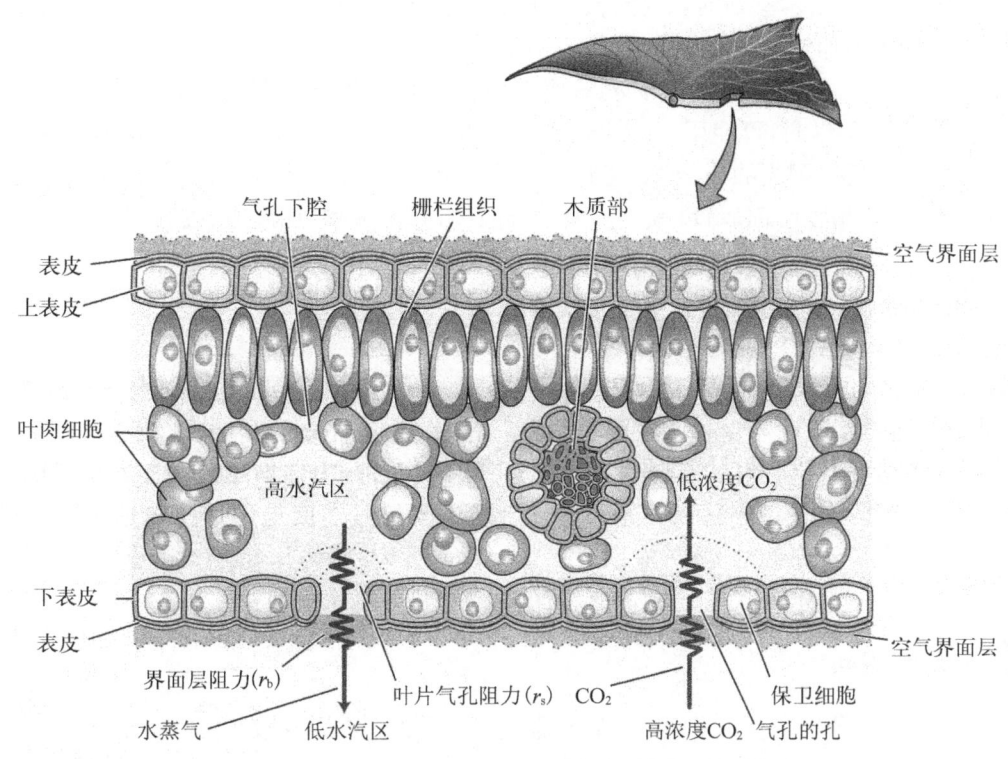

图 1.17 水分通过气孔散失的途径
(引自 Taiz et al.，宋纯鹏等译，2009)

4) 风：风对蒸腾的影响比较复杂，微风能将气孔外边的水蒸气吹走，补充一些蒸气压低的空气，叶面扩散层变薄或消失，外部扩散阻力减小，蒸腾速度就加快。但强风可明显降低叶温，不利蒸腾。强风还可使保卫细胞迅速失水，导致气孔关闭，内部阻力加大，使蒸腾显著减弱。

5) 蒸腾作用的昼夜变化：一天当中上述影响蒸腾的外界因素是不断变化的，并相互影响，共同作用于植物体。一般在天气晴朗、气温适中、土壤水分供应充足的日子里，随着太阳的升起，气孔渐渐张大，同时温度逐渐升高，叶内外蒸气压差变大，蒸腾作用逐渐加快。在中午 12 时到下午 1~2 时达到高峰，而后随太阳的西落，蒸腾下降，直至停止。但在云量变化造成光照变化无常的天气下，蒸腾变化则无规律。光照是影响蒸腾的主要因素，一天中蒸腾速率的变化与光强变化基本一致。

(2) 内部因素对蒸腾作用的影响　　内部阻力是影响蒸腾作用的内部因素，凡是能减小内部阻力的因素，都会促进蒸腾速率。单位叶面积上气孔的数量(气孔频度)越多，气孔越大，气孔的开度越大，内部阻力就越小，蒸腾就越强；反之，蒸腾越弱。另外，气孔下腔容积及其周围细胞的间隙越大，蒸发表面就越大，有利于水分的蒸发，使叶内水蒸气压增大，蒸腾加快。叶子长成后，气孔的频度、气孔的大小和气孔下腔均固定不变，只有气孔的开度仍有变化。所以，长成的叶子内部阻力主要取决于气孔开度。气孔的结构也会影响蒸腾速率，有些植物(如苏铁、印度榕)的气孔下陷于表皮层之下，使叶外扩散层相对加厚，蒸气压梯度小，外部阻力大，蒸腾慢。另一些植物的气孔被许多表皮毛状体覆盖，使扩散阻力变大，蒸腾变慢。

3. 降低蒸腾作用的途径

在农业生产中，为获得较高的产量，必须尽可能维持作物的水分平衡。为此，一方面要促进根系生长健壮，以增加吸水能力；另一方面要合理调节蒸腾作用，避免蒸腾过大，水分供应不上而枯萎。常用的降低蒸腾的途径如下。

(1) 减少蒸腾面积　　苗木移栽时，适当去除部分枝叶，减少蒸腾面积降低蒸腾失水量，可提高移栽的成活率。

(2) 降低蒸腾速率　苗木移栽时,选择合适的时间,避开强光照、温度高的中午,在午后或阴天进行移栽。也可采用遮阴、喷水增加空气湿度等办法降低蒸腾。

(3) 使用抗蒸腾剂　某些能降低植物蒸腾速率而对光合作用和生长影响不大的物质称为抗蒸腾剂(antitranspirant)。在特别干旱时,可使用一些抗蒸腾剂喷洒于作物叶面,使气孔开度变小,减少蒸腾,如脱落酸等;也可使用一些能够反射阳光的药剂(如高岭土),喷于叶面后,可增加叶面对光的反射,降低叶温,减少蒸腾。还有一些物质喷于植物叶面后,可减少叶面水分散失,降低蒸腾,如硅酮、胶乳等。

1.6　合理灌溉的生理基础

在正常情况下,植物一方面从土壤中吸收水分,另一方面又不断地蒸腾失水,这样就在植物生命活动中形成了吸水与失水的连续运动过程。植物吸水与失水只有维持动态平衡时,植物才能进行旺盛的生命活动。在许多情况下,植物都处于不同程度的水分亏缺状态,可利用的水分不能满足植物良好生长的需要。为此,在农业生产中就需要灌溉(irrigation),以补充水分。合理灌溉的目的就是用最少量的水取得最大的效果。灌水不足或不及时,满足不了作物的需要;灌水过多则浪费水分,甚至对作物生长造成不良后果。要实现合理灌溉,就要深入了解作物的水分状况、土壤的水分状况及作物的需水规律。

1.6.1　作物的需水规律

不同种类的作物对水分需求量差别很大,如水稻的需水量较多,小麦较少,玉米最少。以作物的生物产量乘以蒸腾系数即可大致估计作物的需水量,并作为灌溉用水量的一种参考。同时还应考虑土壤含水量、土壤保水能力、降雨量等因素。

同一作物在不同的生育期对水分的需要量也不同。如小麦,以其对水分的需要来划分,整个生长发育阶段可分为5个时期。

第一个时期是从种子萌发到分蘖前期。这个时期植株主要进行营养生长,根系发育很快,叶面积较小,耗水量不大。

第二个时期是从分蘖末期到抽穗期。这个时期小穗分化,茎、叶、穗迅速发育,叶面积增大,耗水量最多。这时植株代谢旺盛,如果缺水,小穗分化不良(性器官,特别是雄性生殖器官发育受阻)或畸形发展,茎的生长受阻,结果植株矮小,产量降低。特别是孕穗期,也就是从花粉母细胞四分体到花粉粒形成阶段,是小麦的第一个水分临界期(critical period of water),即植物对水分不足特别敏感的时期。

第三个时期是从抽穗到开始灌浆。这时叶面积的增长基本结束,主要进行受精和种子胚胎生长。如果水分不足,上部叶片因蒸腾强烈,开始从下部叶片和花器官夺取水分,会引起籽粒数减少,导致减产。

第四个时期是从开始灌浆到乳熟末期。这个时期营养物质从母体各部运到籽粒,而物质运输与水分状况关系密切。如果缺水,有机物运输变慢,造成灌浆困难,导致籽粒瘪小,产量降低。同时,水分不足也影响旗叶的光合速率和缩短旗叶的寿命,减少有机物的制造。这个时期是小麦的第二个水分临界期。

第五个时期是从乳熟末期到完熟期。这时营养物质向籽粒的运输过程已经结束,种子失去大部分水分,逐渐变成风干状态。植株逐渐枯萎,已不需供给水分。尤其是进入蜡熟期后,根系开始死亡,如灌水反而有害。因为这样会使小麦贪青晚熟,或从老茎基部再生出新芽,消耗养分,降低产量。

其他作物也有水分临界期。一般作物的水分临界期都在营养生长转向生殖生长的阶段。例如,玉米水分临界期在开花至乳熟期;高粱在抽花序到灌浆期;豆类、荞麦和花生在开花期;水稻在花粉母细胞形成期和灌浆期。在水分临界期细胞原生质的黏度和弹性都剧烈降低,因此忍受和抵抗干旱的能力减弱,并且新陈代谢增强。此时原生质必须有充足的水分,代谢才能顺利进行。这时如果缺水,作物会显著受害而减产。在水分临界期,作物不但对缺水最敏感,而且还由于生长较快,水分利用率较高(即蒸腾系数较低)等原因,应特别注意保证水分临界期的水分供应。

1.6.2 合理灌溉的指标

1. 土壤含水量指标

农业生产上有时是根据土壤含水量来进行灌溉,即根据土壤墒情决定是否需要灌水。一般作物生长较好的土壤含水量为田间持水量的60%~80%,如果低于此含水量,就应及时进行灌溉。但这个值不固定,常随许多因素的改变而变化,所以这种方法有一定的参考意义。但灌溉的对象是作物,不是土壤,最好以作物本身情况为依据。

2. 作物形态指标

自古以来有经验的农民都会根据作物的长势、长相来决定是否需要灌溉。作物缺水时,其形态表现为:幼嫩的茎叶发生萎蔫;生长速度下降;茎、叶变暗、发红,这是因为干旱时生长缓慢,叶绿素浓度相对增大,使叶色变深,同时碳水化合物的生长性消耗减少,细胞中积累较多的可溶性糖并转化成花青素,使茎叶变红。

形态指标易于观察,但是当植物在形态上表现出受旱或缺水症状时,其体内的生理生化过程早已受到水分亏缺的危害,这些形态症状只不过是生理生化过程改变的结果。因此,更为及时和灵敏的灌溉指标是生理指标。

3. 灌溉的生理指标

(1) 叶水势　叶水势是一个灵敏的、反映植物水分状况的指标。当植物缺水时,叶水势下降。当叶水势下降到一定程度时,就应实施灌溉。对不同作物,发生干旱危害的叶水势临界值不同。表1.5列出了几种作物光合速率开始下降时的叶水势阈值。

表1.5　光合速率开始下降时的叶水势阈值

作物	引起光合下降的叶水势阈值/MPa	气孔开始关闭的叶水势阈值/MPa
小麦	−1.25	
高粱	−1.40	
玉米	−0.80	−0.480
豇豆	−0.40	−0.40
旱稻	−1.40	−1.20
棉花	−1.80	−1.20

(2) 细胞汁液浓度或渗透势　干旱情况下细胞汁液浓度比水分供应正常情况下为高,当细胞汁液浓度超过一定值后,就应灌溉,否则会阻碍植株生长。

(3) 气孔开度　水分充足时气孔开度较大,随着水分的减少,气孔开度逐渐缩小;当土壤可利用水耗尽时,气孔完全关闭。因此,气孔开度缩小到一定程度时就要灌溉。

(4) 叶温-气温差　缺水时叶温-气温差加大,可以用红外测温仪测定作物群体温度,计算叶温-气温差确定灌溉指标。目前已利用红外遥感技术测定作物群体温度,指导大面积作物灌溉。

需要强调的是,作物灌溉的生理指标因栽种地区、时间、作物种类、作物生育期的不同而异,甚至不同部位的叶片也有差异。所以,在实际应用时,应结合当地的情况,测定出不同作物的生理指标阈值,以指导灌溉的实施。

1.6.3 节水灌溉与节水农业

我国是世界上13个贫水国之一,人均水资源占有量只有世界人均水平的1/4,居世界第109位;每公顷平均水资源占有量27 000 m³,只有世界每公顷平均水平的2/3。由于有限的水资源在时空上分布很不均匀,南多北少,东多西少,夏秋多,冬春少,占国土面积50%以上的华北、西北、东北地区的水资源量仅占全国总量的20%左右。农业的季节性、区域性干旱缺水问题十分突出。由于缺水,使农业产量低而不稳。灌溉是解决农业干旱的有效办法。但由于传统的漫灌浇地的灌溉方式落后,使农业灌溉水的利用率只有40%,仅为发达国家的一半左右,农业灌溉用水量占全国总用水量的 70% 以上,而发达国家的农业用水一般占总用水量的 50% 左右,我国农业用水的浪费十分严重。目前,我国正在大力发展节水农业(economical water agriculture),改变千百年来人们浇地的传统习惯,把浇地变为浇作物,按作物的最佳需水要求进行灌溉,用较少的水取得较高的产出效益,提高水资源的利用率。

节水灌溉方法

(1) 喷灌　　利用专门的设备用压力将水喷到空中形成细小水滴,均匀降落到田间的一种灌水方法。这种方法可以解除大气干旱和土壤干旱,保持土壤团粒结构,防止土壤盐碱化,与漫灌相比喷灌可节水 50%。我国北方很多井灌地区采用喷灌后,每公顷每次灌水量从 1 200 m³ 减少到 300 m³。

(2) 微灌　　利用专门的设备(埋入地下的或设置于地面的管道网络)将作物生长所需的水分及养分运输到作物根系附近土层的一种灌水方法。可分为滴灌、微喷灌、涌泉灌三种方式。由于微灌使作物根系生长发育区的土壤局部湿润,地表很大部分是干燥的,故可有效地利用水分,并对杂草生长造成不利条件。微灌可节水 60%~70%。

(3) 渗灌　　利用地下管道系统将灌溉水引入田间,通过管壁孔湿润根层土壤的灌水方法。

(4) 膜上灌　　是我国首创的一种新兴灌溉技术,它是在地膜覆盖的基础上将膜侧水流改为膜上水流,利用地膜进行输水,通过膜孔和膜侧给作物进行灌溉。膜上灌可以提高灌溉均匀度和水分利用效率。

其他灌溉方式

1.6.4　合理灌溉增产的原因

灌溉可满足作物的"生理需水"。合理灌溉可使植物生长加快,叶面积增大,增加光合面积;使根系活动增强,增加对水分和矿物质的吸收,从而加快光合速率,同时改善光合作用的"午休"现象;使茎、叶输导组织发达,提高水分和同化物的运输速率,改善光合产物的分配利用,提高产量。

灌溉还可满足作物的"生态需水"。合理灌溉可改善作物的栽培环境,间接地对作物发生影响。例如在盐碱地灌水有洗盐和压制盐分上升的作用;旱田施肥后灌水,起溶肥作用,有利于作物吸收;在"干热风"来临前灌水,可提高农田附近的大气湿度,降低温度,减轻干热风的危害;寒潮来临前灌水,有保温防寒抗霜冻作用。所以灌溉时,不能单纯按照作物的形态或生理指标进行灌溉仅满足作物的生理需水,还应根据作物的栽培条件兼顾作物的"生态需水"。

思　考　题

1. 如何理解农业生产中"有收无收在于水"这句话?
2. 将一个细胞放在纯水中,其水势、渗透势、压力势及体积如何变化?
3. 植物体内水分存在的形式与植物代谢强弱、抗逆性有何关系?
4. 有 A、B 两个细胞,A 细胞 $\psi_p = 0.4$ MPa,$\psi_s = -1.0$ MPa;B 细胞 $\psi_p = 0.3$ MPa,$\psi_s = -0.6$ MPa。在 28℃时,将 A 细胞放入 0.12 mol/L 蔗糖溶液中,B 细胞放入 0.2 mol/L 蔗糖溶液中。假设平衡时两细胞的体积不变,平衡后 A、B 细胞的水势、渗透势、压力势各为多少?两细胞接触时水分流向如何?
5. 质壁分离及复原在植物生理学上有何意义?
6. 根压是如何产生的? 其在植物水分代谢中有何作用?
7. 试述气孔运动的机制及其影响因素。
8. 哪些因素影响植物吸水和蒸腾作用?
9. 试述水分进出植物体的途径及动力。
10. 植物怎样维持水分平衡? 简述其原理。
11. 光照如何影响根系吸水?
12. 孤立于群体之外的单个树木与茂密森林中的树木相比,哪个蒸腾失水更快? 为什么?
13. 植物在纯水中培养一段时间后,如果给水中加入一些盐,植物会发生暂时萎蔫,为什么?
14. 为什么夏季晴天中午不能用井水浇灌作物?

15. A、B、C三种土壤的田间持水量分别为38%、22%、9%,其永久萎蔫系数分别为18%、11%、3%,用这三种土分别盆栽大小相同的同一种植物,浇水到盆底刚流出水为止,问哪种土壤中的植物将首先萎蔫?
16. 合理灌溉在节水农业中意义如何? 如何才能做到合理灌溉?
17. 试述水分通过植物细胞膜的途径及特点。
18. 简述根质外体屏障的形态结构及化学组成,并叙述其形成过程及其调控机制。
19. 简要叙述植物气孔的发育过程及其调控机制。

第 2 章 植物的矿质营养

提 要

为了维持正常的生命活动，除了吸收水分外，植物还从土壤中吸收多种矿质元素。目前已确定的植物必需元素有17种，其中包括14种矿质元素。根据植物对必需元素需要量的多少，这些元素又可分为大量元素（碳、氢、氧、氮、磷、钾、钙、镁、硫）和微量元素（铁、锰、硼、锌、铜、钼、氯、镍）。除必需元素外，还有一些元素为有益元素和稀土元素。每种必需的矿质元素都有专一的生理功能，但总结起来有三个方面的生理作用：① 是细胞结构物质的组成成分；② 参与调节酶的活性；③ 起电化学作用和渗透调节作用。各种必需矿质元素功能各异，一般不能相互代替，当缺乏某种必需元素时，植物会表现出一定的缺素症。

植物细胞对矿质元素的吸收方式可分为被动吸收、主动吸收和胞饮作用三种类型。植物细胞对矿质元素的吸收主要通过膜转运蛋白完成，膜转运蛋白分为三类：泵、通道蛋白和载体蛋白。植物细胞膜上的泵主要有质子泵和离子泵，介导矿质元素的初级主动转运，而质子泵在矿质元素吸收中起重要作用；通道蛋白介导矿质元素的被动转运；有些载体蛋白介导矿质元素的被动转运，而另一些则介导次级主动转运。

根系是植物体吸收矿质元素的主要器官。根尖的根毛区是吸收离子最活跃的部位。根系对矿质元素吸收的特点是：对矿物质和水分的相对吸收；离子的选择性吸收；单盐毒害和离子拮抗。

根系吸收矿质元素的过程是：首先通过交换吸附将离子吸附在根部细胞表面；离子再通过质外体或共质体途径进入木质部；离子最终经共质体途径进入导管。土壤条件（温度、通气状况等）是影响根系吸收矿质元素的主要因素。

根系吸收的矿物质，一部分留在根中，大部分通过木质部向上运输，也可以由木质部横向运输到韧皮部再向上或向下运输。叶片吸收的矿物质可通过韧皮部向下或向上运输，也可从韧皮部横向运至木质部后再运输。矿物质在植物体内的分配因离子是否参与体内离子循环而异。氮、磷等属于参与循环的元素，多分布于代谢较旺盛的部位。钙、铁、锰等不能参与循环的元素，多被固定在老的器官中。

矿质养料必须同化才能被植物利用。氮素同化包括生物固氮、硝态氮和铵态氮的同化等过程。氮素同化形成氨基酸即可参加蛋白质等含氮物质的代谢。

植物矿质营养理论的确立为化肥的"诞生"提供了理论基础，化肥的广泛应用为全球农作物产量的增加做出了巨大贡献。然而，若化肥施用量超过作物生长发育所需，则肥料利用率降低、作物产量及品质受损，并导致土壤板结、盐渍化加剧以及水体富营养化等严重的环境问题。通过本章的学习应掌握植物必需矿质元素的种类、生理作用及缺素诊断，植物对矿质元素吸收、转运和同化的机理及特点，为合理施肥及现代农业提供理论依据。

植物矿质营养的研究

植物属自养生物（autotrophic organism），在其自养生活过程中，除了从土壤中吸收水分外，还必须从土壤中吸收各种矿质元素以维持正常的生命活动。植物吸收的这些矿质元素，有的作为植物体的组成成分，有的参与生命活动的调节，也有的兼有这两种功能。通常把植物对矿质元素的吸收、转运和同化称为矿质营养（mineral nutrition）。

2.1 植物必需的矿质元素

自然界中有100多种元素,在植物的一生中,到底哪些元素是其必需的呢?要回答这个问题可以从两方面着手,其一是分析植物体内的元素,其二是进行缺素培养。

2.1.1 植物体内的元素

1. 灰分分析

植物体主要由水分和干物质组成,而干物质由有机物和无机物组成。那么怎么确定植物体内存在什么元素呢?通常采用灰分分析法。灰分分析(ash analysis)即采用物理和化学手段对植物材料中有机物质氧化后的灰分进行分析。先将新鲜植物材料在105℃下烘烤10~30 min(可使酶迅速钝化),再在70~80 ℃下烘干至恒重而得到干物质(dry matter)。干物质占植物材料鲜重(fresh weight)的5%~90%(具体因不同材料而异)。干物质中90%~95%为有机物,其余为无机物。将干物质充分氧化(如燃烧),则有机物中所含的C、H、O会形成CO_2和水蒸气,N、S则变为其氧化物。这些物质均可在燃烧时挥发到空气中。植物体内有机物完全氧化后,所剩的不能挥发的灰白色残烬即为灰分(ash)。灰分系混合物,它含有各种矿质的氧化物、磷酸盐、硫酸盐、氯化物和其他盐分。构成灰分的元素(C、H、O除外)被称为灰分元素(ash element),这些元素直接或间接来自土壤矿质,故亦称为矿质元素(mineral element)。N不存在于灰分元素中,因而不属于灰分元素。但在高等植物中,N和灰分元素都是从土壤中吸收的,所以通常将N归于矿质元素一起讨论。矿质元素也可称为矿质营养物或矿质养料等,它们多以盐分的形式参与矿物质的构成。

通过灰分分析,便可以了解植物体中有哪些矿质元素及其含量。目前,在不同的植物中至少已发现70多种矿质元素,其中,在植物体中存在较为普遍且量较大的有10多种,如P、K、S、Ca、Mg、Fe、Si、Cl、Na、Al等。

应该指出的是,植物体内矿质元素的含量会因植物种类、器官或部位不同而有很大差异(表2.1)。年龄和生境的不同也会影响到植物体内矿质元素的含量。老龄植株和老龄细胞的灰分含量都要比幼龄植株和幼嫩细胞的高。在气候干燥的地方及通气良好、盐分含量高的土壤中生长的植物,其灰分含量通常较高。植物体内矿质元素的种类也同样因植物种类、器官、生境不同而不同。例如,禾本科植物中含有很多Si,十字花科和伞形科植物富含S,豆科植物富含Ca和S,马铃薯块茎富含K,盐生植物往往含有较多的Na,海藻含有大量的I、Br等。

表2.1 植物体内的灰分含量

植物 (或器官、部位)	植物干重中灰 分质量分数/%	植物 (或器官、部位)	植物干重中灰 分质量分数/%
水生植物	1左右	中生植物	5~15
盐生植物	最高可达45以上	树 叶	3~4
细 菌	8~10	树 皮	3~8
真 菌	7~8	木 材	0.5~1
硅 藻	50以下	种 子	约为3
海 藻	10~20	草本植物	
苔 藓	2~4	茎和根	4~5
蕨类植物	6~10	叶	10~15

通过灰分分析得到的植物体内的元素是否为植物所必需呢?这需要用缺素培养来证明。

2. 溶液培养法

由于天然土壤的成分十分复杂,很难进行人为控制,因此,用传统的土壤栽培法难以确定哪些矿质元素为植物所必需。自从萨克斯(Sachs)等所设计的溶液培养体系培养植物获得成功后,这一问题便迎刃而解。

溶液培养(solution culture)又称水培(hydroponics),即在含有矿质元素的营养液中培养植物的方法。

营养液用若干种含植物所需矿质元素的无机盐配制而成。这样,可以对配制的营养液添加或除去某些元素,以观察分析植物生长发育的变化情况,从而准确判断植物所必需的矿质元素的种类和数量。

溶液培养法中所用的配方很多。其中美国科学家霍格兰(D. R. Hoagland)等设计的霍格兰溶液和Arnon溶液最为常用(表2.2)。

表2.2 霍格兰和Arnon溶液(2号)

无 机 盐	浓　度/(mmol/L)	无机盐质量浓度/(mg/L)	元　素	元素质量浓度/(mg/L)
KNO_3	6.0	606	K	235
$Ca(NO_3)_2 \cdot 4H_2O$	4.0	944	$N(NO_3^- - N)$	196
$NH_4H_2PO_4$	1.0	115	$(NH_4^+ - N)$	14
$MgSO_4 \cdot 7H_2O$	2.0	493	Ca	160
			P	31
			Mg	49
			S	64
$MnCl_2 \cdot 4H_2O$	0.009	1.7	Mn	0.5
			Cl	0.6
H_3BO_3	0.046	2.8	B	0.5
$ZnSO_4 \cdot 7H_2O$	0.000 8	0.23	Zn	0.05
$CuSO_4 \cdot 5H_2O$	0.000 3	0.08	Cu	0.02
$H_2MoO_4 \cdot H_2O$	0.000 1	0.02	Mo	0.01
Fe-EDTA*				

* 分别溶解5.57 g $FeSO_4 \cdot 7H_2O$ 和7.45 g Na_2EDTA 于200 mL蒸馏水中,加热Na_2EDTA溶液,加入$FeSO_4 \cdot 7H_2O$溶液,不断搅拌,冷却后定容到1 L为贮备液。使用时,每升培养液加1 mL贮备液。

典型的溶液培养法为纯溶液培养(pure solution culture),即将植物栽植在营养液中,此营养液中无其他介质(medium),营养液盛放于容器内,容器应有足够的空间以利于根系的生长发育(图2.1a)。除纯溶液培养外,在科研与生产实践中,溶液培养法还衍生出气栽法(aeroponics)、营养膜(nutrient film)法、砂基培养法(sand culture method)等(图2.1b、c、d)。所谓砂基培养法(简称砂培法),即将洗净的石英砂(acid-washed quartz sand)、珍珠岩(perlite)或蛭石(vermiculite)作为支持物或介质加入营养液中来栽培植物的方法。气栽法是将植物根系置于营养液气雾中栽培植物的方法。近年来推广的无土栽培法(soilless culture)实质上与溶液培养法无异,关键在于培养植物时不使用土壤,它实际上是一门溶液培养的综合技术。

在植物的溶液培养中应重点注意以下几个方面:① 要保证营养液通气良好。营养液不通气会导致植物根系缺氧(anoxia),而缺氧会抑制根系的呼吸及其对营养物的吸收。② 盛放溶液的容器不宜透光。这可防止藻类生长及其对植株吸收营养的不利影响。③ 必须保证所用的试剂、容器、介质、水等十分纯净。否则,即使轻微的污染都可能导致错误的结果。这一点在缺素培养特别是在确定极微量元素是否为植物必需时尤为重要。④ 应经常更换或补充营养液。因为在培养过程中,植物对离子的选择吸收会导致溶液的成分及pH不断变化,这些变化最终会影响到植物对营养的吸收。在这方面,砂基培养比纯溶液培养更优越。因为砂基培养在补充营养液时,可每天将营养液泼浇于砂基顶部(图2.1d)或将营养液慢慢滴入,两种技术均能使营养液得到有规律的补充。无土栽培中的营养膜技术(图2.1c)也有类似的优点,并且还有利于根系的通气。⑤ 对于种子较大的植物,应注意种子内部原有营养物的影响。⑥ 种子必须严格消毒,以免微生物污染。

2.1.2 植物必需的矿质元素及其生理作用

1. 植物必需元素的标准和分类

所谓必需元素(essential element)是指植物生长发育不可缺少的元素。国际植物营养学会规定的植物必需元素的3条准则是:① 不可或缺,若缺少该元素,植物生长发育受到限制而不能完成其生活史;② 不可替代,缺少该元素,植物会表现出专一的病症(缺素症),提供该元素可预防或消除此症状;③ 直接作用,该元素在植物营养生理中的作用是直接的,而不是因土壤、培养液或介质的物理、化学或微生物条件引起的间接

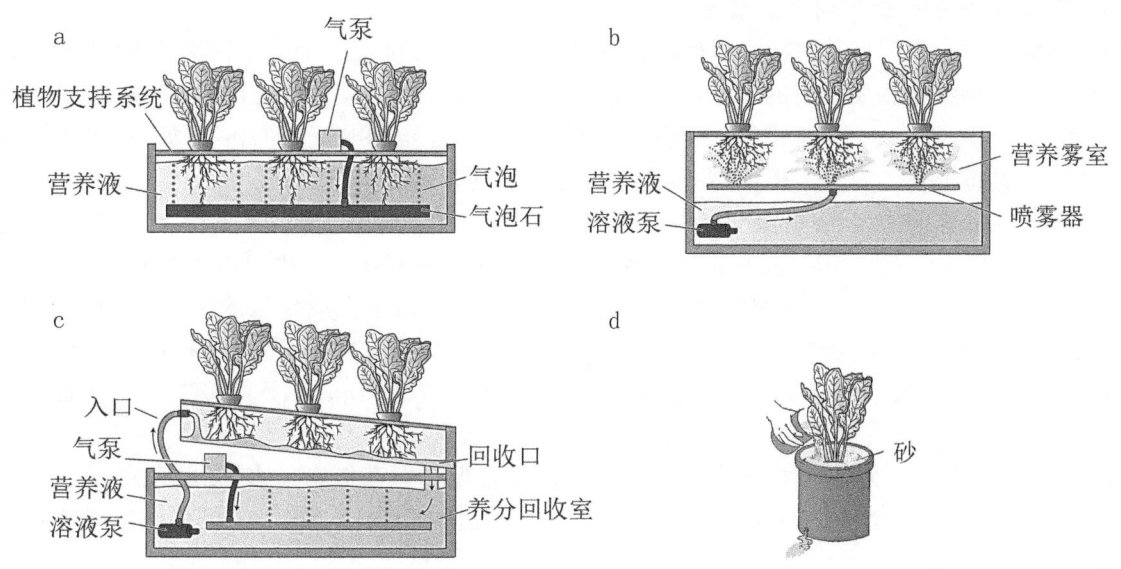

图 2.1 溶液培养的几种类型(引自 Salisbury,1992;Taiz et al.,2018)

a. 水培法:使用不透明的容器(或以锡箔包裹容器),避免光照及抑制藻类繁殖,根浸没在营养液中,并注意通气;
b. 气栽法:根悬于营养液上方,营养液被喷雾或搅起成雾状;c. 营养膜法:通过溶液泵将储存槽中的营养液泵入长有植物的倾斜浅槽,未被吸收的营养液通过回流管流入储存槽;d. 砂基培养法

结果。

根据上述标准,并通过溶液培养法等分析手段,现已确定有17种元素是植物的必需元素,它们是:碳(C)、氧(O)、氢(H)、氮(N)、磷(P)、钾(K)、钙(Ca)、镁(Mg)、硫(S)、铁(Fe)、锰(Mn)、硼(B)、锌(Zn)、铜(Cu)、钼(Mo)、氯(Cl)、镍(Ni)(表2.3)。在上述元素中,除来自于CO_2和H_2O的C、O、H为非矿质元素外,其余14种元素均为植物所必需的矿质元素。另外,随着研究手段的更新和技术的进步,今后将可能证明还有更多元素是植物所必需的。

表 2.3 植物的必需元素*

元素	植物利用的形式	植物体干重中元素的质量分数/%	元素	植物利用的形式	植物体干重中元素的质量分数/%
C	CO_2	45	Cl	Cl^-	1×10^{-2}
O	O_2,H_2O	45	Fe	Fe^{2+},Fe^{3+}	1×10^{-2}
H	H_2O	6	B	H_3BO_3,$B(OH)_3$	2×10^{-3}
N	NO_3^-,NH_4^+	1.5	Mn	Mn^{2+}	5×10^{-3}
K	K^+	1.0	Zn	Zn^{2+}	2×10^{-3}
Ca	Ca^{2+}	0.5	Cu	Cu^{2+},Cu^+	6×10^{-5}
Mg	Mg^{2+}	0.2	Mo	MoO_4^{2-}	1×10^{-5}
P	$H_2PO_4^-$,HPO_4^{2-}	0.2	Ni	Ni^{2+}	5×10^{-5}
S	SO_4^{2-}	0.1			

* 表中数值来自于多种植物的平均值,这些值在具体植物间可能会有较大差异。

植物必需元素通常被分成两类:即大量元素(major element 或 macroelement)和微量元素(minor element,microelement 或 trace element)。这种分类是根据植物对必需元素需要量的多少来划分的。大量元素是指植物需要量较大、含量通常为植物体干重0.1%以上的元素。大量元素有9种,即 C、H、O 等3种非矿质元素和 N、P、K、Ca、Mg、S 等6种矿质元素。微量元素是指植物需要量极微、含量通常为植物体干重0.01%以下的元素。这类元素在植物体中稍多即会发生毒害,它们是 Fe、Mn、B、Zn、Cu、Mo、Cl、Ni 等8种矿质元素。

2. 植物必需矿质元素的生理作用及缺素症

植物必需的矿质元素都有其独特的生理功能,但概括地讲,植物必需的矿质元素在植物体内有3个方面的生理作用:① 细胞结构物质的组成成分,如N、P、S等。② 作为酶、辅酶的成分或激活剂等,参与酶活性的调节,如K^+、Ca^{2+}等。③ 起电化学作用,参与渗透调节、胶体的稳定和电荷的中和等,如K^+和Cl^-等。大量元素中有些同时具备上述二三个作用,而大多数微量元素只具有酶促功能。

各种必需矿质元素的主要生理作用简述如下。

(1) 氮　植物主要吸收无机态氮,即铵态氮(NH_4^+)和硝态氮(NO_3^-),也可以吸收利用有机态氮(如尿素等)。氮的主要生理作用有:① 氮是构成蛋白质的主要成分,可占蛋白质含量的16%～18%。细胞膜、细胞质、细胞核、细胞壁中都含有蛋白质,各种酶也都是以蛋白质为主体的。② 核酸、核苷酸、辅酶、磷脂、叶绿素、细胞色素及某些植物激素(如吲哚乙酸、细胞分裂素)和维生素(如B_1、B_2、B_6等)中也都含有氮。由此可见,氮在植物生命活动中占有重要地位。因此,氮又被称为生命元素。

缺氮时,有机物质合成受阻,植株矮小,叶片黄色,产量降低。但若氮素过多,则叶色深绿,枝叶徒长,成熟期延迟,植株抵抗不良环境能力差,易受病虫侵害,同时茎部机械组织不发达,易倒伏。但对叶菜类作物多施一些氮肥还是有益的。

(2) 磷　磷通常以$H_2PO_4^-$或HPO_4^{2-}的形式被植物根系吸收。磷的主要生理作用有:① 磷是细胞质、细胞膜和细胞核的组成成分。这是因为磷存在于磷脂、核酸和核蛋白中。② 磷在植物的代谢中起重要作用。磷参与组成的ATP、FMN、NAD^+、$NADP^+$、FAD、CoA等参与光合作用和呼吸作用,是糖类、脂肪及氮代谢过程不可缺少的。此外,磷还能促进糖类的运输。③ 植物细胞液中含有一定的磷酸盐,这可构成缓冲体系,并在细胞渗透势的维持中起一定作用。

磷对植物生长发育有很大的作用。缺磷时,分蘖、分枝减少,矮小,叶色深绿或紫红。生长发育受阻,产量降低。但磷肥过多时,在叶片部位会产生小焦斑,还会妨碍水稻等植株对硅(Si)的吸收,易导致缺锌。

(3) 钾　钾以游离态(K^+)的形式被吸收并存在于植物体内,不参加重要有机物的组成。钾的主要生理作用有:① 作为酶的激活剂参与植物体内重要的代谢。如钾在细胞内可作为丙酮酸激酶、果糖激酶等60多种酶的激活剂。② 钾能促进蛋白质、糖类的合成,也能促进糖类的运输。③ 钾可增加原生质体的水合程度,降低其黏性,从而使细胞保水力增强,抗旱性提高。④ 钾在植物体内的含量较高,能有效地影响细胞的溶质势和膨压,可参与控制细胞吸水、气孔运动等生理过程。缺钾时,叶片缺绿,生长缓慢,易倒伏。

由于植物对氮、磷、钾的需要量较大,且土壤中通常缺乏这三种元素,所以在农业生产中,需要经常补充这三种元素。因此,氮、磷、钾被称为"肥料三要素"。

(4) 硫　硫主要以硫酸根(SO_4^{2-})的形式被植物吸收。硫的生理作用主要有:① 含硫氨基酸几乎是所有蛋白质的构成成分,所以硫参与原生质体的构成;② 含硫氨基酸中半胱氨酸-胱氨酸系统能影响细胞中的氧化还原过程;③ 硫是辅酶A(CoA)、硫胺素、生物素的构成成分,与糖类、蛋白质、脂肪的代谢都有密切的关系。

(5) 钙　钙以Ca^{2+}的形式被植物吸收。钙的主要生理作用有两方面:结构组分和调节作用。① 钙是植物细胞壁胞间层中果胶钙的成分;② 有丝分裂时纺锤体的形成需要钙,因此,钙与细胞分裂有关;③ 钙具有稳定生物膜的作用;④ 植物(尤其是肉质植物)代谢的中间产物有机酸积累过多时对植物有害,Ca^{2+}与有机酸结合为不溶性的钙盐(如草酸钙、柠檬酸钙),可起解毒作用;⑤ Ca^{2+}是少数酶(如ATP水解酶、磷脂水解酶)的激活剂;⑥ 在植物细胞质中,Ca^{2+}可与钙调素(calmodulin,CaM)结合成钙-钙调素蛋白(Ca^{2+}-CaM)复合体参与信息传递,可作为第二信使,在植物生长发育中起重要的调节作用;⑦ 钙有助于植物愈伤组织的形成,对植物抗病有一定作用。

(6) 镁　镁以Mg^{2+}形式被植物吸收。镁的主要生理作用有:① 镁是叶绿素的成分。植物体内约20%的镁存在于叶绿素中;② 镁是光合作用及呼吸作用中许多酶如Rubisco、乙酰CoA合成酶等的激活剂;③ 蛋白质合成时氨基酸的活化需要镁的参与,镁能使核糖体亚基结合成稳定的结构,若镁浓度过低,核糖体就会解体,蛋白质合成能力随之丧失;④ 镁是 DNA 聚合酶及 RNA 聚合酶的激活剂,因此,在 DNA、RNA 合成过程中也有镁的参与;⑤ 镁也是染色体的组成成分,在细胞分裂过程中起作用。

(7) 铁　　铁以 Fe^{2+} 或 Fe^{3+} 形式被植物吸收。铁的主要生理作用有:① 铁是许多重要酶的辅基。例如,细胞色素氧化酶、过氧化氢酶、过氧化物酶、铁氧还蛋白中都含有铁。在这些酶中,铁通过 Fe^{2+} 和 Fe^{3+} 两种价态的变化传递电子。铁也是固氮酶中铁蛋白和钼铁蛋白的金属成分,在生物固氮中起作用。② 催化叶绿素合成的酶需要 Fe^{2+} 激活。近年来发现,铁对叶绿素构成的影响比对叶绿素合成的影响更大。

(8) 锰　　锰主要以 Mn^{2+} 形式被植物吸收。锰的主要生理作用有:① 锰是植物细胞内许多酶的激活剂,如乙糖磷酸激酶、羧化酶、脱氢酶、RNA 聚合酶、脂肪酸合成中的一些酶,以及硝酸还原酶、IAA 氧化酶等的活化都需要锰的参与;② 锰直接参与光合作用,锰为叶绿素形成和维持叶绿素正常结构所必需,光合作用中水的光解需要锰的参与;③ 锰是 Mn-超氧化物歧化酶的组成成分,参与线粒体中自由基的清除。

(9) 硼　　硼以硼酸(H_3BO_3)的形式被植物吸收。硼的主要生理作用有:① 硼与植物的生殖有关。硼有利于花粉的形成,可促进花粉萌发、花粉管伸长及受精过程的进行。② 硼能与游离状态的糖结合,使糖带有极性,从而使糖容易通过质膜,促进其运输。③ 硼与核酸及蛋白质的合成、激素反应、膜的功能、细胞分裂、根系发育等生理过程有一定关系。④ 硼还能抑制植物体内咖啡酸、绿原酸的形成。

(10) 锌　　锌以 Zn^{2+} 形式被吸收。锌的主要生理作用有:① 锌是许多重要酶的组分或激活剂。这些酶包括谷氨酸脱氢酶、超氧化物歧化酶、碳酸酐酶等。锌也可能参与蛋白质、叶绿素的合成。② 参与吲哚乙酸(IAA)的合成。IAA 的前体是色氨酸,而锌是色氨酸合成酶的必要组分。因此,缺锌时会导致植物体内 IAA 合成受阻,并最终使植株幼叶和茎的生长受阻,产生所谓"小叶病"和簇叶症(rosette)。

(11) 铜　　在通气良好的土壤中,铜多以 Cu^{2+} 的形式被植物吸收,而在潮湿缺氧的土壤中,多以 Cu^+ 的形式被植物吸收。铜是一些氧化还原酶如细胞色素氧化酶、超氧化物歧化酶等的组分。铜也是叶绿体中质体蓝素(PC)的成分。

(12) 钼　　植物以钼酸盐(MoO_4^{2-})的形式吸收钼。钼是硝酸还原酶的必需成分,也是固氮酶中钼铁蛋白的组分。因此,钼在植物氮代谢中有重要作用。此外,钼还是黄嘌呤脱氢酶及脱落酸合成中的某些氧化酶的必需成分。

(13) 氯　　植物以 Cl^- 形式吸收氯。只有极少数的氯结合到有机物中,其中,4-氯-吲哚乙酸是一种天然的生长素类激素。在光合作用中水的光解需要 Cl^-,叶和根中的细胞分裂也需要 Cl^-。Cl^- 在调节细胞溶质势和维持电荷平衡方面起重要作用。

(14) 镍　　镍也是大多数植物的必需元素。植物以 Ni^{2+} 的形式吸收镍。镍是植物脲酶和固氮微生物氢酶的金属辅基。镍还有激活大麦中 α 淀粉酶的作用。镍对于植物氮代谢及生长发育的正常进行都是必需的。缺镍时,植物体内的尿素会积累过多,叶尖坏死,而对植物产生毒害,不能完成生活周期。

当植物缺乏上述必需元素中的任何一种元素时,植物体内的代谢都会受到影响,进而在植物体外观上产生可见的症状。这就是所谓的营养缺乏症(nutrient deficiency disease)或称缺素症。有些元素在缺乏时,从老的器官转运到生长发育快的幼嫩器官,供给其需要,因此缺素症首先表现在老叶等器官,这类元素叫可移动元素(mobile element),如 N、Mg、K 等。而其他元素一旦定位于某一器官,则难以移动,这些元素缺乏时,首先表现在幼嫩器官,如幼叶和茎尖等,这类元素称为非移动元素(immobile element),如 Fe 和 Ca 等。为便于检索,现将植物缺乏各种必需矿质元素的主要症状归纳如表 2.4。

必须注意,植物缺素症状会随植物种类、发育阶段及缺素程度的不同而有不同的表现,一种元素的缺乏或过量可能会导致另一种元素的缺乏或过量积累,不同元素的缺乏症状可能同时表现在不同的植物组织上,同时缺乏几种必需元素会使病症复杂化。另外,各种逆境、病虫害也会产生与营养缺乏类似的症状。因此,在判断植物缺乏哪种元素时,在参考表 2.4 的基础上,通过植物组织及土壤成分的化学分析等,进行综合判断,初步判定缺乏某种元素,通过喷洒或补施该元素观察症状是否消失即可最终确定植物所缺乏的元素。

表2.4 植物缺乏必需矿质元素的病症检索表

A 较老的器官或组织先出现病症
  B 病症常遍布全株,长期缺乏则茎短而细
    C 基部叶片先缺绿,发黄,变干时呈浅褐色···氮
    C 叶常呈红或紫色,基部叶发黄,变干时呈暗绿色·····································磷
  B 病症常限于局部,基部叶不干焦但杂色或缺绿
    C 叶脉间或叶缘有坏死斑点,或叶呈卷皱状···钾
    C 叶脉间坏死斑点大并蔓延至叶脉,叶厚,茎短·······································锌
    C 叶脉间缺绿(叶脉仍绿)
      D 有坏死斑点···镁
      D 有坏死斑点并向幼叶发展,或叶扭曲···钼
      D 有坏死斑点,最终呈青铜色···氯
A 较幼嫩的器官或组织先出现症状
  B 顶芽死亡,嫩叶变形或坏死,不呈叶脉间缺绿
    C 嫩叶初期呈典型钩状,后从叶尖和叶缘向内死亡·······························钙
    C 嫩叶基部浅绿,从叶基部枯死,叶捲曲,根尖生长受抑制·················硼
  B 顶芽仍活
    C 嫩叶易萎蔫,叶暗绿色或有坏死斑点···铜
    C 嫩叶不萎蔫,叶缺绿
      D 叶脉也缺绿···硫
      D 叶脉间缺绿但叶脉仍绿
        E 叶淡黄色或白色,无坏死斑点···铁
        E 叶片有小的坏死斑点···锰

有益元素和稀土元素

2.2 植物细胞对矿质元素的吸收

植物细胞是构成植物体的基本单位。生命活动主要是在细胞内进行的。因此,要了解植物体对矿质元素的吸收,首先必须了解植物细胞对矿质元素吸收的机制。植物细胞吸收的矿质元素来自细胞生存的环境,此环境可以是植物生存的外部环境(如土壤),也可以是植物体的内部环境,即一个细胞的周围环境组织。植物对矿质元素的吸收主要是通过对矿质离子的吸收来实现的。矿质离子通常作为重要的溶质(solute)存在于环境溶液中和组织质外体溶液中。由于细胞与其环境之间以细胞膜相隔,物质交流必须通过细胞膜(特别是质膜)来进行。因此从一定意义上讲,细胞对矿质元素的吸收,主要与溶质的跨膜运输(transmembrane transport)有关。由于矿质离子都是带电荷的,不能通过膜脂双分子层自由扩散,所以矿质离子的跨膜运输都是由膜转运蛋白(transport protein)完成的。近年来,由于分子生物学等学科的迅速发展,植物细胞中大部分离子膜转运蛋白的基因已克隆,某些转运蛋白(K^+通道蛋白、Ca^{2+}转运体)的结构及调控特性也比较清楚。植物细胞对矿质元素的吸收方式可分为被动吸收、主动吸收和胞饮作用3种类型。其中胞饮作用不太普遍,因此溶质的跨膜运输主要通过被动吸收和主动吸收进行,溶质分子跨膜运输的几种方式总结于图2.2。

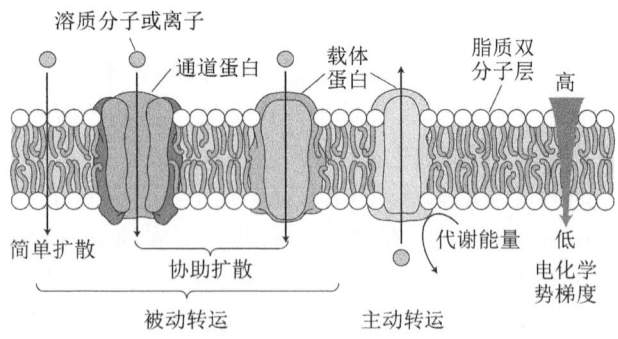
图2.2 溶质跨膜运输的几种方式(引自Taiz et al.,2018)

2.2.1 被动吸收

被动吸收(passive absorption)是指细胞对溶质的吸收是顺电化学势梯度进行的,这一过程不需代谢能量的直接参与。主要包括简单扩散和协助扩散,后者又包括通道运输和载体运输。

1. 简单扩散

溶液中的溶质从浓度较高的区域跨膜移向浓度较低的邻近区域即为简单扩散(simple diffusion)。因此,当外界溶液的浓度高于细胞内部溶液的浓度时,外界溶液中的溶质就会扩散进入细胞内部。当细胞内外的浓度差(浓度梯度)变大时,细胞便大量地吸收物质,但随着浓度差变小,吸收也随之减少,直至细胞内外浓度达到平衡为止。所以,细胞内外浓度梯度是简单扩散中的主要决定因素。简单扩散符合斐克定律(Fick's law),即某物质的扩散速率与该物质的浓度梯度成正比。

膜中的脂质是扩散途径中的主要障碍。脂溶性较好的非极性溶质能够较快地通过膜。O_2、CO_2、NH_3均可以简单扩散方式穿过膜的脂质双分子层,而无须借助蛋白质的协助。但脂质双分子层对不同溶质的透过系数是不同的。带电荷的离子不能通过简单扩散方式通过脂质双分子层,但可以通过通道蛋白等进行扩散转运。

2. 协助扩散

协助扩散(facilitated diffusion)是溶质通过膜转运蛋白顺浓度梯度或电化学势梯度进行的跨膜转运。参与协助扩散的膜转运蛋白主要有通道蛋白(channel protein)和载体蛋白(carrier protein)。

在协助扩散中,不带电荷的溶质传递的方向取决于溶质的浓度梯度,而带电荷的溶质(离子)传递的方向则取决于溶质的电化学势梯度。与简单扩散一样,由通道蛋白介导的协助扩散可以双向进行,当跨膜双向传递的速率相同时,净转移就会停止。两者最终都不会导致溶质逆电化学势梯度积累。

(1) 通道蛋白　通道蛋白又称通道(channel)或离子通道(ion channel)。其构象可随环境条件的改变而改变。在某种构象时,其中间会形成允许离子通过的孔,孔内带有表面电荷并填充有水。孔的大小及孔内表面电荷等性质决定了通道转运离子的选择性,即一种通道通常只允许某一离子通过。离子的带电荷情况及其水合规模(hydrated size)决定了离子在通道中扩散时通透性(permeability)的大小。通过通道进行的扩散依赖于离子的水合规模是由于与之相关联的水分子必须与离子一起扩散。所有的通道蛋白均有使离子通过协助扩散的方式进行传递的功能。因此,由通道进行的转运是被动的。离子通过离子通道扩散的速率在10^6个/秒以上,甚至可高达10^8个/秒。

通道蛋白往往是有"门"(gate)的,它有"开"和"关"两种构象。只有在"门"开的情况下离子才可以通过它。根据"门"开关的机制,可将离子通道分成两种类型:一类对跨膜电势梯度产生响应,另一类对外界刺激(如光照、激素等)产生响应。通道蛋白中还包括感受器(sensor)或感受蛋白(sensor protein),它可能通过改变其构象对适应刺激做出反应并引起"门"的开和关。但大多数通道"门"开关的确切机制尚不清楚。

图2.3是一个离子通道的假想模型:跨膜的内部蛋白中央的孔道允许离子(K^+)通过。在这里,K^+顺电势梯度(由于质膜质子泵产生的细胞质侧过量的负电荷)逆其浓度梯度从通道左侧移向右侧。感受蛋白可对细胞内外由光照、激素或Ca^{2+}引起的化学刺激做出反应。通道上的"门"可以通过某种方式对膜两侧的电势梯度或由环境刺激而产生的化学物质做出开或关的反应。

(2) 载体蛋白　载体蛋白又被称为载体(carrier)、传递体(transporter或porter),有时也被称为通透酶(permease或penetrase)或运输酶(transport enzyme)。由载体转运的离子与载体蛋白有专一的结合部位,因此载体能选择性地携带离子通过膜。载体蛋白对被转运物质的结合及释放,与酶促反应中酶与底物的结合及对产物的释放情况相似。载体对被转运物质的亲和力是会发生变化的。细胞内某溶质的浓度增大(或降低)时,载体与该溶质的亲和力会反馈性地减小(或增大),这可表现在K_m值的增大(或减小)上。另外,载体的数量也会改变,这就使最大转运速率(v_{max})发生变化。通过这些机制,当外界溶质的浓度有较

膜片钳技术

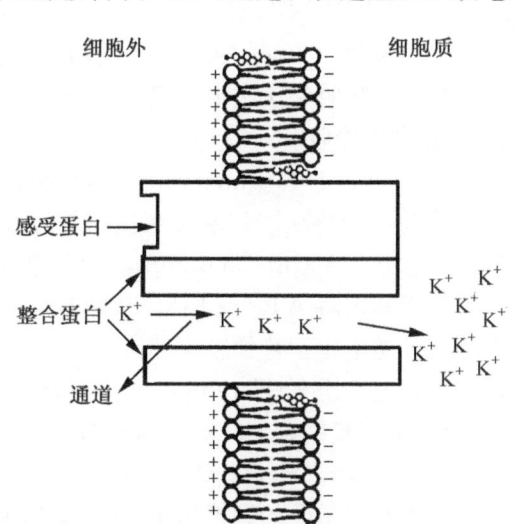

图2.3　离子通道的假想模型
(改自李合生,2002)

大波动时,细胞可以维持其内部溶质浓度的稳定。

由载体进行的转运可以是被动的(顺电化学势梯度进行,参与协助扩散),也可以是主动的(逆电化学势梯度进行,参与主动转运)。由于经载体进行的转运依赖于溶质与载体特殊部位的结合,而结合部位的数量有限,所以有饱和(saturation)效应(图2.4)。载体对所转运物质具有相对专一性,因此还表现出竞争性抑制。饱和效应和竞争性抑制可作为载体参与离子转运的有力证据。载体蛋白转运离子的速率为$10^4 \sim 10^5$个/秒,比离子通道的转运速率低,但选择性一般比通道蛋白高。载体可分三种类型:单向转运体(uniporter),把所转运物质从膜一侧转运至另一侧,其特点是单一方向转运一种物质(如Fe^{2+}、Zn^{2+}、Mn^{2+}和Cu^{2+}等载体);同向转运体(symporter)或协同转运体(coporter),往往H^+顺电化学势梯度从膜的一侧转运至膜的另一侧的同时把另一物质转运到同一侧,其特点是同时向同一方向转运两种物质(如NO_3^-、NH_4^+、PO_4^{3-}、SO_4^{2-}和蔗糖等载体);反向转运体(antiporter),一般是把某物质顺其电化学势梯度从膜一侧转运至另一侧的同时把另一种物质逆方向且逆电化学势梯度转运至膜的另一侧,如质膜上Na^+/H^+逆向转运体,利用质膜H^+-ATPase建立的跨膜H^+电化学势梯度把Na^+从细胞质中逆电化学势梯度运至细胞外,这种逆浓度转运属于次级主动转运。3种类型载体运输总结于图2.5。

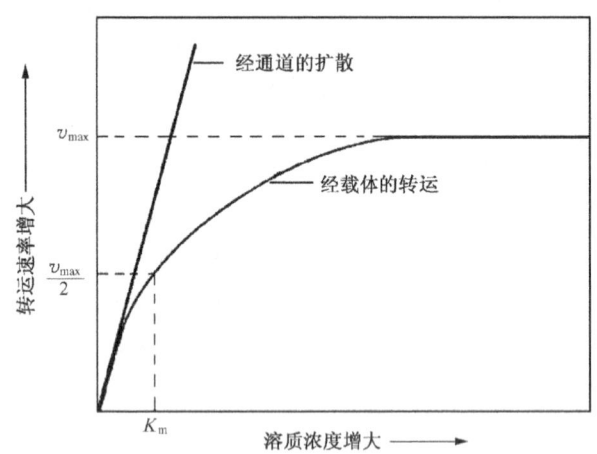

图2.4 离子通过通道或载体转运的动力学分析
(引自李合生,2002)

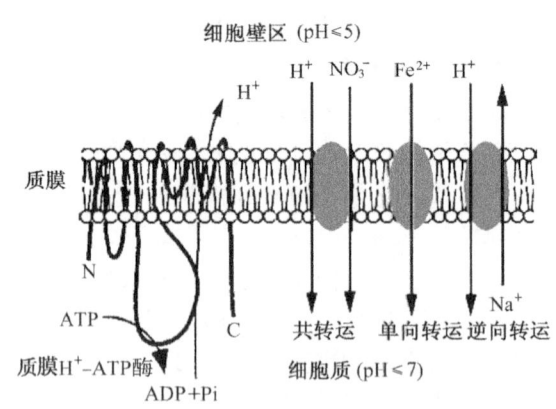

图2.5 跨质膜3种类型载体运输示意图
(引自王宝山,2002)

2.2.2 主动吸收

主动吸收(active absorption)是指植物细胞利用代谢能量逆电化学势梯度吸收矿质的过程。主动吸收包括初级主动吸收和次级主动吸收两种形式。

1. 初级主动吸收

初级主动吸收(primary active absorption)又称初级主动转运,是指植物细胞直接消耗ATP或PPi(无机焦磷酸)逆浓度转运H^+和无机离子的过程。初级主动吸收的膜转运蛋白又称泵(pump)。植物细胞膜上的泵主要有质子泵(proton pump)和离子泵(ion pump),为膜结合的ATP酶或焦磷酸酶(pyrophosphatase),功能是利用其水解ATP或PPi(焦磷酸)释放的能量用于H^+或无机离子的逆浓度跨膜转运。由于ATP酶和焦磷酸酶逆电化学势梯度主动转运阳离子导致膜内外正负电荷分布不一致,进而形成跨膜电势差,所以这类泵又称致电离子泵(electrogenic pump)。这类泵主要有质膜H^+-ATP酶、液泡膜H^+-ATP酶、液泡膜H^+-焦磷酸酶和膜结合的转运阳离子的ATP酶(Ca^{2+}-ATP酶和Mg^{2+}-ATP酶等)。

(1) 质膜H^+-ATP酶　质膜H^+-ATP酶是植物生命活动的主宰酶(master enzyme),对植物的许多生命活动起着重要的调控作用,其主要功能是在细胞质一侧水解ATP同时把细胞质中H^+泵至细胞外,形成跨膜H^+电化学势梯度,又称质子动力势(proton motive force, PMF;PMF = ΔpH + $\Delta\Psi$)。PMF包括跨膜电势梯度($\Delta\Psi$)(即细胞质膜内侧电位负值,外侧电位正值)和跨膜H^+浓度梯度(质膜外浓度高,细胞质一侧质子浓度低)。跨质膜的PMF是矿质元素等溶质进行跨膜次级主动转运的主要驱动力。因此,质膜

H^+-ATP酶对矿质元素的吸收、细胞质pH恒定的维持、细胞的生长和植物对环境因子的响应等有广泛而深刻的作用。质膜H^+-ATP酶分子质量约100 kDa，单一多肽，其N端和C端均在细胞质侧，C端为自抑制区末端，Fusicoccin（克梭孢菌素）和14-3-3蛋白对其重要调控作用（图2.6），每水解1分子ATP泵出0~1个H^+，其专一性抑制剂为VO_4^{3-}和己烯雌酚（DES）。

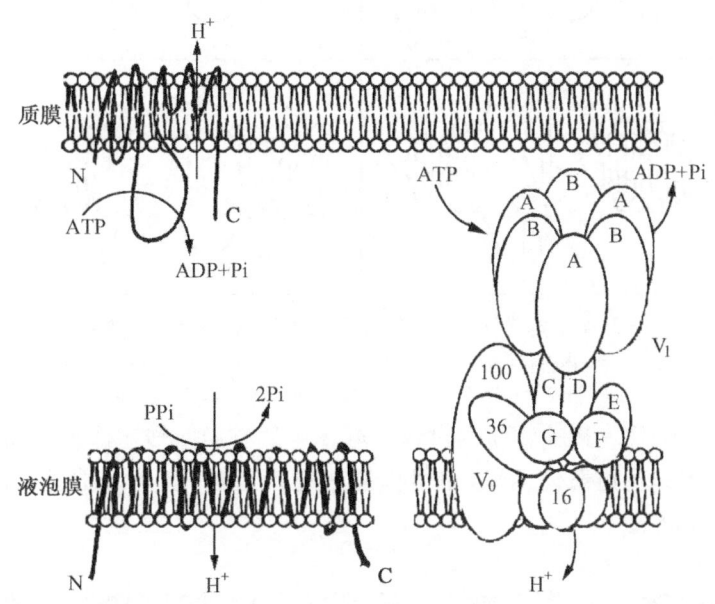

图2.6 植物细胞质膜H^+-ATP酶（上），液泡膜H^+-焦磷酸酶（左下）和液泡膜H^+-ATP酶（右下）的结构示意图（引自Sze et al., 1999）

（2）**液泡膜质子泵** 液泡膜有两种类型的质子泵：一是液泡膜H^+-ATP酶（V-H^+-ATP酶），二是液泡膜H^+-焦磷酸酶（V-H^+-pyrophosphatase），它们分别水解细胞质中的ATP和PPi，把细胞质中H^+逆电化学势梯度泵入液泡中，建立跨液泡膜的PMF，从而驱动溶质的跨液泡膜的次级主动转运。液泡膜H^+-ATP酶为多亚基复合体，类似于线粒体和叶绿体的F-ATP酶，为头柄结构，分为细胞质一侧的V_1部分和膜中的V_0部分，有8~13个亚单位，分子质量约为650 kDa（图2.6）。其底物为Mg^{2+}-ATP，最适pH为7.5~8.0，Cl^-、Br^-和I^-等阴离子对其活性有激活作用，其专一性抑制剂为Bafilomycin A_1、Concanamycin A和NO_3^-，每水解1分子ATP泵2~3个H^+。液泡膜H^+-焦磷酸酶为单一多肽，分子质量为69 kDa~80 kDa，K^+为其激活剂，但受Na^+抑制，每水解1分子PPi泵1个H^+（图2.9）。应注意，在线粒体膜和类囊体膜中存在的H^+-ATP酶，虽然结构与液泡膜H^+-ATP酶相似，但功能正好相反，即利用光合电子传递和氧化电子传递过程中产生的跨膜H^+梯度合成ATP。此外，内质网和高尔基体膜中也存在H^+-ATP酶。

（3）**离子泵** 植物细胞膜中转运阳离子的ATP酶主要有Ca^{2+}-ATP酶、Mg^{2+}-ATP酶。其中Ca^{2+}-ATP酶有两种类型：ⅡA型Ca^{2+}-ATP酶（内质网型）主要分布于内质网膜上，ⅡB型Ca^{2+}-ATP酶（质膜型）主要分布于质膜和液泡膜上。两者主要区别是ⅡA型Ca^{2+}-ATP酶受钙调素（CaM）激活，而ⅡB型Ca^{2+}-ATP酶则否。Ca^{2+}-ATP酶分子质量约为110 kDa，最适pH 7.0~7.5，其主要功能是水解ATP把细胞质中Ca^{2+}逆浓度泵出细胞外或泵入液泡和内质网等Ca^{2+}库，从而维持细胞质中Ca^{2+}稳态（homeostasis：0.1 $\mu mol/L$~1 $\mu mol/L$），而Ca^{2+}由胞外或Ca^{2+}库进入细胞质是通过Ca^{2+}通道顺电化学势梯度进行的。由于Ca^{2+}是重要的信号物质，所以Ca^{2+}-ATP酶在植物生命活动中的作用越来越受到人们的重视。

关于ATP酶转运阳离子的分子机制目前尚没有完全研究清楚。图2.7是ATP酶主动转运阳离子的可能机制，其要点是通过ATP的结合与水解，改变酶的构象，利用ATP水解释放的能量主动转运阳离子。

2. 次级主动吸收

次级主动吸收（secondary active absorption）又称次级主动转运，是指植物细胞利用膜质子泵所建立的跨

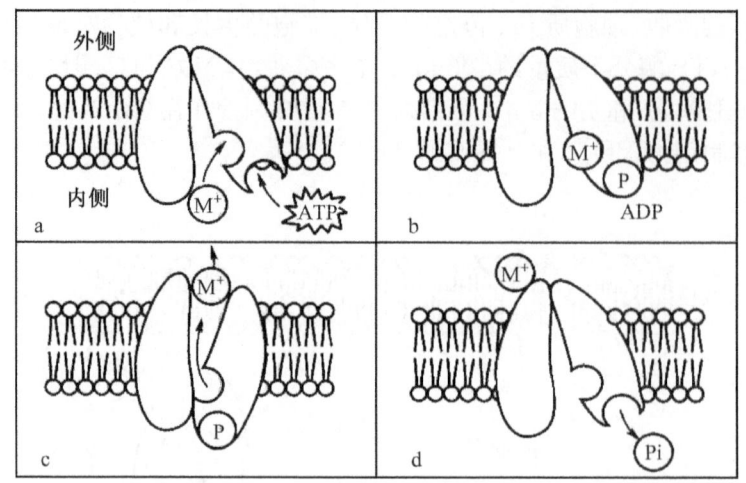

图 2.7　ATP 酶逆电化学势梯度转运阳离子的示意图(引自李合生,2002)

a、b. 酶与细胞内的离子结合并被磷酸化；c. 磷酸化导致的构象改变,将离子暴露于外侧并释放出去；d. 释放 Pi,恢复原构象

膜 PMF,通过载体逆电化学势梯度运输物质的过程。载体主要有逆向转运体和同向转运体(参见 2.2.1)。

阴离子的跨膜转运既可以通过载体运输,也可以通过通道运输,各种溶质通过植物细胞质膜、液泡膜和叶绿体膜的转运总结于图 2.8。

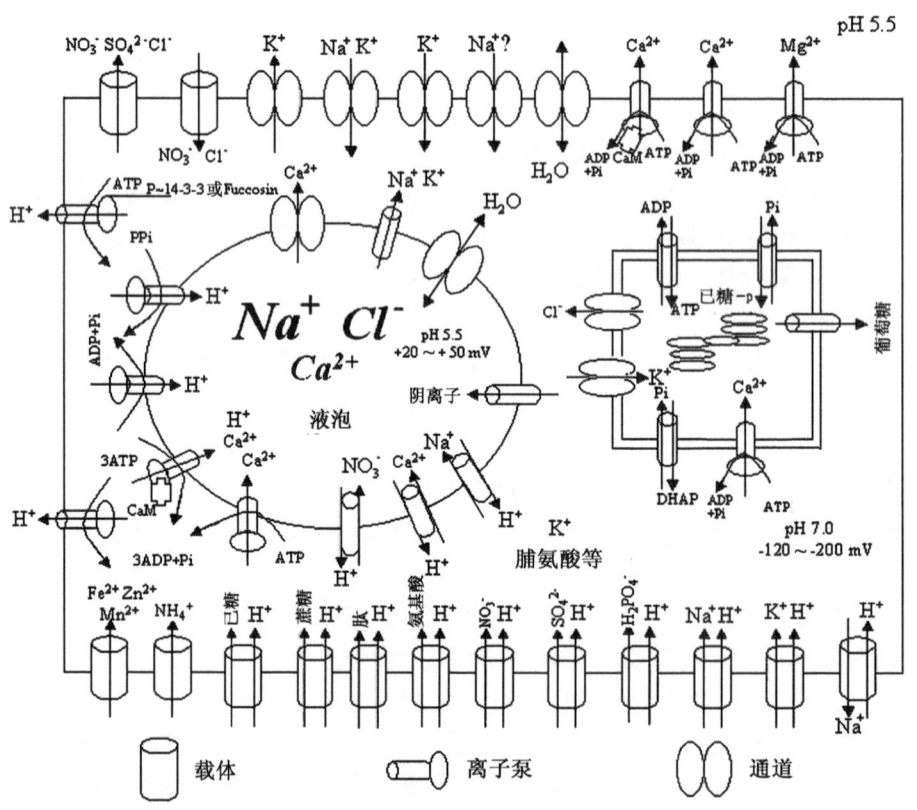

图 2.8　各种溶质通过质膜、液泡膜和叶绿体膜转运图解(引自王宝山,2002)

2.2.3　胞饮作用

细胞可以通过质膜吸附物质并进一步通过膜的内陷、分离和溶解等步骤将物质转移到胞内,这种吸收物质的方式称为胞饮作用(pinocytosis)。胞饮作用属于非选择性吸收方式,因此,包括各种盐类、大分子物质甚至病毒在内的多种物质都可能通过胞饮作用而被植物细胞吸收。这就为细胞吸收大分子物质提供了可能。

但胞饮作用不是植物吸收矿质元素的主要方式。

胞饮的过程是：物质被质膜吸附时质膜内陷，物质便进入凹陷处，随后，质膜内折，逐渐将物质围起来而形成小囊泡。小囊泡向细胞内部移动，囊泡本身慢慢溶解消失，物质便留在胞内，或者小囊泡一直向内移动至液泡膜，最后将物质送到液泡内。

2.3 植物体对矿质元素的吸收

植物体可以通过根系和叶片吸收矿质元素，但是通常情况下主要通过根系。

2.3.1 根系对矿质元素的吸收

前面所讲的植物细胞对矿质元素的吸收可以说是整个植物体吸收和利用矿质元素的基础。而从器官水平上看，整个植物体对矿质元素的吸收主要是通过根系进行的。根系对矿质元素的吸收情况影响着整个植物体的生长发育。

1. 根系吸收矿质元素的特点

植物根系对矿质元素的吸收既与水分吸收有关，又有其独立性，同时对不同离子的吸收还有选择性。

(1) 根系对矿质元素的吸收部位　根据距根尖顶端的距离和结构功能特点，可将根尖依次分为根冠、分生区、伸长区和根毛区四个区域(图2.9)。根向土壤扩张时，根冠能够保护根尖的分生细胞。根冠分泌的胶状物质形成黏胶层，它可能起润滑作用，并促进养分向根系转移。分生区细胞既向根基部方向分裂，分化为功能根组织，又向根尖方向分裂，形成根冠。伸长区的细胞迅速伸长后会进行最后一轮分裂，并形成一个中央细胞环，称为内皮层。内皮层细胞壁变厚，木栓质沉积在径向壁上，形成凯氏带。作为一种疏水结构，凯氏带阻断了皮层和中柱的质外体运输，因此溶质必须通过内皮层细胞质膜，进入到原生质中，经共质体运输，再进入中柱。成熟区某些表皮细胞向外突出形成大量根毛，扩大了表面积，且该区域木质部已分化完成，为水分和溶质的吸收提供了理想的条件。

关于根部吸收矿质元素的部位，有实验证明，根尖顶端虽有大量离子积累，而该部位无输导组织，离子不易运出；根毛区积累的离子数虽较少，但该部位的木质部已分化完全，所吸收的离子能较快地运出(图2.9、图2.10)。综合离子积累和运出的结果，确定根尖的根毛区为植物根部吸收矿质元素的主要部位，这一点与植物根系吸收水分的主要部位基本一致。

(2) 根系对矿质元素和水分的相对吸收　植物根系吸收矿质元素和水分的主要部位均为根毛区，那么是否可以认为根系对矿质元素的吸收与对水分的吸收是同步进行的呢？或者说矿质元素是随水分进入细胞呢？答案是否定的。例如，在溶液培养时，若营养液浓度低，则根系吸收矿质元素相对多，营养液浓度会越来越低；相反，当营养液浓度较高时，根系吸收水分相对多，结果使营养液浓度越来越高。还有实验表明，植物吸水增强时吸收矿质元素也多，但不呈一定比例。甚至吸水增强时吸收某些矿质元素少了，吸水少时吸收某些矿质元素反而多了。

实际上，植物对矿质元素的吸收和对水分的吸收是相对的，它们既相互联系，又各自独立。说其相互联系，是因为二者是互利的。矿质元素要溶于水中才易被根系吸收，进入根部后，矿质元素又以集流方式进入根部自由空间，而根对盐分的吸收又可降低根部的水势，有利于水分进入根部。说其独立，是因为根系吸收水分与吸收盐分的机制不同。根部吸水以蒸腾所引起的被动吸水为主，而对盐分的吸收则以消耗代谢能量的主动吸收为主，有选择性和饱和效应，需要载体等。

(3) 根系对离子的选择性吸收　离子的选择性吸收(selective absorption)即植物根系吸收离子的数量与溶液中离子的数量不成比例的现象。根系对离子的选择性吸收是以细胞对离子的选择性吸收为基础的。

根系对离子的选择性吸收具体表现在以下两个方面：① 植物对同一溶液中的不同离子的吸收是不一样的。例如，水稻可以吸收较多的硅，但却以较低的速度吸收钙和镁。又如，番茄以很高的速率吸收钙和镁，但几乎不吸收硅。② 植物对同一种盐的正、负离子的吸收不同。例如，供给$(NH_4)_2SO_4$时，根系对NH_4^+的吸收远

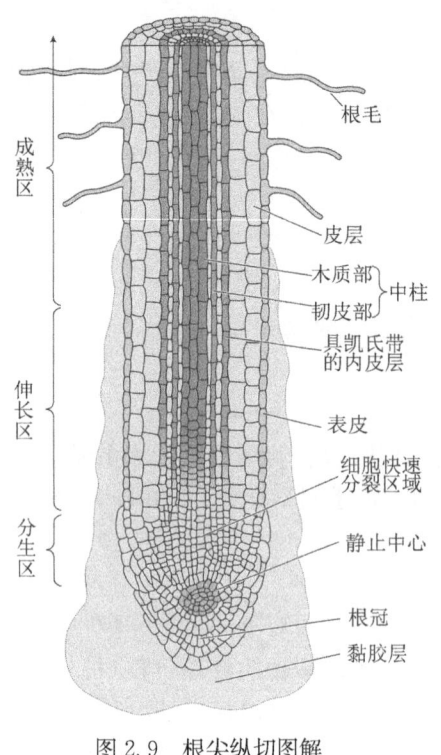

图 2.9 根尖纵切图解
(引自 Taiz et al.,2018)

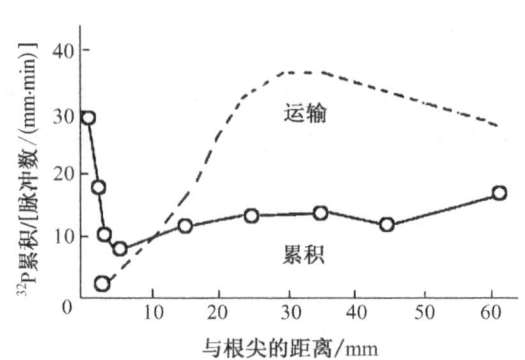

图 2.10 大麦根尖不同区域 ^{32}P 的积累和运输
(引自李合生,2002)

远多于对 SO_4^{2-} 的吸收,这样便有较多的 H^+ 从根表面进入土壤溶液,从而使土壤溶液变酸。故这类盐被称为生理酸性盐(physiologically acid salt)。绝大多数铵盐属于此类盐。当供给 $NaNO_3$ 或 $Ca(NO_3)_2$ 时,根系在选择性吸收 NO_3^- 时,伴随着 H^+ 的吸收,使土壤中剩余了较多的 OH^- 和 HCO_3^-,使土壤溶液变碱。故这类盐被称为生理碱性盐(physiologically alkaline salt)。如供给的是 NH_4NO_3,则根系对 NH_4^+ 和 NO_3^- 的吸收速率基本相同,土壤溶液的酸碱性不发生变化,这类盐则被称为生理中性盐(physiologically neutral salt)。生产上使用化学肥料时应注意肥料类型的合理搭配及施用量,以免造成土壤的次生盐渍化及土壤 pH 等理化性质的恶化。

(4) 单盐毒害和离子拮抗　　某溶液若只含有一种盐分(即溶液的盐分中的金属离子只有一种),该溶液即被称为单盐溶液(single salt solution)。若将植物培养在单盐溶液中,植物不久将会呈现不正常状态,最后死亡,这种现象即为单盐毒害(toxicity of single salt)。能够导致单盐毒害的盐分,阳离子的毒害作用明显,阴离子的毒害作用不显著。无论单盐溶液中的盐分是否为植物所必需,单盐毒害都会发生。即使单盐溶液的浓度很低,也不例外。如将在海洋中生活的植物放在与海水的 NaCl 浓度一样(甚至只有海水 NaCl 浓度的 1/10)的纯 NaCl 溶液中,还是会发生单盐毒害。在单盐溶液中若加入少量含其他金属离子的盐类,单盐毒害现象就会减弱或消除。离子间的这种作用叫作离子对抗或离子拮抗(ion antagonism)。金属离子之间的对抗不是随意的,一般在元素周期表中不同族金属元素的离子之间才会有拮抗作用。例如,Na^+ 和 K^+ 可以对抗 Ba^{2+} 或 Ca^{2+}。表 2.5 是小麦根在不同盐溶液中的生长情况。

表 2.5　小麦根在不同盐溶液中的生长情况

溶　液	根的总长度/mm	溶　液	根的总长度/mm
NaCl	59	$NaCl+CaCl_2$	254
$CaCl_2$	70	$NaCl+CaCl_2+KCl$	324

关于单盐毒害和离子对抗的本质,目前尚无令人满意的解释。有人认为,该现象可能与细胞质和质膜的亲水胶体状态有关。Na^+ 和 K^+ 可使原生质水合程度增大,黏度变小,而 Ca^{2+} 则相反。水合程度过大或过小都会使原生质体处于一种不正常的状态。当 K^+、Na^+、Ca^{2+} 以一定比例混合时,原生质体才能呈正常状态。

选择几种含植物必需矿质元素的盐分,按一定浓度与比例配制成混合溶液,植物便可以生长良好。这种对植物生长无毒害作用的溶液称为平衡溶液（balanced solution）。前面提到的 Hoagland 营养液就是平衡溶液。对海藻来说，海水是平衡溶液。对陆生植物来说，土壤溶液一般也是平衡溶液。在农业生产中，为了促进作物的健康生长发育，要注意均衡施肥，避免破坏土壤中各种矿质元素的平衡。

2. 根系吸收矿质元素的过程

土壤溶液中的矿质元素首先吸附在根细胞表面，然后进入根系内部，进入根系内部的矿质元素既可以通过质外体也可以通过共质体途径进入导管。

（1）**离子被吸附在根部细胞表面**　根部细胞在吸收离子的过程中，同时进行着离子的吸附与解吸附。这时，总有一部分离子被其他离子所置换。由于细胞吸附离子具有交换性，故称为交换吸附（exchange adsorption）。根部之所以能进行交换吸附，是因根部细胞的质膜表层有正负离子，其中主要是 H^+ 和 HCO_3^-，这些离子主要是由呼吸放出的 CO_2 和 H_2O 生成的 H_2CO_3 所解离出来的。H^+ 和 HCO_3^- 迅速地分别与周围溶液的阳离子和阴离子进行交换吸附而到达根细胞表面。而 H^+ 和 HCO_3^- 留在土壤溶液中。这种交换吸附是不消耗代谢能量的，吸附速度很快（几分之一秒），当吸附表面形成单分子层即达极限。吸附速度与温度无关。

对于被土壤胶体吸附着的矿物质，根部细胞可通过两种方式进行交换吸附。① 通过土壤溶液间接进行。根部呼吸放出的 CO_2 与土壤溶液中的 H_2O 形成 H_2CO_3，H_2CO_3 从根表面逐渐接近土粒表面，土粒表面吸附的阳离子（如 K^+）与 H_2CO_3 的 H^+ 进行离子交换（ion exchange），H^+ 被土粒吸附，K^+ 进入土壤溶液（形成 $KHCO_3$），当 K^+ 接近根表面时，再与根表面的 H^+ 进行交换吸附，K^+ 即被根细胞吸附（图 2.11a）。K^+ 也可能连同 HCO_3^- 一起进入根部。在此过程中，土壤溶液好似"媒介"将根细胞与土粒之间的离子交换联系起来。② 直接交换。根部和土壤颗粒表面上的离子在吸附位置上不断震动，如果根部和土壤颗粒之间的距离小于离子震动的空间，土壤颗粒上的阳离子和根表面的 H^+ 便可以不通过土壤溶液而直接交换，根部从而得到阳离子（图 2.11b）。这种方式的交换也称为接触交换（contact exchange）。

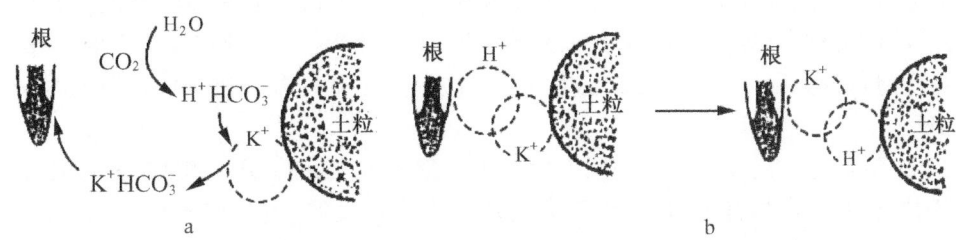

图 2.11　根对吸附在土壤胶体上的矿物质的吸收

a. 通过土壤溶液和土粒进行交换吸附；b. 接触交换

至于难溶性的盐类，根系可通过呼吸放出的 CO_2 遇水所形成的碳酸，或者向外分泌的柠檬酸、苹果酸等有机酸来溶解它们，并进一步加以吸收。岩缝中生长的树木、岩石表面的地衣等植物就是通过这种方法来获取矿质营养的。

（2）**离子进入根部内部**　上述被根表面吸附的离子可通过质外体、共质体和跨膜途径进入根的内部。① 质外体途径：质外体又称为自由空间（free space）。自由空间的体积不易直接测得，但可由表观自由空间（apparent free space，AFS）或相对自由空间（relative free space，RFS）间接衡量。AFS 系自由空间占组织总体积的百分比，可通过对外液和进入组织空间的溶质数的测定加以推算。一般 AFS 为 5%～20%。离子通过质外体扩散，当到达内皮层时，由于内皮层上存在凯氏带和栓质，离子与水分都被其阻挡而不能通过。这样，离子和水分最终必须转入共质体才能继续向内运送至导管，或由共质体重新进入凯氏带内侧的质外体向根系内部扩散。不过，在幼嫩的根中，内皮层尚未形成凯氏带之前，离子和水分可经质外体到达导管。另外，在内皮层中有个别细胞壁不加厚的通道细胞，可作为离子和水分扩散的途径。凯氏带和栓质的存在，使离子进入或运出共质体时必然有载体的参与。这就使根系有选择地吸收离子，维持各种离子内外浓度差，保证正常的生理状态。② 共质体途径：离子通过胞间连丝进入相邻细胞。进入共质体内的溶质也可运入液泡而暂存起来。

(3) 跨膜途径 离子通过膜转运蛋白由细胞一侧转运到另一侧,是离子由土壤溶液进入根木质部导管的主要途径。关于共质体、质外体和跨膜途径的概念及离子如何经三种途径进入导管参见第一章的 1.3.3。目前有两种观点解释离子进入导管的机制:一种观点认为导管周围薄壁细胞中的离子以被动扩散的方式随水分流入导管,因为有实验证明,木质部中各种离子的电化学势均低于皮层或中柱内其他生活细胞。另一种观点则认为,导管周围薄壁细胞中的离子通过主动转运进入导管。因为也有实验指出,离子向木质部的转运在一定时间内不受根部离子吸收速率的影响,但可被 ATP 合成抑制剂抑制。总之,这个问题还需进一步探究。

2.3.2 环境因子对根系吸收矿质元素的影响

根系所处的环境是土壤,因此,土壤温度、通气状况、溶液浓度和土壤溶液 pH 等都直接或间接影响根系对矿质元素的吸收。

1. 土壤温度

根细胞对矿质元素的吸收主要通过膜转运蛋白进行,因此,土壤温度过高或过低,都会使根系吸收矿物质的速率下降。温度过高(如超过 40℃)会使酶钝化,影响根部代谢,也使细胞透性加大而引起矿物质被动外流。温度过低时,代谢减弱,主动吸收慢,细胞质黏性也增大,离子进入困难。同时,土壤中离子扩散速率降低。只有当土壤温度在合适的范围内,才有利于根系对矿物质的吸收,并且随着温度的升高,吸收速率也提高。

2. 土壤通气状况

根部吸收矿物质与呼吸作用有密切联系。因此,土壤通气状况能直接影响根对矿物质的吸收。土壤通气好可加速气体交换,从而增加 O_2,减少 CO_2 的积累,增强了呼吸作用和 ATP 的供应,促进根系对矿物质的吸收。

3. 土壤溶液的浓度

当土壤溶液的浓度在一定范围内时,增大其浓度,根部吸收离子的量也随之增加。但当土壤溶液浓度高出此范围时,根部吸收离子的速率就不再与土壤浓度有密切关系。此乃根部细胞膜上的转运蛋白数量有限所致。如果土壤溶液浓度过大(如盐碱地),土壤水势太低,还可能产生渗透胁迫,造成根系吸水困难,这是盐碱地作物出苗难、产量低的原因之一,也是农业生产上一次施用化肥过多导致"烧苗"的原因。

4. 土壤溶液的 pH

土壤溶液的 pH 主要有直接和间接影响两方面。直接影响为土壤的 pH 影响根系的生长,从而影响吸收面积。大多数植物的根系在微酸性(pH5.5~6.5)的环境中生长良好,也有些植物(如甘蔗、甜菜等)的根系适于在较为偏碱的环境中生长(表 2.6)。间接影响比直接影响大。一方面土壤 pH 通常影响土壤微生物的生长而间接影响根系对矿物质的吸收。当土壤偏酸(pH 较低)时,根瘤菌会死亡,固氮菌失去固氮能力。当土壤偏碱(pH 较高)时,反硝化细菌等对农业有害的细菌发育良好。这些都会对植物的氮素营养产生不利影响。另一方面,影响土壤中矿物质的可利用性,这方面的影响往往比前面两点的影响更大。土壤溶液 pH 变化可引起溶液中矿物质溶解性的改变(图 2.12)。土壤溶液的 pH 较低时有利于岩石的风化和 K^+、Mg^{2+}、Ca^{2+}、Mn^{2+} 等的释放,也有利于碳酸盐、磷酸盐、硫酸盐等的溶解,从而有利于根系对这些矿物质的吸收。但 pH 较低也有不利的一面,如酸性土壤中的钾、钙、镁易被雨水淋溶而损失(南方酸性的红壤土往往缺乏上述元素就是这个道理)。另外,在酸性环境中,铝、铁、锰等的溶解度增大,植物过度吸收这些矿物质会造成毒害。相反,当土壤溶液中 pH 增高时,铁、磷、钙、镁、铜、锌等会逐渐形成不溶物,植物能够利用的量就会减少。

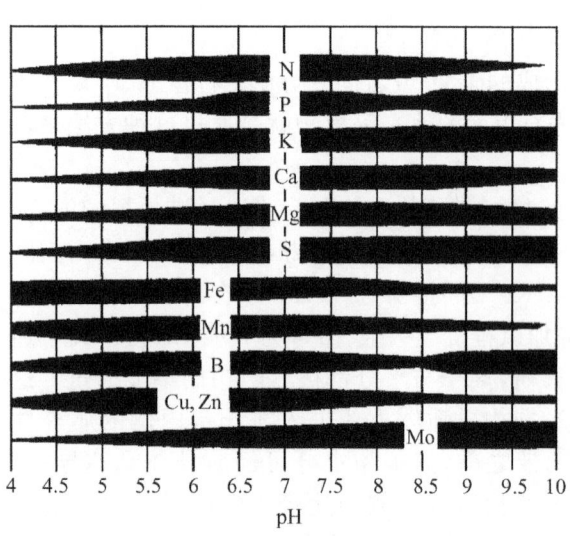

图 2.12 土壤溶液 pH 对矿质元素可利用性的影响
黑带厚度代表养分的溶解度(改自潘瑞炽等,2001)

第 2 章 植物的矿质营养

表 2.6 几种主要作物生长的最适 pH 范围

作物	pH	作物	pH	作物	pH
马铃薯	4.8~5.4	大豆	6.0~7.0	西瓜	6.0~7.0
胡萝卜	5.3~6.0	水稻	5.0~7.0	油菜	6.0~7.0
番薯	5.0~6.0	小麦	6.0~7.0	棉花	6.0~8.0
花生	5.0~6.0	大麦	6.0~7.0	甘蔗	7.0~7.3
烟草	5.0~6.0	玉米	6.0~7.0	甜菜	7.0~7.3

除了土壤中的环境因子外，土壤特性（主要是土壤颗粒对矿质离子的吸附能力），土壤微生物种类、数量和活性，以及土壤中污染物（特别是 Al^{3+} 和 Hg^{2+} 等重金属）都会影响根系对矿质元素的吸收。

2.3.3 植物叶片对矿质元素的吸收

除根部外，植物的地上部分也可以吸收矿物质。在农业生产中采用给植物地上部分喷施肥料以补充植物对矿质元素需要的措施称为根外营养。由于地上部分吸收矿物质的器官以叶片为主，根外营养也叫叶片营养（foliar nutrition）。

溶液必须很好地吸附在叶片上才易于被叶片吸收。但有些植物的叶片很难附着溶液，或虽附着但分布不均匀。要解决这个问题，可在溶液中加入能减低液体表面张力的物质（表面活性剂或沾湿剂），如吐温、三硝基甲苯，或加入较稀的洗涤剂等。

根外营养是否有效关键取决于营养物能否被叶片吸收。叶片一般只能吸收溶解在溶液中的矿物质。研究表明，溶液并非通过气孔进入叶片，而是通过叶面的角质层（cuticle）进入叶片内部。角质层是多糖和角质（脂类化合物）的混合物，它分布在叶表皮的外表面或浸渗在叶表皮细胞的外侧壁中，不易透水。但角质层有裂缝，呈微细的孔道（如甘蓝叶片角质层小孔的直径为 6~7 mm），可让溶液通过。溶液经角质层孔道到达表皮细胞外侧壁后，经过壁中通道外连丝（ectodesma）到达表皮细胞的质膜，再被转运到细胞内部，最后到达叶脉韧皮部，其机制与根部吸收离子相同。

营养物进入叶片的量与叶片的内外因素有关。嫩叶吸收营养物比老叶迅速而且量大，此乃两者的表层成分和生理活性不同所致。温度对营养物进入叶片有直接影响。温度为 30℃、20℃、10℃时棉花叶片吸收 ^{32}P 的相对速率分别是 100、72、53。可见，叶片营养也是一个与代谢有关的过程。由于叶片只能吸收溶液中的矿物质，若溶液蒸发干了，固体物质是不能进入叶片的。所以，尽量延长溶液在叶片上的停留时间，使其不被蒸干也是增加叶片吸收量的一个重要因素（当然，吸收的量也与叶片对溶液的吸附及其吸收速率有关）。溶液蒸发还会使溶液浓度增高，导致盐分积聚在叶表面，不仅不利于叶片的吸收，甚至会引起叶片反渗透而被"烧伤"。风速大、气温高、大气湿度低等环境因素会加速液体的蒸发，因此，根外营养应选在凉爽、无风、大气湿度高的时间（如阴天、傍晚）进行。根外施肥所用溶液的肥料浓度一般在 1.5%~2.0% 以下为宜。

根外营养的优点是迅速高效。除某些植物（如柑橘类）叶片上的角质层较厚，叶面施肥效果稍差外，大多数植物采用根外营养效果都很好，特别是在植物迅速生长时期（营养临界期），或农作物生育后期根部吸肥能力减退时，采用根外营养可有效补充营养。又如，磷肥易被土壤固定，叶面喷施过磷酸钙，效果很好。铁、锰在碱性土壤中有效性降低，用根外营养效果也不错。根外营养也是植物补充微量元素的一种好方法。农业生产中喷施内吸性杀虫剂、杀菌剂、植物生长调节剂、除草剂和抗蒸腾剂等，都是根据叶片营养的原理进行的。可见，叶片营养在农业生产中的应用范围是很广的。

总之，根外营养要注意以下几点：① 浓度不要过高，以免引起"烧苗"，一般大量元素 1% 左右，微量元素 0.1% 左右为宜；② 在作物营养临界期和生育后期效果最好；③ 阴天或傍晚最好，但需 24 h 无雨；④ 挥发性强的元素不能用于根外施肥。

2.4 矿质元素在植物体内的运输与分配

根系吸收的矿质元素除一部分留在根内外，大部分运输到地上部分。同样，叶片吸收的矿质元素也会运送到根系等植物体其他部分。此外,在植物生长发育过程中或某种元素缺乏时,矿质元素也会在植物体不同部位之间进行再分配。

2.4.1 矿质元素在植物体内的运输

1. 矿物质在植物体内运输的形式

不同矿质元素在植物体内的运输形式不同。大部分金属元素以离子形式向上运输,而非金属或以离子状态或以小分子有机物形式运输。根系吸收的氮素,大部分在根内转化成有机氮化合物再运往地上部分。有机氮化合物包括氨基酸(主要是天冬氨酸,还有少量丙氨酸、甲硫氨酸等)和酰胺(主要是天冬酰胺和谷氨酰胺)。还有少量的氮素以硝酸根的形式向上运输。磷素主要以正磷酸盐形式运输,但也有一些在根部转变为有机磷化合物(如甘油磷酰胆碱、己糖磷酸酯等)而向上运输。硫主要以硫酸根离子形式向上运输,少数以甲硫氨酸及谷胱甘肽等形式运送。

2. 矿物质在植物体内运输的途径和速度

根部吸收的矿物质一方面经质外体和共质体途径进入导管后,就随蒸腾流一起上升,或按浓度差而扩散。另一方面,根部吸收的矿物质也可以从木质部横向运输到韧皮部。将一段柳茎的韧皮部同木质部分离开,两者之间插入不透水的蜡纸(对照为中间不隔蜡纸)。在柳树根施以 ^{42}K,5 h 后测定 ^{42}K 在柳茎各部分的分布(图 2.13)。结果表明,根部吸收的 ^{42}K 是通过木质部向上运输的。在分离部分以上或以下,以及不插入蜡纸的实验中,韧皮部都有较多的 ^{42}K,说明 ^{42}K 从木质部活跃地横向运至韧皮部(表 2.7)。

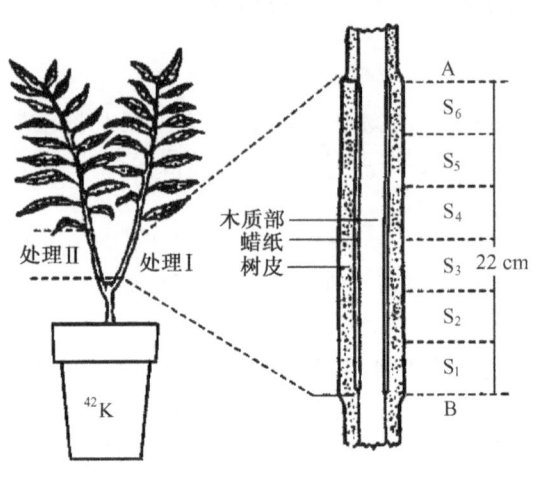

图 2.13 柳茎分离部分位置

叶片吸收的矿物质可向下或向上运输。用上述同样的技术,利用 ^{32}P 证明叶片吸收的矿物质向下和向上运输都是通过韧皮部进行的。叶片吸收的矿物质也可从韧皮部横向运至木质部。

根系吸收的矿物质从木质部横向运至韧皮部后,有些可通过筛管再向下运输至根部,然后又可从根部导管向上运输。这样,就在植物体内形成矿质离子循环。由根部上运的矿质离子,大部分进入叶片参与代谢和同化,多余的离子便和光合产物通过筛管向下运输而参加到离子的循环中。叶片吸收的矿物质最终也有一些离子可加入到离子循环中。但是,根系吸收的矿质元素在基部向上运输以木质部为主导,而叶片吸收的矿质元素在基部向上、向下运输以韧皮部为主导。

矿质元素在植物体内的运输速度与植物种类、同种植物不同发育阶段以及环境条件有关,一般为 30~100 cm/h。

表 2.7 ^{42}K 在柳茎中的分布

部分		韧皮部与木质部间隔以蜡纸		韧皮部与木质部分开后再密切接触	
		韧皮部 ^{42}K 质量浓度/(mg/L)	木质部 ^{42}K 质量浓度/(mg/L)	韧皮部 ^{42}K 质量浓度/(mg/L)	木质部 ^{42}K 质量浓度/(mg/L)
分离部分以上	A	53	47	64	56
分离部分	S_6	11.6	119	87	69
	S_5	0.9	122		
	S_4	0.7	112		
	S_3	0.3	98		
	S_2	0.3	108		
	S_1	20.0	113		
分离部分以下	B	84	58	74	67

2.4.2 矿质元素在植物体内的分配

矿物质在植物体内的分配以离子是否参与体内离子循环而异。矿物质进入植物体后,有些元素(如氮、磷、镁)主要以形成不稳定的化合物被植物利用,这些化合物不断分解,释放出的离子可转移到其他部位而被再利用。有些元素(如钾)在植物体内始终呈离子状态。上述两类元素是属于参与循环的元素,或称为可再利用元素。另有一些元素(如钙、铁、锰、硼)在细胞中一般形成难溶解的稳定化合物,是不能参与循环的元素,或称不可再利用元素。可再利用元素中以氮、磷最为典型,不可再利用元素中以钙最为典型。

参与循环的元素在植物的个体发育中,优先分配到代谢较旺盛的部位(如生长点、嫩叶、果实、种子、地下贮藏器官等)。植物缺乏这类元素(如镁、钾等)时,较老的组织或器官因可将其转运至较幼嫩的组织或器官而最先出现症状。落叶植物的叶片脱落之前,叶中的氮、磷等便可运到茎干、根部或繁殖器官中。植株开花结实后,营养体的氮化合物含量大大减少,不宜再作饲料或绿肥,道理也在于此。

不参与循环的元素则相反,它们被植物转运至地上部分后即被固定而不能移动。所以,器官越老含量越高。因此,植物缺乏这类元素(如钙、铁等)时,症状最先出现在幼嫩的部位。

2.5 植物对无机养料的同化

高等植物为自养生物,能够把吸收的无机物(H_2O、CO_2 和无机盐等)同化为有机物。CO_2 和 H_2O 的同化分别在水分生理和光合作用等章节中详细讨论。植物所吸收的矿质养料在体内要进一步转变为有机物,这个过程称为矿质养料的同化(assimilation)。本节重点讨论无机物 N、S 和 P 同化为有机物的问题。

2.5.1 氮素的同化

自然界中氮单质和含氮化合物之间相互转换过程的物质循环称为氮循环(nitrogen cycle)。氮循环是生物圈内基本的物质循环之一。例如,大气中的氮经微生物等作用而进入土壤,为动植物所利用,最终又在微生物的参与下返回大气中,如此反复循环,以至无穷。大气中含有约78%的氮气(N_2),但植物不能直接利用,须将 N_2 转变为结合态氮才能被利用,这个过程主要靠微生物的生物固氮来进行。由于土壤母质中不含氮素,生物固氮实质上是土壤中有机与无机氮化合物最终的主要来源。

植物能利用的是结合态氮。它们主要是来自土壤中的无机或有机氮化合物。实际上,土壤中总氮的90%是有机态氮。有机氮化合物主要由动植物和微生物遗体分解产生,其中小部分形成氨基酸、酰胺、尿素等而被植物直接吸收,大部分则通过土壤微生物转化为无机氮化合物(主要是 NH_4^+ 和 NO_3^-)后被植物吸收,但吸收的 NH_4^+ 和 NO_3^- 必须在体内同化成有机氮化合物才能被植物进一步加以利用。

1. 植物从土壤中吸收的氮素的同化

(1) 硝酸盐的同化　植物从土壤中吸收的硝酸盐必须经代谢还原(metabolic reduction)才能被利用,因为蛋白质的氮呈高度还原状态,而硝酸盐的氮却呈氧化状态。

一般认为,硝酸盐还原按以下步骤进行:

$$\underset{\text{硝酸盐}}{\overset{(+5)}{NO_3^-}} \xrightarrow{+2e} \underset{\text{亚硝酸盐}}{\overset{(+3)}{NO_2^-}} \xrightarrow{+2e} \underset{\text{次亚硝酸盐}}{\overset{(+1)}{N_2O_2^{2-}}} \xrightarrow{+2e} \underset{\text{羟氨}}{\overset{(-1)}{[NH_2OH]}} \xrightarrow{+2e} \underset{\text{氨}}{\overset{(-3)}{NH_3}} \tag{2.1}$$

上式中,圆括号内的数字为 N 的价位数,方括号内的步骤仍未肯定。整个过程需要 8 个电子,最后将 NO_3^- 还原为 NH_3。

硝酸盐还原为亚硝酸盐是由硝酸还原酶(nitrate reductase, NR)催化的,其反应如下:

$$NO_3^- + 2e^- + 2H^+ \longrightarrow NO_2^- + H_2O \tag{2.2}$$

在高等植物体内，NR 存在于细胞质中，是一种可溶性的钼黄素蛋白(molybdoflavoprotein)，为同型二聚体(homodimer)或同型四聚体(homotetramer)，分子质量为 200 kDa～500 kDa，含有 FAD、细胞色素 b_{557} 及钼复合体(Mo-Co)等三种辅基。三种辅基在酶促反应中起电子传递体的作用。NR 的每个亚基含有 1 个 FAD、血红素、Mo，NR 由核 DNA 编码。

在 NR 催化的反应中，大多数植物还原所需的一对电子由 NADH 提供，某些植物既可由 NADPH 提供，也可以由 NADH 提供。电子从 NADPH 经 FAD、细胞色素 b_{557} 传至 Mo，最后还原 NO_3^- 为 NO_2^-。其过程见图 2.14。

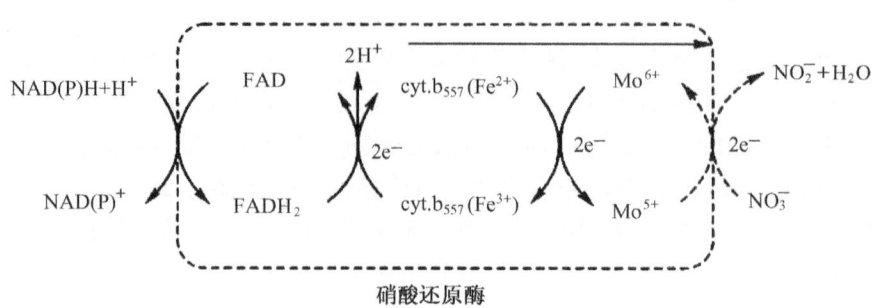

图 2.14 硝酸还原酶催化反应示意图

整个酶促反应为：

$$NO_3^- + NAD(P)H + H^+ + 2e^- \xrightarrow{NR} NO_2^- + NAD(P)^+ + H_2O \tag{2.3}$$

NR 属于一种诱导酶(induced enzyme)或适应酶(adaptive enzyme)。诱导酶是指植物本来不含有这种酶，但在特定物质(通常是底物)的影响下生成的酶。许多植物的 NR 为诱导酶，但大豆等植物存在组成性(constitutive)和诱导性(inducible)两种形式 NR。1957 年，我国科学家吴相钰和汤佩松首次证明水稻幼苗经硝酸盐诱导可以形成硝酸还原酶。NR 的最佳诱导除了需要 NO_3^- 外，还需光或定量的还原态碳水化合物。这可能是因为光照充足，有利于激活叶绿体中的光系统而增加 NADPH 和 ATP，NADPH 可使 NR 处于高活性状态，ATP 可促进液泡中储藏的 NO_3^- 运回到细胞质中，发挥对 NR 的诱导作用。较强的光照也有利于合成较多光合产物并运到细胞质参加糖酵解，进一步形成较多还原力(NADH)。另外，也有人认为光照激活了光敏色素系统，后者再激活编码 NR 的基因。

硝酸盐的还原在植物根和叶中均可进行。但 NO_3^- 供应少时，其还原主要在根中进行，NO_3^- 量较大而根中还原力不足时，NO_3^- 可上运到叶片中进行还原。在苍耳和白羽扇豆中则较为特殊，前者几乎全在根中进行，后者几乎全在叶中进行。根中硝酸盐的还原能力在不同的作物中也有不同，如燕麦＞玉米＞向日葵＞大麦＞油菜。硝酸盐还原也受温度等因素的影响。

NO_3^- 还原为 NO_2^- 后，NO_2^- 被迅速运进质体(plastid)即根中的前质体(proplastid)，或叶中的叶绿体，并进一步被亚硝酸还原酶(nitrite reductase, NiR)还原为 NH_3 或 NH_4^+。其酶促反应为：

$$NO_2^- + 6e^- + 8H^+ \xrightarrow{NiR} NH_4^+ + 2H_2O \tag{2.4}$$

在叶绿体中，还原所需的电子来自于还原态的铁氧蛋白。故亚硝酸盐还原反应为：

$$NO_2^- + 6Fd_{red} + 8H^+ \xrightarrow{NiR} NH_4^+ + 6Fd_{ox} + 2H_2O \tag{2.5}$$

其中，Fd_{red} 和 Fd_{ox} 分别为还原态和氧化态的铁氧还蛋白。

叶绿体中 NiR 相对分子质量为 60 kDa～70 kDa，含有两个亚基。其辅基由一个铁硫原子簇(4Fe-4S)和一个西罗血红素(sirohaem)组成。NO_2^- 结合在 4Fe-4S-西罗血红素部位，被直接还原为 NH_4^+(图 2.15)。还原过程中未发生从 NO_2^- 到 NH_4^+ 的中间产物。这可能是在还原过程中产生的硝酰基(NOH)和羟胺(NH_2OH)与酶结合为复合物，直至最后还原为 NH_4^+ 才释放出来，其确切机制仍有待于进一步研究。

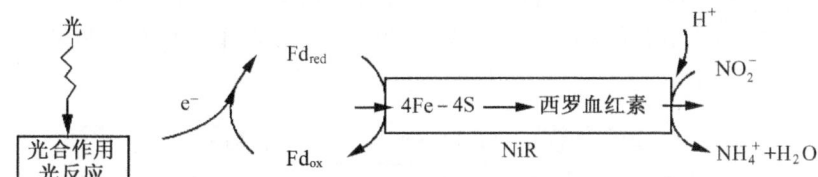

图 2.15　叶绿体中亚硝酸还原酶的催化作用示意图
(改自李合生,2002)

在非绿色组织中,还原所需的电子供体尚不甚清楚,有可能来自于呼吸作用产生的 NADH 或 NADPH。但 NADH 或 NADPH 不能像 Fd 那样直接作为 NO_2^- 还原时的电子供体,承担中间过渡的电子传递体尚不明确。

NiR 也由核 DNA 编码。NiR 在细胞质中合成后,运进质体时被加工修饰。NiR 也可被亚硝酸盐(NO_2^-)诱导产生。NO_2^- 可通过其被氧化为 NO_3^- 而间接发挥对 NiR 的诱导作用。

亚硝酸还原过程受光促进,可能与光照时植物生成 Fd_{red} 有关。当植物缺铁时,亚硝酸还原受阻,可能系 Fd 含量不足所致。亚硝酸还原需要氧,缺氧时该过程受阻。

(2) 氨的同化　　植物吸收的氨态氮(或由硝酸盐还原产生的氨态氮)必须迅速同化为有机物。因为高浓度的氨态氮对植物是有害的,因其能使光合磷酸化或氧化磷酸化解偶联,并能抑制光合作用中水的光解。而游离氨可能对呼吸作用中的电子传递系统有抑制作用。只有少数植物,如秋海棠(*Begonia*)等,可以在中央大液泡中积累氨态氮。

氨的同化途径有 4 种,分述如下。

1) 氨与氨基酸结合形成酰胺。如氨与谷氨酸或天冬氨酸在谷氨酰胺合成酶(图 2.16 反应①)或天冬酰胺合成酶(图 2.16 反应③)的催化下生成谷氨酰胺或天冬酰胺。谷氨酰胺合成酶(glutamine synthase,GS)是氨态氮同化的最重要酶,对氮具有很高的亲和力(K_m 为 $10^{-5} \sim 10^{-4}$ mol·L^{-1}),定位于叶绿体和细胞质中,在根等非绿色组织中定位于质体中。

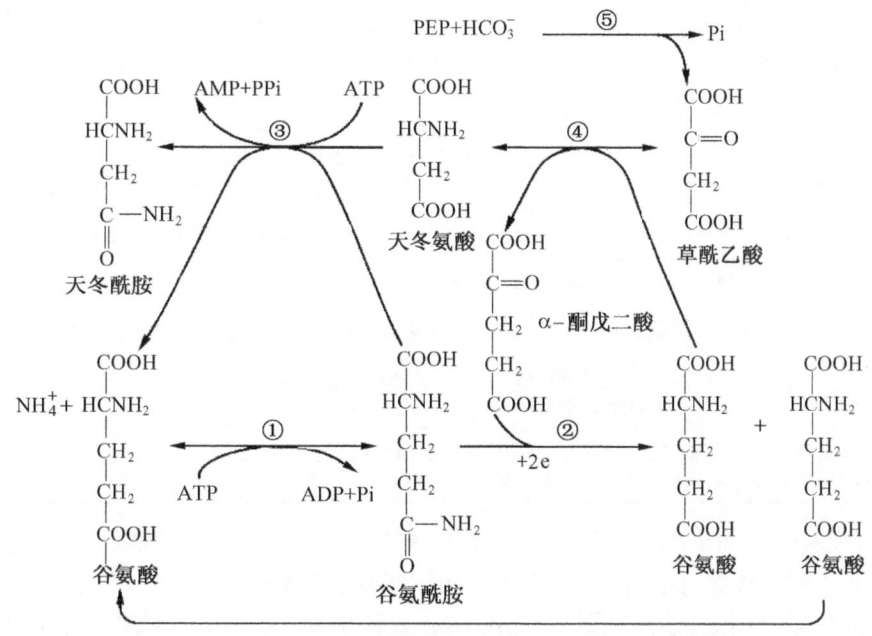

图 2.16　氨态氮同化为氨基酸和酰胺的途径(引自李合生,2002)

2) 通过转氨作用(transamination)或氨基交换作用进行氨基酸的合成,即把一种氨基酸的氨基转到 α-酮戊二酸或另一种氨基酸上。转氨作用由转氨酶(aminotransferase)催化完成。如图 2.16 中的反应②和④,反应中的草酰乙酸由磷酸烯醇式丙酮酸(PEP)羧化生成(图 2.16 反应⑤)。植物细胞的细胞质、叶绿体和微体中均有转氨酶,转氨作用在氨的同化中起着重要作用。

3) 氨与呼吸代谢产物 α-酮酸结合形成氨基酸。如 α-酮戊二酸与氨结合,在谷氨酸脱氢酶(glutamate

dehydrogenase,GDH)催化下生成谷氨酸,GDH 位于叶绿体和线粒体中,供氢体为 NADH＋H^+,但 GDH 对氨的亲和力低(K_m 值为 5.2～7.0 mmol/L),所以在氮的同化中不占主要地位。同样,草酰乙酸与氨也能形成天冬氨酸。

$$\begin{matrix} \alpha\text{-酮戊二酸} \\ \text{或 草酰乙酸} \end{matrix} \xrightarrow[+NH_3,-H_2O]{NADH+H^+ \quad NAD^+} \begin{matrix} \text{谷氨酸} \\ \text{或天冬氨酸} \end{matrix} \tag{2.6}$$

4)高等植物中还有一个氨同化方式,即氨、CO_2 和 ATP 结合生成氨甲酰磷酸,后者参与嘧啶核苷酸的生物合成。

$$NH_3 + CO_2 + ATP \longrightarrow NH_2COO(P) + ADP \tag{2.7}$$

通过上述 4 种途径,无机态氮转化成有机氮,绝大多数进入氨基酸,继而合成蛋白质,有少部分进入核酸等含氮物质代谢,其中谷氨酰胺和天冬酰胺是两种氨的临时储存形式,当植物体内氨不足时,酰胺释放出氨供植物之需,反之则合成酰胺,解除氨的毒害。

2. 生物固氮

在一定条件下,氮气(或游离氮)转变成含氮化合物的过程称为固氮(nitrogen fixation)。固氮有自然固氮和工业固氮之分,其中自然固氮占总固氮量的 85% 以上。在自然固氮中,有 10% 是通过闪电进行的,而 90% 是由生物固氮完成的。生物固氮(biological nitrogen fixation),就是某些微生物把大气中的游离氮转化为含氮化合物(NH_3 或 NH_4^+)的过程。生物固氮的规模非常宏大,它对农业生产和自然界中氮素平衡都有十分重大的意义。

(1)固氮微生物 在自然界中只有某些原核微生物(prokaryotic microorganism)能进行生物固氮。固氮微生物分为两类:一类是与其他植物共生的共生微生物(symbiotic microorganism),另一类是能独立生存的非共生微生物。非共生微生物又可包括自养的(autotrophic)和异养的(heterotrophic),其中蓝藻是最重要的自养固氮微生物。固氮菌(*Azotobacter*)和梭状芽孢杆菌(*Clostridium*)分别是需氧的(aerobic)和厌氧的(anaerobic)异养固氮微生物的代表。共生微生物有豆科植物的根瘤菌(*Rhizobium*)、与非豆科植物共生的放线菌,以及与水生蕨类红萍(满江红)(*Azolla*)共生的鱼腥藻(*Anabaena azollae*)等,其中以豆科植物共生的根瘤菌为最重要。固氮微生物的类型总结于表 2.8。

表 2.8 固氮微生物的类型

共生固氮
　1. 与豆科植物共生:如固氮根瘤菌属(*Azorhizobium*)、慢生根瘤菌属(*Bradyrhizobium*)、中慢生根瘤菌属(*Mesorhizobium*)、根瘤菌属(*Rhizobium*)和中华根瘤菌属(*Sinorhizobium*)
　2. 与非豆科植物共生:如法兰克属(*Frankia*)和鱼腥藻属(*Anabaena*)
非共生固氮
　1. 自由生活的蓝细菌(cyanobacteria,蓝藻 blue-green algae):如念珠藻属(*Nostoc*)、鱼腥藻属(*Anabaena*)和眉藻属(*Calothrix*)
　2. 其他细菌
　　1)需氧:如固氮菌属(*Azotobacter*)、拜叶林克菌属(*Beijerinckia*)、德克斯菌(*Derxia*)
　　2)兼性:如芽孢杆菌属(*Bacillus*)、克雷伯杆菌属(*Klebsiella*)
　　3)厌氧:
　　　a. 非光合型:如梭状芽孢杆菌属(*Clostridium*)、产甲烷球菌属(*Methanococcus*)
　　　b. 光合型:如红螺菌属(*Rhodospirillum*)和着色菌属(*Chromatium*)

在共生关系中,固氮微生物将固定的氮供应给寄主,同时从寄主获得营养物质。共生固氮微生物中最重要的是与豆科植物共生的根瘤菌,约 90% 的豆科植物可以形成根瘤固氮。另外,目前已知至少 8 科 23 个属的非豆科植物可以形成根瘤固氮,如沙棘属(*Hippophae*)、杨梅属(*Myrica*)、水牛果属(*Shepherdia*)等。它们是在土壤贫瘠地区的先锋植物。蓝藻是另一类重要的自养固氮微生物,其中鱼腥藻(*Anabaena azollae*)可以与水生蕨类植物满江红(*Azolla*)共生固氮,而另一些蓝藻则与真菌共生成地衣,或与苔藓等形成共生关系。这些共生复合体每年把大量 N_2 转化为有机氮。

上述固氮微生物所处的生活场所主要为根际或叶际,因此又有根际固氮微生物与叶际固氮微生物之分。通常将植物根所占据或影响到的那一部分土壤称为根际(rhizosphere),生活在此的固氮微生物叫作根际固氮微生物(如固氮菌、巴氏梭状芽孢杆菌等),它们可利用根系分泌物进行固氮。植物叶表面的那层空间称为叶际,生活在此的固氮微生物叫作叶际微生物,如叶面杆菌(*B. foliicola*)、克氏杆菌(*K. rubiacerum*)及固氮菌属中的某些种,它们可利用叶面的雨露及叶片分泌物进行固氮。根际固氮微生物在生物固氮中起主要作用,特别是与豆科植物共生的根瘤菌共生固氮最为重要。

(2) 固氮根瘤的形成　　根瘤菌的共生固氮是在豆科植物根特殊结构根瘤中进行的(图 2.17)。根瘤是寄主植物包围固氮细菌的特殊器官,其形成过程包括根瘤菌与寄主相互识别、侵染及根瘤器官发生、侵入线形成、共生体的形成等步骤。在可利用氮匮缺的条件下,根瘤菌和植物通过复杂的信号交换来寻找对方。固氮细菌与寄主共生关系形成的第一个阶段是细菌向寄主植物根部的迁移。这种迁移是由寄主根系分泌的化学引诱剂,尤其是类黄酮和甜菜碱介导的一种趋化反应。这些引诱剂激活根瘤菌的结瘤蛋白 D(NodD),然后该蛋白诱导其他结瘤基因(如 *nodA*、*nodB*、*nodC* 等)的转录,它们编码的结瘤蛋白大多都参与了根瘤菌结瘤因子(nod factor)的生物合成。根瘤菌释放的结瘤因子是一类脂壳寡糖信号分子,通过与寄主根表皮细胞的结瘤因子受体特异性结合,引起细胞核内的 Ca^{2+} 振荡,最终启动表皮细胞结瘤因子诱导基因(nod factor inducible gene)的表达(图 2.18)。

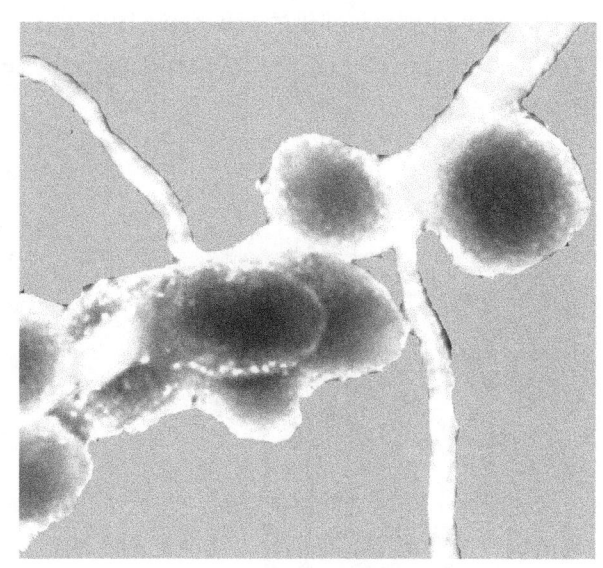

图 2.17　豌豆的根瘤

(放大 7.3 倍,引自 Buchanan et al., 2000)

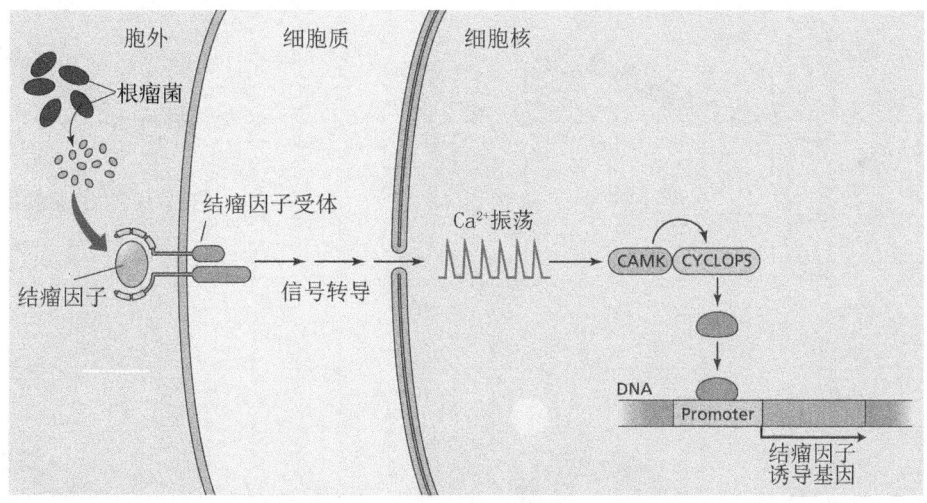

图 2.18　结瘤因子诱导寄主植物中特定基因的表达(引自 Taiz et al., 2018)

根瘤形成过程中,根瘤菌侵染与根瘤器官发生是同时进行的。根瘤菌侵染初期,通过释放结瘤因子诱导根毛明显卷曲,将根瘤菌包围在卷曲形成的小腔室中(图 2.19a、b)。在结瘤因子的作用下,根瘤菌聚集区域的根毛细胞壁发生降解,使根瘤菌与细胞质膜外表面直接接触,随后质膜内陷成管状,高尔基体分泌的大量囊泡在管顶端与质膜不断融合,最终形成一种称为侵入线的特殊结构,根瘤菌在其中大量增殖(图 2.19c)。侵入线不断向内延伸,到达并进入寄主根皮层细胞(图 2.19d、e),在靠近木质部的部位,皮层细胞去分化并开始分裂,在皮层内形成一个独特的区域,称为根瘤原基(nodule primordium),其最终将发育成为根瘤。侵入线也可以形成分支,能够使根瘤菌侵染更多细胞。当侵入线到达根瘤原基时,其尖端与寄主细胞的质膜融合并渗透到细胞质中,随后根瘤菌被释放到细胞质中,被来自寄主细胞的质膜包裹,并在继续增殖一段时间后停止,这种含有根瘤菌的囊泡称为共生体(symbiosome),相当于共生细胞内一种特殊的细胞器,也是最基本的固氮单元(图 2.19f)。其外层的膜称为共生体膜(symbiosome membrane)或类菌体周膜(peribacteroid membrane)",在控制宿主与根瘤菌之间物质、能量及信息交换方面起重要作用。某些豆科植物(如苜蓿和豌豆等)细胞分裂首先发生在内皮层(inner cortex),最终形成柱状根瘤(cylindrical nodule)或称分生根瘤(meristematic nodule),其特点是根瘤的基部(近轴端)为衰老的细胞,顶端(远轴端)为非侵染的小细胞,两部分中间为侵染的和非侵染的成熟细胞(图2.20a)。另一些豆科植物(如大豆和菜豆等)细胞分裂首先发生在外皮层(outer cortex),最终形成球形根瘤(spherical nodule),其特点是根瘤组织细胞同时发育完成,处于相同发育阶段(图2.20b)。

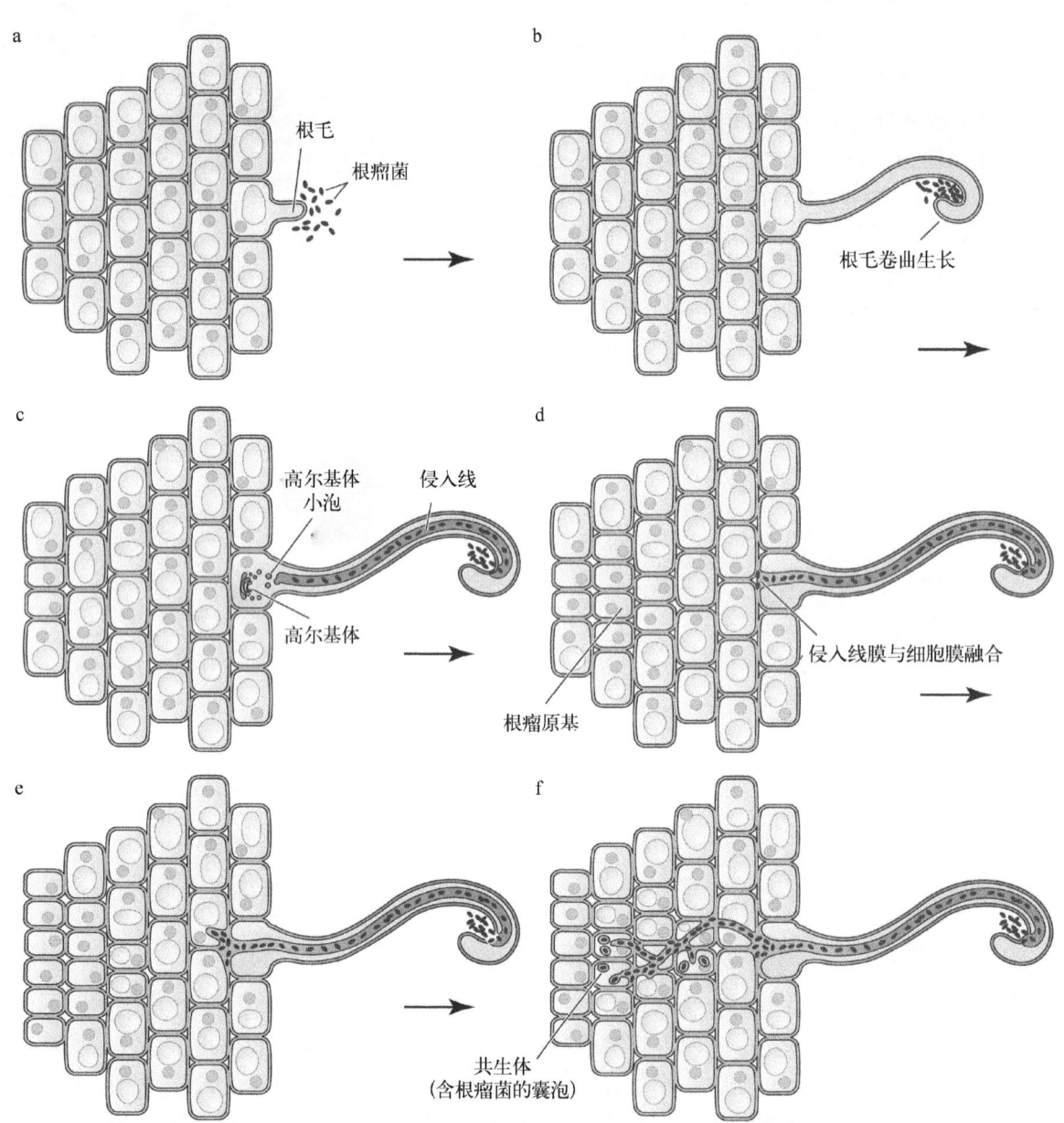

图2.19 根瘤菌侵染豆科植物根及根瘤器官发生的过程(引自 Taiz et al., 2018)

a. 根瘤菌对寄主植物释放的化学引诱剂做出响应,向根毛聚集;b. 根毛响应根瘤菌产生的结瘤因子,出现异常的卷曲生长,根瘤菌在根毛卷曲形成的小腔室中聚集和增殖;c. 根毛细胞壁发生局部降解,导致根瘤菌侵入根毛细胞,细胞内高尔基不断分泌囊泡融合形成侵入线;d. 侵入线延伸至细胞末端,它的膜与根毛细胞质膜融合;e. 侵入线穿过质外体到达皮层细胞质膜外层,并与皮层细胞质膜发生融合,形成新的侵入线进入皮层细胞;f. 侵入线不断延伸和分支,最终到达目标细胞,根瘤菌被释放到胞质中,由寄主细胞质膜包裹形成共生体

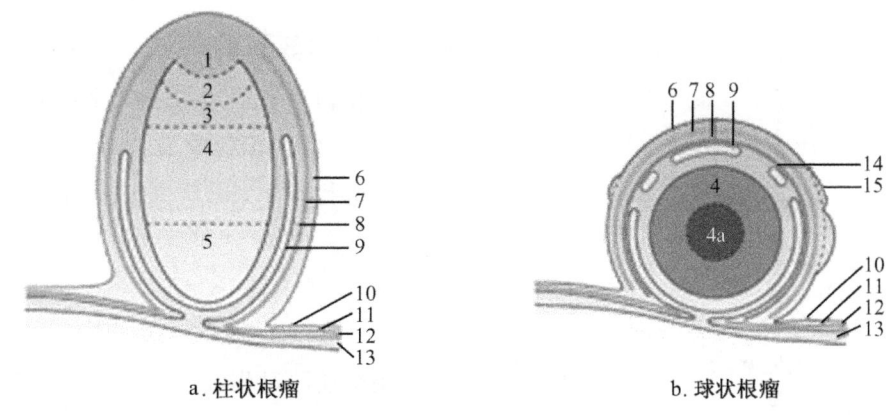

a. 柱状根瘤　　　　　b. 球状根瘤

图 2.20　两种类型根瘤图解（引自 Buchanan et al.，2000）

1. 根瘤分生组织；2. 侵入生长和细胞侵入区；3. 侵染细胞扩大区；4. 含有类菌体的成熟区；4a. 衰老起始区；5. 含有类菌体的衰老区；6. 外皮层；7. 根瘤内皮层；8. 内皮层；9. 根瘤维管束；10. 根外表皮；11. 根皮层；12. 根内皮层；13. 根维管束；14. 根瘤厚壁组织；15. 木栓形成层

根瘤作为一个整体分化出自己的皮层和维管组织（图 2.20），并与寄主根的维管系统相连，从而使类菌体固定的氮提供给寄主，同时从寄主获得营养物质。

（3）固氮酶　　固氮微生物能够固氮，主要是由于固氮酶作用的结果。固氮酶（nitrogenase）是一种酶的复合体，由铁蛋白（Fe protein）和钼铁蛋白（Mo Fe protein）两部分构成。其中，铁蛋白较小，由两个分子质量为 30 kDa 的相同亚基组成，相对分子质量为 64 kDa，含有一个 Fe_4-S_4 原子簇。钼铁蛋白是由分子质量分别为 51 kDa 和 60 kDa 的两个 α 亚基和两个 β 亚基组成的四聚体，分子质量为 240 kDa，分子中有两个 Mo、各 28 个左右的 Fe 和 S，它们分布于两个 Mo-Fe-S 簇和若干个 Fe_4-S_4 簇中。铁蛋白与钼铁蛋白须结合后才有固氮能力。Fe 和 Mo 均参与固氮中的氧化还原反应（图 2.21）。固氮酶所需的电子最终来自于寄主呼吸作用产生的 NAD(P)H，电子又通过铁氧还蛋白（Fd）或黄素氧还蛋白（flavodoxin）传递给铁蛋白，铁蛋白再将电子传递给钼铁蛋白，同时伴随有 ATP 的水解。ATP

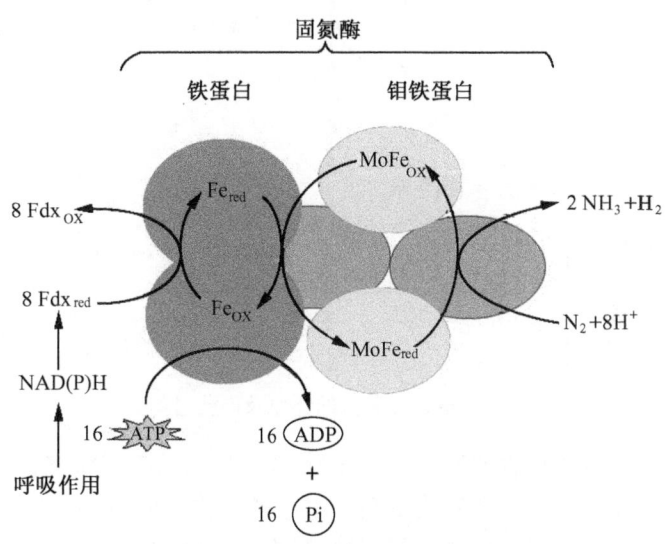

图 2.21　固氮酶及其催化反应示意图
（改自 Buchanan et al.，2000）

的水解一方面有助于降低铁蛋白的氧化还原电位从而有利于电子进一步传给钼铁蛋白，另一方面能够提供还原 N_2 所需的 H^+（$ATP^{4-}+H_2O\longrightarrow ADP^{3-}+HOPO_3^{2-}+H^+$）。电子最终由钼铁蛋白传递给 N_2 和 H^+ 形成 NH_3 和 H_2。

固氮酶对 O_2 高度敏感，氧可使其不可逆失活。因此，固氮作用必须在缺氧或低氧条件下完成。不同固氮微生物通过不同机制创造缺氧环境进行固氮。如豆科植物与根瘤菌结合的共生体中通过寄主细胞产生的与氧有高亲和力的豆血红蛋白（leghemoglobin），有效地降低共生体中游离氧浓度完成固氮过程。

此外，固氮酶也能还原乙炔为乙烯，乙烯可通过气相色谱加以检测，因此常作为测定固氮酶活性的一种方法。但近年来发现乙炔可抑制固氮酶活性，所以对于不含氢化酶的材料（如许多豆科植物），可通过测定 H_2 的含量来测定固氮酶的活性。

固氮作用是一个十分复杂的生理生化过程，对于固氮作用的分子机制，尤其是对固氮酶做分子机制深入研究将有助于最终使非豆科植物结瘤固氮。

2.5.2 硫酸盐的同化

植物根系从土壤中吸收的 SO_4^{2-} 或叶片吸收的 SO_2 与 H_2O 作用转化为 SO_4^{2-} 后，主要在地上部分叶绿体中进行同化，SO_4^{2-} 的同化是一个还原过程，共需 8 个 e 和 8 个 H^+。简式为：

$$SO_4^{2-}+ATP+8e^-+8H^+ \longrightarrow S^{2-}+ADP+Pi+4H_2O \tag{2.8}$$

整个还原过程涉及 SO_4^{2-} 的活化和还原。活化由两种酶完成，一是 ATP-硫酸化酶（ATP-sulfurylase），催化 SO_4^{2-} 与 ATP 反应，产生腺苷酰硫酸（adenosine-5'-phosphosulfate，APS）和焦磷酸。二是 APS 激酶（APS-kinase），催化 APS 与 ATP 反应产生 3'-磷酸腺苷-5'-磷酰硫酸（3'-phosphoadenosine-5'-phosphosulphate，PAPS）。APS 和 PAPS 都是活化的硫酸盐，两者可以相互转化，PAPS 是积累形式，而 APS 是 SO_4^{2-} 的还原底物。APS 在 APS 还原酶作用下生成亚硫酸，亚硫酸在亚硫酸还原酶催化下生成硫化物，后者在对-乙酰丝氨酸硫解酶催化下生成半胱氨酸，半胱氨酸参与有机硫代谢。整个硫酸盐同化如图 2.22。

当土壤中有过量 SO_4^{2-} 时，植物吸收 SO_4^{2-} 并储存于液泡中；当土壤中缺乏 SO_4^{2-} 或土壤中 SO_4^{2-} 不能满足生长发育需要时，液泡中的 SO_4^{2-} 运出并进入叶绿体中进行还原及同化。

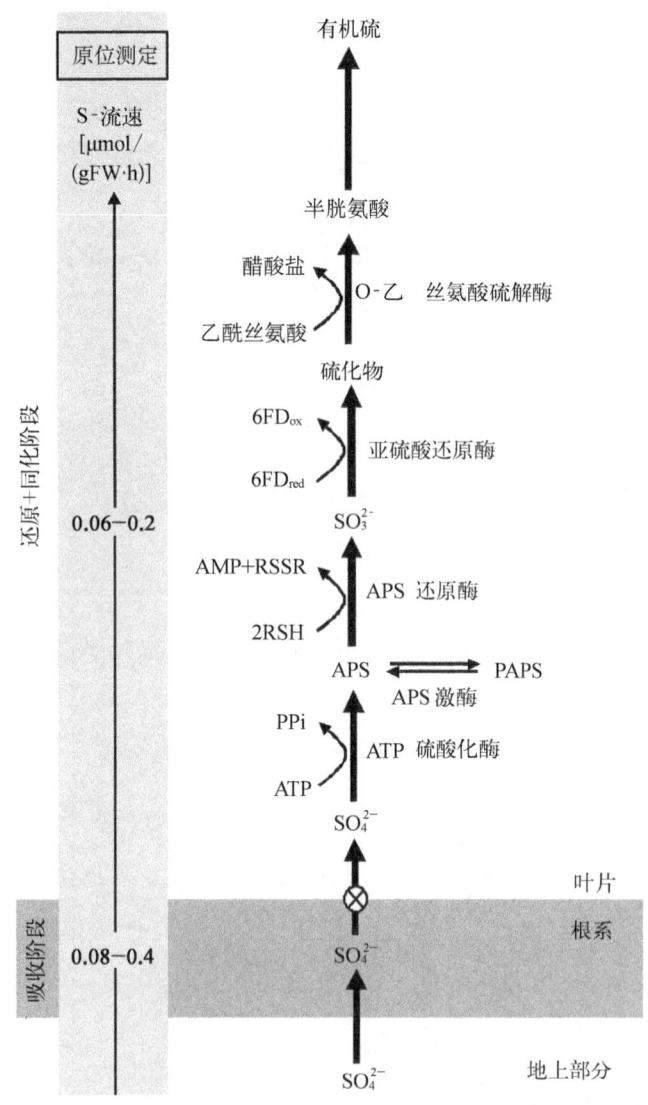

图 2.22 植物硫酸盐的还原及同化过程

2.5.3 磷酸盐的同化

植物吸收的磷酸盐（HPO_4^{2-}）少数仍以离子状态存于体内，大部分同化为有机物。磷酸盐主要通过光合磷酸化和氧化磷酸化及底物水平磷酸化形成 ATP（参考光合作用和呼吸作用的有关内容）。ATP 通过各种代谢途径把无机磷转移到糖、脂类、核苷酸和蛋白质等有机物中。在种子中无机磷以肌醇六磷酸盐（植酸盐）的形式贮存，供种子萌发时对无机磷及矿质元素的需要。

2.6 合理施肥的生理基础和意义

合理施肥就是根据矿质元素在作物中的生理功能及土壤中有效矿质元素含量，结合作物的需肥特点进行施肥。也就是说，对作物施什么肥，施多少肥，何时施，怎样施，都应合理安排，以做到适时、适量，少肥高效。

2.6.1 作物的需肥规律

不同作物对不同元素的需要量和比例不同。例如，豆科作物可通过根瘤菌进行固氮，一般应控制氮肥的施用。土壤中氮素太多反会降低根瘤菌对氮的固定。但在根瘤尚未发育完全的幼苗阶段，或开花结实时期（此时根瘤菌得到的同化物少，固氮减弱）可适量施些氮肥。豆科作物亦需要较多的磷、钾肥。另外，油料作物需镁较多，甜菜、苜蓿、亚麻对硼有特殊要求，应注意及时提供。另外，不同作物收获部分不同，施肥种类也不同。例如,叶菜类作物多施氮肥可以增加营养器官的生物量;根茎类作物(马铃薯等)则多施钾肥,促进地下部分膨大及糖分积累等。

同一作物不同生长发育时期对矿质元素需要也不相同。在种子萌发时期,因种子本身贮有养分,故不需要吸收外界肥料。随着幼苗的长大,吸肥量增强;到开花结实期,吸收肥料的量达最大。以后,随着长势减弱,吸收下降,至成熟期则停止吸收。衰老时甚至有部分矿质元素排出体外。所以,施肥应重在前、中期,后期以叶片施肥为主。在作物栽培中,将作物对缺乏矿质元素最敏感的时期称为需肥临界期或植物营养临界期(critical period of nutrition);而把施肥的营养效果最好的时期称为最高生产效率期或营养最大效率期(maximum efficiency period of nutrition)。一般以种子和果实为收获对象的作物,其营养最大效率期是生殖生长期,需肥临界期为苗期。

2.6.2 合理施肥的指标

前面讲的植物营养临界期和植物营养最大效率期,并不是说必须在这一时期施肥。什么时间施肥、施多少要根据土壤和作物的有关指标而定。

1. 土壤肥力指标

土壤肥力包括全部养分和有效养分两部分。有效养分指作物可利用的养分,但不代表这部分养分就是被作物吸收的实际数量,而只能作为基肥施用的参考。如根据中国农科院调查,生产水平在 627.5 t/hm² 的小麦田,其土壤有机质量应达到 1% 以上,而总氮质量分数应在 0.06% 以上。其他元素如磷和钾均有一定的要求。

2. 作物营养指标

作物营养指标是以反映作物营养状况的重要参数,也是合理施肥的基础,包括形态指标和生理生化指标。

(1) 形态指标　　能够反映作物需肥情况的植株外部形态称为形态指标。作物的长相(株型或叶片形状)、长势(生长速度)和叶色是很好的形态指标。例如,氮肥多时,植株生长快,叶大而软,株型松散;氮肥不足时,生长慢,叶小而直,株型紧凑;叶色深,表明氮和叶绿素水平高;反之亦然。因此,生产中常以叶色作为施氮肥的指标。但是形态指标往往不灵敏,一旦表现出来,就表明作物体内已严重缺乏该元素。

(2) 生理生化指标　　能够反映植株需肥情况的生理生化变化称为施肥的生理生化指标。生理生化指标一般以功能叶作为测定对象。① 叶中元素含量:叶片元素诊断(或叶分析)是一种应用较广的植物营养分析方法。该方法就是在不同施肥水平下,分析不同作物或同一作物的不同组织、不同生育期中营养元素的浓度(或含量)与作物产量之间的关系。通过分析可在严重缺乏与适量浓度之间找到一临界浓度(critical concentration),即作物获得最高产量时组织中营养元素的最低浓度。表 2.9 为几种作物中某些矿质元素的临界浓度,供参考。低于临界浓度应施肥,高于临界浓度施肥则浪费,甚至有害。② 酰胺含量:作物能够以酰胺(谷氨酰胺和天冬酰胺)的形式将体内过多的氮素贮存起来以避免氨毒害。顶叶酰胺含量超过一定水平,表示氮素营养充足;若酰胺含量低于一定水平,说明氮素营养不足。这一指标特别适合作为水稻等作物施用穗肥的依据。③ 酶活性:一些矿质元素可作为某些酶的激活剂或组成成分,当缺乏这些元素时,相应的酶的活性就会下降。如缺铜时抗坏血酸氧化酶和多酚氧化酶的活性下降。硝酸还原酶和谷氨酸脱氢酶分别催化 NO_3^- 和 NH_4^+ 的转化,因此,当作物体内的硝态氮和铵态氮不足时,这两种酶活性下降。反之活性增强。根据这些酶活性的变化,便可以推测作物体内的营养水平,从而指导施肥。

表 2.9　几种作物干重中一些矿质元素的临界浓度/%

作　物	测定时期	分析部位	$\omega(N)$	$\omega(P_2O_5)$	$\omega(K_2O)$
春小麦	开花末期	叶子	2.6~3.0	0.52~0.60	2.8~3.0
燕麦	孕穗期	植株	4.25	1.05	4.25
玉米	抽雄	果穗前1叶	3.10	0.72	1.67
花生	开花	叶子	4.0~4.2	0.57	1.20

2.6.3 合理施肥与现代农业

很显然,合理施肥是提高作物产量和品质的重要措施。但必须注意以下两方面问题:一是最大限度提高施肥效果。所施肥料能否被作物吸收利用还取决于土壤水分状况、通气状况、施肥方式等。所以,施肥一般应结合浇水和深耕松土等栽培管理措施。二是注意施肥不当造成减产,农产品质量降低、土壤次生盐渍化及环境富营养化问题。施肥不当引起减产是经常发生的事,如氮肥施用过多引起作物旺长,群体光照和通气条件恶化,光合作用降低,呼吸增强,最终造成减产,甚至由于基部茎节机械组织不发达,生长发育后期遇风雨发生严重倒伏,造成颗粒无收。小麦生产中经常发生这种减产甚至绝产事件。施肥过多使农产品品质降低也是目前农业生产中的普遍问题,尤其是在保护地栽培中更为严重。许多农民为了提高产量大量施用氮肥并给予充足的浇灌,产量上去了,经济效益却下来了,更为严重的是同一块地连年过量施用化肥导致土壤次生盐渍化,使产量严重下降,甚至造成土壤废弃。此外,过量施用化肥还会带来农业面源污染,造成大量氮、磷等营养元素随着农田排水和地表径流等途径进入河流、湖泊和水库等水体,引起水体富营养化,这已成为严重的环境问题。因此,以有机肥为主,辅以微生物肥料,合理施用化肥是现代化农业的方向。

思 考 题

1. 如何确定某种矿质元素为植物必需的元素?
2. 溶液培养的主要步骤有哪些?应注意什么问题?无土栽培、砂培、水培等与溶液培养有何异同?
3. 为什么农业生产中称 N、P、K 为"肥料三要素"?其主要功能及缺乏症是什么?
4. Ca 在植物生命活动中有哪些作用?
5. 举例说明植物缺素病症为什么有的首先发生在顶端幼嫩枝叶上,有的发生在下部老叶上。
6. 如果一株植物叶片发黄,可能的原因有哪些?
7. 矿质元素如何从植物细胞膜外转运到膜内?
8. 主动吸收、初级主动吸收、次级主动吸收、泵的含义是什么?它们有何区别?通道吸收和载体吸收有何相同点和不同点?
9. 被动吸收、简单扩散和协助扩散有何异同?
10. 质膜 H^+-ATP 酶有何特点?它与植物细胞吸收矿质元素有何关系?
11. 植物如何把无机氮(NO_3^-、NH_3、NH_4^+ 和 N_2)转化为有机氮?
12. 举例说明化学肥料在农业生产中的应用、其应用中存在的问题及解决途径。

第3章 光合作用

提 要

光合作用是植物利用太阳能将二氧化碳和水合成糖类(carbohydrate)同时释放氧气的过程。光反应在类囊体膜上完成,主要包括光能的吸收、传递和转换,并通过电子传递把光能转化为化学能储藏在 NADPH 和 ATP 中,同时释放出 O_2。暗反应在叶绿体基质中完成,主要是利用 NADPH 和 ATP 把 CO_2 和 H_2O 合成糖类。

叶绿体是进行光合作用的细胞器。光能的吸收、传递及转换是由光合色素完成的。光合色素主要包括叶绿素、类胡萝卜素和藻胆素三类,其中只有少数特殊状态的叶绿素 a 分子具有把光能变成电能的作用。

光合作用的电子传递是由类囊体膜上的 PSⅡ复合体、PSⅠ复合体和 Cyt b_6/f 复合体协同完成的,这些复合体由色素和蛋白质组成。电子传递分为非循环式、循环式和假循环式三种类型,只有非循环式电子传递把电子传递给 $NADP^+$ 产生 NADPH。电子传递过程中发生的质子不对称转移产生了跨类囊体膜的质子梯度,类囊体膜上的 F-ATP 酶利用质子梯度驱动 ATP 的合成。

光合作用的暗反应(即碳素同化)包括三种途径:C_3 途径、C_4 途径和 CAM 途径。C_3 途径是碳素同化的基本途径,能最终合成碳水化合物。而 C_4 途径和 CAM 途径只起固定 CO_2 的作用,要生成碳水化合物还是要通过 C_3 途径。

光呼吸是 RuBP 加氧生成乙醇酸并进一步分解有机碳化合物,释放 CO_2 和耗能的过程。光呼吸由叶绿体、过氧化物体和线粒体三种细胞器协同完成。

植物的光合作用受外界条件和内部因素影响而不断地发生变化。了解影响光合作用的因素有利于指导农业生产,提高作物的光能利用率。

3.1 光合作用的概念及其重要性

碳素营养是植物的生命基础。按照碳素营养方式的不同,植物可分为两种:① 只能利用现成的有机物作营养,这类植物称为异养植物(heterophyte),如少数寄生性高等植物;② 可以利用无机碳化合物作营养,并且把它们合成有机物,这类植物称为自养植物(autophyte),如绝大多数高等植物。自养植物吸收二氧化碳转变成有机物质的过程,称为碳同化作用(carbon assimilation),包括化能合成作用、细菌光合作用和绿色植物光合作用三种类型。绿色植物界光合作用最广泛,合成的碳水化合物最多,与人类的关系也最密切。所以,本章着重讨论绿色植物的光合作用。

光合作用研究简史

光合作用(photosynthesis)可简单地概括为含光合色素(主要是叶绿素)的植物细胞和细菌吸收光能,把无机物(CO_2、H_2O、H_2S)同化成有机物质并释放氧(或硫)的过程。光合作用所产生的有机物质主要是碳水化合物。高等绿色植物光合作用的过程可表示如下:

$$6CO_2 + 12H_2O \xrightarrow[\text{叶绿体}]{\text{光}} (CH_2O)_6 + 6H_2O + 6O_2 \qquad (3.1)$$

由该方程式可见光合作用的意义主要有三个方面。

1. 把无机物转化为有机物

植物通过光合作用制造有机物的规模是非常巨大的。据估计，地球上的自养植物每年约同化 2×10^{11} t 碳素，其中 40% 是浮游植物同化的，余下的 60% 是陆生植物同化的。可以说，异养生物所需的有机物（如粮、油、糖和牧草饲料、鱼饵等）和某些工业原料（如棉、麻、橡胶、糖等）都直接或间接地来自光合作用。

2. 把光能转化为化学能

植物在同化无机碳化合物的同时，把太阳光能转变为化学能，贮藏在形成的有机化合物中。有机物所贮藏的化学能，除了供植物本身和全部异养生物之用以外，更重要的是可提供人类营养和活动的能量来源。我们今天所用的能源，如煤炭、石油、天然气、木材等，都是现在或过去的植物通过光合作用形成的。除了把能量贮存于光合产物外，有些绿色植物细胞和固氮蓝藻还能光合放氢。氢气是工业上的重要原料，并且氢能源热值高，燃烧后不产生任何有害气体和温室气体，被称为人类的终极能源。因此，光合放氢正引起人们重视。

3. 维持大气中 CO_2 和 O_2 的平衡

微生物、植物和异养生物在呼吸过程中吸收 O_2 和呼出 CO_2，工厂、汽车等燃烧各种燃料，也大量地消耗 O_2 排出 CO_2。据估计，全世界生物呼吸和燃料燃烧消耗的 O_2 量，平均为 10 000 t/s。以这样的消耗速度计算，大气中的氧气在三千年左右就会用完。然而，绿色植物的光合作用吸收 CO_2 并放出 O_2，使得大气中的 O_2 和 CO_2 含量相对平衡。但是，由于人为破坏植被及人类过度消耗能源，大气中 CO_2 浓度显著增加，导致"温室效应"。因此，防止破坏植被、植树造林和控制能源消耗是维持大气中 CO_2 和 O_2 平衡的唯一途径。另一方面，光合作用释放的一部分氧气转化为臭氧（O_3），在大气层形成一个屏障，滤去太阳光中对生物有强烈破坏作用的紫外光，使生物可在陆地上活动和繁殖。

3.2 叶绿体及光合作用色素

叶片是高等植物进行光合作用的主要器官，叶绿体（chloroplast）是其进行光合作用的主要细胞器。

3.2.1 叶绿体的形态结构和成分

利用显微镜和电子显微镜观察叶绿体的结构。植物叶肉细胞匀浆后，利用差速离心技术可以从中分离得到叶绿体，对其进行生化及其他分析。

1. 叶绿体的结构

在显微镜下可以看到，高等植物的叶绿体大多数呈扁平椭圆形，一般直径为 3~7 μm，厚为 2~3 μm。细胞中叶绿体的数目及大小与植物种类、组织类型、发育阶段和环境有关。每个细胞的叶绿体数目从几个到上百个不等。

在电子显微镜下，可以看到叶绿体由三部分组成：被膜、基质和类囊体（图 3.1）。叶绿体被膜（chloroplast envelope）由两层单位膜构成，膜间距 0.01~0.02 μm。外面的一层称外膜（outer membrane），里面一层称内膜（inner membrane），内膜具有控制代谢物质进出叶绿体的功能，是叶绿体的选择性屏障。叶绿体内膜以内的基础物质称为基质（stroma）。基质成分主要是水、可溶性蛋白质（酶）和其他代谢活跃物质，呈高度流动状态。基质中的核酮糖-1,5-双磷酸羧化酶/加氧酶（ribulose-1,5-biphosphate carboxylase oxygenase, Rubisco）占基质总蛋白质 50% 以上，具有固定二氧化碳的能力，所以光合产物淀粉是在基质中形成和贮藏起来的。类囊体（thylakoid）是由单层膜围成的扁平小囊，囊腔（lumen）空间约 10 nm，类囊体内是水溶液。由 2 个以上的类囊体垛叠在一起构成的颗粒叫基粒（grana），呈圆饼状，直径一般为 0.5~1 μm，厚度为 0.1~0.2 μm。基粒中的类囊体称为基粒类囊体（grana thylakoid），又称基粒片层（grana lamella）；而连接两个基粒之间的类囊体称为基质类囊体（stroma thylakoid），又称基质片层（stroma lamella）。

不同植物或同一植物不同部位及不同生理条件下的叶绿体内基粒的类囊体数目不同。例如，烟草叶绿

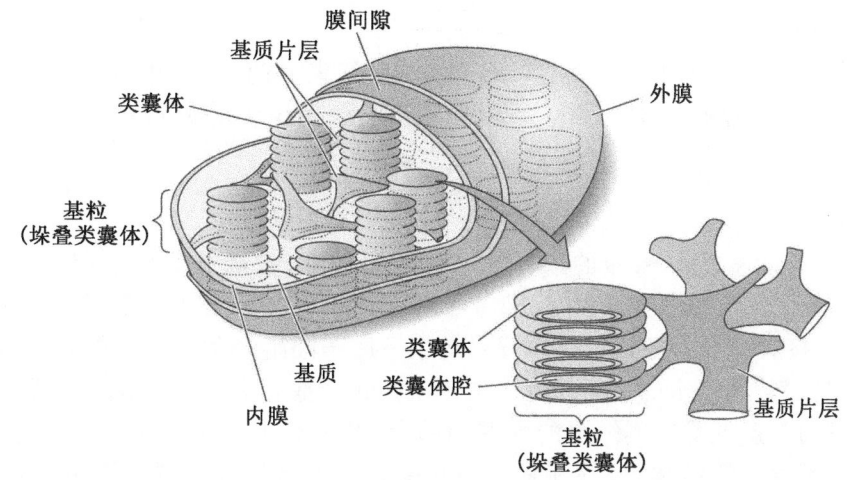

图 3.1 叶绿体的结构(引自 Taiz et al.,2002)

体的基粒有 10～15 个类囊体,玉米则有 15～50 个;冬小麦基粒类囊体数目随叶位上升而增多,至旗叶达到高峰,旗叶类囊体数目为第 5 叶的 1.5～3 倍。由于光合作用的光能吸收、传递和转化主要在类囊体膜上进行,所以类囊体膜亦称为光合膜(photosynthetic membrane)。一般而言,基粒类囊体数目越多,光合速率越高。

2. 叶绿体的成分

叶绿体的主要组成物质为水(约占 75%)、有机物质和无机盐。有机物质主要是蛋白质、脂类和色素。

蛋白质是叶绿体最重要的结构和功能物质,重要的功能有:① 作为代谢过程中的酶;② 起电子传递作用;③ 所有光合色素也都与蛋白质相结合成为复合体。

叶绿体含有占干重 20%～40% 的脂类,它是组成光合膜等的主要骨架成分之一。叶绿体色素占干重 8% 左右,参与光能的吸收、传递和转化。

叶绿体中还含有占干重 10%～20% 的贮藏物质(糖类等),10% 左右的灰分元素(铁、铜、锌、钾、磷、钙、镁等)。

3.2.2 光合作用色素的种类及理化性质

1. 光合作用色素的种类

光合作用色素有三类:① 叶绿素,主要包含叶绿素 a 和叶绿素 b;② 类胡萝卜素,其中有胡萝卜素和叶黄素;③ 藻胆素。光合作用色素的种类及分布总结于表 3.1。

表 3.1 光合色素的种类和分布

色素名称		存在场所	吸收峰
叶绿素	叶绿素 a	所有绿色植物(细菌除外)	红光和蓝紫光
	叶绿素 b	高等植物和绿藻	
	叶绿素 c	褐藻和硅藻	
	叶绿素 d	红藻	
	叶绿素 f	蓝藻	
	原叶绿素	黄化植物	近红外光和蓝紫光
	细菌叶绿素	紫色硫细菌	
	菌绿素	绿色硫细菌	
类胡萝卜素	胡萝卜素	大部分植物、细菌	蓝光和蓝绿光
	叶黄素		
藻胆素	藻蓝蛋白	蓝绿藻、红藻	橙红光
	藻红蛋白	红藻、蓝绿藻	绿光

2. 光合作用色素的理化性质

（1）化学结构与性质

1）叶绿素：叶绿素（chlorophyll）中主要有叶绿素 a 和叶绿素 b 两种。它们不溶于水，但能溶于乙醇、丙酮和石油醚等有机溶剂。在颜色上，叶绿素 a 呈蓝绿色，而叶绿素 b 呈黄绿色。叶绿素的化学组成如下：

$$\text{叶绿素 a} \quad C_{55}H_{72}O_5N_4Mg$$
$$\text{叶绿素 b} \quad C_{55}H_{70}O_6N_4Mg$$

按化学性质来说，叶绿素是叶绿酸的酯。叶绿酸是双羧酸，其羧基分别被甲醇（CH_3OH）和叶绿醇（phytol，$C_{20}H_{39}OH$）酯化。叶绿素分子由"头部"（卟啉环）和"尾巴"（叶绿醇）组成。由四个吡咯环和 4 个甲烯基（=CH—）连接成 1 个大环，叫作卟啉环，镁原子居于卟啉环的中央，镁带正电荷，而与其相连的氮原子带负电荷，故"头部"是亲水的。另外有 1 个含羰基和羧基的副环（同素环 V），羧基以酯键和甲醇结合。叶绿醇则以酯键与第 IV 吡咯环侧链上的丙酸相结合，叶绿醇由四个异戊二烯单位组成，故"尾巴"是亲脂的。图 3.2 是叶绿素 a 的结构式，叶绿素 a 和叶绿素 b 的区别在于前者第 II 吡咯环上的一个甲基（—CH_3）被醛基（—CHO）取代即为叶绿素 b。叶绿素分子是一个庞大的共轭系统，吸收光形成激发态后，由于配位键结构的共振，其中一个双键的还原，或双键结构丢失一个电子等，都会改变它的能量水平。以氢的同位素氚试验证明，叶绿素不参与氢传递或氢的氧化还原，叶绿素似乎只以电子传递（即电子得失引起的氧化还原）及共振传递（直接传递能量）的方式，参与能量的传递反应。绝大部分叶绿素 a 分子和全部叶绿素 b 分子具有收集光能的作用。少数不同状态的叶绿素 a 分子有将光能转换为电能的作用，这是光合作用的核心问题。

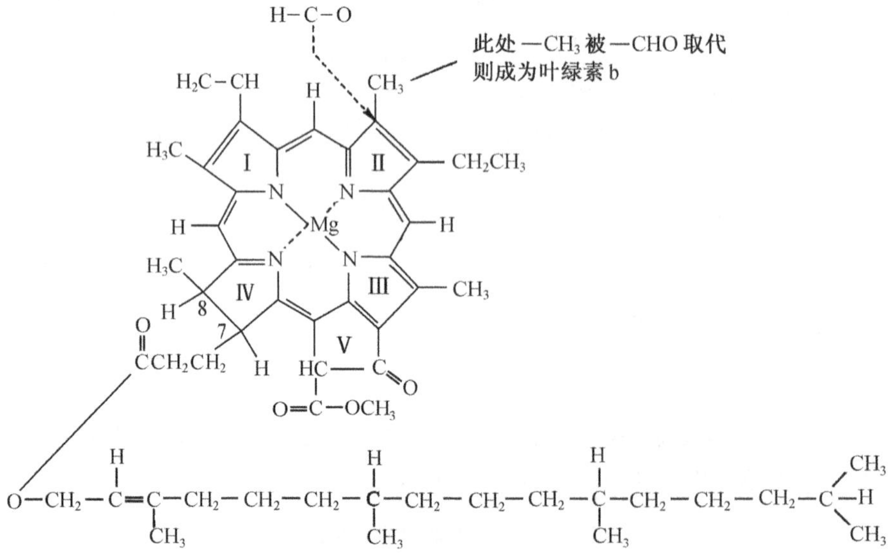

图 3.2 叶绿素 a 的结构式

卟啉环中的镁原子可以被 H^+、Cu^{2+} 和 Zn^{2+} 取代，改变叶绿素的颜色和稳定性。如镁原子被 H^+ 取代后形成去镁叶绿素呈褐色；镁原子被 Cu^{2+} 取代后形成铜代叶绿素呈鲜亮的绿色且更稳定，根据这一原理用醋酸铜溶液处理绿色组织保存标本或用于食品加工。

2）类胡萝卜素：叶绿体中的类胡萝卜素（carotenoid）包括两种色素，即胡萝卜素（carotene）和叶黄素（xanthophyll）（或胡萝卜醇 carotenol）。类胡萝卜素由 8 个异戊二烯单位组成，不溶于水，但能溶于有机溶剂。在颜色上，胡萝卜素呈橙黄色，而叶黄素呈黄色。

胡萝卜素有 3 种同分异构物：α-胡萝卜素、β-胡萝卜素及 γ-胡萝卜素。叶片中常见的是 β-胡萝卜素，它的两头有一个对称排列的紫罗兰酮环，它们中间以共轭双键相连接（图 3.3）。

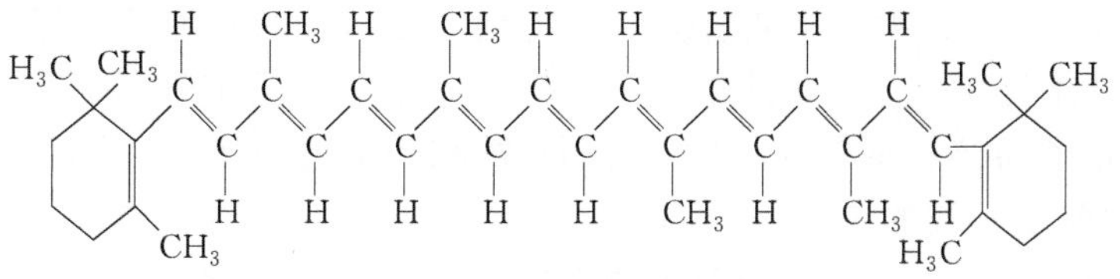

图 3.3 胡萝卜素的结构式

叶黄素是由胡萝卜素衍生的醇类(图 3.4),分子式是 $C_{40}H_{56}O_2$。

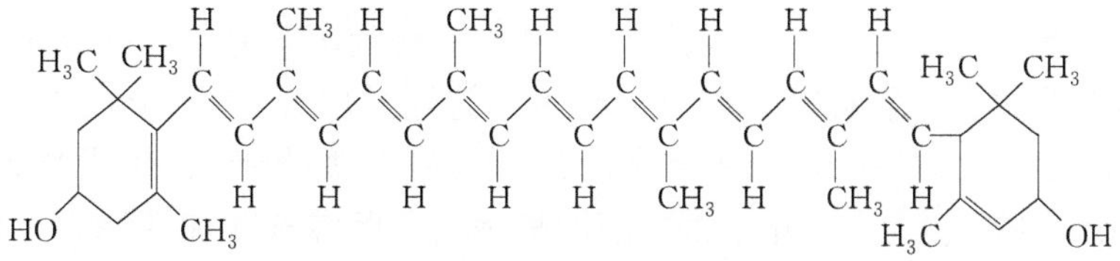

图 3.4 叶黄素的结构式

类胡萝卜素除吸收和传递光能外,还有抗氧化功能。

3) 藻胆素:藻胆素(phycobilin)是藻类进行光合作用的主要色素,在蓝藻、红藻等藻类中常与蛋白质结合为藻胆蛋白(phycobiliprotein)。根据颜色不同,藻胆蛋白可分为藻红蛋白(phycoerythrin)、藻蓝蛋白(phycocyanin)和别藻蓝蛋白(allophycocyanin)三类,前者呈红色,后二者呈蓝色。它们的生色团与蛋白质以共价键牢固地结合,只有用强酸煮沸时,才能把它们分开。它们不溶于有机溶剂,但溶于稀盐溶液。将叶片磨碎后及自体溶解后,它们就很容易被水提出而成为胶体状态。藻胆蛋白的生色团与叶绿素相似,为不含镁和叶醇链的由 4 个吡咯环构成的直链共轭系统(图 3.5)。它们的功能为吸收和传递光能。

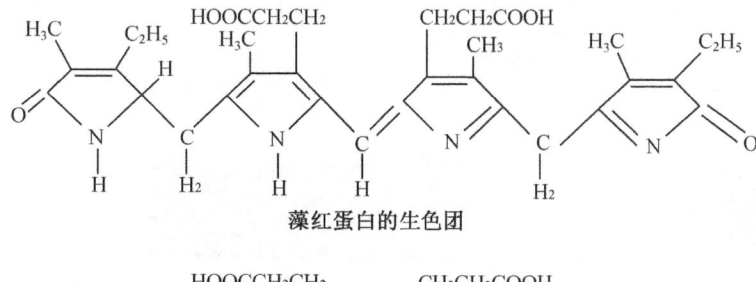

藻红蛋白的生色团

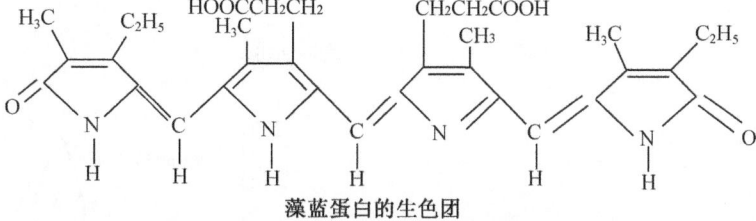

藻蓝蛋白的生色团

图 3.5 藻红蛋白的生色团和藻蓝蛋白的生色团分子结构式

(2) 光学特性   由于植物在进行光合作用时,光合色素对光能的吸收、传递和转化起着关键作用,所以了解光合色素(特别是叶绿素)的光学性质就显得尤为重要。

1) 太阳辐射能量:太阳照到地球表面的光的波长不同(300~2 600 nm),但对光合作用有效的可见光波长是 400~700 nm 之间。光是一种电磁波,同时又是运动着的粒子流,这些粒子称为光子(photon)或光量子(亦称量子,quantum)。每摩尔光子携带的能量(E)和光的波长(λ)的关系如下:

$$E = Nh\upsilon = Nhc/\lambda \tag{3.2}$$

式中,E 是每摩尔光子的能量,N 是阿伏伽德罗(Avogadro)常数(6.02×10^{23}),h 为普朗克(Planck)常数($6.626\ 2 \times 10^{-34}$ J·s),υ 是频率(/s),c 是光速($2.997\ 9 \times 10^8$ m/s),λ 是波长(nm)。根据此公式可计算出各种波长光的能量。例如,可见光的红光端 $\lambda = 700$ nm 的光,1 mol 光量子能量为 171 kJ;紫光端 $\lambda = 400$ nm 的光,1 mol 光量子能量为 293 kJ。即可见光光谱范围光能量为 170~300 kJ/mol,这几乎比从 ADP 和 Pi 合

成 1 mol ATP 所需要的能量 30 kJ 大一个数量级。长波光(如红光)的光量子所持的能量比短波光(如蓝紫光)的光量子能量少,按照光化学定律,每吸收一个量子,会使一个反应分子激发。在光合作用有效波长 400～700 nm 之间,红光量子所持能量最少,但也可满足光合作用反应的要求,因此,上述范围内各种波长的量子对光合反应的激发效能是一致的。

2) 吸收光谱:当光束通过三棱镜后,可把白光分为红、橙、黄、绿、青、蓝、紫 7 色连续光谱,这就是太阳的连续光谱(图 3.6)。

叶绿素吸收光的能力很强。如果把叶绿素溶液放在光源和分光镜的中间,就可以看到光谱中有些波长的光线被吸收了,因此,在光谱上就出现黑线或暗带,这种光谱称为吸收光谱(absorption spectrum)。叶绿素吸收光谱的最强吸收区有两个:一个波长为 640～660 nm 的红光部分,另一个在波长为 430～450 nm 的蓝紫光部分。此外,在光谱的橙光、黄光和绿光部分只有不明显的吸收带,其中尤以对绿光的吸收最少(图 3.7)。由于叶绿素对绿光吸收最少,所以叶绿素的溶液呈绿色。叶绿素 a 和叶绿素 b 的吸收光谱区别在于:叶绿素 a 在红光部分的吸收带宽些,在蓝紫光部分的窄些;而叶绿素 b 在红光部分的吸收带窄些,在蓝紫光部分的宽些;与叶绿素 b 相比较,叶绿素 a 在红光部分的吸收带偏向长光波方面,而在蓝紫光部分则偏向短波方面。高等植物叶绿体同时含有叶绿素 a 和叶绿素 b,它们的吸收光谱的这种差别,拓宽了被吸收的光谱范围。

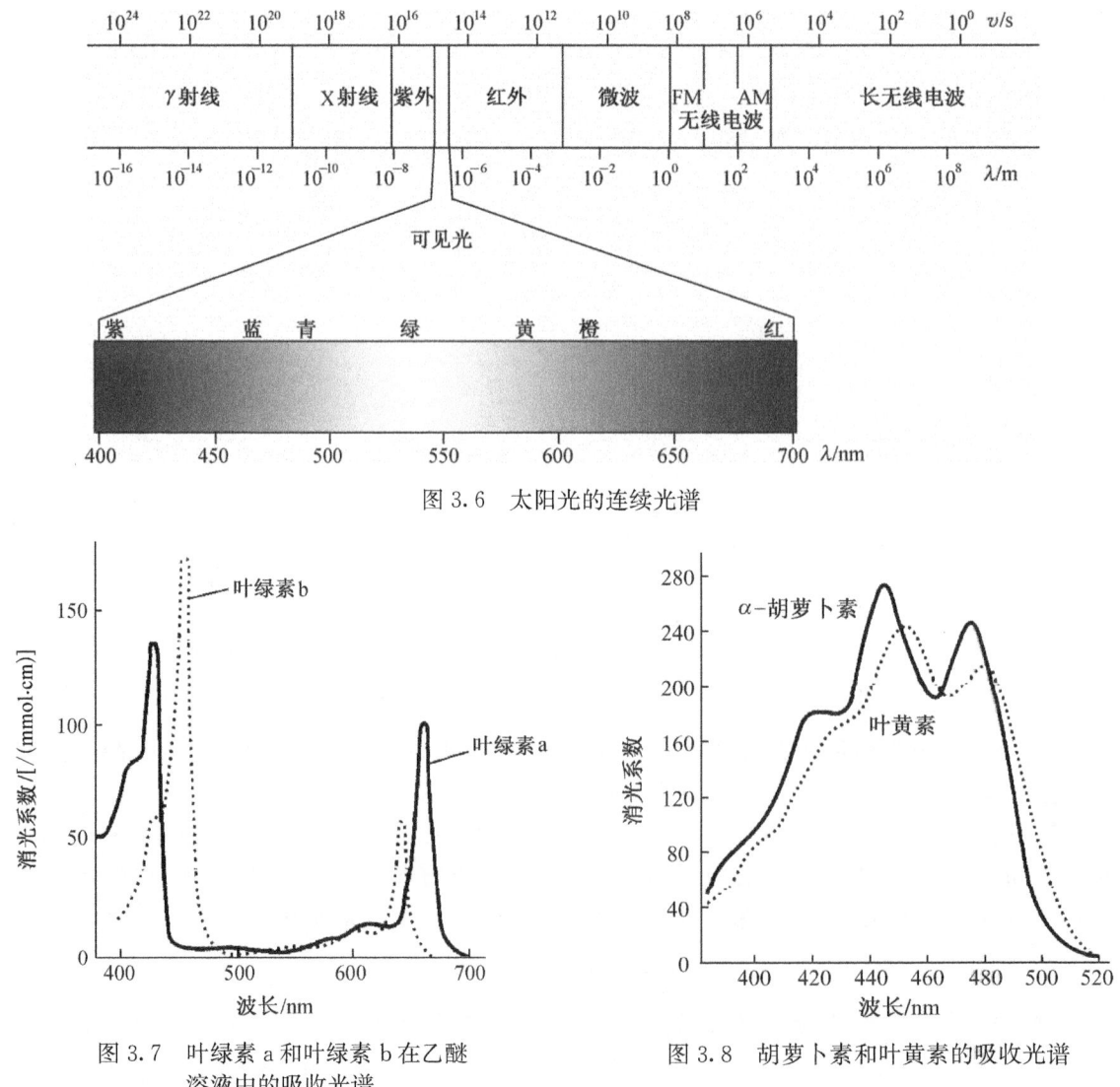

图 3.6 太阳光的连续光谱

图 3.7 叶绿素 a 和叶绿素 b 在乙醚溶液中的吸收光谱

图 3.8 胡萝卜素和叶黄素的吸收光谱

胡萝卜素和叶黄素的吸收光谱与叶绿素不同,它们最大的吸收带在蓝紫光部分,不吸收红光等长光波的光(图 3.8)。藻胆素的吸收光谱正好与类胡萝卜素的相反,它主要吸收绿光、橙光。具体来说,藻蓝蛋白的吸收光谱最大值是在橙红色部分,而藻红蛋白的是在绿色和黄色部分(图 3.9)。

3) 荧光现象和磷光现象:叶绿素溶液在透射光下呈绿色(主要观察到的是透射光),而在反射光下呈红色(叶绿素 a 为血红光,叶绿素 b 为棕红光),这种现象称为荧光(fluorescence)现象。荧光的寿命很短,只有 $1\times10^{-10} \sim 1\times10^{-8}$ s。当去掉光源后,叶绿素还能继续辐射出极微弱的红光(用精密仪器测知),这种光称为磷光(phosphorescence)。磷光的寿命较长(1×10^{-2} s)。

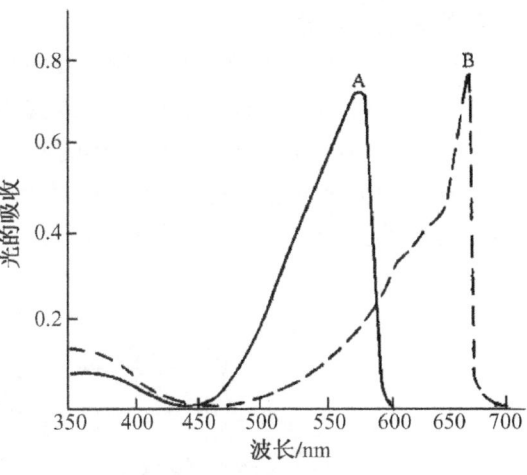

图 3.9 藻红蛋白(A)和藻蓝蛋白(B)的吸收光谱

叶绿素分子有红光和蓝光两个强吸收区。叶绿素分子吸收光量子后,就由最稳定的、能量最低的基态(ground state)跃迁为不稳定的、能量较高的激发态(excited state)。如果叶绿素分子吸收能量较高的蓝光(430 nm),就跃迁为能级较高的第二单线态(second singlet state);如果吸收能量较低的红光(670 nm),就跃迁为能级次高的第一单线态(first singlet state)。处于单线态的电子,其自旋方向保持原来的状态。如果电子在激发或退激过程中自旋方向改变,则电子就进入能级较单线态更低的第一三线态(first triplet state)。激发态不稳定,迅速转变成低能级状态,在这一过程中,一部分能量以热的形式耗散,另一部分以再辐射的形式消耗。如第一单线态的叶绿素回到基态所发出的光就是荧光;第一三线态的叶绿素回到基态所发出的光就是磷光。由于叶绿素分子吸收的能量总有一部分由于自身内部的能量转换而损失,所以荧光和磷光均长于被吸收光的波长(图 3.10)。但是,叶片或叶绿体 95% 以上的能量用于光合作用,发出的荧光很弱,肉眼看不到,只有用仪器才能测到。现在,人们用叶绿素荧光仪精确测定叶片发出的荧光,而荧光的变化可以反映光合机构能量转化的状况,叶绿素荧光的测定已被广泛用于光合作用研究和农业生产。

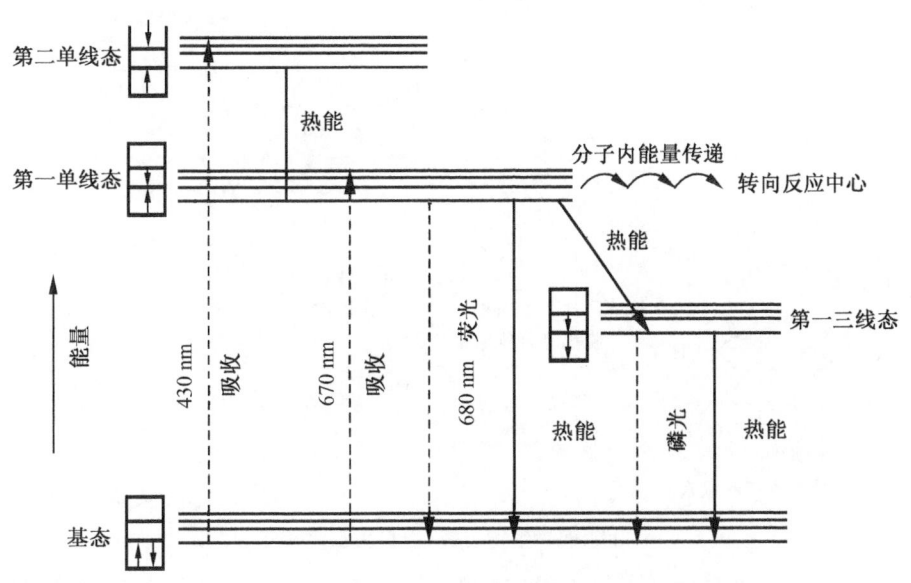

图 3.10 色素分子对光能的吸收及能量的转变示意图

3.2.3 叶绿素的形成及其条件

叶绿体色素也和其他物质一样,经常不断地进行代谢更新。本节以叶绿素为例说明其生物合成。

1. 叶绿素的生物合成

如图 3.11 所示,绿色植物和某些藻类的叶绿素生物合成是从谷氨酸或 α-酮戊二酸开始,可能经过 γ,δ-二氧戊酸(γ,δ-dioxovaleric acid)或其他物质形成 δ-氨基酮戊酸(δ-aminoevulinic acid,ALA)。两分子 ALA 脱水缩合成一分子含吡咯环的胆色素原(porphobilinogen)。4 个胆色素原分子聚合成尿卟啉原Ⅲ(uroporphyrinogen Ⅲ),这个化合物具有卟啉核的 4 个吡咯结构。尿卟啉原Ⅲ脱羧形成粪卟啉原Ⅲ(coproporphyrinogen Ⅲ),以上的反应是在厌氧条件下进行的。

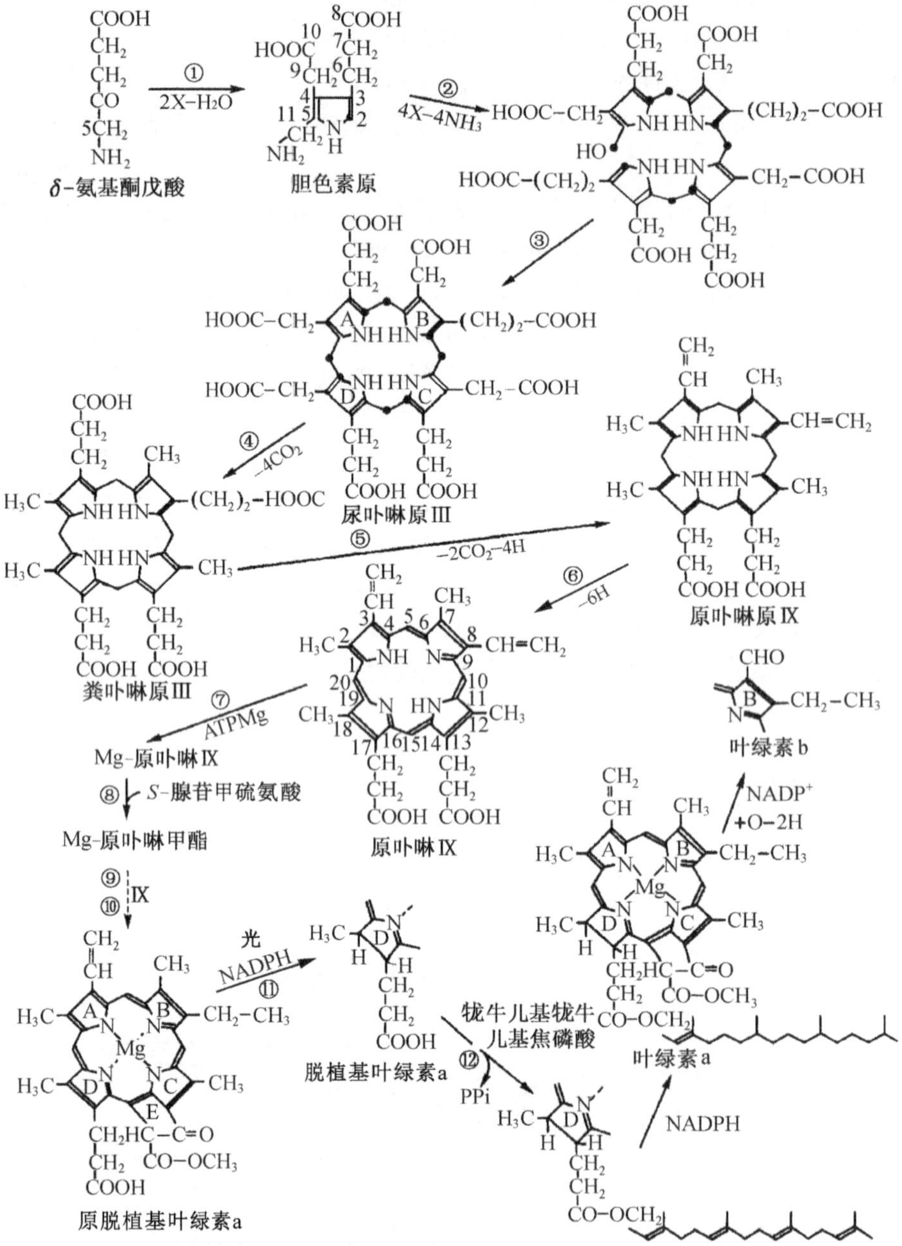

图 3.11 叶绿素的生物合成(引自大浜多美子,1992)

在有氧条件下,粪卟啉原Ⅲ脱羧和脱氢生成原卟啉Ⅸ(protoporphyrin Ⅸ),原卟啉Ⅸ是叶绿素和亚铁血红素的前体。如果与 Fe 结合,就生成亚铁血红素(ferroheme);如果与 Mg 原子结合,则形成 Mg-原卟啉(Mg-protoporphyrin)。由此可见,生物体中两大重要色素最初是同出一源的,以后在进化过程中,动植物分道扬镳,就使这两种色素的结构和功能都不一样了。Mg-原卟啉再接受来自 S-腺苷甲硫氨酸(S-adenosyl methionine)的甲基,形成第五个环即戊酮环,生成原脱植基叶绿素 a(protochlorophyllide a)。原脱植基叶绿素 a 与蛋白质结合,吸收光能,被还原成脱植基叶绿素 a(chlorophyllide a)。最后一步就是植醇

(phytol,亦称叶绿醇)与脱植基叶绿素 a 的第四个环的丙酸酯化,形成叶绿素 a。叶绿素 b 是由叶绿素 a 演变过来的。细菌叶绿素(bacteriochlorophyll)也是经过叶绿素 a 合成的。

2. 叶绿素形成的条件及叶色

许多环境条件影响叶绿素的生物合成,这些条件主要是:光、氧、温度、水分、矿质元素等。

光是影响叶绿素形成的主要条件。在被子植物中,催化此步反应的是光依赖性的原脱植基叶绿素 a 氧化还原酶(light-dependent protochlorophyllide oxidoreductase,LPOR),如果生长在黑暗环境中,被子植物就会逐渐褪去绿色,形成白化苗;LPOR 普遍存在于蓝细菌和所有真核光合生物中。在原核光合生物和除被子植物外的部分真核光合生物中(如苔藓、蕨类和松柏科植物),还普遍存在另一种非光依赖性的原脱植基叶绿素 a 氧化还原酶(dark-operative protochlorophyllide oxidoreductase,DPOR),可以使此类生物体在黑暗环境中也能合成脱植基叶绿素 a,使植物叶片呈现绿色。形成叶绿素所要求的光照强度相对较低。除了 680 nm 以上波长以外,可见光中各种波长的光照都能促使叶绿素形成。一般生活在黑暗中的植物都不合成叶绿素,叶片发黄。这种缺乏任何一个条件而阻止叶绿素形成,使叶片发黄的现象称为黄化(etiolation)现象。光线过弱,亦不利于叶绿素的生物合成,所以栽培密度过大或由于肥水过多而贪青徒长的植株,上部遮光过甚,植株下部叶片叶绿素分解速度大于合成速度,叶色变黄。

叶绿素的生物合成过程,绝大部分都有酶的参与。温度影响酶的活性,也就影响叶绿素的合成。一般来说,叶绿素形成的温度三基点为:最低温度是 2～4℃,最适温度是 30℃ 上下,最高温度是 40℃。秋天叶片变黄和早春寒潮过后水稻秧苗变白等现象,都与低温抑制叶绿素形成有关。

矿质元素对叶绿素形成也有很大的影响。植株缺乏氮、镁、铁、锰、铜或锌元素时,就不能形成叶绿素,出现缺绿症(chlorosis)。

叶色是各种色素含量和比例的综合表现。通常条件下,叶片呈绿色是因为叶绿素含量高而类胡萝卜素含量低(约 3∶1)。而秋天时叶片呈现出黄和红等叶色,一方面是温度降低和日照缩短使叶绿素分解快而类胡萝卜素相对稳定,所以叶片呈黄色;另一方面,温度降低和日照缩短有利于花色素(苷)的合成和积累,叶片呈红色。

3.3 光合作用的机制

光合作用的机制就是关于绿色植物光合器官是如何利用光能将 CO_2 和 H_2O 转变成有机化合物的过程。从表面上看,光合作用的总反应式似乎是一个简单的氧化还原过程,但实质上包括一系列的光化学和物质的转变步骤,是一个较复杂的过程。

光合作用根据需光与否,可笼统地分为两个反应——光反应(light reaction)和暗反应(dark reaction)。光反应是必须在光下才能进行的、由光直接引起的光化学反应,光反应是在类囊体(光合膜)上进行的。暗反应在光下和暗处均能够进行。暗反应是由若干酶催化完成的,反应在叶绿体基质(类囊体膜外侧的基质)中进行,所需能量不直接来自光能。其实,从总的过程来看,具有持续的照光,暗反应才能不断进行,催化许多暗反应步骤的酶需要有光的激活。

光反应又可分为三个步骤:① 原初反应即光能的吸收、传递和转换过程;② 水的光解放氧和电子传递;③ 光合磷酸化。暗反应将光反应产生的活跃的化学能通过碳同化转变成稳定的化学能。光合作用总过程可概括为光反应和暗反应高度协作的结果(图 3.12)。

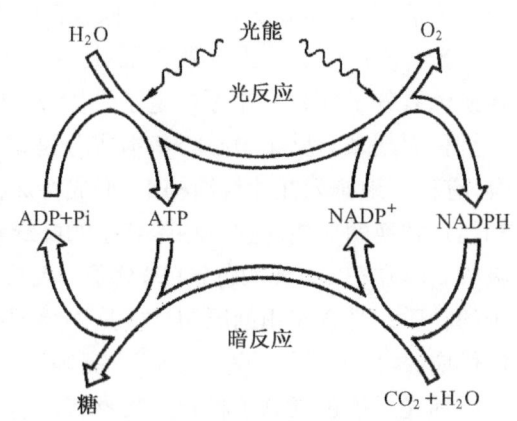

图 3.12 光合作用总过程示意图

3.3.1 光合作用的原初反应

原初反应(primary reaction)是指光合作用色素分子被光激发到引起第一个光化学反应为止的过程,它

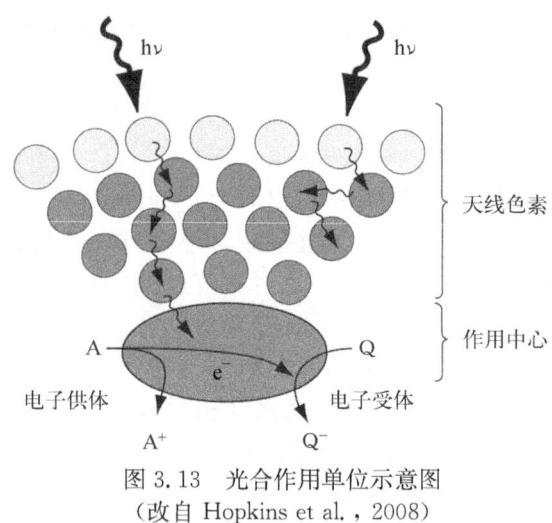

图 3.13 光合作用单位示意图
（改自 Hopkins et al., 2008）

包括光能的吸收、传递与转换过程。原初反应是在光合膜的光合单位上进行的。光合单位（photosynthetic unit）是指结合在类囊体膜上能进行光合作用的最小结构单位（图 3.13）。实验证明，每固定 1 分子 CO_2 约有 2 500 个叶绿素分子参与，需要 8~10 个光量子。则每 250 个叶绿素分子及其他辅助色素和一些蛋白质大约就是吸收 1 个光量子的光合单位。光合单位＝捕光色素系统（light-harvesting pigment system）+反应中心（reaction centre）。

反应中心色素（reaction center pigment），与蛋白质相结合形成反应中心色素蛋白复合体，中心色素是少数特殊状态的叶绿素 a 分子，它具有光化学活性，既是光能的"捕捉器"，又是光能的"转换器"（把光能转换为电能），因此亦称为"陷阱"（trap）。

捕光色素（light-harvesting pigment）没有光化学活性，只有吸收和传递光能的作用，把光能传递聚集到反应中心色素，绝大多数色素（包括大部分叶绿素 a 和全部叶绿素 b、胡萝卜素、叶黄素、藻红蛋白和藻蓝蛋白）都属于捕光色素。

捕光色素和作用中心色素协同作用完成光能的吸收、传递与转换过程。一般认为，色素分子吸收光子后被激发，激发能以共振传递（resonance transfer）和激子传递（exciton transfer）两种方式进行能量传递，最终传递到光合反应中心的一个专一的叶绿素 a 分子二聚体，引起光化学反应。激子（exciton）是指非金属晶体中由电子激发的量子，它能传递能量，但不能传递电荷。在由相同分子组成的捕光色素系统中，其中一个色素分子受光激发后，高能电子在返回原来轨道时也会发出激子，此激子能使相邻色素分子激发，即把激发能传递给了相邻色素分子，激发的电子可以相同的方式再发出激子，并被另一色素分子吸收，这种在相同分子间依靠激子传递来转移能量的方式称为激子传递。共振是指色素分子吸收光能被激发后，其中高能电子的振动引起相邻另一色素分子中某一电子的振动。激子传递只能在相同的色素分子之间进行，共振传递可在相同或不同的光合色素分子之间进行。激子传递要求分子间距小于 2 nm，而共振传递要求分子间距大于 2 nm，叶绿体片层上的色素分子排列得很紧密，完全适合这两种方式的能量传递。色素之间能量传递速度很快，如一个寿命为 5×10^{-9} s 的红光量子可把能量传递过几百个叶绿素 a 分子。能量传递的效率很高，类胡萝卜素所吸收的光能传给叶绿素 a 的效率高达 90%，叶绿素 b 和藻胆素所吸收的光能传给叶绿素 a 的效率接近 100%。这样，捕光色素就像透镜把光束集中到焦点一样，把大量的光能吸收、聚集，并迅速传递到反应中心色素分子。捕光色素亦称天线色素（antenna pigment），因它像收音机的天线一样，将吸收的光能有效地集中到反应中心色素。

光合反应中心是进行光合作用原初反应的最基本的色素蛋白复合体。光合反应中心至少包括一个光能转换色素分子（P）、一个原初电子受体（A）和一个原初电子供体（D），才能导致电荷分离，将光能转换为电能，并且积累起来。反应中心的基本成分是结构蛋白质和脂类。数量很少的叶绿素 a 分子就与这些脂蛋白结合，有秩序地排列在片层结构上，形成特殊状态的非均一系统，能引起光激发的氧化还原作用，具有电荷分离和能量转换的功能。这些特殊状态的叶绿素 a 分子一般用其光吸收高峰的波长作标志，例如 P_{700} 代表光能吸收高峰在 700 nm 的色素（P）分子。反应中心的原初电子受体，是指直接接受反应中心色素分子传来的电子的物质。光合作用的原初反应是连续不断地进行的，因此，必须有持续不断的最终电子供体和最终电子受体供应，构成电子的"源"和"流"。高等植物的最终电子供体是水，最终电子受体为 $NADP^+$。

捕光系统色素分子将光能吸收和传递到反应中心后，使反应中心色素（P）激发而成为激发态（P^*），放出电子给原初电子受体（A），同时留下一个空位，称为"空穴"。色素分子被氧化（带正电荷，P^+），原初电子受体被还原（带负电荷，A^-）。由于氧化色素分子有"空穴"，可以从原初电子供体（D）得到电子来填补（这就是反应中心色素分子又称为"陷阱"的道理），于是色素恢复原来状态（P），而原初电子供体却被氧化（D^+）。这样不断地氧化还原（电荷分离），就不断地把电子送给原初电子受体。这就完成了光能转换为电能的过程。

$$D \cdot P \cdot A \xrightarrow{h\upsilon} D \cdot P^* \cdot A \longrightarrow D \cdot P^+ \cdot A^- \longrightarrow D^+ \cdot P \cdot A^- \tag{3.3}$$

3.3.2 电子传递和光合磷酸化

1. 光系统

（1）**埃默森增益效应表明叶绿体存在两个不同的光系统**　在1943年,埃默森(R. Emerson)等以小球藻为材料,研究其不同光波的光合效率(以量子产额表示,即每吸收一个光量子所释放出的氧分子数),发现当光波大于685 nm(远红外光)时,虽然仍被叶绿素大量吸收,但量子产额急剧下降,这种现象被称为红降(red drop)。当时对这个现象是难以理解的。在20世纪30年代,人们用闪光实验知道光合作用包括光反应和暗反应。1956年埃默森观察到的双光增益效应和布林克斯(Blinks)看到的光色瞬变效应(即红光和远红光相互交替照射时,在交替的瞬间光合作用的速度会发生一些波动)使人们感到光反应可能不止一种,这是光合作用机理研究中的一个重大事件。埃默森等观察到,在远红外光700 nm (大于685 nm)条件下,如补充红光(约650 nm),则量子产额大增,比这两种波长的光单独照射的总和还要多。例如,红光处理放氧速度为100单位,远红外处理则为20,而两种光一起照射,则增至160。这样两种光波促进光合效率的现象,叫作双光增益效应或埃默森增益效应(Emerson enhancement effect)(图3.14)。这些现象使人们设想,光合作用可能包括两个光化学反应接力进行。后来,进一步研究证实光合作用确有两个光化学反应,分别由不同光系统完成,光系统实际上是前面谈到的"光合单位"的更具体形式。

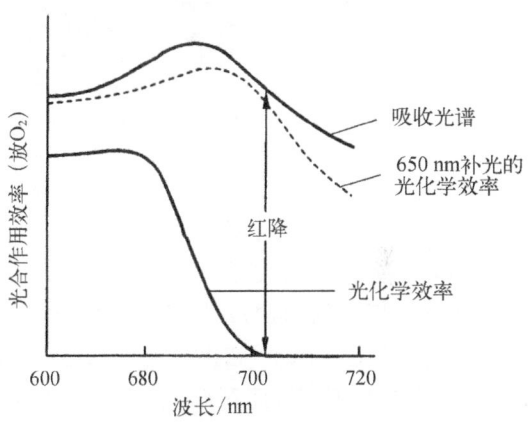

图3.14　埃默森增益效应

（2）**光合膜蛋白复合体**　光合色素在高等植物叶绿体类囊体膜内排列组成几种复合体共同完成光化学过程,主要包括光系统Ⅱ(photosystem Ⅱ,PSⅡ)、细胞色素b_6f复合体(Cytb_6f complex)和光系统Ⅰ(PSⅠ)(图3.15A)。它们共同作用,把光解水产生的电子传递给$NADP^+$形成NADPH(图3.15),同时完成H^+的跨膜转运,积累在类囊体腔内,为通过ATP合酶合成ATP奠定基础。PSⅡ主要分布在基粒类囊体的垛叠区域,PSⅠ和ATP合成酶分布在暴露于叶绿体基质中的类囊体非垛叠区域,细胞色素b_6f复合体则均匀分布在类囊体膜上(图3.15B)。

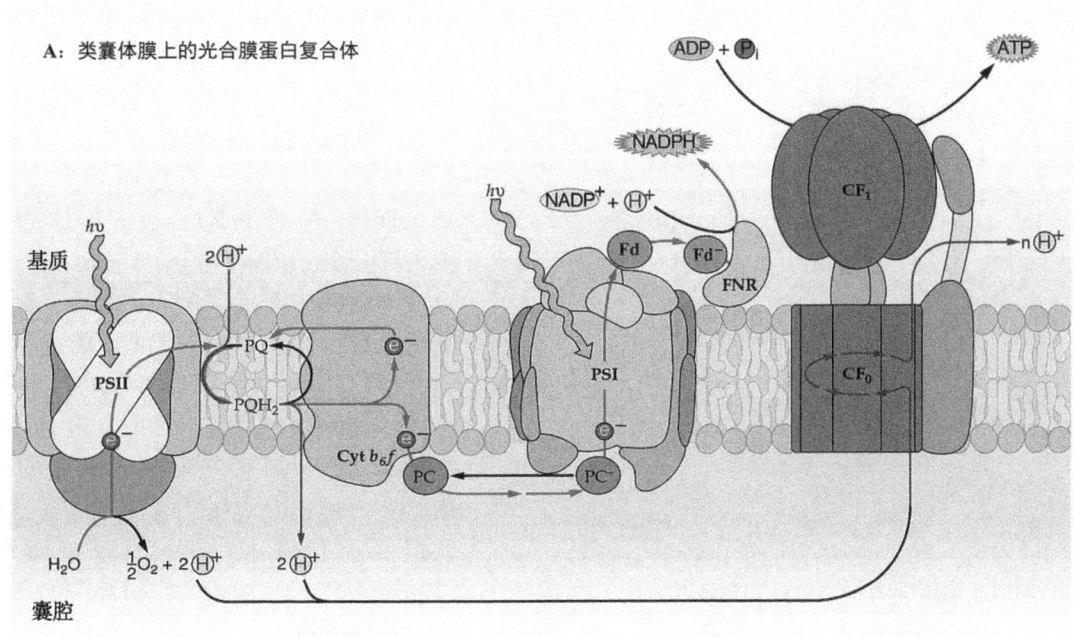

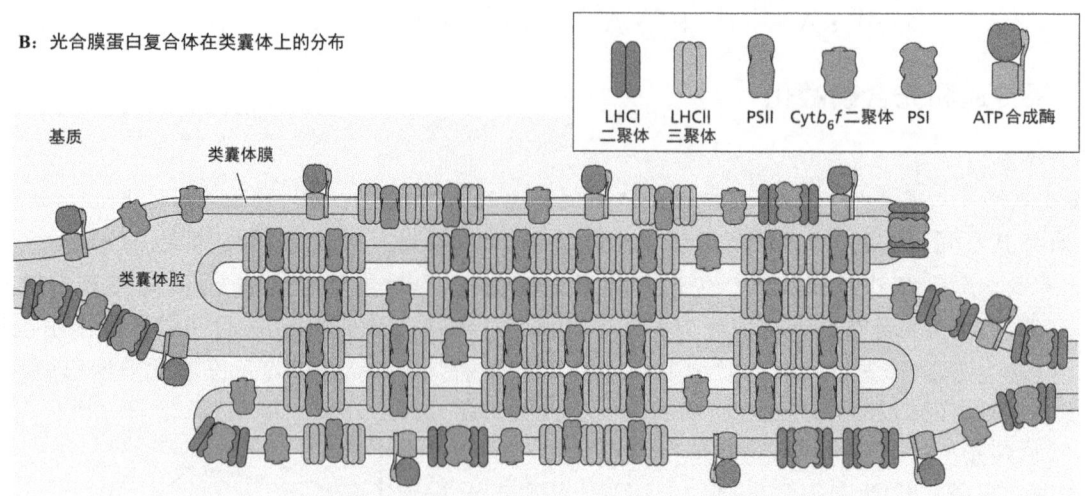

图 3.15　光合膜蛋白复合体的种类(A)及其在类囊体膜上的分布(B)
A. 改自 Buchanan et al. ,2000;B. 改自 Tai z et al. ,2018

从叶绿体分离出了两个光系统,每一个光系统都是由多个蛋白质亚基和电子传递体组成的色素蛋白复合体,二者是根据发现顺序命名的。PS Ⅰ 的颗粒较小,直径约为 11 nm;PS Ⅱ 的颗粒较大,直径为 17.5 nm。两者的组成成分不同,功能也不同。敌草隆[一种除草剂,化学名称是 3-(3,4-二氯苯基)-1, 1-二甲基脲,3-(3,4-dichlorophenyl)-1,1-dimethylurea,DCMU]抑制 PS Ⅱ 的光化学反应,却不抑制 PS Ⅰ 的光化学反应,而百草枯(主要化学成分是甲基紫精)的作用相反,故可以用 DCMU 和百草枯将两个光系统加以区分。

1) 光系统Ⅱ的结构与功能:高等植物和藻类的 PSⅡ 含有 31 个蛋白亚基,由四部分组成:两个交叉排列多肽 D_1 和 D_2,其中含有原初电子供体(Z)、P680、原初电子受体(脱镁叶绿素 Pheo)和质体醌(Q_A 和 Q_B),D_1 和 D_2 之间可能由 Fe 连接;PSⅡ 外围是捕光复合物Ⅱ(light-harvesting complex Ⅱ,LHC Ⅱ),CP43(43 kDa)和 CP47(47 kDa)叶绿素结合的蛋白质复合体及细胞色素 b559 结合的两个多肽(44 kDa 和 93 kDa);放氧复合体(oxygen-evolving complex,OEC),由 33 kDa、23 kDa 和 16 kDa 的三条多肽与 Mn、Cl 和 Ca 结合组成(图 3.16)。LHCⅡ 的详细结构已用 X 射线晶体学方法阐明。2004 年 3 月,中国科学院匡廷云院士团队与常文瑞院士团队合作,在 Nature 杂志上以主题论文的形式发表了菠菜的捕光复合物 LHC Ⅱ 2.72Å 分辨率的晶体结构,LHCⅡ晶体结构图被选作当期杂志的封面。LHCⅡ单体结构中含有 3 个跨膜 α 螺旋段和 14 个色素分子,包括 7 个叶绿素 a 分子,5 个叶绿素 b 分子和 2 个叶黄素分子(图 3.17A),自然状态下有生理活性的 LHCⅡ 是其三聚体(图 3.17B)。在三聚体的形成过程中,首先形成单体,再形成三聚体。三聚体的形成与膜磷脂有关,如将分离的三聚体用磷酸酯酶水解掉磷脂,三聚体就解离成单体。不同组成的膜脂可以使 LHCⅡ 形成结构不同的聚合体。高等植物中 LHCⅡ 一般是由 23 kDa、25 kDa 和 27 kDa 三种多肽组成的异源多聚体;另一种观点认为 LHCⅡ 由 26 kDa 一种多肽组成的寡聚体。德国科学家戴森霍费尔(Deisenhofer)、胡贝儿(Huber)和米歇尔(Michel)因解析了紫色光合细菌光合作用反应

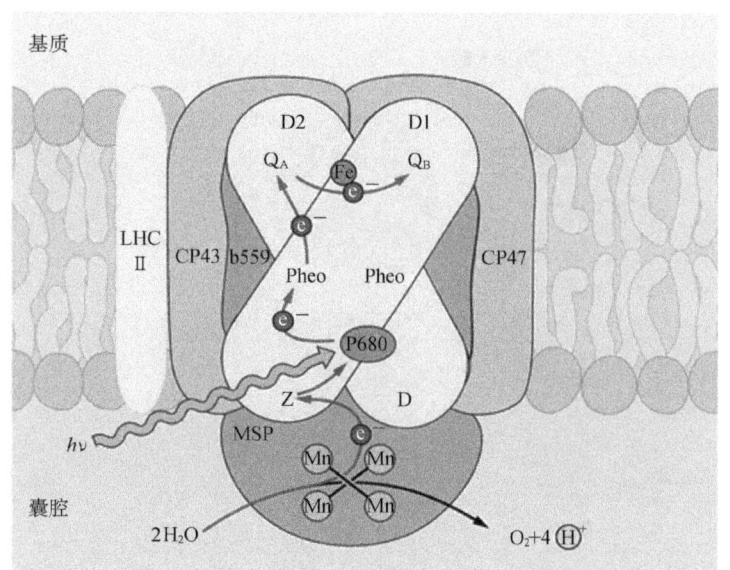

图 3.16　PSⅡ复合体结构示意图
(改自 Hopkins et al. ,2008)

中心的空间结构,而获得 1988 年诺贝尔化学奖。不放氧的光合生物只含有一个类似 PSⅠ或 PSⅡ的光系统,如厌氧的紫色光合细菌光系统结构与放氧生物的光系统Ⅱ有许多相似之处;不放氧的绿色硫细菌的光系统结构与放氧生物的光系统Ⅰ比较相似。光系统Ⅱ的主要功能是光解水放氧、把电子传递给 $Cytb_6f$ 复合体并把 H^+ 留在类囊体腔中。

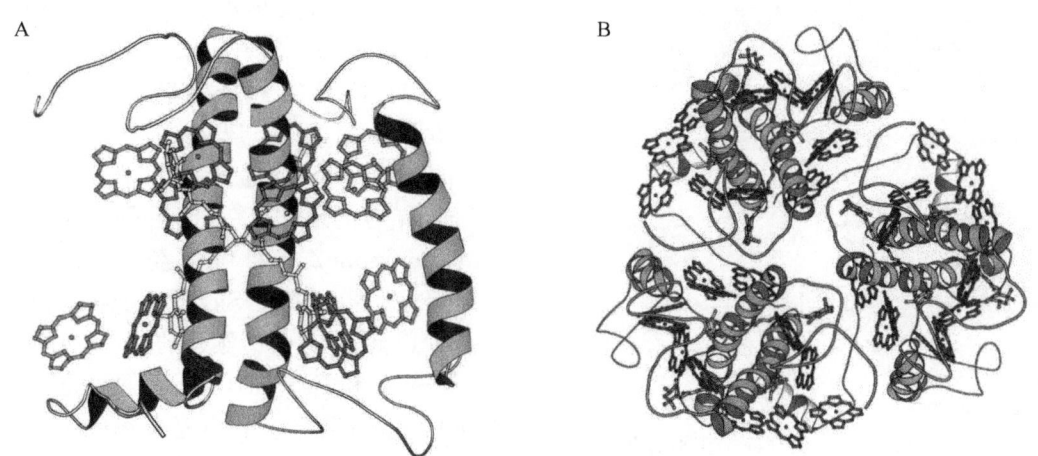

图 3.17　高等植物 LHCⅡ的结构(引自 Buchanan et al.,2000)
A. LHCⅡ的单体结构示意图;B. LHCⅡ的三聚体示意图

2) $Cytb_6f$ 复合体的结构与功能:由 $Cytb_6$、$Cytf$、Rieske 铁硫蛋白(FeS_R)和分子质量为 17 kDa 的亚基Ⅳ等四条多肽组成(图 3.18A),菠菜 $Cytb_6f$ 二聚体的 3.6Å 分辨率晶体结构最近被发表在 Nature 杂志上。其主要功能是把从 PSⅡ来的电子传递给 PSⅠ,同时与 PSⅡ协同作用通过 PQ 穿梭把 H^+ 从叶绿体基质转运到类囊体腔中(图 3.18B)。

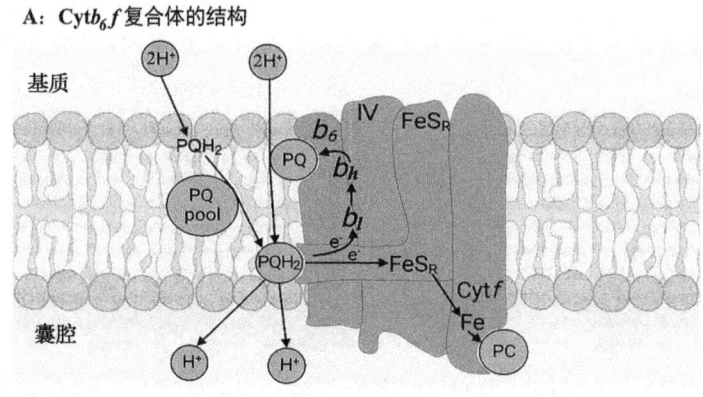

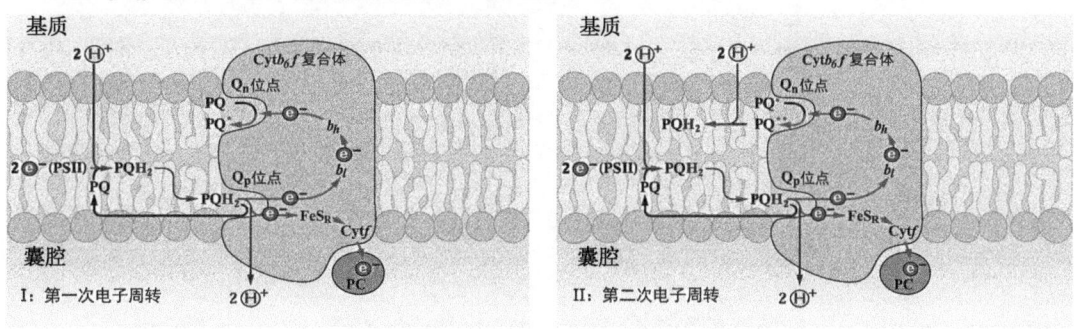

图 3.18　细胞色素 b_6f 复合体的结构(A)和电子传递示意图(B)(改自 Buchanan et al.,2000)

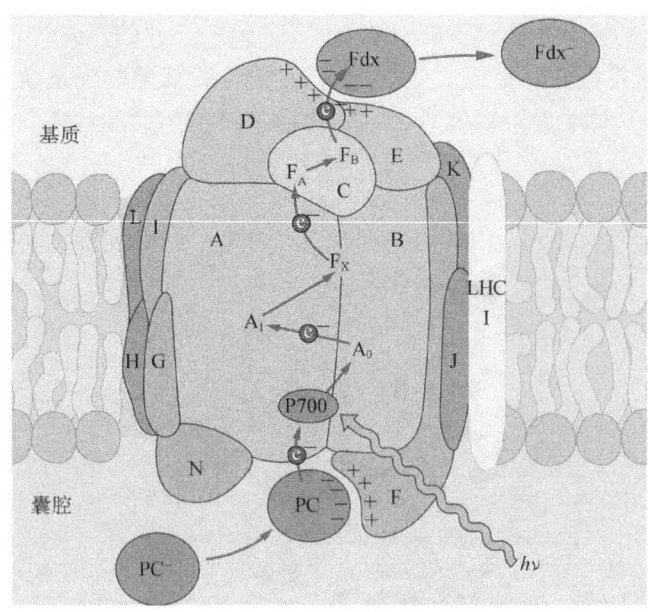

图 3.19 光系统 PS Ⅰ 复合体结构示意图
(改自 Hopkins et al., 2008)

3) 光系统 Ⅰ 的结构与功能：一种蓝细菌细长聚球藻(*Synechococcus elongates*)的 PS Ⅰ 结构已用 X 射线晶体学方法解得。蓝细菌的 PS Ⅰ 模型在所有含 PS Ⅰ 的光合生物中是通用的(图 3.19)。PS Ⅰ 由三部分组成：大亚基、小亚基和 LHC Ⅰ 组成。大亚基含 82 kDa(Psa A)和 83 kDa(Psa B)两条多肽。小亚基含 C、D、E、F 等数条多肽。PsaA 和 PsaB 各有 11 个跨膜 α 螺旋段。PS Ⅰ 中的 A_0 (功能上类似 PS Ⅱ 中的脱镁叶绿素)是 P700 的直接电子受体。醌以与 PS Ⅰ 结合的形式存在，包括一个标为 A_1 的叶绿醌(phylloquinone)，也称维生素 K_1，它是中间电子载体。Fe-S 中心(Fe-Sx)桥连 PsaA 和 PsaB。小亚基中的 PsaC 含有两个额外的 Fe-S 中心或称 Fe-S 串(Fe-SA 和 Fe-SB)和另外两个蛋白质(FsaD 和 FsaE)一起位于反应中心复合体的基质侧，PsaD 是真核生物的 PS Ⅰ 中铁氧还蛋白的结合部位。PsaF (含 3 个跨膜 α 螺旋段)为质体蓝素(plastocyanin)提供作用部位(在类囊体膜的腔侧)。LHC Ⅰ 是 PS Ⅰ 的主要光能捕集器，其中叶绿素 a/b 是 4∶1。PS Ⅰ-LHC Ⅰ 超级复合体 2.8Å 分辨率的精细晶体结构也已被我国科学家成功解析，为了解 PS Ⅰ 的工作机制奠定了基础。PS Ⅰ 的主要功能是把电子传递给 $NADP^+$，产生 NADPH。

2. 光合电子传递

(1) 光合电子传递的模式(Z 方案)　光合作用光反应主要是由类囊体膜上的四个蛋白质复合体完成的，即 PS Ⅱ、$Cytb_6f$ 复合体、PS Ⅰ 和 ATP 合成酶。高等植物的两个光系统(PS Ⅱ 和 PS Ⅰ)捕获光能后，传递到反应中心，反应中心色素分子(P680 和 P700)被光激发，形成电荷分离，释放高能电子，将光能转化为电能。高能电子必须经过电子传递，才能进一步把电能转化为活跃的化学能(ATP 和 NADPH)，为光合作用暗反应(碳同化)提供能量。植物的叶绿体把电能转变为活跃化学能的过程称为光合电子传递；电子传递的路径称为光合电子传递链，简称光合链。光合链是由类囊体膜上的两个光系统和若干电子传递体，按一定的氧化还原电位依次排列组成的传递电子的总轨道(图 3.20)。光合电子传递具有方向性，只能沿着光合链上的电子传递体从负电位(高能级)向正电位(低能级)定向传递。

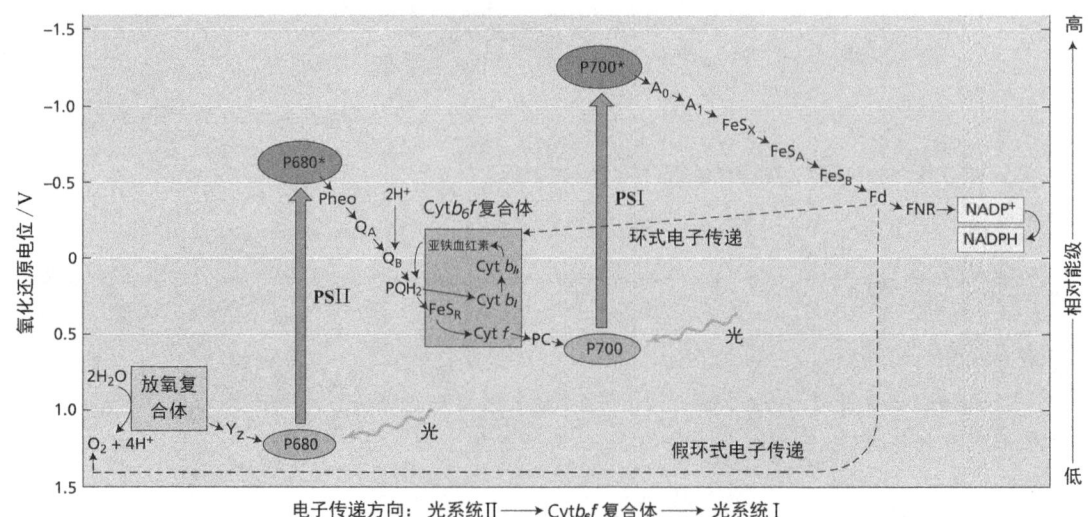

图 3.20 放氧生物的光合电子传递模式——Z 方案(改自 Taiz et al., 2018)

现在被广泛接受的光合电子传递模式是希尔(R. Hill)于1960年提出的"Z方案"(Z scheme),后经不断补充与完善。在希尔提出的电子传递方案中,光合链上的电子传递体按氧化还原电势从低到高排列时,排列图形呈"Z"字形,所以光合链又称Z链(图3.20)。PSⅡ和PSⅠ是以串联的方式协同作用,完成电子从H_2O到$NADP^+$的传递,二者通过$Cytb_6 f$复合体相连接。PSⅠ反应中心色素为P700,PSⅡ反应中心色素为P680,二者吸收光能被激发,激发态的$P680^*$和$P700^*$释放高等电子,启动电子传递。P680和P700就像抽水机中的涡轮,把作用中心供体侧低能电子抽上来,并转化为高能电子,释放给电子供体。作用中心从最终电子供体(H_2O)中源源不断地获得电子,最终将电子传递给$NADP^+$,生成NADPH;同时将H^+从叶绿体基质转移到类囊体腔内,将电能转化为跨膜电势能(质子势能),为ATP合成酶合成ATP提供能量(图3.15A)。

(2) 光合电子传递的过程

1) PSⅡ中的电子传递:P680(Chla分子二聚体)被捕光色素传递来的光能激发,形成激发态的$P680^*$,$P680^*$很快发生电荷分离,形成氧化态的$P680^+$,$P680^+$很快被电子供体Y_Z(D1蛋白亚基上的酪氨酸)还原。Y_Z再氧化放氧复合体中的锰簇,使锰簇带正电荷。当锰簇积累4个正电荷后,将2分子H_2O分解,放出一分子O_2,并产生4个H^+(图3.16,图3.20)。

$$2H_2O \longrightarrow 4H^+ + 4e^- + O_2\uparrow$$

$P680^*$电荷分离产生的电子很快传递给去镁叶绿素[pheophytin,Pheo,又称褐藻素],$Pheo^-$将电子传递给原初电子受体——质体醌Q_A,使Q_A变成Q_A^-。Q_A是结合在D2蛋白亚基上的特殊状态的质体醌,是PSⅡ上第一个稳定的电子受体。Q_A^-又把电子传递给另一个特殊状态的质体醌Q_B。Q_B能结合两个电子,它先从Q_A^-接受一个电子形成半醌Q_B^-,然后从Q_A^-再接受第二个电子形成Q_B^{2-}。完全还原的Q_B^{2-}从叶绿体基质中再结合2个质子(H^+)形成Q_BH_2。Q_BH_2被游离的空载质体醌(PQ)从反应中心上替换下来,替换下来的Q_BH_2更名为PQH_2。电中性的PQH_2具有脂溶性,它能在膜的疏水区移动,转移到类囊体膜内侧,向$Cytb_6 f$复合体传递电子(图3.16和图3.20)。新结合在反应中心上的PQ就是Q_B,Q_B继续结合电子和质子。类囊体膜上有很多游离PQ,称为质体醌库,可以源源不断地转运电子和质子。PSⅡ中的电子传递简式如下。

$$H_2O \longrightarrow Mn簇 \longrightarrow 酪氨酸(Y_Z) \longrightarrow P_{680} \longrightarrow Pheo \longrightarrow Q_A \longrightarrow Q_B$$

$$Q_B + 2e^- + 2H^+ \longrightarrow Q_BH_2(PQH_2)$$

2) PSⅡ与PSⅠ之间的电子传递:PQH_2转运到$Cytb_6 f$复合体的Q_p位点被氧化,其携带的2个电子中,1个电子传向$Cytb_6 f$的铁硫中心(FeS_R),另1个电子交给细胞色素b_l,同时将2个H^+释放到类囊体腔内。传递给FeS_R的电子经细胞色素f(Cyt$f$)传递给质体蓝素(PC)。PC是一种水溶性的铜蛋白。PC脱离$Cytb_6 f$复合体,在类囊体腔内扩散传递到PSⅠ的反应中心P_{700}(图3.18A和图3.18B)。

传递给$Cytb_l$的电子,经$Cyt b_h$在$Cytb_6 f$复合体的Q_n位点把电子再传递给PQ,先还原为半醌$PQ^·$(PQ^-)。等下一个PQH_2继续传来电子时,半醌$PQ^·$继续还原生成$PQ^{··}$(PQ^{2-})。$PQ^{··}$与Q_B^{2-}类似,从叶绿体基质中接受2个H^+,形成PQH_2。新生成的PQH_2可以继续迁移到Q_p位点,再次进行电子传递,这样就形成了质体醌循环(图3.18B)。质体醌循环的总方程式如下:

$$PQH_2 + 2PC_{ox}(氧化态 PC) + 2H^+_{stroma} \longrightarrow PQ + 2PC_{red}(还原态 PC) + 4H^+_{lumen}$$

除了PQH_2传来的第一对电子中的其中一个电子未经过质体醌循环以外,以后所有PQH_2传来的电子都会经过质体醌循环(特殊情况除外)。通过质体醌循环,1分子PQH_2完全氧化时共转移了4个H^+。也就是说,一对电子经过$Cytb_6 f$复合体传递到PSⅠ,可将基质中的4个H^+转移到类囊体腔中,质子转移的效率提高了一倍。PSⅡ与PSⅠ之间的电子传递简式如下(省略质体醌循环步骤):

$$Q_B^{2-} \longrightarrow PQH_2 \longrightarrow FeS \longrightarrow cyt f \longrightarrow PC \longrightarrow P_{700}$$

质体醌既可传递电子,又可传递质子,在光合电子传递链中起着重要的作用。质体醌数量比其他传递体的数量也多得多,菠菜叶绿体内质体醌含量达全部叶绿素的七分之一。因此,质体醌库的大小是直接影响植物光反应效率的重要因素之一。

3) PSⅠ中的电子传递:P700受光激发后,以非常快的速度把电子传递给原初电子受体 A_0(叶绿素 a 分子单体),并从质体蓝素(PC)那里得到电子。A_0 将电子传递给 A_1(叶绿醌,也称维生素 K_1)。A_1 又将电子传递给 PSⅠ 的相对稳定的电子受体铁硫蛋白 FeS_X,以及两个铁硫中心 FeS_A 及 FeS_B。电子从 FeS_A、FeS_B 再传递给小分子水溶性的铁氧还蛋白(Fd),Fd 游离到叶绿体基质中,最后经基质侧的 Fd-NADP 还原酶复合体(FNR)催化,把电子传递给 $NADP^+$,将 $NADP^+$ 还原成 NADPH,最终完成从 H_2O 到 $NADP^+$ 的电子传递(图 3.19,图 3.20)。PSⅠ中的电子传递如下:

$$P_{700} \longrightarrow A_0 \longrightarrow A_1 \longrightarrow FeS_X \longrightarrow FeS_A \longrightarrow FeS_B \longrightarrow Fd \longrightarrow NADP^+$$

(3) 光合电子传递过程中的物质和能量转换 植物叶片每吸收 8~10 个光量子,可传递 4 个电子,将 2 分子 H_2O 光解,产生 4 个 H^+ 和 1 分子 O_2,同时 PQ 的跨膜迁移传递电子的过程中,又将 8 个 H^+ 从类囊体膜外侧基质转移到类囊体腔内。此外,2 个 $NADP^+$ 还原成 NADPH 过程中还消耗了叶绿体基质中的 2 个 H^+(方程式如下)。

$$NADP^+ + H^+ + 2e^- \longrightarrow NADPH$$

经过上述电子传递,使类囊体腔中相对增加了 14 个 H^+,产生了跨类囊体膜的质子动力势(PMF),将光能转变成了跨类囊体膜的电势能(类囊体腔内的 pH 可达 1~2),并将 2 个 $NADP^+$ 还原 NADPH。由于类囊体膜两侧具有内正外负的电势差,H^+ 在穿过类囊体上的 ATP 合成酶时就会释放的能量,大约平均每 3 个 H^+ 所释放的能量可以合成 1 个 ATP。

(4) 光合电子传递的类型 光合电子传递的 Z 方案也称为非循环式电子传递(noncyclic electron transport),这是一个开放的电子传递途径,电子传递过程中既有氧气的释放,又有 NADPH 的合成,是光合电子传递的主要路径。除 Z 方案外,光合电子传递还有循环式电子传递(cyclic electron transport)和假循环式电子传递(pseudocyclic electron transport)两种类型(图 3.20)。循环式电子传递是指由 PSⅠ产生的电子传给 Fd 后,Fd 又把电子传回了 $Cytb_6f$ 复合体(当 $NADP^+$ 供应不足时),然后经 PC 再次返回 PSⅠ的电子传递路径。循环式电子传递不能产生 NADPH,其在光照过饱和情况下具有耗散光能的作用。假循环式电子传递是指光解 H_2O 产生的电子经 PSⅡ和 PSⅠ两个光系统,最终传给 O_2 的电子传递路径。这条电子传递路径最早由 Mehler 提出,所以又称"Mehler 反应"。假循环式电子传递的产物是超氧阴离子自由基($O_2^-\cdot$),是植物体内主要的活性氧,对生物大分子有破坏作用。叶绿体中的超氧化物歧化酶(superoxide dismutase,SOD)可清除 $O_2^-\cdot$。假循环式电子传递往往发生在光照过饱和条件下,特别是强光和其他逆境共存导致 $NADP^+$ 供应严重不足时。假循环式电子传递是强光对植物光合作用产生光抑制(photoinhibition)的主要原因之一。

3. 水的光解——氧气的释放

水的光解(water photolysis)是希尔于 1937 年发现的。他将离体的叶绿体加到含有适当的氢受体(A)的水溶液中,光照后放出 O_2。

$$2H_2O + 2A \xrightarrow[\text{叶绿体}]{\text{光}} 2AH_2 + O_2 \tag{3.4}$$

离体叶绿体在光下进行水分解,并放出 O_2 的反应,便称为希尔反应(Hill reaction),氢接受体有 2,6-二氯酚靛酚、苯醌、$NADP^+$ 和 NAD^+ 等。

O_2 的释放是水在光照下经过 PSⅡ的作用产生的。整个反应如下:

$$2H_2O \longrightarrow O_2 + 4H^+ + 4e^- \tag{3.5}$$

关于 O_2 释放的机制知道不多。根据约里奥(P. Joliot)闪光试验,在黑暗中已适应的叶绿体经过闪光处理(每次闪光 5～10 μs,间隔 300 ms),第一次闪光,无 O_2 产生;第二次闪光,有少量 O_2 产生;第三次闪光,放 O_2 最多;第四次闪光,放 O_2 量次之。以后就逐渐下降至恒定值。为了解释这一现象,科克(B. Kok)等提出了水氧化钟(water oxidizing clock)模型或 Kok 钟(Kok clock)。该模型认为 O_2 释放有 5 种状态(S_0 至 S_4)OEC 参与,它们代表放氧复合体(OEC)氧化势逐渐加强,从 S_0 到 S_4 所带正电荷数从 0 到 4 依次增加。每闪光一次,放氧复合体便激发出一个电子而使自身增加一个正电荷,同时使带电状态向前推进一步。当放氧复合体积累了 4 个正电荷(S_4)时便可催化 2 分子水光解,释放出 1 分子氧,同时产生 4 个电子和 4 个 H^+,后二者便可沿着光合链继续传递。该模型还认为 S_0 和 S_1 是稳定状态,S_2 和 S_3 在暗中退回到 S_1,S_4 不稳定。这样在黑暗中已适应的叶绿体有 3/4 的 OEC 为 S_1,1/4 为 S_0。因此,第三次闪光放 O_2 最多。每次闪光后并不是全部 OEC 都发生 1 次状态的转换,有的可能发生 2 次,有的可能不发生,因此,多次闪光后,放氧量逐渐达到稳恒态(图 3.21)。

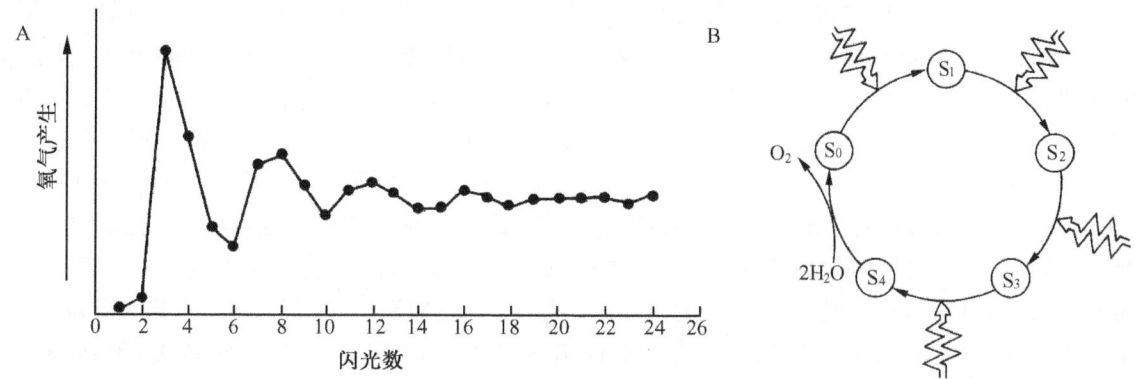

图 3.21 光合放氧复合体的几种 S 状态与放氧的关系(引自潘瑞炽,2001)
A. 叶绿体闪光照射不同次数的放氧量;B. 放氧系统的 5 种 S 状态

锰和氯是水的光解放氧反应中必不可少的物质。锰是 PSⅡ 颗粒的组成成分,它具有高的氧化还原电位,直接参与水的氧化反应。氯离子在放氧过程中起活化作用。

4. 光合磷酸化

叶绿体(或载色体)在光下把无机磷和 ADP 转化为 ATP,形成高能磷酸键的过程,称为光合磷酸化(photosynthetic phosphorylation 或 photophosphorylation)。光合磷酸化有两种类型,即非循环光合磷酸化和循环光合磷酸化。

(1) 非循环光合磷酸化 PSⅡ 所产生的电子,即水光解释放出的 H^+ 留在类囊体腔内,而电子在光合链上经过一系列的传递时通过质体醌(plastoquinone,PQ)把 H^+ 从叶绿体基质转运到囊腔中,产生跨类囊体膜两侧的 PMF,驱动 ATP 的形成。与此同时把电子传递到 PSⅠ,PSⅠ 利用光能进一步提高了电子的能位,还原 $NADP^+$ 为 NADPH。

$$2ADP+2Pi+2NADP^++2H_2O \xrightarrow{光} 2ATP+2NADPH+2H^++O_2 \qquad (3.6)$$

在这个过程中,电子传递是一个开放的通路,故称为非循环光合磷酸化(noncyclic photophosporylation)。

(2) 循环光合磷酸化 PSⅠ 产生电子经过一些传递体后,也产生 PMF 驱动 ATP 的形成,但不放 O_2,也不产生 NADPH:

$$ADP+Pi \xrightarrow{光} ATP+H_2O \qquad (3.7)$$

在这个过程中,电子经过一系列传递后降低了能位,最后经过质体蓝素重新回到原来的起点,也就是电子传递表现为一个闭合的回路,故称为循环式光合磷酸化(cyclic photophosphorylation)。

(3) 光合磷酸化的机制与 ATP 合酶 目前,仍然用米切尔(P. Mitchell)提出的化学渗透假说(chemiosmotic hypothesis)解释光合磷酸化的机理。这个假说的基本要点是:在光合链传递电子过程中,类囊体膜内外之间产生 PMF,在 H^+ 通过 ATP 合酶返回膜外时,使 ADP 和 Pi 形成 ATP。

叶绿体的 ATP 合酶又称光合磷酸化反应偶联因子(coupling factor),它是由跨膜的 CF_0 单位和位于类囊体基质侧起催化作用的 CF_1 单位所组成(图3.22上图)。ATP 合酶 CF_0-CF_1 不仅在 ATP 的合成反应中起关键的作用,它同时具有 ATP 酶的活性,即可以利用水解 ATP 释放的能量进行质子的跨膜运输。CF_1 只是非共价地连接在 CF_0 上,在低浓度离子(特别是 Mg^{2+})条件下,脱离 CF_0,CF_1 当脱离 CF_0 时,表现为 ATP 酶的活性。因此,CF_0 对于偶联因子的 ATP 合成功能是很重要的。CF_1 的分子质量大约为 325 kDa,其中包括 5 个亚基,α 亚基 55~56 kDa,"长条"形;β 亚基 52~54 kDa,"椭圆"形,具有催化功能,是合成 ATP 的部位;γ 亚基 37 kDa;δ 亚基 21 kDa~25 kDa;ε 亚基 14 kDa。它们的组成比例为 α:β:γ:δ:ε=3:3:1:1:1。CF_0 由 Ⅰ、Ⅱ、Ⅲ 和 Ⅳ 四个亚基组成。亚基 Ⅰ 分子质量 18 kDa~19 kDa;亚基 Ⅱ 分子质量 16 kDa;亚基 Ⅲ 分子质量 8 kDa;亚基 Ⅳ 分子质量 14 kDa。它们的分子组成比例为 Ⅰ:Ⅱ:Ⅲ:Ⅳ=1:1:12:1。这些亚基形成埋于膜内的质子通道。

关于 PMF 如何驱动 ATP 的合成,目前主要有美国生物化学家博耶(Boyer)于 1993 年提出的 ATP 合酶的结合变构机制(binding change mechanism),后经完善也称为旋转催化(rotational catalysis)假说来解释。按照这个模型,① ATP 合酶利用 PMF 产生构象的改变,改变与底物的亲和力,催化 ADP 与 Pi 形成 ATP。② CF_1 具有三个催化位点,每个 β 亚基具有一个。在特定的时间,三个催化位点的构象不同,因而与核苷酸的亲和力不同。松弛状态(loose,L 构象)有利于 ADP 和 Pi 结合,紧张状态(tight,T 构象)可使结合的 ADP 和 Pi 合成 ATP,开放状态(open,O 构象)使合成的 ATP 容易被释放,三种构象状态依次发生紧张→松弛→开放的顺序变化。具体说,ADP 和 Pi 与开放状态的 β 亚基结合;在质子流推动下 γ 亚基旋转使 β 亚基转变为松弛状态,并在较少的能量变化情况下,ADP 与 Pi 自发地形成 ATP,再进一步转变为紧张状态;β 亚基继续变构成开放状态,ATP 与酶的亲和力很低而被释放出去,并可以再次结合 ADP 和 Pi 进行下一轮的 ATP 合成。③ 质子通过 CF_0 时,引起 c 亚基构成的环旋转,从而带动 γ 亚基旋转,由于 γ 亚基的端部是高度不对称的,它的旋转引起 β 亚基 3 个催化位点构象的周期性变化(L、T、O),不断进行 ATP 的合成(图 3.22 下图)。英国科学家沃克(Walker)通过 X 射线衍射获得高分辨率的牛心线粒体 ATP 酶晶体的三维结构,证明在 ATP 酶合成 ATP 的催化循环中三个 β 亚基的确有不同构象,从而有力地支持了博耶的假说。博耶和沃克由于在 ATP 合酶催化 ADP 形成 ATP 机制工作的贡献共同获得 1997 年诺贝尔化学奖。ATP 合成酶合成 ATP 的步骤总结如下(图 3.22)。

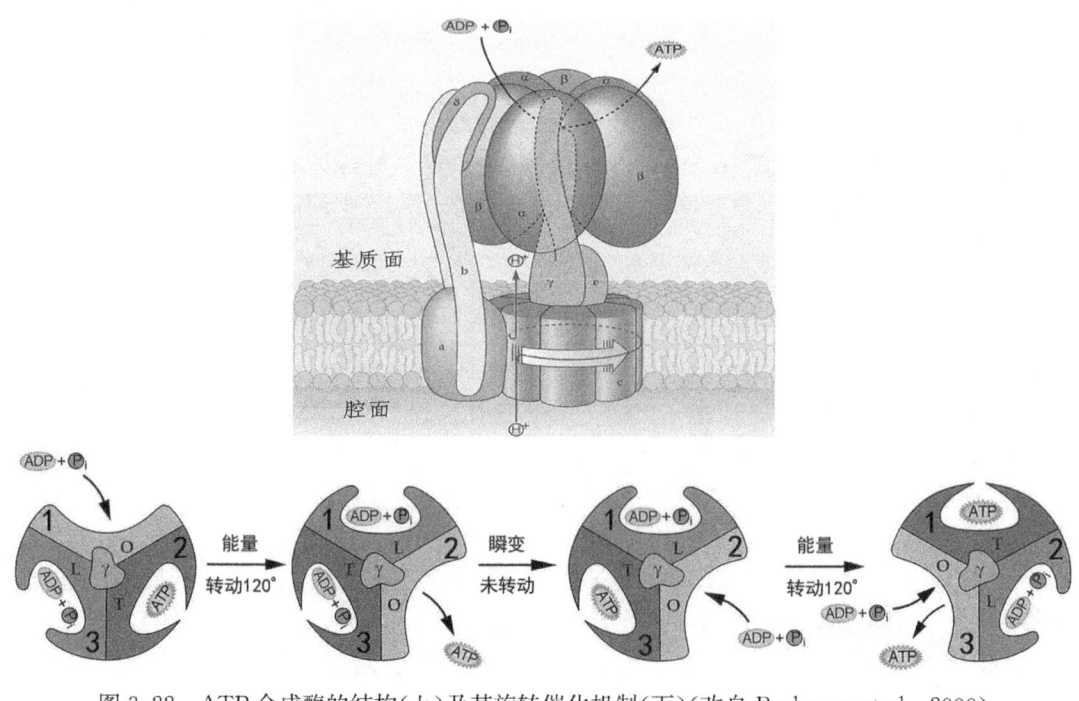

图 3.22 ATP 合成酶的结构(上)及其旋转催化机制(下)(改自 Buchanan et al.,2000)
1、2、3 为三个 β 亚基的编号;O、L、T 分别表示开放、松弛、紧张三种构象状态

1) ADP和磷酸根(P_i)与某一个开放状态的β亚基结合。

2) 质子流推动下γ亚基的转动，γ亚基转动120°使该β亚基转变为松弛状态。

3) γ亚基再转动120°，使松弛状态的β亚基在较少的能量变化情况下，进一步转变为紧张状态，ADP与P_i自发地形成ATP。

4) γ亚基的再转动120°，使该β亚基继续变构成开放状态，使ATP被释放，并可以再次结合ADP与P_i，进行下一轮的ATP合成。

5) γ亚基旋转驱动三个β亚基依次发生紧张(T)、松弛(L)和开放(O)三种构象变化，使ATP得以合成并释放。

注意：三个β亚基分别处于三种不同的构象状态——紧张、松弛和开放。γ亚基的转动过程中，β亚基并不转动，只是随着γ亚基的转动改变构象。γ亚基每转动120°，β亚基构象改变1次。经过360°的转动，每个β亚基完成1次构象循环，合成1分子ATP。叶绿体ATP合成酶的γ亚基每转动1周，大约需要9个H^+，共合成3个ATP。也就是说，每合成1分ATP大约需要3个H^+。

ATP和NADPH只能暂时存在而不能积累，是光反应中最早的相对稳定的高能产物。ATP和NADPH是光合作用机制中的重要中间产物，二者用于暗反应中CO_2固定和还原形成碳水化合物。这样，ATP和NADPH就把光反应和暗反应联系起来了。所以，阿尔农(Arnon)把这两种物质合称为同化力(assimilatory power)。

3.3.3 碳素同化

碳素同化或CO_2同化(CO_2 assimilation)是指植物利用光反应产生的ATP和NADPH将CO_2还原成糖类的过程。碳素同化是光合作用形成光合产物过程中的一个根本方式。从能量转换角度来看，碳素同化是将光反应阶段产生的ATP和NADPH中的活跃化学能，转换为贮存在糖类中的稳定化学能。从物质生产角度来看，占植物体干重90%以上的有机物质，基本上都是通过二氧化碳同化形成的。碳素同化是在叶绿体的基质中进行的，有许多种酶参与反应。高等植物的碳素同化途径有三条，即卡尔文循环、C_4途径和景天酸代谢(CAM)途径，其中以卡尔文循环最基本最普遍，同时也只有这条途径才具备合成淀粉等产物的能力，其他两条途径只能起固定、运转CO_2的作用，不能形成淀粉等光合产物，是某些植物对特定自然条件的生存适应。

1. 卡尔文循环

(1) 生物化学过程　　CO_2的同化是相当复杂的。卡尔文(M. Calvin)等利用^{14}C同位素示踪和双向纸层析技术，以单细胞小球藻为材料，经过10多年的系统研究，在20世纪50年代提出CO_2同化的循环途径，故称为卡尔文循环(Calvin cycle)或光合环(photosynthetic cycle)。由于这个循环中的CO_2受体是核酮糖二磷酸(一种戊糖)，故又称为还原戊糖磷酸途径(reductive pentose phosphate pathway, RPPP)。这个途径的CO_2固定最初产物是一种三碳化合物[3-磷酸甘油酸(3-phosphoglyceric acid, PGA)]，故又称为C_3途径。卡尔文循环是所有植物光合作用碳同化的基本途径，大致可分为三个阶段，即羧化阶段、还原阶段和RuBP再生阶段。

1) 羧化阶段：核酮糖-1,5-双磷酸(ribulose-1, 5-bisphosphate, RuBP)是CO_2的受体，在核酮糖-1,5-双磷酸羧化酶/加氧酶(RuBP carboxylase/oxygenase, Rubisco)的作用下，它和CO_2作用形成两分子3-磷酸甘油酸(3-PGA)，这就是CO_2的羧化阶段(carboxylation phase)(反应式1)。

$$\begin{array}{c}CH_2O\circledP\\|\\C=O\\|\\HCOH\\|\\HCOH\\|\\CH_2O\circledP\end{array} + CO_2 + H_2O \xrightarrow[Mg^{2+}]{Rubisco} 2 \begin{array}{c}COOH\\|\\HCOH\\|\\CH_2O\circledP\end{array}$$

核酮糖1,5-二磷酸　　　　　　　　　　　　3-磷酸甘油酸
(RuBP)　　　　　　　　　　　　　　　　　(3-PGA)

反应式1

Rubisco

2) 还原阶段:3-磷酸甘油酸被 ATP 磷酸化,在 3-磷酸甘油酸激酶(3-phosphoglycerate kinase)催化下,形成 1,3-二磷酸甘油酸(1,3-diphosphoglyceric acid,DPGA),然后被对 NADPH 专一的甘油醛磷酸脱氢酶(glyceraldehyde-3-phosphate dehydrogenase)催化还原为甘油醛-3-磷酸(glyceraldehyde-3-phosphate,GAP),这就是 CO_2 固定后的还原阶段(reduction phase)(反应式 2)。从甘油酸-3-磷酸到甘油醛-3-磷酸过程中,由光合作用生成的 ATP 与 NADPH 均被利用掉。甘油醛-3-磷酸是光合作用产生的第一个磷酸糖,也是结构最简单的一种糖。CO_2 一旦被还原到甘油醛-3-磷酸,光合作用的贮能过程就完成了。GAP 的进一步转化,可在叶绿体内合成淀粉,也可运出叶绿体,在细胞质中合成蔗糖。

$$\begin{array}{c} COOH \\ HCOH \\ CH_2O\text{\textcircled{P}} \\ 3\text{-}PGA \end{array} \xrightarrow[\text{PGA 激酶}]{ATP \quad ADP} \begin{array}{c} COO\text{\textcircled{P}} \\ HCOH \\ CH_2O\text{\textcircled{P}} \\ DPGA \end{array} \xrightarrow[\text{NADP-GAP 脱氢酶}]{NADPH \quad NADP} \begin{array}{c} CHO \\ HCOH \\ CH_2O\text{\textcircled{P}} \\ GAP \end{array} + Pi$$

反应式 2

3) 再生阶段:再生(regeneration)阶段是 GAP 经过一系列的生物化学转变(图 3.23 中的反应步骤 4~13),再生形成 RuBP 的过程,这一阶段也需要光反应产生的 ATP 驱动。总的来看,包括三碳糖、四碳糖、五碳糖、六碳糖和七碳糖产生的一系列反应,最终由核酮糖-5-磷酸激酶(Ru5PK)催化,消耗 1 分子 ATP 形成 1 分子 RuBP。

现将卡尔文循环各个反应总结如图 3.23。

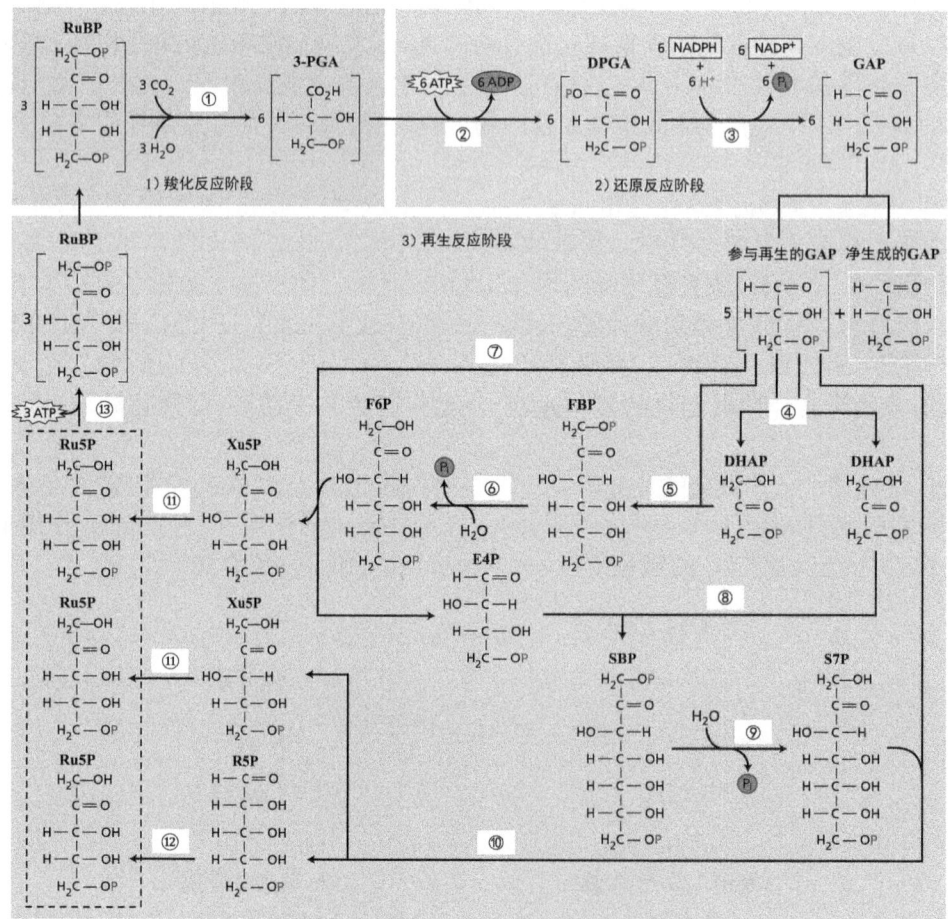

图 3.23 卡尔文循环的生物化学过程(改自 Taiz et al.,2018)

卡尔文循环中有机化合物的中英文名称、反应步骤及催化酶(①~⑬)详见表 3.2 和 3.3

第 3 章 光合作用

表 3.2 卡尔文循环中有机化合物的中英文名称及缩写

中文名称	英文名称	缩写
核酮糖-1,5-双磷酸	ribulose-1,5-bisphosphate	RuBP
甘油酸-3-磷酸	glycerate-3-phosphate	3-PGA
1,3-二磷酸甘油酸	1,3-diphosphoglycerate	DPGA
甘油醛-3-磷酸	glyceraldehyde-3-phosphate	GAP
二羟丙酮-3-磷酸	dihydroxyacetone-3-phosphate	DHAP
果糖-1,6-二磷酸	fructose-1,6-bisphosphate	FBP
果糖-6-磷酸	fructose-6-phosphate	F6P
赤藓糖-4-磷酸	erythrose-4-phosphate	E4P
木酮糖-5-磷酸	xylulose-5-phosphate	Xu5P
景天庚酮糖-1,7-二磷酸	sedoheptulose-1,7-bisphosphate	SBP
景天庚酮糖-7-磷酸	sedoheptulose-7-phosphate	S7P
核糖-5-磷酸	ribose-5-phosphate	R5P
核酮糖-5-磷酸	ribulose-5-phosphate	Ru5P
葡萄糖-6-磷酸	glucose-6-phosphate	G6P
葡萄糖	glucose	G

表 3.3 卡尔文循环的反应步骤及其催化酶

编号	反应式	催化酶
①	$3RuBP + 3CO_2 + 3H_2O \longrightarrow 6(3-PGA) + 6H^+$	核酮糖-1,5-二磷酸羧化加氧酶
②	$6(3-PGA) + 6ATP \longrightarrow 6DPGA + 6ADP$	3-磷酸甘油酸激酶
③	$6DPGA + 6NADPH + 6H^+ \longrightarrow 6GAP + 6NADP^+ + 6P_i$	NADP:甘油醛3-磷酸脱氢酶
④	$2GAP \longrightarrow 2DHAP$	磷酸丙糖异构酶
⑤	$GAP + DHAP \longrightarrow FBP$	醛缩酶
⑥	$FBP + H_2O \longrightarrow F6P + P_i$	果糖-1,6-二磷酸酶
⑦	$F6P + GAP \longrightarrow E4P + Xu5P$	转酮酶(转羟乙醛酶)
⑧	$E4P + DHAP \longrightarrow SBP$	醛缩酶
⑨	$SBP + H_2O \longrightarrow S7P + P_i$	景天庚酮糖-1,7-二磷酸酶
⑩	$S7P + GAP \longrightarrow R5P + Xu5P$	转酮酶(转羟乙醛酶)
⑪	$2Xu5P \longrightarrow 2Ru5P$	核酮糖-5-磷酸表异构酶
⑫	$R5P \longrightarrow Ru5P$	核酮糖-5-磷酸异构酶
⑬	$3Ru5P + 3ATP \longrightarrow 3RuBP + 6ADP + 6H^+$	核酮糖-5-磷酸激酶
⑭	$F6P \longrightarrow G6P$	磷酸葡萄糖异构酶
⑮	$G6P + H_2O \longrightarrow G + P_i$	葡萄糖-6-磷酸酶

注:表中未约去相同的公约数是为了方便推导卡尔文循环的总反应方程式。

4) 卡尔文循环的总反应方程式:由表 3.3 中的第①步反应可知,卡尔文循环羧化阶段的方程式为:

$$3RuBP + 3CO_2 + 3H_2O \longrightarrow 6(3-PGA) + 6H^+ \qquad (3.8)$$

第②、③步反应方程式相加,可得到还原反应阶段的总方程式为:

$$6PGA + 6ATP + 6NADPH + 6H^+ \longrightarrow 6GAP + 6ADP + 6NADP^+ + 6P_i \qquad (3.9)$$

第④~⑬步反应方程式相加,可得到再生反应阶段的总方程式为:

$$5GAP + 3ATP + 2H_2O \longrightarrow 3RuBP + 3ADP + 2P_i + 3H^+ \qquad (3.10)$$

三个阶段的总方程式相加,就可以推导出卡尔文循环的总反应方程式:

$$3CO_2 + 9ATP + 6NADPH + 5H_2O \longrightarrow GAP + 9ADP + 8P_i + 6NADP^+ + 3H^+ \qquad (3.11)$$

由方程式⑤、⑥和⑭可以看出,两分子 GAP 合成一分子磷酸己糖过程中,并没有消耗 ATP,仅在第⑥步反应中有一个磷酸基团的水解。若以磷酸己糖为最终光合产物,卡尔文循环的总反应方程式如下:

$$6CO_2 + 18ATP + 12NADPH + 11H_2O \longrightarrow G6P(或 F6P) + 18ADP + 17P_i + 12NADP^+ + 6H^+ \tag{3.12}$$

(2) 能量转化效率　　由 C_3 途径的总反应式可见，每同化一个 CO_2，要消耗 3 个 ATP 和 2 个 NADPH。同化 3 个 CO_2 形成 1 个磷酸丙糖。1 mol GAP 储能 1 460 kJ，水解 1 mol ATP 放能 32 kJ，氧化 1 mol NADPH 放能 220 kJ，C_3 途径的能量转化效率为 91%[1 460/(32×9+220×6)]。可见 C_3 途径的能量转化效率的理论值是很高的。但通常情况下，C_3 途径的能量转化效率为 80% 左右。在植物遭受逆境胁迫时，这个值可能更低。

(3) C_3 途径的调节　　在 20 世纪 60 年代中期，人们对光合碳循环的酶调节已有较深入的了解。卡尔文循环的调节有以下三个方面。

1) 光调节作用：光通过光反应改变叶绿体的内部环境间接地影响酶的活性。例如，光合电子传递造成的 H^+ 从叶绿体基质进入类囊体腔内，同时促进 Mg^{2+} 自类囊体腔内运到叶绿体基质，于是引起叶绿体基质由 pH 7 左右升到 8，Mg^{2+} 浓度也增高，激活 RuBP 羧化酶、果糖二磷酸酶、景天庚酮糖二磷酸酶、磷酸甘油醛脱氢酶和磷酸核酮糖激酶等，因为这样的 H^+ 和 Mg^{2+} 浓度正适合这些酶的活动，如 Rubisco 在 pH8 和高 Mg^{2+} 下活性高，对 CO_2 的亲和力也高。如果在暗中，缺乏适宜环境，这些酶活性就下降。光也可以直接影响某些酶的活性。例如，磷酸丙酮酸双激酶（pyruvate orthophosphate dikinase）（C_4 和 CAM 植物光合固定 CO_2 的特有的酶）在光下直接被激活。光还通过光合电子传递产生的还原态 Fd 产生的效应物——硫氧还蛋白（thioredoxin，Td），维持 RuBP 羧化酶、果糖二磷酸酶特定的半胱氨酸残基上的巯基处于还原状态，而使酶处于活性状态。在暗处则这些酶的巯基形成二硫键而使酶活性降低。

2) 质量作用的调节：代谢物浓度影响可逆反应的方向和速率。例如，卡尔文循环中 PGA 还原为 GAP 反应受到质量作用的调节。这个反应分两步进行：

$$PGA + ATP \longrightarrow DPGA + ADP \tag{3.13}$$
$$DPGA + NADPH + H^+ \longrightarrow GAP + NADP^+ + Pi \tag{3.14}$$

这两步反应是可逆的（这个反应在糖酵解中就是逆方向进行）。光反应增加 ATP 的生成可推动反应朝着 GAP 方向进行。

质量作用调节的另一个方面表现在卡尔文循环的自催化，或称自动催化调节作用。卡尔文循环运转的效率取决于循环的中间产物浓度，卡尔文循环能自动调节中间产物浓度与循环的运转需要相适应。如暗适应的叶片移至光下时，循环的 CO_2 受体 RuBP 浓度低，通过卡尔文循环最初同化 CO_2 形成的磷酸丙糖不输出循环，而用于 RuBP 再生，以提高 RuBP 浓度加快循环速率与光反应产生同化力的速率相协调。当循环达到"稳态"后，磷酸丙糖才输出。这种通过调节 RuBP 等中间产物数量，使 CO_2 的同化速率处于某一稳态的机制称为卡尔文循环的自催化作用（autocatalysis）。

3) 光合产物转运作用的调节：光合作用最初产物磷酸丙糖从叶绿体运到细胞质的数量，受细胞质里的 Pi 数量所控制。当磷酸丙糖合成为蔗糖时，就释放出 Pi，细胞质里的 Pi 浓度增加，就有利 Pi 重新进入叶绿体，也有利磷酸丙糖从叶绿体运出，光合速率就加快。当蔗糖合成减慢后，Pi 释放也随之缓慢，低 Pi 含量将减少磷酸丙糖外运而有利于贮藏，光合速率就减慢。

2. C_4 途径

(1) 发现　　在 20 世纪 60 年代，发现有些起源于热带的植物，如甘蔗、玉米等除了和其他植物一样具有卡尔文循环以外，还有一条固定的 CO_2 途径，该途径固定 CO_2 的最初产物是含 4 个碳的草酰乙酸，故又称 C_4 二羧酸途径（C_4 dicarboxylic acid pathway），亦称 C_4 光合碳同化（photosynthetic carbon assimilation，PCA），简称 C_4 途径，按 C_4 途径完成碳素同化过程的植物叫 C_4 植物。被子植物中有 20 多个科近 2 000 种为 C_4 植物。由于 C_4 途径的全部生物化学过程是由澳大利亚科学家哈奇（M. D. Hatch）和斯莱克（C. R. Slack）最终完成的，故也称为哈奇-斯莱克途径（Hatch-Slack pathway）。

(2) 叶片结构特点　　C_4 植物叶片的维管束鞘薄壁细胞较大，其中含有许多较大的叶绿体，叶绿体没有基粒或基粒发育不良；维管束鞘的外侧紧密排列一层环状或近于环状的叶肉细胞，组成了"花环型"（Kranz

type)结构(图 3.26)。这种结构是 C_4 植物的特征。叶肉细胞内的叶绿体数目较少,个体小,有基粒(图 3.24)。

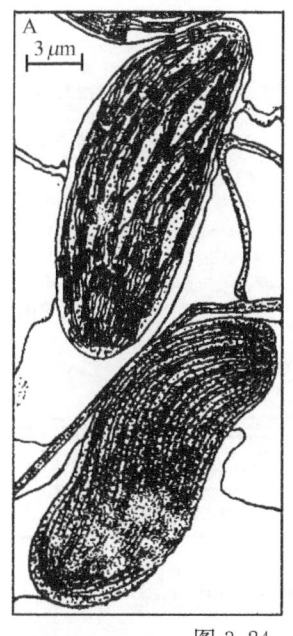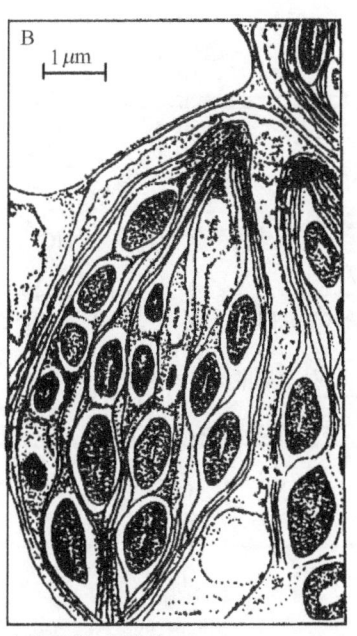

图 3.24 玉米叶的两种叶绿体

A. 上边是叶肉细胞内的叶绿体,有基粒;下边是维管束鞘薄壁细胞内的叶绿体,无基粒。固定前 24 h 暗处理,所以没有淀粉。B. 在光下维管束鞘薄壁细胞内的叶绿体,无基粒,有淀粉粒

维管束鞘薄壁细胞与其邻近的叶肉细胞之间有大量的胞间连丝相连。C_3 植物的维管束鞘薄壁细胞较小,不含或含很少叶绿体,没有"花环型"结构,维管束鞘周围的叶肉细胞排列松散(图 3.25)。由于 C_4 植物卡尔文循环仅在维管束鞘薄壁细胞中进行。所以,只在维管束鞘薄壁细胞形成淀粉,在叶肉细胞里没有淀粉。而水稻等 C_3 植物由于仅有叶肉细胞含有叶绿体,整个光合过程都是在叶肉细胞里进行,淀粉亦只是积累在叶肉细胞中,维管束鞘薄壁细胞不积存淀粉。

(3) 生物化学过程 C_4 途径的生物化学过程分为羧化反应、OAA 还原或转氨反应、脱羧反应和再生反应等四个主要阶段(图 3.26)。

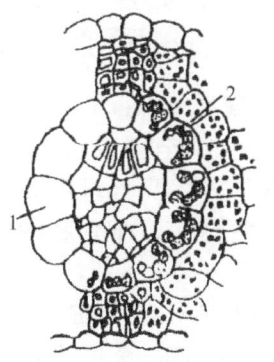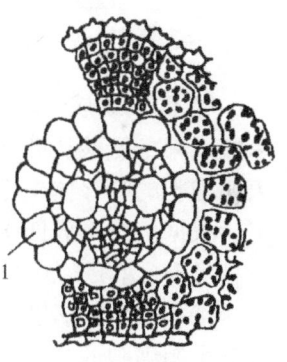

图 3.25 C_4 植物(玉米)与 C_3 植物(水稻)叶片解剖结构的差异

1. 维管束鞘;2. 维管束鞘薄壁细胞中的叶绿体

1) 羧化反应:C_4 途径的 CO_2 受体是磷酸烯醇丙酮酸(phosphoenol pyruvate, PEP)。空气中的 CO_2 进入叶肉细胞后,先由碳酸酐酶(carbonic anhydrase, CA)催化生成 HCO_3^-,然后以 HCO_3^- 为碳源,在磷酸烯醇丙酮酸羧化酶(PEP carboxylase, PEPC)催化下,与 PEP 结合生成草酰乙酸(oxaloacetic acid, OAA)。羧化反应在叶肉细胞的细胞质中不可逆地进行。

$$PEP + HCO_3^- \longrightarrow OAA + P_i \tag{3.15}$$

2) OAA 还原或转氨反应:草酰乙酸运至叶肉细胞的叶绿体中,经 $NADP^-$ 苹果酸脱氢酶(NADP-malate dehydrogenase, NADP-MDH)催化,被还原成为苹果酸(malate, Mal)。

$$OAA + NADPH + H^+ \longrightarrow Mal + NADP^+ \tag{3.16}$$

有些植物中,草酰乙酸并不被还原成苹果酸,而是与谷氨酸(glutamic, Glu)在天冬氨酸转氨酶(谷草转氨酶)作用下,生成天冬氨酸(aspartic, Asp)和 α-酮戊二酸(α-ketoglutaric, α-KG),反应在叶肉细胞的细

胞质中进行。

$$OAA + Glu \longrightarrow Asp + \alpha\text{-}KG \tag{3.17}$$

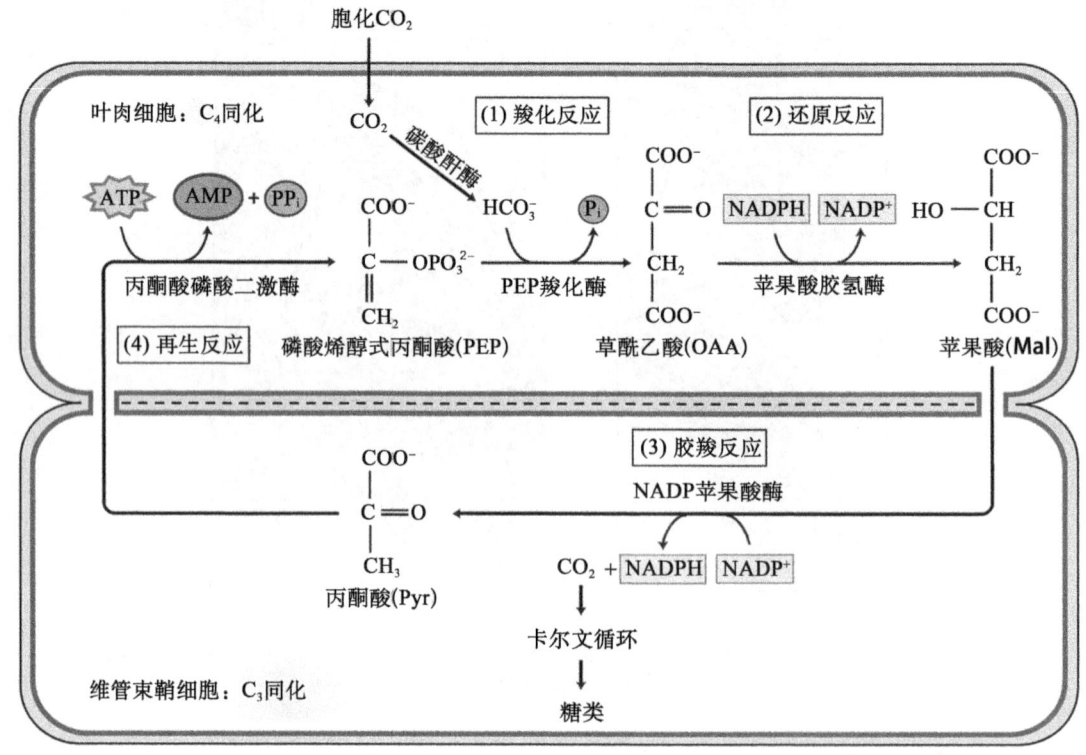

图 3.26　C_4 途径的生物化学过程——以 NADP 苹果酸酶类型为例（改自宋纯鹏等，2009）

3）四碳双羧酸转运与脱羧反应：在 C_4 植物的叶肉细胞与维管束鞘细胞之间有大量胞间连丝，生成的苹果酸或天冬氨酸从叶肉细胞经胞间连丝快速转运到维管束鞘细胞中，进行脱羧反应，释放 CO_2。CO_2 在维管束鞘细胞的叶绿体中进入卡尔文循环，经过再次固定、还原，合成糖类。

根据植物形成四碳双羧酸的种类、催化脱羧反应的酶以及脱羧反应发生的部位等，又可将 C_4 途径分为三种类型（图 3.27）。

① NADP-苹果酸酶类型（NADP-ME 型）：玉米、高粱、谷子、甘蔗、稗、马唐等植物属于这种类型。在维管束鞘细胞的叶绿体中，由 NADP-苹果酸酶（NADP-malic enzyme，NADP-ME）催化，苹果酸脱羧生成丙酮酸（pyruvate，Pyr）、CO_2 和 NADPH。NADPH 和 CO_2 进入卡尔文循环，合成糖类。丙酮酸运回到叶肉细胞的叶绿体中，再生 PEP。该类型的脱羧反应方程式如下：

$$Mal + NADP^+ \longrightarrow Pyr + NADPH + CO_2 \tag{3.18}$$

② NAD-苹果酸酶类型（NAD-ME 型）：马齿苋、黍、蟋蟀草、狗尾草等植物的叶肉细胞和维管束鞘细胞中，分别含有高活性的氨基转移酶和 NAD-苹果酸酶（NAD-malic enzyme，NAD-ME），但 NADP-苹果酸酶活性较低。这类植物羧化生成的草酰乙酸并不被还原成苹果酸，而是在叶肉细胞的细胞质中通过转氨作用生成天冬氨酸。天冬氨酸转运到维管束鞘细胞的线粒体中，经转氨作用重新形成草酰乙酸，草酰乙酸再被 NADP-苹果酸脱氢酶重新还原成苹果酸。苹果酸在维管束鞘细胞的线粒体中，由 NAD-苹果酸酶催化，脱羧生成丙酮酸、CO_2 和 NADH，CO_2 被卡尔文循环重新同化成糖类。丙酮酸在维管束鞘细胞的细胞质中由丙氨酸转氨酶（谷丙转氨酶）催化生成丙氨酸后运回叶肉细胞，丙氨酸转移到叶肉细胞的细胞质中，经转氨作用重新生成丙酮酸；丙酮酸最后运到叶肉细胞的叶绿体中，再生 PEP。该类型的脱羧反应方程式如下：

$$Mal + NAD^+ \longrightarrow Pyr + NADH + CO_2 \tag{3.19}$$

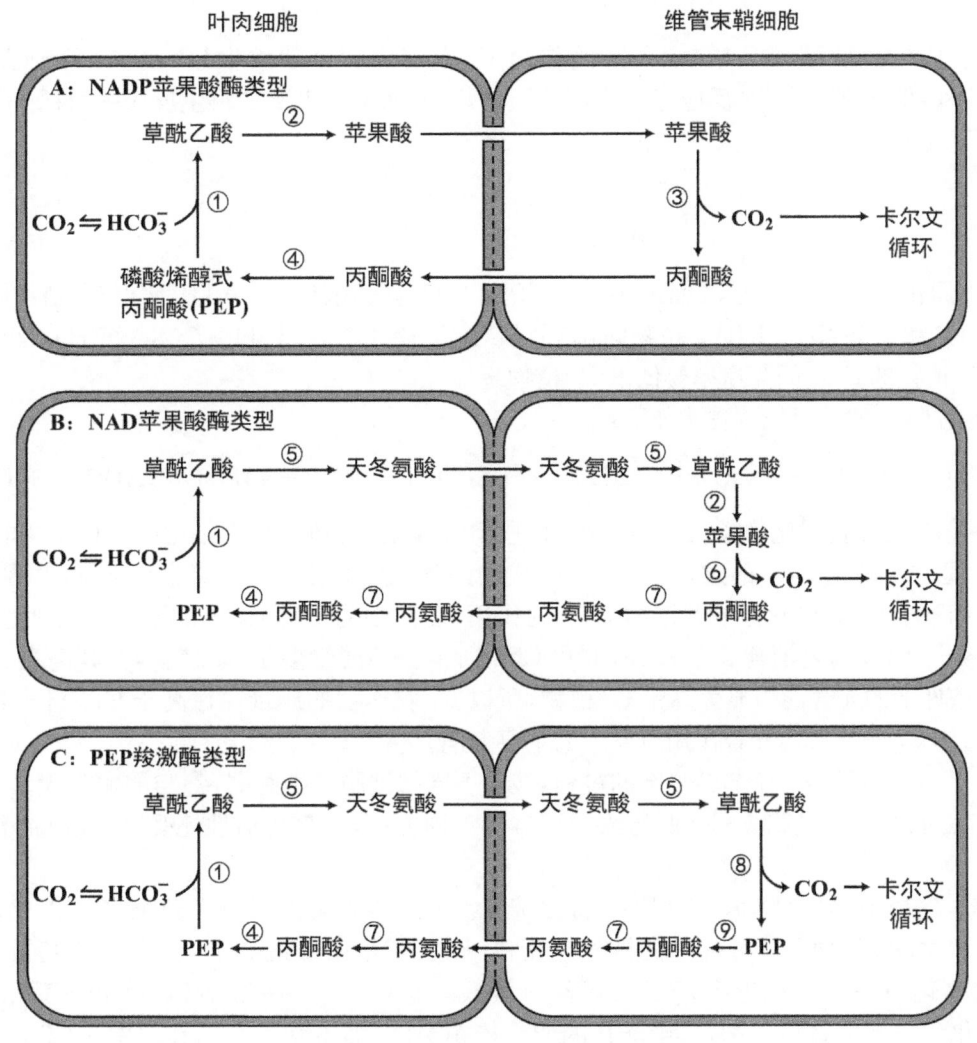

图 3.27 C$_4$ 途径的三种脱羧反应类型简图

①PEP 羧化酶；②NADP$^+$-苹果酸脱氢酶；③NADP-苹果酸酶；④丙酮酸磷酸双激酶；⑤天冬氨酸转氨酶；⑥NAD-苹果酸酶；⑦丙氨酸转氨酶；⑧PEP 羧激酶；⑨PEP 磷酸酶

③ PEP 羧激酶类型(PCK 型)：属于这种类型的植物有盖氏虎尾草、羊草、大黍、非洲鼠尾粟等。在这类植物维管束鞘细胞的细胞质中有很高的 PEP 羧激酶(PEP carboxykinase, PCK)活性。与 NAD 苹果酸酶型植物类似，其在叶肉细胞中生成的天冬氨酸运入维管束鞘细胞后，经转氨基作用重新形成草酰乙酸，草酰乙酸又在 PCK 催化下生成 PEP 并释放 CO$_2$。CO$_2$ 被卡尔文循环重新同化合成糖类。PEP 则在维管束鞘细胞的细胞质中水解掉磷酸基团生成丙酮酸(部分 PEP 可直接转移到叶肉细胞中)，丙酮酸再经过转氨作用生成丙氨酸。丙氨酸转移到叶肉细胞的细胞质中，经转氨作用重新生成丙酮酸，丙酮酸运到叶肉细胞的叶绿体中，再生 PEP。该类型的脱羧反应方程式如下：

$$OAA + ATP \longrightarrow PEP + ADP + CO_2 \tag{3.20}$$

4) 再生反应：在 NADP-ME 型植物中，C$_4$ 二羧酸脱羧后形成的丙酮酸，直接运回叶肉细胞，在叶绿体中，由丙酮酸磷酸双激酶(pyruvate-phosphate dikinase, PPDK)催化，再生出 PEP。PEP 又可作为 CO$_2$ 受体，使反应循环进行。

在 NAD-ME 型和 PCK 型植物中，丙酮酸需通过转氨作用生成丙氨酸，才能穿梭回叶肉细胞。丙氨酸在叶肉细胞的细胞质中先脱氨，重新生成丙酮酸，丙酮酸最后在叶肉细胞的叶绿体中由 PPDK 催化生成 PEP。再生反应的方程式如下：

$$\mathrm{Pyr + ATP \longrightarrow PEP + AMP + PP_i} \tag{3.21}$$

再生反应生成的焦磷酸(PP_i)在焦磷酸酶作用下,水解成两个磷酸根(P_i)。AMP 则在腺苷酸激酶(adenylate kinase)催化下与 ATP 反应,生成两分子 ADP。因此,在 PEP 的再生反应中消耗了 2 个高能磷酸键(即 2 个 ATP):

$$\mathrm{PP_i \longrightarrow 2P_i}$$
$$\mathrm{AMP + ATP \longrightarrow 2ADP} \tag{3.22}$$

5) C_4 植物同化 CO_2 的总反应方程式:因为 PEP 再生反应需消耗 2 个 ATP,使得 C_4 植物同化 1 个 CO_2 要消耗 5 个 ATP 和 2 个 NADPH(C_3 植物同化 1 个 CO_2 消耗 3 个 ATP 和 2 个 NADPH)。所以,在弱光和低温条件下,C_4 植物的 CO_2 同化速率要低于 C_3 植物。

C_4 途径同化 CO_2 的总反应方程式如下:

$$\mathrm{3CO_2 + 15ATP + 6NADPH + 5H_2O \longrightarrow GAP + 15ADP + 14P_i + 6NADP^+ + 3H^+} \tag{3.23}$$

C_4 植物中存在两种碳同化途径:在叶肉细胞中进行 C_4 同化,在维管束鞘细胞中进行 C_3 同化(图 3.26)。C_4 途径实际上是一个转运 CO_2 的过程,C_4 同化生成的四碳二羧酸转运至维管束鞘细胞,并在其中脱羧,起到为维管束鞘细胞中的 C_3 同化运输并浓缩 CO_2 的作用,使其中的 C_3 同化更加顺利高效地进行。虽然 C_4 植物每转运 1 分子 CO_2 需要消耗 2 个 ATP,同化 CO_2 所消耗的能量多于 C_3 植物,但其高温、强光、低 CO_2 及干旱等环境条件下的光合能力显著高于 C_3 植物,所以 C_4 农作物的产量往往高于 C_3 农作物。因此,如何将 C_3 作物改造成 C_4 作物成为光合作用研究中的重要方向。

(4) 调节　　C_4 途径是一个非常复杂的过程,涉及不同的细胞及细胞器,参与的酶类较多。因此,C_4 途径的调节涉及酶活调节、酶量调节和代谢物浓度调节等不同方面,许多酶活性还受光、效应剂和金属离子等因素影响。

例如,在 C_4 途径中,MDH、PEPC、PPDK 都是光活化酶,其活化程度与光照强度成正比,这三种酶在暗中则被钝化。MDH 活性受叶绿体中的铁氧还蛋白-硫氧还蛋白系统调节,光下因巯基被还原而活化,暗中因巯基被氧化而失活。在光下,PEPC 的丝氨酸残基被磷酸化,酶激活;在暗处去磷酸化,酶钝化。PPDK 的磷酸化位点是苏氨酸残基,其磷酸化的调节依赖 ADP 而不是 ATP,在暗中 ADP 浓度增加时,其苏氨酸残基磷酸化而使酶失活;光下 ADP 被用于 ATP 合成而浓度降低,苏氨酸残基脱磷酸化而使酶活化。

效应剂也参与调节 PEPC 的活性。实验表明,苹果酸和天冬氨酸抑制 PEPC 的活性,而 G6P 则增加其活性,这些调节作用在低 pH、低 Mg^{2+} 和低 PEP 浓度条件下较为显著。

二价金属离子都是 C_4 植物脱羧酶的活化剂。如 PEPC 和 NADP-ME 需要 Mg^{2+} 和 Mn^{2+} 活化,NAD-ME 需要 Mn^{2+} 活化。

(5) 意义　　C_4 植物起源于热带,在强光、高温及干旱的气候条件下,C_4 植物的光合速率要远大于 C_3 植物,C_4 农作物的生物量或产量也更高。培育 C_4 农作物是未来进一步提高农作物产量和选育能源植物的重要途径,C_4 作物高产的原因及生理意义总结如下。

1) 四碳二羧酸从叶肉细胞转移到维管束鞘细胞内脱羧释放 CO_2,使维管束鞘细胞内的 CO_2 浓度比空气中高出 10 倍左右,相当于一个"CO_2"泵的作用,能显著提高卡尔文循环同化 CO_2 的效率。

2) PEPC 对 CO_2 的 K_m 值为 7 $\mu mol/L$,而 Rubisco 对 CO_2 的 K_m 值为 450 $\mu mol/L$。所以,PEPC 对 CO_2 的亲和力特别高,是 Rubisco 的 60 多倍。即使逆境下,植物叶片气孔部分关闭,PEPC 仍能利用较低浓度的 CO_2 进行光合作用。

3) 维管束鞘细胞中的光合作用产物就近运入维管束,避免了光合产物积累对光合作用的反馈抑制作用。

4) 高温、强光、低 CO_2 和干旱等逆境条件下,C_4 途径的 CO_2 同化速率显著高于 C_3 途径,C_4 植物对此类逆境的适应能力比 C_3 植物更强。

5) 维管束鞘细胞内的 CO_2 浓度较高,抑制 Rubisco 的加氧反应,有效抑制了 C_4 植物的光呼吸,相应提高了光合效率。

3. 景天酸代谢途径

景天科(Crassulaceae)植物,如落地生根等有一个特殊的 CO_2 同化方式:夜间气孔开放,吸收 CO_2,在 PEPC 作用下 HCO_3^- 与糖酵解过程中产生的 PEP 结合形成 OAA,OAA 在 NADP-苹果酸脱氢酶作用下进一步还原为苹果酸,积累于液泡中,表现出夜间淀粉、糖减少,苹果酸增加,细胞液变酸。白天气孔关闭,液泡中的苹果酸运至细胞质在 NAD-或 NADP-苹果酸酶,或 PEP 羧激酶催化下氧化脱羧释放 CO_2 再由 C_3 途径同化;脱羧后形成的丙酮酸和 PEP 则转化为淀粉。丙酮酸也可进入线粒体,也被氧化脱羧生成 CO_2 进入 C_3 途径,同化为淀粉。所以白天表现出苹果酸减少,淀粉、糖增加,酸性减弱。这种有机酸合成日变化的光合碳代谢类型称为景天酸代谢(crassulacean acid metabolism,CAM)途径(图 3.28)。CAM 途径与 C_4 途径的生物化学过程类似。CAM 植物是在夜间进行 C_4 同化,在白天进行 C_3 同化;C_4 植物是在叶肉细胞进行 C_4 同化,在维管束鞘细胞中进行 C_3 同化。二者的差别在于 C_4 植物的两次羧化反应是在空间上(叶肉细胞和维管束鞘细胞)分开的,而 CAM 植物则是在时间上(夜间和白天)分开的。

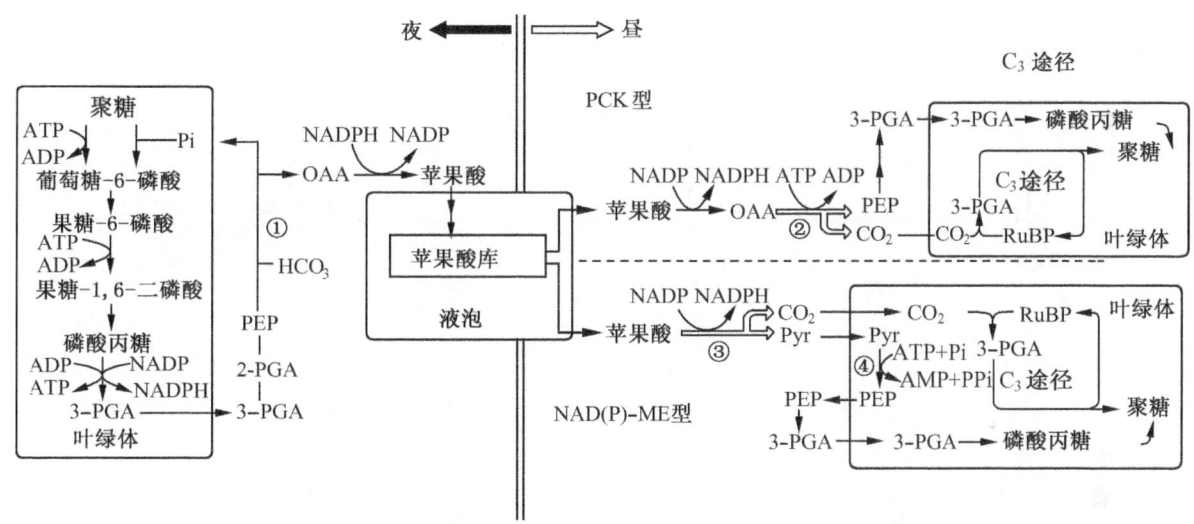

图 3.28 景天酸代谢(CAM)途径[夜(左)与昼(右)的两类代谢]
① PEPC(PEP 羧化酶);② PCK(PEP 羧激酶);③ NADP-ME(NADP-苹果酸脱氢酶)或 NAD-ME;④ PPDK(丙酮酸磷酸二激酶)

CAM 途径最早是在景天科植物中发现的,目前已知在近 30 个科、100 多个属、1 万多种植物中有 CAM 途径,主要分布在景天科、仙人掌科、兰科、凤梨科、大戟科、百合科及石蒜科等植物中。CAM 植物多起源于热带,分布于干旱环境中。因此,CAM 植物多为肉质植物(但并非所有的肉质植物都是 CAM 植物,如藜科的碱蓬有肉质的叶片和幼茎,但为 C_3 植物),具有大的薄壁细胞,内有叶绿体和大液泡。常见的 CAM 植物有菠萝、剑麻、兰花、百合和仙人掌等。

根据植物在一生中对 CAM 的专营程度,CAM 植物又分为两类:一类为专性 CAM 植物,其一生中大部分时间的碳代谢是 CAM 途径;另一类为兼性 CAM 植物,如冰叶日中花(*Mesebryanthemum crystallinum* L.),在正常条件下进行 C_3 途径,当遇到干旱、盐渍和短日照时则进行 CAM 途径,以抵抗不良环境。

综上所述,植物的光合碳同化途径具有多样性,这也反映了植物对生态环境多样性的适应,但 C_3 途径是光合碳代谢最基本最普遍的途径,同时,也只有这条途径才具备合成淀粉等产物的能力,C_4 途径和 CAM 途径可以说是对 C_3 途径的补充。20 世纪 70 年代后,人们发现某些植物的形态解剖结构和生理生化特性介于 C_3 植物和 C_4 植物之间,把这类植物叫 C_3-C_4 中间植物(C_3-C_4 intermediate plant)。

3.3.4 光合作用的产物

1. 原初光产物的转运和光合产物的合成

光合作用的初始糖类甘油醛-3-磷酸进一步合成蔗糖是在细胞质中进行,甘油醛-3-磷酸能够经果糖二磷酸、果糖-6-磷酸、葡萄糖-6-磷酸转变为葡萄糖-1-磷酸。后者又转变为UDP-葡萄糖,并与果糖-6-磷酸反应形成蔗糖-6-磷酸。蔗糖-6-磷酸水解产生蔗糖。另一方面,甘油醛-3-磷酸在叶绿体基质转化为葡萄糖-1-磷酸,又可产生ADP-葡萄糖(ADPG)进一步合成淀粉。磷酸丙糖以磷酸二羟丙酮形式从叶绿体运出是通过叶绿体内膜上的一种专一载体"磷酸运转器"(phosphate translocator)实现的。每运出一个磷酸酯就有一个磷酸离子从细胞质中运回来(图3.29)。

光合作用的光合磷酸化过程形成的ATP要从叶绿体运到细胞质,供各种生命活动需要。然而,ATP是不易透过叶绿体膜的。它通过3-磷酸甘油酸/二羟丙酮磷酸穿梭(PGA/DHAP shuttle)到达细胞质。DHAP由磷酸运转器跨过叶绿体膜进入细胞质,细胞质中的DHPA经过一些转变形成PGA进一步参与细胞质的代谢产生ATP(图3.29)。

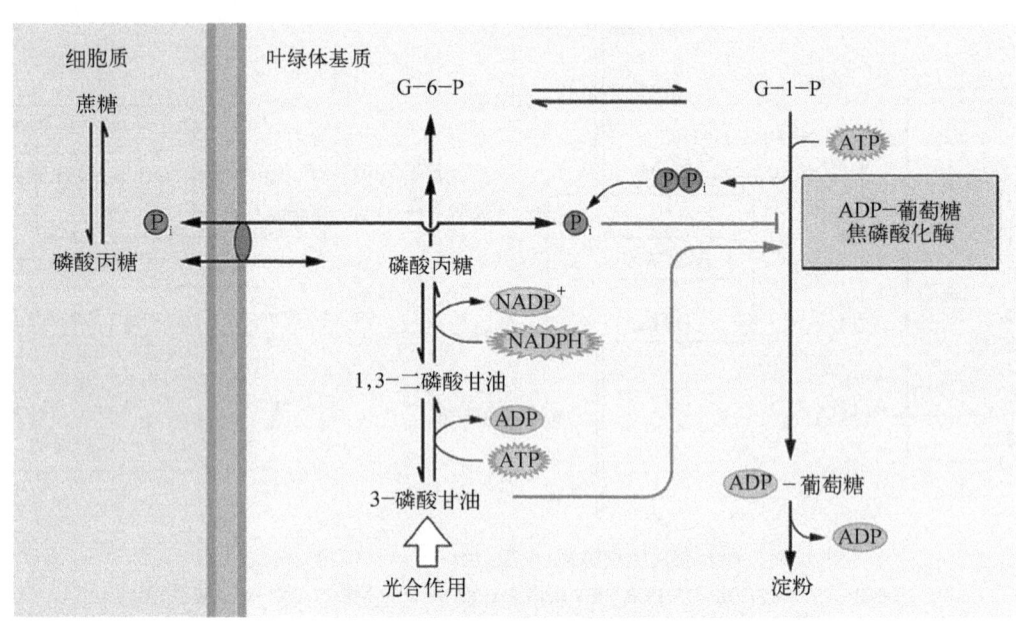

图3.29 叶绿体内膜磷酸运转器及淀粉和蔗糖的合成
(引自Buchanan et al., 2000)

2. 淀粉和蔗糖合成的调节

(1) 淀粉合成的调节　卡尔文循环中形成的磷酸丙糖(TP)一部分在叶绿体基质合成淀粉,一部分运出叶绿体,在细胞质中合成蔗糖。在叶绿体基质中淀粉的合成受3种酶的调节控制。一是ADPG焦磷酸化酶,在光下叶绿体基质中3-PGA、F6P和FBP等浓度增加激活ADPG焦磷酸化酶;ADPG焦磷酸化酶又受AMP、ADP、Pi的抑制,在光下叶绿体基质中由于光合磷酸化这些物质浓度下降。由此ADPG焦磷酸化酶在光下间接被光激活,促进淀粉的合成。二是碱性FBP酶,它是光调节酶,同时叶绿体基质pH值的上升和Mg^{2+}增加都使该酶活化,不仅有利于卡尔文循环,也有利于淀粉在光下的合成。三是叶绿体F6P激酶,参与暗中淀粉的水解,但在光下失活。因此,这3种酶共同参与调节光暗中淀粉的合成与降解。

(2) 蔗糖合成的调节　细胞质中蔗糖合成的前体是果糖-6-磷酸(F6P),F6P可在PPi-F6P激酶催化合成果糖-2,6-二磷酸(F-2,6-BP)。F-2,6-BP抑制FBP磷酸酯酶活性。细胞质中Pi和丙糖磷酸的浓度变化对蔗糖的合成起调节作用。当细胞质中ATP/Pi低时,则可通过促进F-2,6-BP的合成而抑制了F-1,6-BP的水解,F6P降低,从而抑制蔗糖的合成。当细胞质合成的蔗糖磷酸水解并装入筛管运往其他器官时,则由于 Pi 的浓度升高,有利于叶绿体内的 ATP 的运出,从而使细胞质中 ATP/Pi 比值升高。而叶绿体中 ATP/Pi 比值降低,这样便促进了细胞质中的蔗糖的合成。

3.4 光呼吸

3.4.1 光呼吸的现象与定义

光呼吸(photorespiration)是指植物绿色组织在光下与光合作用相联系而发生的吸收氧和释放 CO_2 的过程,也称为"氧化的光合碳循环",简称为 C_2 循环。

光呼吸与一般呼吸(暗呼吸)不同的是:光呼吸只在光下进行,而暗呼吸则在光下或黑暗中均可进行;光呼吸氧化的底物是乙醇酸,暗呼吸氧化的底物通常是糖等。此外,催化这两个过程的酶和它们在细胞内进行的部位也不同。还需要指出,绿色组织在光下的吸氧不全是由于光呼吸,其他耗氧反应如光合作用的梅勒(Mehler)反应,以及线粒体在光下进行的暗呼吸氧化反应等,也包括在光下吸氧范畴之内。

光呼吸的发现,最初可以追溯到 1920 年瓦尔堡(Warburg)报告氧对小球藻光合作用的抑制(称瓦尔堡效应,Warburg effect)。其后 Decker 在 1955 年观察到在停止光照后,烟草叶片大量放出 CO_2 的过程,称为"CO_2 猝发"(CO_2 outburst),认为是光下呼吸释放 CO_2 的延续,即在光下所形成的光呼吸底物尚未立即用完,在停止光照后光呼吸底物的继续氧化。Zelitch 在 1964 年证明乙醇酸是光呼吸的底物。Tolbert 在 1971 年提出一个完整的光呼吸代谢途径。这些研究加上其他人的研究,便确定了光呼吸的代谢过程。

3.4.2 光呼吸的生物化学过程

光呼吸是一个氧化过程,涉及叶绿体、过氧化物体和线粒体三种细胞器。被氧化的底物是乙醇酸。植物的绿色组织要在光照下(黑暗不行)才能形成乙醇酸(glycollic acid)。因为乙醇酸首先由 Rubisco 催化 RuBP 产生磷酸乙醇酸(phosphoglycollic acid),后者在磷酸酯酶作用下,脱去磷酸而产生乙醇酸。这些过程是在叶绿体内进行的。

乙醇酸形成后就转移到过氧化物酶体(peroxisome)。过氧化物酶体是一种细胞器,直径为 0.2~1.5 μm,只有单层膜。所有高等植物的光合细胞中均有过氧化物酶体。C_3 植物叶肉细胞的过氧化物酶体较多,而 C_4 植物的过氧化物体大多数在维管束鞘细胞的薄壁细胞内。在过氧化物酶体内,乙醇酸在乙醇酸氧化酶(glycollic acid oxidase 或 glycolate oxidase)作用下,被氧化为乙醛酸(glyoxylate 或 glyoxylic acid)和过氧化氢。过氧化氢在过氧化氢酶的作用下分解,产生水并放出氧气。乙醛酸在转氨酶作用下,从谷氨酸得到氨基而形成甘氨酸。

甘氨酸的进一步转化是在线粒体中进行的。两个分子甘氨酸发生氧化脱羧和羟甲基转移反应变为丝氨酸并释放 CO_2。丝氨酸再进入过氧化物体,经转氨酶的催化,形成羟基丙酮酸。羟基丙酮酸在甘油酸脱氢酶作用下,还原为甘油酸。最后,甘油酸在叶绿体内经过甘油酸激酶的磷酸化,产生 3-磷酸甘油酸,参加卡尔文循环的代谢,进一步由核酮糖二磷酸形成乙醇酸。乙醇酸途径到此结束(图 3.30)。在整个乙醇酸途径中,O_2 的吸收发生于叶绿体(反应①)和过氧化物体(反应③),CO_2 的放出发生于线粒体(反应⑥)中。由于光呼吸的底物乙醇酸是 C_2 化合物,其氧化产物乙醛酸以及其转氨形成的甘氨酸都是 C_2 化合物,故也称这条途径为 C_2 光呼吸碳氧化循环[C_2 photorespiratory carbonoxidation (PCO) cycle],简称 C_2 循环。从光呼吸的生化途径可以看出(图 3.30 和表 3.4),光呼吸的直接底物是乙醇酸,但最终消耗的是光合产物(糖类)。

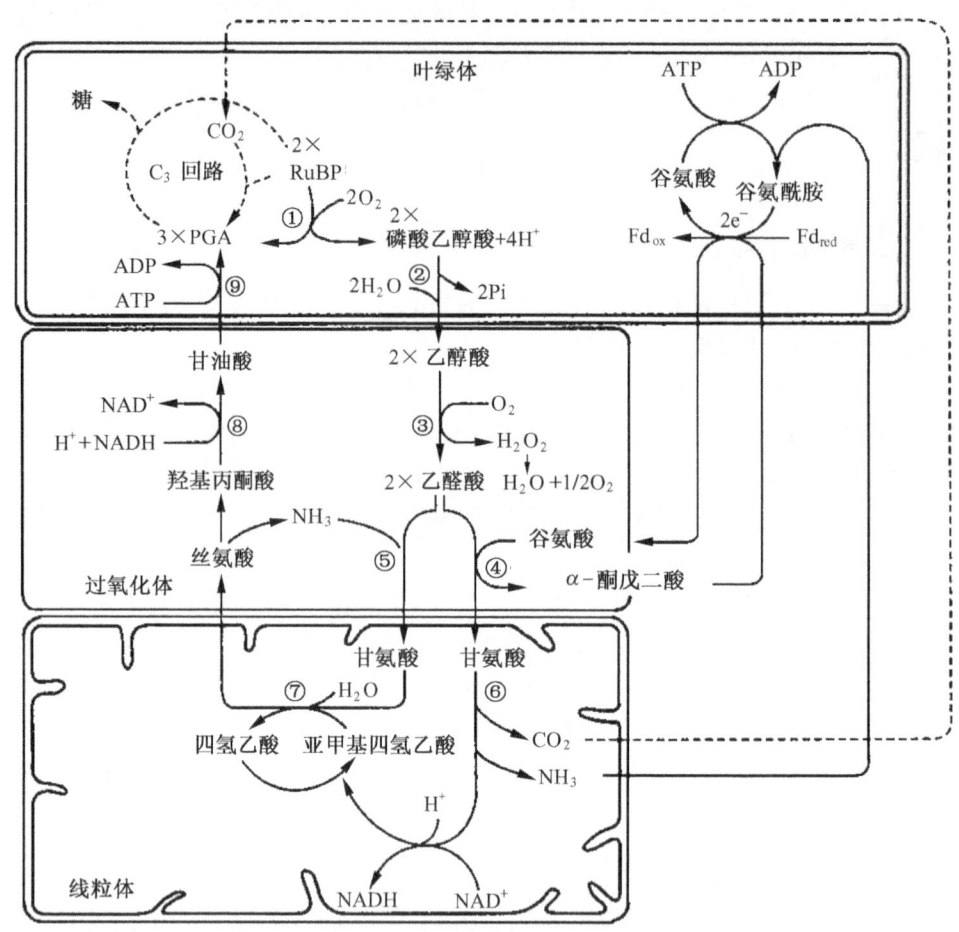

图 3.30 光呼吸生物化学过程及涉及的细胞器

① Rubisco;② 磷酸乙醇酸磷酸酯酶;③ 乙醇酸氧化酶;④ 谷氨酸乙醛酸转氨酶;⑤ 丝氨酸乙醛酸转氨酶;⑥ 甘氨酸脱羧酶;⑦ 丝氨酸羟甲基转移酶;⑧ 羟基丙酮酸还原酶;⑨ 甘油酸激酶(引自李合生等,2002)

表 3.4 光呼吸 C_2 循环中涉及的化学反应(改自邱念伟,2014)

编号	反应式	反应部位
①	4 核酮糖-1,5-二磷酸+4O_2 ⟶ 4 甘油酸-3-磷酸+4 磷酸乙醇酸	叶绿体
②	4 磷酸乙醇酸+4H_2O ⟶ 4 乙醇酸+4P_i	叶绿体
③	4 乙醇酸+4O_2 ⟶ 4 乙醛酸+4H_2O_2	过氧化物体
④	4H_2O_2 ⟶ 4H_2O+2O_2	过氧化物体
⑤	4 核酮糖-1,5-二磷酸+6O_2 ⟶ 4 甘油酸-3-磷酸+4 乙醛酸+4P_i	①~④总反应式
⑥	2 乙醛酸+2 谷氨酸 ⟶ 2 甘氨酸+2α-酮戊二酸	过氧化物体
⑦	2α-酮戊二酸+2 谷氨酰胺+4e^-+4H^+ ⟶ 4 谷氨酸(电子来自 Fd)	叶绿体
⑧	2 谷氨酸+2ATP ⟶ 2γ-谷氨酰磷酸+2ADP	叶绿体/线粒体
⑨	2γ-谷氨酰磷酸+2NH_4^+ ⟶ 2 谷氨酰胺+2P_i	叶绿体/线粒体
⑩	4 甘氨酸+2H_2O+2NAD^+ ⟶ 2 丝氨酸+2NADH+2CO_2+2NH_4^+	线粒体
⑪	2 丝氨酸+2 乙醛酸 ⟶ 2 甘氨酸+2 羟基丙酮酸	线粒体
⑫	2NADH≈2NADPH(二者能量相当)	叶绿体/线粒体
⑬	2$NADP^+$+4e^-+2H^+ ⟶ 2NADPH(电子来自 Fd)	叶绿体
⑭	4 乙醛酸+2H_2O+2ATP+2H^+ ⟶ 2 羟基丙酮酸+2CO_2+2ADP+2P_i	⑥~⑬总反应式
⑮	2 羟基丙酮酸+2NADH+2H^+ ⟶ 2 甘油酸+2NAD^+	过氧化物体
⑯	2 甘油酸+2ATP ⟶ 2 甘油酸-3-磷酸+2ADP	叶绿体
⑰	6 甘油酸-3-磷酸+6ATP ⟶ 6 甘油醛-1,3-二磷酸+6ADP	叶绿体

续 表

编号	反应式	反应部位
⑱	6 甘油酸-1,3-二磷酸+6NADPH+6H$^+$ ⟶ 6 甘油醛-3-磷酸+6NADP$^+$+6P$_i$	叶绿体
⑲	5 甘油醛-3-磷酸+3ATP+2H$_2$O ⟶ 3 核酮糖-1,5-二磷酸+3ADP+2P$_i$+3H$^+$	叶绿体
⑳	核酮糖-1,5-二磷酸+13ATP+8NADH+6O$_2$+4H$_2$O+7H$^+$ ⟶ 甘油醛-3-磷酸+13ADP+14P$_i$+8NAD$^+$+2CO$_2$	⑤⑫⑭,⑮~⑲总方程式

若以核甘油醛-3-磷酸(GAP)为底物,由表 3.4 中的方程式⑲⑳,可推导出光呼吸的总方程式为:

$$GAP + 9O_2 + 21ATP + 12NAD(P)H + 7H_2O + 9H^+$$
$$\longrightarrow 3CO_2 + 12NAD(P)^+ + 21ADP + 22P_i \quad (3.24)$$

若以核酮糖-5-磷酸(Ru5P)为底物,由方程式(Ru5P+ATP ⟶ RuBP+ADP+H$^+$)及表 3.4 中的方程式⑲⑳,可推导出光呼吸的总方程式为:

$$Ru5P + 15O_2 + 35ATP + 20NAD(P)H + 11H_2O + 15H^+$$
$$\longrightarrow 5CO_2 + 20NAD(P)^+ + 35ADP + 36P_i \quad (3.25)$$

从上述两个总反应方程式可以看出光呼吸过程中的能量消耗数量规律,即完全氧化磷酸糖中的 1 个碳原子,需要 3 分子 O_2,同时消耗了约 7 个 ATP 和 4 个 NAD(P)H。因此,光呼吸不仅消耗有机物和氧气,而且是一个消耗能量的过程。所以,光呼吸不属于呼吸作用(呼吸作用是分解有机物,并产生能量的过程)。光呼吸的实质是 CO_2 和 O_2 对 RuBP 的竞争,是一个纯耗能的过程。通过测定,C_3 植物光呼吸放出的 CO_2 为光合作用固定 CO_2 的 20%~27%,也就说 C_3 植物的光合产物大约有四分之一被光呼吸消耗掉了。目前,科学家正在通过改变碳同化途径,增加 C_3 农作物叶绿体中 CO_2 的浓度,来降低光呼吸,从而提高 C_3 农作物产量。

3.4.3 光呼吸的生理功能

关于光呼吸的生理功能迄今尚未搞清楚,不同的研究者提出不同的观点。目前有两种比较流行的观点:其一是洛里默(Lorimer)和安德鲁斯(Andrews)提出的观点,认为 Rubisco 同时具有羧化和加氧的功能,在有氧条件下,便不可避免地会发生加氧反应而生成乙醇酸,导致有机碳的损失。C_2 循环的作用是尽量回收 C (75%)以避免过多的损失。这种观点的一个间接的证据是缺失 C_2 循环的酶的突变体在光呼吸条件下不能存活,据解释是由于不能回收 Rubisco 加氧反应所损失的 C,使叶绿体内的 C 耗竭,光合作用也就停止。另一个比较流行和较多人赞同的观点是光呼吸消耗了多余能量,对光合器官起保护作用,避免引致伤害而产生光抑制。植物在强光下,如果 CO_2 供应不足(如在干旱、盐碱等逆境加强光照时,气孔关闭使 CO_2 不能进入),叶绿体吸收的过多的能量会对光系统Ⅱ产生伤害,从而导致光抑制。奥斯蒙德(Osmond)和比约克曼(Bjorkman)提出,由于光呼吸是一个耗能过程,消耗了多余能量,便可以避免发生光抑制。其证据是在强光下而缺 CO_2 和 O_2(CO_2 同化和光呼吸均减弱)时,便发生光抑制。但据 Orgen 从化学计量学推算,以在空气中和 25℃下羧化反应和加氧反应的比值为 4∶1 计,每 10 分子 RuBP 发生羧化和加氧反应至再生成 10 分子 RuBP 共消耗了 91 分子 ATP,而单纯羧化反应则消耗 90 分子 ATP。认为在空气条件下进行光呼吸并没有消耗太多能量,只是同化 CO_2 减少了。而且光抑制是在 CO_2 浓度低于 CO_2 补偿点下发生的。在无 CO_2 和低 O_2 浓度下,也能有效地防止光抑制,这也很难用光呼吸的保护作用来解释。因此,关于光呼吸的保护功能,仍有待于进一步证明。越来越多的结果证明:叶黄素循环、超氧物歧化酶及各种抗氧化剂在光保护中起作用。

不管光呼吸的生理功能如何,一个不可否认的事实是:对 C_3 植物来说,光呼吸是一个必需的生理过程,因为光呼吸缺陷的突变体在正常空气中是不能存活的,只有在高 CO_2 浓度下(抑制光呼吸)才能存活,说明在正常空气中光呼吸是不可缺少的。

3.4.4 C_3 植物、C_4 植物以及 CAM 植物的光合特点

根据光合作用碳素同化的最初光合产物的不同,高等植物可分成两类:① C_3 植物。这类植物的最初产

光呼吸与其他代谢途径的联系

物是 3-磷酸甘油酸（三碳化合物），这种反应途径称 C_3 途径，如水稻、小麦、棉花、大豆等大多数植物。② C_4 植物。这类植物以草酰乙酸（四碳化合物）为最初产物，所以称这种途径为 C_4 途径，如甘蔗、玉米、高粱等。一般来说，C_4 植物比 C_3 植物具有较强的光合作用，其原因有结构（见 3.3.3）和生理两方面。

在生理上，C_4 植物一般比 C_3 植物具有较强的光合作用，这与 C_4 植物的 PEPC 活性较强，光呼吸很弱有关。

前面已经提过，卡尔文循环的 CO_2 固定是通过 Rubisco 来实现的，C_4 途径的 CO_2 固定是由 PEPC 催化完成的。这两种酶都可以固定 CO_2 形成有机物。但它们对 CO_2 的亲和力却差异很大。PEPC 对 CO_2 的 K_m 值（米氏常数）是 7 μmol，而 Rubisco 的 K_m 值是 450 μmol。前者比后者对 CO_2 的亲和力高很多。实验证明，虽然 C_3 植物叶片中存在 C_4 途径的酶，但 C_4 植物 PEPC 的活性比 C_3 植物高 60 倍。由于 C_4 植物的 PEPC 活性较强，对 CO_2 亲和力很大，加之 C_4 二羧酸是由叶肉细胞进入维管束鞘细胞。所以，PEPC 就起一个"二氧化碳泵"的作用。因此，C_4 植物的光合速率比 C_3 植物高许多，尤其是在 CO_2 浓度低的环境下，相差更是悬殊。

由于 PEPC 对 CO_2 的亲和力大。所以，C_4 植物能够利用低浓度的 CO_2，而 C_3 植物不能。由于这个原因，C_4 植物的 CO_2 补偿点（0～10 mg/L CO_2）比 C_3 植物的 CO_2 补偿点（50～150 mg/L CO_2）低很多。所以，C_4 植物亦称为低补偿植物，C_3 植物亦称为高补偿植物。

由于 C_4 植物能利用低浓度的 CO_2，当外界干旱等引起气孔导度下降时，C_4 植物就能利用细胞间隙里的含量低的 CO_2，保持一定的光合作用速率，C_3 植物则相对较差。所以，在干旱环境中，C_4 植物生长比 C_3 植物好。

由于 PEPC 起"二氧化碳泵"的作用，把外界 CO_2 "压"进维管束鞘薄壁细胞中去，增加维管束鞘薄壁细胞的 CO_2/O_2 比率，改变 Rubisco 的作用方向。Rubisco 在不同的 CO_2/O_2 情况下，产生不同的反应，具双重性。在 CO_2/O_2 比值高时，这种酶主要使核酮糖二磷酸进行羧化反应，起羧化酶作用，形成磷酸甘油酸，所以乙醇酸积累就少；在 CO_2/O_2 比值低时，这种酶主要使核酮糖二磷酸进行氧化反应，起加氧酶作用，形成磷酸乙醇酸和磷酸甘油酸，产生较多的乙醇酸。由于 C_4 植物具有"二氧化碳泵"的特点，因此，C_4 植物在光照下只产生少量的乙醇酸，光呼吸速率非常之低。此外，C_4 植物的光呼吸酶系主要集中在维管束鞘薄壁细胞中，光呼吸就局限在维管束鞘内进行。在它外面的叶肉细胞，具有对 CO_2 亲和力很高的 PEPC。所以，即使光呼吸在维管束鞘放出 CO_2，也很快被叶肉细胞再次吸收利用，不易"漏出"，也是 C_4 植物的 CO_2 补偿点低的原因之一。

综上所述，把 C_3 植物、C_4 植物和 CAM 植物主要的光合和生理特征总结于表 3.5。

表 3.5　C_3 植物、C_4 植物和 CAM 植物主要光合特征和生理特征

特征	C_3 植物	C_4 植物	CAM 植物
1. 植物类型	典型温带植物	典型热带或亚热带植物	典型干旱地区植物
2. 生物产量/[t 干重/(ha² · a)]	22±0.3	39±17	通常较低
3. 叶结构	无 Kranz 型结构，只有一种叶绿体	有 Kranz 型结构，常具有两种叶绿体	无 Kranz 型结构，只有一种叶绿体
4. 叶绿素 a/b	2.8±0.4	3.9±0.6	2.5～3.0
5. 主要 CO_2 固定酶	Rubisco	PEPC, Rubisco	PEPC, Rubisco
6. CO_2 固定途径	只有 C_3 途径	C_4 和 C_3 途径	CAM 和 C_3 途径
7. 最初 CO_2 接受体	RuBP	PEP	光下：RuBP；暗中：PEP
8. CO_2 固定的最初产物	PGA	草酰乙酸	光下：PGA；暗中：草酰乙酸
9. PEP 羧化酶活性/[μmol/(mg·min)]	0.30～0.35	16～18	0.2
10. 光合速率/[mg/(dm²·h)]	15～35	40～80	1～4
11. CO_2 补偿点/(mg/L)	30～70	0～10	暗中：0～5
12. 光饱和点	全日照 1/2	无	同 C_4 植物
13. 光合最适温度/℃	15～25	30～47	≈35
14. 蒸腾系数/(g 水分/g 干重)	450～950	250～350	18～125
15. 气孔张开	白天	白天	晚上

3.5 影响光合作用的因素

植物光合作用受到外界环境因素和内部因素的影响而发生变化。而要了解这些因素对光合作用影响的大小及作用机制,首先要了解光合作用的指标。

3.5.1 光合作用的指标

光合作用的指标是光合速率和光合生产率。

光合速率(photosynthetic rate)的大小可用单位时间单位叶面积所吸收的CO_2或释放的O_2表示。一般常用毫克(CO_2)/(分米^2·时)表示,即每小时每平方分米叶面积吸收的CO_2毫克数。现在,越来越多地使用单位时间单位叶面积所吸收的CO_2或释放的O_2微摩尔来表示,即用$\mu mol/(m^2 \cdot s)$或$\mu mol/(dm^2 \cdot h)$来表示。通常测定光合速率时,没有把叶片的呼吸作用考虑在内,即测定的光合速率等于光合作用与呼吸作用的差数,称为表观光合速率(apparent photosynthetic rate),又称净光合速率(net photosynthetic rate, Pn)。表观光合速率与呼吸速率之和称为真正光合速率(true photosynthetic rate)或叫总光合速率(gross photosynthetic rate)。

在农业生产中衡量作物一定时间内光合作用产物的净积累量,通常用光合生产率(photosynthetic production rate),又称净同化率(net assimilation rate, NAR)来表示,即在较长时间内(如一昼夜或一周)单位叶面积生产的干物质量(即较长时间内的表观光合速率)。常用$g/(m^2 \cdot d)$表示。由于测定时间较长,存在着夜间的呼吸作用和光合作用产物从叶片向外运输以及用于其他代谢过程的消耗。因此,测得的光合生产率低于短期测得的光合速率。

3.5.2 外界因素对光合速率的影响

1. 光照

光是光合作用的能量来源,是叶绿素合成的必要条件,还调节碳同化循环许多酶的活性和气孔开度,因此光是影响光合作用的重要因素。

(1)光强度对光合作用的影响

1)光强度和光合速率的关系:光合作用是一个光生物化学反应,所以光合速率随着光照强度的增加而加快。在一定范围内几乎是呈正相关。但超过一定范围之后,光合速率的增加却转慢,当达到某一光照强度时,光合速率就不再增加,这种现象称为光饱和(light saturation)现象,刚出现光饱和现象时的光强度称为光饱和点(light saturation point)。同一叶片在同一时间内,光合作用过程中吸收的CO_2和呼吸作用过程中放出的CO_2等量时的光照强度,就称为光补偿点(light compensation point)。光极弱时,即光强度低于光补偿点时,真正光合速率低于呼吸速率,呼吸放出的CO_2多于光合作用同化的CO_2,表观上叶片释放CO_2。在黑暗中光合作用等于零,只有呼吸作用。上述光强度与光合速率的关系可以以图3.31的曲线表示,该曲线也称需光量曲线。

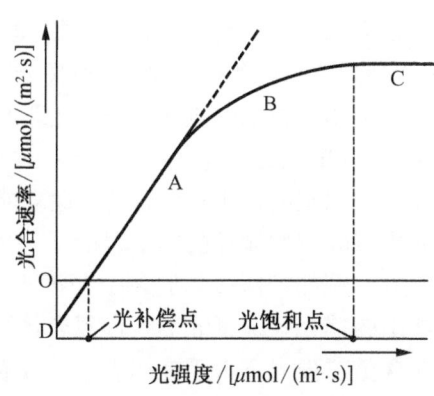

图3.31 光强度-光合速率的关系
A. 比例阶段; B. 过渡阶段; C. 饱和阶段

植物出现光饱和点的实质是强光下暗反应跟不上光反应从而限制了光合速率随着光强度的增加而提高。因此,从光强度-光合速率曲线中可以看出影响光合速率的主要因素随光强度的不同而不同。大于光饱和点光强度下限制光合作用的主要因素有CO_2扩散速率(受CO_2浓度影响)和CO_2固定速率(受羧化酶活性和RuBP再生速率影响)。弱光下,光强度是控制光合作用的主要因素,曲线的斜率即为表观量子效率。曲线的斜率大,表明植物吸收与转换光能的色素蛋白复合体可能较多,利用弱光的能力强。实测的表观量子效率一般在 0.03～0.05 之间。随着光强度增高,叶片吸收光能增多,光化学反应速率加快,产生的同化力多,于是 CO_2 固定速率加快。此外,气孔开度、Rubisco 活性及光呼吸速率也影响直线阶段(A)的光合速率,这些因素都会随光强度的提高而增大,其中气孔开度、Rubisco 活性的提高对光合速率有正效应,光呼吸速率的提高对光合速率有负效应。

各种植物的光饱和点不同,与叶片厚薄、单位叶面积叶绿素含量多少有关。根据对光照强度需要的不同,可把植物分为阳生植物(sun plant)和阴生植物(shade plant)两类。阴生植物叶片的光饱和点为 90～180 $\mu mol/(m^2 \cdot s)$,阳生植物叶片的光饱和点为 460～1 000 $\mu mol/(m^2 \cdot s)$。上述光饱和点的数值是指单叶而言,对群体则不适用。因为植物群体对光能的利用,与单株叶片不同。群体叶枝繁茂,当外部光照很强,达到单叶光饱和点以上时,而群体内部的光照强度仍在光饱和点以下,中、下层叶片就比较充分地利用群体中的透射光和反射光。群体对光能的利用更充分,光饱和点就会上升。

光补偿点在实践上有很大的意义。例如,间作和套作时作物种类的搭配,林带树种的配置,间苗、修剪、采伐的程度,冬季温室栽培蔬菜等都与补偿点有关。又如,栽培作物由于过密或肥水过多,造成徒长,封行过早,中下层叶片所受的光照往往在光补偿点以下,这些叶片不但不能制造养分,反而消耗养分形成消费器官。因此,生产上要注意合理密植,肥水管理恰当,保证透光性好。

植物的光饱和点和光补偿点都不是固定值,它们会随外界条件的变化而变动。如当 CO_2 浓度升高时,光饱和点增加,而光补偿点降低。

2) 光合作用的光抑制:光是光合作用的能源,所以光是光合作用必需的。然而,光照过强时,当植物吸收的光能超过其所需要时,过剩的光能会导致光合速率下降,表现为表观量子效率或 PSⅡ 最大光化学效率(F_v/F_m)的下降,这种现象称为光合作用的光抑制(photoinhibition of photosynthesis)。

关于光抑制的机制,一般认为光抑制主要发生在 PSⅡ。在特殊情况下,如低温弱光也会导致 PSⅠ 发生光抑制。正常情况下,光反应与暗反应协调进行,光反应中形成的同化力在暗反应中被及时用掉。但由于叶绿体基质中的 CO_2 浓度往往很低,接近 CO_2 补偿点,当光照过强时,光能过剩。一方面因 $NADP^+$ 不足使电子传递给 O_2 形成超氧阴离子自由基(O_2^-);另一方面会导致还原态电子的积累,形成三线态叶绿素(^3chl),^3chl 与分子氧反应生成单线态氧($^1O_2$)。O_2^- 和 $^1O_2$ 都是化学性质非常活泼的活性氧,如不及时清除,它们会攻击叶绿素和 PSⅡ 反应中心的 D_1 蛋白,从而损伤光合机构。如果强光时间过长,甚至会出现光氧化现象,光合色素和光合膜结构遭受破坏。如果植物遭受低温、高温、干旱等不良环境因子胁迫的同时,又遇到高光强会加剧光抑制的危害。例如,黄瓜等对冷害敏感的植物,在暗中受冷不会影响光合作用,但在光和低温下,则光合磷酸化受抑制,细胞膜透性加大。

植物在长期的进化过程中也形成了多种光保护机制。① 细胞中存在着活性氧清除系统,如超氧化物歧化酶(SOD)、过氧化氢酶(CAT)、过氧化物酶(POD)、谷胱甘肽、抗坏血酸及类胡萝卜素等,它们共同防御活性氧对细胞的伤害;② 通过代谢耗能,如提高光合速率,增强光呼吸和 Mehler 反应等;③ 提高热耗散能力,如依赖叶黄素循环的非辐射能量耗散;④ PSⅡ的可逆失活与修复。植物本身对光抑制有一定程度的保护性反应。例如,叶片运动,调节角度去回避强光;叶绿体运动以适应光照强弱。又如,小麦幼苗在强光下,叶绿体中的捕光叶绿素 a/b 蛋白复合体含量低于生长在弱光下的;而负责将光能转化为化学能的反应中心复合体含量在强光下大于在弱光下。在农业生产上,要尽可能提供作物生长发育所需的条件,尤其是要防止几种胁迫因子同时出现,最大限度地减轻光抑制。

(2) 光质对光合作用的影响　如前所述,太阳辐射中只有可见光部分才能被植物光合作用利用。但由于植物的种类不同、生长发育的环境不同及生长发育的时期不同,光合作用色素的种类、含量和比例也不同。因此,光质不同也影响植物的光合速率。菜豆在橙、红光下光合速率最高,蓝、紫光其次,绿光最差。其他高等植物和绿藻都有类似结果。

一般来说,不同光波影响下的光合高峰相当于叶绿素和类胡萝卜素的吸收光谱高峰。在自然条件下,植物会或多或少受到不同波长的光线照射。例如,阴天的光照不仅光强减弱,而且蓝光和绿光增多;树木的叶片吸收红光和蓝光较多,故树冠下的光线富于绿光,尤其是树木繁茂的森林更是明显。水层同样改变光强和光质。水层越深，光照越弱，例如，20 m 深处的光强和水面的光强比较，前者为后者的二十分之一。水层对光波中的红、橙部分吸收显著多于对蓝、绿部分的吸收，水下深层的光线相对富于短波长的光。所以含有叶绿素，吸收红光较多的绿藻分布海水的表层，含有藻红蛋白，吸收绿、蓝光较多的红藻，则分布在海水的深层。这是海藻对光线的适应。

2. CO_2 对光合作用的影响

二氧化碳是光合作用的原料，对光合速率的影响很大。

由图 3.32 可以看出，在光下 CO_2 浓度等于零时，光合作用器官只有呼吸作用释放 CO_2（图中的 A 点）。随着 CO_2 浓度的增加光合速率增加，当光合作用吸收的 CO_2 等于呼吸作用放出的 CO_2 量时，即光合速率与呼吸速率相等时，外界的 CO_2 浓度叫作 CO_2 补偿点（CO_2 compensation point，图中的 C 点）。而后随着 CO_2 浓度提高，光合速率直线增加。但是随着 CO_2 浓度的进一步增加，光合速率变慢，当 CO_2 浓度达到某一范围时，光合速率达到最大值（P_m），光合速率开始达到最大值时的 CO_2 浓度被称为 CO_2 饱和点（CO_2 saturation point，图中的 S 点）。

在低 CO_2 浓度条件下，CO_2 浓度是光合作用的限制因子，直线的斜率（CE）受羧化酶活性和量的限制。因而，CE 被称为羧化效率。CE 值大，则表示在较低的 CO_2 浓度下有较高的光合速率，亦即 Rubisco 的羧化效率较高。

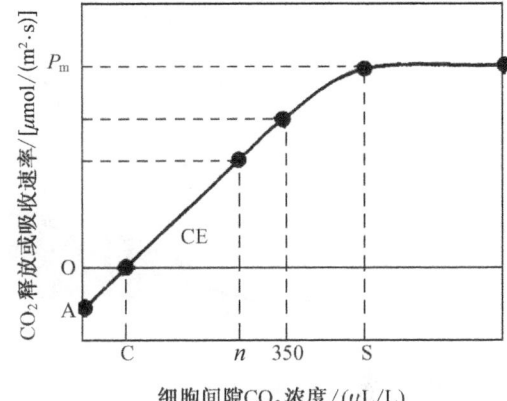

图 3.32 CO_2-光合作用曲线模式图

在 CO_2 浓度达到 CO_2 饱和点以上，CO_2 已不再是光合作用的限制因子，而 CO_2 受体的量，即 RuBP 的再生速率成了影响光合的因素。由于 RuBP 的再生受同化力供应的影响，所以饱和阶段的光合速率反映了光反应活性，即光合电子传递和光合磷酸化活性，因而 P_m 被称为光合能力。

水稻单叶的 CO_2 补偿点是 55 mg/L CO_2（25℃，光照＞10 klx），其变化范围随光照强度而异。光照弱时，光合速率降低比呼吸速率显著，所以要求较高的 CO_2 水平，才能维持光合与呼吸相等，也即是 CO_2 补偿点高。光照强时，光合显著大于呼吸，CO_2 补偿点就低。作物高产栽培的密度大，肥水充足，植株繁茂，吸收更多的 CO_2，特别是在中午前后，CO_2 就成为增产的限制因子之一。

陆生植物光合作用所需要的碳源，主要是空气中的 CO_2，CO_2 主要是通过气孔进入叶片。空气中的 CO_2 含量一般占体积的 0.033%（即 0.65 mg/L，0℃，101 kPa），对植物的光合作用来说是比较低的。光合过程中植物吸收大量的 CO_2，如向日葵叶面吸收 CO_2 的速率为 0.14 $cm^3/(h \cdot cm^2)$。气孔在叶面上所占的面积不到 1%，但由于小孔扩散的特点，空气中的二氧化碳经过气孔进入叶肉细胞的细胞间隙，是以气体状态扩散进行的，速度很快。但当 CO_2 经过细胞壁扩散到叶绿体时，便必须溶解在水中，扩散速度显著降低。

陆生植物的根部也可以吸收土壤中的 CO_2 和碳酸盐，用于光合作用。试验证明，把菜豆幼苗根部放在含有 $^{14}CO_2$ 的空气中或 $NaH^{14}CO_3$ 的营养液中，进行光照，结果光合产物中都发现 ^{14}C。关于根部吸收的 CO_2 如何用于光合作用问题，可能是 CO_2 进入根后就与丙酮酸结合成草酰乙酸，再还原为苹果酸，苹果酸沿输导组织上升而进入绿色器官——叶、茎和果实中。如果这时在光照下，则用于光合作用；如果在黑暗中，大部分的 CO_2 就排出体外。

浸没在水中的绿色植物，其光合作用的碳源是溶于水中的 CO_2、碳酸盐和重碳酸盐，这些物质可通过表皮细胞进入叶片中去。

增加 CO_2 浓度固然可以提高光合速率。但是，随着世界范围内消耗石油燃料的急剧增加，排放到大气中 CO_2 浓度的增加会产生温室效应（greenhouse effect）。所谓温室效应，是指在地球周围的大气层中，人类无限制地向地球大气层中排放 CO_2，使 CO_2 浓度不断增高。本来太阳辐射下来的热，地球以红外线形式重新辐射到空间。由于大气层中的 CO_2 能强烈地吸收红外线，太阳辐射的能量在大气层中就"易入难出"，温度上升，似温室一样（图 3.33）。地球变暖，造成冰川融化，海水上升，会淹没沿海城市和农田；气候也异常，高温、干旱。所以温室效应已引起全球关注。防止温室效应加剧的办法是尽量减少燃烧时排放 CO_2，积极种植树木，吸收 CO_2，维持大气中 CO_2 浓度的平衡。

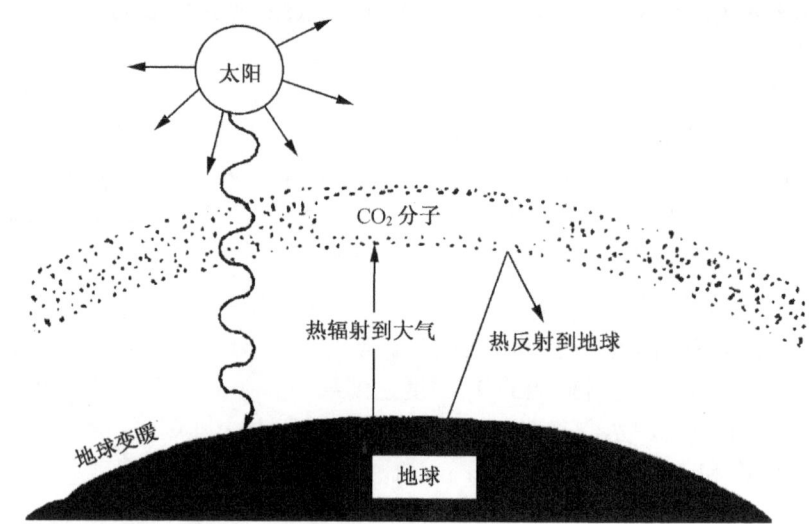

图 3.33　地球大气层中 CO_2 的温室效应

3. 温度

光合过程中的暗反应是由酶所催化的化学反应，而温度直接影响酶的活性，因此，温度对光合作用的影响也很大。除了少数的例子以外，一般植物可在 10～35℃下正常进行光合作用，其中以 25～30℃最适宜，在 35℃以上时光合作用就开始下降，40～50℃时即完全停止。植物光合作用温度的三基点（最高温、最适温和最低温）因种类的不同而不同。一般而言，耐寒植物光合作用的最低和最适温度低于喜温植物，而最高温度相似。在低温中，酶促反应下降，故限制了光合作用的进行。光合作用在高温时降低的原因，一方面是高温破坏叶绿体和细胞质的结构，并使叶绿体的酶钝化；另一方面是在高温时，呼吸速率大于光合速率，因此，虽然真正光合作用增大，但因呼吸作用的牵制，表观光合作用便降低。

4. 矿质元素

矿质元素直接或间接影响光合作用。氮、镁、铁、锰等是叶绿素生物合成所必需的矿质元素，钾、磷等参与糖类代谢，缺乏时便影响糖类的转变和运输，这样也就间接影响了光合作用；同时，磷也参与光合作用中间产物和能量转变，所以对光合作用影响很大；铜和铁是电子传递体的重要成分；锰、氯和钙是 OEC 的必需因子；钾是气孔开关的重要因子。氮、磷、钾三要素中以氮肥对光合作用的效果最明显。追施氮肥提高光合速率的原因有两方面：一方面是促进叶片面积增大，叶片数目增多，增加光合面积，这是间接的影响。另一方面是直接的影响，即影响光合能力。施氮肥后，叶绿素含量急剧增加，加速光反应；氮肥亦增加叶片蛋白态氮百分率，而蛋白质是酶的主要组成成分，也使暗反应进行顺利。但是，农业生产中要合理施肥才能使光合作用调节到最适状态，达到增产的目的。

5. 水分

水分是光合作用原料之一，缺乏时可使光合速率下降。水分在植物体内的功能是多方面的，叶片要在含水量较高的条件下才能正常行使生物学功能，而光合作用所需的水分只是植物所吸收水分的一小部分（1%以下）。因此，水分缺乏主要是间接地影响光合作用下降。具体来说，缺水使气孔关闭，影响二氧化碳进入叶内；缺水使叶片淀粉水解加强，糖类堆积，光合产物输出缓慢，反馈抑制光合作用；缺水抑制叶片生长，光合面积下降；缺水严重时叶绿体及片层结构破坏。这些都会使光合速率下降。试验证明，由于土壤干旱而处于永久萎蔫的甘蔗叶片，其光合速率比原来正常的下降 87%。再灌以水，叶片在数小时后可恢复膨胀状态，可是表观光合速率在好几天后仍未恢复正常。由此可见，叶片缺水过甚，会严重损害光合进程。水稻烤田，棉花、花生炼苗时，要认真控制烤田（炼苗）程度，不能过头。

6. 氧

实验证明，当将环境的氧含量降低为 1%～3%时，就发现正常大气中 21%氧含量对植物光合作用是有抑制效应的,通常称之为氧的胁迫。大气中21%氧含量对C_3植物的光合作用抑制竟高达33%～50%,而对C_4植物几乎不抑制。氧抑制光合作用的原因主要是:氧分压增加提高了Rubisco加氧活性,提高光呼吸速率;氧能与$NADP^+$竞争接受电子,NADPH合成量就少,碳同化所需的还原能力减少;氧接受电子后形成的超氧阴离子自由基,会破坏光合膜;在强光下,氧参与光合色素的光氧化,破坏光合色素等等。但是,植物在长期演化过程中逐渐形成一些保护性机制,例如,叶绿体中生成的超氧化物歧化酶可以消除超氧阴离子自由基,抗坏血酸过氧化物酶可以消除过氧化氢等。在农业生产上喷施150 mg/L 2,3-环氧丙酸,可部分拮抗氧抑制,提高光合速率。

7. 光合速率的日变化

影响光合作用的外界条件每天都在时时刻刻变化着,所以光合速率在一天中也有变化。在温暖的日子里,如水分供应充足,太阳光照成为主要矛盾,光合过程一般与太阳辐射进程相符合:从早晨开始,光合作用逐渐加强,中午达到高峰,以后逐渐降低,到日落则停止,成为单峰曲线。这是对无云的晴天而言。如果白天云量变化不定,则光合速率随着到达地面的光强度的变化而变化,呈不规则的曲线。但当晴天无云而太阳光照强烈时,光合进程便形成双峰曲线:一个高峰在上午,一个高峰在下午。中午前后光合速率下降,呈现光合"午休"(midday depression of photosynthesis)现象。为什么会出现这种现象呢? ① 水分在中午供给不上,气孔关闭;② CO_2供应不足;③ 光呼吸增加。这些都表现为光合作用速率的下降。南方夏季日照强,作物"午休"会更普遍一些,在生产上应适时灌溉或选用抗旱品种,以缓和光合"午休"现象,增加光合能力。

3.5.3 内部因素对光合速率的影响

不同植物(C_3植物、C_4植物、CAM植物、阳生植物和阴生植物等)、相同植物不同部位及相同部位的不同发育阶段光合作用速率都不同。

1. 不同部位

由于叶绿素具有接受和转换能量的作用,所以,植株中凡是绿色的、具有叶绿素的部位都进行光合作用,在一定范围内,叶绿素含量越多,光合越强。如抽穗后的水稻植株,叶片、叶鞘、穗轴、节间和颖壳等部分都能进行光合作用。但一般而言,叶片光合速率最大,叶鞘次之,穗轴和节间很小,颖壳甚微。在生产上尽量保持足够的叶片,制造更多光合产物,为高产提供物质基础。

就叶片而言,最幼嫩的叶片光合速率低,随着叶片成长,光合速率不断加强,达到高峰,后来叶片衰老,光合速率就下降。根据这个原则,同一植株不同部位的叶片光合速率,因叶片发育状况不同而呈规律性的变化。小麦和水稻等靠近穗的旗叶光合速率最高,光合作用时间也最长。

2. 不同生育期

一株作物不同生育期的光合速率,一般都以营养生长中期为最强,到生长末期就下降。例如,水稻的分蘖盛期的光合速率最高,以后随生育期的进展而下降,特别在抽穗期以后下降较快。但从群体来看,群体的光合量不仅决定于单位叶面积的光合速率,而且很大程度上受总叶面积及群体结构的影响。水稻群体光合量有两个高峰:一个在分蘖盛期,另一个在孕穗期。从此以后,下层叶片枯黄,单株叶面积减少,因此光合产量急剧下降。在农业生产上,通过栽培措施以延长生育后期的叶片寿命和光合功能,使生育后期光合下降缓和一些,更有利于种子饱满充实。

3.6 植物对光能的利用

一般来说,植物干物质有90%～95%来自光合作用。作为种植业基础的光合作用与农业生产有着非常密切的关系,如何提高作物产量是光合作用研究的重要方面。因此,如何充分利用照射到地球表面的太阳辐射能,制造更多的光合产物,是农业生产中的一个根本性的问题。

3.6.1 植物的光能利用率

太阳照到地球表面的光的波长不同（300～2 600 nm），到达地球外层的太阳辐射平均能量为 1.353 kJ/(m^2·s)。但由于大气中水蒸气、灰尘和 CO_2 等的吸收，到达地面的太阳辐射能量最大（夏日中午）也不会超过 1 kJ/(m^2·s)，而对光合作用有效的光只有可见光部分（400～700 nm）。我们把对光合作用有效的可见光称为光合有效辐射（photosynthetically active radiation，PAR）。人们根据对光合作用机制的了解，可以从理论上大体估算植物利用太阳能的最高利用率为 10% 左右。Hall 等考虑到植物在自然条件下的情况，分析了一些难以避免的损失，认为田间实际可得到的最高太阳能利用率为 5% 左右。现在常常用植物对落在地面上的太阳能量的利用情况，说明植物对光能利用的效率，并相应地提出光能利用率的概念。光能利用率（efficiency for solar energy utilization，Eu）是指植物光合作用所积累的有机物所含的能量，占同一时期内照射在单位地面上的日光能量的百分率。

现将落在叶面上的太阳光能的散失和利用的大致情况，归纳如下：

落在叶面太阳光能/100% {
- 对光合作用无效的辐射，丧失能量/60%
- 反射和透光，丧失能量/8%
- 散热，丧失能量/8%
- 代谢用，丧失能量/19%
- 转化，贮存于糖类的能量/5%
}

植物的最大光能利用率究竟能够达到多少？或者说，作物产量究竟还有多大潜力？这是一个值得探讨的问题。以目前的知识分析影响光能利用率的各因子的作用是否全部发挥，对进一步通过育种改善作物本身特性或利用外界环境条件，以提高光能利用率，是有参考价值的。现在以水稻为例，分析影响其光能利用率的各个因素。

计算光能利用率的基准有两个：一个是从全生育期出发，计算全生育期的光能利用率，优点是比较全面，着眼于最大限度利用全生育期的光能（如通过间作、套种以增大单位土地面积的光能利用率），但计算比较笼统；另一个是从经济器官形成期出发，计算形成经济器官时期这一段时间的光能利用率，范围小，计算较准确，但是未能考虑生育前、中期的光能利用情况，不够全面。因为营养生长好坏，直接影响经济器官形成期的光能利用率及经济系数的高低；同时，前、中期的漏光率较大，也就是说提高光能利用率有较大的潜力。两种计算方法各有利弊。以第一种计算法为例。

照射到地面的太阳辐射能，因纬度、季节等而异。投射到地球表面的光线的波长范围较大，而植物只利用波长 400～700 nm 的光波，其能量占总太阳辐射的 40%～50%，按 50% 数值计算。阳光照射到稻田后，有些光漏射到田面。漏光率因田块肥瘦、行距大小、植株疏密、生育期不同等而异。照到稻叶的阳光，也因稻叶表面有茸毛和硅酸层等把一部分光反射掉。反光率因不同生育期、叶的角度等而异。合理密植、适时封行、改善株型等措施，可以降低漏光率和反光率。除了反光和漏光外，照射到稻田的光就被稻株所吸收。水稻在全生育期（从移植到收获）内，对落在稻田上光照利用情况，一般说来，漏光率约 30%，反光率约 20%，吸光率约 50%。

叶吸收光能后，光能转变为化学能的比率，因光波波长不同而变化。每还原一分子 CO_2 需要 8～12 个光量子，贮藏于糖类中的化学能量是 478 kJ。前面说过，不同波长的光，每个光量子所具有的能量不同，所以其能量转化效率也不同。例如，波长 400 nm 的蓝光光量子的能量是 259 kJ。还原一分子 CO_2 以需要 10 个量子计算，则其能量转化率为 18.5%。波长为 700 nm 的红光，其爱因斯坦值是 172 kJ，能量转化率则是 27.8%。一般来说，平均能量转化率为 23%。能量转化率因受光饱和与 CO_2 不足等条件限制，可以从育种上或栽培上设法解决。

光合作用合成的中间产物和最终产物，有相当一部分是通过光呼吸和暗呼吸消耗掉了，光呼吸消耗一般占 C_3 植物总同化量的 20%～27% 以上。降低光呼吸就成为今后提高光能利用率努力的方向。

例如，以 1 g 糖类贮存 15.7 kJ 能量计算，则可算出亩（1 亩≈667 m^2）产的总物质重量。现以广州地区为例(表 3.6),推算出形成的干物质 1 835 kg/亩,共含 28.9 GJ 能量。根据经济系数 0.5 的计算,可获稻谷产量 917.5 kg/亩。如果考虑到稻谷中还有一部分水分和灰分,则产量还要高些。然而,实际产量较低,即使 500 kg/667 m^2,其光能利用率也只是 1.9% 左右,显然,在田间和野外表观生长良好植被的太阳能利用率离实际可达到的最高效率还有相当差距,大有增产潜力可挖。

表 3.6 光能利用率与水稻产量的估计(以广州地区为例)

项　目	数　据	项　目	数　据
1. 照射到地面的太阳辐射能	8.37×10^{11} J/亩	6. 光能利用率(2×3×4×5)/%	3.45
2. 光合作用能够利用的光波能量占总太阳辐射能的比率/%	50	7. 生产日数/d	—
3. 叶片吸收光能的比率/%	50	8. 每亩形成的总干重	1 835 kg
4. 吸收光能转化为化学能的比率/%	23	9. 分配到经济器官的系数	0.5
5. 净同化/总同化比率/%	60	10. 稻谷产量	917.5 kg/667 m^2

3.6.2 提高光能利用率的途径

通过以上分析,作物的实际光能利用率距离最高理论光能利用率还相差很大。那么,如何提高光能利用率,从而达到增产的目的就成为农业生产中的重要问题。作物的产量主要来源于光合产量(photosynthetic yield),而光合产量为光合时间、光合面积和净光合速率之积。如果作物的产量为籽粒或果实产量,还要考虑经济系数问题。因此,提高作物光能利用率的主要途径是:延长光合时间、增加光合面积和提高净光合效率。

1. 延长光合时间

延长光合时间就是最大限度地利用光辐射时间,提高光能利用率。延长光合时间的措施主要如下。

(1) 提高复种指数　　复种指数(multi-cropping index)就是全年内农作物的收获面积对耕地面积之比。提高复种指数就是增加收获面积,延长单位土地面积上作物的光合时间。国内外许多事实说明,提高复种指数是充分利用光能、提高单位土地面积产量的有效措施。新中国成立后,随着社会主义事业的发展,全国各地在耕作制度改革方面做了一系列的工作,如将一年一熟制改为一年两熟制,两熟制改为三熟制,复种指数不断提高。提高复种指数就是通过轮作、间作和套种等栽培技术,在一年内巧妙地搭配各种作物,从时间上和空间上更好地利用光能,缩短田地空闲时间,减少漏光率。而且在间作套种这样的栽培方式中各种作物在产量形成关键时期的主要叶面积都可处于群体上方,受光充分。因而,光能利用率高、光合产量高。

(2) 延长生育期　　在不影响耕作制度的前提下,适当延长作物的生育期也能提高产量。例如,前期要求早生快发,较早地使光合面积达到最大值;后期要求叶片不早衰。这样,光合时间就延长。当然,延长叶片寿命不能造成贪青,因为贪青徒长,光合产物用于形成营养器官,反而减产。

(3) 补充人工光照　　在小面积的栽培中,当阳光不足或日照时间过短时,还可用人工光照补充。日光灯的光谱成分与日光近似,而且发热微弱,是较理想的人工光源。白炽灯比较差,90% 以上的电能都变成热能,温度过高,而且它的光谱成分与日光相比,蓝紫光过少,不利于植物生长。某些植物(如黄瓜和番茄等)在白炽灯下仍然生长得很好。

2. 增加光合面积

光合面积即植物的绿色面积,主要是叶面积。它是影响产量最大,同时又是最容易控制的一个方面。但叶面积过大,又会影响群体中的通风透光而引起一系列矛盾。所以,光合面积要适当。

(1) 合理密植　　合理密植是指使作物群体得到合理发展、群体具有最适的光合面积和最高的光能利用率,并获得高产的种植密度。因此,合理密植是提高光能利用率的主要措施之一。种得过稀,个体发展较好,但群体得不到充分发展,光能利用率低。种得过密,下层叶片受到光照少,在光补偿点以下,变成消费器官,光合生产率减弱,也会减产。

(2) 改变株型　　最近培育出比较优良的高产新品种(如水稻、小麦和玉米等),株型都具有共同的特征,即秆矮,叶直而小、厚,分蘖密集。株型改善,就能增加密植程度,改善群体结构,增大光合面积,耐肥不倒伏,充分利用光能,提高光能利用率。袁隆平院士结合自己多年的实践,提炼出一整套培育超级杂交水稻的技术路线,其核心内容之一就是筛选可以有效提高群体光合效率的"高冠层"水稻(上部三叶"长、直、窄、凹、厚"),具有高冠层株型特征的超高产水稻,可以增加有效光合面积,产量潜力达 1 000 公斤/亩(1 亩 ≈ 667 平方米),为确保我国乃至世界粮食安全做出了重要贡献。

3. 提高净光合效率

净光合速率是一定时间内单位叶面积光合作用产生的有机物与呼吸消耗有机物之差。因此,凡影响光合速率和呼吸速率的因素均影响净光合速率。如光、温、水、肥、CO_2 和 O_2 等。这些因素对光合速率的影响前面(3.5.2)已讨论过。而环境因素对呼吸作用的影响将在下章讨论。这里仅讨论两种提高净光合速率的措施。

(1) 增加 CO_2 浓度　　在探讨影响光合作用的因素已经讨论过,空气中的 CO_2 含量一般占体积的 0.033%,即 330 $\mu l\ CO_2/L$,这个浓度与多数作物最适 CO_2 浓度(1 000~1 500 $\mu l/L$)相差太远,尤其是随着密植栽培,肥水多,需要的 CO_2 量就更多,空气中的 CO_2 量满足不了要求。因此,增加空气中的 CO_2 会显著提高光合速率。在自然条件下增加 CO_2 浓度是难以控制的。但是,增加室内(如塑料大棚等)环境的 CO_2 浓度还是易行的,如燃烧液化石油气,用干冰(固体 CO_2)等办法。问题是怎样增加大田中的 CO_2 浓度。这个问题目前还在试验探索阶段,有三个措施值得试行:① 控制栽培规模和肥水,因地制宜选好行向,使后期通风良好;② 增施有机肥料,使土壤微生物的数量增多、活动能力加强,分解有机物,放出 CO_2。土壤放出的 CO_2,一部分溶解于土壤溶液中供根部吸收,一部分扩散到空气中被叶片吸收;③ 深施碳酸氢铵肥料,这种肥料除了含有氮素外,还含有 50% 左右的 CO_2。

(2) 降低光呼吸　　水稻、小麦、大豆等 C_3 植物的光呼吸很显著,消耗光合刚刚合成的有机物总量的 20%~27%;而甘蔗等 C_4 植物的光呼吸消耗很小,只有 2%~5%,甚至更少。为提高水稻等 C_3 植物的光合能力,要设法降低它们的光呼吸。降低光呼吸的措施主要有两种:一是利用光呼吸抑制剂抑制光呼吸,提高光合效率。例如,用乙醇酸氧化酶抑制剂[α-羟基磺酸类化合物,如 α-羟基-2-吡啶甲烷磺酸(α- hydroxy - 2 - pyridine methanesulphonate, HPMS)及 α-羟基丁炔酸(α- hydroxybutynoate, HBA)或其丁酯等]抑制乙醇酸变成乙醛酸,能使烟草叶片固定 CO_2 速度明显增加。又如,以 100 mg/L $NaHSO_3$ 喷洒大豆,1~6 d 后平均提高光合速率 15.6%,抑制光呼吸 32.2%;2,3-环氧丙酸也具有类似效果。但是,使用光呼吸抑制剂应非常慎重。二是改变环境成分,尤其增加 CO_2 浓度,使 Rubisco 的羧化反应(固定 CO_2)占优势,减少其氧化反应的比例(减少光呼吸),光能利用率就能大大提高。

3.7　光合产物的运输、分配及调控

光合作用主要是在叶片中进行的(代谢源),光合作用产物供给植物其他组织和器官(代谢库)生长发育利用。光合产物是如何从源向库运输的?在不同器官之间是如何分配的?光合产物运输和分配是如何调控的?这些问题直接关系到作物产量的高低和品质的好坏。

3.7.1　光合产物运输的途径、方向、速度和形式

光合产物的运输途径是韧皮部(筛管),这早已被环割实验所证实。

光合产物从叶片进入韧皮部向其他消耗和积累养料的器官运输的方向取决于源(source)与库(sink)的相对位置。但总的来说,光合产物的运输方向是由源到库。同位素示踪实验证明,韧皮部中的物质可以向上运输、向下运输,也可以同时向相反方向运输。

光合产物运输的速度通常在 50~100 cm/h。为了定量计算单位时间在单位韧皮部横切面运输干物质的量，Canny 提出了一个"比集运量"(specific mass transfer, SMT)或"比集运量转运率"(specific mass transfer rate, SMTR)的概念，即有机物质在单位时间内通过单位韧皮部横截面积运输的数量，单位：$g/(cm^2 \cdot h)$。

大多数植物的 SMTR 为 $1\sim13\ g/(cm^2 \cdot h)$，最高可达 $200\ g/(cm^2 \cdot h)$。

光合产物运输的主要形式是蔗糖。实验证明，韧皮部筛管汁液中干物质含量占 10%~25%，其中 90%以上为糖，尤其以蔗糖为主，其次含少量寡糖，如棉籽糖、水苏糖、毛蕊花糖等。

3.7.2 光合产物运输的机制

光合产物主要是在韧皮部运输，因此光合产物的运输与水和无机盐在导管内的运输不同。韧皮部的运输是通过活细胞（筛管、伴胞和薄壁细胞）的运输，具有选择性强、转运量大、速率快和双向运输等特性，是需要代谢能量的过程。因此，韧皮部运输机理是十分复杂的。

关于韧皮部运输的机制的假说很多，受到广泛接受的是德国植物学家明希(Munch)最早提出的压力流动学说(pressure-flow theory)，该学说的主要内容：在一个共质体的两端，一端是产生同化物的部位（称为"源"，相当于叶片），它保持较高的溶质浓度，而另一端是消耗同化物的部位（称为"库"相当于根、果实），连接源与库之间的是韧皮部筛管，只要两端形成渗透压力梯度，即可推动同化物通过筛孔由源向库源源流动。也就是说，有机物在筛管内的流动是由输导系统（韧皮部）两端的渗透压力差引起的（图 3.34）。

实验证明，韧皮部内部具有正压力，如蚜虫口器刺入拔出后由于内部压力流出汁液可持续几天时间，决定汁液溢出的是叶片要不断地制造光合产物以保持筛管内正压力。实验证明，如把激素类物质或病毒颗粒注入叶内，在照光下，这些物质也能很快地运出；可是在黑暗下运出很慢，假若加进去糖分，即可加速输出。这说明源部位（叶）制造的糖是产生压力的源泉，只要中间没有重大的阻力，压力流动学说是完全可信的。

但联系到一株植物，叶与根或者叶与果实之间（源与库之间）并非直接连通的，源与库之间的运输要克服共质体膜的种种障碍，源与库之间所产生的压力差能否推动物质克服种种阻力并长距离运输，值得怀疑。再者，韧皮部筛管往往同时有两种性质不同物质进行相反方向的运输，仅压力流动学说对此现象也无法解释。

对于筛管的亚显微结构发现，筛管与筛孔内有 P 蛋白（韧皮蛋白）构成的蛋白质索或叫穿胞传递索，通过蛋白质索的蠕动力推动物质的运输。根据结构上的特点，对同化物运输提出了不少假说，原生质流动、电渗透、表面活性扩散等，这些假说的目的仍是补充压力流动所不能解决的问题。这些假说的中心观点是依靠代谢作用供给能量活化运输，推动 P 蛋白蠕动或细胞质流动，起着动力泵的作用。推动物质长距离运输，或者通过筛管内蛋白质索所提供的界面进行表面扩散以加速扩散的速率。关于代谢能的供应问题，已确实证明，筛细胞内含有与 ATP 合成有关的酶，同时，筛管又与代谢活性高的伴胞相连，韧皮组织呼吸率可达 $230\ \mu l\ O_2/g$（鲜重），等于供能 4.86 J，如果 50% 有效，仍有 2.0 J 以上。据测，这种能量可产生压力梯度在 25 bar/m 以上，可以解释大多数物质运输的动力。至于筛细胞阻力以及双向运输的问题，认为 P 蛋白所构成的传递索串通细胞，传递索本身的蠕动很像是动物体内肌纤维细胞所发生的肌动蛋白与肌球蛋白的活动，与黏菌和变形虫内所发生细胞质流动体系比较类似，足以克服了筛管内阻力，同时传递索之间可进行方向不同运输。但是，光合作用产物在韧皮部运输的详细机理还有待进一步研究。

3.7.3 光合产物装载和卸载的机制

研究运输的机理仅注重于溶质在筛管内运输的动力还不够，运输的关键是同化物如何从筛管周围的活细胞（薄壁细胞、伴细胞等）内装载到筛管内，这是同化物从源到库的第一道关口，而后是在筛管内运输的物质又如何卸载到消耗同化物的细胞（库）。近年来通过蔗糖的运输机理的研究对于同化物装载与卸出的问题取得了新的进展。

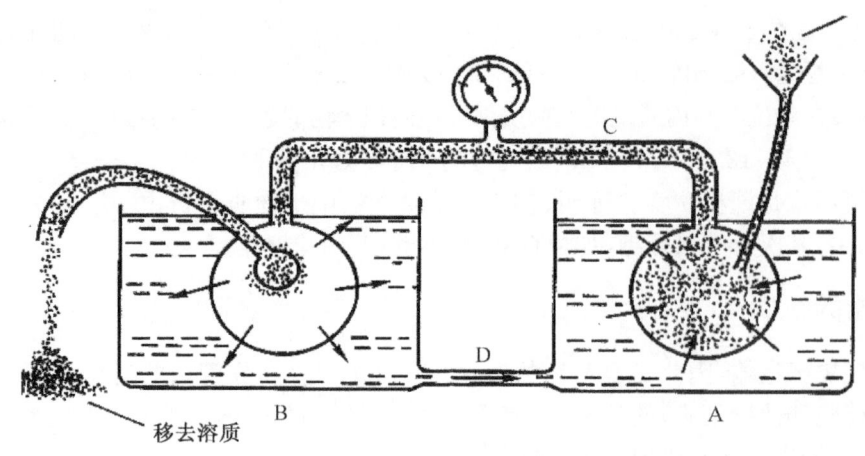

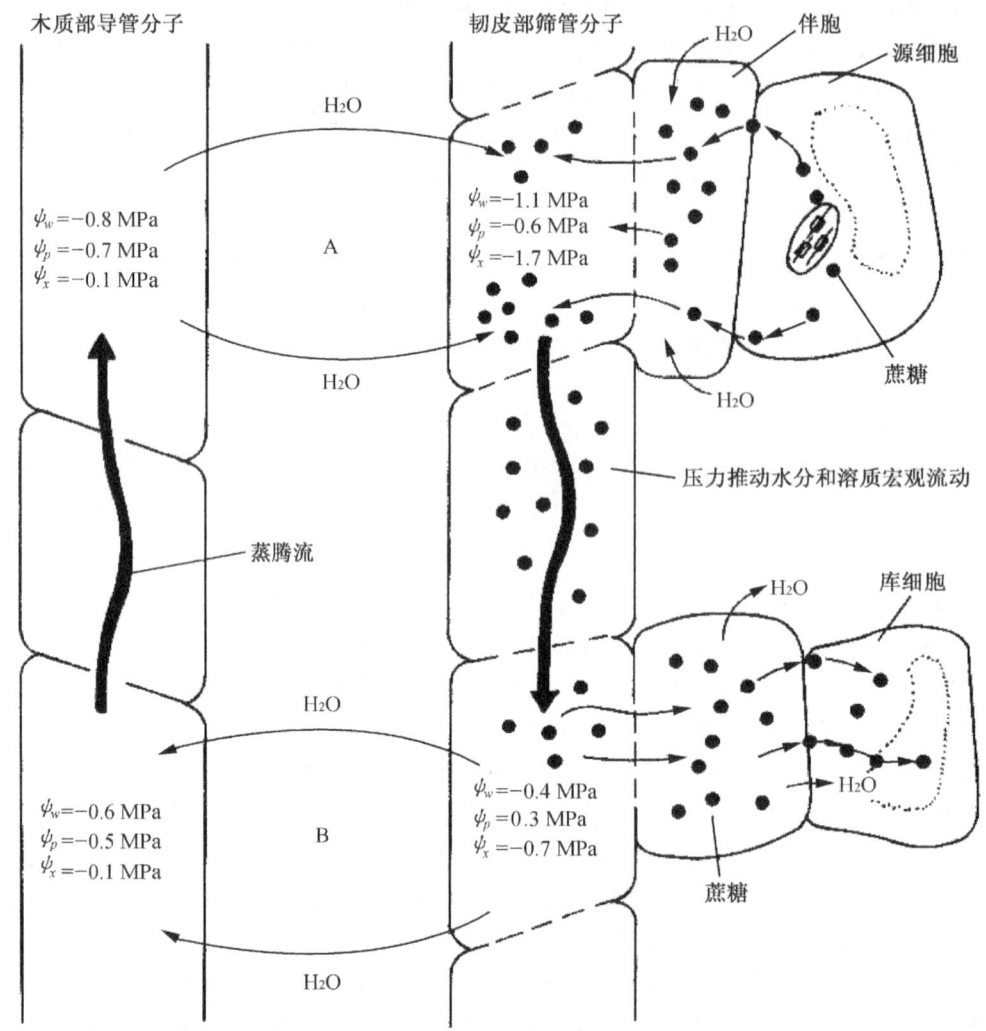

图 3.34 压力流动模型

上图：压力流动原始模型（Bidwell，1974）；下图：同化产物在韧皮部内运输的压力流动模型示意图（引自潘瑞炽，2001）。筛管分子主动装载源细胞的蔗糖，水分同时渗透进入，形成较高渗透压 A，水分和溶质向下端流动。在下段库筛管主动卸出蔗糖进入细胞，水分流出，导致较低膨压 B，水分进入木质部导管随蒸腾流上升

1. 韧皮部装载途径及其机制

（1）途径 光合产物从绿色光合细胞向韧皮部筛管细胞运输到底经过哪些途径？一种观点认为纯粹是共质体运输，即通过胞间连丝在被运输物质的浓度梯度推动下进行，因为它是阻抗最低的途径；另一种观点认为同化物进入韧皮部筛管，先从叶肉细胞进入到质外体或自由空间，再从质外体进入共质体（伴胞与筛

管),其主要根据是,当用 0.8 mol/L 甘露醇(高渗液)进行质壁分离破坏共质体时,渗入的 ^{14}C-蔗糖同样可进入韧皮部,更有趣的是,向组织注入一种非渗入的巯基制剂(p-choromereuri-benzene sulfomic acid, pCMBS),它并不进入细胞抑制共质体运输,但它可抑制蔗糖向韧皮部装载,也即抑制筛管分子与伴细胞膜上的载体活动,采用改良的非渗入剂三硝基苯磺酸,也取得类似结果。这都说明蔗糖进入韧皮部前是先穿过质外体。当然,这个质外体是靠近"筛管分子-伴细胞复合体"附近的自由空间。综上所述,源部位叶片的光合产物装载入韧皮部的细胞途径可能是"共质体(叶肉细胞)→质外体→共质体(韧皮部细胞)→韧皮筛管分子"。

(2) 机制 韧皮部装载是一个逆浓度梯度且具有很高速度的主动过程,由载体完成。其主要根据:① 对装入的物质有选择性,如蔗糖;② 必须供应能量;③ 具有饱和动力学的特性。目前普遍公认的装载机制是蔗糖-质子协同运输模型(图 3.35)。该模型认为,在筛管分子或伴胞的质膜上,H^+-ATP 酶消耗 ATP 把细胞质中的 H^+ 泵到细胞壁(质外体)中,建立了跨质膜 H^+ 梯度,驱动质膜上蔗糖/质子共转运体(sucrose/H^+ symporter),把蔗糖装载入筛管分子。

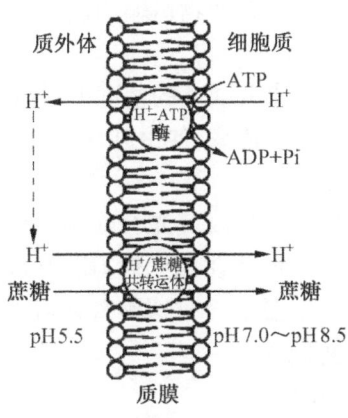

图 3.35 蔗糖-质子协同转运模型示意图(引自王宝山,2003)

2. 韧皮部卸载途径及其机制

同化物韧皮部卸载(phloem unloading)是指在韧皮部的同化物输出到库的接受细胞的过程。蔗糖或其他同化物从筛管分子卸出到库的过程对韧皮部同化物运输调节及作物经济产量的形成具有重要作用。

(1) 途径 同化物从韧皮部筛管细胞输出到库的接受细胞的途径为质外体和共质体两条途径。共质体途径通过胞间连丝到达接受细胞,在细胞质或液泡中进行代谢。例如,光合产物从韧皮部筛管细胞输出到根和嫩叶就是通过共质体途径。而质外体途径多发生在光合产物从韧皮部筛管细胞输出到贮藏器官或生殖器官。在甜菜和大豆种子中,蔗糖通过质外体时并不水解,而是直接进入贮藏空间。但在玉米中,蔗糖在进入胚乳之前,先从筛管卸出到自由空间,并被束缚在细胞壁的蔗糖酶水解为葡萄糖和果糖,后者进入胚乳细胞再合成蔗糖。

(2) 机制 同化物从韧皮部筛管细胞卸出到库的接受细胞的详细机制尚不清楚。但是总的来看,从筛管细胞卸出到库的接受细胞的质外体依赖于糖浓度差将同化物被动卸出,而库细胞对同化物的吸收是一个依赖于跨膜质子浓度梯度的次级主动转运过程。具体讲,蔗糖从质外体进入库细胞质是通过库细胞质膜上蔗糖-质子共转运体完成的,而从细胞质进入液泡则是通过液泡膜上的蔗糖/质子逆向转运体(sucrose/H^+ antiporter)完成的(图 3.36)。

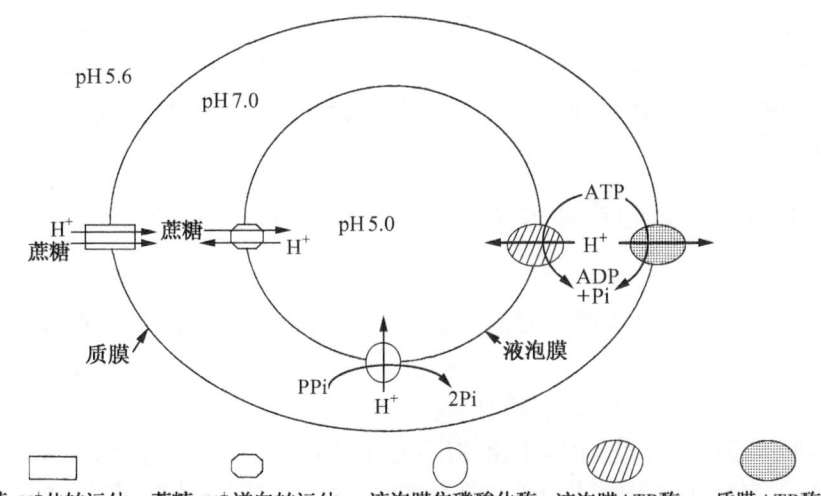

图 3.36 库细胞糖-质子协同转运和逆向转运模型示意图(引自王宝山,2003)

3.7.4 外界条件对光合产物运输的影响

环境对光合产物运输的影响是多方面的,凡是影响源和库两端光合产物浓度差和输导组织畅通的因素,皆影响光合产物运输的速度。

1. 水分

在水分缺乏的情况下,随着叶片水势的下降,从叶片输入到韧皮部的光合产物减少,这一方面是由于降低了光合速率,使由叶片内可运出的蔗糖浓度降低,另一方面是由于在缺水条件下,筛管内运输阻力增加。

2. 光

光通过改变光合作用而影响源的光合产物浓度,影响光合产物的运输。一般白天光合产物运输快于夜晚。植物在照光后,用 ^{14}C 标记的光合产物运输速度迅速增加,$2 \sim 3\ h$ 后达到最高值,进入暗期后运输速度逐渐下降。这种现象可能完全是由于叶内有效的蔗糖浓度所决定的,光下蔗糖浓度高,而暗中蔗糖浓度低。

3. 温度

光合产物运输过程与其他生理过程一样是随温度而变化的。例如,番茄果实若局部加温,就可加速附近的叶内同化物向果实输送,反之,局部降温就可降低附近叶片同化物的输出。光合产物运输的最适温度是 $20 \sim 30℃$。低温一方面可能是由于低温降低了呼吸速率,从而减少了推动运输的有效能量供给;另一方面是低温提高了筛管内含物的黏度,所以运输速度降低。高温一方面抑制光合作用,降低光合产物供应;另一方面降低或破坏细胞质代谢酶,从而导致运输速度降低。

4. 矿质元素

影响同化物运输的矿质元素,主要是氮(N)、磷(P)、钾(K)、硼(B)等。

（1）N　　氮素对于光合产物向经济器官分配的影响有两方面:一是在营养生长期(如水稻拔节期)若施用氮肥过多,由于氮素同化对碳水化合物的消耗,体内虽然总氮量与蛋白氮增多,而含糖量减少,不利于光合产物向其他器官的分配运输。氮对光合产物分配另一作用是要保证灌浆期间,植株不出现缺氮现象,防止叶片早衰,保持功能叶对碳素同化效率,这是促进叶光合产物向籽粒分配运输的基础。

氮肥过多,较多的糖类用于形成植物营养体,不利于同化物向外输出,向籽粒分配减少,氮肥过少则会引起功能叶早衰。

（2）P　　磷肥促进有机物的运输。可能的原因是:① 磷促进光合作用,形成较多的同化物;② 磷促进蔗糖合成,提高可运态蔗糖浓度;③ 磷是 ATP 的重要组分,同化物运输离不开能量。所以,作物成熟期追施磷肥可以提高产量。棉花开花期喷施过磷酸钙,能减少幼铃脱落。

（3）K　　钾能促进库内糖分转变成淀粉,维持源库两端的压力差,有利于有机物运输。

（4）B　　硼和糖能结合成复合物,这种复合物有利于透过质膜,促进糖的运输。B 还能促进蔗糖的合成,提高可运态蔗糖的浓度。作物灌浆期叶片喷施 B 肥,有利于籽粒灌浆,提高产量。棉花开花结铃期喷施 B 肥,有利于保花保铃,减少脱落。

3.7.5 光合产物的分配及其与产量的关系

1. 光合产物分配

光合产物分配到哪里及分配多少受三方面因素影响:源的供应能力、库的竞争能力和输导系统的运输能力。

供应能力是指源的同化物能否输出以及输出的多少。当源的同化物产生较少,本身生长又需要时,基本不输出;只有同化物形成超过自身需要时,才能输出,且生产越多,外运潜力越大。源如同有一种"推力",把叶片制造的光合产物的多余部分向外"推出"。源器官同化物形成和输出的能力,称源强(source strength),光合速率是度量源强最直观的一个指标。

竞争能力是指库对同化物的吸引和"争调"的能力。生长速度快代谢旺盛的部位,对养分竞争的能力强,得到的同化物则多。库对同化物如同有一种"拉力"，代谢强，拉力就大。库器官接纳和转化同化物的能力，称为库强(sink strength)。表观库强(apparent sink strength)可用库器官干物质净积累速率表示。

运输能力包括与源、库之间的输导系统的联系、畅通程度和距离远近有关。源、库之间联系直接、畅通，且距离又近，则库得到的同化物就多。

2. 同化物分配与产量的关系

有机物质的运输与分配，常与经济系数相联系：经济系数＝经济产量/生物产量。经济系数的大小决定于光合产物向经济器官运输与分配的数量。凡是有利于光合产物向经济器官分配的因素，均能增大经济系数，提高经济产量。

构成作物经济产量的物质有三个方面的来源：一是当时功能叶制造的光合产物输入的；二是某些经济器官（如穗）自身合成的；三是其他器官贮存物质的再利用。其中功能叶制造的光合产物是经济产量的主要来源。

根据源库关系，从作物品种特性角度分析，影响作物产量形成的因素有以下三种类型。

（1）源限制型　　这种类型的品种其特点是源小而库大，源的供应能力是限制作物产量提高的主要因素。源的供应能力满足不了库的需要，结实率低，空壳率高。

（2）库限制型　　这类品种的特点是库小源大，库的接纳能力小是限制产量提高的主要因素。源的供应能力超过库的要求，结实率高且饱满，但由于粒数少或库容小，所以产量不高。

（3）源库互作型　　此类型的品种，产量由源库协同调节，可塑性大。只要栽培措施得当，容易获得较高的产量。所以，作物育种目标之一是选育源库互作型品种。

3.7.6　光合产物运输与分配的调控

影响与调节同化物运输与分配的因素十分复杂，其中糖代谢状况、植物激素起着重要作用。另外，环境因素也对同化物运输与分配有着重要影响。

1. 代谢调节

（1）源细胞内蔗糖浓度的调节　　叶片内蔗糖浓度高，在短期内可促进光合产物从源的输出速率。例如，通过提高光强或增施 CO_2 的方法来提高叶片内蔗糖的浓度，短期内可以加速同化物从功能叶的输出速率，但从长期来看，叶片内高浓度的蔗糖则会抑制光合作用。

（2）能量代谢的调节　　同化物的主动运输需要消耗代谢能量。转移细胞细胞膜 ATP 酶的活性与物质运输关系密切。光合产物跨膜运输需要 ATP。ATP 对光合产物运输的作用可能有两个方面：一是作为运输直接的动力；二是通过促进跨细胞膜运输而促进韧皮部的装载或卸载起作用。用敌草隆(DCMU)和二硝基苯酚(DNP)抑制 ATP 的形成，会对同化物运输产生抑制作用。

2. 激素调节

植物激素对光合产物的运输与分配有着重要影响。生长素、赤霉素、细胞分裂素、脱落酸都有促进有机物运输与分配的效应。例如，用生长素处理未受精的胚珠或棉花未受精的柱头，发现生长素有吸引光合产物向这些器官分配的效应。又如，正在发育的向日葵籽实的生长速率与生长素的含量成正比。

关于植物激素促进同化物运输的机制，目前还不十分清楚，有以下几个方面的解释：① 生长素与质膜上的受体结合，产生膜的去极化作用，降低膜电势，并可能使离子通道打开，有利于离子及光合产物的运输，也有人提出生长素是膜上 K^+/H^+ 交换泵的活化剂，通过刺激膜上的 K^+/H^+ 交换，促进物质运输；② 植物激素能改变膜的理化性质，提高膜透性，如生长素、赤霉素、细胞分裂素，均有提高膜透性的功能；③ 植物激素能促进 RNA 和蛋白质的合成，合成某些与同化物运输有关的酶，如赤霉素诱导 α 淀粉酶的合成。

思　考　题

1. 试述光合作用的重要意义。

2. 光合色素的结构、性质与光合作用有何关系?
3. 如何证明光合作用中释放的 O_2 来源于水?
4. 如何证明光合电子传递由两个光系统参与,并接力进行?
5. 简述光合电子传递的过程及其传递过程中的物质与能量转换。
6. 简述光合电子传递的类型及特点。
7. C_3 途径的生化过程分为哪三个阶段? 各阶段的反应方程式和总反应方程式是什么?
8. C_4 途径的生化过程分为哪四个阶段? 各阶段的生理意义是什么? C_4 途径的总反应方程式是什么?
9. C_3 植物、C_4 植物和 CAM 植物在碳代谢过程和叶片结构上有何异同点?
10. 试述光呼吸的生物化学过程及其生理意义。
11. 绘制一般植物的光强-光合曲线,并对曲线的特点加以说明。
12. 目前大田作物光能利用率不高的原因有哪些? 如何提高作物的光能利用率达到增产的目的?
13. "光合速率高,作物产量一定高",这种观点是否正确? 为什么?
14. C_4 植物光合速率为什么在强光、高温和低 CO_2 浓度条件下比 C_3 植物的高?
15. 如何证明植物同化物长距离运输是通过韧皮部的?
16. 同化物在韧皮部的装载与卸载机制是怎样的?
17. 简述压力流动学说的要点、实验证据及遇到的难题。
18. 试述同化物运输与分配的特点和规律。
19. 提高作物产量的途径有哪些?

第4章 植物的呼吸作用

提 要

呼吸作用为植物的生命活动提供了大部分能量和许多重要的中间代谢产物,是代谢的中心。呼吸作用分为无氧呼吸和有氧呼吸两大类型。高等植物的呼吸作用以有氧呼吸为主,但在有些器官中,在某些生长发育阶段也进行无氧呼吸。植物呼吸代谢具有多样性,它表现在呼吸途径的多样性,呼吸链电子传递系统的多样性和末端氧化系统的多样性。EMP途径、TCA循环、PPP途径等都能自动调控,并通过pH和"能荷"等方式把体内的各种生理生化代谢调节到合适的水平。影响植物呼吸作用的主要因素是温度、氧气和二氧化碳等。贮藏农产品——种子、块根、块茎、多汁果蔬时,要注意控制其呼吸作用。

4.1 呼吸作用的概念和指标

4.1.1 呼吸作用的概念

植物的呼吸作用(respiration)分为有氧呼吸和无氧呼吸。

1. 有氧呼吸

有氧呼吸(aerobic respiration)是指生活细胞在氧气的参与下,把有机物质(糖、脂肪、蛋白质)彻底氧化分解,产生二氧化碳和水,同时释放能量的过程。以葡萄糖作为呼吸底物,植物呼吸作用的总方程式是:

$$C_6H_{12}O_6 + 6H_2O + 6O_2 \longrightarrow 6CO_2 + 12H_2O + 能量 \quad \Delta G' = 2\,870 \text{ kJ} \quad (4.1)$$

有氧呼吸是高等植物进行呼吸的主要形式。通常所说的呼吸作用实际上就是指有氧呼吸。

2. 无氧呼吸

无氧呼吸(anaerobic respiration)是指在无氧条件下,细胞把某些有机物分解成为不彻底的氧化产物,同时释放能量的过程。无氧呼吸在微生物中又称为发酵。高等植物无氧呼吸产生酒精,与酒精发酵相同。反应式如下:

$$C_6H_{12}O_6 \longrightarrow 2C_2H_5OH + 2CO_2 + 能量 \quad \Delta G' = 100 \text{ kJ} \quad (4.2)$$

高等植物的无氧呼吸也可产生乳酸,如马铃薯块茎、甜菜块根、胡萝卜和玉米胚在进行无氧呼吸时,就产生乳酸。其反应式是:

$$C_6H_{12}O_6 \longrightarrow 2CH_3CHOHCOOH + 能量 \quad \Delta G' = 100 \text{ kJ} \quad (4.3)$$

有氧呼吸是从无氧呼吸进化而来的。因为远古时期地球上的大气中没有氧气,一些微生物适于在无氧条件下生活,到现在,这些专性嫌气微生物体内仍缺乏氧化酶类,不能有效利用分子氧,只能在无氧条件下生活,分子氧反而对它们有害。随着绿色植物的出现,光合作用放出氧气,改变了空气成分,于是出现了好气性微生物,其体内含有完善的有氧呼吸酶系统,能够利用分子氧,能量利用率高。尽管目前高等植物的呼吸类型主要是有氧呼吸,但仍保留无氧呼吸的能力。例如,高等植物在缺氧时可以进行短时期的无氧呼吸。又如,在正常环境中,高等植物的种子萌发时,种皮未破裂之前只进行无氧呼吸;体积大的延存器官和果实的内部,也进行无氧呼吸。沼泽植物根系(如水稻)更具有较强的无氧呼吸能力。

4.1.2 呼吸作用的指标

1. 呼吸速率

呼吸速率(respiratory rate)又称呼吸强度,表示呼吸的强弱,是呼吸作用的重要指标。呼吸速率是单位时间内单位植物部分(如根、叶的干重、鲜重)对氧的吸收量(以 Q_{O_2} 表示)或二氧化碳的释放量(以 Q_{CO_2} 表示)。除去用气体交换量表示外,还可用干物质的损失量或热的散放量来表示。

2. 呼吸商

呼吸商(respiratory quotient,RQ)又称呼吸系数,是呼吸作用的另一个重要指标,用它来表示呼吸底物的性质和氧气供应的状况。植物组织在单位时间内,放出二氧化碳的摩尔数(或体积)与吸收氧气的摩尔数(或体积)的比率叫呼吸商。即

$$RQ = \frac{放出的 CO_2 [摩尔数或体积]}{吸收的 O_2 [摩尔数或体积]}$$

当呼吸底物是碳水化合物(如葡萄糖)且完全氧化时,RQ=1

$$C_6H_{12}O_6 + 6O_2 \longrightarrow 6CO_2 + 6H_2O \tag{4.4}$$
$$RQ = 6/6 = 1$$

以脂肪(如蓖麻油)、脂肪酸或蛋白质为呼吸底物时,RQ<1

$$2C_{57}H_{104}O_9 + 157O_2 \longrightarrow 114CO_2 + 104H_2O \tag{4.5}$$
$$RQ = 114/157 = 0.73$$

如果呼吸底物只是一些比糖类含氧多的物质,如有机酸,则 RQ>1。以苹果酸为例,

$$C_4H_6O_5 + 3O_2 \longrightarrow 4CO_2 + 3H_2O \tag{4.6}$$
$$RQ = 4/3 = 1.33$$

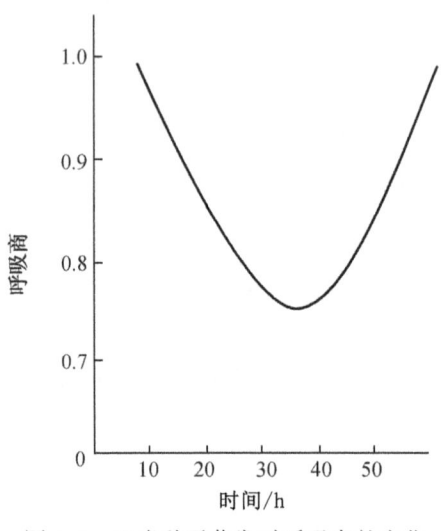

图 4.1 玉米种子萌发时呼吸商的变化
(引自肖甫,1993)

由上述可见,呼吸商的大小与呼吸底物的种类关系极大,故可根据呼吸商的数值来初步判断呼吸底物的种类。如图 4.1 所示,玉米种子萌发初期 RQ 接近于 1.0,以后慢慢降到 0.74,然后又上升到 1.0 左右。波动的主要原因是在萌发开始时,种子中的碳水化合物被用作呼吸底物,以后又以脂肪作为呼吸底物,因此呼吸商降到 0.74;当脂肪被用完后,碳水化合物又被用来作为呼吸底物,呼吸商又回升到 1 左右。

另外,环境中氧气的供应状况对呼吸商影响也很大。虽然都是以糖为底物,如果在缺氧情况下,进行酒精发酵,则呼吸商大于1;如果呼吸过程中形成不完全氧化的中间产物(如有机酸),吸收的氧较多地保留在中间产物中,放出的 CO_2 就相对地减少,呼吸商就小于1。

除此之外,植物体内的生物合成过程也会影响呼吸商:如果是合成一些氧化物如有机酸,会降低呼吸商;如果是合成脂肪酸等还原物质,会提高呼吸商;如果是进行羧化作用,会消耗 CO_2,降低呼吸商;如果是进行脱羧,会提高呼吸商。

4.2 植物呼吸代谢的多样性和意义

目前已有充分实验证明,植物呼吸代谢具有多样性,表现在呼吸途径的多样性,呼吸链电子传递系统的多样性和末端氧化系统的多样性。

4.2.1 呼吸途径的多样性

植物的呼吸代谢途径包括：糖酵解、发酵、三羧酸循环、戊糖磷酸途径、乙醛酸循环途径和乙醇酸氧化途径等。

1. 糖酵解

糖酵解（glycolysis）是指由淀粉、葡萄糖或果糖转变为丙酮酸的一系列反应，这一系列反应普遍存在于动物、植物、微生物细胞中。糖酵解又称为EMP途径，以纪念对这方面工做贡献较大的三位德国生物化学家：恩伯登（G. Embden）、迈耶霍夫（O. Meyerhof）和帕纳斯（J. K. Parnas）。

参与糖酵解反应的酶都存在于细胞质中，所以糖酵解是在细胞质中进行的。如图4.2所示，糖酵解是一个由复杂物质转变为简单物质的过程，其中还包括氧化还原和能量转化过程。糖酵解的化学过程包括己糖

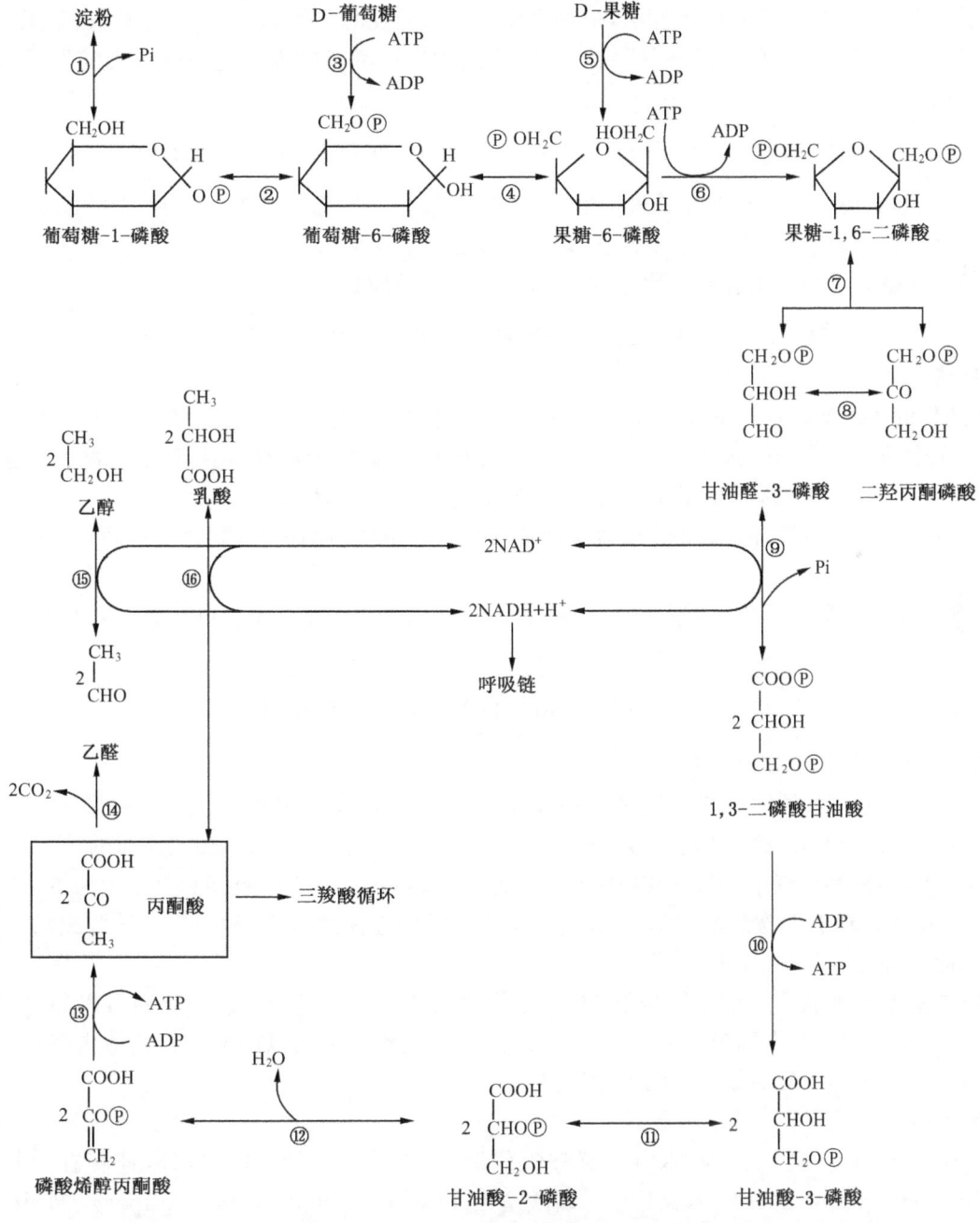

图4.2 糖酵解的途径（产生乙醇和乳酸）（引自潘瑞炽，2001）

参与各反应的酶：① 淀粉磷酸化酶；② 磷酸葡萄糖变位酶；③ 己糖激酶；④ 磷酸葡萄糖异构酶；⑤ 磷酸果糖激酶；⑥ 磷酸果糖激酶；⑦ 醛缩酶；⑧ 磷酸丙糖异构酶；⑨ 磷酸甘油醛脱氢酶；⑩ 磷酸甘油酸激酶；⑪ 磷酸甘油酸变位酶；⑫ 烯醇酶；⑬ 丙酮酸激酶；⑭ 丙酮酸脱羧酶；⑮ 乙醇脱氢酶；⑯ 乳酸脱氢酶

活化；果糖 1,6-二磷酸裂解成两分子三碳糖；甘油醛-3-磷酸氧化脱氢形成丙酮酸，并伴随有 ATP 和 NADH+H$^+$的生成(图 4.2)。以葡萄糖为呼吸底物，糖酵解的总反应式如下。

$$C_6H_{12}O_6 + 2NAD^+ + 2ADP + 2Pi \longrightarrow 2CH_3COCOOH + 2NADH + 2H^+ + 2ATP + 2H_2O \quad (4.7)$$

糖酵解中糖的氧化分解所需要的氧是来自组织内的含氧物质，因此糖酵解途径又称分子内呼吸(intramolecular respiration)。

2. 发酵

葡萄糖分解成的丙酮酸，在无氧时会进一步产生乙醇或乳酸。

植物在无氧呼吸条件下通常是发生酒精发酵，其化学反应过程是：糖酵解终产物丙酮酸在丙酮酸脱羧酶的作用下脱羧生成二氧化碳和乙醛；然后，乙醛在乙醇脱氢酶的作用下，迅速被糖酵解途径中形成的 NADH 还原成乙醇。在氧气不足的条件下，植物也会进行乙醇发酵。例如，体积大的甘薯、苹果、梨、香蕉等储藏过久，以及稻谷催芽时堆积后又不及时翻动，就会因发生乙醇发酵而产生酒味。乙醇发酵的总反应式如下：

$$C_6H_{12}O_6 + 2ADP + 2Pi \longrightarrow 2C_2H_5OH + 2CO_2 + 2ATP + 2H_2O \quad (4.8)$$

在缺少丙酮酸脱羧酶而含有乳酸脱氢酶的组织里，丙酮酸便被糖酵解途径中形成的 NADH 还原为乳酸，即乳酸发酵。在无氧条件下或低氧条件下，高等植物也会发生乳酸发酵。例如，马铃薯块茎、甜菜块根等体积大的器官，储藏久了会发生乳酸发酵，产生乳酸味。其总反应式如下：

$$C_6H_{12}O_6 + 2ADP + 2Pi \longrightarrow 2CH_3CHOHCOOH + 2ATP + 2H_2O \quad (4.9)$$

3. 三羧酸循环

糖酵解产生的丙酮酸是在有氧条件下通过一个循环而被彻底分解的。因为在这个循环中有几个三羧酸，故得名三羧酸循环(tricarboxylic acid cycle，TCA 循环)，又由于该循环是英国生物化学家克雷布斯(Krebs)于 1937 年正式提出的，所以也称为 Krebs 循环，它是在线粒体内进行的。

如图 4.3 所示，三羧酸循环也是一个由复杂物质转变为简单物质的过程，同时还伴随着氧化还原和能量转化过程。

由于糖酵解中一个葡萄糖分子产生 2 个丙酮酸分子，所以三羧酸循环反应可写成下列方程式：

$$2\text{丙酮酸} + 8NAD^+ + 2FAD + 2ADP + 2Pi + 4H_2O \longrightarrow$$
$$6CO_2 + 2ATP + 8NADH + 8H^+ + 2FADH_2 \quad (4.10)$$

三羧酸循环有下列几个方面值得注意：

1) 三羧酸循环中一系列的脱羧反应是呼吸作用释放 CO_2 的主要来源。一个丙酮酸分子可产生 3 个 CO_2。当外界环境中 CO_2 浓度增高时，脱羧反应减慢，呼吸作用即受到抑制。必须注意的是，三羧酸循环过程中释放的 CO_2，不是靠大气中的氧直接把碳氧化，而是靠被氧化底物中的氧和水分子中的氧来实现的。

2) 在三羧酸循环中有五次脱氢过程，氢经过一系列呼吸传递体的传递，最后与氧结合成水。因此，氢的氧化过程实际是放能过程。

3) 三羧酸循环是糖、脂肪、蛋白质和核酸及其他物质的共同代谢过程。这些物质可以通过三羧酸循环发生代谢上的联系。假如扩大到糖酵解，联系更为广泛。呼吸作用之所以能成为植物体内各种物质相互转变的枢纽，就靠糖酵解和三羧酸循环这两个过程。

4. 戊糖磷酸途径

Racker 和 Gunsalus 等发现植物体内有氧呼吸代谢除 EMP-TCA 途径以外，还存在戊糖磷酸途径(pentose phosphate pathway，PPP)，又称己糖磷酸途径(hexose monophosphate pathway，HMP)。

戊糖磷酸途径是指葡萄糖在细胞质内进行的直接氧化降解的酶促反应过程。该途径可分为两个阶段(图 4.4)。

第一个阶段是氧化阶段，即从 6 mol 葡糖-6-磷酸(G6P)开始，经两次脱氢氧化及脱羧后，放出 6 mol 二

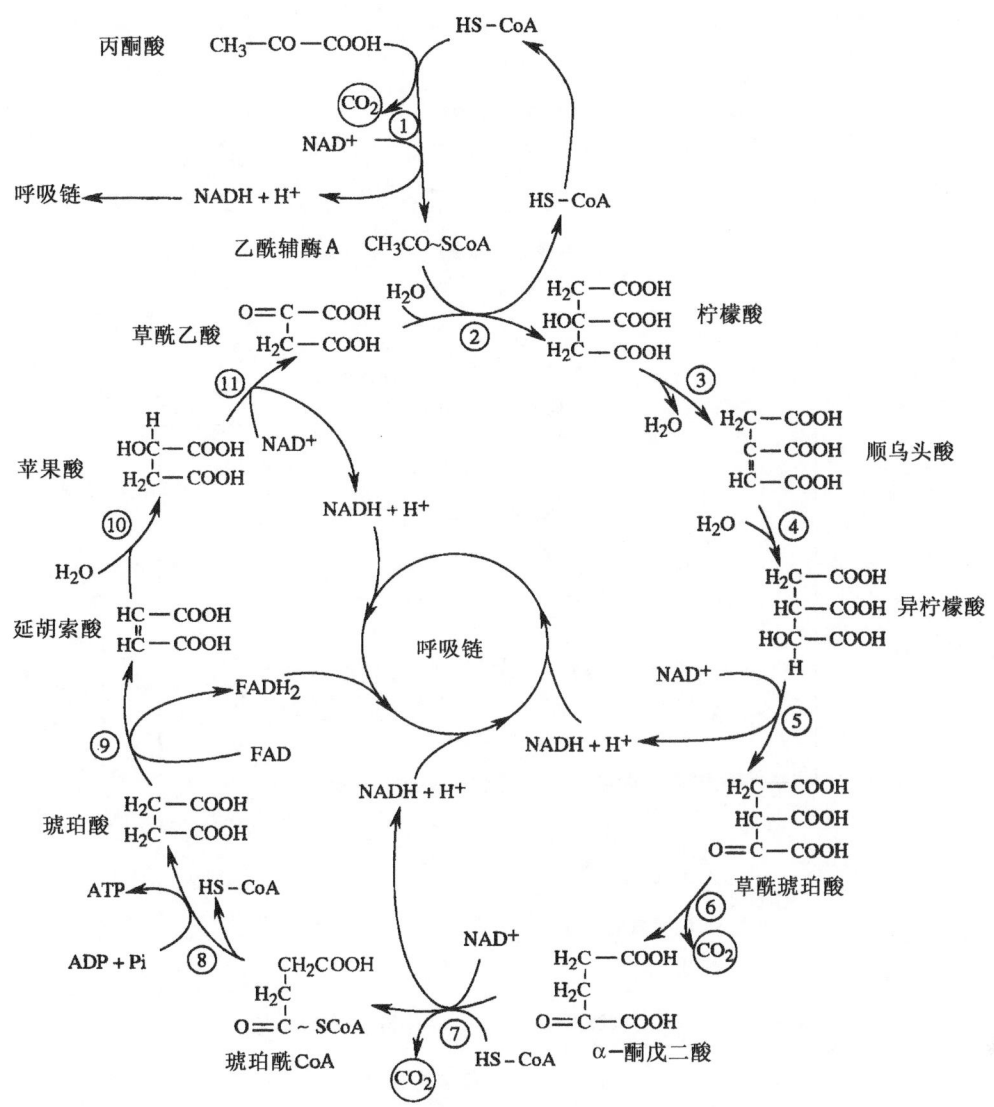

图 4.3 三羧酸循环(引自潘瑞炽,2001)

除①、②、⑦、⑧反应外,其他反应均是可逆的。参与各反应的酶：① 丙酮酸脱氢酶(多酶复合体);② 柠檬酸合成酶(亦称缩合酶);③、④ 顺乌头酸酶;⑤ 异柠檬酸脱氢酶;⑥ 脱羧酶;⑦ α-酮戊二酸脱氢酶(多酶复合体);⑧ 琥珀酸硫激酶;⑨ 琥珀酸脱氢酶;⑩ 延胡索酸酶;⑪ 苹果酸脱氢酶

氧化碳和生成 6 mol 核酮糖-5-磷酸(Ru5P)：

$$6G6P + 12NADP^+ + 6H_2O \longrightarrow 6CO_2 + 12NADPH + 12H^+ + 6Ru5P \tag{4.11}$$

第二个阶段是非氧化阶段,由 6 mol 核酮糖-5-磷酸经 C_3、C_4、C_5、C_7 等糖,然后转变成 5 mol 葡糖-6-磷酸：

$$6Ru5P + H_2O \longrightarrow 5G6P + Pi \tag{4.12}$$

以上两个阶段的反应表明,经过 6 次的循环反应之后,1 mol G6P 被分解成 6 mol 二氧化碳,其总反应式如下：

$$G6P + 12NADP^+ + 7H_2O \longrightarrow 6CO_2 + 12NADPH + 12H^+ + Pi \tag{4.13}$$

戊糖磷酸途径的主要生理意义：

1) 在这一代谢过程中所生成的核糖-5-磷酸是合成核糖的必要原料,体内核糖的分解代谢也要通过该代谢途径。该途径还将戊糖代谢与己糖代谢相联系。

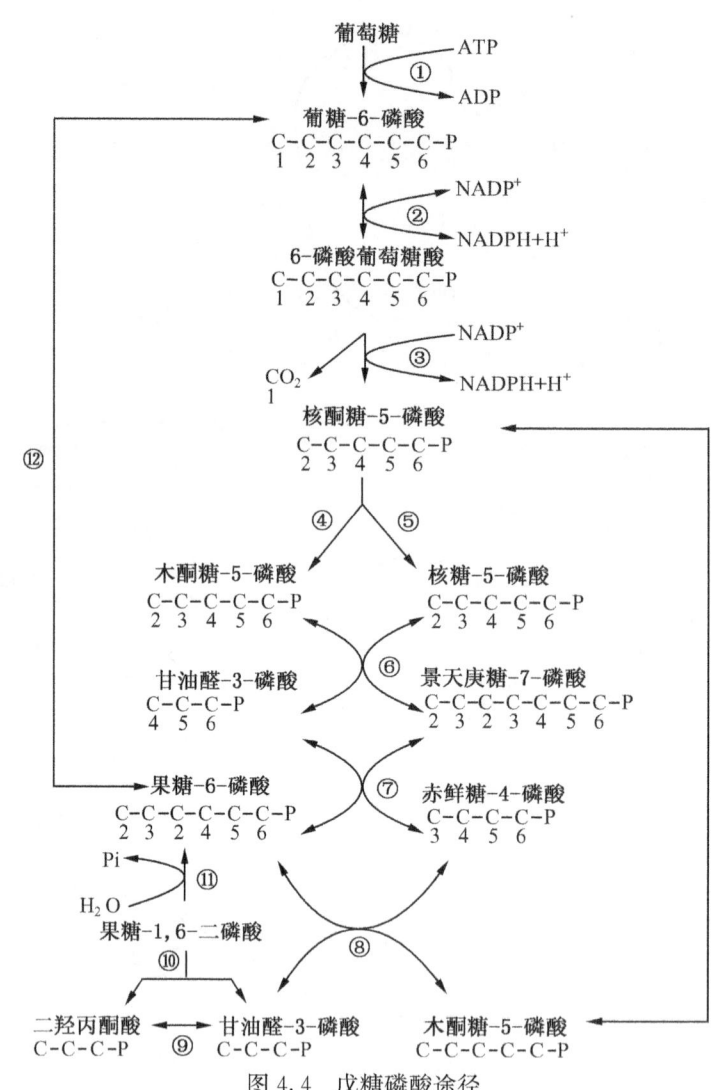

图 4.4 戊糖磷酸途径

参与各反应的酶：① 己糖激酶；② 葡萄糖-6-磷酸脱氢酶；③ 6-磷酸葡萄糖酸脱氢酶；④ 木酮糖-5-磷酸表异构酶；⑤ 核糖-5-磷酸异构酶；⑥ 转酮醇酶；⑦ 转醛醇酶；⑧ 转羟乙醛基酶；⑨ 磷酸丙糖异构酶；⑩ 醛缩酶；⑪ 磷酸果糖酯酶；⑫ 磷酸己糖异构酶

2）所生成的NADPH是细胞还原能力的主要来源，它用于脂肪酸、胆固醇等物质的合成及GSSG向GSH的还原，对于抗氧化具有重要意义。

3）戊糖磷酸途径与光合作用的C_3途径的某些中间产物相同，它把光合作用和呼吸作用联系起来。

4）增强植物抗病、抗旱和抗损伤的能力。例如赤藓糖-4-磷酸和磷酸烯醇式丙酮酸可以合成莽草酸，而莽草酸是具有抗病作用的多酚物质的前身。

综上所述，虽然EMP和PPP都是在细胞质中进行，但他们之间有一个重要区别，即氧化还原酶不同：EMP是NAD^+，而PPP是$NADP^+$。在正常情况下，植物细胞里葡萄糖降解主要是通过EMP-TCA，而PPP所占的比重较小（一般只占百分之几到百分之三十）。但植物的种类、器官、年龄和环境不同，这两条途径所占的比例也不同。例如，从植物种类来说，蓖麻的PPP所占比例大于玉米；从器官来说，茎的PPP所占比例大于叶子，叶子又大于根；从年龄来说，PPP在年幼组织中所占比例较小，而在年老组织中所占比例较大；水稻、油菜种子形成过程中，PPP越来越强；植物在干旱或受伤时，PPP比例增大。

5. 乙醛酸循环途径

油料种子萌发时，其体内进行着一条乙醛酸循环（glyoxylic acid cycle，GAC）途径。乙醛酸循环途径从脂肪酸β-氧化产物乙酰CoA与草酰乙酸在柠檬酸合成酶作用下缩合为柠檬酸开始，然后柠檬酸异构化形成异柠檬酸。异柠檬酸又在异柠檬酸裂解酶催化下，裂解为琥珀酸和乙醛酸。在苹果酸合成酶催化下，乙醛酸与另一分子乙酰CoA结合生成苹果酸。异柠檬酸裂解酶与苹果酸合成酶是乙醛酸循环中两种特有的酶类。苹果酸进一步在苹果酸脱氢酶作用下，脱氢重新形成草酰乙酸，可以再与乙酰CoA缩合为柠檬酸，从而形成一个循环（图4.5）。其反应结果是由2分子乙酰CoA生成1分子琥珀酸和1分子$NADH+H^+$。反应式如下：

$$2CH_3CO-S-CoA + NAD^+ + 2H_2O \longrightarrow \underset{CH_2COOH}{CH_2COOH} + 2CoASH + NADH + H^+ \qquad (4.14)$$

乙醛酸循环是在乙醛酸循环体（glyoxysome）内进行的，乙醛酸循环体是植物细胞中的一种特化的过氧化物酶体，电子密度大，常呈球形，直径约1μm，被单层膜所包围。乙醛酸循环体在某些种子发芽中起着把脂肪转化为糖的作用。

油料种子萌发时，贮存在油体中的脂肪水解为甘油和脂肪酸，脂肪酸进入乙醛酸循环体，经过β氧化形成乙酰CoA，再经乙醛酸循环途径形成琥珀酸，然后运到线粒体转变成草酰乙酸，后者进入细胞质，再通过糖酵解的逆转而转变为葡萄糖，最后转变为蔗糖（图4.6）。这就是由脂肪转变为蔗糖的途径。

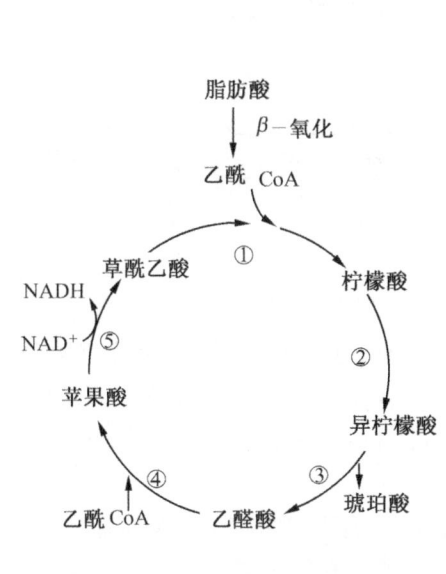

图4.5　乙醛酸循环

参与各反应的酶：① 柠檬酸合成酶；② 乌头酸酶；③ 异柠檬酸裂解酶；④ 苹果酸合成酶；⑤ 苹果酸脱氢酶

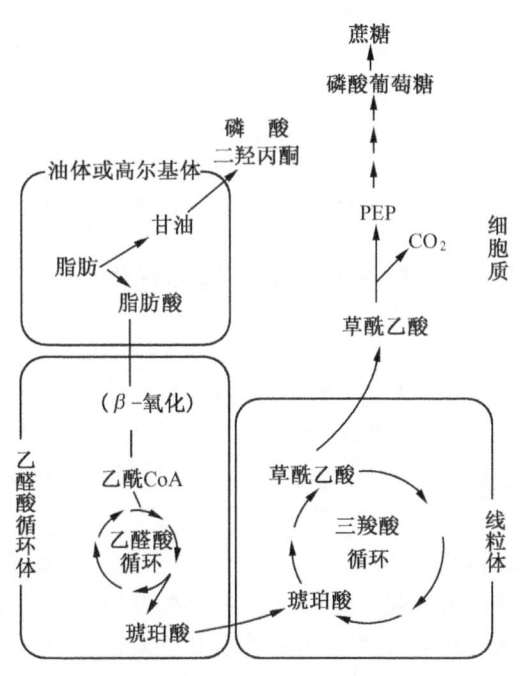

图4.6　油类种子萌发时的酯-糖转化示意图
（引自曾广文，2000）

6. 乙醇酸氧化途径

乙醇酸氧化途径（glycolic acid oxidation pathway，GAOP）是水稻根系特有的糖降解途径。它的主要特征是具有关键酶——乙醇酸氧化酶（glycolate oxidase）。水稻一直生活在供氧不足的淹水条件下，当根际土壤存在某些还原性物质时，水稻根中的部分乙酰CoA不进入TCA循环，而是形成乙酸，然后，乙酸在乙醇酸氧化酶及多种酶类催化下依次形成乙醇酸、乙醛酸、草酸、甲酸及二氧化碳，并且每次氧化均形成H_2O_2，而H_2O_2又在过氧化氢酶（catalase，CAT）催化下分解释放氧，可氧化水稻根系周围的各种还原性物质（如H_2S、Fe^{2+}等），从而抑制土壤中还原性物质对水稻根的毒害，以保证根系旺盛的生理机能，使水稻能在还原条件下的水田中正常生长发育。

上述几条途径在代谢上相互衔接，在空间上相互交错，在时间上相互交替，既分工又合作，构成不同的代谢类型，执行不同的生理功能（图4.7）。

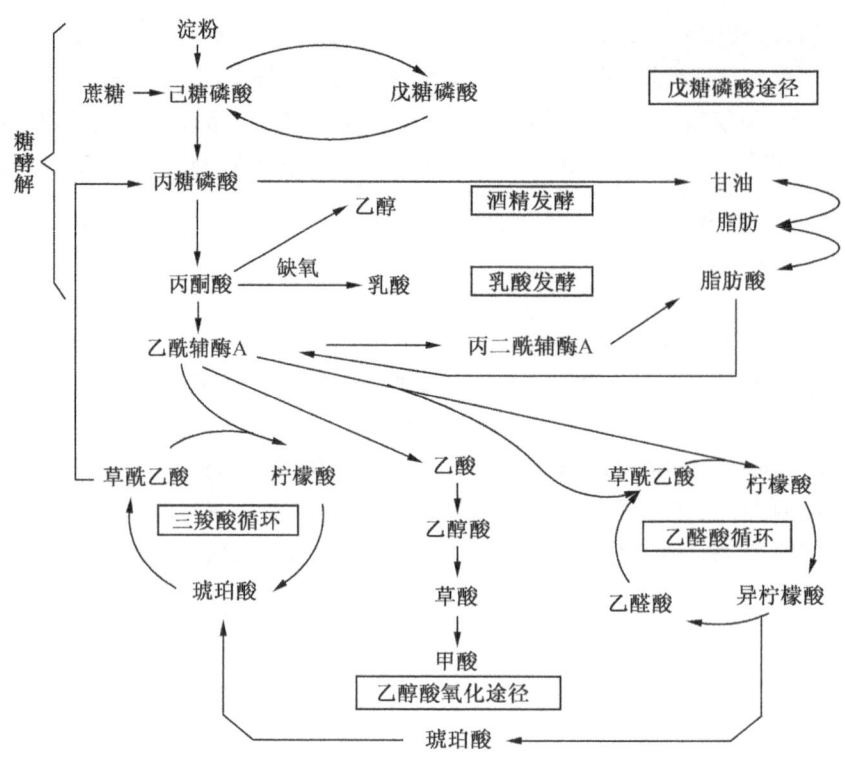

图 4.7　植物体内主要呼吸代谢途径相互关系示意图（引自李合生，2002）

4.2.2　呼吸链电子传递系统的多样性

1. 呼吸链

EMP-TCA 途径中生成的 $NADH+H^+$ 不能直接与游离的氧分子结合，需要经过呼吸链传递后，才能与 O_2 结合。所谓呼吸链（respiratory chain），就是呼吸代谢中间产物的电子和质子，沿着一系列有顺序的电子传递途径，传递到分子氧的总轨道。呼吸链就是电子传递链（electron transport chain），组成呼吸链的传递体可分为氢传递体和电子传递体。

氢传递体传递氢（包括质子和电子），它们是脱氢酶的辅助因子，有下列几种：NAD（辅酶Ⅰ）、黄素单核苷酸（FMN）、黄素腺嘌呤二核苷酸（FAD）和泛醌（UQ），它们都能进行氧化还原。

电子传递体是指细胞色素体系和铁硫蛋白（Fe-S），它们只传递电子。细胞色素是一类以铁卟啉为辅基的结合蛋白质，根据吸收光谱的不同分为 a、b 和 c 三类，每类又再分为若干种。细胞色素传递电子的机制，主要是通过铁卟啉辅基中的铁离子完成的。Fe^{3+} 在接受电子后还原为 Fe^{2+}，Fe^{2+} 传出电子后又氧化为 Fe^{3+}。

植物线粒体的电子传递链位于线粒体的内膜上，由四种蛋白质复合体（protein complex）组成（图 4.8）。

复合体Ⅰ含有 NAD 脱氢酶、FMN 和 3 个 Fe-S 蛋白。NAD 脱氢酶将电子传到 UQ。复合体Ⅱ的琥珀酸脱氢酶有 FAD 和 Fe-S 蛋白等，把 FAD 的电子传给 UQ。复合体Ⅲ含 2 个 Cytb（b_{560} 和 b_{565}）、Cytc 和 Fe-S，把 UQH_2 的电子经 Cytb 传到 Cytc。复合体Ⅳ包含细胞色素氧化酶复合物（具有铜原子的 Cu_A 和 Cu_B）、Cyta 和 $Cyta_3$，把 Cytc 的电子传给 O_2，激发 O_2 并与基质中的 H^+ 结合，形成 H_2O。此外，膜外面有外源 NAD(P)H 脱氢酶，氧化 NAD(P)H，与 UQ 还原相联系。UQH_2 也会被位于基质一侧的交替氧化酶氧化。这条传递途径是电子传递主路。

当电子从 NADH 逐步传递到氧时，氧化还原电位由负值逐步变为正值。也就是整个系统的自由能越来越少。电子传递的同时，一部分能量以热能的形式释放，一部分能量用于 ADP 磷酸化生成 ATP，供应植物体内各种各样的需能代谢。

2. 氧化磷酸化

氧化磷酸化（oxidative phosphorylation）就是呼吸链上的磷酸化作用，也就是当 NADH 上的一对电子被

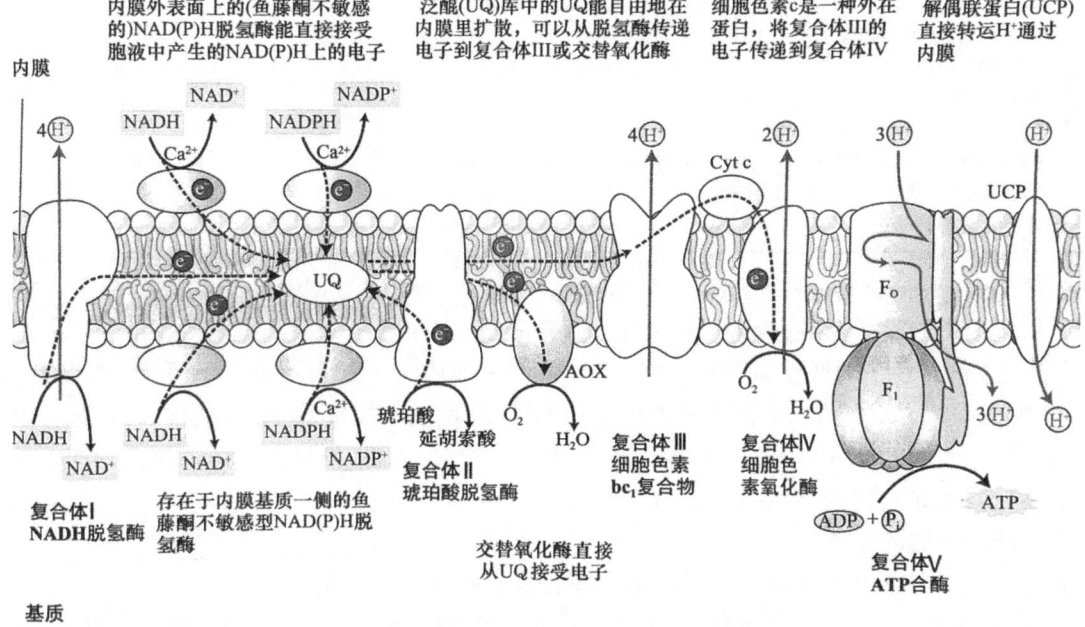

图 4.8 植物线粒体内膜上的电子传递链和 ATP 合酶（引自 Taiz et al.，2010）

给氧生成水，释放的自由能驱动 ADP 磷酸化生成 ATP 的作用，又称氧化磷酸化偶联反应。

P/O 比或 ADP/O 比是线粒体氧化磷酸化的重要指标，是指每吸收一个氧原子时，所酯化的无机磷（Pi）的分子数或有几分子 ADP 变成了 ATP。

通过图 4.8 不仅可以看到电子传递主链的组成，还可看到产生 ATP 的部位。同时还可看出，通过电子传递主链即从 NADH 开始的呼吸链上在正常情况下可合成 3 个 ATP，即 P/O＝3。

上述 P/O 比是指在正常情况下的数值，若植物遇到干旱、水涝、冷冻、病害等逆境胁迫时，电子传递链上的氧化过程将与磷酸化解偶联，即只有氧化过程释放能量，而没有磷酸化将氧化释放能量收存于 ATP 中。这样 P/O 比就会下降，就造成了营养和能量的消耗。

在某些解偶联剂（uncoupler）存在的情况下，如 2,4-二硝基苯酚（DNP）和某些含卤素或含磷的酚类化合物都可使氧化和磷酸化反应解偶联而使 P/O 比下降。

若电子传递链受到了破坏或电子的传递受到阻碍，则电子传递不能进行，氧化磷酸化也就不能发生了。如氰化物、一氧化碳、NaN_3 等可将细胞色素氧化酶钝化，因此也抑制氧化磷酸化过程，甚至引起细胞的死亡。

在适宜的环境中，1 分子的葡萄糖通过糖酵解、三羧酸循环和电子传递链彻底氧化成 CO_2 和 H_2O 时，总共产生 36 个 ATP（表 4.1）。这个能量利用率相当高，已知每 1 mol 葡萄糖完全氧化时产生的自由能为 2 872 kJ，每 1 mol ATP 水解时，其末端高能键可释放的能量约为 30.6 kJ，36 mol ATP 共释放 1 101.6 kJ，其能量的利用率应为 1 101.6/2 872×100%＝38%。剩余的 62% 左右的能量，在有氧呼吸的生物氧化中以热的形式散失。

表 4.1 葡萄糖完全氧化时产生的 ATP 数

反 应 过 程	ATP 的生成数/葡萄糖分子
糖酵解：葡萄糖到丙酮酸（在细胞质中）	
葡萄糖的磷酸化作用	−1
果糖-6-磷酸的磷酸化作用	−1
2 分子 1,3-DPGA 的脱磷酸作用	+2
2 分子磷酸烯醇式丙酮酸的脱磷酸作用	+2
2 分子甘油醛-3-磷酸氧化时生成的 $2NADH+H^+$	+4
（由于往返过程的消耗，每分子 NADH 只能生成 2ATP）	

反 应 过 程	ATP 的生成数/葡萄糖分子
丙酮酸转化为乙酰 CoA(线粒体内)	
形成 2NADH+H^+	+6
三羧酸循环(线粒体内)	
2 分子琥珀酰 CoA 形成 2 分子 GTP	+2
2 分子异柠檬酸, α-酮戊二酸和苹果酸氧化作用中生成 6NADH+H^+	+18
2 分子琥珀酰的氧化作用中生成 2$FADH_2$	+4
每 mol 葡萄糖净生成	36 mol ATP

关于电子传递同磷酸化的偶联机制至今尚未彻底搞清楚。米切尔(Mitchell)的化学渗透学说是较为普遍接受的理论。该学说认为,存在于线粒体内膜上的呼吸链,在传递电子进行氧化作用时,质子被泵到线粒体内膜外的膜间空间。由于内膜使氢质子不能自由通过,因而质子不能自由回到基质中,造成了衬质的 pH(约 8.5)高于膜间空间 pH(约 7),两侧之间产生电化学梯度(由质子梯度和电位梯度构成),这种电化学梯度所包含的能量通过内膜上的 ATP 合成酶转化成化学能贮存于 ATP 中(图 4.8)。有关 ATP 合成酶催化 ATP 合成的机制参考光合作用有关内容(3.3.2)。

3. 呼吸链电子传递系统的多样性

研究证明,在高等植物和微生物中的呼吸链电子传递途径至少有下列 5 条。

(1) **电子传递主路** 这条途径(图 4.9)的特点是电子传递通过了复合体Ⅰ、复合体Ⅲ、复合体Ⅳ。对鱼藤酮(专一地抑制复合物Ⅰ到 CoQ 的电子传递)、抗霉素 A(专一地抑制复合物Ⅲ的电子传递)、氰化物(专一地阻断由 $Cytaa_3$ 到 O_2 的电子传递)都敏感,每传递一对电子可泵出 6 个 H^+,因此该途径的 P/O 比是 3。

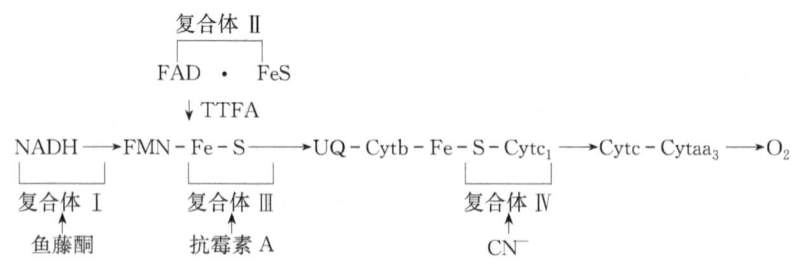

图 4.9 电子传递主路(引自李合生,2002)

这条电子传递途径在生物界分布最广泛,为动物、植物及微生物所共有。

(2) **电子传递支路 1** 这条传递途径的特点是脱氢酶的辅基不是 FMN 及 Fe-S,而是另一种黄素蛋白(FP_2),电子从 NADH 上脱下后经 FP_2 直接传递到 UQ,这样就越过了复合体Ⅰ,不被鱼藤酮抑制,对抗霉素 A、氰化物敏感,每传递一对电子可泵出四个 H^+,因此其 P/O 比为 2 或略低于 2。

$$NADH\cdots FMN\cdots Fe-S\cdots UQ \rightarrow Cytb \rightarrow Fe-S \rightarrow Cytc_1 \rightarrow Cytc \rightarrow Cytaa_3 \rightarrow O_2 \qquad (4.15)$$
$$\underline{FP_2}\uparrow$$

(3) **电子传递支路 2** 这条途径的特点是脱氢酶的辅基是另一种黄素蛋白(FP_3),其 P/O 比为 2。其他与支路 1 相同。

$$NADH\cdots FMN\cdots Fe-S\cdots UQ \rightarrow Cytb \rightarrow Fe-S \rightarrow Cytc_1 \rightarrow Cytc \rightarrow Cytaa_3 \rightarrow O_2 \qquad (4.16)$$
$$\underline{FP_3}\uparrow$$

(4) **电子传递支路 3** 这条途径的特点是脱氢酶的辅基是另一种黄素蛋白(FP_4),电子自 NADH 脱下后经 FP_4 和 $Cytb_5$ 直接传递给 Cytc,越过了复合体Ⅰ、Ⅲ,只通过了复合体Ⅳ,因而对鱼藤酮、抗霉素 A 不敏感,可被氰化物所抑制,其 P/O 比为 1。

$$NADH\cdots FMN\cdots Fe-S\cdots UQ\cdots Cytb, Fe-S, Cytc_1\cdots Cytc \rightarrow Cytaa_3 \rightarrow O_2 \qquad (4.17)$$
$$\underline{FP_4}\rightarrow Cytb_5\underline{}\uparrow$$

(5) 交替途径(alternative pathway，AP)　　这是植物呼吸链中存在的一条对氰化物不敏感的支路,故又名抗氰支路(cyanide-resistant shunt)。电子自 NADH 脱下后经 FMN→Fe-S 传递到 UQ,然后不进入细胞色素电子传递系统,而是从 UQ 处分岔,经 FP 和交替氧化酶把电子交给分子氧,电子通过了复合体Ⅰ,越过了复合体Ⅲ、Ⅳ位点。因而可被鱼藤酮抑制,不被抗霉素 A 和氰化物抑制,其 P/O 比为 1。

$$\text{NADH} \rightarrow \text{FMN} \rightarrow \text{Fe-S} \rightarrow \text{UQ} \cdots \text{Cytb、Fe-S、Cytc}_1 \cdots \text{Cytc} \cdots \text{Cytaa}_3 \cdots \text{O}_2 \tag{4.18}$$
$$\rightarrow \text{FP} \longrightarrow \text{交替氧化酶} \longrightarrow$$

植物体内呼吸链电子传递途径多样性是植物适应多变环境的结果。邹喻萍等证明在同一水稻幼苗线粒体中同时存在着 4 条不同的电子传递途径(图 4.10)。

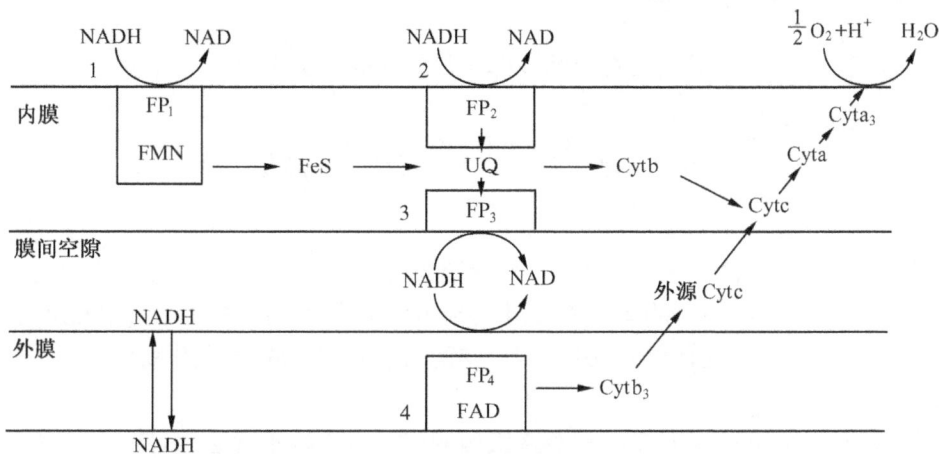

图 4.10　水稻线粒体中电子传递的多条途径(引自李合生,2002)

4.2.3　末端氧化酶的多样性

呼吸过程中的末端氧化酶能把底物的电子传递到分子氧,形成水或过氧化氢。细胞色素氧化酶是最主要的氧化酶。除此之外,植物细胞中还有酚氧化酶、抗坏血酸氧化酶、乙醇酸氧化酶、黄素氧化酶和交替氧化酶等。植物体内由于具有复杂多样的氧化酶系统,适应不同的底物和不断变化的外界环境,保证植物正常的生命活动。

1. 细胞色素氧化酶

细胞色素氧化酶(cytochrome oxidase)是把细胞色素的电子传递给氧分子使其激活,并与质子(H^+)结合为水:

$$4\text{Cyta}_3(\text{Fe}^{2+}) + \text{O}_2 + 4\text{H}^+ \longrightarrow 2\text{H}_2\text{O} + 4\text{Cyta}_3(\text{Fe}^{3+}) \tag{4.19}$$

细胞色素氧化酶是普遍存在于植物体内最主要的末端氧化酶,该酶含有 2 个铁卟啉和 2 个铜原子,承担细胞内约 80% 的耗氧量。该酶在幼嫩组织中比较活跃,与氧的亲和力极高,易受氰化物、一氧化碳的抑制。

2. 交替氧化酶(亦称抗氰氧化酶)

交替氧化酶(alternative oxidase,AOX)是一种含有非血红素铁的末端氧化酶,位于线粒体内膜上,将来自于辅酶 Q 的电子经它直接传递给 O_2,避开了复合体Ⅲ和Ⅳ,因此该酶和电子传递途径不受氰化物抑制,又称为抗氰氧化酶,其 ADP/O 比为 1,受水杨基氧肟酸(SHAM)抑制。电子经交替氧化酶传递,虽产生的 ATP 少,但产生的热多,如天南星科海芋属的佛焰花序在成熟时温度比其他部分高出十几到二十几摄氏度。近年来越来越多的研究发现,抗氰氧化酶介导的抗氰呼吸广泛存在于高等植物和微生物中,例如,天南星科和睡莲科的花粉,玉米、豌豆和绿豆的种子,马铃薯的块茎,木薯和胡萝卜的块根,黑粉菌的孢子团,红酵母以及桦树的菌根等。抗氰呼吸的强弱除了与植物种类有关外,还与果实成熟、抗氧化胁迫、抗真菌和抗病毒有关,并受水杨酸、茉莉酸的诱导。

研究发现抗氰呼吸可提高花序温度,使之挥发出一些胺、吲哚和萜类物质,呈腐败气味,吸引昆虫帮助授粉。交替氧化酶在呼吸电子传递上还起到竞争作用与能量溢流作用,与细胞色素氧化酶相互竞争,并在电子传递主路受阻时,保证电子传递的正常进行。除此之外,当植物受到缺磷、冷害、涝害、渗透胁迫、氧化胁迫时,交替呼吸可以调节能量平衡和降低活性氧的产生量,减少胁迫对植物的不利影响,增加植物对逆境的抗性。

3. 酚氧化酶

酚氧化酶(phenol oxidase),其中比较重要的有单酚氧化酶和多酚氧化酶,后者又称儿茶酚氧化酶,酚氧化酶是一种含铜的酶,普遍存在于植物体内,催化各种酚类氧化为醌类。正常情况下,细胞质中的酚氧化酶和底物是分开的。当植物组织受伤(如切开马铃薯块茎)或衰老(如荔枝摘下时间过久)时,酚氧化酶和底物(酚)接触,将酚氧化为棕褐色的醌,使组织发生褐变。醌对微生物有毒,可防止植物感染。在制红茶时,通过多酚氧化酶的作用,将茶叶中儿茶酚和单宁氧化并聚合为红褐色的色素。而在制作绿茶时,需先焙火杀青,破坏多酚氧化酶,才保持茶叶的绿色。

$$\text{氧化底物} \diagdown \text{NADH}+\text{H}^+ \diagdown \text{醌} \diagdown \text{H}_2\text{O}$$
$$\text{底 物} \diagup \text{NAD}^+ \diagup \text{酚} \diagup \frac{1}{2}\text{O}_2$$

(4.20)

4. 抗坏血酸氧化酶

抗坏血酸氧化酶(ascorbic acid oxidase),也是一种含铜的氧化酶,该酶存在于细胞质和细胞壁中,催化分子态氧将抗坏血酸氧化为脱氢抗坏血酸。抗坏血酸氧化酶在植物中普遍存在,其中以蔬菜和果实中较多。这种酶与植物的受精作用有密切关系,并且有利于胚珠发育。该酶对氧亲和力低,受氰化物抑制,对一氧化碳不敏感。

5. 乙醇酸氧化酶

乙醇酸氧化酶(glycolate oxidase),是一种黄素蛋白酶(含FMN),不含金属,催化乙醇酸氧化为乙醛酸并产生过氧化氢,该酶与氧的亲和力极低,不受氰化物和一氧化碳抑制。

6. 黄素氧化酶(亦称黄酶)

黄素氧化酶(flavin oxidase)的辅基中不含金属。它存在于乙醛酸体中,能把脂肪酸氧化分解,变成过氧化氢,后者在过氧化氢酶催化下,放出氧气和水。

植物呼吸代谢及末端氧化酶系统可概括为图4.11。

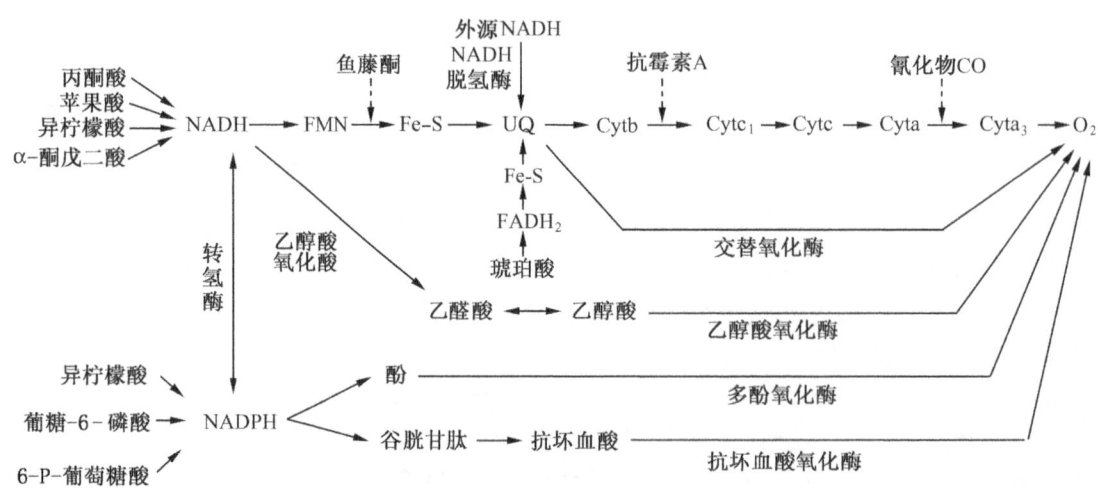

图4.11 呼吸代谢的概括图解(引自薛应龙,1987)

4.2.4 呼吸作用的生理意义

1. 为生命活动提供能量

呼吸作用氧化分解有机物释放能量的速度较慢(不像有机物燃烧那样以光和热的形式骤然释放),并且逐步释放,适合于细胞利用。呼吸释放的能量,一部分转变成热能散失掉,呼吸放热,在某些特殊情况下可提高植物的体温,有利于植物的幼苗生长、开花传粉和受精等,如抗氰呼吸有助于花粉的成熟及授粉、受精过程;另一部分以 ATP 的形式用于多种代谢途径(图 4.12)。活细胞时刻都在呼吸,如果呼吸停止则意味着生命的终结。

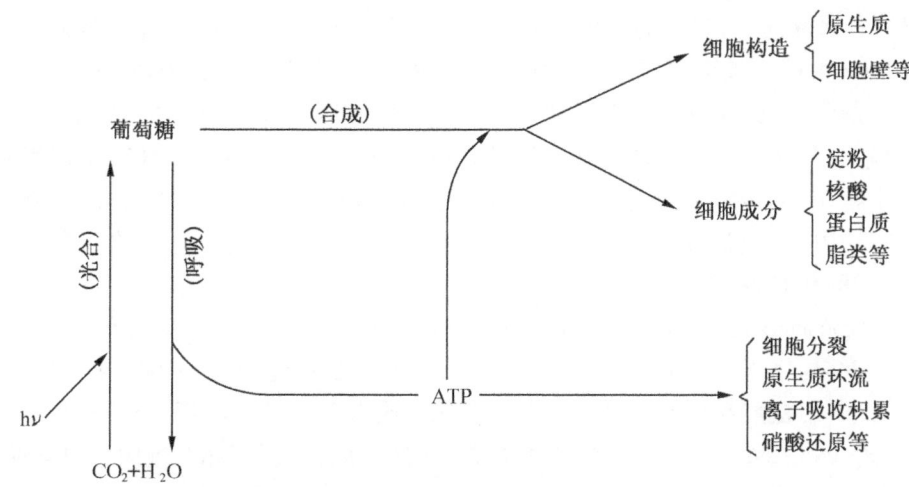

图 4.12　植物对呼吸作用产生的能量的利用(引自肖甫,1993)

2. 为其他化合物合成提供原料

呼吸过程中产生一系列中间产物,是体内合成各种重要化合物的原料,在植物体内糖、脂肪、蛋白质及核酸等重要的有机物质转化方面起着枢纽作用。呼吸代谢与主要物质代谢的联系可归纳为图 4.13。

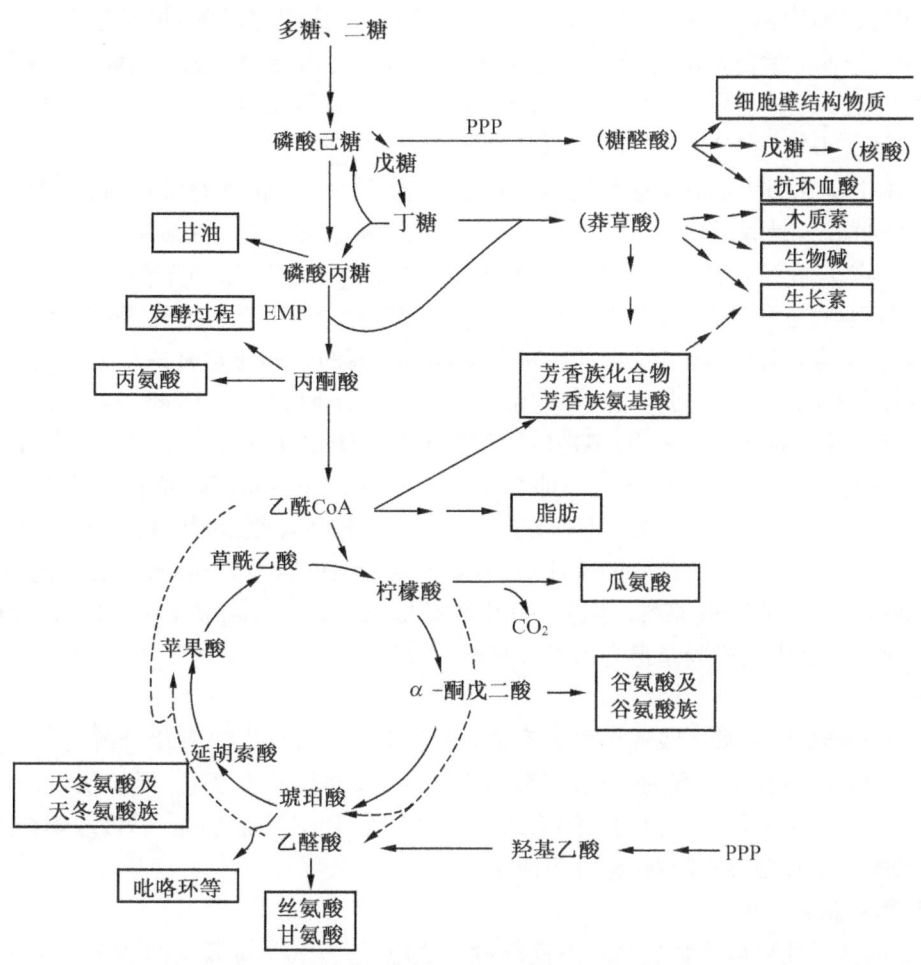

图 4.13　呼吸途径与物质转化的关系图解(引自薛应龙,1987)

(1) 氨基酸合成　　植物体内氨基酸的生物合成主要是依赖于 TCA 循环中有机酮酸的加氨作用。首先形成谷氨酸和天冬氨酸,再在转氨酶催化下通过转氨作用以及其他转化作用形成多种多样的氨基酸,进而合成各种蛋白质。

(2) **脂肪代谢** 研究证明,脂肪的合成和降解都与呼吸途径紧密相连。脂肪降解过程所形成的甘油和脂肪酸可进一步转化为糖或被彻底氧化。其中,甘油经磷酸化作用形成 α-磷酸甘油,然后脱氢形成磷酸丙糖,再逆糖酵解过程转变成蔗糖或经丙酮酸进入 TCA 循环-呼吸链彻底氧化生成 H_2O 和 CO_2;脂肪酸则经氧化作用形成乙酰 CoA,再进入乙醛酸循环。脂肪合成则与 PPP($NADPH+H^+$)密切相关。

(3) **植物激素合成** 植物激素中吲哚乙酸(IAA)合成的前体是色氨酸,乙烯合成的前体是甲硫氨酸,它们都是由 TCA 循环中间产物形成的氨基酸转化而成的。PPP 通过中间代谢产物莽草酸还能形成其他生长素类物质,如反肉桂酸和对香豆酸等。

(4) **细胞壁结构物质的形成** 呼吸代谢的中间产物与细胞壁的结构物质的形成有着密切联系,除纤维素外,大部分细胞壁结构物质都与 PPP 的中间产物密切相关,如戊糖可进一步转化为半纤维素、果胶物质等,通过莽草酸形成的苯丙氨酸和酪氨酸可以进一步合成木质素等。另外,PPP 中间产物戊糖是合成核酸的原料。赤藓糖-4-磷酸和 EMP 中间产物磷酸烯醇式丙酮酸可以合成莽草酸,进而合成其他重要物质。

(5) **萜类的合成** 萜类(terpene)或类萜(terpenoid)是由异戊二烯(isoprene)组成的。萜类种类是根据异戊二烯数目而定,如单萜中的樟脑、倍半萜中的薄荷醇、双萜中的赤霉素、三萜中的固醇、四萜中的胡萝卜素和多萜中的橡胶等。

萜类的生物合成有两条途径:甲羟戊酸途径(mevalonic acid pathway)和甲基赤藓醇磷酸途径(methylerythritol phosphate pathway),两者都是形成异戊烯焦磷酸(isopenteny diphosphate,IPP),然后进一步合成萜类。甲羟戊酸途径是以 3 个乙酰 CoA 分子为原料,形成甲羟戊酸,再经过焦磷酸化、脱羧化和脱水等过程形成 IPP。甲基赤藓醇磷酸途径也是合成 IPP,不过它是由糖酵解或 C_4 途径的中间产物丙酮酸和 3-磷酸甘油醛,经过一系列反应,形成甲基赤藓醇磷酸,继而形成二甲丙烯二磷酸(dimethyallyl diphosphate,DMAPP。IPP 和 DMAPP 是异构体)。

萜类对植物的作用是多方面的。某些萜类影响植物的生长发育,例如,赤霉素是调节植株高度的激素;固醇与磷脂相互作用使膜稳定,是膜的必需组成;类胡萝卜素是四萜的衍生物,包括胡萝卜素、叶黄素、番茄红素(lycopene)等,常能决定花、叶和果实的颜色;胡萝卜素和叶黄素能吸收光能,参与光合作用;脱落酸是种子成熟和抗逆性信号的一种激素,它是由胡萝卜素转变来的;细胞分裂素和叶绿素本身虽然不是萜类,但含有萜类侧链。

许多植物的萜类有毒,可防止哺乳动物和昆虫吞食,例如,菊的叶和花含有的单萜酯拟除虫菊酯,是极强的杀虫剂;松和冷杉含有的松脂的单萜成分,如柠烯(limonene)和香叶烯(myrcene)对昆虫(包括危害松树严重的棘胫小蠹)有毒。挥发油(volatile oil)多是单萜和倍半萜。例如,薄荷、柠檬等植株含有挥发油,有气味,防止害虫侵袭。有一种倍半萜棉酚(gossypol)能显著抗虫侵袭。许多双萜对草食动物有毒,使它们不愿食用。松树的树脂含有相当数量的双萜(如枞酸,abietic acid),当害虫取食穿刺到树脂道时,树脂流出,阻止害虫取食,最后封闭伤口。大戟科植物产生的乳汁,含有双萜成分,如佛波醇(phorbol),严重刺激皮肤,对哺乳动物有毒。有些萜类是药用或工业原料。例如,短叶红豆杉(*Taxus brevifolia*)中的紫杉醇(taxol),是强烈的抗癌药物;多萜化合物之中的橡胶是最有名的高分子化合物。

3. 增强植物抗伤病能力

植物受到病菌侵染时,该部分呼吸速率急速升高,这不仅可以通过生物氧化分解有毒物质,同时还可以促进具有杀菌作用的绿原酸和咖啡酸的合成;当植物受伤时,该部位呼吸旺盛,促使伤口迅速木质化或栓质化,促进伤口愈合,阻止病菌的侵染。植物在感病或受伤情况下,PPP 明显加强。另外,李合生研究证明甘薯块根组织受到黑斑病菌或真菌侵染时,抗氰呼吸成倍增长。

4. 增强植物对环境的适应能力

植物呼吸代谢的多样性可以增强植物对不良环境的适应能力。① 对氧气的适应。在缺氧条件下,植物体内丙酮酸因有氧分解被抑制而积累,并进行无氧呼吸,其产物也是多种多样的,同时还可供给少量能量。而水稻根系在淹水条件下则有乙醇酸氧化途径运行,抑制土壤中还原性物质对水稻根的毒害。另外,细胞色素氧化酶对氧的亲和力最强,而酚氧化酶和黄酶对氧亲和力弱,所以后两者在较高氧浓度下才能发挥作用,而前者在高低氧浓度下均能发挥作用。苹果果肉中酶的分布正好反映了酶对氧供应的适应,内层以细胞色素氧化酶为主,表层以黄酶和酚氧化酶为主。② 对温度的适应。黄酶对温度变化不敏感,温度降低时,黄酶活性降低不多,所以在低温下生长的植物及器官以这种酶为主。而细胞色素氧化酶对温度变化的反应最敏感。在果实成熟过程中酶系统的交替正好反映了酶系统对温度的适应。例如,柑橘的果实中有细胞色素氧化酶、多酚氧化酶和黄酶,在果实未成熟时,气温尚高,呼吸氧化是以细胞色素氧化酶为主;到果实成熟时,气温渐低,则以黄酶为主,这就保证了成熟期呼吸活动的水平,同时也反映了植物对低温的适应。

植物呼吸代谢的多样性,是植物在长期进化过程中对不断变化的环境适应的结果。汤佩松曾提出"呼吸代谢(对生理功能)的控制和被控制(酶活性)"的观点。他认为:植物代谢的多条途径和类型不是一成不变的,它是被基因通过酶活性来控制的,代谢的改变又调节着生理功能;反过来,功能的改变又在一定程度上调节着代谢;并且在一定范围内,这个代谢的控制与被控制过程,受到生长发育和不同环境条件的影响(图4.14)。

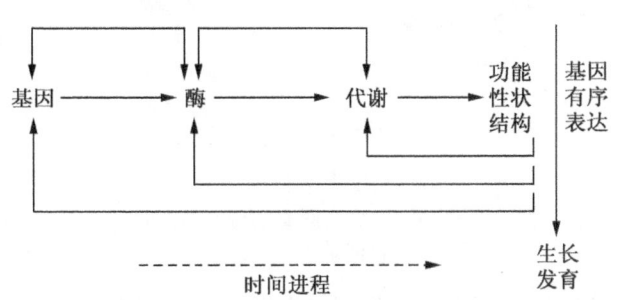

图 4.14 呼吸代谢的控制与被控制的观点示意图
(引自梁峥等,1998)

4.3 呼吸作用的调节、控制及与光合作用的关系

4.3.1 糖酵解的调控

植物组织周围的氧浓度增加时,发酵产物的积累逐渐减少,这种氧抑制酒精发酵的现象叫作巴斯德效应(Pasteur effect)。

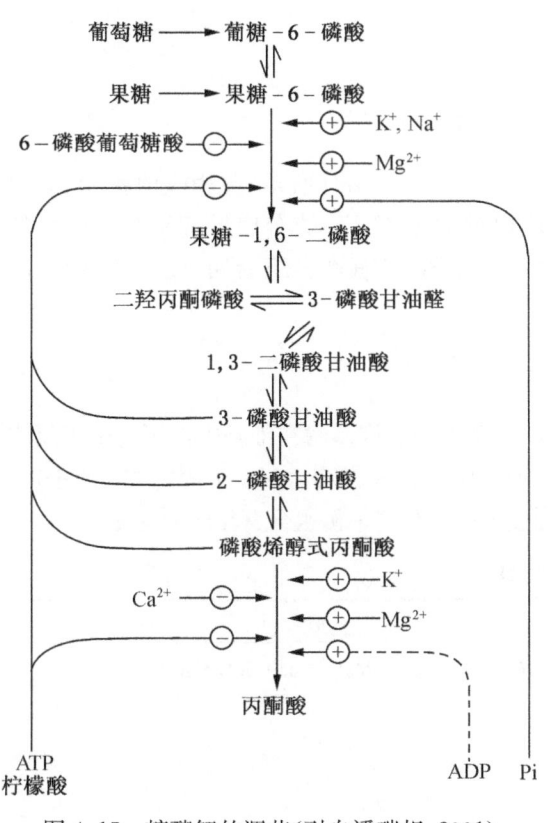

图 4.15 糖酵解的调节(引自潘瑞炽,2001)
⊕ 正效应物,⊖ 负效应物,ADP 作为底物参与,以虚线表示

为什么在有氧条件下糖酵解的速度减慢,甚至停止?为什么无氧条件下糖酵解速率显著增加?研究发现,糖酵解中的磷酸果糖激酶和丙酮酸激酶是 EMP 途径的调节酶,调节糖酵解的速度。调节酶由几个亚基组成,当其中的一个或几个亚基与特定的小分子结合而发生别构作用时,另外一个或几个亚基也发生相应的别构作用,而酶的活性部位正是在这个或这些亚基上,于是酶活性发生了变化。能使酶活性增加的小分子称为正效应因子(positive effector),而使酶活性降低的称为负效应因子(negative effector)。作为效应因子的小分子,往往是一些代谢的中间产物或辅酶,如 ATP、ADP 等。

图 4.15 指出,磷酸果糖激酶的活性受 Mg^{2+} 和 Pi 的促进,而受 ATP 和柠檬酸的抑制。丙酮酸激酶除受 ATP 和柠檬酸的抑制外,还受 Ca^{2+} 的抑制,而 ADP、Mg^{2+} 和 K^+ 却起促进作用。在有氧条件下,ADP 浓度很低,而 ATP 和柠檬酸的浓度却很高,因此,EMP 途径中的两个调节酶的活性都受到抑制,糖酵解的速度自然变慢。这是一种反馈抑制,也可以保证细胞不浪费糖,把呼吸作用的速度自动控制在恰当的水平上。

由此可见,通过氧调节细胞内柠檬酸、ATP、ADP 和 Pi 的水平,从而调节糖酵解的速度,保证在恰当的水平上。当缺乏氧气时,糖酵解旺盛,释放较多 CO_2;O_2 渐增时,糖酵解较慢,

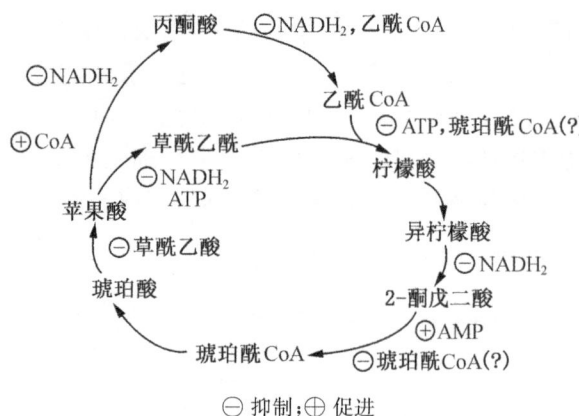

图 4.16 三羧酸循环中的调节部位及效应物的图示
（引自潘瑞炽，2002）

CO_2 释放量较少；然而 O_2 过多时，有氧呼吸加强，组织放出较多 CO_2。这就是巴斯德效应在不同氧浓度环境中的表现。人们利用这个效应，在贮藏苹果等时，调节外界氧浓度到使有氧呼吸减至最低限度，但又不刺激糖酵解，果实中的糖类等分解得最慢，有利于贮藏。

4.3.2 TCA 循环的调控

TCA 循环的调节是多方面的。由图 4.16 可知，NADH 是主要的负效应物，它的水平过高时，会抑制丙酮酸脱氢酶、异柠檬酸脱氢酶、苹果酸脱氢酶和苹果酸酶等的活性。ATP 对柠檬酸合成酶和苹果酸脱氢酶起抑制作用。AMP 对 α-酮戊二酸脱氢酶活性和 CoA 对苹果酸酶等的活性都有促进作用。根据质量作用原理，产物（如乙酰 CoA、琥珀酰 CoA 和草酰乙酸）的浓度过高时也会抑制各自有关酶的活性。

4.3.3 PPP 的调控

PPP 主要为 $NADPH/NADP^+$ 的比值所调控。当 $NADPH/NADP^+$ 比值高时，葡糖-6-磷酸脱氢酶的活性受抑制，葡糖-6-磷酸变成 6-磷酸葡糖酸的过程降低。因此，当 NADPH 多余时，它就会对 PPP 发生反馈抑制。

4.3.4 能荷调节

能荷（energy charge，EC）是指细胞中腺苷酸系统中的能量状态。植物细胞内的 ATP、ADP 和 AMP 在腺苷酸激酶催化下，很容易发生可逆转变：ATP+AMP⇌2ADP。因此，细胞中三种腺苷酸浓度比值就成为调节呼吸代谢的一个重要因素。

$$能荷/\% = \frac{[ATP]+\frac{1}{2}[ADP]}{[ATP]+[ADP]+[AMP]}$$

活细胞中的能荷通常稳定在 0.75～0.95 之间，当能荷变小时，ADP 和 Pi 相对增多，会相应地启动、活化 ATP 的合成反应，呼吸代谢受到促进；反之，当能荷变大时，ATP 相对增多，ATP 的合成反应减慢，ATP 的利用反应就会加强，植物呼吸代谢就会受到抑制。前述 EMP、TCA 及 PPP 中有许多酶受到 ADP 或 ATP 的促进或抑制。

4.3.5 pH 的调节

pH 对酶的催化反应有明显的影响。每一种酶都有一定的最适 pH（表 4.2）。许多酶在细胞中作用时由于反应平衡的变化，可能会离开它的最适 pH，而微小的 pH 变化对酶催化的速度将有很大影响。在一个固定的 pH 中，许多代谢过程的速度是互相制约和相互调节的。因此，pH 变化后，代谢途径间的相对平衡也会有相应的变化。

表 4.2 几种呼吸酶的最适 pH

酶	来源	最适 pH
异柠檬酸脱氢酶（NAD^+ 专一性）	豌豆	7.6（异柠檬酸 1 mmol/L） 6.9（异柠檬酸 50 mmol/L）
苹果酸酶（$NADP^+$ 专一性、NAD^+ 专一性）	小麦胚 花菜	7.3 6.7～6.9
丙酮酸脱羧酶	小麦胚	6.0
乙酰 CoA 脱羧酶	小麦胚	9.0
PEP 羧化酶	花生	7.9～8.3
RuBP 羧化酶	玉米	7.8

4.3.6 呼吸作用和光合作用的关系

绿色植物的呼吸作用和光合作用之间存在着相当密切的关系。呼吸作用分解有机物释放能量，而光合作用则制造有机物，贮藏能量。二者互相依存，密切相关。

1）呼吸作用的 PPP 途径和光合作用的卡尔文循环中的许多中间产物是可以交替利用的。如甘油醛磷酸、赤藓糖、核糖磷酸、核酮糖磷酸、木酮糖磷酸、果糖磷酸、葡萄糖磷酸、景天庚酮糖磷酸等。

2）呼吸作用和光合作用可以共同利用 ADP 和 $NADP^+$。

3）呼吸作用释放的 CO_2 能为光合作用同化，光合作用释放的 O_2 可供呼吸作用利用。

光合作用和呼吸作用的关系及比较见图 4.17 和表 4.3。

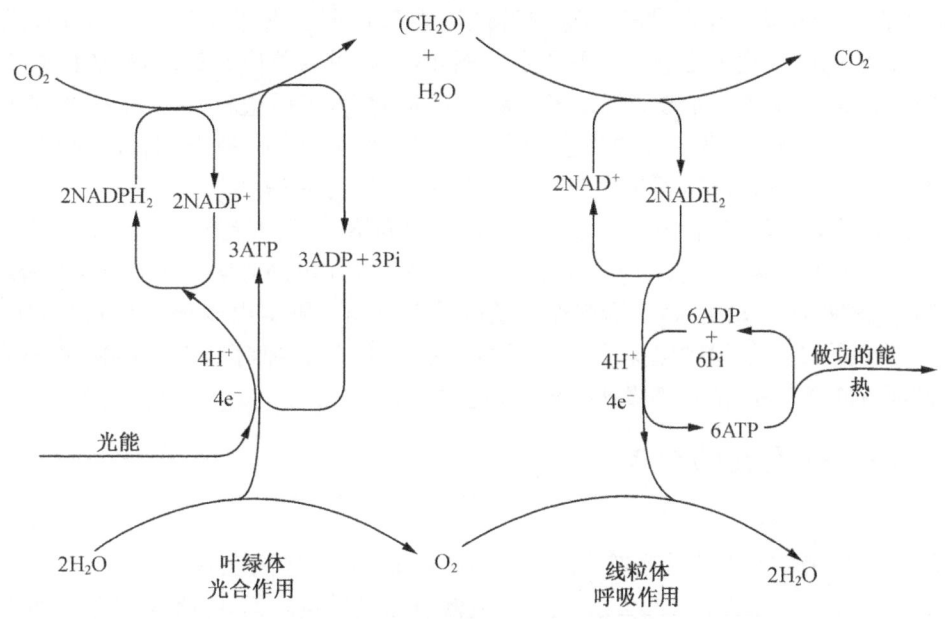

图 4.17　光合作用和呼吸作用之间的能量转变

表 4.3　光合作用和呼吸作用的比较

光 合 作 用	呼 吸 作 用
1. 以 CO_2 和 H_2O 为原料	1. 以 O_2 和有机物为原料
2. 产生有机物（碳水化合物）和 O_2	2. 产生 CO_2 和 H_2O
3. 叶绿素捕获光能	3. 贮存于有机物中的化学能
4. 通过光合磷酸化把光能转变为化学能贮入 ATP	4. 通过氧化磷酸化把有机物的化学能转到 ATP 中或以热能消失
5. H_2O 的氢主要转移至 $NADP^+$ 形成 NADPH	5. 有机物的氢主要转移至 NAD^+ 形成 NADH
6. 糖合成过程主要利用 ATP 和 NADPH	6. 细胞活动是利用 ATP 和 NADH（或 NADPH）
7. 仅有含叶绿素的细胞才能进行光合作用	7. 活的细胞都能进行呼吸作用
8. 只在光照下发生	8. 在光照下或黑暗里都可发生
9. 发生于真核细胞植物的叶绿体中或细胞质中（C_4）	9. 糖酵解、PPP 发生于细胞质中，有氧呼吸最后步骤则发生于线粒体中

4.4　影响呼吸作用的因素

4.4.1　内部因素对呼吸作用的影响

不同种类植物的呼吸速率各不相同（表 4.4）。生长快的植物的呼吸速率大于生长慢的植物。

表 4.4　不同植物种类的呼吸速率

植物种类	呼吸速率[$\mu l/(g \cdot h)$]
仙人鞭	3.00
景天属	16.60
云杉属	44.10
蚕豆	96.60
小麦	251.00
细菌	10 000.00

同一植物的不同器官的呼吸速率也有很大差异。生长旺盛、幼嫩的器官的呼吸速率较生长慢的、老化的器官快。生殖器官的呼吸速率比营养器官的强，雌蕊的比雄蕊的强，而雄蕊中以花粉的呼吸最强烈。

同一器官不同组织的呼吸速率也有较大的差别。例如，以鲜重为单位计算，白蜡树的呼吸速率以每克鲜重 1 小时内吸收 O_2 的毫升数是：韧皮部 167，形成层 220，边材（外）78，边材（内）31，木质部 15。

同一器官的不同生长阶段，呼吸速率也发生较大的变化。如苹果、梨、香蕉、番茄、草莓等的果实，幼嫩时呼吸最强，随着果实的长大呼吸降低，但果实成熟到一定时期，其呼吸速率（CO_2 的释放或氧的吸收）均突然增高，呈现"呼吸峰"。呼吸峰的出现是由于组织中乙烯含量的增加而诱导产生的。如香蕉中发现呼吸峰的前一天，果实内乙烯的浓度接近于 0.1 ppm（1 ppm=1×10^{-6}）；在出现呼吸峰的当天，乙烯浓度增至 0.1～1.0 ppm；在刚刚出现呼吸速率升高时，乙烯浓度已超过 1.5 ppm。果实出现呼吸高峰时的电子传递途径是抗氰呼吸支路。乙烯的形成与抗氰呼吸速率有平行的关系。并且，抗氰呼吸电子传递系统是乙烯促进呼吸的前提条件，乙烯刺激抗氰呼吸，诱发呼吸跃变产生，促进果实成熟。

4.4.2　外界条件对呼吸作用的影响

1. 温度

温度对呼吸作用的影响，主要是对呼吸酶活性的影响，而且有明显的三基点：最低点、最高点和最适点。在最低点和最适点之间，呼吸速率总是随着温度的增加而加快。超过最适点，呼吸速率随温度的增高而下降。呼吸作用最适温度是保持稳态的较高呼吸速率时的温度，一般温带植物为 25～35℃。呼吸作用的最适温度总是比光合作用的最适温度高。因此，当温度过高和光线不足时，呼吸作用旺盛，光合作用微弱，植物就会生长不良。呼吸作用最低温度则因植物种类不同而有很大差异。一般植物在接近 0℃ 至 -7℃ 下仍可进行呼吸作用；耐寒的松树针叶在 -25℃ 下仍未停止呼吸。呼吸作用的最高温度一般在 35～45℃ 之间，最高温度在短时间内可使呼吸速率较最适温度的为高，但时间较长后，呼吸速率就会急剧下降（图 4.18）。这是因为高温加速了酶的钝化或失活。在 0～35℃ 生理温度范围内温度系数（Q_{10}）为 2～2.5。（温度系数指温度每升高 10℃ 而引起呼吸速率的增加的倍数。）

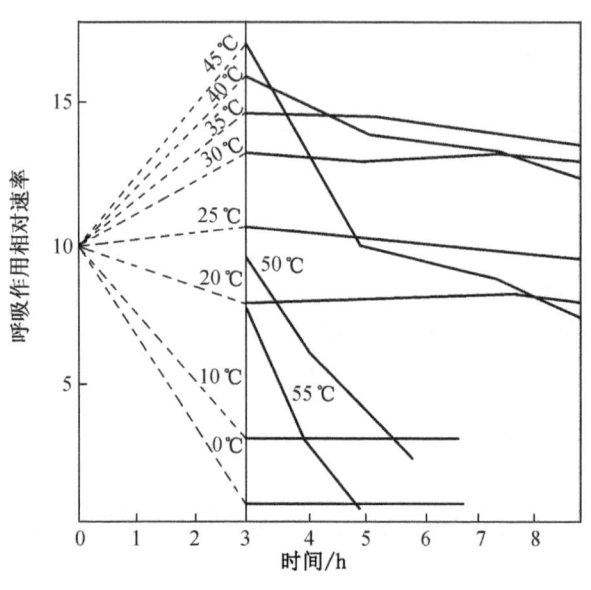

图 4.18　温度结合时间因素对豌豆幼苗呼吸作用的影响
（引自潘瑞炽，2001）

2. 氧气

氧气是有氧呼吸所必需的，氧分压的增加在一定范围内会促进呼吸速率的增加。当在缺氧条件下逐渐增加 O_2 浓度时，无氧呼吸会随之减弱，直至消失。把使无氧呼吸停止进行时的最低氧含量（氧分压）称为无氧呼吸消失点。与此相反，O_2 浓度升高时，有氧呼吸随之增强，当 O_2 浓度增加到一定程度后，呼吸作用便不再随之增，这一氧浓度（氧分压）称为氧饱和点。洋葱根尖的呼吸作用,在15~20℃下,氧饱和点为空气中氧含量为20%左右,在30~35℃下,氧饱和点为40%左右。氧浓度过高,对植物有毒害,这可能与活性氧代谢形成自由基有关。相反,过低的氧浓度会导致无氧呼吸增强,产生酒精中毒,过多地消耗体内养料,使正常合成代谢缺乏原料和能量;根系缺氧会抑制根尖细胞分裂,影响根系内物质的运输,对植物生长发育造成严重危害。

3. 二氧化碳

CO_2 是呼吸作用的最终产物,对呼吸作用有很大影响。超过大气正常含量的高浓度 CO_2 使呼吸速率显著降低。当 CO_2 浓度有所增高时,不仅抑制有氧呼吸,对无氧呼吸也有抑制作用。CO_2 的这种抑制作用,在贮藏果实、种子、蔬菜等方面有重要意义。

4. 机械损伤以及病害

对某些植物的叶子甚至只要简单地摩擦或弯曲,都会使它们的呼吸作用增强,增强的量是20%~180%。机械损伤使呼吸速率增加的可能原因如下。

1) 机械损伤破坏了氧化酶与其底物在结构上的间隔,酚类化合物被迅速氧化。

2) 细胞被破坏后,底物与呼吸酶接近,于是正常的糖酵解和氧化分解代谢加强。

3) 机械损伤使某些细胞转变为分生组织修复创伤,这些生长旺盛的细胞呼吸速率比原来休眠或成熟组织的呼吸速率大得多。在采收、包装、运输和贮藏多汁果实和蔬菜等植物产品时,应尽可能防止机械损伤。

病原菌侵入区及其邻近处呼吸速率升高数倍。有证据表明,在某些感病植物体内,PPP途径加强。但原因还不清楚。

4.5 呼吸作用和农业生产

呼吸作用是代谢的中心,在农业生产中一方面要设法促进,以增强生长发育,另一方面由于呼吸消耗有机物,在贮藏植物产品时要设法降低呼吸消耗。总之,把植物的呼吸作用控制在恰当的水平上,在生产中是一个非常重要的问题。

4.5.1 呼吸作用与作物的栽培

在作物的生长发育过程中,呼吸代谢释放能量供应各种生理生化反应的需要。其中间产物在作物体内各种重要的有机化合物的转变之间起着枢纽的作用,所以呼吸代谢既影响作物的无机营养和有机营养,又影响物质的运输和转变,从而影响植物生长和发育。

由于呼吸代谢有着非常重要的生理意义,对植物的生长发育有重大影响,因此,在作物栽培中要采取一些促进呼吸作用的措施,以加速植物生长和发育。例如,播种前的灌水和良好的整地质量能满足种子萌发时对水分、温度和氧气的需要,从而促进呼吸作用。再如水稻田的落干晒田,作物的中耕松土,黏土掺沙等,都可改善土壤的通气条件,促进植物的有氧呼吸。

4.5.2 呼吸作用和农产品的贮藏

许多植物产品,如种子、果实及蔬菜等,在贮藏期间由于不断进行呼吸代谢,大量消耗营养物质,因而降低了产品的质量。为了保持农产品的质量,往往需要降低农产品的呼吸作用,如低温贮藏、低氧贮藏等。

1. 粮油种子的贮藏

在影响种子呼吸作用的外界条件(温度、氧浓度和种子含水量等)中,水是干种子呼吸速率的限制因子。在一定限度内,呼吸速率随种子的含水量增加而提高,所以要设法将种子的含水量降低到安全含水量或临界含水量的水平。杉木种子的安全含水量为10%~20%,马尾松为9%~10%,刺槐为7%~8%,侧柏为3%~11%,油料种子为8%~11%。北方稻谷安全含水量为14.5%以下,在广东省则是13.5%以下。因为南方高温多湿,

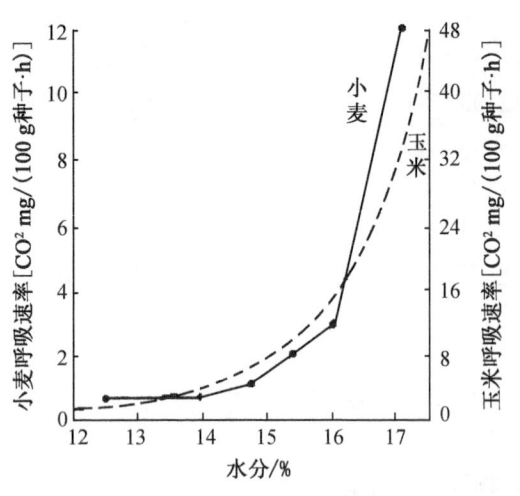

图 4.19 含水量不同的小麦和玉米种子呼吸速率
（引自曾广文，2000）

要求更高些。小麦玉米等种子的安全含水量为 12.5% 以下，如果超过 14.5% 时，呼吸速率即骤然上升（图 4.19）。分析证明，在种子含水量超过 14.5% 时，种子本身呼吸增高甚缓，主要是种子上附着的微生物，在此条件下（相对湿度 75%）可迅速繁殖。如用药剂杀菌消毒，种子的呼吸速率就不会那么强了。

种子贮藏期间，还可采用通风和密闭以及降温、充氮和去氧的方法以降低呼吸速率，达到安全贮藏的目的。

2. 块根块茎的贮藏

贮藏皮薄、水分含量多（75%）的甘薯块根和马铃薯块茎时，稍不注意就容易大批霉烂或因呼吸过旺而消耗较多的营养物质。甘薯入窖后，主要是注意调节温度，使窖内温度一般保持在 12~16℃，但不能低于 9~10℃，以防受冻。窖内相对湿度维持在 84%~94% 为宜，如果相对湿度低于 80%，薯块大量失水导致呼吸速率提高，对贮藏不利。

马铃薯块茎的贮藏适温是 2~3℃，此时呼吸速率最低，有利于长时间贮藏。贮藏马铃薯块茎的窖内湿度不可过低，否则会引起薯块失水而皱缩。

3. 多汁果实和蔬菜的贮藏

多汁果实和蔬菜最难贮藏，稍有疏忽，即不能保持其色、香、味和新鲜状态。一般多汁果蔬适于贮藏在较湿润的低温条件下，以控制呼吸和后熟作用。但温度不可太低，以防引起冻害或影响后熟。还要注意通风。还可以采用空气调节法，将贮藏室内空气抽出，充入氮气，使氧分压保持在 3%~6%，一般浆果可以贮藏 3 个月以上。

"自体保鲜法"是一种简便的果蔬贮藏法。由于果实蔬菜本身不断呼吸，放出 CO_2，在密闭环境里，CO_2 浓度逐渐增高（但不能大于 10%，否则果实会中毒变坏），抑制呼吸作用，可以稍微延长贮藏期。例如四川南充果农将广柑贮藏在密闭的土窖中，贮藏时间可以达 4~5 个月之久，哈尔滨等地利用大窖套小窖的办法，使黄瓜贮存 3 个月不坏。山东利用土窖贮藏苹果和生姜可保持半年不坏。

思 考 题

1. 植物呼吸代谢多样性有何生物学意义？
2. TCA 循环的特点和意义是什么？
3. 试比较几条呼吸途径的异同。
4. 试比较光合作用与呼吸作用。
5. 长时间的无氧呼吸为什么会使植物受到伤害？
6. 以化学渗透假说说明氧化磷酸化的机制。
7. 葡萄糖作为呼吸底物通过 EMP-TCA 循环、呼吸链彻底氧化，可以生成多少 ATP？能量转化效率是多少？
8. 呼吸作用的反馈调节表现在哪些方面？怎样调节？
9. 实践中怎样处理好呼吸作用与谷物种子、果蔬贮藏的关系？
10. 生产实践中怎样处理好呼吸作用与作物栽培的关系？
11. 测定植物呼吸速率的方法有哪些？说出各自的基本原理和应注意的事项。
12. 试述呼吸商的生理意义及检测方法。
13. 试述研究根呼吸作用的意义。
14. 设计试验，证明植物幼嫩处的呼吸作用是以 EMP-TCA 为主，而不是 PPP 途径。
15. 植物受伤时，为什么呼吸速率加快？
16. 绿茶和红茶在制作过程中有何不同？与哪种末端氧化酶有关？
17. 抗氰氧化酶有何生物学意义？

第 5 章 植物细胞的信号转导

提　要

植物个体的生长发育主要受遗传信息及环境变化因子的调节控制，遗传基因决定个体发育的基本模式，而环境因子对这一过程具有广泛而深刻的调节控制作用，这就是被称为"细胞信号转导"的主要内容。根据信号存在的部位，可以把信号分为胞间信号和胞内信号；根据信号的性质则可以把信号分为化学信号和物理信号。受体分为细胞表面受体和细胞内受体。细胞表面受体包括G蛋白连接受体、酶联受体和离子通道连接受体。在受体接受胞外信号与产生胞内信号之间主要通过受体偶联起来。植物细胞中的第二信使系统主要是环核苷酸信使系统、钙信使系统和磷脂酰肌醇信使系统。环境因子主要通过第二信使系统介导蛋白质的可逆磷酸化而引发相应的生理生化响应。蛋白质磷酸化与脱磷酸化分别由蛋白激酶和蛋白磷酸酶催化完成。通过本章学习要了解外界环境因子及胞间通信分子(如激素等)与细胞膜受体识别、识别后如何跨膜传递形成细胞内第二信使以及其后信息分子级联传递、诱导基因表达和引起生理反应的过程。

自然界的植物为固着生物(sessile organism)，其生长发育受到环境因子(生物和非生物)及来自相邻细胞因子(主要是激素和活性肽)的广泛影响，这些因子称为信号(图 5.1)。受体识别并接受这些胞外信号并转换成胞内信号，主要通过修饰其他蛋白改变其活性(如蛋白磷酸化等)或改变胞内第二信使浓度，第二信使主要是 cAMP、Ca^{2+} 和活性氧(reactive oxygen species, ROS)自由基等。活化蛋白或胞内第二信使引发基因转录等一系列生理生化响应，最终导致植物代谢、功能及结构的改变，这些过程称为植物细胞的信号转导(signal transduction)。信号转导过程包括以下四个系列事件：

信号──→受体──→信号转导──→生理生化响应

细胞的信号转导在植物生长发育及环境适应的所有过程都会发生，但是多数情况下是指各种生物因子(病原微生物、害虫)、非生物因子(光、温度、水分、盐等)和激素等信号与特异性受体结合并转换成胞内第二信使，继而引发的植物细胞下游靶基因的转录及蛋白质活化等系列生理生化反应，从而使植物在生长发育及环境应答方面产生适应性变化(图 5.2)。本章重点介绍信号、受体、信号的跨膜转换及放大、胞内信号与第二信使传导和蛋白质修饰。

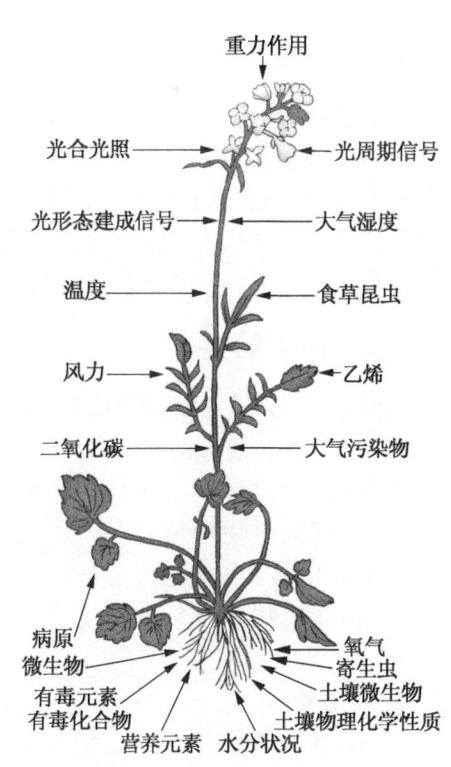

图 5.1　影响植物生长发育的
各种环境因子示意图
(引自 Buchanan et al., 2000)

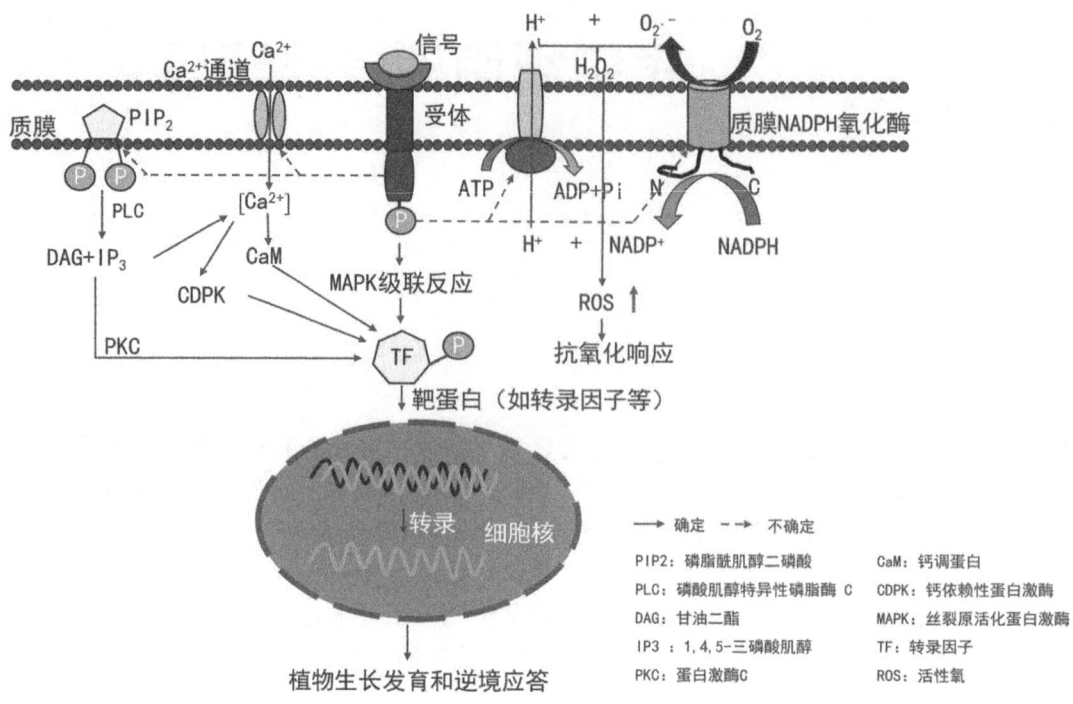

图 5.2 植物细胞信号转导途径示意图

5.1 信号的概念及类型

5.1.1 信号

信号(signal)与信息(information)是两个密切相关而又有区别的概念。信息一般要通过一定的物理量(信号)体现出来,因此,信号是信息的物质体现形式及物理过程。例如,生物的遗传信息隐含在 DNA 的碱基序列中,这种信息只有通过转录成 mRNA 及翻译成蛋白质才能体现出来。信号的主要功能是在细胞间和细胞内传递信息并引发相应的生理生化变化。信号既非营养物质,又不是能源物质,也不是细胞的结构组分。信号是指能与受体结合并启动相应生理生化响应的因子,如激素、光和温度等。

5.1.2 信号的类型

根据信号存在的部位,可以把信号分为胞间信号(intercellular signal)和胞内信号(intracellular signal);而根据信号的性质则可以把信号分为化学信号(chemical signal)和物理信号(physical signal),化学信号也称为配体(ligand)。这种分类只是为了研究和学习的方便,而实际上胞间信号既可能是化学信号,也可能是物理信号;同样,化学信号既可能存在于胞间,也可能存在于胞内。例如,脱落酸(ABA)既是胞间信号,也是胞内信号。自然界的植物不断地识别并接受环境中生物信号(病原微生物、食草昆虫等)和非生物信号(光、温度等)(图 5.1),并作出适当的生理生化反应以维持生长发育及对环境变化的适应。

1. 胞间信号

当环境刺激的作用位点与效应位点处在植物体的不同部位时,就必然有胞间信号传递信息。例如土壤干旱或盐冲击处理时,引起植物地上部分叶片气孔关闭,表明根接受环境刺激产生某种信号传递到地上部分叶片。含羞草的地上部分某一部位受到较强刺激(震动、烧灼、骤冷等),除了这一部位的小叶成对地合拢外,邻近的小叶甚至整个复叶的小叶均成对合拢,并引起复叶叶柄下垂,这也表明发生了胞间信号传递。这种胞间信号既可能是化学信号,如干旱等引起根产生 ABA 通过木质部导管运到地上部分叶片导致气孔关闭;也可能是物理信号,如含羞草感震运动中的动作电位等。

2. 胞内信号

胞间信号与质膜受体结合后,经跨膜转换诱发产生第二信号,通过第二信号的进一步传递和放大,最终引起细胞中相应的生理生化反应。这些第二信号通常也就是胞内信号,也称为第二信使(second messenger)。有关胞内信号的研究近年来取得了很大进展。动物细胞内的胞内信号分子有环核苷酸(cAMP、cGMP)信使系统、肌醇三磷酸(inositol triphosphate,IP_3)、Ca^{2+}、二酰甘油(diacylglycerol,DAG)等。在植物细胞内是否存在 cAMP 尚无足够证据,但上述其他几种胞内信号证明是植物细胞内重要胞内信号分子。几种细胞内信号分子的分子结构如图 5.3。目前还有一些物质被认为在植物细胞中具有第二信号作用,如 H^+、小肽、ABA、乙酰胆碱、ROS 和乙烯等。

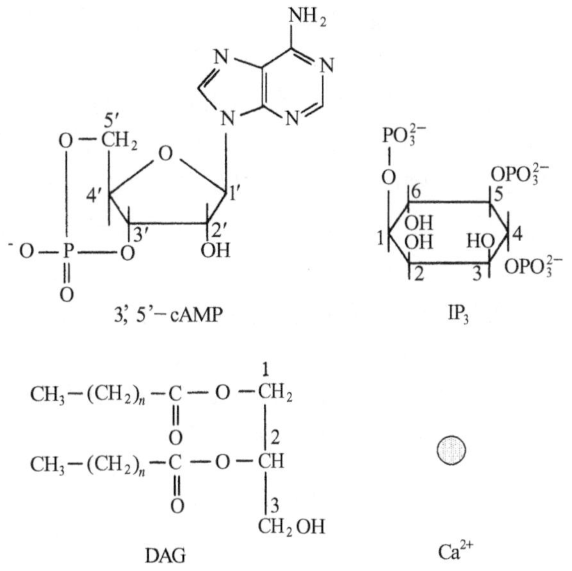

图 5.3 某些胞内信号分子的分子结构

3. 化学信号

化学信号是指细胞感受环境刺激后形成的并能传递信息引起细胞反应的化学物质。如植物激素(ABA、生长素和乙烯等)、植物生长活性物质(多胺类化合物等)和 Ca^{2+} 等。

植物激素在植物一定的发育阶段和一定组织器官中产生,也可以在一定环境刺激下合成,这些激素可以直接调控基因的表达。当然植物激素也可以作为胞间信号在胞间传递,由靶细胞质膜上专一性受体识别并接受,通过转导产生胞内信号,从而影响代谢活动,产生相应的细胞反应,调节植物生长发育过程。ABA 作为逆境信号被研究得比较清楚。这方面英国科学家戴维斯(Davies)和我国科学家张建华教授均做了大量工作。大量实验表明植物根尖在干旱等逆境胁迫下合成 ABA,然后通过木质部导管向地上部分运输。因此,干旱植物木质部液中 ABA 浓度比对照高 25~30 倍,最后到达叶片的保卫细胞,通过其质膜上的信号转导,引起保卫细胞质中的 Ca^{2+} 增加,使质膜去极化,激活 K^+ 外流通道引起 K^+ 外流,同时苹果酸含量也下降,保卫细胞失水,气孔关闭。

4. 物理信号

物理信号是指细胞感受环境刺激后产生的具有传递信息并引起细胞反应的物理因子,如电波和水力学信号等。植物细胞是否普遍存在胞间通信作用的电信号一直是一个具有争议的问题。在低等植物藻类和某些敏感性高等植物如含羞草中具有动作电位是无疑的。娄成后院士通过大量研究明确提出了"电波的信息传递在高等植物中是普遍存在的"观点,后来他对这一观点做了进一步阐述:① 植物为了对环境变化做出反应,既需要专一的化学信号传递,也需要快速的电波传递。② 植物的电波传递有多种形式:高敏感性植物,外界刺激无须达到伤害程度即可产生动作电波(AP);中等敏感的植物在伤害刺激条件下产生变异电位(VP);最不敏感的植物只引起不可传递的局部电位变化;而且植物都有受逆境或剧烈刺激激活的潜在兴奋性。③ 与动物相似,植物电波也是质膜极化及透性变化的结果,而且伴随有化学信号的产生(如乙酰胆碱)。④ 植物电波长途传递途径是维管束,短途传递则是通过共质体和质外体。⑤ 各种电波传递都可以产生生理效应。植物细胞电信号产生、传递及生理效应的详细机制有待进一步研究。

5.2 信号的跨膜转换

环境刺激与细胞反应之间要完成信息的传递,必然有一个外界环境信号接收与引起细胞内信号放大之间的中介过程,这个中介过程涉及外界信号接收所必需的受体,以及把外界信号转换成胞内信号的转换系统。

5.2.1 受体

受体(receptor)是指位于细胞质膜或亚细胞组分中的天然分子,可特异地识别并结合信号——配体,在细胞内放大、传递信号并启动一系列生理生化反应,最终导致特定的细胞反应。受体具有特异性、高亲和性和可逆性等特征。到目前为止发现的受体多为蛋白质。

根据受体在细胞中存在的部位,可将受体分为细胞表面受体和细胞内受体。前者位于细胞质膜上,后者则位于细胞内的亚细胞组分上。细胞表面受体包括:① G 蛋白联接受体(G protein-linked receptor)。受体蛋白的氨基端位于细胞的外侧,羧基端位于细胞内侧,一条肽链形成几个(多为 7 个)跨膜 α 螺旋结构。羧基端具有与 G 蛋白相互作用的区域,受体活化后直接将 G 蛋白激活,进行跨膜信号转换(图 5.4A)。② 酶联受体(enzyme-linked receptor)。这类受体本身是一种酶蛋白,通常包括三个结构域:胞外结构域负责识别信号,跨膜结构域负责连接胞外结构域和胞内结构域并把胞外信号传递给胞内结构域,胞内结构域往往具有激酶活性,把靶蛋白磷酸化。当胞外侧区域与配体(如信号二聚体)结合时,可激活酶,通过胞内侧酶的反应传递信号(图 5.4B)。③ 离子通道受体(ion channel-linked receptor)。即除了含有与配体特异结合的部位外,这种受体本身就是离子通道,受体接收信号后立即引起离子通道打开并引发 Ca^{2+} 等离子的跨膜转移(图 5.4C)。

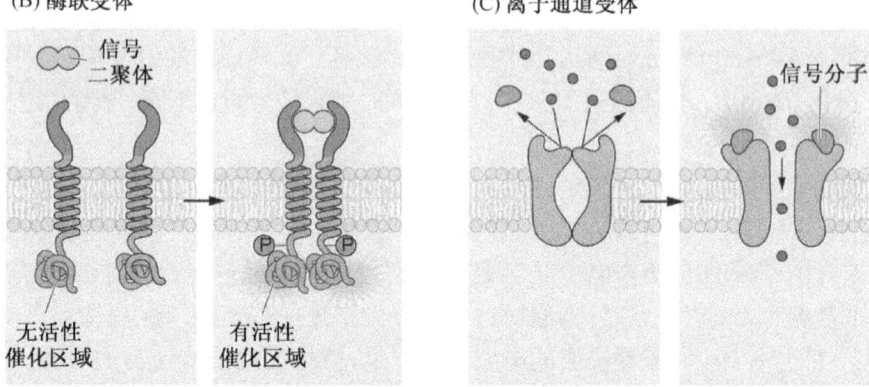

图 5.4　质膜上三类受体示意图(引自 Buchanan et al.,2000)

位于亚细胞组分上的受体与配体结合后往往直接调控细胞反应。一方面,某些信号如疏水性小分子甾醇类物质,可以通过简单扩散进入细胞与细胞内受体结合。另一方面,胞外受体与配体结合后,通过信号转换系统产生第二信使,如 cGMP、IP_3 和 DG,这些第二信使亦可以与胞内受体结合,调节一系列生理生化反应。

目前对受体研究较多的是光受体和激素受体。植物细胞内有三类光受体,即对红光和远红光敏感的光敏色素(phytochrome),对蓝光和紫外光 A 敏感的隐花色素(cryptochrome)和对紫外光 B 敏感的紫外光 B 区光受体。光敏色素作为植物光受体之一,由于它参与植物开花、种子萌发等许多生长发育过程,因此,人们对它的了解已远远超过激素受体。光敏色素已被纯化,其编码的基因也被克隆。近年来其分子结构的研究结果表明,光敏色素由二聚体组成,两个单体在 C 端区域相连,包含 1 100 个氨基酸残基具有生色团结合位点,生色团裂合酶结构区域,决定完整光敏素吸收光谱的结构区域(在 N 端区),与二聚体形成及 Pfr 降解有关的结构在 C 端区,与光敏色素生物学活性有关的结构在 N 端区及 C 端区的两头。从藓类 Certodom *rurpureus* 中克隆了一个新的光敏色素基因,并证实该光敏色素 N 端(生色团所在)作为光受体,而 C 端受光刺激后产生蛋白激酶活性,使光敏色素自身磷酸化。因此,可以认为光敏色素是一个光依赖的蛋白激酶。有关光敏色素的内容详见 7.1.1。

有关植物激素受体的研究也取得了重要进展,利用拟南芥突变体已鉴定、克隆了乙烯受体及其调控因子。人们根据双子叶植物黄化幼苗对乙烯的特殊反应即三重反应(抑制伸长生长、促进横向生长和偏上生长)筛选了拟南芥的不同突变体:对乙烯几乎完全不敏感的突变体 *etr*(ethylene-resistant),对乙烯不敏感的突变体 *ein*(ethylene-insensitive),*eti*(ethylene-insensitive),以及对乙烯持续表现三重反应的突变体 *ctr*(constitutive triple response)。

现已从 etr_1 突变株中克隆出对抗乙烯作用负责的 ETR_1 基因。该基因编码乙烯受体蛋白 ETR_1,该蛋白质是由 738 个氨基酸组成的多肽,其 N 端为一疏水结构,含乙烯受体活性区域,而 C 端为含有一组氨酸激酶活性区域和调节因子区域(图 5.5A)。乙烯受体蛋白的这一结构模式类似于细菌中的双组分信号系统。在细菌中,其双组分信号系统包括感受器(sensor)和反应调节器(response regulator)两部分。感受器区域通常定位于膜上并与一具有组氨酸激酶活性的区域相邻,当信号分子与 N 端的感受器结合时,组氨酸激酶被激活并进行自身磷酸化,然后磷酸基团从组氨酸转移到反应调节器区域的天门冬氨酸残基上,而反应调节器的磷酸化状态决定其调节活性的高低。现已证明,在 etr_1 突变株中,ETR_1 基因发生突变,乙烯信号不能被接受,因而表现为对乙烯不敏感。从 ctr_1 突变体中分离克隆出 CTR_1 基因,该基因编码 CTR_1 蛋白,该蛋白在乙烯的信号转导过程中起负调节作用。在 ctr_1 植株中,CTR_1 基因发生突变,CTR_1 负调节因子缺失,故形成持续表现乙烯生理效应的表型(图 5.5B)。CTR_1 的 N 端为调节活性区域,而 C 端为具有丝氨酸/苏氨酸蛋白激酶的特征区域。CTR_1 蛋白质氨基酸序列分析表明,CTR_1 为丝氨酸/苏氨酸蛋白激酶,其作用类似于动物细胞中促分裂原活化的蛋白激酶激酶激酶(mitogen-activated protein kinase kinase kinase,MAPKKK),故认为植物细胞中乙烯的信号转导过程可能也涉及蛋白质一系列磷酸化反应。从拟南芥 *ein* 突变株中已克隆出对乙烯敏感性负责的基因 EIN_2。该基因突变导致突变株对乙烯的不敏感性。利用双基因突变进行的研究表明,在 ETR_1,CTR_1 和 EIN_2 这三个参与乙烯信号转导的因子之间,ETR_1 作为乙烯受体位于上游,EIN_2 则位于下游,而 CTR_1 作为负调节因子位于两者之间(图 5.5C)。

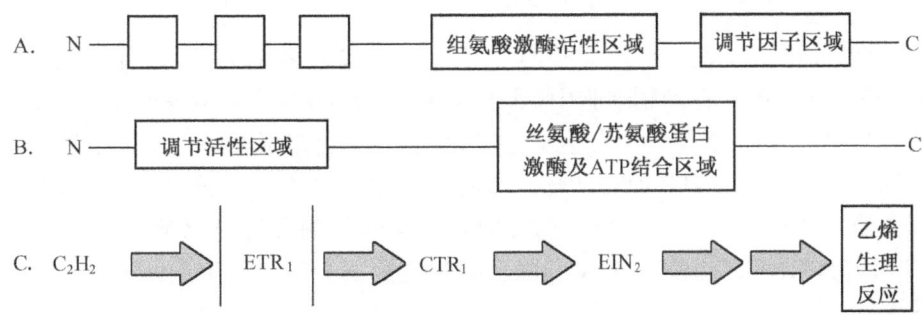

图 5.5 乙烯受体 ETR_1 及其调节因子 CTR_1 结构及乙烯信号转导机制模式(引自武维华,1998)
A. 乙烯受体蛋白 ETR_1 结构示意图;B. 乙烯信号传递负调节因子 CTR_1 结构示意图;C. 乙烯信号转导机制模式图

近年来,利用激素响应突变体及相关分子生物学等技术,研究植物激素受体及其信号转导途径取得了突破性进展,详细内容参见第 6 章。

5.2.2 G 蛋白与跨膜信号转导

在受体接受胞外信号与产生胞内信号之间,往往要通过质膜上的信号转换。这种转换是通过 G 蛋白偶联起来的。G 蛋白又称 GTP 结合调节蛋白(GTP binding regulatory protein),由于其作用是把胞外信号转化成胞内信号,故又把 G 蛋白称为信号转换蛋白或偶联蛋白。G 蛋白的发现是生物学研究的又一重大成就,吉尔曼(Gilman)和罗德贝尔(Rodbell1)由此获得 1994 年诺贝尔生理学或医学奖。20 世纪 90 年代以来利用生理学、分子生物学技术，不仅证明了 G 蛋白在高等植物中普遍存在，而且初步证明了 G 蛋白在光、激素等因子对气孔运动、细胞跨膜离子运输等细胞信号转导中有重要作用。

G 蛋白一般分为两大类。一类为大 G 蛋白，由三种不同亚基（α、β、γ）构成的三聚体 G 蛋白（heterotrimeric G-protein），其 α 亚基含有与 GTP 结合的活性位点，并具有 GTP 酶活性，其分子质量为 31~46 kDa。β 和 γ 亚基的分子质量分别约为 36 kDa 和 7~8 kDa，两者一般呈稳定的复合状态。另一类是含有一个亚基的单聚体 G 蛋白，又称为小 G 蛋白（small G-protein）。小 G 蛋白的结构与功能类似于大 G 蛋白中的 α 亚基，分子质量为 20~30 kDa 之间，有 GTP 结合的活性位点并具有 GTP 酶活性。小 G 蛋白又分为 ras、rho 和 rab/ypt 三个亚类，人类 ras 单体的三维结构见图 5.6，目前把人类 ras 单体的三维结构作为动物、植物和真菌其他小 G 蛋白的模型。这些小 G 蛋白分别参与细胞生长与分化、细胞运动、膜囊泡与蛋白质运输等的调节过程。亚基上氨基酸残基的酯化修饰作用将 G 蛋白结合在细胞膜面向胞质的一侧。

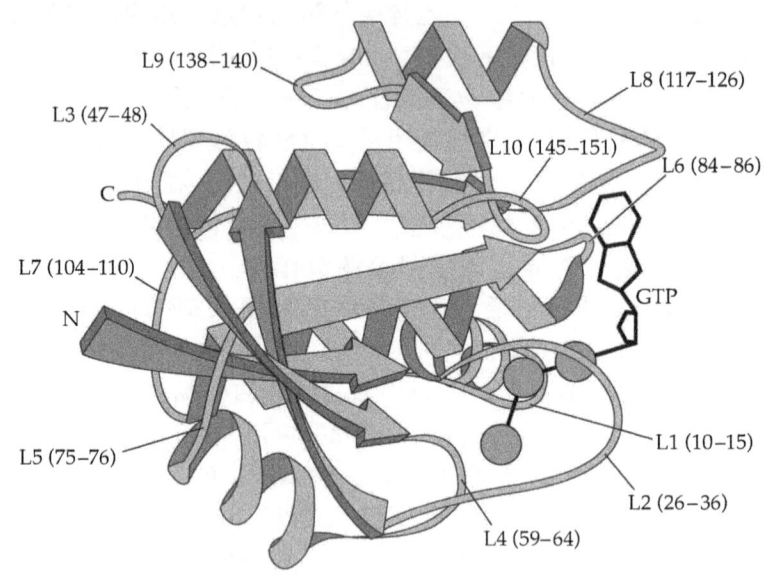

图 5.6　人 Ras 单体三维结构示图（引自 Buchanan et al.，2000）
图中标注了 GTP 结合部位及连接 6 个 β 折叠和 5 个 α 螺旋的 10 个环

G 蛋白参与跨膜信号转换是靠自身的活化与非活化状态循环来完成的，这种活化与非活化状态又与 GTP 的结合与水解联系在一起。在动物细胞中，处于非活化状态的 G 蛋白的 α 亚基结合着 GDP。当细胞受到刺激后，胞外信号与受体结合，受体构象发生变化，与 G 蛋白结合形成受体-G 蛋白复合体，使 G 蛋白 α 亚基构象发生变化，释放 GDP 结合 GTP 而被活化。然后，α 亚基与 β、γ 亚基分离并向其下游产生第二信使的组分（如腺苷酸环化酶：adenylyte cyclase）靠近并结合，活化环化酶并通过水解 ATP 产生第二信使 cAMP 分子。同时，GTP 水解为 GDP，并引起 α 亚基与腺苷酸环化酶的分离，回到原位与 β 和 γ 亚基重新结合，完成了信号转换（图 5.7）。

G 蛋白不仅把胞外信号转换为胞内信号，而且起信号放大作用，即每个与配体结合的受体同时可以激活多个 G 蛋白分子，每个 G 蛋白分子激活一个腺苷酸环化酶，后者又可催化产生大量 cAMP，cAMP 又可作为第二信使，通过以后的信号转导途径进一步传递并放大信号。

植物细胞中是否普遍存在 cAMP 及 cAMP 是否为植物细胞第二信使目前尚有争议。但是，植物细胞中普遍存在其他第二信使，其中研究较清楚的有 Ca^{2+}、IP_3 和 DAG。

5.2.3　受体激酶与跨膜信号转导

越来越多的研究表明，植物进化出了独特的受体激酶（receptor kinase，RK），又称类受体激酶（receptor-like kinase，RLK）。由于受体激酶属于特殊的膜蛋白，也称为膜受体激酶。这些受体激酶能够识别胞外信号并把胞外信号转换成胞内信号。例如，拟南芥有约 600 个受体激酶，这些受体激酶基本上都由三部分组

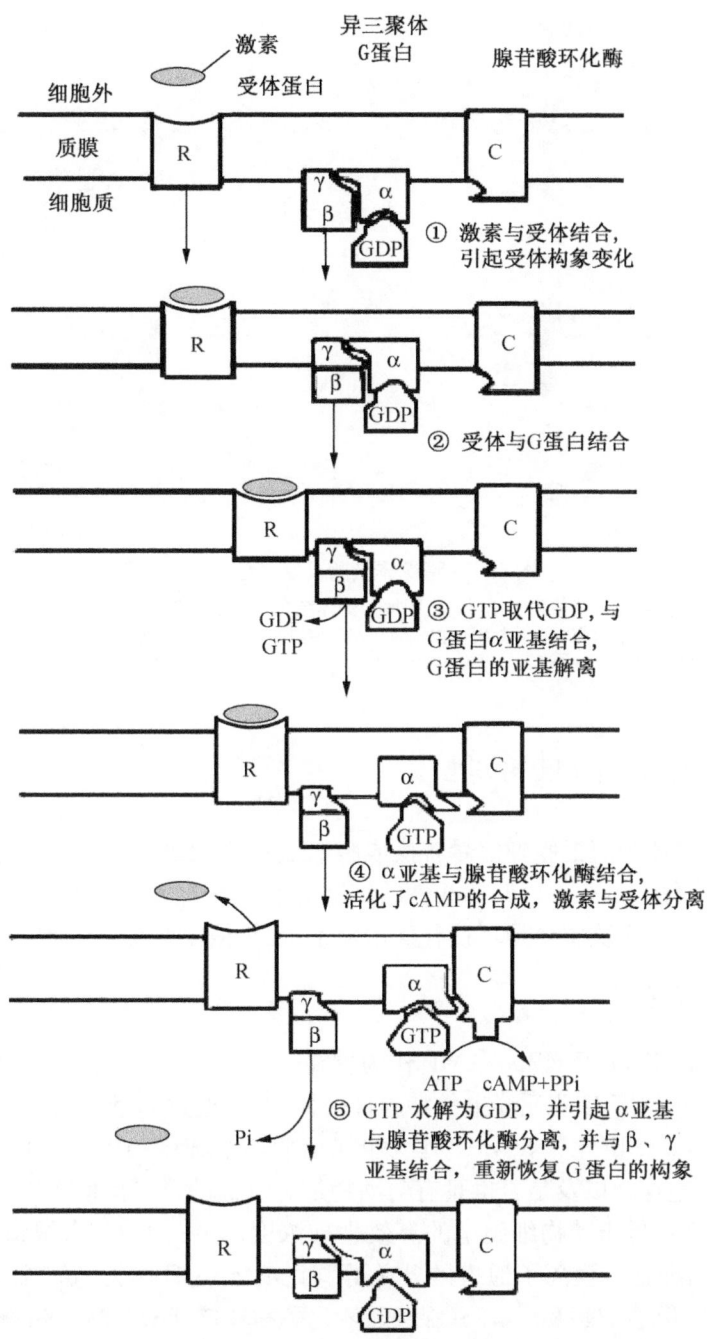

图 5.7 G 蛋白参与的跨膜信号转换（引自潘瑞炽，2002）

成：胞外结构域，又称配体结合结构域；跨膜结构域；胞内结构域，胞内结构域往往具有激酶活性，故又称激酶结构域。因此，膜受体激酶属于酶联受体。植物膜受体激酶主要有四个方面的功能：① 特异性识别并结合胞外信号或配体；② 激活胞内激酶结构域；③ 激酶结构域使靶蛋白磷酸化，触发基因转录调控等一系列生理生化响应；④ 受体激酶与其他蛋白互作调控信号转导，如 RK 与抑制蛋白或磷酸酶结合或发生内吞作用抑制靶蛋白磷酸化，从而抑制信号转导（图 5.8）。近年来发现了许多膜受体激酶参与激素、环境因子等信号调控的植物生长发育及环境应答过程。例如，BRI1（brassinosteroid insensitive 1）是一种油菜素内酯受体，参与油菜素内酯的结合及细胞伸长和分裂过程。

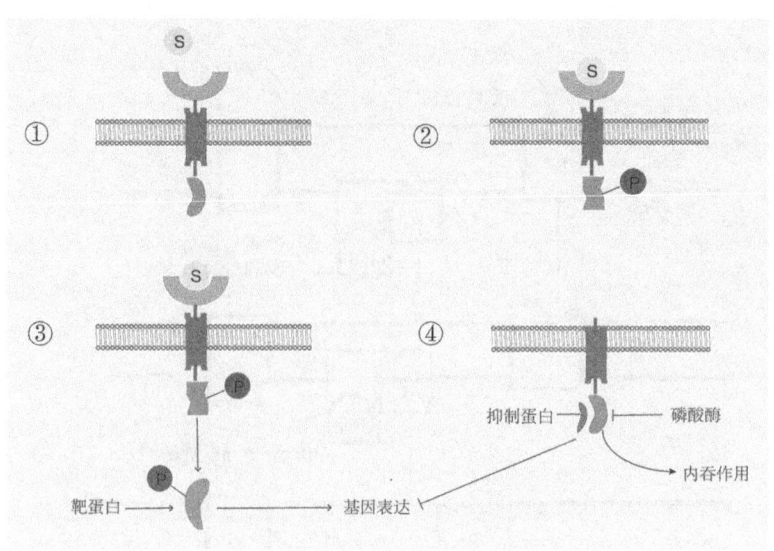

图 5.8　膜受体激酶及功能示意图
① 配体与受体没有结合；② 配体与受体结合并使胞内结构域磷酸化；③ 活化的胞内结构域调控下游靶蛋白活性，从而调控目的基因转录等生理生化响应；
④ 抑制蛋白、磷酸酶等使活化结构域失活

5.3　胞内信号和第二信使系统

胞外信号除了通过膜受体激酶把胞外信号转换成胞内信号外，也通过胞内第二信使系统进行信号转导。由胞外刺激信号激活或抑制的、具有生理调节活性的细胞内因子称为第二信使(second messenger)。到目前为止在植物细胞中的第二信使系统主要是环核苷酸信使系统、钙信使系统和磷脂酰肌醇信使系统。

5.3.1　环核苷酸信使系统

环核苷酸主要是指 cAMP 和 cGMP。cAMP 作为重要的第二信使物质在动物细胞中早已定论。当某些胞外刺激作用于动物细胞时，激活细胞质膜上的特异性受体，然后通过 G 蛋白介导促进或抑制膜内侧的腺苷酸环化酶，从而调节胞质的 cAMP 水平，cAMP 作为第二信使调节细胞的生理生化反应。然而，尚不确定植物细胞中的 cAMP 是否普遍存在以及是否也具有与动物细胞类似的第二信使作用。目前已在某些植物中测到 cAMP 的存在，但其浓度远低于动物细胞中的有效生理浓度。另一方面，有报道证明外加 cAMP 可以引起植物细胞的生理反应，如细胞质膜离子通道的开关等。说明 cAMP 作为植物细胞的第二信使是可能的。关于植物细胞是否存在 cAMP 合成酶和降解酶(腺苷酸环化酶和环核苷酸磷酸二酯酶)也还没有最终从蛋白质和基因水平得到确切证据。总之，cAMP 是否作为植物细胞内第二信使尚无定论。在动物细胞中，cGMP 信号的产生与 cAMP 类似，是由鸟苷酸环化酶催化的，而 cGMP 降解则由环核苷酸磷酸二酯酶完成，cGMP 作为第二信使的作用方式与 cAMP 类似。近年来，cGMP 作为第二信使在植物细胞中的作用也有了一定进展，如蔡南海实验室证实了叶绿体光诱导花色素合成过程中，cGMP 参与了受体、G 蛋白之后的下游信号转导过程。

5.3.2　钙信使系统

胞质中游离 Ca^{2+} 作为植物细胞重要的第二信使已得到证实。植物细胞胞质中静息态的 Ca^{2+} 浓度为 $10^{-7} \sim 10^{-6}$ mol/L，细胞壁等质外体中 Ca^{2+} 浓度为 $10^{-4} \sim 10^{-3}$ mol/L，细胞内的液泡、内质网中的 Ca^{2+} 浓度也比胞质 Ca^{2+} 浓度高得多(图 5.9A)。因此，人们又把质外体称为胞外 Ca^{2+} 库，而把液泡和内质网称为胞内 Ca^{2+} 库。胞内、外 Ca^{2+} 库与胞质中 Ca^{2+} 存在很大的浓度差，由于胞质仅占液泡、内质网和质外体的很小一部分，因此，某种刺激引起胞内、外 Ca^{2+} 库向胞质内释放少量 Ca^{2+} 时，胞质内 Ca^{2+} 浓度就会立即大幅度上升,达到一定阈值后,继而通过钙调节蛋白等引发相应的生理生化反应,从而完成传递胞外信号的作用(图 5.9B)。完成信号传递后,Ca^{2+} 又被迅速泵出胞外或泵入胞内 Ca^{2+} 库,胞质中游离 Ca^{2+} 浓度又回落到静息态水平,同时 Ca^{2+} 也与受体蛋白分离。大量研究表明,植物细胞受到不同胞外信号刺激(光照、盐处理、激素等)后,胞质游离 Ca^{2+} 浓度都会有一个短暂的、明显的升高,或者引起 Ca^{2+} 在细胞内的梯度分布或分布区域发生变化,其变化的幅度和频率都不相同。不同刺激信号的特异性可能是靠 Ca^{2+} 浓度变化的不同形式而体现的。

胞质中 Ca^{2+} 的稳态(calcium homeostasis)主要是靠质膜、液泡膜和内质网膜等 Ca^{2+} 转运蛋白(Ca^{2+} translocating protein)来维持的,某些有机酸等钙螯合物对胞质游离 Ca^{2+} 浓度也有一定的调节作用。Ca^{2+} 转运蛋白主要有 Ca^{2+}-ATP 酶、Ca^{2+} 通道和 Ca^{2+}/nH^+ 逆向转运体。植物细胞膜上 Ca^{2+}-ATP 酶主要有两种类型:ⅡA 型和ⅡB 型。不同类型的 Ca^{2+}-ATP 酶具有不同的同工酶,而且分别定位于不同细胞膜上,但它们的功能均是水解 ATP 的同时把胞质中 Ca^{2+} 泵入 Ca^{2+} 库。Ca^{2+} 通道负责 Ca^{2+} 由 Ca^{2+} 库被动进入胞质。Ca^{2+}/nH^+ 逆向转运体则依赖于跨膜质子梯度把 Ca^{2+} 运入 Ca^{2+} 库,质膜 H^+-ATP 酶负责跨质膜 H^+ 梯度建立,而液泡膜 H^+-ATP 酶和焦磷酸酶负责跨液泡膜 H^+ 梯度的建立。因此,质膜和液泡膜质子泵对胞质 Ca^{2+} 稳态具有重要作用。植物细胞中 Ca^{2+} 运输系统示于图 5.9。没有外界刺激时细胞质维持低 Ca^{2+} 浓度(图 5.9A),有外界信号并与受体结合后,Ca^{2+} 通道打开或 Ca^{2+} 转运体激活导致细胞质 Ca^{2+} 迅速升高,从而通过 CaM 和钙依赖的蛋白激酶等触发基因表达等一系列生理生化响应(图 5.9B)。

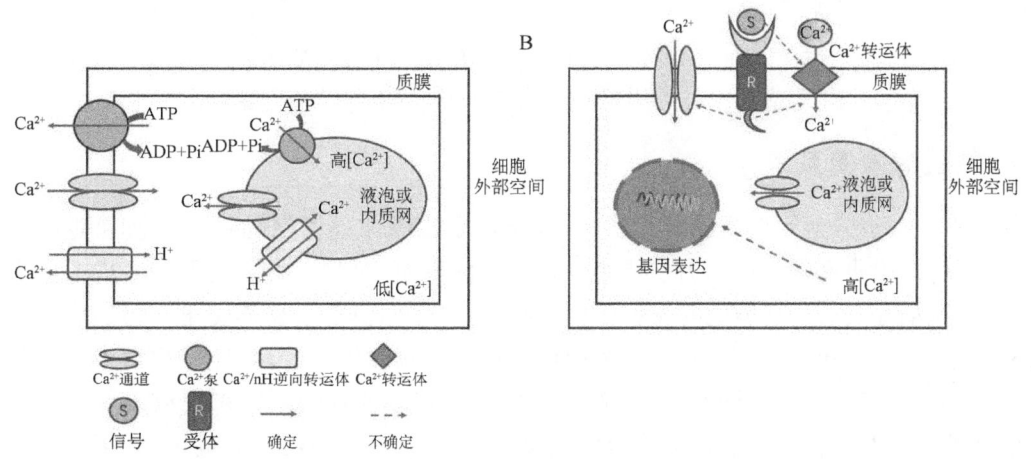

图 5.9 植物细胞钙离子运输系统

A. 没有外界刺激时,胞质内 Ca^{2+} 保持低浓度;B. 有外界刺激时,Ca^{2+} 通道打开,胞质 Ca^{2+} 浓度迅速升高,通过 CaM 和钙依赖的蛋白激酶等引发生理生化反应

胞内 Ca^{2+} 信使也可通过钙受体蛋白转导信号调节细胞生理反应。植物细胞中的钙受体蛋白主要有钙调素(CaM)和钙依赖性蛋白激酶(calcium-dependent protein kinase,CDPK)。CaM 是植物细胞中分布最广、被研究得最多的一种钙受体蛋白。CaM 是一种耐热、酸性小分子可溶性球蛋白,等电点 4.0,分子质量约为 16.7 kDa,由 148 个氨基酸组成的单链多肽。

每个 CaM 分子有 4 个 Ca^{2+} 结合位点,它必须与 Ca^{2+} 结合后发生构象变化才具有生理活性。CaM 的作用方式有两种:一是直接与靶酶结合,诱导靶酶的活性构象,从而调节靶酶的活性,如 Ca^{2+}-ATP 酶和 NAD 激酶等;二是与 Ca^{2+} 结合,形成活化态的 Ca^{2+}·CaM 复合体,后者与靶酶结合激活靶酶,如 H^+-ATP 酶和磷酸化酶等,这种方式在钙信号传递中起主要作用。

CaM 与 Ca^{2+} 有很高的亲和力,1 个 CaM 分子最多可与 4 个 Ca^{2+} 结合。

$$nCa^{2+} + CaM \rightleftharpoons Ca^{2+}n \cdot CaM \ [1 < n \leqslant 4] \tag{5.1}$$

$$mCa^{2+}n \cdot CaM + E \rightleftharpoons (Ca^{2+}n \cdot CaM)_m \cdot E^* \tag{5.2}$$

式中,n 代表与 CaM 结合的 Ca^{2+} 分子数,E 代表靶酶,m 代表活化靶酶所需的 $Ca^{2+}n$·CaM 复合物数,* 代表靶酶的活化态。

近年来在CaM基因结构、基因表达以及空间结构等方面取得了许多进展。CaM的三维空间结构呈哑铃形,长为6.5 nm(图5.10A)。每个哑铃球上有2个Ca^{2+}结合位点,长的螺旋形成哑铃柄,长约2 nm,无Ca^{2+}结合时,两端球部沿中心螺旋折叠。与Ca^{2+}结合形成复合物后,结合到靶酶上(图5.10B)。Ca^{2+}·CaM复合物的形成使CaM与许多靶酶的亲和力大大提高,导致靶酶的活性全酶浓度增加,这就是所谓的调幅机制(amplitude modulation)。而调敏机制(sensitive modulation)是指在细胞内Ca^{2+}浓度保持不变的情况下,通过调节CaM或靶酶对Ca^{2+}的敏感程度,增加活性全酶。现已发现许多Ca^{2+}·CaM复合体的靶酶,如质膜上的Ca^{2+}-ATP酶、Ca^{2+}通道、NAD激酶和多种蛋白激酶等。这些靶酶被活化后参与细胞分裂、生长和分化等过程,最终调节细胞的生长发育。

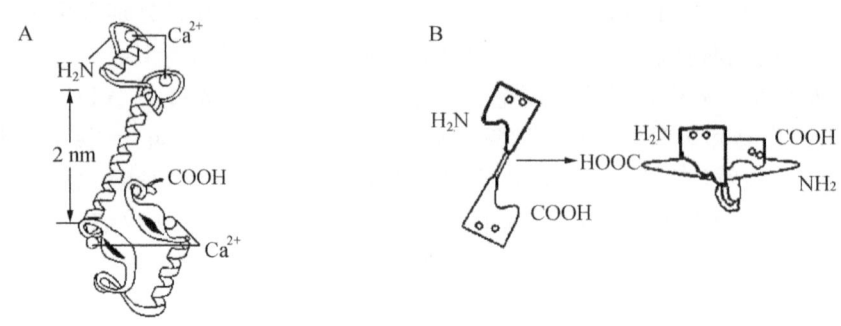

图5.10　CaM的三维结构(A)和Ca^{2+}·CaM复合体结合到靶酶上(B)(引自潘瑞炽,2001)

5.3.3　磷脂酰肌醇信使系统

生物膜的基本组成成分是蛋白质和磷脂,由于膜蛋白是细胞与环境之间物质交换和能量及信号转换的主要执行者,所以过去膜研究领域注意力主要集中在膜蛋白方面,而对膜脂研究则主要集中在膜脂中脂肪酸的种类、比例与膜流动性及其与环境之间关系方面,而没有考虑到膜磷脂及其代谢产物还能作为细胞信号传递物质。1953年霍金(Hokin)等人发现,外界刺激可以加速膜脂的代谢活动,他们注意到乙酰胆碱等一些促分泌物质在促进胰脏分泌淀粉酶的同时,还伴随磷脂代谢周转率的加快。后来用放射性^{32}P标记研究发现只有膜脂中磷脂酰肌醇及其代谢产物在动物激素反应中起作用。但是直到20世纪70年代才真正把磷脂酰肌醇及其代谢产物作为细胞信号传递物质进行研究。到目前为止,动物细胞中已建立了比较完整的磷脂酰肌醇信使系统的概念。在植物细胞中磷脂酰肌醇信使系统在某些植物中也已得到确认,但信号转导的具体途径还不像动物细胞那样清楚。

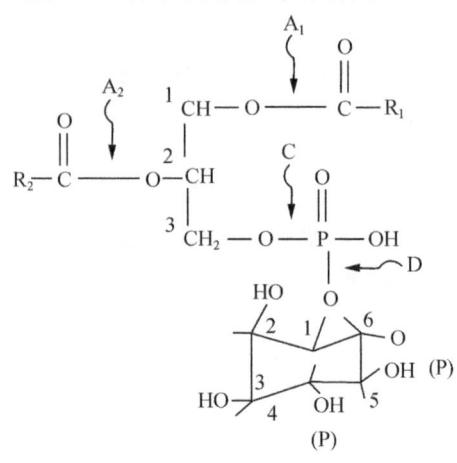

图5.11　PIP_2的分子结构及其相应磷脂酶作用位点

磷脂酰肌醇主要分布在细胞质膜内侧,其总量仅占膜磷脂的很少一部分。现已确定的磷脂酰肌醇主要有三种:磷脂酰肌醇(phosphatidylinositol, PI),磷脂酰肌醇-4,5-双磷酸(phosphatidylinositol-4,5-bisphosphate, PIP_2)和磷脂酰肌醇磷酸(phosphatidylinositol phosphate, PIP),PIP和PIP_2是由PI和PIP分别在PI激酶和PIP激酶催化下磷酸化而形成的,其基本结构及其相应磷脂酶(phospholipase)作用位点见图5.11。

图中箭头所示位置为相应磷脂酶作用位点,这些磷脂酶分别称为磷脂酶A_1、磷脂酶A_2、磷脂酶C和磷脂酶D。其中质膜中的磷脂酶C(phospholipase C, PLC)最为重要,它催化PIP_2水解形成肌醇三磷酸(inositol triphosphate, IP_3)和二酰甘油(DAG)两种信号分子参与之后的细胞信号转导过程,所以,又称双信使系统。PLC可被较低的胞质Ca^{2+}浓度(<1 μmol/L)激活,被较高的胞质Ca^{2+}浓度

(10 μmol/L)抑制，从而和 Ca^{2+} 信使系统相偶联。

实际上，IP_3 作为信号分子是通过调节胞质 Ca^{2+} 浓度而传递信息的。IP_3 的作用位点是细胞内的钙库，如液泡和内质网等。IP_3 与钙库膜上的受体结合后，激活钙库膜上的 Ca^{2+} 通道，使 Ca^{2+} 从液泡和内质网等钙库中释放出来，引起胞质 Ca^{2+} 浓度增加，从而启动胞内 Ca^{2+} 信使系统，称为 IP_3/Ca^{2+} 信号转导途径。已有证据表明，IP_3/Ca^{2+} 系统在干旱 ABA 引起的气孔关闭过程中起重要调节作用，如 ABA 使胞外 Ca^{2+} 通过质膜通道进入蚕豆保卫细胞，并可引起气孔关闭；在鸭跖草保卫细胞中，ABA 处理使保卫细胞胞质 Ca^{2+} 浓度增加，也是通过 IP_3 作用于钙库释放 Ca^{2+}，从而导致气孔关闭，IP_3 又通过调节蚕豆细胞 K^+ 通道使胞质内 K^+ 浓度降低等。

DAG 作为信号分子是通过激活蛋白激酶 C(protein kinase C，PKC)传递信息的。PKC 是一种依赖于 Ca^{2+} 和磷脂的蛋白激酶，当有 Ca^{2+} 和磷脂存在时，DAG、Ca^{2+}、磷脂和 PKC 结合为复合物，使 PKC 激活，从而对某些底物蛋白或酶类进行磷酸化，实现信号转导，称为 DAG/PKC 信号转导途径(图 5.12)。

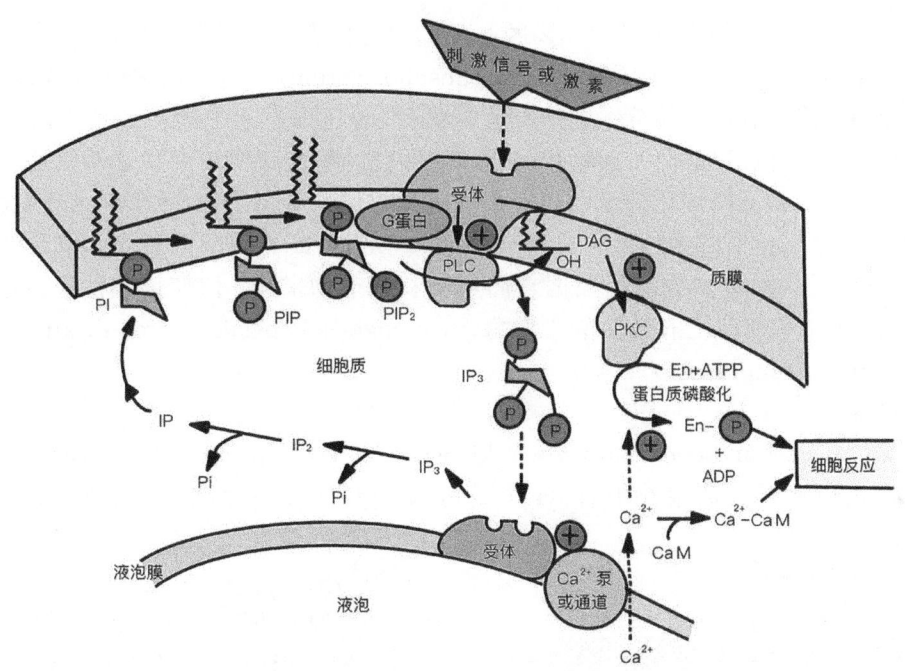

图 5.12　肌醇磷酸代谢循环过程(引自李合生，2002)

5.4　蛋白质的可逆磷酸化

蛋白质的可逆磷酸化是生物体内一种普遍的翻译后修饰方式。蛋白质磷酸化与脱磷酸化分别由蛋白激酶(protein kinase，PK)和蛋白磷酸酶(protein phosphatase，PP)催化完成。PK 催化 ATP 或 GTP γ 位的磷酸基团转移到底物蛋白质的氨基酸残基上，而 PP 则催化去掉磷酸化蛋白质的磷酸基团。

$$\text{(非活化)蛋白质} \underset{nPi \quad PP \quad H_2O}{\overset{(nNTP) \quad PK \quad nNDP}{\rightleftharpoons}} \text{蛋白质-}nPi\text{(活化)} \tag{5.3}$$

式中，NTP 代表 ATP 或 GTP 等核苷三磷酸，Pi 代表无机磷酸。底物蛋白质被 PK 磷酸化后发生构象和电荷变化，从而被活化。而 PP 催化的脱磷酸化则逆转磷酸化的效应。细胞内第二信使(如 Ca^{2+}、DAG 等)往往通过调节细胞内多种蛋白激酶和蛋白磷酸酶的活性，从而调节蛋白质的磷酸化和脱磷酸化过程，进一步传递信号。蛋白质的磷酸化和脱磷酸化在细胞信号转导过程中具有级联放大信号的作用。胞外即使有很微弱的信号也可以通过一系列连锁反应得到充分放大。例如,动物细胞中糖原分解代谢中磷酸化酶活性就是通过受体激活一系列的蛋白激酶,导致蛋白质磷酸化的级联(cascade)反应,在一系列的反应中,前一反应的产物是后一反应的底物,每次修饰就产生一次放大作用,直至把信号传递到细胞核中,调节目的基因表达。近年来,植物细胞中也发现了参与这种级联反应的蛋白质激酶。例如,促分裂原活化蛋白激酶(mitogen-activated protein kinase,MAPK)参与的信号转导级联(signaling cascade)反应途径,是由 MAPK、MAPKK 和 MAPKKK 三个激酶组成的系列蛋白质磷酸化反应,每次磷酸化就产生一次放大作用。蛋白质的磷酸化与脱磷酸化共价修饰调节除了具有显著的级联反应特点外,还有调控细胞内已存在酶的"活性酶量"(磷酸化酶有活性,脱磷酸化酶没有活性),使应答反应更有效;功能上具有多样性,即蛋白质磷酸化与脱磷酸化几乎涉及所有的生理生化过程;蛋白质磷酸化与脱磷酸化在信号引起的细胞效应中具有持久性,如细胞的分裂和分化等过程;蛋白质磷酸化与脱磷酸化在胞内介导胞外信号时具有专一应答特点。

5.4.1 蛋白激酶

蛋白激酶是一个大家族,植物中有 2‰～3‰ 的基因编码蛋白激酶。其共同特点是:表现出一定的底物专一性,但很少具有绝对专一性;具有自磷酸化(autophosphorylation)作用,即某种蛋白激酶可以利用它本身作为底物,这种作用可以发生在两个酶分子之间相互磷酸化,也可以发生在同一分子之内,即一个酶分子的催化部位可磷酸化同一分子的其他部位;底物蛋白质被磷酸化的氨基酸残基主要是丝氨酸、苏氨酸和酪氨酸等少数几个氨基酸。因此,根据磷酸化靶蛋白的氨基酸残基的种类不同,蛋白激酶分为丝氨酸/苏氨酸激酶、酪氨酸激酶和组氨酸激酶。但有的蛋白激酶具有双重底物特异性,既可使丝氨酸或苏氨酸残基磷酸化,又可使酪氨酸残基磷酸化。另一种分类方法是根据它们是否有调节物来分:信使依赖性蛋白激酶(messenger-dependant protein kinase)和非信使依赖性蛋白激酶(messenger-independant protein kinase)或称"独立的"蛋白激酶(independant protein kinase)。

1. 钙依赖性蛋白激酶

钙依赖性蛋白激酶(calcium-dependant protein kinase,CDPK)是植物细胞中特有的一个蛋白激酶家族,属于丝氨酸/苏氨酸蛋白激酶。拟南芥中有 34 个基因编码 CDPK,水稻中 31 个,小麦中至少有 20 个。CDPK 有钙结合位点,但不依赖 CaM。CDPK 具有共同的结构特征,在 N 端有一个激酶活性域,在 C 端有一个类似 CaM 的结构域,两者之间有一个抑制域(图 5.13)。当位于 CDPK 上类似 CaM 的结构域的钙离子结合位点与 Ca^{2+} 结合后,抑制被解除,酶就被活化。胁迫、机械刺激和激素等均可以引起 CDPK 基因的表达。现已发现,CDPK 的靶蛋白有质膜 ATP 酶、离子通道和细胞骨架成分等重要生命物质。

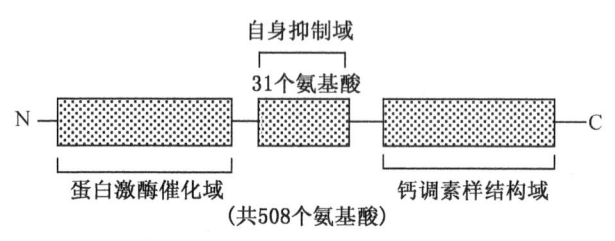

图 5.13 钙依赖型蛋白激酶的结构示意图

2. 类受体激酶

类受体激酶(详见 5.2.3)、CDPK 和 MAPK 级联反应中的蛋白激酶协同作用完成信号接收、转换和转导过程。动物细胞受体酪氨酸激酶(receptor tyrosine kinase,RPTK)结构的共同点是整个分子可分为三个结构域,细胞外的配体结合区,细胞质侧的具有酪氨酸蛋白激酶活性的结构域及连接这两个区域的跨膜结构域。

RPTK 具有多功能性,即它能把信号的接受、膜上的转换以及向细胞内部的传递、转导及引起一定的生理效应等功能集于一身,并具有自身调节功能,也就是说由 RPTK 介导的信号跨膜传递转换方式比其他信号系统更为直接和简单。由 RPTK 信号途径介导的生理效应是多方面的,如 DNA 的合成,离子跨膜转运及多胺合成等。

目前利用分子生物学方法已从植物细胞中鉴定到多个与动物细胞 RPTK 同源的基因,由于这些基因产物在植物细胞中还没能证实它们也具有受体功能,也没有发现这类蛋白质的天然配基,所以把这类蛋白质称为类受体蛋白激酶。从植物中已克隆 RLPK 基因推知的蛋白质氨基酸序列结构分析,RLPK 属于丝氨酸/苏氨酸蛋白激酶类。植物细胞的 RLPK 具有动物细胞 RLPK 类似的三部分结构:即胞外结构域(extra cellular domain)、跨膜螺旋区(transmembrane α-helix)和胞内蛋白激酶催化结构域(intracellular protein kinase catalytic domain)。不同 RLPK 之间主要区别在于胞外结构域氨基酸序列差别很大。因此,依据胞外结构域的不同,将 RLPK 分为三类:第一类为 S 受体激酶,其胞外结构域与调节油菜自交不亲和的 S-糖蛋白的氨基酸序列同源,多数 RLPK 属于此类型。第二类是富含亮氨酸受体激酶,其特点是胞外结构域中有重复出现的亮氨酸,油菜素内酯受体属于此类型。第三类为类表皮生长因子受体激酶,其主要特征为胞外结构域具有类似动物细胞表皮生长因子的结构,从拟南芥叶绿体分离到的 Pro25 属于此类型。虽然利用基因克隆技术已从植物中鉴定出数种 RLPK,但其生理功能和分子调控的机制还有待深入研究。

5.4.2 蛋白磷酸酶

蛋白磷酸酶(PP)的主要功能是逆转蛋白磷酸化作用,是一个终止信号或逆向调节的过程,在生命活动的代谢调节中与蛋白质激酶具有同等重要的意义。蛋白磷酸酶与蛋白激酶相对应,分为丝氨酸/苏氨酸型蛋白磷酸酶和酪氨酸型蛋白磷酸酶两类。但是,有些蛋白磷酸酶具有双重底物特异性。关于植物中蛋白磷酸酶结构、功能及其调控机制的资料很少。近年来研究表明,丝氨酸/苏氨酸蛋白磷酸酶 PP_1 和 PP_2 参与植物对逆境的应答。例如,PP_2C 参与干旱条件下 ABA 信号转导过程(见第 11 章)。

思 考 题

1. 什么叫细胞信号转导?受体和 G 蛋白与信号转导有何关系?
2. Ca 是植物必需的大量元素,而 Ca^{2+} 作为第二信使必须维持胞质中 Ca^{2+} 浓度在 $10^{-7} \sim 10^{-6}$ mol/L,即 Ca^{2+} 稳态,植物细胞是如何维持胞质 Ca^{2+} 稳态的?
3. 植物细胞的主要钙受体蛋白是什么?CaM 有何特点?举例说明胞外信号如何通过钙受体蛋白引起相应生理反应。
4. 磷脂酰肌醇信使系统与钙信使系统有何区别和联系?
5. Ca 往往提高植物抗逆性(如抗旱性和抗盐性等),你认为 Ca 是如何起作用的?
6. 植物细胞中有哪些信号分子?其主要功能是什么?
7. 简要叙述植物细胞信号转导途径。
8. 膜受体激酶有何特点?它是如何把胞外信号转换为胞内信号的?

第6章 植物生长物质

提要

植物生长物质是指调节植物生长发育的物质，包括植物激素和植物生长调节剂。目前被公认的植物激素有5类：生长素类、赤霉素类、细胞分裂素类、乙烯和脱落酸。

生长素在高等植物中分布很广，并有极性运输的特点。它具有促进细胞的伸长和分裂，促进根系形成和生长，抑制器官脱落，保持植株顶端优势等作用。生长素的作用机制有酸生长学说和基因活化学说。

赤霉素现已发现有127种，最常见的是GA_3。赤霉素具有加速细胞的伸长生长，促进细胞分裂，诱导水解酶合成，促进开花和影响性别分化等作用。赤霉素的作用机制是促进RNA和蛋白质的合成，降低细胞壁中的Ca^{2+}水平，从而使细胞伸长。

细胞分裂素是促进细胞分裂的植物激素。根尖是它主要合成部位。细胞分裂素具有促进细胞分裂与扩大，促进芽的分化与发育，延缓衰老以及促进营养物质运输等作用。细胞分裂素的作用机制是促进RNA和蛋白质的合成。

乙烯是一种气态型的植物激素。它具有促进器官脱落、促进果实成熟、促进细胞扩大，促进菠萝等凤梨科植物开花、促进次生物质排放等作用。乙烯的作用机制是促进核酸和蛋白质的合成。

脱落酸是一种抑制生长发育的物质。它具有促进气孔关闭，促进休眠，促进器官脱落，提高抗逆性等作用。脱落酸的作用机制主要是调控核酸和蛋白质的合成。

植物激素信号转导途径取得了突破性进展，不同激素由其相应的受体识别并结合后触发下游信号转导过程，最终引起系列生理生化反应及表型变化。植物体内各种激素是同时存在的，它们的生理效应有相互促进，也有相互拮抗。通过激素间的这种相互作用，共同对植物生长发育方向起调控作用。

植物生长物质（plant growth substance）是指一些能调节植物生长发育的微量化学物质，它包括植物激素和植物生长调节剂。植物激素（plant hormone 或 phytohormone）是指一些在植物体内合成，并从合成部位运往作用部位，对生长发育产生显著调节作用的微量（1 μmol/L 以下）有机物质。植物生长调节剂（plant growth regulator）通常是指人工合成的具有类似植物激素生理活性的化合物。

植物激素研究始于20世纪30年代的生长素分离，50年代确定了赤霉素和细胞分裂素，60年代后又发现了脱落酸和乙烯。目前公认的植物激素有5大类，即生长素类、赤霉素类、细胞分裂素类、乙烯和脱落酸。近年来，人们在植物体内陆续又发现了一些能对植物生长发育起调节作用的物质，如油菜素内酯、多胺、茉莉酸、水杨酸等。尽管各类激素调控植物生长发育的途径不同，但其调控路径具有相似的特征。例如，外界环境或者生长发育信号诱导激素合成然后运输到作用器官；作用器官细胞膜受体识别并接受该激素，转化为胞内信号；胞内信号传递和放大后导致靶基因转录或靶蛋白修饰，从而引发一系列生理生化响应及表型变化。

随着植物激素研究的深入和农林业生产的需要，人们合成并筛选出了多类植物生长调节剂。一类分子结构和生理效应与植物激素类似，如吲哚丙酸、吲哚丁酸等；另一类结构与植物激素完全不同，但具有植物激素类似生理效应的有机物，如萘乙酸、矮壮素、三碘苯甲酸、乙烯利、多效唑等。植物生长调节剂能在低浓度下对植物生长发育表现出明显的促进或抑制作用，它们已被广泛应用在促进种子萌发、促进生根、促进开花、控制性别、促进结实、疏花疏果、延缓衰老和防止脱落等方面。

6.1 生长素类

6.1.1 生长素类的发现

生长素(auxin)是最早被发现的植物激素。生长素的发现是通过对禾本科植物胚芽鞘生长的研究开始的。英国著名科学家查尔斯·达尔文(Charles Darwin)和他的儿子弗朗西斯·达尔文(Francis Darwin)从加那利虉草(*Phalaris canariensis*)胚芽鞘向光性实验中发现：如果在单侧光照射下，胚芽鞘向光弯曲；如果切去胚芽鞘的尖端或在尖端套以不透光的锡箔小帽，单侧光照不会使胚芽鞘向光弯曲；如果单侧光只照射胚芽鞘尖端而不照射胚芽鞘下部，胚芽鞘仍会向光弯曲(图 6.1a)。因此，他们认为胚芽鞘产生向光弯曲是由于幼苗在单侧光照射下产生某种影响，并将这种影响从上部传到下部，造成背光面和向光面生长速度不同。丹麦的博伊森·詹森(Boysen-Jensen)分别在燕麦胚芽鞘向光面或背光面，在胚芽鞘尖端和以下部分间横向插入深度为横断面一半的云母片，结果发现只有当云母片从背光面插入时，胚芽鞘才丧失向光性。如果将胚芽鞘尖端切下，在胚芽鞘切口上放一明胶薄片后再将切下的胚芽鞘尖端重新放上，其向光性仍能发生(图 6.1b)。匈牙利的帕尔(Paal)发现，将燕麦胚芽鞘尖端切下后再将它放在胚芽鞘切口的一侧，即便在黑暗下也会使胚芽鞘弯曲(图 6.1c)。以上两组试验证实了 Darwin 所谓的影响是某些物质的传递，即胚芽鞘向光弯曲现象可能是植物体内产生的可以通过明胶片的微量化学物质引起的。

荷兰的文特(F. W. Went)第一次成功地从燕麦胚芽鞘中分离到这种物质。他把燕麦胚芽鞘尖端切下，放在琼脂薄片上，约 1 h 后，移去胚芽鞘尖端，将琼脂切成小块，再把这些琼脂块放在去顶的胚芽鞘一侧，置于暗中，胚芽鞘就会向放琼脂块的对侧弯曲，但放纯琼脂块，则不会弯曲(图 6.1d)。这证明了琼脂块中有自

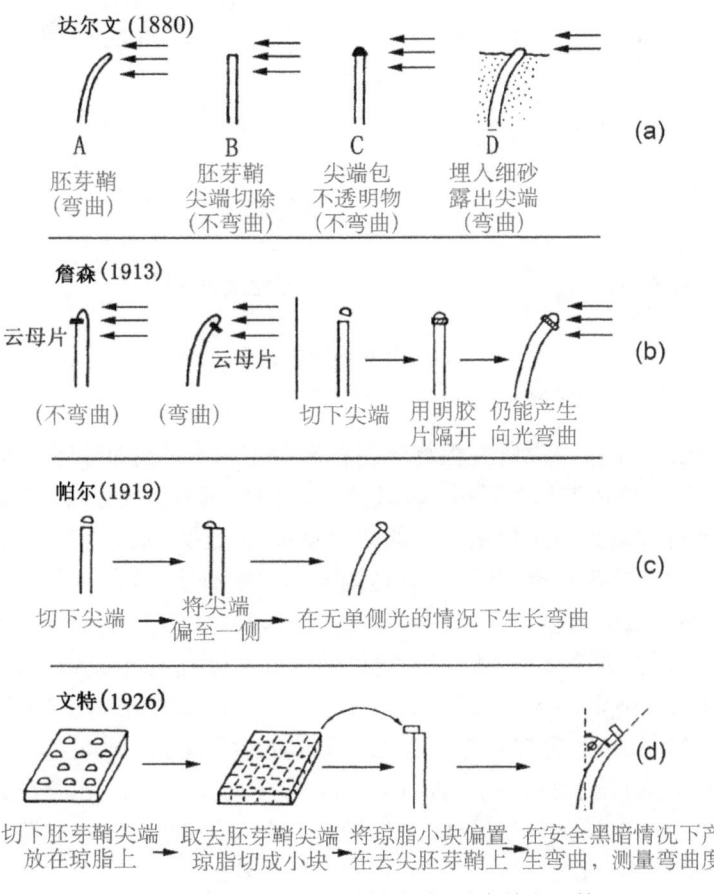

图 6.1 生长素发现的一些关键实验(引自曾广文等，2000)

胚芽鞘尖端扩散下来的某种促进生长的物质，因此琼脂块能与胚芽鞘尖端具有同样的作用。文特称该物质为生长素。根据这一原理，他创立了生长素生物鉴定法——燕麦试验（Avena test），即用低浓度的生长素处理燕麦胚芽鞘的一侧，引起这一侧的生长速度加快，从而使胚芽鞘向另一侧弯曲，其弯曲度与所用的生长素浓度在一定范围内成正比。此法可定量测定生长素含量，这推动了对生长素在植物体内的分布和含量的检测，以及筛选植物生长调节剂的研究。1934年荷兰的克格尔（F. Kögl）等从人尿中提取并分离到了这种物质，经鉴定为吲哚-3-乙酸（indole-3-acetic acid，IAA），其分子式为 $C_{10}H_9O_2N$，相对分子质量为175.19。1942年哈根·斯米特（Haagen-Smit）等从碱性水解的玉米粉和未成熟的玉米籽粒中分别提取到了IAA。IAA是高等植物中最早发现并普遍存在的一种重要的生长素，习惯上常把生长素与IAA两个名词混用，因此IAA成了生长素的代名词。

6.1.2 生长素的种类及其化学结构

1. 天然生长素类

生长素IAA在植物体内分布最为普遍，广泛分布于细菌、真菌和藻类、蕨类和种子植物中。除IAA外，植物体内还有其他生长素类物质。如4-氯吲哚乙酸（4-chloroindole acetic acid，4-Cl-IAA）存在于豌豆、山黧豆等豆类未成熟的种子中；苯乙酸（phenylacetic acid，PAA）存在于番茄、烟草等一些作物中，其生理活性比IAA低得多；吲哚丁酸（indole butyric acid，IBA）也已从玉米和其他植物的种子和叶片中提取出来（图6.2）。

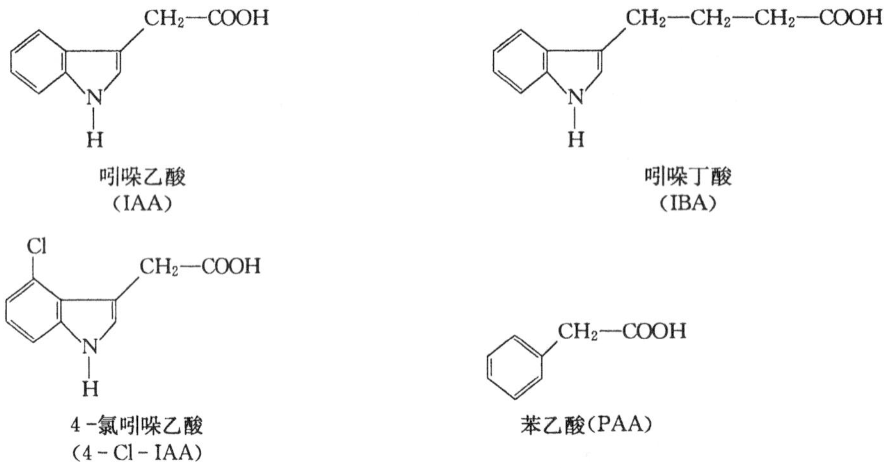

图6.2 几种内源生长素

2. 人工合成生长素类

利用生长素的生物鉴定法，不仅可以研究植物体内各部分生长素的分布和含量，同时还可以从人工合成的一些有机物中筛选出与生长素有类似生理效应，甚至有的活性还比生长素大几百倍的植物生长调节剂。根据生长素的结构特征，已有大量具有生长素活性的化合物被合成，如吲哚丙酸（indolepropionic acid，IPA）和吲哚丁酸，它们和吲哚乙酸一样都具有吲哚环，只是侧链的长度有所不同。以后又发现了没有吲哚环而有萘环的一些化合物，如α-萘乙酸（α-naphthalene acetic acid，NAA）、萘氧乙酸（naphthoxyacetic acid，NOA）等，以及一类具有苯环的化合物，如2,4-二氯苯氧乙酸（2,4-dichlorophenoxyacetic acid，2,4-D）、2,4,5-三氯苯氧乙酸（2,4,5-trichlorophenoxyacetic acid，2,4,5-T）、2-甲基-4-氯苯氧乙酸（2-methyl-4-chlorophenoxyacetic acid，MCPA）等也都有与吲哚乙酸类似的生理效应（图6.3）。此外，还有一类合成的生长素衍生物，如α-（对氯苯氧基）异丁酸[α-(p-chlorophenoxy) isobutyric acid，PCIB]，它本身没有或有很低的生长素活性，但在植物体内与生长素竞争受体，对生长素有专一的抑制效应，故称为抗生长素（antiauxin）。

一些人工合成的生长素类化合物，如NAA、2,4-D等原料来源丰富，生产过程简单，可在工厂大量生产，现已被广泛地应用在农林业生产中。

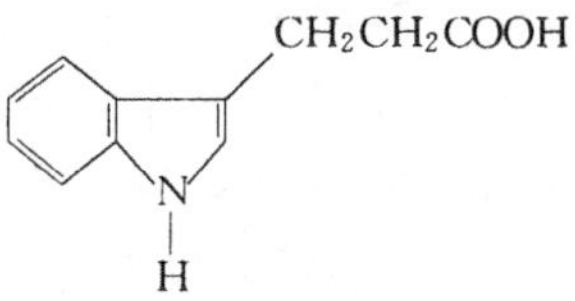

吲哚丙酸
(IPA)

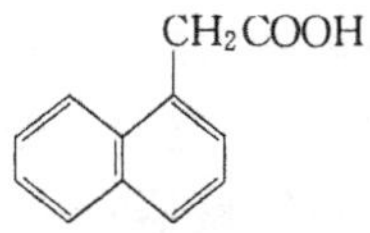

α-萘乙酸
(NAA)

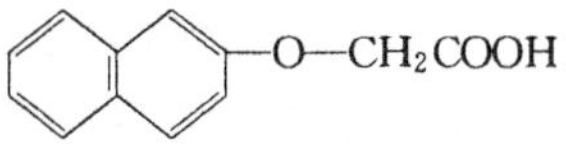

α-萘氧乙酸
(NOA)

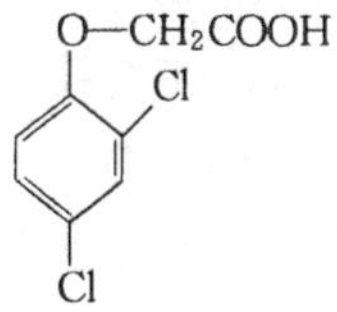

2,4-二氯苯氧乙酸
(2,4-D)

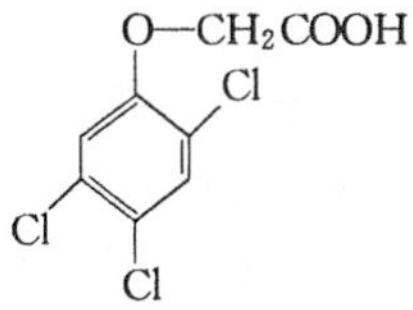

2,4,5-三氯苯氧乙酸
(2,4,5-T)

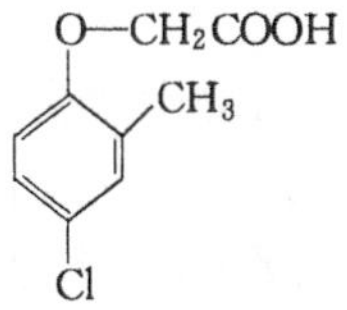

2-甲基-4-氯苯氧乙酸
(MCPA)

图 6.3 几种人工合成的生长素类化合物

6.1.3 生长素的分布、存在形式和运输

1. 生长素的分布

生长素在植物体内分布很广，存在于植株的根、茎、叶、花、果实、种子及胚芽鞘中。其含量一般为每克鲜重植物材料含 10～100 ng 生长素。生长素大多集中在生长旺盛的部位，如胚芽鞘、芽和根的分生组织、形成层、受精后的子房、正在展开的幼叶及幼嫩种子等，而在趋向衰老的组织和器官中含量很少。IAA 含量还与植物种类、器官和生长发育阶段有关。在不同植物体内 IAA 含量差异显著，如大豆种子中 IAA 为 4 μg/kg，而在水稻种子中是 1 700 μg/kg。在玉米的营养器官内的 IAA 只有 24 μg/kg，但在种子中却高达 1 000 μg/kg。通常，未成熟的种子中 IAA 含量很高，随着成熟不断完成而逐渐降低。

2. 游离和结合态生长素

植物激素一般以两种状态存在于植物体内，一种是游离态，另一种是结合态，两者区别在于是否有共价键结合的分子。没有与其他分子共价键结合的生长素称为游离态生长素(free auxin)；而与其他小分子或大分子有机物相结合的生长素称为结合态生长素(bound auxin)，与小分子共价结合的如 IAA 与天冬氨酸结合为吲哚乙酰天冬氨酸(indole acetyl aspartic acid)，与肌醇结合为吲哚乙酰肌醇(indole acetyl inositol)，与葡萄糖结合为吲哚乙酰葡萄糖(indole acetyl glucose)等(图 6.4)，与大分子共价结合的如 IAA-糖蛋白。游离态生长素具有生物活性，而结合态生长素不具有生物活性。结合态生长素通过酶解、水解或自溶作用可释放出游离态生长素，因此结合态生长素和游离态生长素之间可以相互转换。

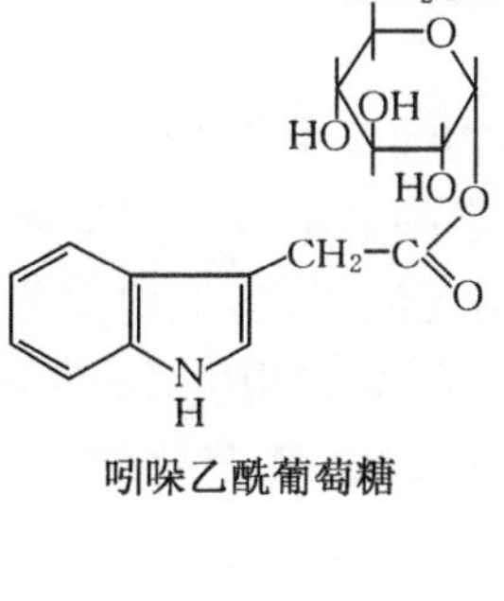

吲哚乙酰葡萄糖

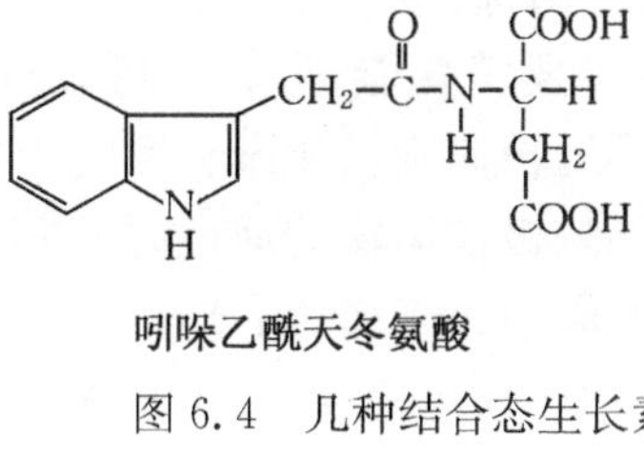

吲哚乙酰天冬氨酸

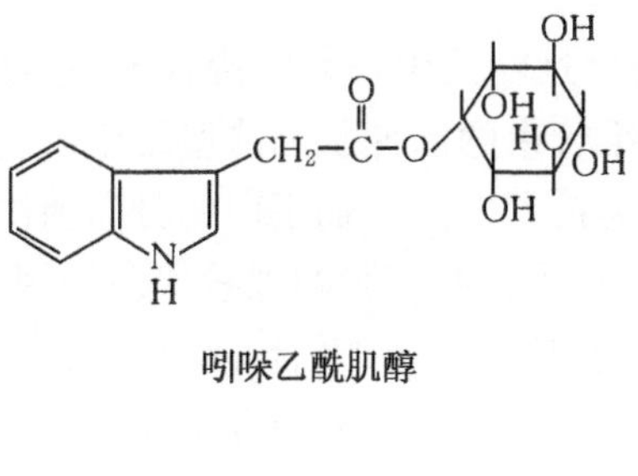

吲哚乙酰肌醇

图 6.4 几种结合态生长素

结合态生长素在植物体内的作用可能有以下几个方面：① 作为储藏形式。结合态生长素占植物组织中生长素总量的50%～90%，一般种子成熟时积累结合态生长素，在种子萌发时水解释放出IAA，如吲哚乙酰葡萄糖大多存在于种子和储藏器官中，当种子萌发时吲哚乙酰葡萄糖可分解释放出IAA。② 作为运输形式。玉米籽粒中吲哚乙酰肌醇的运输速度比IAA高，所以在植物生长活跃时期它作为IAA的重要运输形式将其运至作用部位，再经分解释放出IAA供生长发育所需。③ 解毒作用。游离态生长素积累过多时，不但对植物生长起抑制作用，而且还对植物产生毒害作用，结合态生长素的形成可起到解毒作用，其中吲哚乙酰天冬氨酸解毒作用最明显，因它使IAA永久地失去活性。④ 防止氧化。游离态生长素易被氧化，如易被IAA氧化酶氧化，而结合态生长素较稳定，不易被氧化。⑤ 调节游离态生长素含量水平。根据植物体对游离态生长素的需要程度，结合态生长素与结合物分离和结合，使植物体内游离态生长素含量调节到一个适合植物生长发育的水平。

3. 生长素的运输

近年来研究表明，高等植物中至少存在两个生长素运输系统：一是经由维管束鞘薄壁组织细胞的单方向极性运输（耗能的主动运输）；二是经由维管系统中的非极性运输（依赖自由扩散的韧皮部运输）。

（1）**极性运输**　　生长素的极性运输（polar transport）是指生长素只能从植物形态学上端向形态学下端运输，而不能倒过来运输，其运输速率为5～20 mm/h。如图6.5所示，把含有生长素的琼脂块放在一段切头去尾的燕麦胚芽鞘的形态学上端，把另一块不含生长素的琼脂块置于形态学的下端，经一段时间后，胚芽鞘下端的琼脂块中也会含有生长素。但是，如果把这一段胚芽鞘颠倒过来，使形态学的下端朝上做同样的试验，生长素却不向下朝形态学上端运输，因而在下置的形态学上端的琼脂块中无生长素出现。这种生长素的极性运输只存在于胚芽鞘、幼茎及幼根的薄壁细胞之间，在茎中表现为向基端（形态学下端）运输；而在根中则相反，表现生长素为向根尖（形态学上端）运输。生长素的极性运输距离短，运输速率仅为5～20 mm/h。IAA（包括一些人工合成的化合物如NAA、2,4,5-T等）是唯一具有极性运输特点的植物激素，极性运输产生了IAA的梯度分布，这种IAA梯度至少部分解释了一些极性发育现象，如向性、顶端优势和不定根形成等。

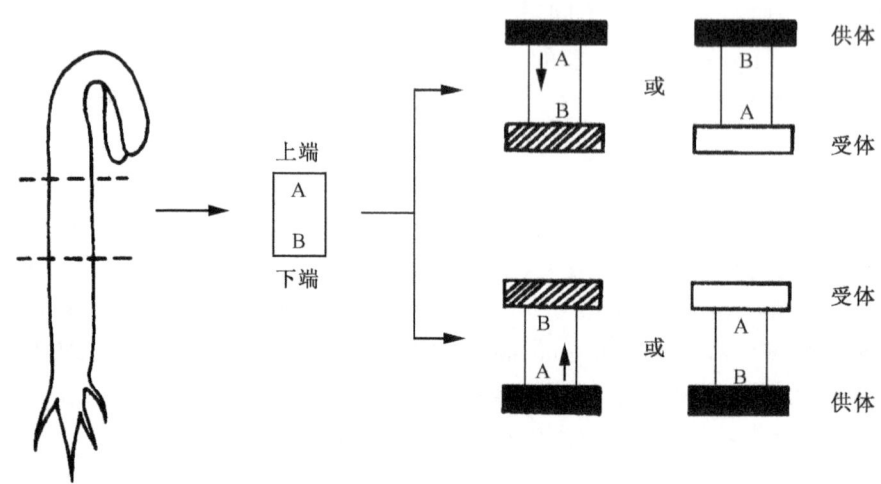

图6.5　生长素的极性运输（引自李宗霆等，1996）

极性运输是生长素所特有的一类从细胞到细胞的主动运输，如在双子叶植物的茎中极性运输主要是通过围绕维管束的已伸长的薄壁细胞进行。它需要消耗能量，并且可以维持生长素的逆浓度梯度运输。生长素极性运输方向由运输蛋白的分布所决定，其运输速度虽比微管系统中的运输速度慢得多，但比简单扩散速度还快10倍左右。影响呼吸代谢的因子均影响极性运输的速度，如ATP合成抑制剂DNP（二硝基酚）或缺O_2。还有其他一些化合物如TIBA（三碘苯甲酸）和NPA（N-1-萘基邻氨甲酰苯甲酸，N-1-naphthylphthalamic acid）等也能抑制生长素的极性运输，称为生长素极性运输的抑制剂。

生长素极性运输是由某些载体介导的主动运输过程，因此以细胞质膜选择透性为重点，开展了生长素极性运输机制的研究。1977年戈德史密斯(Goldsmith)提出了化学渗透极性扩散假说(chemiosmotic polar diffusion hypothesis),其主要内容如图6.6所示:质膜上的质子泵将ATP水解并释放出能量,同时把H^+从细胞质释放出到细胞壁,引起细胞壁pH下降(pH 5.0)。生长素的pKa是4.75,在此酸性环境中细胞壁中的生长素的结构较稳定,其羧基不易解离,主要呈较亲脂的非解离型(IAAH)。IAAH被动地扩散通过质膜由细胞壁进入细胞质;同时IAAH还利用质子共转运蛋白进入细胞质。生长素的输入载体属于AUX/IAA家族蛋白,如AUX1(生长素内向转运载体,auxin influx carrier),其细胞定位具有极性分布特点,位于细胞的上端(图6.6),作为H^+/IAA同向转运体,将阴离子型IAA^-协同转运至细胞质,这种运输依赖于质膜质子ATP酶建立的跨质膜质子梯度,属于次级主动转运。通过上述两种方式进入胞质的IAA,在中性(pH 7.0)的细胞质环境中,大部分的IAAH将解离形成生长素的阴离子(IAA^-)。IAA^-比IAAH更难透过质膜。在细胞基部的质膜上存在专一的生长素输出载体(auxin efflux carrier)PIN蛋白家族和ABCB/PGP蛋白家族,它们在细胞基部的极性定位使IAA^-由细胞质外运到细胞壁,继而进入相邻的下一个细胞,最终将生长素由形态学上端运输到形态学下端。

IAA^-从细胞质侧运出到细胞壁主要由输出载体PIN(pin-formed)蛋白家族和ABCB/PGP(p-glycoprotein)蛋白家族完成。不同生长素输出载体功能不同。在拟南芥中已发现8个PIN蛋白家族成员,其中PIN1负责IAA从茎尖向根尖的运输,PIN3将IAA侧向运输到维管束薄壁细胞,PIN4参与IAA在根尖静止中心的运输。PGP属于ABC转运蛋白家族成员,拟南芥共有22个PGP蛋白,其中PGP1负责生长素在根尖和茎尖的非定向流动,而PGP19参与IAA从茎尖向根尖的运输。因此,生长素转运体基因在特定细胞类型或细胞极性端表达,决定了生长素的极性运输、分布和时空定位。

某些化合物能够专一性地抑制生长素的极性运输,如NPA和TIBA等。实验表明抑制剂与生长素输出载体的结合并不影响生长素的结合。说明生长素极性运输抑制剂的作用位点与生长素的结合位点不同。这意味着输出载体复合物至少包含两个组成部分:一个是负责运输的,另一个是调节活性的。由于生长素输出载体复合物由各自独立的运输蛋白和NPA结合蛋白所组成,所以NPA可通过抑制输出载体的活性而抑制生长素的极性运输,从而阻止IAA^-从胞内流向胞外。

(2)非极性运输　除了极性运输外,IAA还有非极性的远距离运输。如对成熟叶片外源供给的生长素可以像光合产物一样通过韧皮部运输。此外,研究表明生长素还可以通过木质部的蒸腾流向上运输。在这些维管系统中,生长素的运输与其他营养物质的运输并没有区别。非极性运输速度比极性运输高得多,一般为$1 \sim 2.4$ cm/h,运输方向取决于输导系统两端有机物浓度差等因素。

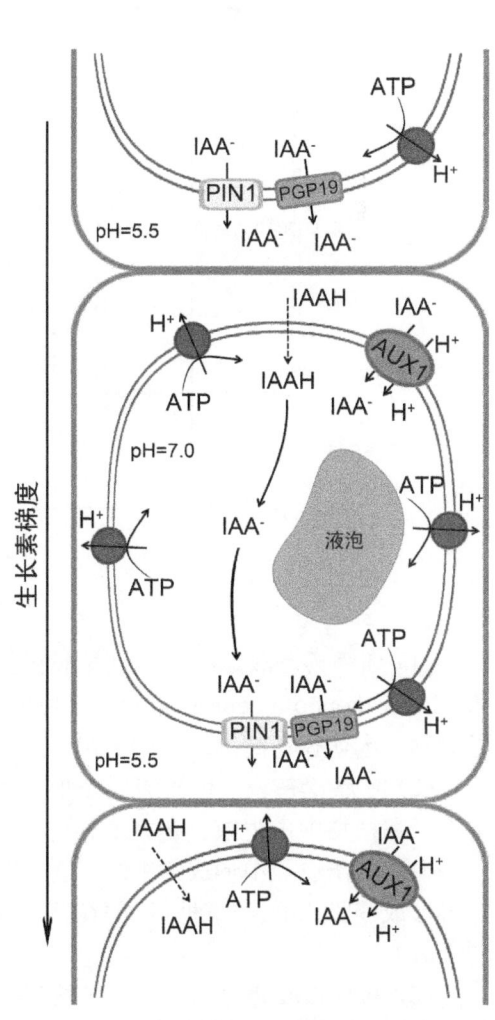

图6.6　生长素的极性运输机制及参与的转运体(改自 Taiz et al., 2015)

6.1.4　生长素的生物合成和降解

1. 生长素的生物合成

一般认为,生长素在植物体内的合成部位主要是茎尖分生组织、嫩叶及发育中的种子。在成熟叶片和根尖中也能产生生长素,但数量甚微。

目前认为生长素生物合成有色氨酸依赖和非色氨酸依赖两条途径(图6.7),并且色氨酸依赖途径和非色氨酸依赖途径可能并存于植物体内。色氨酸依赖途径是植物体内生长素主要的生物合成途径，其生物合成前体为色氨酸(tryptophan)。色氨酸转变为生长素时，其侧链要经过转氨作用、脱羧作用和两个氧化步骤。

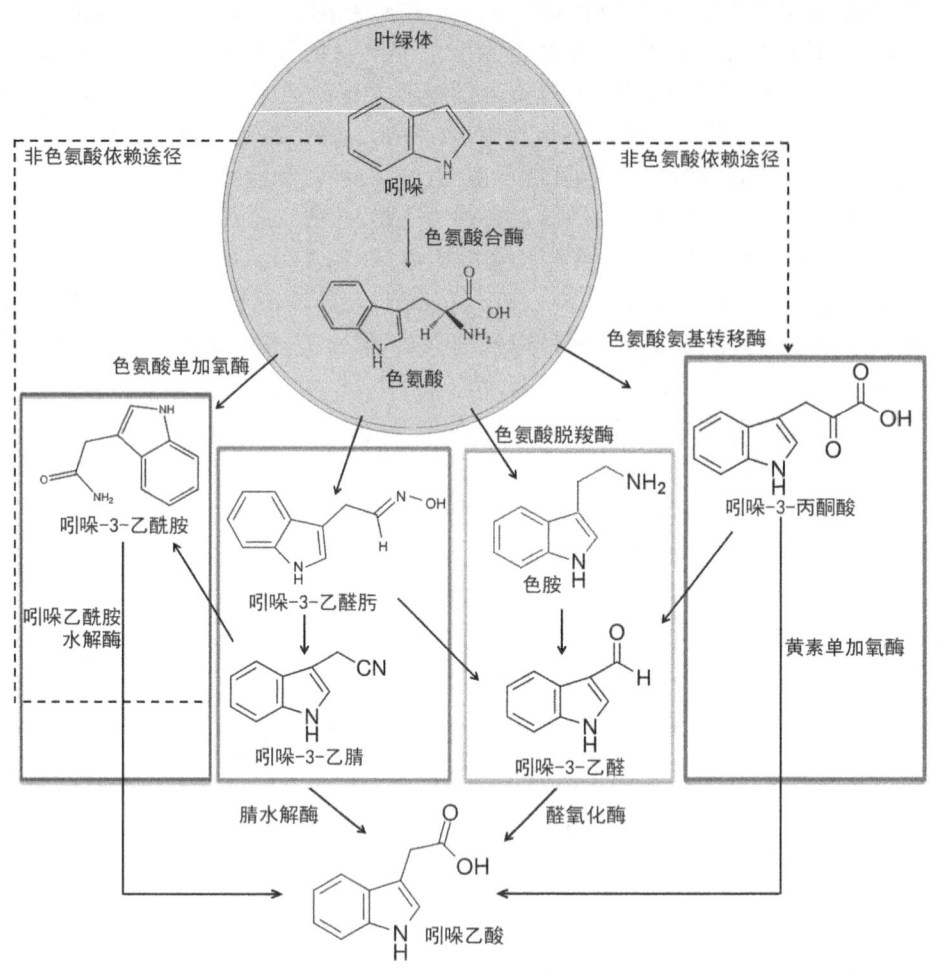

图 6.7　吲哚乙酸生物合成途径

（1）吲哚丙酮酸途径　　色氨酸在色氨酸氨基转移酶的作用下，形成吲哚-3-丙酮酸，再经黄素单加氧酶(flavin monooxygenase)催化产生吲哚乙酸。许多高等植物组织和组织匀浆提取物中都发现有上述各步骤的酶。本途径在高等植物中占优势，对一些植物来说是唯一的生长素合成途径。

（2）色胺途径　　色氨酸脱羧形成色胺(tryptamine)，再氧化转氨形成吲哚乙醛，最后形成吲哚乙酸。本途径在植物中占少数。在大麦、燕麦、烟草和番茄枝条中同时存在吲哚丙酮酸途径和色胺途径。

上述两条途径中形成的中间产物吲哚乙醛还可逆转为吲哚乙醇(indole ethanol)，当需要 IAA 时又可脱氢再形成吲哚乙醛。如吲哚乙醇在茎切段的生物试法中表现出活性，这可能是它在组织中逐步转化为 IAA 的缘故。

（3）吲哚乙醛肟途径　　色氨酸首先在相应酶的催化下转化成吲哚-3-乙醛肟，在拟南芥中催化该反应的酶为 CYP79B 蛋白，然后吲哚-3-乙醛肟转化为吲哚-3-乙腈，吲哚乙腈在腈水解酶的作用下生成吲哚乙酸。十字花科、葫芦科、蔷薇科、禾本科和豆科等植物利用这条途径合成吲哚乙酸。

（4）吲哚乙酰胺途径　　色氨酸在色氨酸单加氧酶催化下形成吲哚乙酰胺，然后经吲哚乙酰胺水解酶作用生成 IAA，此途径主要存在于形成根瘤和冠瘿瘤的植物组织中。近年来发现，小麦和水稻等不形成根瘤和冠瘿瘤的植物中也检测到吲哚-3-乙酰胺水解酶活性，而拟南芥编码该酶的基因为 *AMI1* (*amidase 1*)。

另外，锌(Zn)与生长素的形成有关。Zn 是色氨酸合成酶的辅酶，缺 Zn 会阻碍吲哚和丝氨酸结合形成色氨酸的过程，使色氨酸含量下降，从而影响 IAA 的合成。崔澂证实了缺 Zn 植物的色氨酸含量显著下降，而供给植物 Zn 后几十小时内生长素和色氨酸含量就很快地增加。生长素合成过程中除需要 Zn 外，还需要适当的光照。如蚕豆和烟草等植物只有预先照光才能形成IAA,如放在暗处体内原有的IAA不久就会消失,但只要给予短时间的光照,IAA又会生成。但过强的光照会活化IAA氧化酶导致IAA解体。

现在研究表明,IAA生物合成途径具有多样性,IAA的合成并不一定要经过色氨酸。用拟南芥的营养缺陷型进行的试验表明,IAA可以由吲哚直接转化而来。此外,IAA在玉米组织内可由邻氨基苯甲酸(ortho-aminobenzoic acid)经中间产物吲哚甘油磷酸(indole-3-glycerol phosphate)而合成,这说明非吲哚前体也能合成IAA。但该途径产生IAA的直接前体尚未被发现。

2. 生长素的降解

生长素的降解主要有两个方面:酶氧化降解和光氧化降解。

(1) 酶氧化降解　　生长素的酶氧化降解是IAA的主要降解过程,可分为脱羧降解和非脱羧降解。催化IAA侧链脱羧降解的酶是IAA氧化酶(IAA oxidase)或过氧化物酶(peroxidase, POD)。IAA氧化酶是汤玉玮和邦纳(J. Bonner)首先从豌豆茎的提取液中发现的,其后又发现过氧化物酶及其多种同工酶都具有氧化IAA的活性。现已知IAA氧化酶是一种含Fe的血红蛋白,以Mn^{2+}和酚(一元酚)为辅助因子,将IAA分解为CO_2和其他产物,如3-亚甲基羟吲哚(3-methylene oxindole)、吲哚醛(indole aldehyde)等。IAA氧化酶普遍存在于高等植物组织中,它的活性与植物组织器官生长速度呈负相关,如随植物组织的衰老,IAA氧化酶的活性增强,生长素含量下降,因此生长速度减慢的矮生植物体内的IAA氧化酶活性较高,因而抑制了茎和根的伸长生长。在植物体内另一条生长素酶氧化降解途径中,IAA侧链保持完整,只是IAA吲哚环被氧化生成羟吲哚乙酸(oxindole acetic acid, OxIAA)。相对于IAA氧化酶催化的IAA脱羧降解反应,这条途径也称为非脱羧降解途径。

(2) 光氧化降解　　体外的IAA在核黄素存在时,可被酸、电离辐射、紫外光和可见光等因子氧化分解,产物是吲哚醛和3-亚甲基羟吲哚。

在田间对植物施用IAA时,上述两种降解过程能同时发生。而人工合成的生长素类物质,如NAA、2,4-D等则不受IAA氧化酶降解作用,能在植物体内保留较长的时间,比外用IAA有较大的稳定性。所以,在大田中一般不用IAA而施用人工合成的生长素类调节剂。

植物体内游离态生长素除了降解失活外,绝大多数生长素与糖、氨基酸、甲基等在相应酶的催化下生成结合态生长素作为储存形式(图6.4),需要时由专一酶催化水解释放出游离态生长素。

6.1.5　生长素的生理作用

在植物生长发育的不同阶段,不同的植物组织和器官中,生长素对植物生长和形态建成都有着广泛的影响,生长素在植物组织细胞间的不对称分布是生长素作用的重要基础。研究生长素的生理作用为生长素类物质在生产实践中的应用提供了理论依据。

生长素具有十分广泛的生理作用,既有促进作用(如促进顶端优势、维管束的分化、种子萌发等),也有抑制作用(如抑制花和叶片脱落、侧枝生长、块根形成等)。从细胞水平看,它可以影响细胞的伸长、分裂和分化;从器官水平看,它可以影响营养器官和生殖器官的生长、成熟和衰老。在这些生理作用中,生长素最主要的生理作用如下。

1. 向光性

由前面生长素的发现可以看出,生长素在植物向光性中起重要作用。向光性是指植物与光有关的生长,所有茎和某些根具有这种特性,它保证叶片可以吸收适量的光进行光合作用。生长素的侧向再分布介导向光性。当枝干垂直生长时,生长素由茎尖顶端极性运输到伸长区。然而,生长素也可以侧向运输,生长素侧向运动是19世纪20年代乔罗尼(N. Cholodny)和文特(F. Went)最先提出的向性模型的核心。根据模型,草类胚芽鞘顶端具有高浓度的生长素,并且有另外两种特殊的功能:① 感受单侧光的刺激;② 向光刺激导致IAA侧向运输。

因此,为响应单向性的光刺激,生长素在顶端产生,向背光侧运输。而背光侧的加速生长和向光侧的慢速生长(成为差异生长)导致向光弯曲。

2. 生长素促进细胞伸长生长

生长素能促进植物的生长，如促进幼茎和胚芽鞘的生长。促进生长的主要原因是促进这些器官中细胞的伸长生长。但需注意的是：生长素对细胞伸长的促进作用，与生长素浓度、细胞年龄、植物器官种类有关。一般生长素在低浓度时可促进生长，浓度较高时会抑制生长，浓度更高时则会使植物受伤死亡。一般来说，幼嫩细胞对生长素反应敏感，老细胞则比较迟钝。不同器官对生长素的反应的敏感程度也不一样，根最敏感，其最适浓度约为 10^{-10} mol/L；茎最不敏感，最适浓度约为 10^{-5} mol/L；芽居中，最适浓度约为 10^{-8} mol/L(图 6.8)。所以，能促进主茎生长的生长素浓度往往对侧芽和根生长有抑制作用。

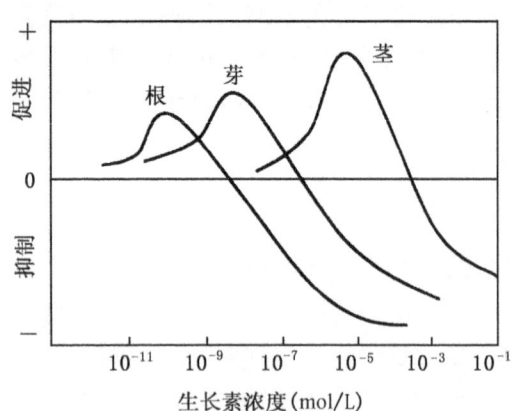

图 6.8 不同营养器官对不同浓度 IAA 的反应（引自曾广文等，2000）

生长素影响生长的研究多以离体的植物组织为材料，因生长素对离体器官的生长有明显的促进作用，而对整株植物往往效果较不明显。这可能是在体内有较高的内源生长素类，足以维持最快的伸长生长反应。因此，将离体材料研究结果应用于整体植株时应该予以注意。

3. 生长素对根形成的影响

生长素不仅能影响根的伸长，还能影响根的形成。实验表明，除去作为 IAA 源的幼叶或芽，往往会减少侧根的数量，但再用生长素处理时植物根形成能力又得到恢复，这说明侧根的发生通常受到来自幼叶或芽的 IAA 的调控。

生长素还能促进茎、叶等器官上不定根的发生。特别是生长素能促进一些不易生根的植物插枝顺利生根。用生长素处理插枝基部后，其切口处的薄壁细胞首先脱分化，恢复分裂功能，产生愈伤组织，然后长出大量的不定根。目前，在组织培养和生产上常用人工合成的生长素 NAA、IBA 和 2,4-D 等来促进生根，其中 IBA 的作用最强烈，诱发的根多而长，NAA 诱发的根少但较粗壮，所以有时两者可结合使用。

4. 其他生理作用

生长素还广泛地参与其他生理过程的调控，如促进维管系统的分化；促进光合产物的运输；保持植物的顶端优势；促进菠萝开花和瓜类植物雌花的形成；促进果实发育与单性结实等。此外，生长素还可抑制花朵脱落和叶片老化等。

6.1.6 生长素的作用机制

生长素最明显的生理效应是促进细胞的伸长生长。生长素促进细胞伸长生长的机制研究，到 20 世纪 60 年代末至 70 年代初形成了两派理论，即酸生长理论和基因活化学说，或短期反应和长期反应。

1. 酸生长理论

雷(Ray)等通过试验证明植物细胞在酸性环境中伸长速度加快。他将 1 cm 长的燕麦胚芽鞘切段，放在一个密闭的小室中，一端固定在柠檬酸缓冲液(pH=3)中，让液体流过小室，在显微镜下观察，1 min 内就可测出胚芽鞘的伸长。若将胚芽鞘放入一定浓度的生长素溶液中，可发现 10～15 min 后切段开始迅速伸长，两种处理表现出相似的生长反应，只是生长反应的迟滞期长短不同(图 6.9)。酸所促进植物组织伸长生长反应被称为酸生长效应，此效应在南瓜下胚轴、豌豆茎切段试验中也得到了证实。

1970 年罗伊尔(Royle)和克莱兰(Cleland)根据已获得的实验

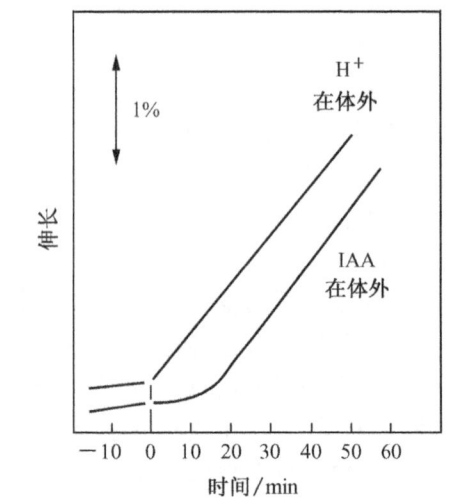

图 6.9 10^{-5} mol/L IAA(pH=6)和 10 mmol/L 柠檬酸缓冲液(pH=3)对燕麦胚芽鞘伸长的影响(引自曾广文等，2000)

结果,提出了生长素作用机制的酸生长理论(acid growth theory)。其要点是:生长素与其受体结合,进一步通过信号转导,提高质膜上质子泵(H^+-ATPase)的数量并同时活化它们,促进H^+向细胞外输出,使细胞壁酸化。1997年麦克唐纳(MacDonald)提出了生长素信号传导模型,认为生长素和ABP1结合后,使钝化的对接蛋白(inactive docking protein)转化为活性状态,并进一步激活质膜上的H^+-ATP酶,使细胞壁酸化。在酸性环境中,一方面细胞壁中的一些水解酶的活性增加,如水解果胶质的β-半乳糖苷酶和β-1,4-葡聚糖酶活性都显著增加,使细胞壁内不溶性的多糖转化为可溶性糖;另一方面对酸不稳定的键(如氢键)易断裂,如连接细胞壁物质木葡聚糖聚合体(xyloglucan polymer)和纤维素微纤丝(cellulose microfibril)之间的氢键断裂,结果使细胞壁多糖分子间结构交结点破裂,联系松弛,细胞壁可塑性增加,细胞壁松弛。细胞壁松弛后,细胞的压力势下降,使细胞的水势下降,细胞吸水,体积增大而发生不可逆增长(图6.10)。生长素诱导的细胞伸长生长是一个需能过程,如果呼吸代谢受抑制,生长素诱导的这种效应就受阻。

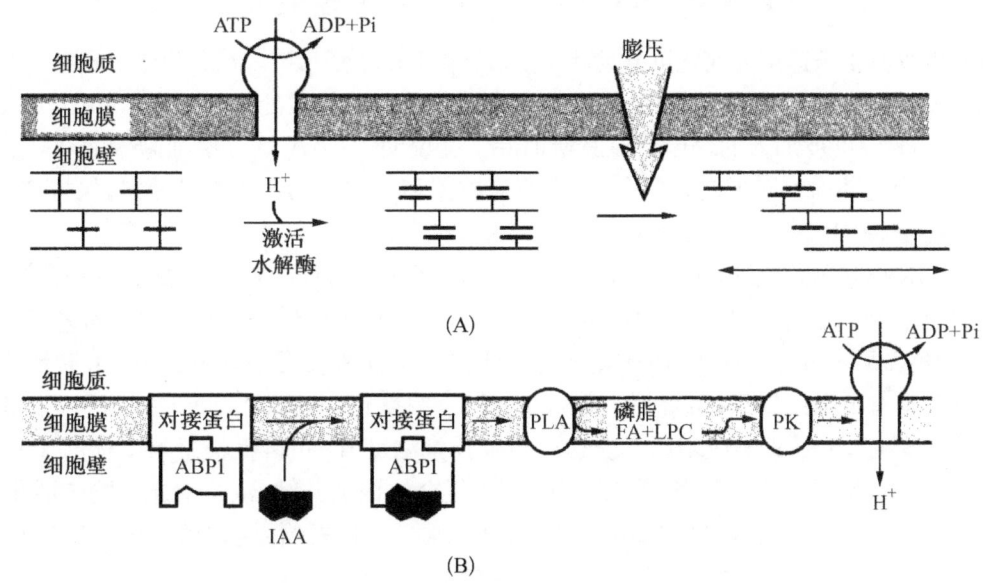

图6.10 细胞伸长的酸生长学说(引自李合生,2002)
A. 细胞壁酸化后使细胞壁可塑性增加;B. ABP1和生长素的信号传导

2. 基因活化学说

生长素的酸生长理论虽能解释生长素所引起的快速反应,如生长素处理燕麦胚芽鞘后10~15 min,其生长速度就明显增加。但生长素促进生长可以稳定地持续几个小时,这就暗示了生长素除促进H^+分泌外,必定还刺激其他代谢过程。

20世纪60年代以来的许多研究表明,生长素通过促进核酸、蛋白质的合成来影响细胞的持续生长。例如,用生长素处理豌豆上胚轴3 d后,顶端1 cm处的DNA、RNA和蛋白质含量比对照组都有明显的增加。再如,用RNA合成抑制剂放线菌素D(actinomycin D)和蛋白质合成抑制剂环己酰亚胺(cycloheximide)处理时,发现RNA和蛋白质合成量下降的百分率和生长素诱导细胞伸长生长受到抑制的百分率是平行的(图6.11)。而且用5-氟尿嘧啶(除mRNA外,其他RNA的合成抑制剂)试验证明,新合成的是mRNA。后来试验还证明了生长素与质膜上的受体结合,引起一系列的信号转导,其中包括通过诱导IP_3形成来增加细胞质中Ca^{2+}水平。Ca^{2+}水平的提高有利于蛋白质磷酸化作用,使不活化的蛋白质因子活化,在质膜上与生长素结合,形成蛋白质—生长素复合物,进入细胞核,合成特殊的mRNA,最后合成蛋白质。形成新的酶和新的细胞壁成分,不断补充插入细胞壁的骨架中,保持细胞在生长过程中细胞壁的厚度基本不变。

以上结果说明生长素的长时间效应是通过在转录和翻译水平上促进核酸和蛋白质的合成而影响生长的。由此提出了生长素的基因活化学说,其要点是生长素可以使细胞伸长所需的一些基因脱阻遏,从而使其得到表达,促进RNA和蛋白质合成。

上述两种理论虽有不同,但两种观点却存在着互补性。1975年霍夫(Van der Hoff)和斯塔尔(Stahl)用IAA

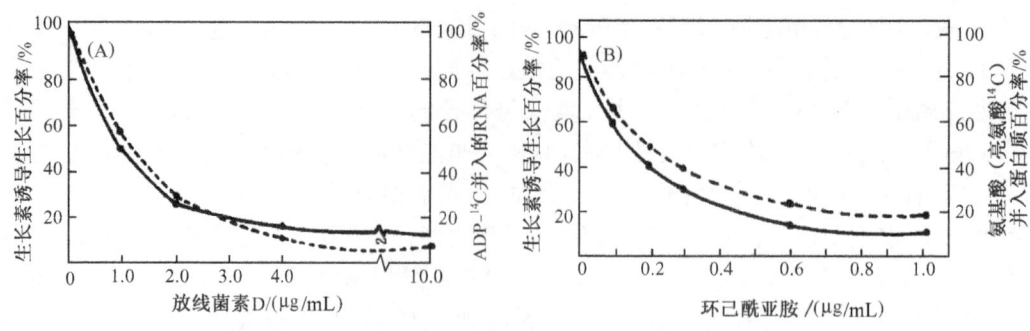

图 6.11　生长素诱导的生长和 mRNA 合成受放线菌素 D
(A)及蛋白质合成受环己酰亚胺(B)的平行抑制(引自周云龙等,1999)

图中实线表示生长百分率,虚线表示 mRNA 或蛋白质合成百分率

处理胚芽鞘切段,发现其生长速度的变化可分为两个阶段:在 IAA 处理后 12 min 开始出现第一阶段的快速生长反应,若不加 IAA 只降低 pH 也能出现类似的单峰生长曲线。生长素处理后约 40 min 开始出现第二阶段的持续生长反应,其效应可被加入的环己酰亚胺所消除。这说明了 IAA 既可使细胞壁酸化,增加可塑性,使细胞体积增大;又可促进 RNA 和蛋白质的合成,为原生质体和细胞壁的合成提供原料,保持持久性生长。

3. 生长素信号转导途径

生长素受体 TIR1 (transport inhibitor response 1)是一个特定的 E3 泛素连接酶复合体(称为 SCF^{TIR1})的组成部分,定位于细胞核。生长素通过调控 AUX/IAA 转录抑制子蛋白降解来实现对基因表达调控。生长素响应因子 ARF (auxin response factor)家族成员具有富含谷酰胺转录活性结构,可激活生长素反应基因。而 AUX/IAA 具有很强的转录抑制结构域。当生长素浓度低时,AUX/IAA 抑制子与 ARF 激活子结合,阻止早期的基因转录,生长素响应基因不表达。当生长素浓度升高时,生长素与受体 TIR1 结合,从而增强了对抑制子 AUX/IAA 蛋白的亲和力,进而被 SCF^{TIR1} 复合体识别并结合,泛素连接酶被活化,导致 AUX/IAA 蛋白泛素化,通过 26S 蛋白酶体靶向降解,ARF 游离,激活生长素响应基因的表达(图 6.12)。

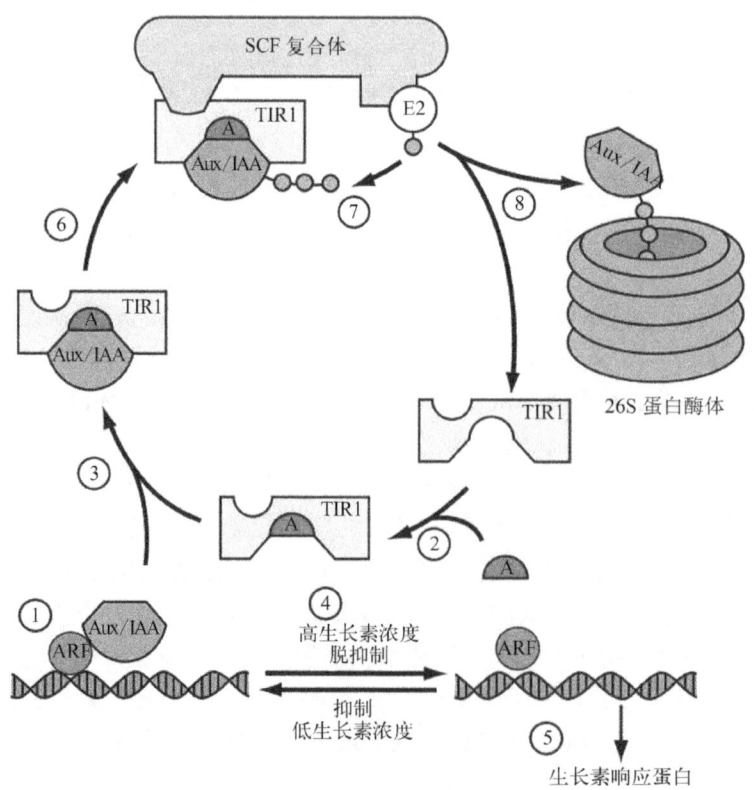

图 6.12　生长素诱导的基因表达模式图
(改自 Hopkins et al., 2008)

生长素也通过另一种生长素受体生长素结合蛋白1(auxin-binding protein 1，ABP1)起作用。ABP1主要分布于内质网膜上，少量定位于质膜。生长素与ABP1结合后，引起质膜超极化，从而引发系列生理生化响应。目前认为，ABP1参与了细胞骨架的重排以及调控PIN蛋白在质膜上的定位。

6.2 赤霉素类

6.2.1 赤霉素的发现和化学结构

1. 赤霉素的发现

赤霉素(gibberellin，GA)是日本学者在研究水稻恶苗病的过程中发现的。早在19世纪末，日本水稻苗出现异常徒长现象，当时，日本农民曾用"笨苗"来形容这种症状。Hori最早指出这种异常徒长现象起因于真菌病害。Sawada进一步指出这是由真菌分泌的物质感染稻苗所导致的结果。Kurosawa发现用藤仓赤霉菌(*Gibberella fujikuroi*)培养液处理未受感染的水稻植株，也能刺激稻苗徒长，提示该症状是赤霉菌所分泌的某种化学物质引起的。Yabuta等从诱发水稻恶苗病的赤霉菌中分离并结晶到了这种物质，定名为赤霉素。由于二战这项研究工作被迫停止。战后，日本的赤霉素研究引起各国的关注。英美学者以日本赤霉素的发现为基础，展开了进一步的研究。1954年美英科学家分别从赤霉菌培养液中提取并鉴定到了赤霉酸(gibberellic acid，GA_3)。1955年，日本学者重新分析他们早期得到的赤霉素产品，并提取到了3种赤霉素，即GA_1、GA_2和GA_3。菲尼(Phinney)等最早报道在高等植物中存在有赤霉素。他们以突变矮化的玉米品种为材料，并且在不同属、种的植物种子或果实提取液中均发现有类似赤霉素的物质存在。1958年，麦克米伦(MacMillan)等在荷包豆(*Phaseolus coccineus*)未成熟种子中分离得到GA_1结晶，这是在植物中第一个被鉴定出的赤霉素，这说明赤霉素类化合物是高等植物的天然产物。此后，研究人员又陆续在其他高等植物中发现存在多种赤霉素。现已证实，赤霉素是植物界中普遍存在的一类植物激素。到2000年底，在植物和真菌中已发现有127种不同结构的赤霉素，其中大多数种类存在于高等植物中，其他种类中一部分存在于真菌，另一部分在真菌与植物中均有。目前发现的天然赤霉素有136种，按其发现的顺序，分别简写为GA_1、GA_2、GA_3……GA_{136}。其中GA_4生理活性最强，而市售赤霉素主要为GA_3。

2. 赤霉素的化学结构

在植物激素中，仅有赤霉素类是根据其化学结构来分类的。赤霉素类基本结构是赤霉烷(gibberellane)，它是一种双萜，由4个异戊二烯单位组成，含有4个碳环(A、B、C、D)。在赤霉烷上，由于双键、羟基的数目和位置不同，以及内酯环的有无，形成了不同的赤霉素(图6.13)。根据赤霉素分子中碳原子数目的不同，可分为C_{19}和C_{20}两类赤霉素。GA_1、GA_2、GA_3、GA_7、GA_9、GA_{29}等属于C_{19}赤霉素，GA_{12}、GA_{13}、GA_{25}、GA_{37}等属于C_{20}赤霉素。C_{19}-GA是由C_{20}-GA转变而来的，但前者所包含的种类多于后者，且生理活性也高于后者。各种赤霉素都含有羧酸，所以赤霉素呈酸性。

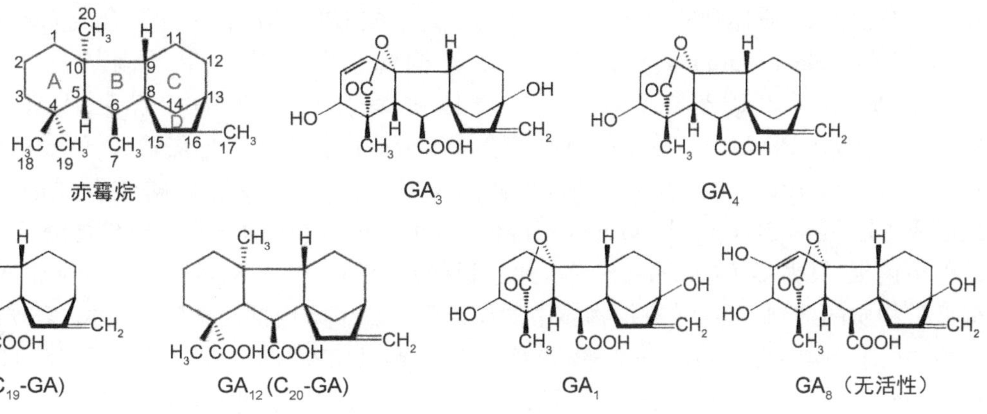

图6.13 赤霉烷和一些有活性及无活性赤霉素化学结构

在赤霉素家族中,大多数成员没有生物活性或活性很低。少数具有高生物活性的赤霉素都有相同的结构特点。如第7位碳原子上的羧基是所有赤霉素所共有,也是产生活性所必需的;C_{19}-GA 比 C_{20}-GA 具有更强的生物学活性;具有活性的GA均在第3位碳上被羟基化等。但若在第2位碳上引入一个羟基,就会导致GA活性的丧失。一些生理活性强的赤霉素有 GA_1、GA_3、GA_7、GA_{30}、GA_{38} 等;生理活性弱的赤霉素有 GA_{13}、GA_{17}、GA_{25}、GA_{28}、GA_{39} 等。最有代表性的赤霉素是赤霉酸(GA_3),分子式是 $C_{19}H_{22}O_6$,相对分子质量为 346 Da。

赤霉素有游离态赤霉素(free gibberellin)和结合态赤霉素(conjugated gibberellin)之分。结合态赤霉素是赤霉素和其他物质(如葡萄糖)结合形成赤霉素葡萄糖酯和赤霉素葡萄糖苷,无生理活性,是一种赤霉素储藏和运输的形式。在植物不同发育时期,结合态赤霉素和游离态赤霉素可以相互转化。如在种子成熟时,游离态赤霉素不断地转化为结合态赤霉素而储藏起来;而在种子萌发时,结合态赤霉素通过水解或蛋白酶分解释放出具生物活性的游离态赤霉素,从而发挥其生理作用。

6.2.2 赤霉素的分布和运输

赤霉素广泛分布于被子植物、裸子植物、蕨类植物、褐藻、绿藻、真菌和细菌中。赤霉素和生长素一样,较多存在于植株生长旺盛的部位,如茎端、嫩叶、根尖、果实和种子中。高等植物的赤霉素含量一般为 1~1 000 ng/g 鲜重,在根、茎等营养器官中仅 1~10 ng/g 鲜重,而在果实和种子(尤其是未成熟的种子)等生殖器官中赤霉素可高达 3~4 μg/g 鲜重。在同一植物中往往含有多种赤霉素,如在南瓜、菜豆种子中至少分别含有 20 种、16 种赤霉素。甚至每个器官或组织都含有 2 种以上的赤霉素。而且赤霉素的种类、数量和状态(游离态或结合态)还因植物发育时期而异。

赤霉素在植物体内的运输没有极性,可以双向运输。根尖合成的赤霉素沿着导管向上运输,而嫩叶产生的赤霉素则沿筛管向下运输。不同植物运输速度差异很大。

6.2.3 赤霉素的生物合成

人工合成赤霉素从 1986 年开始,已合成出 GA_3、GA_1、GA_{19} 等,但成本较高。目前生产上使用较多的 GA_3 等仍然从赤霉菌的培养液中提取,成本较低。

在高等植物体内赤霉素的生物合成部位至少有3处:发育着的果实与种子、茎端和根部,其中发育着的果实和种子是赤霉素生物合成的主要部位。赤霉素在细胞中的合成部位是质体、内质网和细胞质。

赤霉素是由五碳的异戊二烯形成的二萜化合物,根据合成场所的不同,赤霉素的合成分为三个阶段:在质体中合成内根-贝壳杉烯,在内质网中合成 GA_{12}-7-醛和 GA_{12},在细胞质基质中合成各类赤霉素(图 6.14)。

第一阶段:在质体中合成内根-贝壳杉烯。经由异戊烯焦磷酸(isopentenyl pyrophosphate,IPP)和牻牛儿牻牛儿焦磷酸(geranylgeranyl pyrophosphate,GGPP)转化而来。其中 IPP 的生物合成有两条途径:一条是甲羟戊酸(mevalonic acid,MVA)途径,由细胞质中的乙酰 CoA 经过一系列酶催化产生 IPP,此途径主要合成植物体内的细胞分裂素以及植物甾醇(phytosterol);另一条是甲基苏糖醇磷酸(methylerythritol phosphate,MEP)途径,由质体和叶绿体中一系列酶催化形成 IPP,此途径中除了合成赤霉素外,还可以合成脱落酸以及质体醌(plastoquinone)。IPP 可以由异构酶催化形成二甲基丙烯焦磷酸(dimethylallyl pyrophosphate,DMAPP)。IPP 与 DMAPP 在质体中缩合成十碳的单萜牻牛儿焦磷酸(geranyl pyrophosphate,GPP),GPP 与另一分子的 IPP 缩合成十五碳的倍半萜法尼焦磷酸(farnesyl pyrophosphate,FPP),FPP 再与另一个 IPP 缩合为二十碳的双萜 GGPP。最后,在古巴焦磷酸合成酶(CPS)的作用下,GGPP 环化形成古巴焦磷酸(copalyl pyrophosphate,CPP),后者在内根-贝壳杉烯合酶(KS)的作用下转变为赤霉素的前体内根-贝壳杉烯(ent-kaurene),此过程受到 AMO-1618、矮壮素(cycocel,CCC)、phophon-D 等抗赤霉素类物质的抑制,可以导致植物体中的赤霉素含量下降而抑制植物的生长,表现出矮化性状。

第二阶段:在内质网中合成 GA_{12}-7-醛和 GA_{12}。内根-贝壳杉烯进入内质网后,经内根-贝壳杉烯氧化酶(KO)催化进行三次氧化,经过内根-贝壳杉烯醇(ent-kaurenol)和内根-贝壳杉烯醛(ent-kaurenal)两种中间产物,形成内根-贝壳杉烯酸(ent-kaurenoic acid),此过程受到另一种矮壮素嘧啶醇(ancymidol)的抑制。

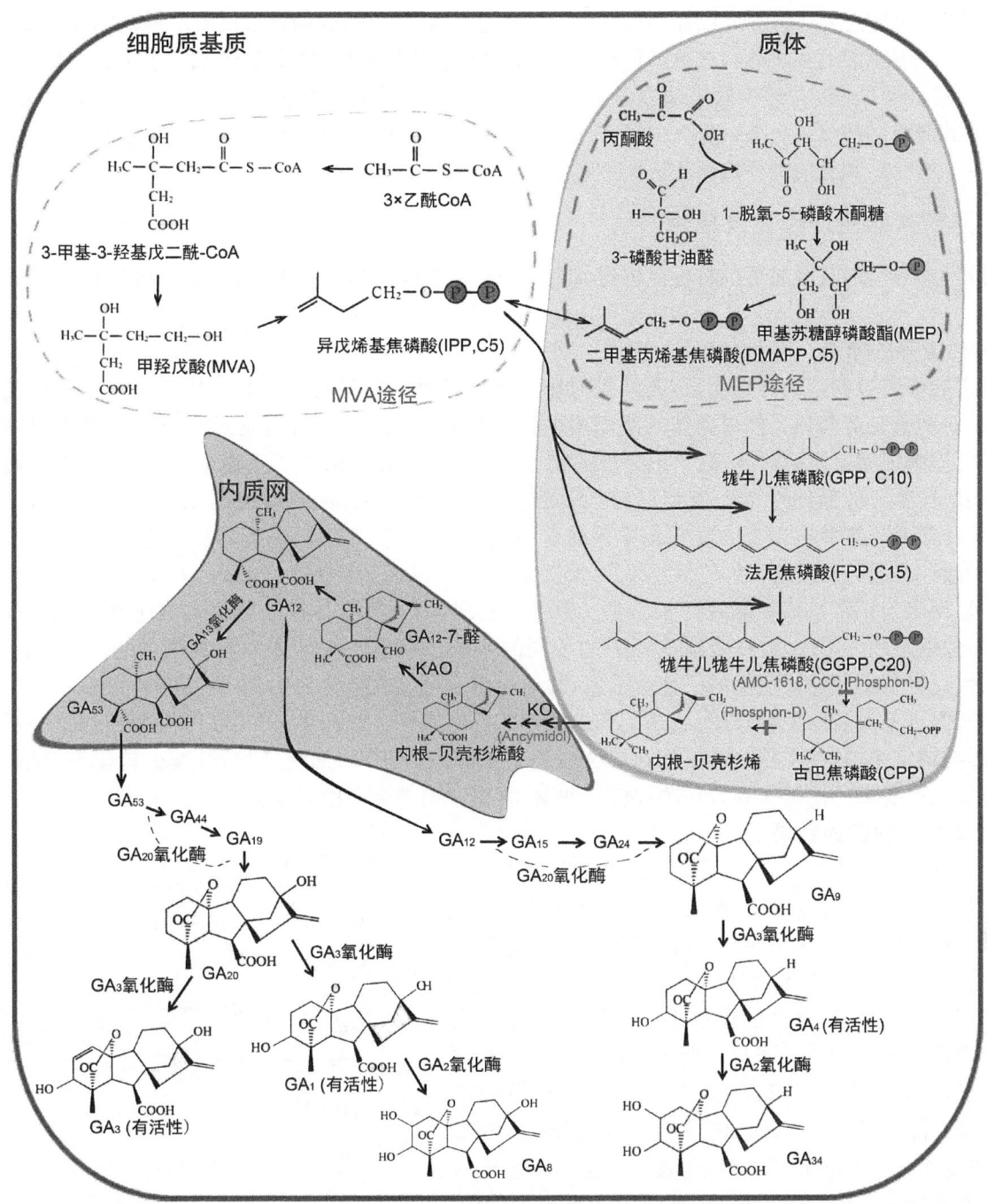

图 6.14 赤霉素生物合成示意图

然后,内根-贝壳杉烯酸在内根-贝壳杉烯酸氧化酶(KAO)的作用下转变为 GA_{12}-7-醛(GA_{12}-7-aldehyde)。GA_{12}-7-醛在内质网膜上的细胞色素 P450 单氧化酶(内根-贝壳杉烯氧化酶)的作用下,第 7 位碳原子的醛基氧化为羧基,转变为 GA_{12},这是重要的一步,因为 C-7 位的羧基为赤霉素所共有,也是赤霉素具有生物活性所必需的条件。GA_{12} 是植物体合成的第一个赤霉素,是所有赤霉素的共同前体。此后,GA_{12} 的 C-13 位的羟基化或者非羟基化使赤霉素的进一步合成向两个方向进行:一是 C-13 位的羟基化在内质网内 GA_{13} 氧化酶的催化作用下发生,形成 GA_{53},GA_{53} 进入细胞质基质中以 GA_{53} 为前体形成其他赤霉素;二是 C-13 位的非羟基化,以 GA_{12} 为前体进入细胞质基质合成其他赤霉素。

第三阶段:在细胞质基质中合成各类赤霉素。在 GA_{20} 氧化酶的作用下,GA_{53} 或 GA_{12} 的 C-20 位不断被氧化,经三步氧化,使 GA_{53} 形成 GA_{20},然后 GA_{20} 在 GA_3 氧化酶催化下形成活性的 GA_3 和 GA_1,后者在 GA_2 氧化酶催化下形成无活性的 GA_8；而 GA_{12} 形成 GA_9，需经过 GA_3 氧化酶的催化形成有活性的 GA_4，GA_4 在 GA_2 氧化酶催化下形成无活性的 GA_{34}。GA_{20} 和 GA_9 的 C-3 位发生羟基化，转化为有活性的 GA_1、GA_3 或 GA_4，这一过程的关键是将 C-20 位逐步氧化，把无生物活性的 C20-GA 代谢为有活性的 C19-GA。GA_3 氧化酶具有 3β-羟化酶的作用，促进 C_{19}-GA 的 C-3 位发生 3β-羟基化，这是形成有活性的赤霉素所必需的反应过程。而 GA_1 和 GA_4 在 GA_2 氧化酶的作用下，C-2 位发生羟基化转变为无生物活性的 GA_8 和 GA_{34}。

6.2.4　赤霉素的生理作用及应用

赤霉素种类繁多，其最显著的特征是促进细胞伸长、调控株高和器官大小，赤霉素的生理作用表现为以下方面。

1. 赤霉素促进茎的伸长

赤霉素能促进植物茎的伸长生长，尤其是对矮生突变品种的效果特别明显。用赤霉素处理能使节间的伸长加快，而不改变节间数。但对离体的茎切段的伸长没有明显的效果。外源施加赤霉素处理能使矮生植物长高早已得到证实。阻碍矮生植株伸长的原因是矮生植物内源赤霉素的生物合成受阻，使得体内赤霉素含量水平比正常品种低的缘故。例如，分析不同遗传型品系油菜，发现矮化品系茎内源赤霉素（GA_1 和 GA_3）含量只有正常品系的 36%。在玉米中存在着 30 多种矮生型突变体，它们均表现为节间缩短的性状，成熟时植株的高度仅为正常植株的 20%~25%，实验发现其中的 5 个突变体（d_1、d_2、d_3、d_5 和 an_1），在用赤霉素处理后呈现出与正常植株相似的高度。进一步研究发现，每个突变体控制着赤霉素生物合成途径中的一个酶，从而分别阻断了 GA_1 生物合成途径中的不同的步骤。目前已有许多实验表明，GA_1 是矮生玉米、豌豆、油菜、大豆等植物茎伸长所需的活性赤霉素，其他赤霉素可能先转化为 GA_1 后促进茎的伸长。

赤霉素促进茎伸长的生理作用，已在生产上得到广泛的应用。如在水稻"三系"的制种过程中，不育系往往包穗，影响结实率，若在主穗"破口"刚到见穗时喷施赤霉素，使节间细胞延长，可减少包穗率，提高制种产量。赤霉素还可提高叶茎类作物如芹菜、莴苣、韭菜、牧草、茶、苎麻等的产量。

2. 赤霉素诱导水解酶的合成

在大麦种子吸胀之后 12~14 h，胚中释放出相当数量的赤霉素（赤霉素来自结合态的释放或重新合成的），通过胚乳扩散到糊粉层细胞，并诱导 α 淀粉酶和蛋白酶等水解酶的合成（图 6.15）。胚乳中不溶性的贮藏物质在这些水解酶作用下降解，并转化为可溶性的碳水化合物和氨基酸，为胚生长发育提供所需的物质和能量。所以用赤霉素处理种子能促进萌发，如赤霉素缺乏型拟南芥突变体的种子，因缺内源赤霉素而不能萌发，外源 GA_4 和 GA_7 处理能显著促进萌发，处理浓度达 10 μmol/L 以上时，萌发率可达 100%。

赤霉素诱导 α 淀粉酶的形成，已被应用在啤酒生产中。用赤霉素处理萌动而未发芽的大麦种子，可诱导糊粉层 α 淀粉酶的产生，使胚乳物质糖化，发酵生产啤酒。这种处理不仅可大大降低大麦发芽所消耗的大量养分（约占原料大麦干重的 10%），还可节省人力和设备，并且缩短生产周期，从而降低成本。

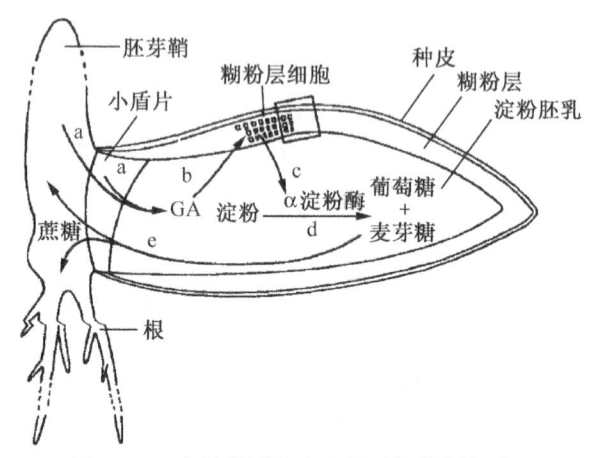

图 6.15　赤霉素诱导大麦种子糊粉层细胞 α 淀粉酶生成（引自曾广文等，2000）

a. 由胚释放赤霉素进入糊粉层；b. 在糊粉层细胞赤霉素诱导 α 淀粉酶生成；c. 由糊粉层内释放出 α 淀粉酶进入胚乳；d. α 淀粉酶将淀粉分解为麦芽糖及进一步分解为葡萄糖；e. 单糖分子合成为双糖分子——蔗糖运入胚芽鞘及胚根等部位供胚生长发育需要

3. 赤霉素的其他生理作用

赤霉素除了具有促进茎的伸长和诱导水解酶的合成作用外，赤霉素还能影响花的形成，表现在诱导开花和控制性别两方面。某些二年生植物如甘蓝、油菜、萝卜等，要求长日照和低温才能抽薹开花。若用赤霉素处理可以代替上述环境因子的作用，促使这类植物抽薹开花。赤霉素在性别分化方面主要是促进雄花的形成，如在黄瓜等葫芦科植物花芽分化初期施用 GA 能促进雄花的发育，而施用赤霉素合成抑制剂则有促进雌花发育的趋向。赤霉素和生长素一样，促进某些植物坐果和单性结实，这已在梨、杏、草莓、葡萄等植物上得到证实，但对不定根的形成却起抑制作用,这与生长素作用有所不同。此外,GA 还有延缓衰老与成熟等生理作用。

6.2.5 赤霉素的作用机制

大量研究表明赤霉素的受体位于细胞质膜上。G 蛋白、cGMP、Ca^{2+}/CaM 及蛋白激酶都不同程度参与了赤霉素响应的信号转导过程。信号通过信息传递途径到达细胞核,调节细胞延长和蛋白质形成。

1. 赤霉素促进茎伸长的机制

植物茎伸长是与组成茎的细胞数目的增加及细胞伸长有关。所以赤霉素显著促进茎的伸长可能与增加细胞分裂、促使细胞壁松弛和增加细胞渗透吸水有关。

实验表明赤霉素能促进莲座天仙子等一些长日植物的细胞分裂,主要是赤霉素促进 G_1 期细胞进入 S 期以及相应缩短了 G_1 期和 S 期,从而缩短了细胞分裂间期,促进 DNA 的合成。

近年大多数研究都认为,赤霉素促进茎伸长主要是与细胞壁的伸展性有关。至于如何改变细胞壁的伸展性,目前有不同的解释。一种认为:赤霉素是通过降低细胞壁 Ca^{2+} 的水平来促进细胞的伸长生长。Moll 等报道,用 $CaCl_2$ 处理过的莴苣下胚轴生长变慢,当加入 50 μmol/L GA_3 后生长速度增快(图 6.16)。所以赤霉素促进茎伸长的作用可能与刺激 Ca^{2+} 从细胞壁释放有关。在细胞壁中,Ca^{2+} 是与细胞壁聚合物交叉点的非共价离子结合在一起的,因此 Ca^{2+} 使细胞壁不易伸展而制约细胞伸长。赤霉素能使细胞壁内的 Ca^{2+} 移开并进入细胞质,使细胞壁 Ca^{2+} 水平下降,结果细胞壁伸展性加大,细胞生长加快。另一种认为:赤霉素是通过影响细胞壁结构而控制植物伸长生长。即赤霉素通过降低细胞壁内过氧化物酶的活性,来阻止细胞壁硬化,增加细胞壁的伸展性;GA 通过提高木葡聚糖内转糖基酶(xyloglucan endotransglycosylase, XET)活性,增加细胞壁组成成分木葡聚糖的含量,从而使细胞延长。

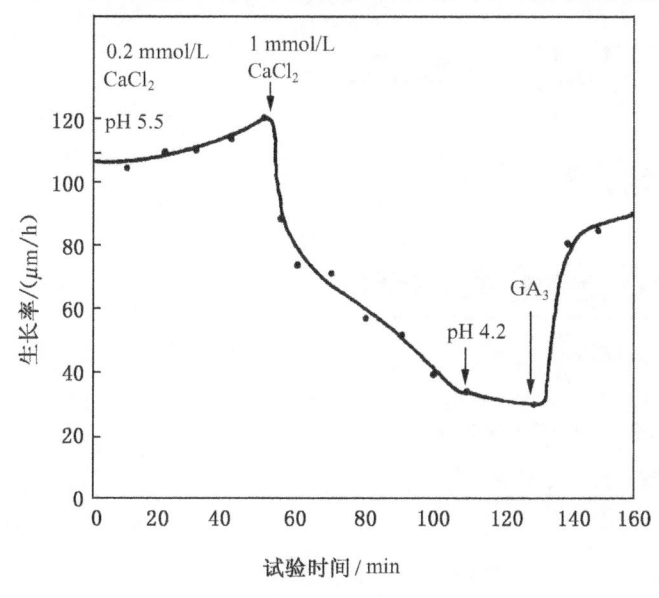

图 6.16 $CaCl_2$ 和 GA_3 对莴苣下胚轴生长速度的影响

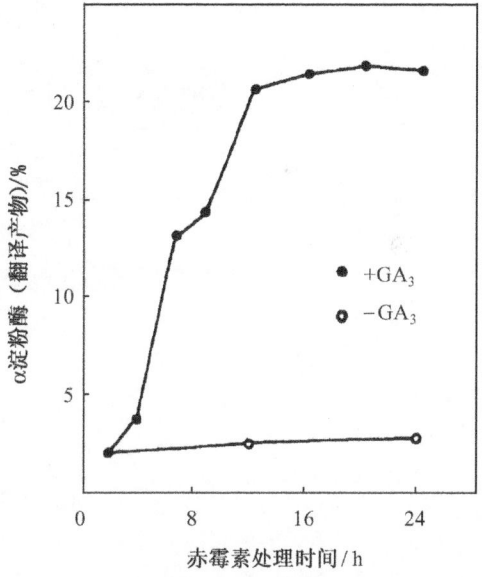

图 6.17 GA_3 处理时间与大麦种子糊粉层 α 淀粉酶 mRNA 翻译能力的关系

2. 赤霉素增强了 α 淀粉酶的 mRNA 转录

赤霉素对 RNA 和蛋白质影响的研究,一般以禾谷类的种子为材料。提取有活性的糊粉层细胞及其原生质体作为实验对象,已成为分子和基因水平研究激素的通用模式系统。研究表明:赤霉素的处理诱导 α 淀粉酶的重新合成(赤霉素诱导大麦离体糊粉层细胞内新合成的蛋白质中,α 淀粉酶的比例可高达 70%),主要是增加细胞的 α 淀粉酶总 mRNA 数量,也就是增加 α 淀粉酶基因的转录速率。如用大麦糊粉层细胞核进行转录实验,在 GA_3 处理后 1~2 h 内,α 淀粉酶 mRNA 含量开始增加,20 h 达到高峰,其含量是对照的 50 倍。这说明赤霉素促进 α 淀粉酶形成主要来自新产生的 mRNA 翻译的结果,并且赤霉素还能在一定程度上增强翻译水平,产生 α 淀粉酶(图 6.17)。

3. 赤霉素信号转导途径

赤霉素信号转导途径主要是通过研究相关突变体开始的,水稻中过高表型突变体(slender rice,slr1),其植株特别高且苗条,对外源赤霉素不敏感。进一步研究表明,导致过高表型是由于缺失 DELLA 调节域蛋白造成的。它们属于转录因子 GRAS 家族的亚家族,按 GRAS 家族的前三个成员命名:gibberellin-insensitive (GAI)、repressor of gal-3 (RGA)和 scarecrow (SCR),这些特殊的 GRAS 蛋白 N 端都有一个由天冬氨酸(D)、谷氨酸(E)、两个亮氨酸(L)和丙氨酸(A)构成的"DELLA"调节域,而 C 端则为含有核定位序列和亮氨酸重复序列的抑制域。DELLA 蛋白是 GA 应答的负调节因子。

GID1(gibberellin insensitive dwarf 1)蛋白是从水稻矮化突变体中获得的第一个赤霉素受体蛋白。当缺乏 GA 时,DELLA 蛋白与激活蛋白结合抑制赤霉素响应基因转录。当赤霉素水平升高时,赤霉素与其受体蛋白 GID1(GA insensitive dwarf 1)结合形成 GA-GID1-SLR1 复合体,GA-GID1-SLR1 复合体与 SCF^{GID2} 泛素连接酶中的 F-box 蛋白的 GID2 相结合,并将其活化,使 DELLA 泛素化并通过 26S 蛋白酶体降解,从而解除 DELLA 蛋白的抑制,激活赤霉素响应基因转录(图 6.18)。DELLA 蛋白通常需要与其他因子共同作用调节下游基因的表达,其动态调控的机制还需要进一步阐明。

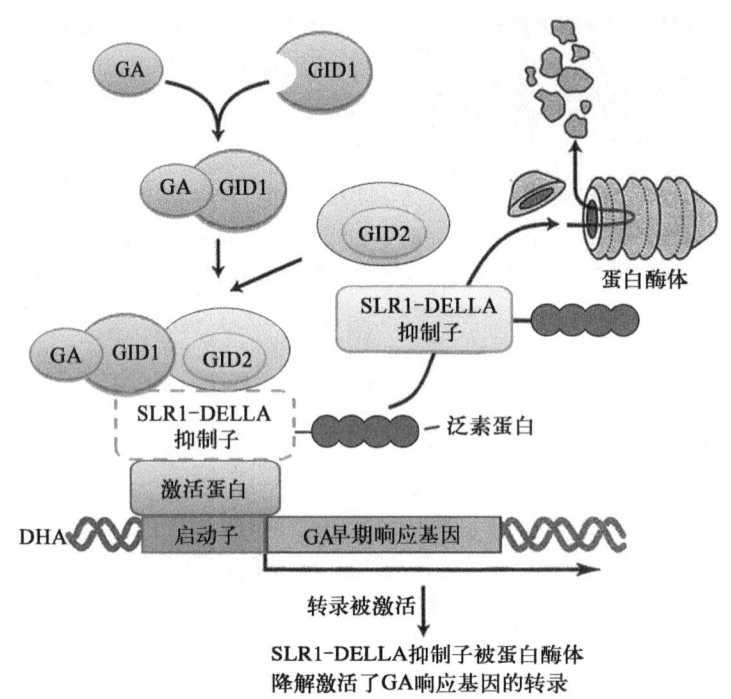

图 6.18　赤霉素的信号转导途径
(改自 Taiz et al.,宋纯鹏等译,2018)

6.3　细胞分裂素类

生长素和赤霉素的主要作用是促进细胞的伸长,那么植物体中是否存在着一类促进细胞分裂的激素?答案是肯定的,即细胞分裂素(cytokinin,CKT)。此类物质中最早被发现的是激动素(kinetin,KT)。

6.3.1　细胞分裂素的发现

细胞分裂素的发现是与植物组织培养密切相关的。1942 年奥韦尔贝克(Van Overbeek)等发现椰子胚乳所含的某些物质在组织培养中能促进幼胚的细胞分裂。经多年的椰子胚乳成分的分析,终于在 1947 年鉴定出其中的活性组分是玉米素核苷(zeatin riboside,[9R]Z)。1948 年斯科格(Skoog)和崔澂发现腺嘌呤和腺嘌呤核苷与生长素配合使用,能促进烟草茎髓及愈伤组织细胞分裂。1955 年斯科格等在烟草茎切段组织培养过程中又发现，维管束可能含有某种物质，能在生长素存在的条件下对细胞分裂起促进作用。后来他们进一步发现维管束组织提取液、椰子胚和酵母提取物均能在生长素存在时刺激细胞分裂。1955年米勒(Miller)和斯科格等偶然将久置的鲱鱼精细胞DNA加入到烟草髓组织的培养基中，发现髓部细胞分裂加快；但如果加入新鲜的DNA，则完全无效。可是当把新鲜的DNA与培养基一起高压灭菌后，又能促进细胞分裂。后来从高压灭菌过的DNA降解物中分离到了一种物质，其化学成分是6-呋喃氨基嘌呤(6-furfuryl amino purine)，并命名为激动素，它的分子式为$C_{10}H_9N_5O$，分子量为215.2。激动素的发现促进了从植物分离天然细胞分裂素的研究。1963年Letham首次从甜玉米未成熟种子中分离到了一种类似激动素生理特性，但其生理活性远高于激动素的物质，经鉴定为6-(4-羟基-3-甲基-反式-2-丁烯基氨基)嘌呤[6-(4-hydroxyl-3-methyl-trans-2-butenylamino)purine]，俗称玉米素(zeatin，Z)，分子式为$C_{10}H_{13}N_5O$，分子量为219.2。此后，人们又发现了异戊烯基腺嘌呤，异戊烯基腺苷等。于是人们现在把具有与激动素相同生理活性的天然和人工合成的化合物统称为细胞分裂素。目前已从高等植物中分离出30多种细胞分裂素。

6.3.2 细胞分裂素的种类及其化学结构

细胞分裂素是腺嘌呤(adenine)的衍生物。当第6位氨基、第2位碳原子和第9位氮原子上的氢原子被取代后，则形成各种不同的细胞分裂素。细胞分裂素可分为天然和人工合成两大类。

1. 天然存在的细胞分裂素

天然存在的细胞分裂素可分为游离的细胞分裂素和tRNA中的细胞分裂素。

游离的细胞分裂素如：在植物体内分布最广泛的玉米素，在黄花羽扇豆中发现的双氢玉米素(dihydrozeatin，[diH]Z)，从菠菜、豌豆和荸荠球茎中分离的异戊烯基腺苷(isopentenyl adenosine，[9R]iP)等(图6.19)，它们都具有生物活性。

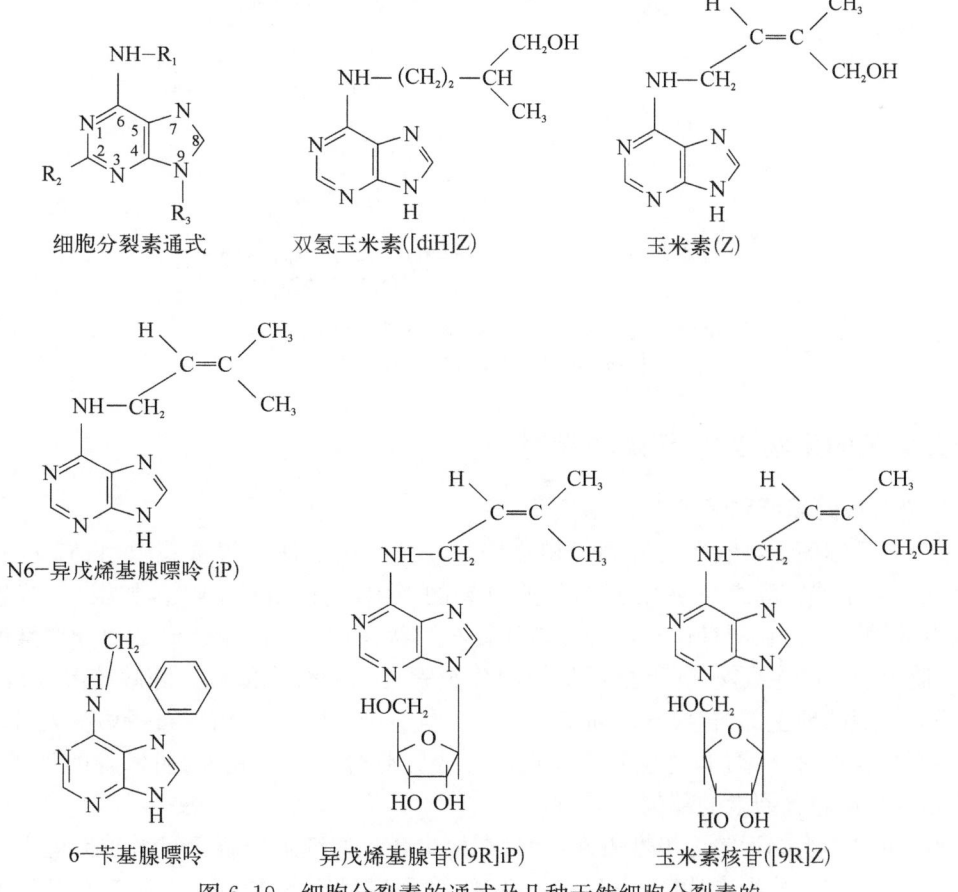

图6.19 细胞分裂素的通式及几种天然细胞分裂素的结构(修改自潘瑞炽，2001)

在tRNA中的细胞分裂素有异戊烯基腺苷、玉米素核苷、甲硫基异戊烯基腺苷、甲硫基玉米素核苷等,它们结合在tRNA上,构成tRNA的组成成分。tRNA中细胞分裂素可能没有生物活性,只有从tRNA中解离出来,才能发挥作用,所以,tRNA中的细胞分裂素可能是游离态细胞分裂素的来源之一。

2. 人工合成的细胞分裂素

为研究细胞分裂素结构和功能的关系,寻求细胞分裂素活性的基本结构,人工合成了大量激动素的衍生物。发现具有促进细胞分裂能力的这类物质,与天然细胞分裂素一样,都是在第6位氨基上的H被取代的腺嘌呤,有人称之为嘌呤型细胞分裂素。常见的有激动素、6-苄基腺嘌呤(6-benzyladenine,6-BA)和四氢吡喃苄基腺嘌呤(tetrahydropyranyl benzyladenine,PBA)。在农业和园艺上应用最为广泛的是激动素和6-苄基腺嘌呤。此外,还发现一些二苯基脲(diphenyl urea)及其衍生物也具有细胞分裂素生理活性,有人称之为苯基脲型细胞分裂素,如 N-(2-氯-4-吡啶基)-N'-苯基脲(CPPU)、噻重氮苯基脲(thidiazuron,TDZ)。这些苯基脲型细胞分裂素生理活性往往比嘌呤型细胞分裂素高,因此,近年来在科研和生产上得到应用。还有一类人工合成的化合物,它们与细胞分裂素竞争受体,起到细胞分裂素拮抗剂(cytokinin antagonist)的作用,它们的拮抗作用可通过加入较多的细胞分裂素来克服。最有效的拮抗剂是3-甲基-7-(3-甲基丁氨基)吡唑啉(4,3-右旋)嘧啶(图6.20)。

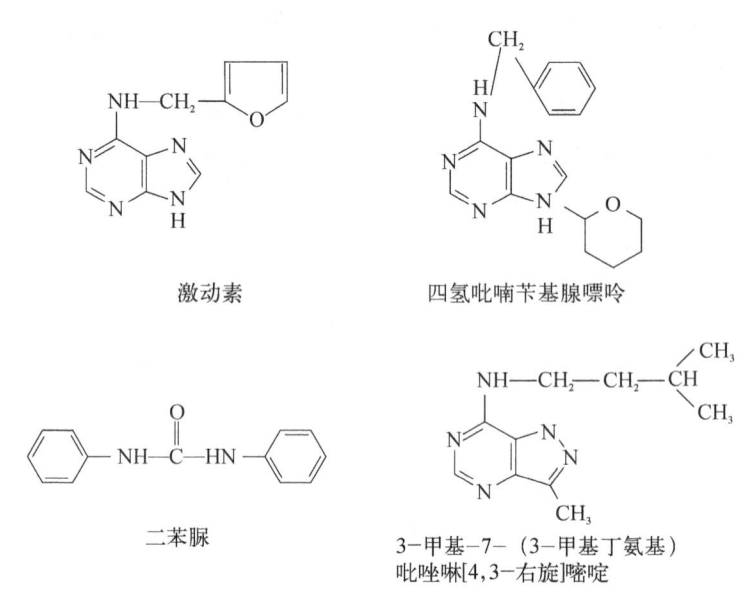

图6.20 几种人工合成的细胞分裂素和细胞分裂素拮抗剂(改自潘瑞炽,2001)

6.3.3 细胞分裂素的生物合成、运输和代谢

1. 细胞分裂素生物合成的场所和运输

细胞分裂素分布于细菌、真菌、藻类和高等植物中。在高等植物体内含量甚微,只有1~1 000 ng/g干重,但却普遍存在于各个器官和组织中,在进行细胞分裂的组织器官中特别丰富,如根尖、茎尖、生长着的果实、未成熟和萌发的种子等。在所有这些含有细胞分裂素的器官并不是都能合成细胞分裂素的,目前普遍认为根尖是合成细胞分裂素的主要场所,但根不是细胞分裂素唯一的合成部位。陈政茂等发现标记的腺嘌呤能掺入无根的烟草组织的地上部,合成异戊烯基腺嘌呤。科达(Koda)等在培养石刁柏茎尖时,发现培养基和茎中的细胞分裂素总含量有所增加,这说明茎尖也能合成细胞分裂素。此外,萌发着的种子和发育着的果实、种子也可能是合成细胞分裂素的部位。

细胞分裂素在植物体内的运输无极性表现,大量在根尖合成的细胞分裂素经木质部运送到地上部分,少数在叶片等器官合成的细胞分裂素从韧皮部运输。细胞分裂素运输的主要形式是玉米素和玉米素核苷,在拟南芥及水稻中发现,核苷转运蛋白ENT参与到核苷结合态细胞分裂素iPR的转运。

2. 细胞分裂素的生物合成

植物因感染而产生的冠瘿瘤细胞会产生大量的生长素和细胞分裂素，这个过程已成为研究细胞分裂素合成代谢的典型实验系统。实验证明，细胞分裂素的合成是在细胞的微粒体中进行。细胞分裂素的生物合成有两条途径：由 tRNA 水解产生和从头合成，绝大部分内源细胞分裂素是由从头合成途径合成的。

图 6.21 展示高等植物从头合成细胞分裂素的主要途径。由异戊烯基转移酶 iPT 催化腺苷酸（细菌中为 AMP 形式，植物中为 ATP 和 ADP 形式）和二甲基烯丙基二磷酸（DMAPP）转化为细胞分裂素的主要前体（异戊烯基腺苷-5-二磷酸盐），如异戊烯基腺苷-5-磷酸（iPMP）和异戊烯基腺苷-5-二磷酸（iPDP），这一步骤是细胞分裂素合成的限速步骤，其中的 iPT 又称为细胞分裂素合酶。接着，异戊烯基腺苷-5-二磷酸盐转变为 iPMP，经磷酸核糖水解酶 LOG 的作用去磷酸化、去核糖，形成 iP。在拟南芥中，细胞分裂素 P450 单加氧酶使核苷酸形式的 iP 转化成核苷酸的 tZT 形式（即侧链发生羟基化）。

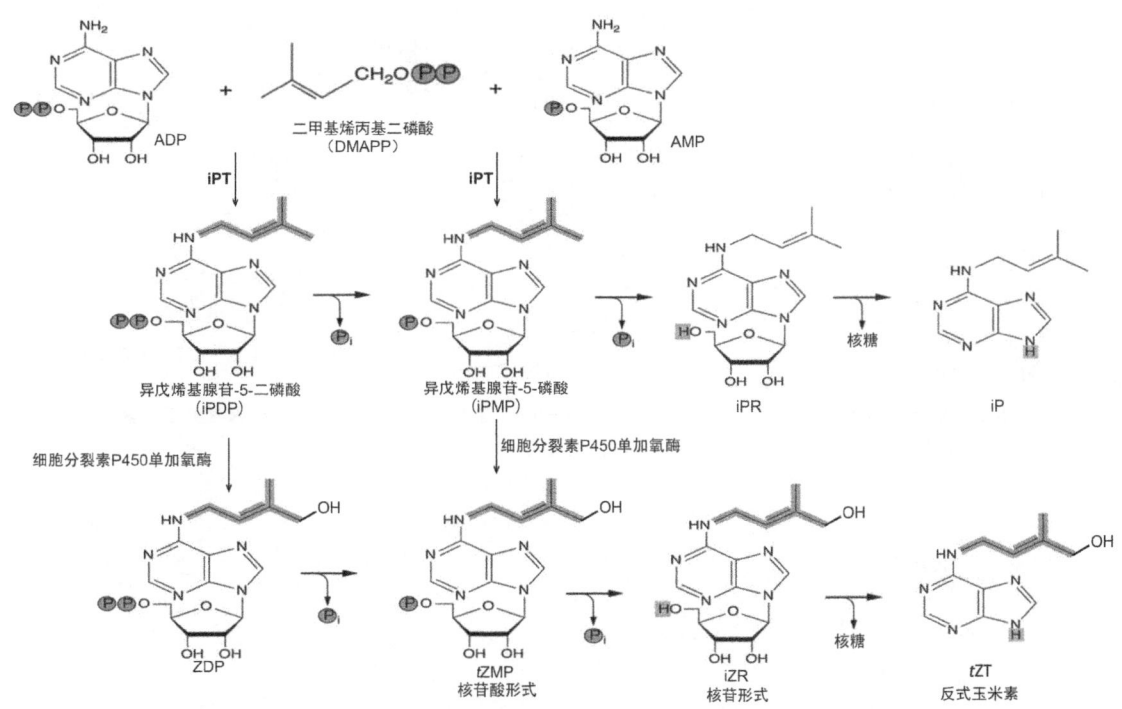

图 6.21　细胞分裂素的生物合成途径

3. 细胞分裂素的代谢

细胞分裂素在植物体内经常由于降解或与各种小分子物质如糖和氨基酸结合，而影响了细胞分裂素的含量及活性，从而影响细胞分裂素的生理功能。

植物组织中细胞分裂素的降解主要是通过细胞分裂素氧化酶催化进行的。此酶已从许多高等植物组织中获得，它以 O_2 为氧化剂，催化玉米素、iP 或它们的核糖基衍生物等细胞分裂素 N^6 上的不饱和侧链裂解，从而释放出游离腺嘌呤或游离腺嘌呤核苷，结果使细胞分裂素彻底失去生物活性（图 6.22）。不同植物组织，甚至同一组织的不同发育期，细胞分裂素降解作用的强弱有很大的差异，这表明细胞分裂素氧化酶可能通过调控细胞分裂素的水平来影响植物的生长发育。

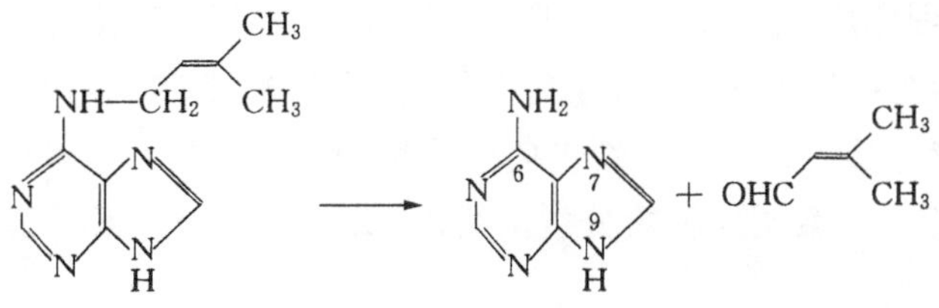

图 6.22　细胞分裂素氧化酶催化 iP 的氧化分解

植物体内细胞分裂素结合物主要有三类(图6.23):第一类是与核糖的结合体。细胞分裂素与核糖的结合体及其磷酸化衍生物是最普遍的天然植物细胞分裂素,与核糖结合都发生在嘌呤环上第9位上,形成如[9R]Z、[9R]iP、[9R-5′P]iP等。第二类是与葡萄糖结合形成N-葡萄糖苷细胞分裂素或O-葡萄糖苷细胞分裂素。N-葡萄糖苷化的细胞分裂素(在第7或第9位上结合葡萄糖的细胞分裂素)极为稳定,但没有生物活性,是调节活性细胞分裂素的一种重要形式。O-葡萄糖苷化的细胞分裂素(支链末端羟基位置结合葡萄糖的细胞分裂素)仍表现一定的生物活性,并且在植物体内也相当稳定,在适当条件下水解释放出高活性的细胞分裂素,以供植物生长发育的需要,所以它可能是细胞分裂素的储存形式。第三类是与氨基酸形成的结合物。如丙氨酸可结合到嘌呤的第9位碳原子上,而且已从羽扇豆未成熟种子中分离和纯化了β-9-细胞分裂素丙氨酸转移酶。在羽扇豆豆荚和根瘤、未成熟苹果种子及菜豆幼苗中均已鉴定到了9-丙氨酰玉米素和9-丙氨酰二氢玉米素。这两种结合物都很稳定,没有生物活性,也是细胞分裂素的一种钝化形式。

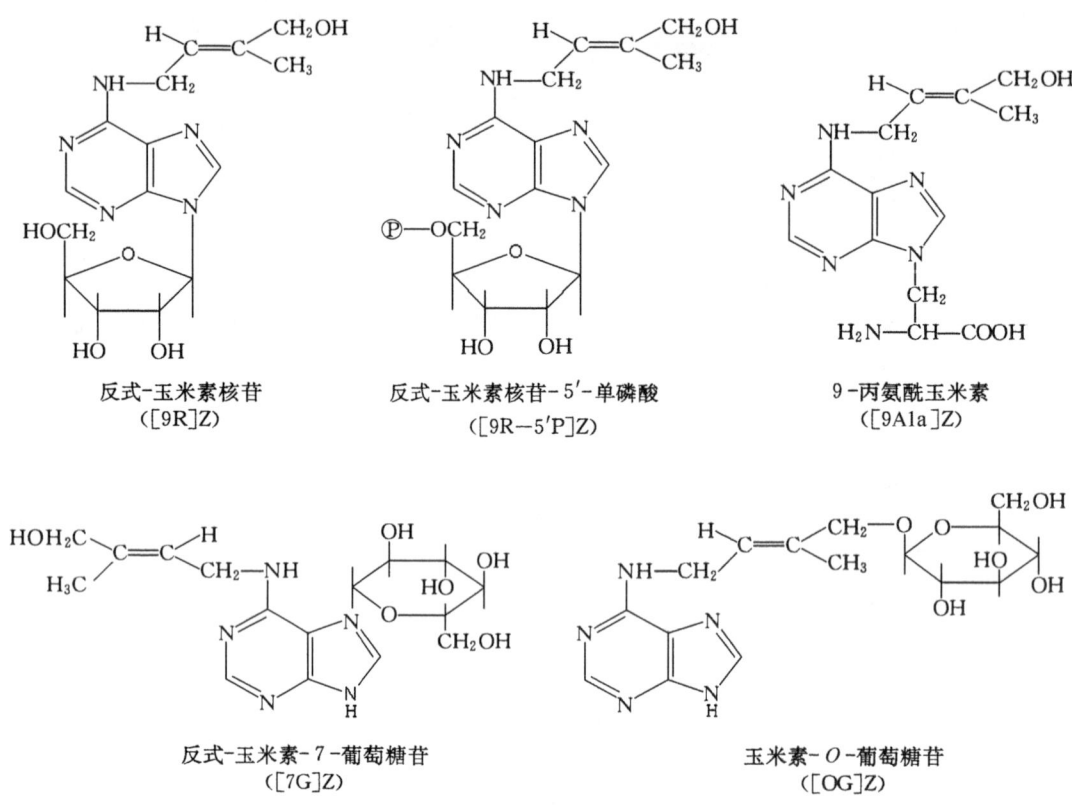

图6.23 玉米素结合物(引自李合生,2002)

6.3.4 细胞分裂素的生理作用

细胞分裂素的生理作用极其广泛,表现为促进细胞分裂,诱导营养芽及花芽的分化,促进侧芽生长、叶片扩大、气孔开放、种子发芽和促进结实,以及延缓叶片衰老等。

1. 促进细胞分裂与扩大

细胞分裂素最显著的生理作用就是能促进细胞分裂。例如,对许多双子叶植物根或茎切段,以及烟草髓、大豆子叶的愈伤组织进行组织培养时,若培养基中只含IAA,则细胞不分裂;若同时加入细胞分裂素,则细胞迅速分裂,愈伤组织形成并长大。细胞分裂包括核分裂和胞质分裂。生长素只促进核的有丝分裂(因其促进了DNA的合成),而细胞分裂素调控胞质分裂。所以,缺少细胞分裂素时,只有核分裂而无胞质分裂,结果形成多核细胞。

细胞分裂素也能促进细胞的扩大。以萝卜子叶为例,施用细胞分裂素能显著促进叶面积增大(约一倍),但施用生长素或赤霉素无促进效果。细胞分裂素能增加细胞壁的可塑性,细胞壁松弛,细胞吸水扩大。

2. 促进芽的分化与发育

细胞分裂素和生长素的配合使用不但能促进烟草髓及愈伤组织细胞分裂生长,还能调控愈伤组织的形态建成。1957年斯科格和米勒在烟草髓组织培养时发现,愈伤组织是否产生根或芽,取决于培养基中生长素和激动素的比值。当激动素/生长素的比值低时,诱导根的分化;当两者比值较高时,则诱导芽的分化;当两者比值处于中间水平时,愈伤组织只生长不分化。由此看来,激动素的主要作用是诱导芽的分化。所以通过调控生长素和细胞分裂素这两类激素之间的平衡,可以使愈伤组织再分化形成完整的植株。

细胞分裂素能促进分生组织的生长,促进侧芽的形成和发育,从而削弱或解除多种植物的顶端优势。例如,将激动素溶液滴于豌豆幼苗第一真叶叶腋内处于潜伏状态的侧芽上,在顶端优势存在下,可使此腋芽生长发育加快。当然,细胞分裂素对腋芽(分枝)生长的促进,还要有赤霉素作用的配合。马佩利(Mapelli)等曾比较两种不同顶端优势的番茄品系,结果表明顶端优势的突变种中细胞分裂素的含量较低。而一些真菌侵入某些特定植物体内,产生大量细胞分裂素,促使大量的腋芽生长发育成侧枝,且丛生成扫帚状,形成所谓的"丛枝病",从而破坏了植物的顶端优势。因此,细胞分裂素促进侧芽和侧枝的形成和发育是肯定的,但这必须是由分生组织原位的细胞分裂素来起作用。

3. 延缓衰老和促进营养物质移动

延缓衰老是细胞分裂素特有的作用。离体叶片会逐渐衰老,叶片变黄。外源细胞分裂素处理可以显著延长保绿时间,推迟离体叶片衰老。若离体叶片用生长素处理,诱导其叶柄基部形成根后,该叶片也可较长时间保持绿色,原因也是叶柄基部生长出的根能合成细胞分裂素,通过木质部上运到叶片所致。重组DNA技术显示细胞分裂素对衰老的调控作用。例如,将一个包含有拟南芥衰老特异的半胱氨酸蛋白酶基因启动子和 IPT 基因(编码异戊烯基转移酶)的嵌合基因导入烟草植株,转基因植株在衰老前,其细胞分裂素水平与野生型的一样高,植株表现正常。当叶片开始衰老时,就能诱导该嵌合基因的表达,由此升高的细胞分裂素含量则会延缓衰老的进程。此外,高水平的细胞分裂素还可抑制 IPT 基因进一步表达,防止细胞分裂素过量产生。这说明细胞分裂素是叶片衰老的天然调节物。

细胞分裂素延缓衰老的原因尚不十分清楚。普遍认为细胞分裂素处理能抑制核酸酶及蛋白酶,特别是抑制与衰老有关的一些水解酶的 mRNA 的合成,从而使核酸、蛋白质和叶绿素等降解的速率减缓,在转录水平上起防止衰老的作用。此外,细胞分裂素对衰老的延缓作用,可能还与它促进营养物质转移有关。例如,离体烟草叶片一半涂以激动素,而在同一叶的另一半滴加放射性的氨基丁酸,结果,放射性的氨基酸在细胞分裂素处理的部位累积,说明细胞分裂素具有诱导营养物质向它所在的部位运输的作用。

由于价格较高,目前细胞分裂素主要用于植物组织培养方面,而在农业生产方面的应用并不是很多。

6.3.5 细胞分裂素的作用机制

1. 细胞分裂素的结合位点

细胞分裂素在植物生长发育过程中起着重要的调节作用,但目前从分子水平上阐明细胞分裂素作用机制的知识还较贫乏。有关细胞分裂素受体的研究,有多种不同的报道,因在不同植物不同部位发现了几种能与细胞分裂素专一结合的蛋白。例如,以小麦胚核糖体为材料,发现其中存在着一种高度专一性和高亲和力的细胞分裂素结合蛋白,此蛋白分子质量为 183 kDa,含有 4 个亚基。除核糖体,细胞分裂素还与细胞其他组分相结合。例如,分离的豌豆核可以高亲和力与 BA 或激动素结合;绿豆线粒体也有与细胞分裂素亲和力非常高的结合蛋白;黄海等发现小麦叶片叶绿体中也存在细胞分裂素受体。

2. 细胞分裂素对转录和翻译的调控

细胞分裂素结合蛋白在核糖体的定位,显示细胞分裂素可能参与调节蛋白质的合成。实验证明它能调节基因活性,促进 mRNA 和新的蛋白质的合成。例如,激动素能与豌豆芽染色质结合(染色质上存在一种细胞分裂素的结合蛋白),调节基因活性,促进 RNA 合成。克罗韦尔(Crowell)等从大豆细胞得到 20 种 DNA

克隆及所产生的 mRNA，细胞分裂素处理后，这些 mRNA 明显增加，比对照高 2～20 倍，并且不同的细胞分裂素表现出相似的结果。实验结果显示，6-BA 诱导麦仙翁硝酸还原酶的形成，是通过促进硝酸还原酶基因的转录而实现的。在培养的大豆细胞中，细胞分裂素处理能增加多聚核糖体的量，从而引起蛋白质合成总速率增加，并改变合成蛋白质的种类。即细胞分裂素处理后增加了一些蛋白质的合成，而抑制了另一些蛋白质的合成。

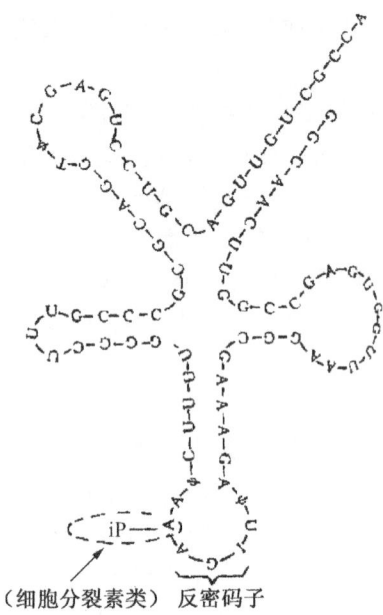

图 6.24　酵母丝氨酸 tRNA 的结构

游离的细胞分裂素与 tRNA 中的细胞分裂素作用机制是否有关联，目前尚不清楚。早在 20 世纪 60 年代就已确定酵母丝氨酸 tRNA 中的反密码子邻近部位有细胞分裂素（iPA）（图 6.24），后来在细菌、动物和植物 tRNA 中的反密码子邻近部位处也都发现了 iPA。因此曾设想，位于 tRNA 上的细胞分裂素有可能在翻译水平发挥调节作用。许多研究工作证实 tRNA 中的细胞分裂素的修饰可能影响到密码子的识别，靠近 tRNA 的反密码子的细胞分裂素 iPA 可能在遗传信息→RNA→tRNA→核糖体的过程中起着协助识别和协调的作用。例如，当碘与 tRNA 上 iPA 相结合时，tRNA 就不能与 mRNA-核糖体复合链连接，因而就不能合成多肽。所以，tRNA 反密码子邻接的细胞分裂素对识别 mRNA 是必需的。另外，根据叶绿体内存在分解 tRNA 的核糖核酸酶的实验，人们又提出了一种细胞分裂素的作用模式：存在一种特异性分解 tRNA 的核糖核酸酶，此酶可以水解 tRNA 上异戊烯基（ip-）侧链，使 tRNA 失活，外源细胞分裂素可以和核糖核酸酶结合为复合体，起到保护含 iPA 的 tRNA 的作用。因此，用细胞分裂素处理的植物组织能维持含 iPA 的 tRNA 的不受破坏，从而能够保障植物体进行正常的蛋白质合成。

3. 细胞分裂素信号转导途径

卡基莫托（T. Kakimoto）和他的同事利用细胞分裂素显著促进双子叶植物下胚轴切段伸长生长的特性筛选得到拟南芥突变体 cre1（cytokinin response 1），该突变体对 CTK 没有响应。进一步研究表明，该突变体缺失了 CTK 受体即 CRE1（cytokinin receptor 1），后来研究表明 CRE1 为质膜组蛋白激酶（histidine kinase，HK），该酶具有三个结构域：受体识别结构域，有两个跨膜区及之间的环，位于 N 端，负责识别 CTK；组氨酸激酶结构域，具有激酶活性，负责把 ATP 上的无机磷磷酸化到该结构域的组氨酸残基上；第三个结构域为接受结构域，位于 C 末端。在没有 CTK 时，CRE1 以单体形式存在（没有活性），当有 CTK 时，CTK 结合到 CRE1 上形成二聚体，同时使组氨酸残基磷酸化，然后把磷酸基团转移到天冬氨酸残基上，继而把磷酸基团转移到一类组氨酸磷酸转移蛋白（histidine phosphotransfer protein，HPT）上，磷酸化的 HPT 进入细胞核再把磷酸基团转移到相关转录因子上活化该转录因子，启动 CTK 响应基因的表达（图 6.25）。

6.4　乙烯

6.4.1　乙烯的发现与分布

乙烯（ethylene，ETH）是煤、石油等能源物质燃烧不完全时形成的一种挥发性气体。早在中国古代，人们就已发现采下的果实放在燃烧香烛的房间里能促进成熟，并悟出催熟的关键是"气"的道理。国外有关乙烯的研究报道始于 1864 年，德国学者吉拉丁（Girardin）发现煤气街灯的漏气能促进周围树木叶片的脱落。1901 年俄国植物学家奈留波夫（D. Neljubow）证实照明气中的活性物质是乙烯，并发现照明气中的乙烯还能引起黑暗中生长的豌豆幼苗产生"三重反应"。1910 年库森（Cousins）发现成熟的苹果对青的未熟香蕉有催熟作用。1934 年英国的甘恩（Gane）首先证明乙烯是植物的天然产物。1935 年美国的克罗克（Crocker）等

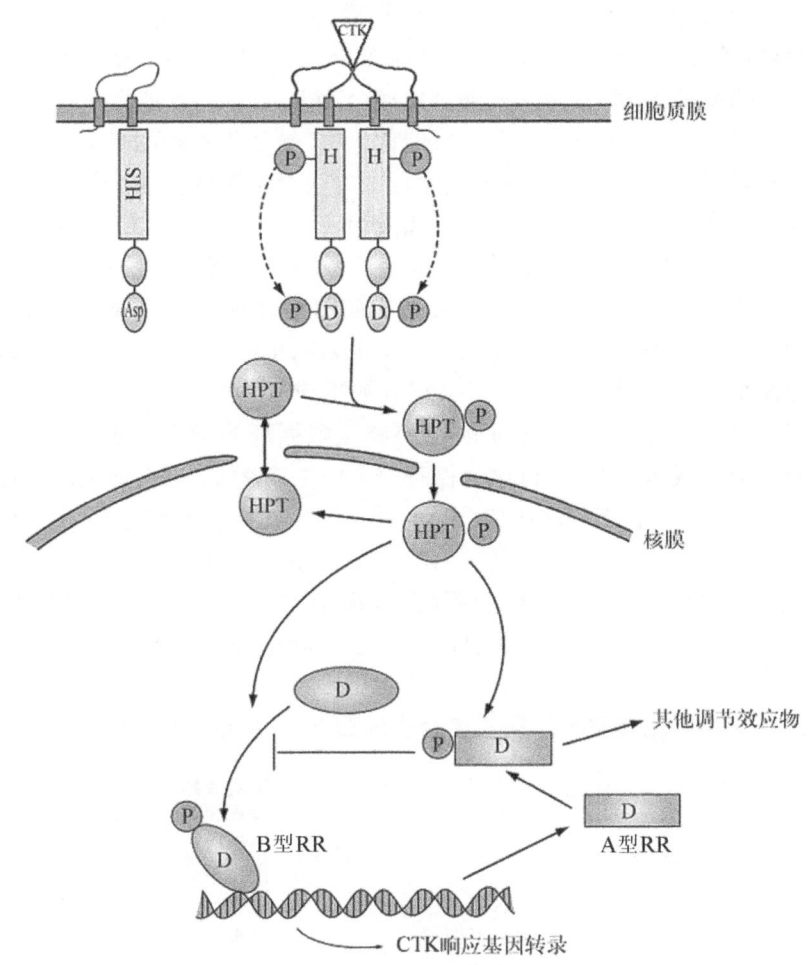

图 6.25　细胞分裂素信号转导途径
(改自 Hopkins et al., 2008)

认为乙烯是一种果实催熟激素。但直到 1959 年气相色谱技术的应用,才大大地推进了乙烯的研究。1965 年伯格(Burg)根据大量的研究成果,发现乙烯具有植物激素的基本特性,于是提出乙烯是一种植物激素的概念,并得到了公认。

乙烯是已知的最简单的烯烃,其分子式为 C_2H_4,结构简式为 $CH_2=CH_2$,分子质量为 28,常温下为无色气体,比空气轻。目前已知,乙烯广泛分布于植物的根、茎、叶、花、果实和种子中,但其生成速率甚微,一般为 $0.1 \sim 10$ nL/(g·h)。虽然高等植物的各部分都能产生乙烯,但不同组织、不同器官和不同发育时期,乙烯的含量均有所不同。在正常的生长环境中,乙烯含量较高的部位通常是老化的组织或器官、正在成熟中的组织或器官以及正在分裂生长中的幼嫩组织或器官。例如,成熟的果实,乙烯的生成速率一般超过 1.0 nL/(g·h);而菜豆老叶乙烯的生成速率又仅为幼叶(幼叶产生的乙烯为 0.4 nL/(g·h))的十分之一。但在不良的生长环境(逆境)中,植物体各部分均会产生大量的乙烯。

6.4.2　乙烯的生物合成及其调节

1. 乙烯的生物合成过程

1964 年,利伯曼(Lieberman)和马普森(Mapson)等发现甲硫氨酸(methionine,Met)是乙烯生物合成的前体物,他们应用 ^{14}C 标记甲硫氨酸的第 3、4 位碳原子,发现新形成的乙烯被标记上 ^{14}C,这说明乙烯分子是来自于甲硫氨酸的第 3 与第 4 位碳原子。1979 年,亚当斯(Adams)和杨祥发在研究苹果组织甲硫氨酸代谢时发现,甲硫氨酸先转变为 S-腺苷甲硫氨酸(S-adenosylmethionine,SAM),然后 SAM 再形成乙烯的直接前体:1-氨基环丙烷-1-羧酸(1-aminocyclopropane-1-carboxylic acid,ACC)。在无氧条件下,供 ^{14}C 标记的甲硫氨酸时,检测不到乙烯的产生,只有标记的 ACC 积累;而当供给氧气时,ACC 能被组织迅速氧化形成乙烯,由此确定了植物体内乙烯生物合成的基本途径是:Met→SAM→ACC→ETH。

催化 Met 形成 SAM 的酶是 S-腺苷甲硫氨酸合成酶(S-adenosylmethionine synthetase);催化 SAM 转变为 ACC 的是 ACC 合成酶(ACC synthase, ACS);催化 ACC 转变为乙烯的是 ACC 氧化酶(ACC oxidase, ACO),ACC 合成酶和 ACC 氧化酶是乙烯生物合成途径中的两个关键酶。

植物组织中甲硫氨酸的水平很低,但正在成熟的番茄和苹果果实中,ACC 含量和乙烯的生产速率上升数百倍,说明体内 Met 的供应是充分的。研究表明,维持乙烯生物合成所必需的 Met 在植物体内是通过甲硫氨酸循环(也称 Yang 循环)不断产生的。即第一步是甲硫氨酸腺苷转移酶催化甲硫氨酸加上一个腺苷生成 SAM;第二步是 SAM 转化为 ACC 和 5′-甲硫腺苷(5′-methylthioadenosine, MTA),由 ACC 合酶催化,这一步是乙烯合成的限速步骤之一;然后 MTA 进一步分解生成 5′-甲硫核糖(5′-methylthioribose, MTR);MTR 进一步转变为 KMB(2-酮基-4-甲硫基丁酸);甲硫氨酸循环的最后一步是 KMB 通过专一的转氨酶形成 Met,Met 与 ATP 反应形成 SAM。通过这一循环,Met 中丁酸部分 4 个碳原子最终来自于 ATP 的核糖分子,而原来 Met 中的甲硫基(CH_3S—)被保存下来,并不断地在甲硫氨酸循环中再生和利用。

ACC 除能产生乙烯外,还可形成 N-丙二酰-ACC(N-malonyl-ACC, MACC),这是一个不可逆反应,MACC 是无生物活性的终端产物,在细胞质合成后运到液泡中贮存。因此,它有调节乙烯生物合成的作用。另外,MACC 还成为一个反映曾遭受过胁迫的指标,如受水分胁迫和接触 SO_2 的小麦叶片在胁迫解除后液泡中仍积累有 MACC。

现将乙烯生物合成有关的甲硫氨酸循环和乙烯合成的调节总结如下图(图 6.26)。

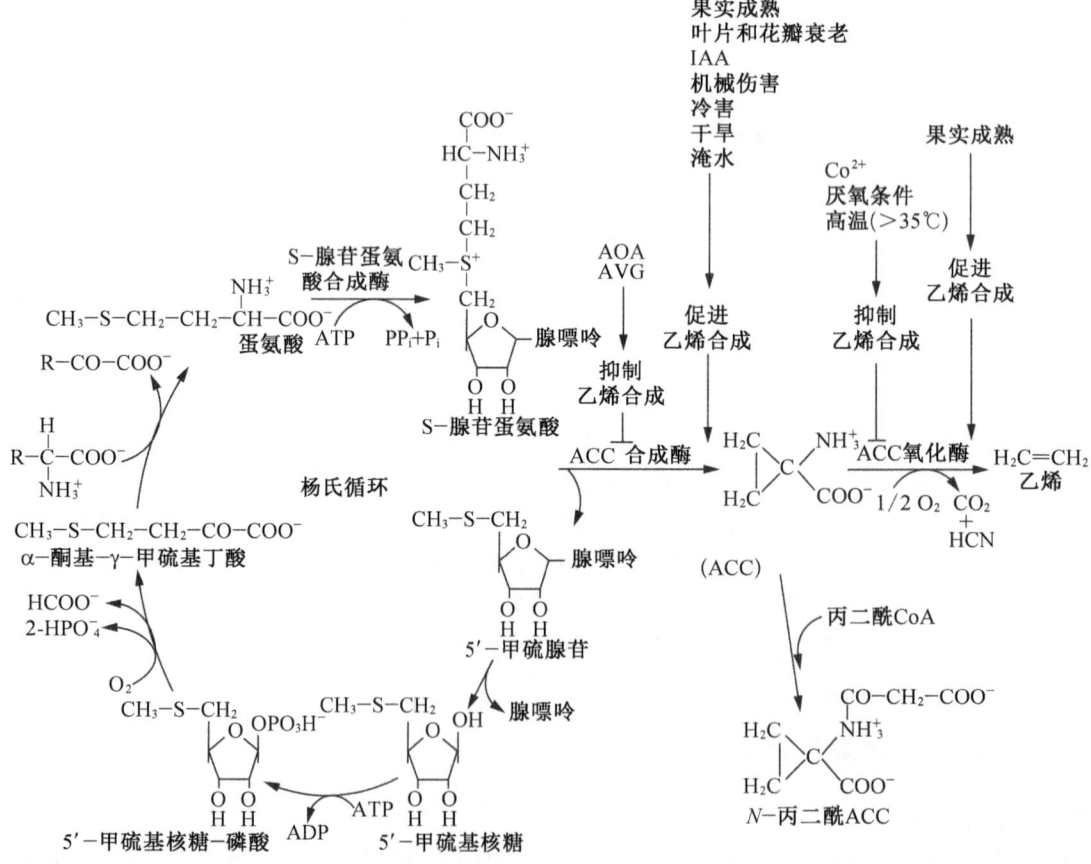

图 6.26　乙烯生物合成途径及杨氏循环(引自 Taiz et al.,2002)

2. 乙烯生物合成的调控

植物组织内乙烯合成的调控影响植物的生长、成熟和老化,所以这是个具有经济效益的重要研究领域。乙烯的合成主要通过关键酶来进行调控。人们利用这些关键酶的抑制剂或激活剂调控 ETH 的合成(图 6.26)。

(1) ACC 合酶　　乙烯合成的关键步骤是 SAM→ACC，催化此反应的酶是 ACC 合酶，它是植物体内乙烯生物合成途径中的限速酶，该酶活性受生育期、环境和激素的影响。在植物正常生长发育的某个时期，如种子萌发、果实成熟、叶片和花器官衰老等阶段，ACC 合酶的活性会加强，从而产生更多的乙烯。当植物组织遭遇到机械伤害（切割、擦伤等）、水分胁迫（干旱，水涝）、温度胁迫（高温，寒害）、化学胁迫（如除草剂、有毒化合物、SO_2 等）和病虫害等逆境时，乙烯合成通常也增加，此时所形成的乙烯通常称为"胁迫乙烯"（stress ETH），因逆境能诱导 ACC 合酶的合成或活化 ACC 合酶。生长素能在转录水平上诱导 ACC 合酶的合成，如用重组 DNA 技术测定西葫芦果实编码 ACC 合酶的 mRNA 水平，可发现 IAA 处理使果实中 ACC 合酶的 mRNA 量增加，因此可显著提高 ACC 水平及乙烯产量。外源乙烯能促进或抑制内源乙烯的合成，即乙烯的形成存在自我催化和自我抑制现象。果实成熟过程中乙烯大量形成就是乙烯自我催化的结果，如骤变型果实苹果等在骤变开始后，乙烯能诱导 ACC 的合成，从而使果实释放大量的乙烯。但是，与乙烯的自我催化相比较，乙烯的自我抑制作用似乎更具有普遍性。因自我催化作用仅出现在成熟衰老组织中，而乙烯的自我抑制作用表现在抑制营养组织和非骤变型果实的乙烯生物合成中，如用乙烯处理呼吸骤变前的番茄、甜瓜果实和非骤变型的葡萄柚果皮，均能抑制 ACC 的合成。看来果实生长成熟过程中乙烯对 ACC 合成的作用从抑制转为促进是骤变型果实的特征，非骤变型果实和营养组织都缺乏这种转变能力。

ACC 合酶存在于细胞质中，专一地以 SAM 为底物，以磷酸吡哆醛为辅基。所以，磷酸吡哆醛的抑制剂，如氨基氧乙酸（aminooxyacetic acid，AOA）和氨基乙氧基乙烯基甘氨酸（aminoethoxy vinyl glycine acid，AVG）是 ACC 合酶的竞争性抑制剂，能显著抑制 ACC 合酶的活性。细胞内 ACC 合酶的半衰期较短，很容易失活，在植物组织中含量低，提纯困难。利用分子生物学技术，发现 ACC 合酶是一个由多基因家族编码的酶，如番茄中此酶至少有 9 个编码基因，拟南芥有 5 个基因，水稻有 3 个基因，这些基因的表达受不同的环境、发育和生理因素的调控。

(2) ACC 氧化酶　　在液泡膜内表面的 ACC 氧化酶是一个以抗坏血酸和氧为辅基，以 Fe^{2+} 和 CO_2 为辅助因子的酶。在 O_2 存在下，ACC 氧化酶把 ACC 氧化为乙烯。ACC 氧化酶也以多基因家族的形式出现，如番茄中至少有 3 个 ACC 氧化酶基因。ACC 氧化酶基因的表达、ACC 氧化酶的积累和它的活性都是可以调节的。Co^{2+}、氧化磷酸化解偶联剂（如 2,4-DNP 和 CCCP）、自由基清除剂（没食子酸丙酯等）、多胺、α-氨基丁酸，以及一切能改变膜性质的理化处理（如去污剂，detergent）都可通过抑制 ACC 氧化酶的活性，从而抑制植物组织中乙烯的合成。但外源供给少量乙烯于甜瓜和番茄等果实，经过一段时间，可以诱导 ACC 氧化酶活性大增，产生大量乙烯（自我催化）。

(3) ACC 丙二酰基转移酶　　ACC 丙二酰基转移酶（ACC N-malonyl transferase）的作用就是促使 ACC 起丙二酰化反应，形成 MACC。因而 ACC 丙二酰基转移酶活性增强能使 ACC 合成乙烯量减少，起到抑制乙烯合成的作用。乙烯除了抑制 ACC 合酶外，还能促进 ACC 丙二酰基转移酶的活性，从而抑制乙烯的生成（自我抑制）。所以，ACC 丙二酰基转移酶的活性对乙烯生成起着重要的调节作用。

目前，人们通过抑制关键酶的基因来降低植物内源乙烯产生，以达到延长果实储存期。如用 ACC 合酶和 ACC 氧化酶的反义 RNA 导入番茄植株中，大大降低了乙烯的产量（被抑制高达 99.5%），这些转基因植株的果实不出现呼吸高峰，果实不会变软（但也不会有香味），从而获得耐储存的番茄品种。另外，转基因植株的叶片衰老也被延缓。上述 ACC 合酶和 ACC 氧化酶反义抑制的表现型都可以被乙烯所逆转。

6.4.3　乙烯的代谢与运输

在植物组织中，乙烯可分解为 CO_2 和乙烯氧化物（ethylene oxide）等气体代谢物，也可形成可溶性代谢物，如乙二醇（ethylene glycol）和乙烯葡萄糖复合体等。乙烯分解代谢的作用是除去乙烯或使乙烯钝化，使植物体内的乙烯含量处于适合植物体生长发育所需要的水平。

植物体内形成的气态乙烯很容易通过细胞间隙扩散而运向其他部位，但扩散距离有限。乙烯的长距离运输与 ACC 有关，ACC 能溶于水溶液中，通过木质部运输。

6.4.4 乙烯的生理作用及其应用

植物对乙烯非常敏感,空气中低达 1 pl/L 的乙烯就能显著地影响植物的生长和发育。从种子萌发、叶片衰老和脱落直到果实成熟等生长发育过程无不为乙烯所调节。对生长器官,它一般抑制伸长,而对成熟器官,它促进成熟、衰老和脱落,并在植物抗逆中发挥作用。其中促进果实成熟和器官衰老是目前已经确认的乙烯最重要的生理作用。

乙烯虽有较广谱的生物学效应,但它是气体,在生产上应用很不方便。1968 年人工合成出了乙烯的释放剂——乙烯利(ethrel),即 2-氯乙基膦酸(2-chloroethyl phosphonic acid)。乙烯利在常温和酸度小于 pH 为 3 的水溶液中比较稳定,但在 pH 高于 4.1 时易分解释放出乙烯,随着溶液温度和 pH 值的增加,乙烯释放的速度也加快,在碱性沸水中 40 min,乙烯利就会全部分解,释放出乙烯、氯化物和磷酸盐(图 6.27)。由于植物体内的 pH 一般都高于 4.1,乙烯利溶液在进入细胞后,就能被分解,释放出乙烯,为乙烯的实际应用提供了可操作性。

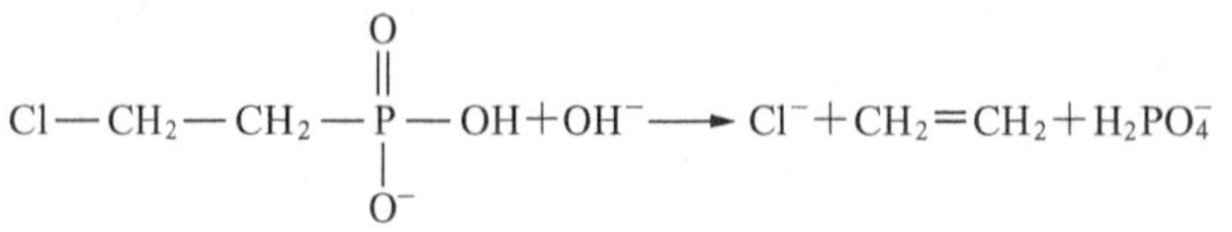

$$Cl-CH_2-CH_2-\overset{\overset{O}{\|}}{\underset{\underset{O^-}{|}}{P}}-OH + OH^- \longrightarrow Cl^- + CH_2=CH_2 + H_2PO_4^-$$

图 6.27 乙烯利释放乙烯的反应

1. 乙烯与营养生长

乙烯的生理功能之一是促进细胞扩大,因而表现出抑制根茎伸长,而使根茎变粗的作用。例如,将黄化豌豆幼苗放在微量乙烯气体中,其上胚轴就表现出"三重反应"(triple response):抑制茎的伸长生长;促进横向加粗;茎的负向地性消失,发生横向生长(图 6.28)。乙烯之所以促进茎横向增粗,是因为乙烯可以改变细胞中微纤丝与微管的排列方向。"三重反应"是乙烯典型的生物学效应,由于在不同的乙烯浓度下所表现的反应强度有明显的差异,所以可作为乙烯生物鉴定的方法。

乙烯促使茎横向生长是由于它引起偏上生长所致。所谓偏上生长是指器官的上部生长速度快于下部的现象。乙烯对茎与叶柄都有偏上生长的作用,从而造成茎横生和叶下垂的现象。偏上生长也是乙烯的特效作用,这是一种异常的生长反应,并且是可逆的反应,若除去乙烯,植物又可恢复正常生长。

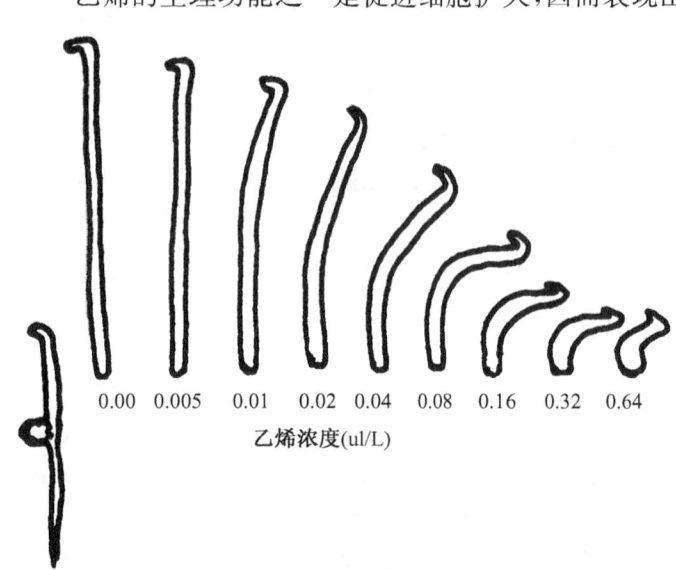

图 6.28 不同溶度的乙烯对豌豆幼苗的"三重反应"
(引自王忠等,2000)

2. 促进果实成熟

促进果实成熟是最早发现的乙烯的生理作用。幼嫩果实组织中乙烯含量很低,当果实成熟时,乙烯的形成迅速增加。由于乙烯能增强细胞膜,特别是液泡膜的透性,使大量水解酶外渗,呼吸代谢加强,引起果实果肉内有机物的强烈转化,从而达到可食状态。但若用 AVG、AOA 等乙烯合成的抑制剂或用 CO_2、Ag^+ 等乙烯生理作用的抑制剂时,则会延缓果实的成熟。这两方面作用都已在生产上得到广泛的应用。

3. 促进器官脱落

乙烯对植物器官(如叶片、果实等)的脱落有极显著的促进作用。这主要是乙烯能加速离区细胞 RNA 和蛋白质的合成,也就是加速纤维素酶、果胶酶和其他一些水解酶的合成,并促使这些酶由原生质体释放到细胞壁中,引起细胞壁分解。如棉花采收期,喷洒乙烯利使棉叶脱落,提高棉花的采收效率。在苹果、梨、柑橘、樱桃等生产上,用乙烯利适时处理可达到疏花疏果的作用。

4. 其他生理作用

乙烯能促进菠萝等凤梨科植物开花,如用乙烯利处理菠萝后,抽蕾率可达90%以上,并且开花提早,花期一致。在雌雄异花的植物中,乙烯可促进雌花的分化,如乙烯利处理能促进黄瓜等葫芦科植物雌花的发育,并增加雌花数。乙烯还可促进橡胶、漆树、松树等植物体内次生物质的分泌并提高产量,如橡胶树经乙烯利油剂涂抹,第2天产胶量就开始上升,总干胶产量可增加20%~40%以上。此外乙烯还可解除休眠,促进许多植物(如花生和马铃薯等)的萌发;乙烯还能加速叶和花的衰老;乙烯能刺激腋枝的增殖(如番木瓜和山龙眼等);较高浓度的乙烯还能促进根形成组织对内源生长素的敏感性,从而导致不定根形成等。

6.4.5 乙烯的作用机制

在多种植物组织内,已发现乙烯受体存在于内质网膜上,并具有蛋白质特性,它的受体是一种含Cu的金属蛋白。通过对拟南芥乙烯反应突变体的分子遗传学的研究,发现乙烯受体是由多基因编码的(如ETR1)内质网膜蛋白。许多实验结果表明 *ETR1* 基因编码的ETR1蛋白具有感受乙烯的功能,是乙烯的受体(也称乙烯传感性蛋白,ethylene sensor protein)。此外,现已证实拟南芥内质网膜上存在其他4个乙烯受体蛋白ETR2、ERS1、ERS和EIN4。

乙烯受体ETR1(ethylene receptor 1)是位于内质网膜上的双组分组氨酸激酶家族成员,其信号感受域具有三个跨膜区,乙烯受体单体不具有活性,当形成二聚体才可以行使功能,且具有组成性活性。CTR1(constitutive triple response 1)是一种丝氨酸/苏氨酸蛋白激酶,位于蛋白激酶级联反应的第一位。当乙烯缺乏时,CTR1与ETR1上的组氨酸结构域相互结合,结合后导致CTR1发生磷酸化作用,进而引起蛋白激酶级联反应,促使一个或多个转录因子发生磷酸化作用,引起乙烯调控基因转录。而当乙烯存在时,乙烯与受体(ETR1)结合,抑制ETR1与CTR1的结合,从而关闭蛋白激酶级联反应,阻止转录因子磷酸化,关闭基因转录(图6.29)。因此,CTR1是乙烯信号转导途径的一个负向调节因子。

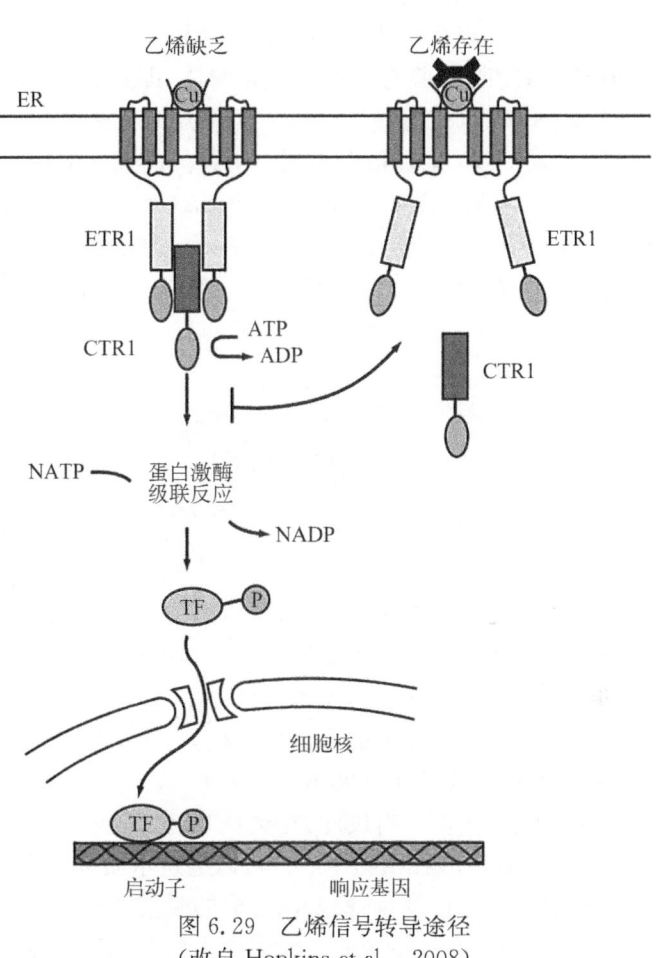

图 6.29 乙烯信号转导途径
(改自 Hopkins et al., 2008)

由于乙烯能提高过氧化物酶、纤维素酶和果胶酶等许多酶的含量和活性,因此,乙烯具有促进核酸和蛋白质合成的作用。例如,黄化大豆幼苗经乙烯处理后,能促进染色质的转录作用,使RNA水平大增;乙烯还能促进鳄梨和番茄等果实成熟过程中纤维素酶和多聚半乳糖醛酸酶mRNA的积累,结果使这两种酶的活性加强,水解纤维素和果胶,使果实变软并成熟。

6.5 脱落酸

1953年,贝内特·克拉克(Bennet-Clark)和科福德(Kefford)在研究植物提取物对胚芽鞘伸长生长的影响时发现,植物体内存在抑制生长的物质,他们称为抑制剂-β(inhibitor-β)。人们认为内源抑制剂可调节植物的生长发育,酚类物质是植物内源抑制物质的主要成分。直至1963年,美国的阿迪科特(F. T. Addicott)等从未成熟的棉桃中分离出一种物质,它能促使棉桃的早熟脱落和最终脱落,并称之为脱落素Ⅱ(abscisin Ⅱ)。几乎同时,英国的韦林(P. T. Waring)等也从槭树叶片中分离出一种物质,它能导致芽的休眠,故称之为休眠素(dormin)。后来证实脱落素Ⅱ和休眠素是同一种物质,1965年确定其化学结构,1967年在第六届国际生长物质会议上统一称为脱落酸(abscisic acid,ABA)。

6.5.1 脱落酸的化学结构、分布与运输

脱落酸是一种以异戊二烯为基本单位的含15碳的倍半萜羧酸,化学名称是5-(1′-羟基-2′,6′,6′-三甲基-4′-氧代-2′-环己烯-1′-基)-3-甲基-2-顺-4-反-戊二烯酸,分子式是$C_{15}H_{20}O_4$,相对分子质量为264.3。ABA难溶于水和石油醚等,但易溶于甲醇、乙醇和丙酮中。从图6.30所示:1′-C为一个不对称碳原子,因此脱落酸有两种旋光异构体,即右旋型(以+或S表示)和左旋型(以−或R表示);由于C_2与C_3之间的双键,脱落酸又可形成两种几何异构体,即2-顺式(cis)和2-反式(trans),顺式ABA有生理效应,而反式ABA生理活性极弱。植物体内天然的脱落酸是顺式右旋的,以2-cis(S)-ABA或2-cis(+)-ABA表示,有时也存在痕量的2-trans(+)-ABA。人工合成的脱落酸是一种左右旋各占一半的外消旋混合物,以RS-ABA或(±)-ABA表示。左右旋ABA在多数情况下具有相同的生物活性,但在促进气孔关闭方面只有右旋ABA才具有活性。ABA因其化学合成品的价格极其昂贵,迄今仍不能广泛应用于农业生产中。

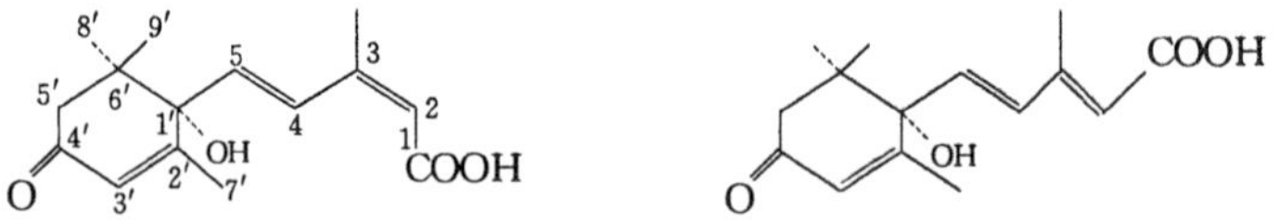

图6.30 顺式-ABA和反式-ABA结构(引自潘瑞炽,2001)

脱落酸广泛分布于植物界,包括被子植物、裸子植物、蕨类和苔藓。此外,在绿藻和某些真菌内也有脱落酸。高等植物从根冠到顶芽的各器官和组织中都能检测到脱落酸的存在,其中以将要脱落或进入休眠的器官和组织中含量较多。当植物受到干旱、盐渍或寒冷引起的渗透胁迫时,其体内的脱落酸含量会迅速增加。脱落酸在高等植物体内的含量相差很大,如水生植物一般是3~5 ng/g鲜重,而毛白杨幼嫩组织为420 ng/g鲜重,鳄梨果肉高达10 000 ng/g鲜重。

脱落酸运输不具有极性,在菜豆叶柄切段中,^{14}C-脱落酸向基部运输的速度是向顶部运输的速度的2~3倍。所以脱落酸在植物体内既可以通过木质部又可以通过韧皮部运输。一般叶片内合成的脱落酸主要通过韧皮部下运到根部;而根系内合成的脱落酸主要通过木质部上运到茎叶。脱落酸在植物体内的运输速度很快,在茎中或在叶柄中的运输速度大约是20 mm/h。脱落酸主要以游离型的形式运输,也有部分是以葡糖酯(ABA-GE)的形式运输。

6.5.2 脱落酸的生物合成和代谢

在植物的根、茎、叶、花、果实和种子中都能合成脱落酸,其主要的合成部位是根尖和萎蔫的叶片,细胞内合成脱落酸的主要场所是质体(如叶绿体)。

1. 脱落酸的生物合成

脱落酸的生物合成主要有两条途径:① C_{15}的直接途径,由甲瓦龙酸(MVA)生成法尼基焦磷酸(FPP),再形成ABA,即MVA→FPP→ABA。这一途径是否存在于高等植物中,目前证据尚不充分;② C_{40}的间接途径,ABA合成是从异戊烯焦磷酸(IPP)开始的,IPP是许多生物活性物质合成的前体,如细胞分裂素、赤霉素和油菜素内酯等。第一步,IPP合成C_{40}叶黄素(如氧化类胡萝卜素)紫黄质(violaxanthin),这一步由玉米黄质环氧化酶(ZEP)催化,在拟南芥中的证据表明,植物不像一些植物病原真菌那样通过修饰C_{15}类戊二烯的直接合成ABA,而是通过"间接"途径或类胡萝卜素途径合成ABA。第二步,紫黄质转变为C_{40}化合物9′-顺式-新黄质

($9'$-cis-neoxanthin)，随后被 $9'$-顺式-环氧类胡萝卜素双加氧酶（$9'$-cis-epoxycarotenoid dioxygenase, NCED）催化形成中间产物 ABA 醛，随后 ABA 醛氧化形成 ABA，ABA 醛只是 ABA 直接前体的一种。NCED 存在于叶绿体中，干旱等胁迫条件下，该酶的合成量或活性增加，使黄质醛（xanthoxin, XAN）形成加快，ABA 大量合成。总之，目前普遍认为高等植物体内 ABA 合成的主要途径是 C_{40} 的间接途径（图 6.31）。

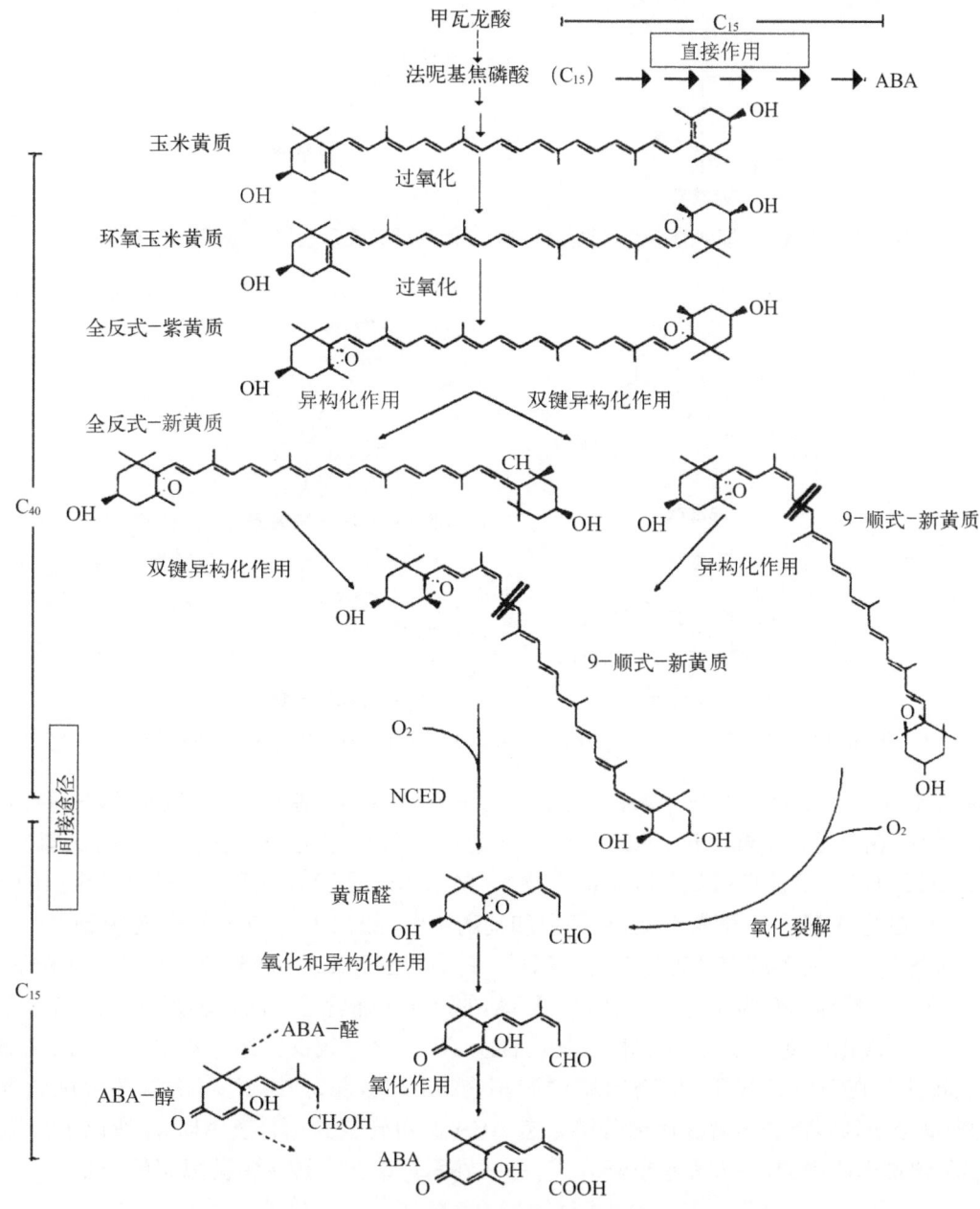

图 6.31　ABA 的生物合成途径（修改自王忠，2001）
NCED：$9'$-cis-epoxycarotenoid dioxygenase（$9'$-顺式-环氧类胡萝卜素双加氧酶）

以上可看出，甲瓦龙酸代谢在植物激素生物合成过程中起重要的作用，因在不同条件下，它的中间产物——IPP 能形成赤霉素、细胞分裂素、脱落酸和类胡萝卜素（图 6.32）。因此，甲瓦龙酸在植物激素生物合成过程中的代谢方向对植物的生长发育及对环境的适应具有重要意义。

2. 脱落酸的代谢

植物体内脱落酸的代谢具有多条途径，而脱落酸的降解主要通过氧化和结合作用这两条途径进行（图 6.33）。

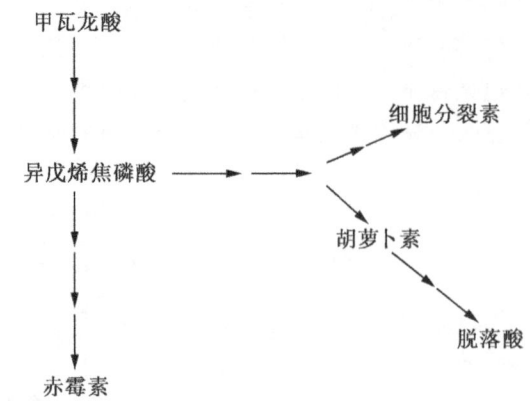

图 6.32　赤霉素、细胞分裂素和脱落酸三者之间的合成关系(引自潘瑞炽,2001)

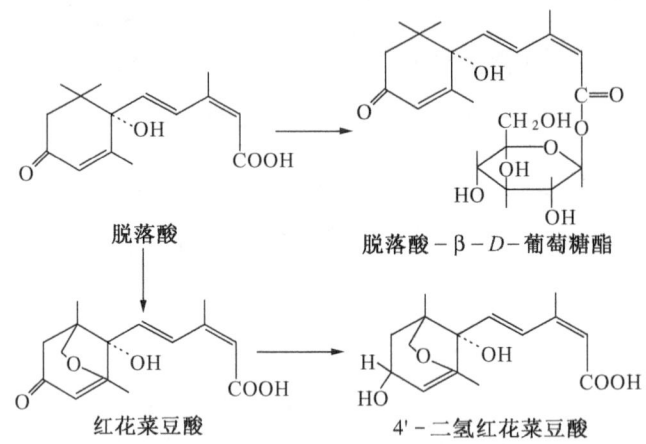

图 6.33　ABA 氧化降解和结合态 ABA 形成的过程(改自曾广文等,2000)

(1) 氧化降解途径　ABA 在单加氧酶的作用下,首先形成 8′-羟基 ABA,该物质极不稳定,很容易氧化形成略有活性的红花菜豆酸(phaseic acid, PA),PA 进一步被还原为完全失去活性的二氢红花菜豆酸(dihydrophaseic acid, DPA)。脱落酸氧化降解的产物 8′-羟基 ABA、PA 和 DPA 均可形成相应的结合态,如在苍耳、芒果等中存在的 ABA-β-葡萄糖酯,从鳄梨和葡萄中发现的 DPA-4′-O-葡萄糖苷。

(2) 结合失活途径　脱落酸有 3 种结合态:ABA-葡萄糖酯、ABA-葡萄糖苷和 ABA-酰胺。其中以 ABA-葡萄糖酯、ABA-葡萄糖苷为主,因为它们是 ABA 在导管或筛管等中的运输形式。结合态 ABA 主要存在于液泡中,所以液泡化程度较低的幼嫩组织,其结合态 ABA 含量较低。结合态 ABA 和游离态 ABA 在植物体内可相互转化。在正常情况下,植物组织中游离态 ABA 含量较少,但当出现环境胁迫时,结合态 ABA 可转变为游离态 ABA,待胁迫解除后部分游离态 ABA 又可转变为结合态 ABA。所以干旱等环境胁迫使植物体内 ABA 含量迅速增加,一方面是重新合成,另一方面是结合态转变为游离态的结果。

6.5.3　脱落酸的生理作用

脱落酸除了对植物的生长发育有抑制作用外,还具有多种生理功能。

1. 促进气孔关闭

脱落酸具有明显促进气孔关闭的生理效应。将极低浓度的 ABA(1 μmol/L)施于叶片时,气孔就会关闭。拟南芥、西红柿和玉米等 ABA-缺陷型突变体,也因为内源 ABA 水平低,导致叶片的气孔开度过大和水分丧失过快,表现出持续的萎蔫现象,但喷洒外源 ABA 即可以使气孔关闭,缓解这种萎蔫现象。ABA 促进气孔关闭的原因:ABA 能增加保卫细胞胞质中的 Ca^{2+} 浓度,高钙离子水平可刺激外向型 Cl^- 和 K^+ 通道的活性,并且抑制内向 K^+ 通道的活性,使保卫细胞内 K^+ 和 Cl^- 浓度减少;ABA 还能提高保卫细胞胞质中 pH, pH 升高可以激活质膜上的外向 K^+ 通道，K^+ 外流；另外，ABA 还能活化外向 Cl^- 通道，Cl^- 外流。这些离子变化结果使保卫细胞膨压下降，气孔关闭。

2. 促进休眠

脱落酸与赤霉素的作用恰恰相反，它能促进多种多年生木本植物芽休眠和种子休眠。例如，将 ABA 施用在木本植物旺盛生长的枝条上，结果枝条停止生长而进入休眠状态。目前认为，植物的休眠和生长，是由脱落酸和赤霉素这两种激素调节的。脱落酸与赤霉素合成都来自于甲瓦龙酸；在光敏色素作用下，长日照条件形成赤霉素，短日照条件下形成脱落酸。一般木本植物从秋季到冬季，随日照缩短，植物体内脱落酸含量渐增，树芽进入休眠；从春季到夏季，随日照延长，植物体内脱落酸含量减少，而赤霉素含量却提高，使树木发芽并生长。脱落酸是许多植物种子发芽的抑制物质，这类种子一般要经过低温层积等处理，使种子内脱落酸含量下降，赤霉素含量增高，才能打破休眠促进萌发。另外，实验证明种子休眠或萌发与种子内 ABA/GA 的比值有关。ABA-缺陷型的拟南芥突变体也表明脱落酸具有促进种子休眠的作用。

3. 促进器官脱落

脱落酸具有明显促进器官脱落的作用。如将带第一对叶的棉花幼苗茎切下来，用注射器把含有脱落酸的琼脂注于叶柄切面或茎切面上，经一段时间后，在叶柄上施加一定的外力，叶柄就会脱落，并以注于叶柄切面上的效果更好。但近来实验证明主宰植物器官脱落的内源激素主要是乙烯，脱落酸通过增加乙烯的生成，从而间接地促进叶片等器官的脱落。

4. 提高抗逆性

在干旱、水涝或盐渍等逆境中，植物体内脱落酸含量会急剧增加，增加的速度及其持续时间取决于逆境胁迫的强度和时间以及植物基因型，但这种增加会使植物体从生理、生化和分子水平上产生了适应性变化，从而增加植物的抗逆性，故脱落酸常被称为胁迫激素(stress hormone)。例如小麦正常叶片的 ABA 含量为 44 $\mu g/kg$（鲜重），在干燥气流中叶片萎蔫 4 h，ABA 含量就会上升到 257 $\mu g/kg$（鲜重）。在干旱等逆境中形成的 ABA，从叶肉细胞或根部迅速地运到保卫细胞，使保卫细胞 ABA 浓度提高，气孔关闭，减少水分丧失，提高植物抗旱能力，所以脱落酸又有抗蒸腾剂之称。现已知，在逆境胁迫下，脱落酸还有增加脯氨酸含量、稳定膜结构和诱导逆境蛋白形成等效应。一般植物体内脱落酸的积累与抗逆性的增强呈显著的正相关，外施脱落酸也能增强植物对多种逆境的抗性。

脱落酸还具有其他的生理功能，如脱落酸对植物器官分化具有调节作用：促进不定根的形成；促进花器官的分化和发育；促进多种植物"人工种子"胚状体的正常化和同步化以及提高成株率。脱落酸还能诱导种子储存蛋白的合成，促进光合产物运往发育着的种子，促进根系的吸水和某些果实的成熟，以及抑制植物多种器官生长等。因此，应该把脱落酸看作是一种具有全面生理功能的激素。

6.5.4 脱落酸的作用机制

ABA 对植物的生理作用有短期（如气孔关闭）和长期（如种子成熟等）两种作用，短期生理反应往往通过改变离子跨膜流动及某些基因表达有关，而长期反应则与基因表达模式的显著改变有关，两者的作用机制不同。

1. 脱落酸调控的气孔关闭的信号转导途径

自霍恩贝里(Hornberg)和韦勒(Weiler)证明蚕豆叶片保卫细胞质膜上存在 ABA 的高亲和结合位点以来，研究人员相继又在玉米幼苗根尖和水稻幼叶等材料的微粒体膜上、细胞质和细胞核中发现有 ABA 结合蛋白的存在。并在蚕豆和玉米等材料中分离得到多种不同分子质量的 ABA 结合蛋白。这些结果说明不同的植物、器官和细胞类型可能存在不同的脱落酸受体，它们分别行使不同的功能。

气孔保卫细胞试验表明，ABA 的信号传导途径可能是：ABA 与质膜上的受体结合后，通过激活 G 蛋白和 ROS 途径，促使 Ca^{2+} 从质外体、内质网和液泡中释放到细胞质中，引发细胞质中 Ca^{2+} 浓度升高。细胞质中 Ca^{2+} 浓度升高，一方面促进液泡膜和质膜的外向 K^+ 和 Cl^- 通道活性，引起 K^+ 和 Cl^- 流出保卫细胞，另一方面抑制保卫细胞质膜内向 K^+ 通道活性，减少 K^+ 流入保卫细胞。净效应为保卫细胞中 K^+ 和 Cl^- 丧失，水分流出保卫细胞，气孔关闭（图 6.34）。

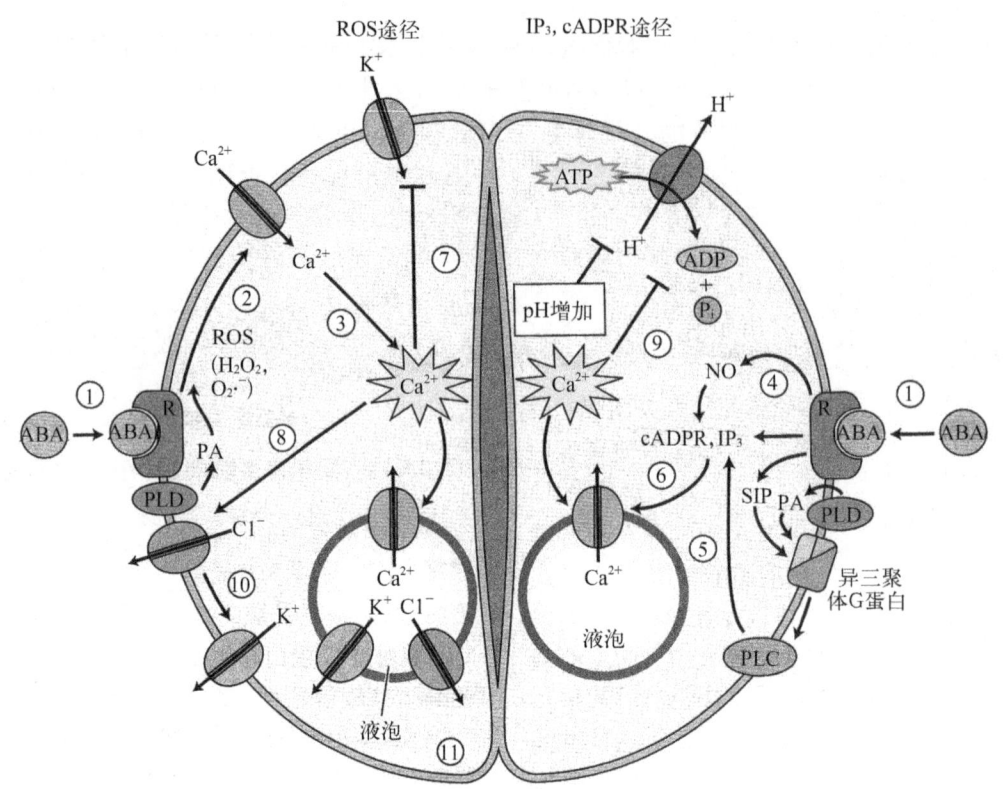

图 6.34　气孔保卫细胞中 ABA 信号的简单模式图

净效应是细胞中钾离子及阴离子（Cl^- 或苹果酸根离子）丧失。cADPR：环 ADP 核糖；IP3：1,4,5 三磷酸肌醇；NO：一氧化氮；PA：磷脂酸；PLC：磷脂酶 C；PLD：磷脂酶 D；R：受体；ROS：活性氧；S1P：鞘氨醇-1-磷酸。① ABA 与受体结合（为了便于观察，只显示出胞外受体）；② ABA 结合受体后诱导活性氧（ROS）产生，进而激活质膜上的 Ca^{2+} 通道，ROS 是由磷脂酶 D（PLD）介导的磷脂酸产生的；③ 钙的内流引起了胞内钙的瞬时变化，进一步促进了钙从液泡中释放；④ ABA 刺激 NO 产生，NO 增加 CADPR 的水平；⑤ ABA 通过包含 S1P、异源三聚体以及磷脂酶 C 和 D（PLC 和 PLD）的信号途径增加了 IP_3 的水平；⑥ cADPR 和 IP_3 的升高激活了液泡膜上的其他钙通道，更多的 Ca^{2+} 从液泡中释放出来；⑦ 胞内钙的升高阻断了质膜上的 K^+_{in} 通道；⑧ 胞内钙的升高促进了质膜上 Cl^-_{out}（阴离子）通道的打开，引起质膜去极化；⑨ 质膜上的质子泵受 ABA 诱导的胞内钙增加和胞内 pH 升高的抑制，质膜进一步去极化；⑩ 膜的去极化活化了质膜上的 K^+_{out}；⑪ K^+ 和阴离子首先跨质膜从液泡释放到胞质中

2. 脱落酸调控基因表达的信号转导途径

ABA 能表现出多种生理作用，是与它对基因表达的调控分不开的。目前已知 150 余种植物基因可受外源 ABA 的诱导，其中大部分在种子发育晚期和/或受环境胁迫的营养组织中表达。例如，在棉花、油菜、水稻和小麦等植物种子发育的中晚期，随着内源 ABA 水平的上升，积累了大量翻译为植物凝集素、酶抑制剂和贮藏蛋白等的 mRNA。并且用外源 ABA 处理也能使这些凝集素基因、酶抑制剂基因和贮藏蛋白基因等提前表达。实验还证明 ABA 能在不同水平上调控基因的表达。例如，小麦胚蛋白（Em）基因的表达对 ABA 的响应发生在转录水平。将小麦胚置于含 ABA 的基质中，编码（Em）的 mRNA 含量相应地增加。但 ABA 处理大麦糊粉层细胞后，在转录水平上却阻遏 GA 诱导的 α 淀粉酶 mRNA 的积累，并且在翻译水平上也抑制 α 淀粉酶的合成。另一方面，贺端华等和希金斯（Higgins）等的结果表明，ABA 处理大麦糊粉层细胞后，至少有 16 种新肽形成并迅速转变为蛋白质。过去十多年对于 ABA 受体及调控基因表达信号转导途径的研究取得了突破性进展。总的来看，当植物体内 ABA 浓度很低时，PP2C 磷酸酶家族成员通过使蛋白激酶 SnRK2 去磷酸化抑制其活性，信号转导通路被阻断；当植物体内 ABA 浓度升高并达到一定浓度时，ABA 与其受体（PCAR/PYR/PYL）识别并结合，ABA 受体构象发生改变，然后与 PP2C 磷酸酶家族成员互作，抑制 PP2C

活性,释放 SnRK2 活性,使相关转录因子(如 AREB/ABF)等磷酸化,从而启动 ABA 响应基因的表达(图 6.35)。

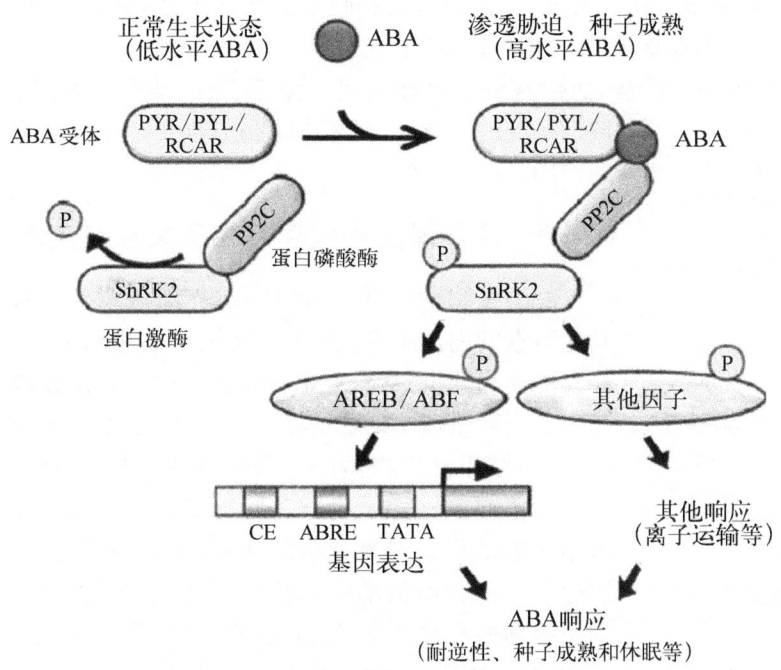

图 6.35　ABA 调控基因表达信号转导途径
(改自 Nakashima et al.,2013)

6.6　植物激素间的相互关系

植物体内各种激素是同时存在的,它们之间的生理效应有相互促进的方面也有相互拮抗的方面。植物生长发育的任何阶段都不可能是某一种激素单独起作用,而是由多种激素相互作用的结果。正是由于植物激素间的共同作用、相互协调的结果,才能达到调控植物适度生长发育的结果。因此,在植物激素的理论和应用研究时,越来越重视对这种相互作用关系的研究。

6.6.1　不同激素间的比值对生理效应的影响

1. 对器官分化的影响

在组织培养中,细胞分裂素和生长素间的比值调控着愈伤组织的生长和分化。当细胞分裂素/生长素比值低时,愈伤组织分化根;比值高时分化芽;比值处于中间水平时只有愈伤组织的生长。另外,赤霉素与生长素的比例控制着形成层的分化。当赤霉素/生长素比值高时,有利于韧皮部的分化,反之有利于木质部的分化。

2. 对性别分化的影响

植物激素相互作用控制雌雄异花和雌雄异株植物花性别的分化。乙烯与赤霉素浓度比值高时有利于黄瓜雌花的分化,相反的情况则有利于雄花的分化。在雌雄异株的大麻、菠菜等植物中,花性别的分化则取决于细胞分裂素与赤霉素的浓度比值。在试验中发现,当去掉大麻等植株的叶片时,根部合成的细胞分裂素直接运至顶芽并促进其分化雌花;当去掉根系时,叶片中合成的赤霉素直接运至顶芽并促进其分化雄花。在自然状况下,根部与叶片中形成的激素间是基本保持平衡的,因此雌雄植株的比例基本相同。

6.6.2　不同激素间的拮抗作用对生理效应的影响

一类激素的作用可以抵消另一类激素的作用,称为拮抗作用。生长素、细胞分裂素和赤霉素均有促进植物生长的效应,而脱落酸均能拮抗这三者的促进效应。例如,赤霉素能诱导 α 淀粉酶的合成,有促进种子萌发的作用,此效应可被脱落酸抑制。细胞分裂素能抑制叶绿素、核酸和蛋白质的降解,从而延缓叶片的衰老,而脱落酸却通过抑制核酸和蛋白质的合成并提高核酸酶活性等,促进叶片的衰老。所以,细胞分裂素和脱落酸对器官的衰老进程起着调节作用。另外,细胞分裂素和脱落酸对气孔运动的调节也表现出相互拮抗效应。

生长素、细胞分裂素和赤霉素虽然对植物生长有促进作用,但它们间也存在相互拮抗的一面。如生长素抑制侧芽萌发,维持植物的顶端优势,而细胞分裂素却能促进侧芽生长,消除植物的顶端优势。生长素促进黄瓜雌花的分化,赤霉素却促进雄花的分化,并且赤霉素能抵消生长素的作用,反之亦然。

6.6.3 不同激素间代谢的相互关系对生理效应的影响

一类植物激素可以通过影响其他激素的合成、代谢和运输,来改变其他激素的内源水平,从而影响植物的生长发育。例如,较高浓度的生长素可通过促进 ACC 合酶的活性,来提高植物体内乙烯的含量;而乙烯产生一定数量后,却反过来提高 IAA 氧化酶的活性,抑制生长素的合成与运输,结果使植物体内生长素浓度下降。生长素与乙烯间这种负反馈关系可起到调控植物器官脱落的作用。再如细胞分裂素能抑制生长素结合态的形成及氧化酶的活性,从而提高生长素的浓度;赤霉素能抑制生长素氧化酶的活性,促进生长素的生物合成,从而表现出对生长素的协同增效作用。图 6.36 表明,低浓度生长素对离体豌豆茎切段的伸长有促进作用,与赤霉素合用时,促进效果更明显。

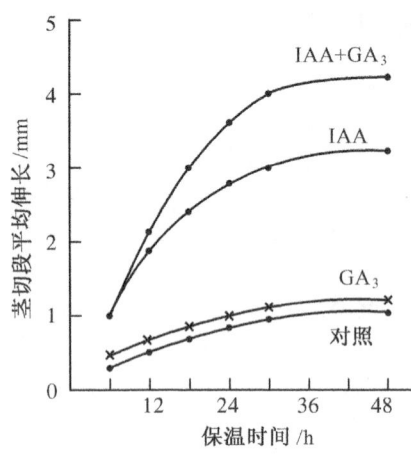

图 6.36 生长素和赤霉素对离体豌豆节间切段伸长生长的效应
(引自曾广文等,2000)

6.6.4 不同激素间的连锁性作用对生长发育的调控

研究表明,植物内源激素的含量往往伴随着生长发育进程而有显著的动态变化,这说明在植物生长发育的不同阶段是由某一或某些特定的激素起着定向的作用。对整个生长发育过程而言,各种激素间起着连锁性作用。例如,小麦种子发育过程中,几种激素含量有顺序地出现高峰,其变化规律正好与种子发育进程同步。即胚发育早期出现细胞分裂素的高峰,此时细胞分裂的速率也最高;当种子进入快速生长期时,细胞分裂素水平下降,而赤霉素与生长素的水平上升;当胚发育开始进入后期,赤霉素与生长素的水平开始下降,而脱落酸水平开始上升;到了成熟期,种子的体积和干重都达最大时,脱落酸水平也达到高峰。

综上所述,植物生长发育过程受内源激素多方面调节和控制。植物除含这五大激素外,还含有许多微量有机化合物,如油菜素内酯和多胺等,它们对植物生长发育也表现出特殊的调节作用,它们与激素间也有相互作用,并综合影响着植物的生长发育进程。应该说,目前人们对植物激素间相互关系已经有了一定的了解,也已经将这些知识应用于指导生产实践。但是,由于我们所掌握的这些知识基本上还是处于定性水平而非定量水平上,因此这些已经掌握的知识在指导应用上作用还是有限的,还需要不断做出更多的努力。

6.7 其他天然的植物生长物质

在植物体内除了上述五大激素外,随着研究的深入,发现还存在着多种其他微量的天然有机物,它们也对植物的生长发育表现出特殊的调节作用。这些物质主要有油菜素甾醇类、多胺类、茉莉酸类和水杨酸类等。

6.7.1 油菜素甾醇类

1. 发现与分布

油菜素甾醇类化合物的系统研究始于 20 世纪 60 年代。当时美国农业部的研究人员在 60 多种植物花粉的提取液中寻找促进生长的物质,1970 年米切尔(Mitchell)等发现在油菜花粉的提取物中有一种物质,能引起菜豆幼苗节间伸长、弯曲及裂开等生长反应。1979 年 Grove 等从 227 kg 油菜花粉中得到 10 mg 高生物活性的结晶,发现这是一种甾醇内酯化合物,故命名为油菜素内酯(brassinolide)(图6.37)。此后,人们又从很多种植物中分离鉴定出油菜素内酯及多种结构相似的化合物,并把这些以甾醇为基本结构的具有生物活性的天然化合物统称为油菜素甾醇类化合物(brassinosteroid,BR)。已报道天然存在的油菜素甾醇类化合物达60多种,分别表示为BR_1、BR_2……BR_n;人工合成的有表油菜素内酯(epi-brassinolide)和高油菜素内酯(homobrassinolide)等(图6.39)。

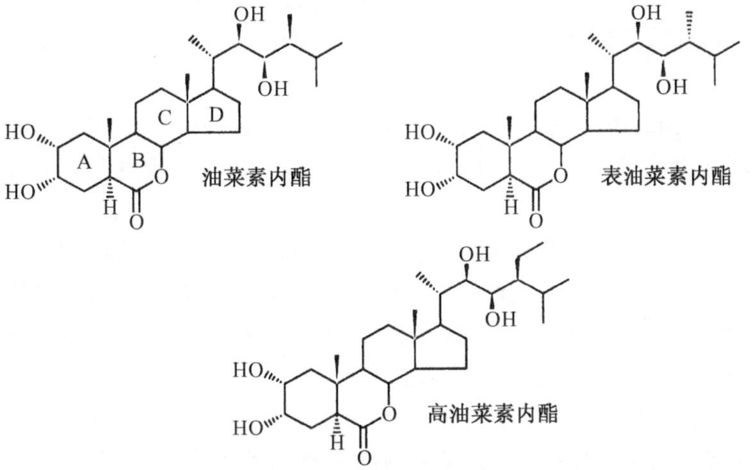

图6.37　油菜素内酯、表油菜素内酯和高油菜素内酯的化学结构(引自武维华,2003)

油菜素甾醇类化合物在植物界分布很广,裸子植物、被子植物及藻类中都存在,分布于高等植物体的各部分,特别是花粉、未成熟种子和果实中含量最高。一般油菜素甾醇类化合物在花粉及未成熟种子中含量为1~1 000 ng/kg鲜重,茎中为1~100 ng/kg鲜重,果实及叶中为1~10 ng/kg鲜重。油菜素甾醇类化合物中分布最广的是油菜素甾酮(BR_2),其次是油菜素内酯(BR_1),且它们具有很高的生物活性,可以说是油菜素甾醇类化合物中最重要的两种。

通过^{14}C同位素标记,油菜素内酯可通过木质部由根向茎运输,到达叶片,也可由叶片向茎运输。

2. 生理作用与作用机制

油菜素甾醇类化合物(以最早发现的油菜素内酯为例)的生理作用主要表现在以下几个方面。

(1) 促进细胞伸长和分裂　　用10 ng油菜素内酯处理菜豆幼苗的第二节间,可引起该节间显著伸长弯曲,细胞分裂加快,节间膨大,甚至开裂。油菜素内酯之所以能促进细胞伸长和分裂,因为它能提高DNA和RNA聚合酶的活性,从而促进核酸和蛋白质合成;油菜素内酯还能活化质膜上的ATP酶,促使质膜外泌H^+到细胞壁,使细胞壁酸化,促进细胞的伸长生长。所以,油菜素内酯促进生长的机制可能同样遵循酸生长理论。

分子遗传学试验发现,*BRU*1基因是一个由油菜素内酯专一调节的伸长基因,此基因编码一种与细胞伸长密切相关的酶:木葡聚糖内转糖基酶(XET)。外施油菜素内酯及其类似物能使该基因的转录水平极大提高,但生长素、赤霉素和细胞分裂素等处理却不能增加其转录水平。实验还证明油菜素内酯对该基因的调节是在转录后水平上。所以,油菜素甾醇类化合物通过调节编码*XET*基因表达来增加细胞的可塑性,从而促进细胞的生长。另外,油菜素甾醇类化合物还能通过诱导β-微管蛋白基因的表达来促进微管的形成,进而修饰细胞壁,促进细胞的伸长。β-微管蛋白还与细胞的分裂有关,所以油菜素内酯促进生长还与它促进细胞分裂有关。

(2) 促进光合作用　　油菜素内酯处理可增强小麦Rubisco活性,提高花生幼苗叶绿素含量,促进水稻叶片中的光合产物向穗部运输,从而提高植物的光合速率。

(3) 延缓衰老　　用表油菜素内酯处理绿豆下胚轴切段,可以延缓细胞衰老,还可以延长月季切花的瓶插寿命等。

(4) 提高植物的抗逆性　　油菜素内酯处理能提高水稻、黄瓜和茄子等对低温、盐害和病害等逆境的抵抗能力。在低温下，水稻幼苗经油菜素内酯处理可降低细胞内离子的外渗，从而对细胞膜起到一定的保护作用。油菜素内酯对盐胁迫导致大麦叶片叶绿体超微结构破坏有明显的保护作用。

总之，油菜素甾醇类化合物促进植物生长的靶区是细胞壁，通过各种机制（XET、微管）促进细胞壁松弛，使细胞体积增大，摄入水分和养分。同时通过促进光合作用，提高核酸和蛋白质的代谢，为细胞的伸长提供物质基础，最终表现出促进植物的生长。所以油菜素甾醇类化合物在生产上主要用于增加作物产量；提高作物的耐冷性及耐盐能力；减轻某些农药（如除草剂）的药害等方面。随着对油菜素甾醇类化合物研究的深入，以及人工合成了油菜素内酯及其类似物，油菜素甾醇类化合物在生产上的应用必将越来越广泛。

3. 与植物激素的关系

许多试验证实，油菜素内酯所诱导的生长反应与生长素、赤霉素和细胞分裂素的作用往往相似，但应用水稻叶片倾斜角度的变化对油菜素内酯具有专一性这一生物测定法，发现油菜素内酯与前面三类激素的作用并不相同。

许多试验证明油菜素内酯与生长素作用相似或油菜素内酯对生长素活性有增效作用，即油菜素内酯能提高植物组织对生长素的敏感性。但是，油菜素内酯促进生长的信号转导路径与生长素的不同。应用西红柿和大豆突变体也发现，油菜素内酯诱导生长素不敏感突变体的生长，却不能诱导 *SAUR* 基因的表达。*SAUR* 为生长素诱导基因，是生长素活性的分子标志。

油菜素内酯与赤霉素促进生长的作用是相对独立的。例如，赤霉素生物合成抑制剂（如嘧啶醇，ancymidol）能抑制赤霉素促进的生长反应，但不能抑制油菜素内酯促进的生长作用。但是，赤霉素合成抑制剂烯效唑（S-3307）却能同时抑制赤霉素和油菜素内酯的生物合成。所以，一般认为油菜素内酯作用机制与赤霉素是不同的，二者的关系又是复杂的。

油菜素内酯与细胞分裂素促进生长的作用有不同的结果。如油菜素内酯促进在黑暗中生长的黄瓜子叶面积增大，但其效力不及细胞分裂素；油菜素内酯与细胞分裂素对黑暗中生长的苍耳叶片组织的老化有相反的作用等。

4. 油菜素内酯的生物合成途径

油菜素内酯是由植物甾醇衍生而来，与胆固醇的结构类似。与内质网相关的细胞色素 P450 单氧加氧酶（CYP）家族成员催化了油菜素内酯生物合成途径中的大多数反应。如图 6.38 所示，菜油甾醇（campesterol）首先生成菜油甾烷醇（campestanol），然后经过 C-22 氧化途径和下游的 C-6 氧化途径，转化为栗木甾酮（castasterone），继而转化成油菜素内酯。

油菜素内酯的生物活性水平受到多种失活或分解代谢反应的调节，包括差向异构化、氧化、羟基化、磺化和与葡萄糖或脂质的偶联。同时受到油菜素内酯依赖性负反馈机制的调节，其浓度高于一定阈值会导致油菜素类固醇生物合成减少。

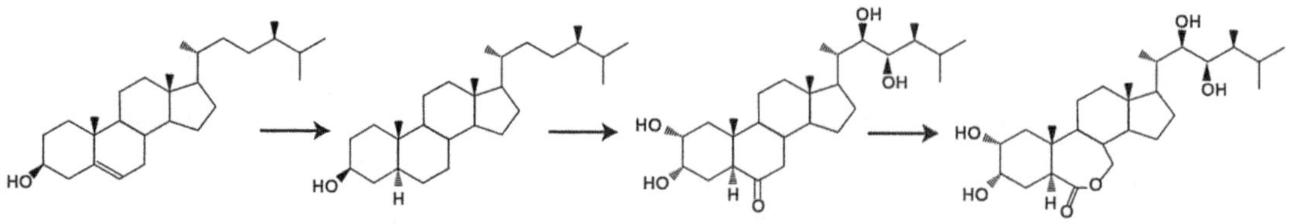

图 6.38 油菜素内酯的生物合成（改自 Taiz et al.，2018）

5. 油菜素内酯调控基因表达的信号转导途径

植物体内最大的一类受体激酶由受体样**丝氨酸/苏氨酸激酶**（serine/threonine receptor-like kinase，RLK）组成。许多 RLK 定位于质膜，作为具有胞外配体结合结构域和细胞质激酶结构域的跨膜蛋白，其通过靶蛋白的**丝氨酸或苏氨酸残基**的磷酸化将胞外信号传递到细胞内部。一些 RLK 也被证明能磷酸化酪氨酸残基。如图 6.39，RLK 介导的油菜素内酯信号通路结合了信号放大和再加压失活机制，将胞外油菜素内酯信号转化为目的基因转录反应。具体信号转导途径如图 6.40，BRI1（brassinosteroid insensive 1）具有油菜素内酯受体的功能。当组织中的高浓度的 BR 与 BRI1 结合后，就激活了 BRI1 并通过磷酸化激活质膜上的 BSK1(BR-signaling kinases 1)和 CDG1(constitutive differential growth 1)激酶；BSK1 和 CDG1 进一步激活细胞质中的磷酸酶 BSU1(BRI1 suppressor 1)；BSU1 使 BIN2 去磷酸化而失活，不能对下游的 BZR1 和 BES1 进行磷酸化。所以，BZR1 和 BES1 就被 PP2A 磷酸酶去磷酸化，与 14-3-3 蛋白脱离并进入细胞核中，进行调控 BR 诱导的基因表达，从而发挥油菜素内酯诱导的生理活性反应。在缺少油菜素内酯时，BIN2 磷酸化 BZR1 和 BES1，使其余 14-3-3 蛋白结合而被降解，无法进入细胞核去调控基因表达。

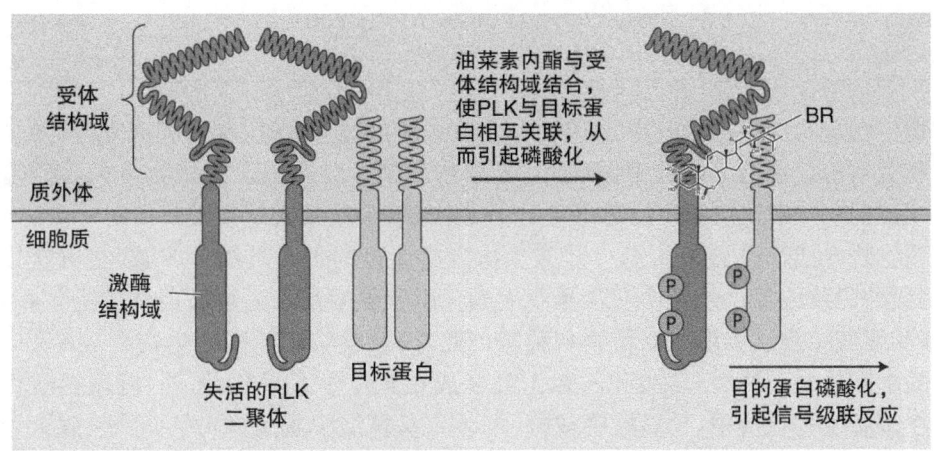

图 6.39 油菜素内酯受体(RLK)及油菜素内酯与 RLK 结合后的目标蛋白磷酸化（改自 Taiz et al.，2018）

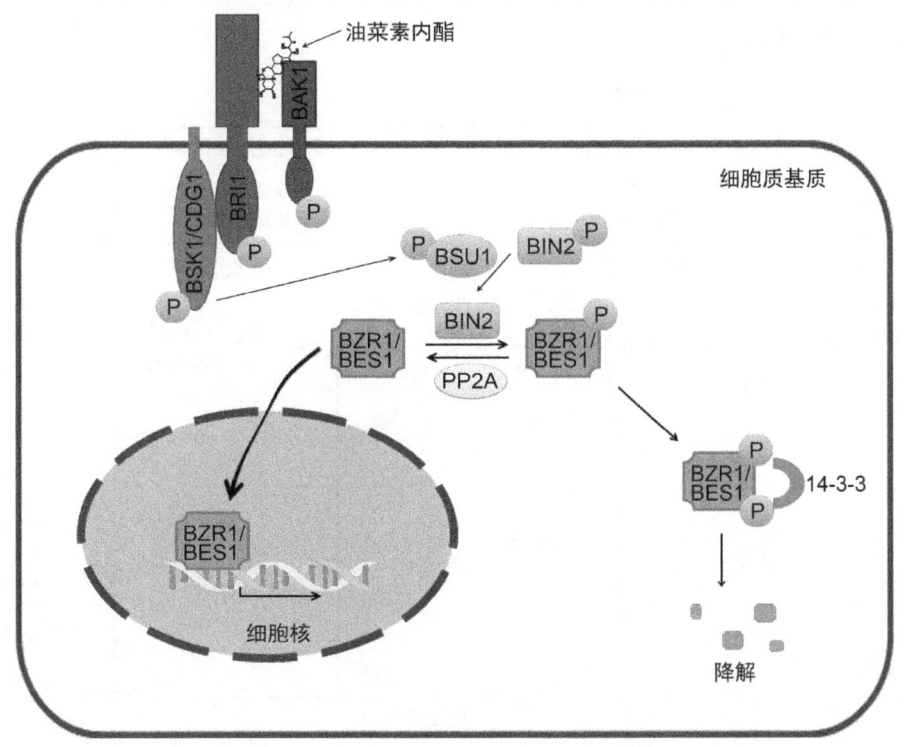

图 6.40 油菜素内酯信号转导途径示意图

6.7.2 多胺类

1. 种类、分布与合成

多胺类(polyamine，PA)化合物是一类在生物体代谢过程中产生的具有生物活性的低分子质量脂肪族含氮碱，包括有二胺、三胺、四胺和其他胺类。通常胺基数目越多，生物活性越强。高等植物中多胺主要有腐胺和尸胺(二胺)、亚精胺(三胺)、精胺和鲱精胺(四胺)(表 6.1)。早在 20 世纪 20 年代，亚精胺和精胺的化学成分和结构就已被鉴定,但这一类化合物与植物生长发育的关系,直到20世纪60年代后才引起人们的高度重视。

表6.1 高等植物中的主要多胺

胺类名称	化学结构	分布
腐胺(putrescine, Put)	$NH_2(CH_2)_4NH_2$	普遍存在
尸胺(cadaverine, Cad)	$NH_2(CH_2)_5NH_2$	豆科
亚精胺(spermidine, Spd)	$NH_2(CH_2)_3NH(CH_2)_4NH_2$	普遍存在
精胺(spermine, Spm)	$NH_2(CH_2)_3NH(CH_2)_4NH(CH_2)_3NH_2$	普遍存在
鲱精胺(agmatine, Agm)	$NH_2(CH_2)_4NHC(NH)NH_2$	普遍存在

多胺类化合物广泛分布于高等植物中,如单子叶植物中的小麦、大麦、水稻和燕麦等;双子叶植物中的豌豆、烟草、马铃薯和苋菜等。在高等植物中以腐胺、亚精胺和精胺分布最广。植物体内不同器官和组织中多胺的含量不同,一般细胞分裂旺盛的部位,多胺生物合成活跃,多胺的含量也较高。

植物体内多胺生物合成途径见图6.41。多胺生物合成途径的中心产物是腐胺,它可直接由鸟氨酸脱羧生成,或间接由精氨酸脱羧或经过几个中间步骤而生成。甲硫氨酸是作为多胺前体的另一种氨基酸,其作用是提供丙氨基,并和腐胺结合逐步形成亚精胺和精胺。此外,亚精胺和精胺的生物合成涉及SAM,SAM也是乙烯生物合成的中间物质。所以,多胺和乙烯生物合成相互竞争SAM。另外,以赖氨酸为前体经脱羧反应可形成尸胺。在多胺生物合成中,精氨酸脱羧酶(ADC)、鸟氨酸脱羧酶(ODC)和S-腺苷甲硫氨酸脱羧酶(SAMDC)都起重要的作用,其中ADC是大多数植物多胺生物合成中的关键酶。多胺生物合成抑制剂如DFMA(二氟甲基精氨酸)、DFMO(二氟甲基鸟氨酸)和MGBG(甲基乙二醛二鸟苷基-腙)等分别抑制相应酶的活性,从而抑制多胺的合成。

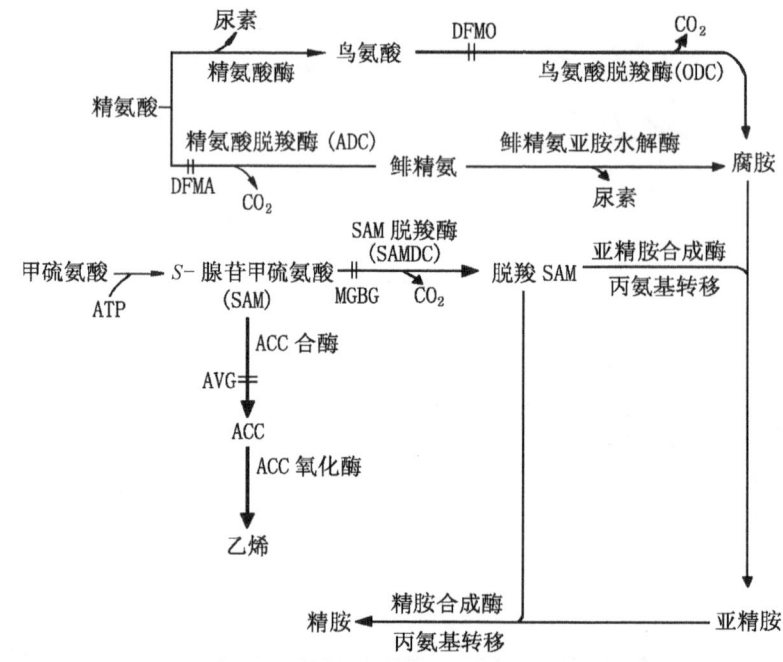

图6.41 多胺生物合成途径及其与乙烯生物合成的关系(引自潘瑞炽,2001)
生物合成各步骤酶的抑制剂有:DFMA、DFMO、MGBG、AVG

在植物细胞中,多胺常常与羟基肉桂酸、香豆酸和咖啡酸等酚类化合物相结合。这些结合形式可以与游离多胺一样行使重要的生理功能。

2. 生理作用与作用机制

多胺的生理作用非常广泛,主要包括有以下几个方面。

(1)促进植物生长　多胺能促进细胞分裂和生长,如休眠的菊芋块茎是不进行细胞分裂的,但是如果在培养基中加入 10～100 μmol/L 的多胺,则块茎能进行细胞分裂和生长,同时也刺激形成层分化和维管束组织形成。在菜豆幼苗生长期内发现,当子叶中亚精胺和精胺逐渐减少时,幼苗中的亚精胺和精胺则逐渐增加。另外,用精胺处理菜豆能加速不定根的形成和生长。

在正常细胞内的酸性条件下,多胺类化合物以多聚阳离子状态存在,易与带负电荷的核酸、蛋白质和质膜的磷脂相结合,影响这些重要物质的合成与活性等,并影响膜结构及透性等。例如,精胺与 DNA 结合能稳定 DNA 的二级结构,使其不易热变性。多胺还具有稳定核糖体的功能,有利于蛋白质的合成。因此,多胺是通过促进核酸和蛋白质的生物合成而促进生长。有证据表明它们能加快 DNA 的转录,增强 RNA 聚合酶活性和提高蛋白质合成速度。

(2) 延迟植物衰老 许多试验证实,多胺可延迟黑暗中的燕麦、豌豆和石竹等植物的叶片和花的衰老。多胺之所以能延迟衰老,前期是抑制蛋白酶和 RNA 酶活性,减慢蛋白质丧失,后期则是保持叶绿体类囊体膜的完整性,阻止叶绿素破坏。此外,亚精胺和精胺与乙烯的前体都是 S-腺苷甲硫氨酸,所以,通过抑制乙烯的生成起延缓衰老的作用。据报道,石竹花衰老时,腐胺水平和乙烯水平的提高是平行的。此时用多胺生物合成抑制剂(如 DFMA)抑制多胺合成,则产生较多的乙烯,花衰老较快;相反,用乙烯生物合成抑制剂(如 AOA)抑制乙烯合成,则提高多胺水平,延缓花的衰老。

(3) 适应逆境条件 高等植物多胺代谢对各种不良环境十分敏感。当植物遭遇包括水分胁迫、低温胁迫、渗透胁迫和矿质元素缺乏等影响时,植物体内多胺含量及多胺合成酶活性显著上升。例如,植物在缺钾和缺镁时,ADC 活性提高几倍到几十倍,积累腐胺,以代替钾等主要无机阳离子,影响细胞 pH。根据这个原理,人们提出应用腐胺含量作为缺钾的生化指标,而且比较敏感。在高盐(NaCl)条件下,绿豆苗根的腐胺含量和 ODC 活性都提高,腐胺由根运往叶片,起着维持阳离子平衡的作用。另外,在山梨醇和甘露醇等渗透胁迫条件下,燕麦和大麦等的 ADC 活性显著加强,腐胺水平显著增加,维持渗透平衡,保护质膜稳定和原生质体完整。因此,多胺可以使细胞适应逆境条件,提高植物的抗逆性。

此外,多胺还具有促进花芽的分化;促进一些果实的发育;调节与光敏色素有关的生长和形态建成等生理作用。

3. 与植物激素的关系

多胺和乙烯都来自 SAM,因此多胺和乙烯的关系引起人们的关注。许多实验表明,多胺与乙烯的关系比较复杂,但二者之间的相互作用是肯定的。它们可能通过以下几个方面来相互影响:① 因有共同的前体 SAM,所以多胺和乙烯的生物合成存在竞争机制,但这可能受品种和环境等影响,或只有在 SAM 库容量受限时才发生;② 多胺能降低 ACC 合酶和 ACC 氧化酶的转录水平及活性,从而降低 ACC 的合成与转化;③ 多胺通过影响膜系统的物理性质影响膜上 ACC 氧化酶的性质,抑制 ACC 转化为乙烯;④ 多胺具有清除自由基的能力,活性氧能刺激 ACC 氧化酶,所以多胺能抑制乙烯的产生;⑤ 乙烯可通过影响 ADC 和 SAMDC 等多胺合成酶活性,降低多胺的含量。

多胺与其他激素也有密切的关系。如外施 IAA、GA 和 CTK 等可以促进多胺的生物合成,JA 和 MJ 可以促进天仙子根培养物中 Put 的大量增加,而 ABA 却抑制多胺的合成,从而在延缓衰老等方面表现出不同的效应。

6.7.3 茉莉酸类

1. 发现、结构与分布

莫尔(De Mole)等于 1962 年首次从茉莉属素馨花(*Jasminum grandiflorum*)的香精油中分离到一种香味物质——茉莉酸甲酯(methyl jasmonate, MJ)。1971 年 Aldridge 等又从真菌培养液中分离出游离的茉莉酸(jasmonic acid, JA)。后来人们在苦艾、蚕豆和菜豆等多种植物中均检测到 JA 和 MJ。经多年研究,迄今已陆续发现多种在化学结构和生理功能上与 JA 相类似的化合物,我们把这些具有茉莉酸基本结构和功能的化合物统称为茉莉酸类化合物。到 1999 年为止,植物中已发现的茉莉酸类化合物成员有 25 种,其中茉莉酸和茉莉酸甲酯是最重要的代表。

JA 的化学名称是 3-氧-2-(2'-戊烯基)-环戊烷乙酸，JA 和 MJ 的结构见图 6.42 所示，(—)JA 和(—)MJ 和它们的立体异构体(＋)-JA 和(＋)-MJ 都是植物体内具有生物活性的成分，其中(＋)-JA 的活性最高，但不稳定。在正常情况下，(＋)-JA 很容易转化为(—)-JA。现已能人工合成(±)-MJ，并通过水解产生(±)-JA。JA 在 C-1 位置上还能与葡萄糖或氨基酸结合而产生多种结合态 JA。

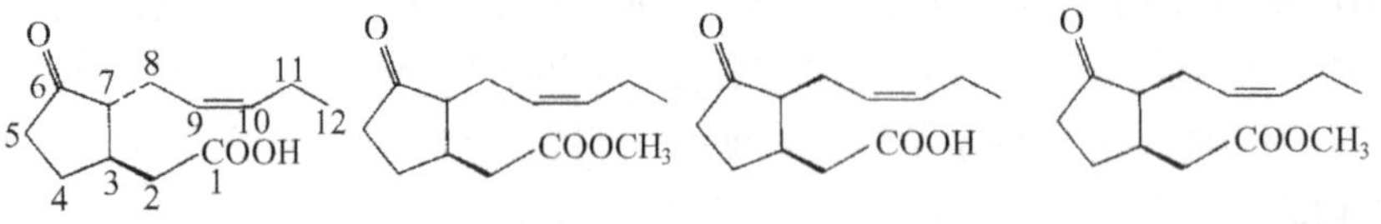

(—)-茉莉酸　　(—)-茉莉酸甲酯　　(＋)-7-异茉莉酸　　(＋)-7-异茉莉酸甲酯

图 6.42　代表性的茉莉酸类化合物的分子结构(引自李合生等，2002)

茉莉酸类化合物存在于高等植物、藓类、蕨类、藻类和真菌中，并且分布于植物体内的各部分。通常在生长部位如茎端、嫩叶、未成熟果实及根尖等处，茉莉酸类化合物的含量较高，生殖器官(特别是果实)含量比营养器官(叶、茎和芽)高，如蚕豆中 JA 含量为 3 100 ng/g 鲜重，大豆为 1 260 ng/g 鲜重，而叶、茎和芽含量只有 10～100 ng/g 鲜重。

2. 生物合成

JA 的生物合成是以亚麻酸(linolenic acid)为前体，亚麻酸为膜脂成分的 C_{18} 不饱和脂肪酸。

亚麻酸首先在脂氧合酶(lipoxygenase, LOX)作用下转化为 13-氢过氧化亚麻酸，然后在丙二烯氧化物合酶(allene oxide synthase, AOS)作用下形成 12,13-环氧亚麻酸，再经丙二烯氧化物环化酶(allene oxide cyclase, AOC)作用而产生 12-氧代-植物二烯酸，然后经还原酶以及三步的 β-氧化产生了茉莉酸，最后由它再衍生出各种茉莉酸类化合物(图 6.43)。玉米、小麦及茄子等多种植物的子叶和叶片都能利用亚麻酸为前体合成 JA。JA 在植物体合成后，通常通过韧皮部运输，也可能在木质部及细胞间隙运转。

3. 生理作用与作用机制

近年来，植物内源微量有机化合物中最受植物化学家和植物生理学家青睐的莫过于茉莉酸类化合物。大量研究发现，茉莉酸类化合物具有广谱的生理效应，即具有多效性，主要体现在这几个方面：① 抑制作用。外源茉莉酸类化合物处理能够抑制水稻、小麦和莴苣等植物幼苗的生长；抑制叶绿素的合成和光合作用；抑制种子和花粉的萌发；抑制烟草等植物外植体的花芽分化等；② 促进作用。促进绿豆下胚轴等插条生根；通过诱导 ACC 氧化酶而促进乙烯生物合成，从而促进果实的成熟、器官衰老与脱落；茉莉酸类化合物对马铃薯等块茎、甘薯等块根，以及洋葱等鳞茎的形成也具有显著的促进作用等；③ 提高植物的抗逆性。当植物受到机械伤害、病虫害、干旱、低温等逆境时，植物内源茉莉酸类化合物含量会迅速增加。所以外源茉莉酸甲酯处理能提高水稻对低温(5～7℃，3 d)和高温(46℃，24 h)的抗性；MJ 处理还能提高花生幼苗抗热、抗旱和抗盐性。

自 20 世纪 80 年代起，人们对茉莉酸类化合物的分子调控机制进行了较详尽的研究，发现茉莉酸类化合物调控许多基因的表达。这些基因包括两类：一类是与生长发育有关的基因；另一类是与植物自身防御系统有关的基因。茉莉酸类化合物通过诱导基因表达，产生特异的 JA 诱导蛋白(jasmonic acid induced protein, JIP)，从而表现出对真菌感染、病虫害和干旱等逆境的应激等。

通常将茉莉酸类化合物诱导的蛋白质分为两类：① 植物抵抗病虫害和非生物逆境的相关蛋白。据报道，JA 或 MJ 诱导产生的蛋白质有十多种，其中大多数蛋白质是植物抵御病虫害、物理或化学伤害而诱发形成的，具有防卫功能。例如，JA 或 MJ 诱导西红柿和马铃薯叶片形成蛋白酶抑制物Ⅰ(proteinase inhibitor Ⅰ)和蛋白酶抑制物Ⅱ。所以，在西红柿和马铃薯叶片受机械伤害或病虫害的时候，就会产生上述特殊蛋白质，分布于伤口附近或较远的部分，保护尚未受伤的组织，以免继续受害；② 营养贮藏蛋白(vegetative storageprotein, VSP)。JA 或 MJ 诱导产生少数蛋白质具有贮藏功能。例如，经 JA 和 MJ 处理，可诱导大豆叶片、茎维管束鞘产生营养贮藏蛋白质。在生殖器官发育时，VSP 降解，释放出氨基酸供应到花果中去。因此，VSP 可能有调节氮利用的功能。另外，JA 调控蛋白质的合成，除在转录水平上增强 JIP 基因表达

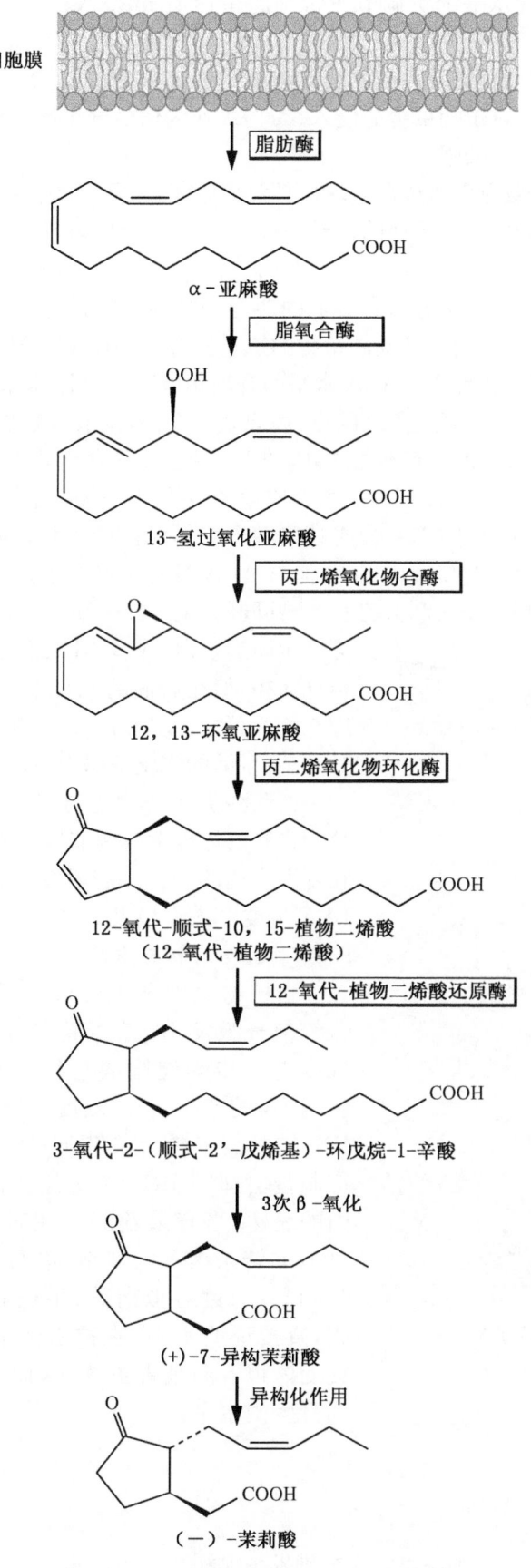

图 6.43 茉莉酸在植物体内的合成途径
(引自 Buchanan et al., 2000)

外，JA还通过某些JIP在翻译水平上负调节正常细胞蛋白质mRNA的翻译，如Rubisco和其他核编码的蛋白等。

近来研究表明，茉莉酸类化合物是一种创伤诱导的内源信号分子，具有可挥发性，可"通知"未受伤部位和邻近植物进入"警戒状态"以抗击病虫害的侵入。如JA作为信号分子参与植物卷须盘绕过程的信息传递，它们促进卷须盘绕的能力比亚麻酸强。

综上所述，茉莉酸类化合物是负责外部逆境（虫害、病原菌、干旱、机械伤害和渗透胁迫）与细胞内大分子（蛋白质和核酸）逆境反应之间的信号传递的，最终通过某种JIP活化防卫基因。

4. 与脱落酸的关系

茉莉酸类化合物与脱落酸在许多方面有类似的功能，如抑制茎的伸长生长、抑制种子和花粉的萌发、促进气孔的关闭、促进器官衰老和脱落以及提高植物的抗逆性等。如用JA、ABA处理均能诱导某些逆境蛋白的形成，这些逆境蛋白的累积与内源JA、ABA水平的升高相偶联；在同一植物中某些能被JA诱导的蛋白也能被外源ABA所诱导；植物遇到某些逆境（昆虫、病原菌、水分亏缺和渗透胁迫）都会导致体内ABA和JA水平的明显升高等。但JA和ABA也有不同之处，如JA促进叶片老化效果比ABA大；植物某些创伤诱导蛋白或JIP不能被外源ABA所诱导；用JA生物合成途径中关键酶——脂氧合酶的抑制剂，能抑制JIP的形成，而用ABA合成的抑制剂或采用ABA合成缺陷型突变体为试验材料，JIP的形成则不受任何影响。所以，JIP的形成是与内源JA含量增高密切相关，但与ABA没有必然关系。至于某些JIP能被外源ABA诱导的事实，可能暗示形成的内源ABA和JA以一个共同的、至今尚未知的方式作用于遗传物质的翻译"机器"去产生同类蛋白，或者ABA和JA在对逆境反应方面有不同的传导途径，但在后面的几步中又相关，最后合成相同的逆境反应产物。总之，ABA和JA在植物对逆境反应中的相互关系十分复杂，目前的实验证据尚不足以阐明。

茉莉酸类化合物还与多胺、水杨酸、生长素、赤霉素、细胞分裂素和乙烯等微量调节性分子间存在复杂的相互关系，从而在基因表达的调控中起着多方面的重要作用。这也是近年来JA研究受到人们极大关注的一个原因。

5. 茉莉酸信号转导途径

当植物识别昆虫唾液中的诱导子时，细胞质中的早期Ca^{2+}信号激发JA信号转导途径。这些反应的持续时间和程度进一步受硬脂酸途径（octade-canoid pathway）的调节，影响JA的产生。JA浓度在植物受到昆虫伤害时急剧上升，JRF转录因子激活茉莉酸响应基因转录。没有JA时，JAZ抑制蛋白抑制JRF转录因子的活性，从而抑制下游效应基因的表达；当有茉莉酸存在时，优先与JAZ结合，从而解除对JRF转录因子的抑制，进而激活下游效应基因的表达（图6.44）。通过对拟南芥、番茄和玉米的JA缺失突变系的研究，直接证明了JA在抗虫性中的作用，与野生型相比，这类突变体很容易被害虫杀死，而施用外源JA可将抗虫性恢复到野生型水平。

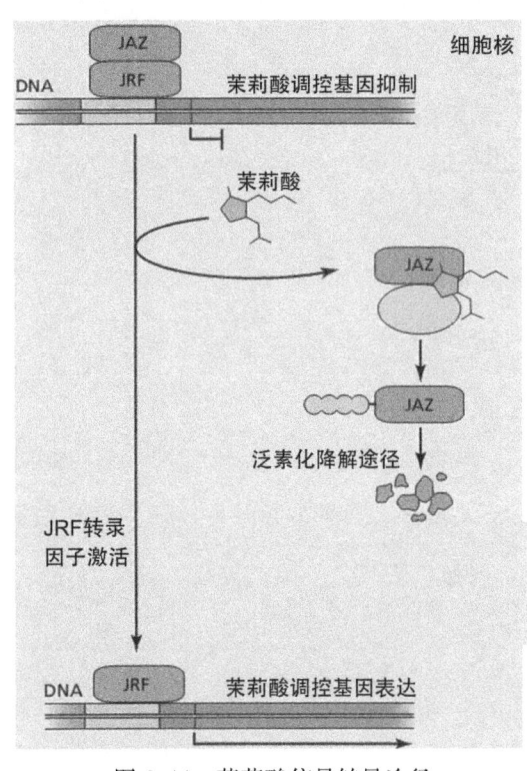

图6.44 茉莉酸信号转导途径
（改自Taiz et al.，2018）

6.7.4 水杨酸类

1. 发现、合成与分布

早在一个世纪以前，古希腊人和印第安人分别发现柳树皮和柳树叶片具有镇痛解热作用。1828年布赫纳（J. Buchner）成功地从柳树皮中分离出微量的水杨醇葡糖苷（salicyl alcohol glucoside）。1838年皮里亚

(Piria)将这种活性组分命名为水杨酸(salicylic acid，SA)，其化学成分是邻羟基苯甲酸。1874年，人们首次合成了水杨酸，其功效与1898年拜尔(Bayer)公司推出的阿司匹林(aspirin，即乙酰水杨酸)相似(图6.45)。以后，从各种植物(包括绣线菊属植物和冬青植物)中分离出水杨酸和其他水杨酸类物质(主要是水杨酸的甲基酯和糖脂，它们很容易转变为水杨酸)。水杨酸能溶于水，易溶于极性有机溶剂(如乙醇)，水溶液的pH是2.4。

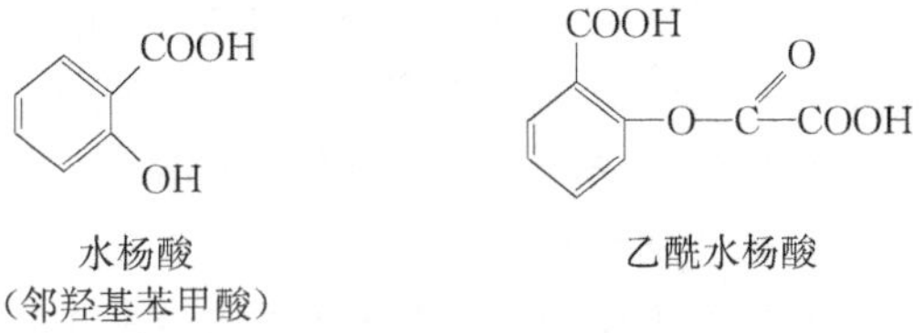

图6.45　水杨酸和乙酰水杨酸的分子结构
(引自李合生，2002)

水杨酸类是肉桂酸的衍生物，一般认为水杨酸类的生物合成是经过莽草酸途径来完成的，即莽草酸经过一定的反应生成苯丙氨酸，后者在苯丙氨酸解氨酶(PAL)的催化下生成反式肉桂酸，反式肉桂酸先发生羟基化产生邻香豆酸，后者再经β-氧化产生水杨酸。但同位素示踪技术却显示植物体内反式肉桂酸是先通过β-氧化产生苯甲酸，然后再羟基化产生水杨酸，并且其限速步骤是β-氧化。现已知植物体内水杨酸有游离态和结合态(如SA-β-葡萄糖苷)两种形式，植物体内水杨酸类物质以游离态的形式通过韧皮部运输。水杨酸类物质在植物体内含量很低，大约1 μg/g鲜重，但在产热植物的花序含量却较高，如某种天南星科的植物花序，含量可达3 μg/g鲜重。在不产热的叶片等器官中也有水杨酸类物质的存在。

2. 生理作用与机制

（1）**生热效应**　天南星科植物佛焰花序的生热现象很早就引起人们的注意。1973年赫克(Herk)认为天南星科植物佛焰花序的生热现象是由生热素引起的。直至1987年，拉斯金(Raskin)等的试验才确定这种生热素就是SA。实验发现，在佛焰花序开始产热时，内源SA浓度大幅度增加，此时佛焰花序的温度比环境温度高很多(可高达14℃)。若外源施用SA也可使佛焰花序的温度提高。其原因是佛焰花序开花前，雄花基部产生SA，诱导抗氰的非磷酸化途径活跃，导致剧烈放热。实验还发现，纯化的百合雄花提取液和SA都能激活编码交替氧化酶的核基因。这可能是SA诱导发热的作用机制之一。这种现象的生物学意义是：严寒时，花序产热，局部维持高温，适于开花结实，也有利花序产生具臭味的胺类和吲哚类物质蒸发，吸引昆虫传粉。可见，植物产热是对低温环境的一种适应。

（2）**提高抗性**　水杨酸类最受关注的效应是其与植物的抗病性相关。一般植物被病原菌侵染后，在被侵染部位以局部组织迅速坏死的方式——过敏反应(hypersensitive reaction，HR)来阻止感染范围的进一步扩散；而非侵染部位则获得了一种在较长时间内都可以保持对这种病原及其他病原较强抗性，即系统获得抗性(systemic acquired resistance，SAR)。与过敏反应和系统获得性抗性相伴随发生的是病程相关蛋白(pathogenesis-related protein，PR)基因的表达。一些抗病植物受病原微生物浸染后，会诱发SA的形成，而SA诱导抗病基因的活化和病程相关蛋白的形成，从而增强抗病性。试验证明，外施SA于烟草，浓度越高，病程相关蛋白产生就越多，对烟草花叶病毒(tobacco mosaic virus，TMV)的抗性越强。在抗TMV的烟草中，内源SA水平在接种TMV的叶片内能增加40倍左右，在同一植株的其他未感染叶片内增加10倍左右。有些感病植物也含有相关的抗病基因，只是病原的侵染不能导致SA含量的增加，故抗性基因不能活化，这时如果用SA外源处理，也可增加抗病性。初步研究表明，SA首先与过氧化氢酶结合，抑制其活性，使体内H_2O_2水平上升，从而诱导植物细胞的抗逆基因的表达，增强植物的抗病性。

水杨酸类还具有其他生理作用，如抑制ACC转变为乙烯，从而延长切花等的寿命；诱导长日照植物浮萍属在非诱导条件下开花；抑制雌花分化而促进较低节位上的雄花分化，显著影响黄瓜性别表达。

3. 与其他生长物质的关系

SA与JA有许多相似生理作用，如都能诱导气孔关闭、抑制Rubisco生物合成、影响植物对N、P的吸收等。更重要的是JA和SA都是植物体对外界伤害作出反应，表达抗性基因的信号分子。通常情况下，植物体将伤害信号传给JA，JA诱导产生碱性PR蛋白；而病原菌侵染的信号是传给SA，在SA刺激下产生酸性PR蛋白。但近来实验发现茉莉酸和水杨酸信号传导途径存在交叉反应，例如当植物体内细胞分裂素含量高时，伤害信号不仅通过JA途径传导，同时通过SA途径传导。JA和SA都能诱导许多伤害诱导基因的表达和抗病相关蛋白的合成。但水杨酸可抑制茉莉酸类的合成及其所诱导的蛋白基因的表达,如 SA 和乙酰水杨酸能抑制创伤和亚麻酸等诱导产生的蛋白酶抑制物(PI)的合成;JA 却能阻止病原菌侵染后所产生的 SA 的增加及水杨酸诱导的酸性 PR 基因的表达。SA 和 JA 这两类信号传导途径相互配合,在植物防卫信号转导过程中交叉起作用。

许多实验表明,植物具有交叉适应能力,即某种非致死逆境条件不仅可以增强植物对这种逆境的抗性,而且同时增强对其他逆境的适应性,如乙烯预处理绿豆诱导了对臭氧的抗性,水分亏缺下的棉花对除草剂的抗性增强等。大量的实验表明,这种交叉抗性是由 ABA 介导的,即 ABA 是植物交叉反应过程中重要的胁迫信号分子。SA 也介导或参与胁迫引起的防卫反应,这些事实提示 SA 和 ABA 信号转导途径可能存在某种程度的交叉。

6.7.5 独角金内酯

独角金内酯(strigolactone,SL)最早是从根寄生类植物,如列当属植物独角金(striga)的根分泌物中分离出来的,是半萜类化合物,化学结构见图 6.46 所示。后来证明 SL 是植物中普遍存在的新型植物激素,其主要作用是抑制种子萌发及分枝,刺激形成层的活性及次生生长,减少不定根的形成,促进根毛发育。最近证明 SL 参与植物抗逆性,其生理作用发挥与生长素和细胞分裂素有相互作用。SL 主要以以下化合物的形式存在,包括羟基化独脚金内酯(Hydroxylated SL)、脱羟基化独脚金内酯(5-deoxystrigol SL),其化学合成类似物为 GR24。

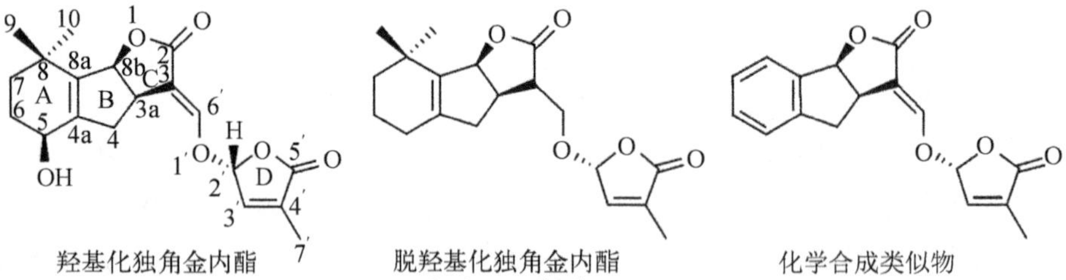

图 6.46　3 种代表性独角金内酯化合物的结构式

SL 的生物合成源自 β 胡萝卜素(图 6.47),与 ABA 合成途径一致,起始于质体中的类胡萝卜素前体 9-cis-β-类胡萝卜素,在合成至己内酯(carlactone)后,经一系列的酶促反应合成独脚金内酯(5-deoxystrigol strigolactone)。

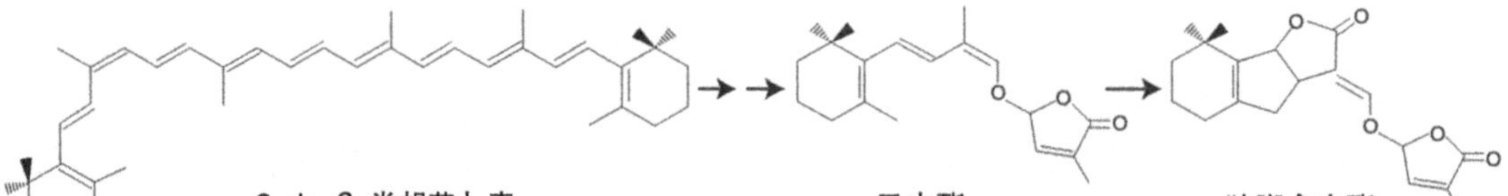

图 6.47　独角金内酯的生物合成(改自 Taiz et al.,2018)

6.7.6 其他内源生长物质

1962 年什托布(Stob)等从玉米赤霉菌的培养物中分离出一种活性物质,发现它具有动物雌性激素作用。1966 年厄里(Urry)等确定了该物质的化学结构属于二羟基苯甲酸内酯类化合物,并命名为玉米赤霉烯酮(zearalenone)。我国科学家李季伦、孟繁静等先后从小麦、玉米、棉花等 10 多种植物的不同器官中检测出玉米赤霉烯酮的存在,而且生殖器官比营养器官含量高,并发现它在春化作用、花芽分化、营养生长及抗逆中具有重要作用。

系统素(systemin,SYS)是 1991 年皮尔斯(Pearce)首次从受伤番茄叶片中分离到的。而后在其他几种茄科植物中也分离鉴定到系统素。系统素是一种由 18 个氨基酸组成的多肽,是植物感受创伤的信号分子,在植物防卫反应中起十分重要的作用。植物体内合成的抵御害虫和病原菌侵染的众多防卫分子中,最重要的是蛋白酶抑制剂家族,但系统素是蛋白酶抑制剂最有效的诱导物,它在 10^{-15} mol/L 时就具有很强的诱导性。它通过调节蛋白酶抑制剂基因的表达,参与植物对病虫害侵染的防卫反应。研究还表明,人工合成的和内源的系统素具有同样的功效。外源施用系统素可通过韧皮部快速地运输到植物的各器官和组织中。

近年来发现,某些细胞壁的降解产物——寡糖与激素相似,它们依赖糖链结构的不同调控着植物的生长发育和对逆境防御等重要生理过程。如诱导膜的快速去极化、促进蛋白磷酸化、促进 RNA 的合成和提高植物的抗逆性等。外源施用实验证明,这些寡糖分子在很低浓度(nmol/L)下,就可作为一种信号分子调控植物的生长发育和植物抵抗逆境(虫害、病原菌入侵、生理逆境)的防卫反应。这些有生物活性的一类寡糖分子统称为寡糖素(oligosaccharin)。

6.8 植物生长调节剂及其应用

植物内源激素的含量非常低,难于提取,价格昂贵。为满足生产需要,人们利用化学合成法,合成许多与天然激素具有类似生理功能的有机化合物,即植物生长调节剂。

植物生长调节剂问世后,就被迅速地应用于农业和林业等生产中,获得显著的社会和经济效益。用植物生长调节剂去调节和控制植物生长发育的手段,简称为植物化学调控或化学调控。与传统的农业技术相比,化学调控具有成本低、收效快、效益高以及节省劳动力等优点,所以,它已成为现代化农业的一项重要技术措施。

6.8.1 植物生长调节剂的种类及其应用

植物生长调节剂种类很多,一般根据生理功能的不同,分为三类:植物生长促进剂、植物生长抑制剂和植物生长延缓剂。

1. 植物生长促进剂

植物生长促进剂(plant growth stimulator)的基本特征是促进细胞分裂、分化和伸长生长,也能促进植物营养器官生长和生殖器官发育。如生长素类调节剂有 IBA、NAA、2,4-D 等。它们在植物体内不会被 IAA 氧化酶所降解,因而比较稳定,而且通常比 IAA 具有更强的生理活性等。因此,这类化合物在生产上得到广泛的应用。另外,植物生长促进剂还包括细胞分裂素类调节剂如 6-BA、KT 和 CPPU 等。

2. 植物生长抑制剂

植物生长抑制剂(plant growth inhibitor)的基本特征是抑制顶端分生组织细胞伸长和分化,促进侧枝的分化和生长,使植物丧失顶端优势,植株形态发生很大的变化。外施生长素等可以逆转这种抑制效应,而外施赤霉素则无效。常用的植物生长抑制剂有以下几种(图 6.48)。

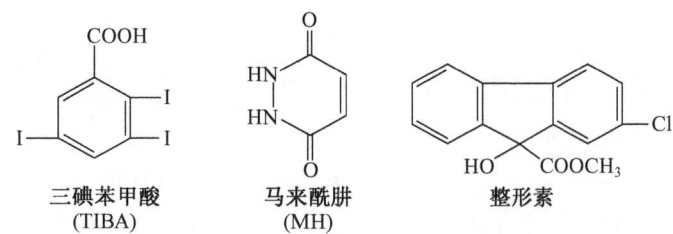

图 6.48 几种植物生长抑制剂的化学结构

(1) 三碘苯甲酸 三碘苯甲酸(2,3,5-triiodobenzoic acid,TIBA)的分子式为 $C_7H_3O_2I_3$,相对分子质量为 500.92,纯品为白色粉末,熔点 224~226℃,不溶于水,易溶于乙醇、乙醚和苯等。TIBA 是一种阻碍生长素运输的物质,它改变了生长素在植物体各部分的分配,从而也改变了植物体各部分生长素和其他激素间的相对比例。因而能抑制顶端分生组织细胞分裂,使植株矮化,消除顶端优势,促进腋芽发育,促进花芽的形成。TIBA 多用于大豆生产。在大豆开花期喷施 TIBA,植株变矮,分枝增加,提高结荚率,提早成熟,防止倒伏,增加产量。

(2) 马来酰肼　　马来酰肼(maleic hydrazide，MH)在我国又称青鲜素,化学名称是顺丁烯二酰肼,分子式为 $C_4H_4O_2N_2$,相对分子质量为 112.09,纯品为白色结晶,熔点 296~298℃,难溶于水,易溶于冰醋酸、二乙醇胺。MH 主要传导至生长点,其作用正好与生长素相反,能抑制芽的生长和茎的伸长。这是因为 MH 的结构与 RNA 的组成部分——尿嘧啶非常相似。MH 进入植物体内可代替尿嘧啶的位置,但不起作用,因而阻止了核酸的合成,干扰正常代谢的进行,从而抑制生长。MH 主要用于防止鳞茎和块茎植物如洋葱、大蒜和马铃薯等在储藏期的发芽以及抑制烟草侧芽生长,还可控制乔木和灌木(行道树和树篱)的过度生长。另外,据报道 MH 可能是一种致癌物,因而不应该应用于植物生产的食用部分。

(3) 整形素　　整形素(morphactin)化学名称是 2-氯-9-羟基芴-羧酸甲酯,分子式为 $C_{15}H_{11}ClO_3$,相对分子质量为 228.7,纯品为无色结晶,熔点 152℃,微溶于水,可溶于乙醇、丙酮等。整形素是一种抗生长素物质,它能阻碍生长素从顶芽向下转运,提高吲哚乙酸氧化酶活性,使生长素含量下降。它能抑制细胞的有丝分裂,抑制顶芽生长,促进侧芽发生。所以,经整形素处理的植株表现出矮化或呈丛生状,这已在塑造木本盆景生产上得到应用。

3. 植物生长延缓剂

植物生长延缓剂(plant growth retardant)的基本特征是抑制内源赤霉素的生物合成,从而抑制近顶端分生组织的细胞延长,使节间缩短,但叶数和节数不变,生殖器官不受影响或影响不大。外施赤霉素可逆转生长延缓剂的抑制作用。不同种类的生长延缓剂抑制赤霉素生物合成过程中的不同环节,如 CCC 抑制赤霉素生物合成过程中的 GGPP 至内根-贝壳杉烯的过程,PP_{333}、S-3307 和 B9 抑制内根-贝壳杉烯至内根-贝壳杉烯酸的合成。生长延缓剂都是抗赤霉素物质。一般来说,施用生长延缓剂后植株矮小、茎粗、节间短、叶面积小、叶厚和叶色深绿。农业生产上常用于培育壮苗和矮化防倒伏等。生产上常用的植物生长延缓剂有以下几种(图 6.49)。

(1) CCC　　CCC 即氯化氯胆碱(chlorocholine chloride),俗称矮壮素。它的化学名称是 2-氯乙基三甲基氯化铵,分子式为 $C_5H_{13}Cl_2N$,相对分子质量为 158.08,纯品为白色结晶,易溶于水。CCC 是一种生产上常用的生长延缓剂,它不易被土壤所固定或被土壤微生物分解,一般作土壤施用效果较好。生产上用于防止小麦、水稻和棉花等植物的徒长和倒伏。

(2) Pix　　Pix 的化学名称是 1,1-二甲基哌啶鎓氯化物(1,1-dimethy-piperidinium chloride),俗称缩节安、助壮素等。它的分子式为 $C_7H_{18}ClN$,相对分子质量为 149.7,纯品为白色结晶,易溶于水。在土壤中容易分解,半衰期约为 2 周。Pix 在生产上用于控制棉花徒长效果比较肯定,它使植株矮化,并提高同化能力,促进成熟,增加产量。

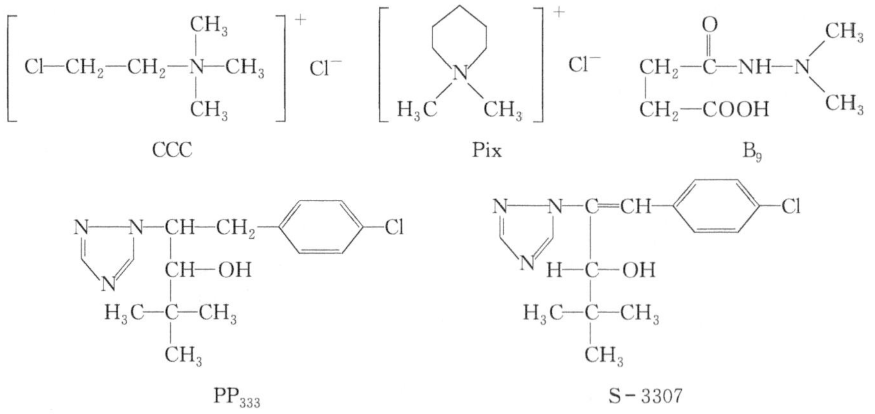

图 6.49　常用的几种生长延缓剂的化学结构(引自潘瑞炽,2001)

(3) PP_{333}　　PP_{333} 即多效唑(paclobutrazol),又名氯丁唑。它的化学名称是 (2RS,3RS)-1-(4-氯苯基)-4,4-二甲基-2-(1,2,4-三唑-1-基)-3-戊醇,分子式为 $C_{15}H_{20}N_3OCl$,相对分子质量为 293.5,纯品为白色结晶,水中溶解度为 35 mg/kg。在土壤中半衰期为 6~12 个月。PP_{333} 广泛应用于果树、花卉、蔬菜和大田作物,可使植株根系发达,植株矮化,茎秆粗壮,并可以促进分枝,增穗增粒和提高抗逆性等。如:PP_{333} 应用于稻田能改善株型,增加有效穗数,减少倒伏,有显著的经济效益;应用于多种果树能增加花芽,提高坐果率,改善品质;应用于多种花卉,能矮化株型,增加花数。

(4) S-3307　　S-3307(uniconazol)又名烯效唑或优康唑,它的化学名称是(E)-1-(对-氯苯基)-2-(1,2,4-三唑-1-基)-4,4-二甲基-1-戊烯-3-醇,分子式为 $C_{15}H_{18}ClN_3O$,相对分子质量为 291.5,纯品为白色结晶,水溶解度为 14.3 mg/L(24℃),可溶于丙酮、甲醇和氯仿等有机溶剂中。在生产上应用有矮化植株,抗倒伏增产,除杂草和杀菌等作用,土壤施用效果好于叶片。

(5) B_9　　B_9 是二甲基氨基琥珀酰胺酸(dimethyl amino succinamic acid),又名 B995 等。B_9 的分子式为 $C_6H_{12}N_2O_3$,相对分子质量为 160,纯品为白色结晶。在 25℃时溶解度为:水 10%,甲醇 5%,丙酮 2.5%。B_9 能够抑制生长素运输和赤霉素生物合成,常用于果树生产上。它可使植株矮化,促进花芽分化和提高坐果率,促进果实着色和延长贮藏期等。B_9 在土壤中稳定,残效达 1~2 年,所以一般不作土壤施用。B_9 对人体有致癌作用,因此不应在食用植物的食用部分上施用。

6.8.2　植物生长调节剂施用的原理及技术

植物生长调节剂的种类繁多,生理作用也很广泛。有的促进生长发育,也有的抑制生长发育,即使同一种植物生长调节剂,也会因其使用浓度、部位、方法和时期等不同,而产生不同甚至相反的效果。因此,在实际应用中,除了熟悉各种调节剂的基本知识和性能外,还需要掌握生长调节剂的应用策略,达到合理地利用植物生长调节剂。

1. 分析生产存在问题的实质

要应用植物生长调节剂去控制植物的生长发育,解决生产上存在的问题,必须先了解问题的实质。正确分析生产问题的实质,首先要了解作物的生长发育规律,如要保花保果,就要使花果得到充分的营养,抑制花(果)柄基部离层细胞的分化,重点落在离层形成问题上。其次,还要运用植物生理学、生物化学和植物解剖学等知识,并结合现场考察,才能判断出问题的本质,有针对性地提出合理的化控措施。

2. 拟定解决问题的方案

(1) 选择合适的生长调节剂　　生长调节剂的种类繁多,性质和功能各不相同。要根据生产问题的实质,选出合适的生长调节剂种类。如欲使花生增产,最佳的选择是用生长延缓剂控制营养生长,改变光合产物运输的方向,使其集中运输到正在生长中的荚果,达到荚果多且饱满。在同一类调节剂中,还应进一步考虑哪一种效果显著、使用方便、价格便宜、残效期短以及人畜安全等。人工合成的植物生长抑制剂一般选择三碘苯甲酸、马来酰肼等。若用生长延缓剂也可达到延缓生长的作用,同时还能提高内源 ABA 的水平,进一步延缓植物生长。即使对于生长延缓剂中的不同物质,也要根据实际效果选择使用,如三唑类中,烯效唑抑制生长的效果比多效唑强。每种生长调节剂虽有其独特的效果,但不全面,有局限性。生产中常采用两种或两种以上生长调节剂混合使用或先后使用的方式,以达到取长补短,更完善地发挥它们的调节作用,这是当前生长调节剂应用的新方向之一。如乙烯利可以矮化玉米株高,促进根系发育,抗倒伏,但也明显地抑制了果实发育。

(2) 决定施用时期　　外施植物生长调节剂被植物吸收并运输到靶部位,诱导一系列生理生化反应,才表现出对植物生长发育的调控作用。这个过程需要一定的时间,因此实际应用时要根据待解决问题的发生时间,提早几天喷施生长调节剂,若土壤施用则提前更长时间,施用时间过早或过迟都难以达到效果。例如,控制禾谷类徒长,应该选择拔节初期施用较好,过迟无效,过早效果也差。

(3) 确定处理部位　　通常要根据问题的实质确定处理部位。例如,用 2,4-D 防止番茄等落花落果,应该将药剂涂抹在花朵上,抑制花柄离层的形成,如果将药剂处理幼叶,则会造成伤害。又如以乙烯利促进橡胶排胶,应将乙烯利油剂涂在树干割胶口下方宽 2 cm 处,刺激乳胶不断分泌,提高产胶量。

(4) 选择施用方式　　外施的植物生长调节剂可通过根部或叶片和茎部进入植物体内。不同生长调节剂进入植物体途径不同,施用方式的选择也应不同。例如,植物主要通过根部吸收 PP_{333},因此可把药剂施入土中。TIBA,2,4-D 等则不同,主要由叶面吸收,所以一般采用喷施而不宜施入土壤中。

(5) 拟定施用浓度和次数　　施用药剂的浓度和次数是试验成败的关键因素。生长调节剂作用具有多效性,浓度过低不起作用,浓度过高可能会杀死植物,只有适当浓度才起促进或延缓生长的作用。例如,2,4-D可因施用浓度的高低,表现出促进生长、促进单性结实乃至杀死植物(作为除草剂)等不同效应。另外,施用浓度和次数与植物的生长状况有关。如生长旺盛的作物,施用生长延缓剂的浓度可高些,若抑制不住徒长,可再施1到2次。长势一般的作物,施用生长延缓剂的浓度就要降低,并且可能1次施用即够。不同的剂型(水剂、油剂和粉剂等)配合合理的施用方法(溶液喷洒、溶液点滴、溶液浸泡、溶液涂抹、溶液灌注、土壤施用和气体熏蒸),才能获得明显的效果。此外,还要考虑气象等因素的影响,如不在降雨前施用等。

3. 进行预备试验

作物的种类、品种、所处的土壤和气候环境等的不同均会影响生长调节剂的效果,而且同一药剂因生产厂家、批号及存放时间的不同也可能存在差异。因此,即使所拟定的方案非常合理详尽,在大规模应用前还必须进行小规模或局部的预备试验。通常先以拟定的方案处理少量植株,数天后观察供试植株,若无烧伤和其他异常现象,才可用于大规模生产。

4. 配合其他农业技术措施

植物生长调节剂是对植物生长发育的某个环节进行调节的微量物质,它不能代替肥料、农药及其他农业技术措施而起作用。要使生长调节剂在生产上获得理想的效果,一定要配合水、肥管理以及其他农业技术措施。例如,萘乙酸和吲哚丁酸处理插条后,苗床内要保持一定的湿度和温度,才能使插条顺利生根。

5. 植物生长调节剂的残留

植物生长调节剂施用后,在植物体内和土壤中会残留多长时间?它们对人畜的毒性如何?这些问题已成为使用生长调节剂不可忽视的因素。植物生长调节剂属于农药一类,大部分属于低毒类,如 NAA、2,4-D、6-BA、TIBA、CCC 和 PP_{333} 等。生长调节剂在植物体内通过酶作用和化学作用,逐渐降解,药效就会消失。在正常使用量标准下,药物在植物体内残留时间,短的只有几天(如乙烯利),长的可达数月(如多效唑),更长的可达一年(如 B_9)。土壤中植物生长调节剂除被植物吸收外,其余的能被微生物、光和碱分解以及蒸发分解,但仍有部分被土壤胶粒所吸附。土壤中残留的生长调节剂会影响后作作物的生长发育,如用 B_9 处理花生,在同一地块上连续三茬还保持其植株矮化状态。此外,不同植物对生长调节剂的敏感性差异很大,要注意避免对敏感植物造成危害。例如,棉花对 2,4-D 高度敏感,要切忌在棉花田附近喷施 2,4-D 及其衍生物,如 2,4-D 丁酯。盛装过 2,4-D 溶液的喷雾器若清洗不干净,再给棉花田喷药,极易造成危害。

生产上减少植物生长调节剂残留的方法有以下几种:① 利用生物农药,其中包括植物体产生的激素,这是最根本的方法。如无毒性的赤霉素是赤霉菌产生的,三十烷醇是蜂蜡等农产品的成分;② 合成毒性低和分解快的生长调节剂。如萘乙酸和乙烯利等;③ 在相同效果的前提下,选用残效期短和毒性低的种类。如培育水稻和油菜壮苗,应用烯效唑代替多效唑,因前者的残留期比后者短得多,而且使用量也比后者低 5~10 倍;④ 掌握正确的施用浓度、次数、时期和方法。在不影响生物效应的前提下,尽量减少用量。如以施用时期来说,最好在作物生育初期施用,严禁在临近收获期施用具毒性或残效期较长的生长调节剂于食用的粮食和果蔬作物;⑤ 提高药效,降低用量。如与表面活性剂(吐温等)混合施用,可增加植物体对生长调节剂的吸收量,减少生长调节剂的用量。

植物生长调节剂对农林业等生产有着不可低估的贡献,未来仍将具有广阔的应用前景。今后的研究仍然应该是基础研究和应用研究相结合,既要注重内源激素的代谢及机理的研究,又要注重各种生长调节剂形态生理效应。还要研究各种药剂的吸收、运转,药剂浓度、环境因素与药效的关系以及残毒和环境保护等问题。生长调节剂的研究,同其他植物生长物质的研究一样,也会成为 21 世纪农林业等生产的突破口之一。

思 考 题

1. 五大类植物激素的主要合成部位和运输方式有何异同?

2. 生长素和赤霉素都能促进茎的伸长,但茎对生长素和赤霉素的反应在哪些方面表现出差异?
3. 赤霉素水平随着种子成熟过程而降低,而脱落酸水平却上升,这有什么生理意义?
4. 细胞分裂素如何延缓植物的衰老?细胞分裂素的信号转导途径是什么?
5. 为什么说乙烯是一种促进衰老的激素,也是一种催熟激素和应激激素?
6. 在调控植物生长发育方面,五大类植物激素之间,在哪些方面表现出相互促进或相互拮抗的关系?
7. 你认为油菜素内酯、多胺、茉莉酸、水杨酸最独特的生理作用是什么?
8. 合理使用植物生长调节剂时要注意什么问题?
9. 植物激素两种基本作用模式是什么?
10. 植物激素受体应具备哪些特征?
11. 酸生长学说的依据及内容是什么?
12. 脱落酸调节气孔开关的机制是什么?
13. 生产实践中有哪些生长调节剂?它们分别有哪些功能?
14. 理解生长素、细胞分裂素和赤霉素的合成途径是什么?
15. 通过对各类激素信号转导途径的学习,你可以得出哪些共性和特性?

第7章 植物的光形态建成

提　要

光作为环境信号作用于植物，调节植物生长、分化和发育的过程称为光形态建成。感受光的受体有光敏色素、隐花色素、向光素、ZEITLUPE(ZTL)和紫外光B受体。光敏色素普遍分布于除真菌以外的低等和高等植物中，其中以分生组织中含量较多。光敏色素有两种类型：Pr型和Pfr型，二者的吸收光谱不同，并且在不同光谱作用下可以相互转换。Pr型没有生理活性，Pfr型具有生理活性。Pfr与X组分形成Pfr·X复合物后，经过信号传导途径，最终才产生生理功能。光敏色素介导红光和远红光反应，调控众多生理响应，最终影响植物的光形态建成。隐花色素、向光素和ZTL感知蓝光，紫外光B受体感知紫外光B，同样具有广泛的生理作用，影响植物生命活动（图7.1）。

光是影响植物生长发育的外界环境（如光、温度、重力、水分和矿物质等）中最为重要的条件。它对植物的影响主要有两个方面：第一，光是绿色植物光合作用所必需的，光合作用是高能反应，与光能的强弱有关，其光的受体是光合色素。第二，光能调节植物整个生长和发育。这种依赖光控制植物生长、发育和分化的过程，称为光形态建成（photomorphogenesis），有人也称之为光控发育。光形态建成是低能反应，所需能量比光补偿点的能量还低几个数量级。光以信号影响植物的生长发育，与光的有无及其性质（即波长）有关。植物体内接收光信号的受体是光敏色素、隐花色素、向光素、ZEITLUPE(ZTL)和紫外光B受体。与植物细胞中通常含有的大量光合色素相比较，这些受体的含量很少，但是它们对外界光环境的变化很敏感。

7.1　光受体

高等植物通过其光感受系统和转换系统响应光信号的方向、能量和光质，并调节其生长发育（图7.1）。植物光受体可分为5种类型：光敏色素、隐花色素、向光素、ZEITLUPE(ZTL)和紫外光B受体。其中，光敏色素吸收红光和远红光，属于红光/远红光受体。隐花色素、向光素和ZEITLUPE(ZTL)都能吸收蓝光，属于蓝光受体。目前对光敏色素研究较深入，下面重点介绍光敏色素。

7.1.1　光敏色素

1. 光敏色素的发现和分布

早在19世纪20年代就已观察到，光照与黑暗的相对长度控制着某些植物的开花。1935～1937年弗林特（Flint）等在研究光质对莴苣种子萌发的影响时，发现某些波长的光促进萌发，而另一些波长的光抑制萌发（图7.2）。促进莴苣种子萌发最有效的光是在红光区域（600～700 nm），而抑制莴苣种子萌发的光是在远红光区域（720～740 nm）。后来（1946～1960年），植物学家博思威克（Borthwick）和物理化学家亨德里克斯（Hendricks）在美国马里兰州美国农业部实验室装置了大型光谱仪，更精确地发现促进莴苣种子萌发最有效的光是波长约为660 nm的红光，抑制其萌发最有效的光是波长约为735 nm的远红光。他们进一步发现，如果用红光和远红光交替地照射莴苣种子，种子萌发受促进或受抑制决定于最后照射光的波长，而与交替的次数无关（表7.1）。

第7章 植物的光形态建成

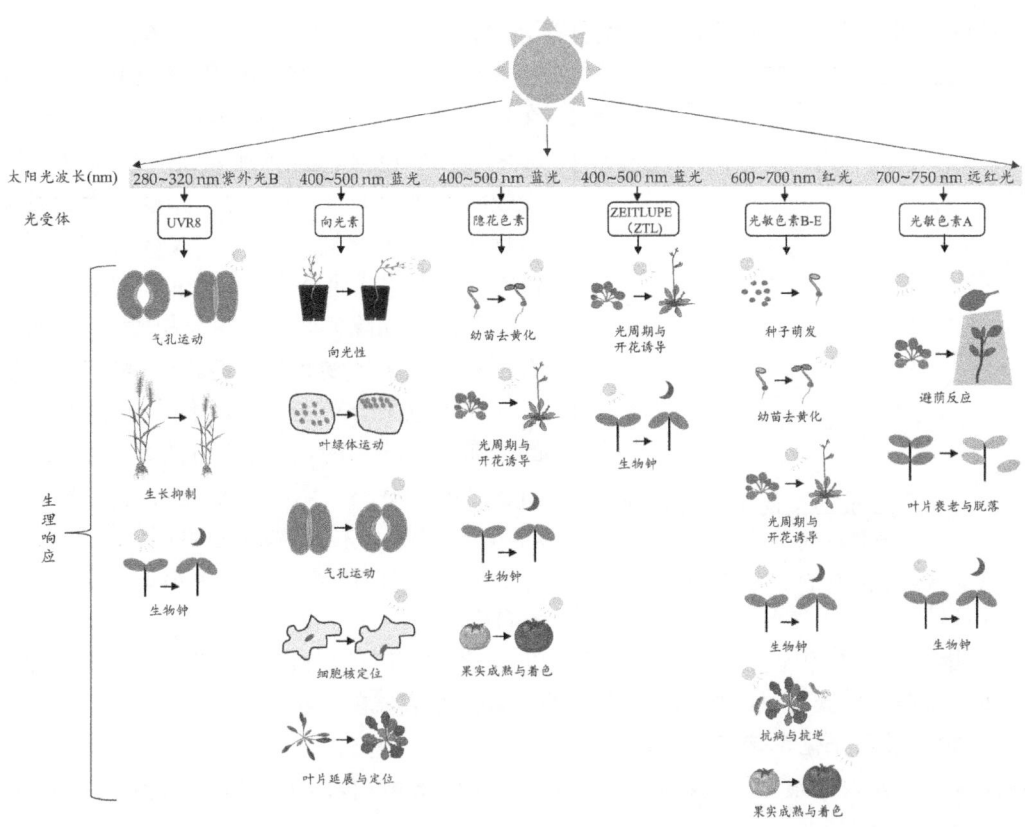

图 7.1　光参与的植物光形态建成反应（改自 Taiz et al.，2018；Legris et al.，2019；Podolec et al.，2021）

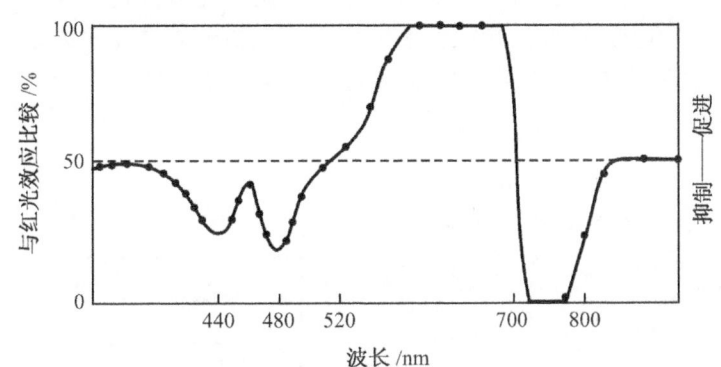

图 7.2　不同波长的光照对莴苣种子萌发的影响（引自李合生，2002）

表 7.1　交替暴露在红光（R）和远红光（FR）下的莴苣种子萌发百分率[*]

光 处 理	萌发率/%	光 处 理	萌发率/%
R	70	R-FR-R-FR	6
R-FR	6	R-FR-R-FR-R	76
R-FR-R	74	R-FR-R-FR-R-FR	7

* 在 26℃下，连续地以 1 min 的 R 和 4 min 的 FR 曝光。

　　1959 年，同一研究小组的巴勒特（Butler）等研制出双波长分光光度计，测定黄化芜菁子叶和黄化玉米幼苗的吸收光谱。发现幼苗经红光照射后，其红光区域吸收减少，而远红光区域的吸收增加；反之，照射远红光后，其远红光区域吸收减少，而红光区域吸收增加。红光和远红光交替照射后，这种吸收光谱可以发生多次可逆的变化。对于上述结果存在两种可能的解释：一种是认为植物中存在两种色素，吸收红光的色素和吸收远红光的色素，这两种色素以相互拮抗的方式调控种子萌发；另一种认为植物中存在两种形式可相互转化的单一色素：红光吸收型和远红光吸收型。后续的实验中，人们从植物中提取到了光敏色素，并在体外实验中验证了它独特的光可逆特性,从而证实了光敏色素是可以相互转化的单一色素。依此认为,这种吸收红光和远红光并且可以互相转化的光的受体是具有两种存在形式的单一色素。在1960年博思威克等将这种色素命名为光敏色素。其红光吸收形式为Pr(蓝绿色),远红光吸收形式为Pfr(黄绿色)。光敏色素的发现是20世纪植物科学中的一大成就,也有人认为,光敏色素的发现是植物光形态建成研究中的一个里程碑。

目前已知除真菌外,各类植物,包括藻类、苔藓、地衣、蕨类、裸子植物和被子植物中都有光敏色素。

光敏色素分布在植物的各个器官中,但在植物体内的分布是不均匀的,黄化幼苗的光敏色素含量比绿色幼苗多20～100倍。禾本科植物胚芽鞘的尖端、黄化豌豆幼苗的弯钩、各种植物的分生组织具有较多光敏色素。一般来说,蛋白质丰富的分生组织中含有较多的光敏色素(图7.3)。

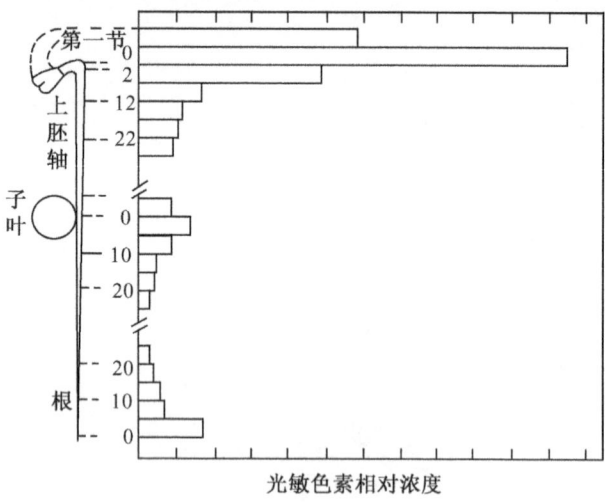

图7.3 黄化豌豆幼苗中光敏色素的分布
(引自潘瑞炽,2001)

许多实验证明,在黑暗中生长的植物,光敏色素以Pr形式均匀地分散在细胞质中,而在照射红光后Pr即转化为Pfr并迅速地与质膜、内质网膜、质体膜、线粒体膜等结合在一起。

2. 光敏色素的化学性质及光化学转换

(1) 化学性质　　光敏色素是一种易溶于水的二聚体色素蛋白,两个单体中的各个单体均由生色团和脱辅蛋白质(apoprotein)组成。

生色团(chromophore)是一个长链状的4个吡咯环,它以硫醚键结合到120～127 kDa多肽端的半胱氨酸残基上(图7.4),具有独特的吸光特性。光敏色素生色团的生物合成是在质体中黑暗条件下进行的,其合成过程可能类似脱植基叶绿素(叶绿素的前身)的合成过程。生色团在质体中合成后就被运送到细胞质中,与脱辅蛋白质装配形成光敏色素结合蛋白(图7.5)。

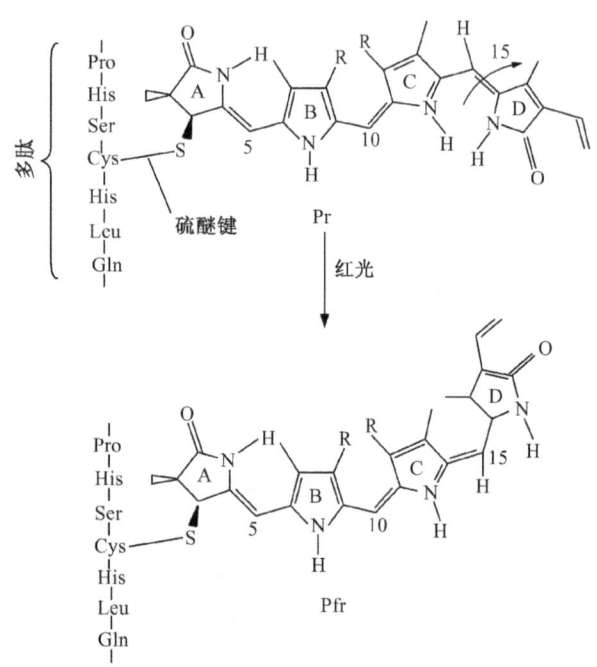

图7.4 光敏色素Pr和Pfr生色团的可能结构以及与脱辅蛋白质肽链的连接
(引自潘瑞炽,2001)

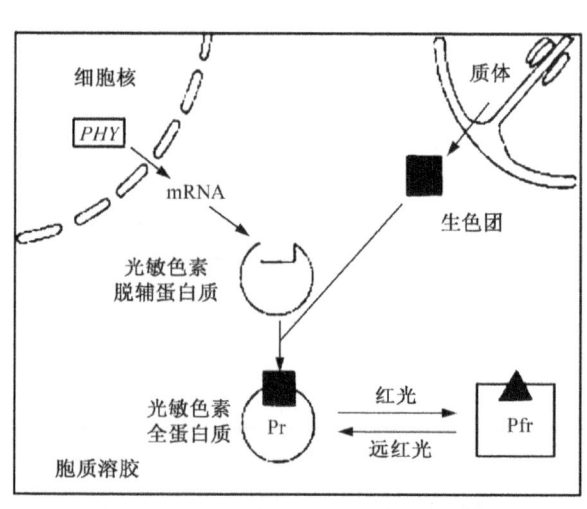

图7.5 光敏色素生色团与脱辅蛋白质的合成与装配
(引自潘瑞炽,2001)

(2) **类型** 光敏色素有两种类型：红光吸收型（red light-absorbing form，Pr）和远红光吸收型（far-red light-absorbing form，Pfr）。二者光学特性不同，图 7.6 是光敏色素两种类型的吸收光谱，Pr 吸收高峰在 660 nm，而 Pfr 的吸收高峰在 730 nm。二者在红光和远红光的作用下可以相互转换。当 Pr 吸收 660 nm 红光后，就转变为 Pfr，而 Pfr 吸收 730 nm 远红光后，会逆转为 Pr。Pfr 是生理激活型，Pr 是生理失活型。

在 Pr 和 Pfr 相互转变时，生色团和脱辅蛋白质也发生构象变化，其中生色团变化带动脱辅蛋白质变化，因为前者吸收光。Pr 生色团吸光后，吡咯环 D 的 C_{15} 和 C_{16} 之间的双键旋转，进行顺反异构化，这种变化导致吡咯环构象发生变化。

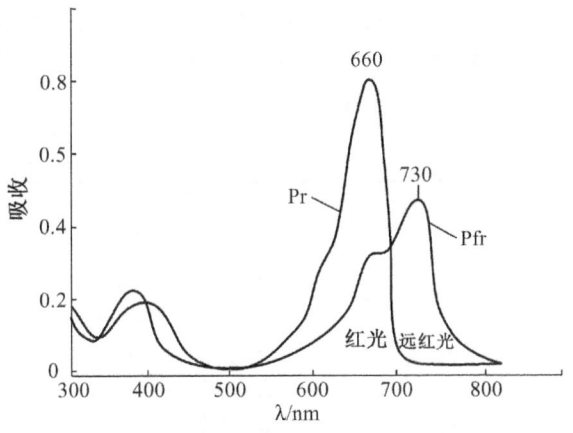

图 7.6 光敏色素的吸收光谱（引自潘瑞炽，2001）

当 Pr 转变为 Pfr 时，脱辅基 Pfr 也进行构象变化。实验证明，Pr 氨基末端暴露在分子表面，而 Pfr 的则隐蔽在内部。

近年来已在拟南芥中克隆了 5 个脱辅蛋白质基因，分别为 *PHYA*、*PHYB*、*PHYC*、*PHYD* 和 *PHYE*，说明高等植物光敏色素属多基因家族。不同基因编码的蛋白质有各自不同的时间、空间分布，有不同的生理功能。研究表明，*PHYA* 编码 phyⅠ 光敏色素调控远红光反应；而其他 4 种基因编码 phyⅡ 光敏色素，调控红光反应（图 7.1）。*PHYA* 的表达受光的负调节，在光下其 mRNA 的合成受到抑制。而其余 4 种基因表达不受光的影响，属于组成性表达。通过转基因研究发现，光敏色素蛋白质有不同的功能区域，N 末端是与生色团连接的区域，与光敏色素的光化学特性有关，PHYA、PHYB 的特异性也在此区域表现出来。C 末端与信号转导有关，两个蛋白质单体的相互连接也发生在 C 端。

(3) **光化学转换** Pr 和 Pfr 在小于 700 nm 的光波下，都有不同程度的吸收，出现相当多的重叠（图 7.6）。在活体中，在一定的波长下，具有生理活性的 Pfr 浓度占光敏色素总浓度（$c_{Ptot}=c_{Pr}+c_{Pfr}$）的比例被称为光稳态平衡（photostationary equilibrium，Φ）即 $\Phi=c_{Pfr}/c_{Ptot}$。不同波长的红光和远红光可以组合成不同的混合光，能得到各种 Φ 值。例如，白芥幼苗在饱和红光（600 nm）下的 Φ 值是 0.8，也就是说 Pfr 占总光敏色素 80%，而 Pr 占 20%；而在饱和远红光（718 nm）下的 Φ 值是 0.025，即总光敏色素的 2.5% 是 Pfr，97.5% 是 Pr。在自然条件下，决定植物光反应的 Φ 值为 0.01～0.05 时就可以引起显著的生理变化。

Pr 与 Pfr 之间的转变包括几个微秒（μs）至毫秒（ms）的中间反应。在这些转变过程中，包括光化学反应和黑暗反应。光化学反应局限于生色团，黑暗反应只有在含水条件下才能发生。这就可以解释为什么干种子没有光敏色素反应，而用水浸泡后则有光敏色素反应。

Pr 比较稳定，Pfr 不稳定。在黑暗条件下，Pfr 会逆转为 Pr，使 Pfr 浓度降低；Pfr 也会被蛋白酶降解。Pfr 一旦形成，即和某些物质（X）反应，生成 Pfr·X 复合物，经过一系列信号放大和转变过程，产生可观察到的生理反应。X 的性质还不清楚，在具体的反应中应是信号转导途径中的早期组分。从拟南芥突变体研究中发现了 *COP* 和 *DET* 基因家族，他们的基因产物是光信号传导途径的早期重要组分，位于光敏色素以及蓝光受体的下游，作为控制植物光形态发生和暗形态发生之间的开关。*COP* 和 *DET* 突变体在黑暗条件下不表现出黄化现象。光敏色素 Pr 和 Pfr 在植物体内的相互转化及作用总结如下：

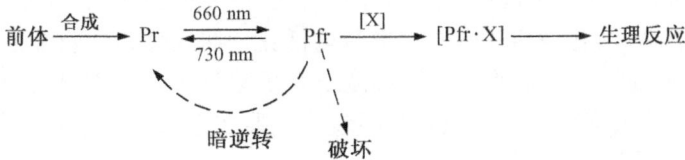

3. 光敏色素的生理作用

Pfr·X 复合物经过一系列信号放大和转变过程，引起一系列生理生化反应，最终表现为光形态建成、成花诱导等。这些生理生化反应非常广泛，包括种子萌发、幼苗的生长和发育、茎和叶的伸长、根和叶原基的分化、膜电势、叶的运动和节律现象等。当然,光敏色素是通过调控基因和酶介导这些生理生化反应的。

光敏色素可以调节许多酶的活性,现已发现 60 多种酶或蛋白质受光敏色素的调节,下面列举了一些受光敏色素调节的酶(表 7.2)。

表 7.2 受光敏色素调节的酶

叶绿体形成与光合作用	氨基酮戊酸脱水酶,NADPH-脱植基原叶绿素氧化还原酶,叶绿素 a/b 结合蛋白,铁氧还蛋白,光基因-32,甘油醛-3-磷酸脱氢酶,Rubisco,PEPcase
呼吸与能量代谢	细胞色素 c 氧化酶,烯醇化酶,腺苷酸激酶,二磷酸果糖激酶,延胡索酸水合酶,葡糖-6-磷酸脱氢酶,甘油醛-3-磷酸脱氢酶,异柠檬酸脱氢酶,苹果酸脱氢酶,抗坏血酸氧化酶,过氧化氢酶,过氧化物酶
碳水化合物代谢	淀粉酶,α-半乳糖苷酶
脂类代谢	脂氧合酶
氮及氨基酸代谢	硝酸还原酶,天冬氨酸氨基转移酶,谷氨酰胺合成酶,谷胱甘肽还原酶,苯丙氨酸转氨基酶,亚硝酸还原酶,谷氨合成酶
蛋白质代谢	氨酰 t-RNA 合成酶
核酸代谢	核糖核酸酶 II,RNA 核苷酸转移酶,三磷酸核苷酶
次生代谢	苯基苯乙烯酮异构酶,苯基苯乙烯酮合成酶,肉桂酸羧化酶,苯丙氨酸氨基裂解酶
激素代谢与生长发育	吲哚乙酸氧化酶,羧甲基戊二酰-CoA 还原酶,精氨酸脱羧酶

4. 光敏色素的作用机制

光敏色素是如何把光信号转化为植物生长发育方面的变化呢?一般认为有两种机制解释光敏色素介导的信号转导过程:一是认为光敏色素本身就是一种蛋白激酶,通过光依赖过程进行信号传导;二是认为光敏色素以光依赖方式与另一分子相互作用,从而进行信号转导。

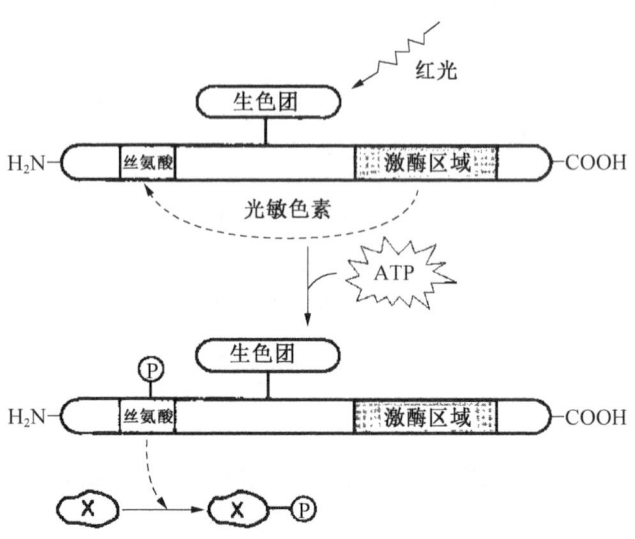

图 7.7 光敏色素的激酶性质(引自 Taiz et al.,2002)

前文提到的 Pfr·X 复合物中 X 到底是什么呢?早在 20 世纪 80 年代,人们就提出光敏色素可能是一种蛋白激酶的假说。从燕麦中纯化的光敏色素 A 具有蛋白激酶活性。植物光敏色素先磷酸化自身的丝氨酸残基,然后把磷酸基转移给不同的底物(X),从而完成其信号转导过程(图 7.7)。至少有 2 种底物被光敏色素磷酸化:一是光敏色素激酶底物 1(phytochrome kinase substrate 1,PKS1);二是核苷二磷酸激酶 2(nucleoside diphosphate kinase 2,NDPK2)。核苷二磷酸激酶被磷酸化后催化 ATP 和核苷二磷酸形成不同的核苷三磷酸(如 CTP、GTP 和 UTP 等),从而参与一系列生理生化反应。

在调节快反应过程中,光敏色素的 Pfr 通过膜离子通道和质子泵活性而影响膜特性和离子流动。德雷尔(Dreyer)和魏森西尔(Weisenseel)发现,转板藻在照射 30 s 红光后,细胞内 Ca^{2+} 积累速度增加 2~10 倍,接着照射 30 s 远红光,这个效应就全部逆转。由于质体和原生质膜之间存在肌动球蛋白纤维,钙调素(CaM)也已被证明能活化植物中肌球蛋白轻链的激酶。有几个科学家提出在转板藻中从光受体到生理反应之间存在着这样一种信号链:红光→Pfr 增多→跨膜 Ca^{2+} 流动→细胞质中 Ca^{2+} 增加→CaM 活化→肌球蛋白轻链激酶活化→肌动球蛋白收缩运动→叶绿体转动。

早在 1966 年莫尔(Mohr)就提出,光敏色素通过调节基因表达而参与到光形态建成过程中。越来越多的事实证明光敏色素调节的绝大多数反应涉及到基因表达。那么光如何通过光敏色素来调节核基因表达从而影响植物生长发育呢?

已经证实大量编码叶绿体蛋白的核基因受光敏色素调控,其中研究最广泛和最深入的是编码 Rubisco 小亚基的基因(SSU)。实验表明 SSU 表达受红光和远红光的调控,光诱导其 mRNA 水平提高。相反,编码

NADPH-原叶绿素酸酯氧化还原酶的基因受光敏色素负调控。

光敏色素可以通过两种方式调控核基因表达。一是细胞质中的 Pr 接受红光后变成 Pfr，后者激活细胞质中的一种叫调节蛋白（regulatory protein，RP）的因子，活化的 RP 进入细胞核，与启动子区域的光调节元件（light-regulated element，LRE）结合，从而激活或抑制该基因表达（图 7.8A）。二是细胞质中的 Pfr 进入细胞核与一种叫光敏色素相互作用因子 3 的转录因子（phytochrome interaction factor 3，PIF3）结合，后者能与光响应基因的启动子结合，PIF3 单独与启动子结合尚不能调控基因表达，但 Pfr/PIF3/启动子复合体就可以激活或抑制该基因转录（图 7.8B）。

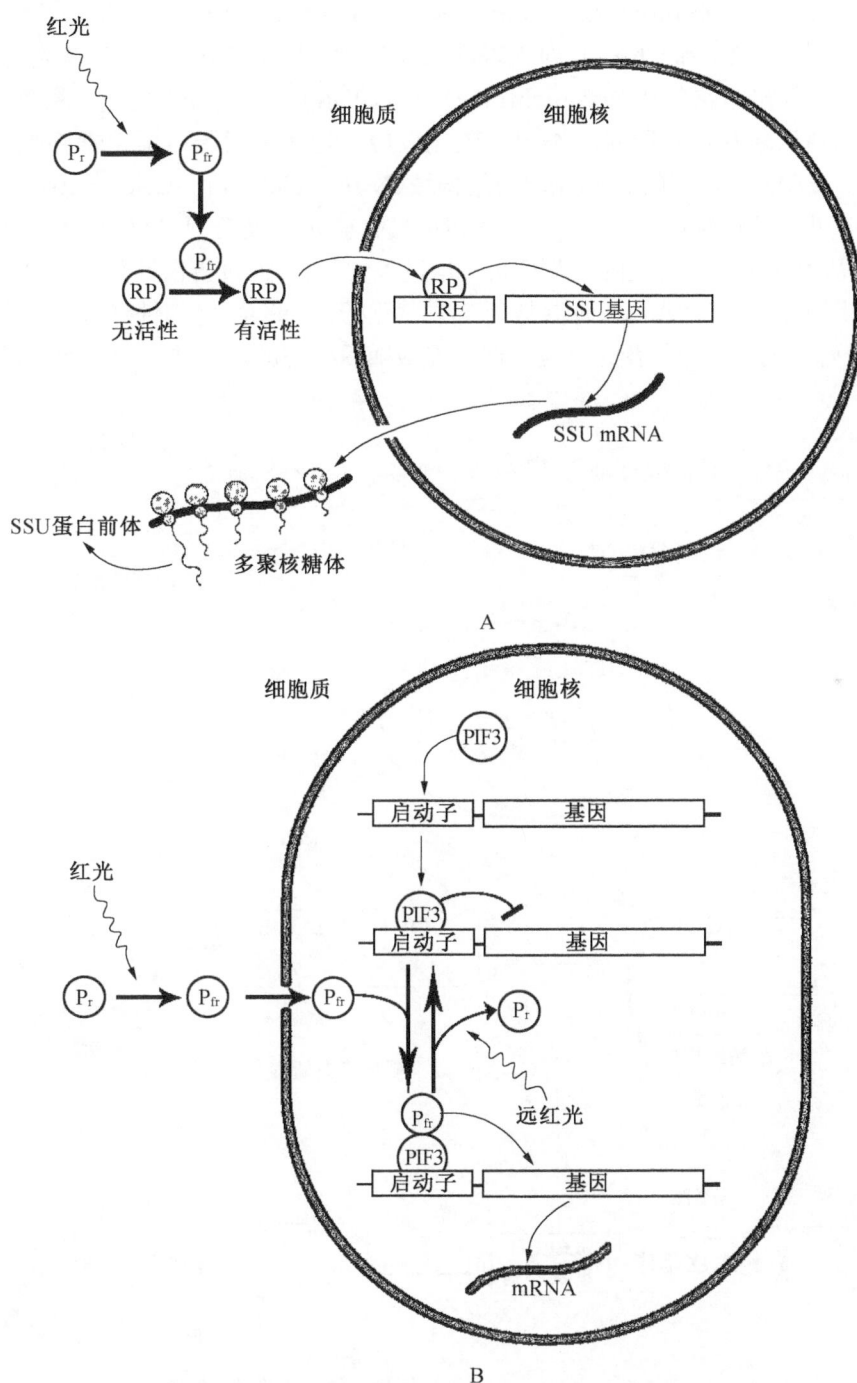

图 7.8 光敏色素通过光调节元件调节 Rubisco 小亚基基因（A）和通过 PIF3 调控核基因（B）示意图（引自 Hopkins et al.，2004）

7.1.2 蓝光受体

19世纪70年代以来,可见光谱中的短波光对植物生长、发育和代谢的影响日益受到重视。研究发现,蓝光和近紫外光调控着植物的许多生长发育过程,如高等植物的向光性反应、气孔的开启、叶绿体的分化和运动、茎伸长的抑制作用等专一的受蓝光、近紫外光诱导调节。除高等植物外,蕨类植物丝状体发育为原叶体、真菌菌丝体类胡萝卜素的合成及其分生孢子的分化、一些海藻配子体发生及其卵诱导产生等都需要蓝光、近紫外光的诱导。现已证实,植物界存在的第二类光形态建成反应是受蓝光、近紫外光调节的,其光受体称作蓝光/近紫外光受体(B/UVA receptor),简称蓝光受体(blue light receptor)。对蓝光受体的研究近年来有很大进展,已克隆隐花色素(CRY1和CRY2)、向光素(PHOT1和PHOT2)和ZTL等蓝光受体相关基因。

格雷塞尔(Gressel)提出隐花色素(cryptochrome)一词,表示其不同于光敏色素,隐花色素作用光谱的高峰处在450 nm左右,所以隐花色素所起的作用为蓝光效应。隐花色素蛋白由黄素腺嘌呤二核苷酸(flavin adenine dinucleotide,FAD)生色团的N端光解酶结构域(N-terminal photolyase-related domain,PHR)和C端结构域(C-terminal domain)构成。蓝光照射下,PHR吸收蓝光并改变FAD生色团氧化还原状态和C端结构域构象,从而激活隐花色素。活化的隐花色素转运进入细胞核,通过蛋白互作稳定相关蓝光调控转录因子,从而调控下游基因表达(图7.9A),从而参与幼苗去黄化、开花诱导、生物钟和果实成熟与着色等光形态建成过程(图7.1)。隐花色素介导的蓝光效应一般不能被随后处理的较长波长的光照所逆转。

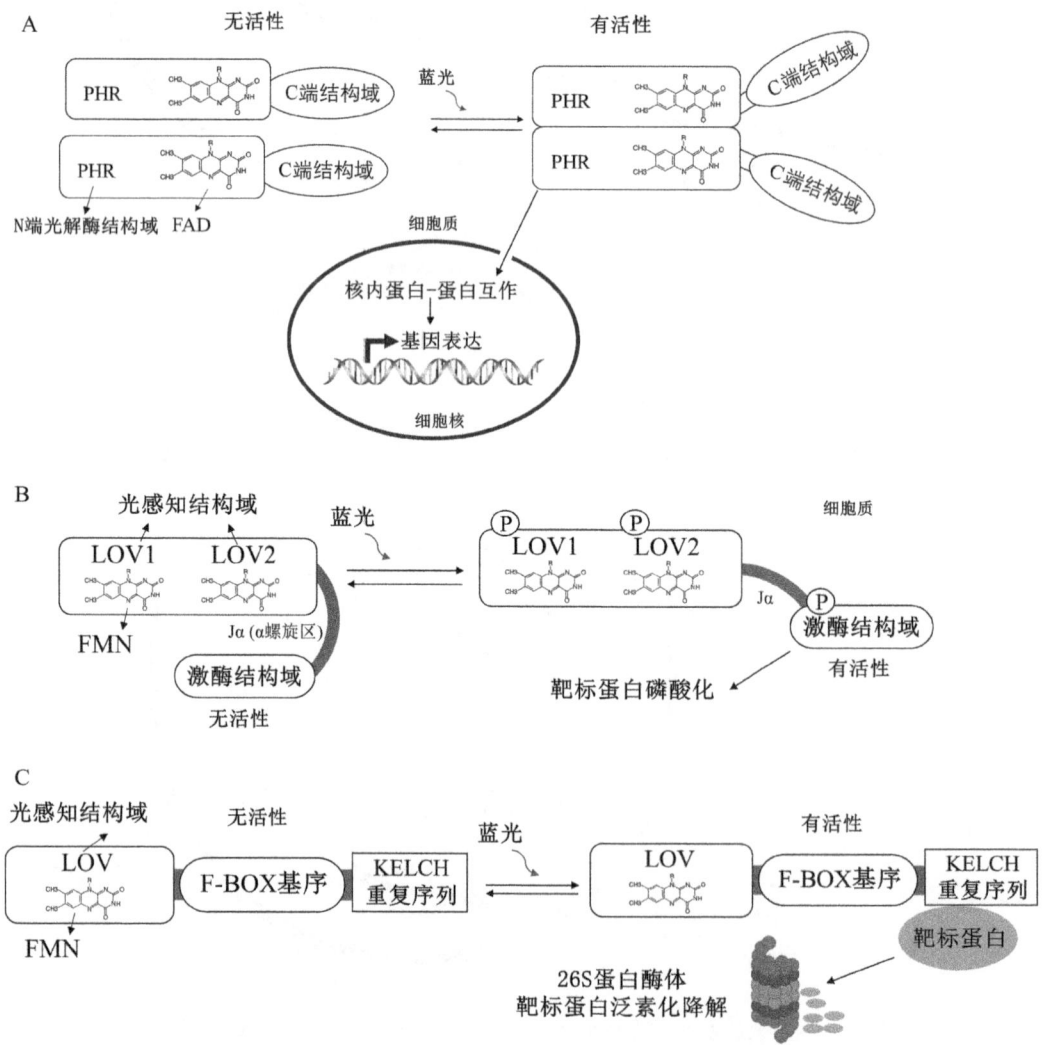

图7.9 蓝光受体结构及作用机制示意图(改自 Galvão et al., 2015;Taiz et al., 2018)
A. 隐花色素;B. 向光素;C. ZTL

向光素(phototropin)是参与调控植物向光性、叶绿体运动、蓝光诱导气孔开放、细胞核定位和叶片延展与定位的蓝光受体(图 7.1)。与隐花色素的细胞核基因表达调控作用不同,向光素主要定位于质膜,通过其光激活的丝氨酸/苏氨酸激酶活性调控蓝光反应。向光素由结合有黄素单核苷酸(flavin mononucleotide,FMN)的光感知结构域[light-oxygen-voltage(LOV) domain]和激酶结构域组成。蓝光照射下向光素激酶结构域多个丝氨酸残基发生磷酸化作用,从而激活其激酶活性,调控蓝光反应(图 7.9B)。向光素介导的蓝光反应能够被暗处理逆转,这个过程主要由蛋白磷酸酶 2A 介导的去磷酸化作用调控。

ZTL 蓝光受体参与调控昼夜节律(生物钟)、光周期与成花诱导等生理过程(图 7.1)。与向光素类似,ZTL 蛋白由结合 FMN 的光感知结构域,F-BOX 基序和 6×KELCH 重复序列构成(图 7.9C)。蓝光促进 ZTL 蛋白与靶标蛋白结合,并通过 26S 蛋白酶体介导的泛素化作用降解靶标蛋白(如生物钟核心基因 TOC1),从而调控蓝光反应(图 7.9C)。

7.1.3 紫外光 B 受体

紫外光 B 受体是一类未知化学本质的光受体,其吸收光谱处在紫外光区,即波长为 275~320 nm 的紫外光短波区,称为紫外光 B 受体(UVB receptor),它在细胞内吸收 280~320 nm 紫外光引起光形态反应,它的作用高峰在 290 nm 左右,如它诱导玉米黄化苗的胚芽鞘和高粱第一节间形成花青素苷,其作用光谱在 290~300 nm 有一峰。UVR8(UV resistance locus 8)是植物中目前已克隆的唯一的紫外光 B 受体,其蛋白结构呈 7 叶螺旋桨状,非 UVB 照射条件下以同源二聚体形式存在(非激活型)。UVB 照射下,UVR8 同源二聚体解聚为单体(激活型),并运输至细胞核调控基因表达和 UVB 光形态反应。

7.2 光形态建成

光敏色素、隐花色素等光受体,在吸收了不同波长的光以后,可以诱导和调节植物的形态建成,并对某些生理过程有着显著影响。就光敏色素而言,目前知道从种子萌发到幼苗胚芽鞘、中胚轴生长,幼叶的展开,或下胚轴伸长,弯钩伸直,两片子叶的张开和扩展;从叶片表面气孔的形成和活动到幼茎维管束的分化、表皮层的形成;从植株地上部形态建成到根的生长和根冠比调节;从叶绿体的发育到光合活性的调控;从贮藏淀粉、脂肪的降解到硝酸盐的还原同化,蛋白质、核酸的合成;从光周期控制花芽分化到叶片等器官衰老的调节,都存在着光敏色素的作用。表 7.3 列举了高等植物中一些由光敏色素控制的反应。

表 7.3 高等植物中一些由光敏色素控制的反应

1. 种子萌发	6. 小叶运动	11. 光周期	16. 叶脱落
2. 弯钩张开	7. 膜透性	12. 花诱导	17. 块茎形成
3. 节间延长	8. 向光敏感性	13. 子叶张开	18. 性别表现
4. 根原基起始	9. 花色素形成	14. 肉质化	19. 单子叶植物叶片展开
5. 叶分化和扩大	10. 质体形成	15. 偏上性	20. 节律现象

现在列举不同光受体诱导和调节光形态建成的一些实例。

7.2.1 光与种子萌发

早在 1907 年金泽尔(Kinzel)报道,在研究的 964 种植物中,672 种在光下发芽率增强,258 种发芽受光抑制。近来,有人分析了 142 种非栽培植物,其中 107 种光促进发芽,3 种受抑制,32 种对光反应不敏感。我们把萌发时需要光的种子叫需光种子(light sensitive seed),又称喜光种子;萌发时不需要光的种子,称为需暗种子(dark seed)。近年来的进一步研究表明,种子休眠和萌发对某些波长的光较敏感,它们主要是红光、远红光和蓝光,作为光的受体一般认为光敏色素是主要的,而隐花色素对种子的休眠也有一定的调节作用。有关隐花色素的研究较少,这里主要介绍光敏色素在种子光休眠中的作用。

前面已经提到莴苣种子发芽受红光和远红光控制。表明了光敏色素参与了休眠的解除与种子的萌发。

对于休眠的解除需要光的种子来说，一般均要在种子或种子特定部位处于吸胀状态时才能进行。在种子成熟后的干种子状态，其中含有光敏色素的 Pr 或 Pfr 形式，它们往往是稳定的，当这样的种子遇到适宜的萌发环境条件，在光的照射下，Pr 发生水合并转换成 Pfr 形式，从而导致发芽；如果把莴苣种子经吸胀后，照光形成 Pfr，然后立即去水合，那么这样的 Pfr 仍然是稳定的，在一年内再水合时仍能在暗中萌发。

实验中发现，把莴苣的胚从胚乳、种皮和果皮中分离出来，排除胚覆盖物的影响来观察照光对胚根萌发的作用。结果显示，分离的胚能在暗中生长，但用红光照射后胚根伸长要快得多，当再用远红光照射时，胚根伸长减慢。这与整粒种子的情况相似。实验表明，胚根-下胚轴区可能是种子的光敏感区。

在对光休眠的诱导与解除中，激素是另一个要考虑的因素。目前对于种子照光后光敏色素与几种植物激素的关系有很多报道，但缺少较一致的看法，有人认为，红光照射后形成光敏色素的活性形式 Pfr，可能通过引起 GA、细胞分裂素合成，或破坏 ABA，从而破除光休眠。例如，用光能促使发芽的种子一般也可用 GA 促使萌发，GA 在促进萌发上的作用与 Pfr 十分相似。

20 世纪 80 年代有关 GA 克服光休眠的直接证据来自拟南芥突变体的研究。例如一个 GA 缺失的拟南芥突变体，在水中时即使照光也不发芽，但在光下用 1 μmol/L GA_{4+7} 处理，或在暗中用 100 μmol/L GA_{4+7} 处理时，就可以发芽。这表明 GA 可以克服遗传障碍，代替种子的需光要求。拟南芥种子萌发之所以对光有要求，可能是光能诱导一种或一种以上 GA 的形成。

光敏色素参与的种子光休眠与解除休眠有一定的生态学意义。一般说来，大粒种子具有足够贮藏物质以维持幼苗较长时间生长在地下黑暗环境中，它的发芽一般不需要光，如瓜类；而小粒种子，特别是一些草本植物种子当它们处于光不能透过的土层中时，保持休眠状态，只有当它处于土表，依赖少量贮藏物质进行发芽，从而及时伸出土表迅速进行自养生长。反之，如果小粒种子在土表下深处黑暗中就能发芽，待它还不能伸出土表时，可能已耗尽种子贮藏物质而不能存活。

7.2.2 光与营养生长

幼苗的生长也是受光控制的。在单子叶植物，如谷类中，幼苗期开始时，胚芽鞘迅速伸长，随后伸长抑制，而幼叶从胚芽鞘中抽出，在这一系列过程中都与光敏色素的调节有关。黄化玉米幼苗的卷叶在红光下展开，照射红光后继而用远红光照射，卷叶不能展开。双子叶植物，胚轴破土伸出地之前，茎尖为钩状，当出土后或给以红光照射，形成的 Pfr 促使钩展开。

当幼苗生长进行光合作用，进而营养生长时，把双子叶植物置于红光下（光敏色素可起调节作用）或蓝光下（隐花色素起作用），往往抑制了茎的伸长。如果把植物移到阴影下，由于阴影下辐射的光线主要是远红光，从而使光敏色素由 Pfr 形式转为 Pr 形式，茎的伸长被大大促进。植物生长的快慢与体内生长素含量变化有关，而光照对生长素有破坏作用。光可使自由型的 IAA 转变为无活性的束缚型 IAA，还可提高 IAA 氧化酶的活性，尤其是蓝紫光，其引起 IAA 氧化分解的作用更显著。试验指出，在 IAA 溶液中加入核黄素或紫黄质，则加快 IAA 氧化分解，因为这些色素吸收光谱的高峰在蓝紫光。光引起 IAA 氧化的产物主要是 3-亚甲基氧吲哚。由于蓝紫光能抑制植物的生长，这也是高山植物比平原植物生长矮的原因之一，因为高山的光照中，蓝紫光和紫外光强度比平原的光照强。此外，低强度的光也抑制茎和禾本科中一些植物（如燕麦）的中胚轴的伸长。森林中处于林冠下生长的树木也呈现同样现象。林业生产上适当增加种植密度以获得少分枝、少结节的通直优质木材。在农业生产上，利用浅蓝色塑料薄膜低温下育秧，比无色的好，因其可大量透过 400～500 nm 波长的蓝紫光，使秧苗矮壮；同时可吸收大量的 600 nm 波长的橙光，使膜内温度升高，有利于秧苗生长。

在一些草本植物的茎基部会出现分枝，称分蘖。分蘖的多少一定程度上取决于光敏色素的调节作用。在谷物生长十分稠密时，照到茎基部的主要是富含远红光的光，从而使 Pr 比例增高，分蘖形成受阻。如果用富含红光的光照射则可促进分蘖。

除上述之外，光对植物生长的许多过程如休眠芽的萌发生长，冬季植物生长减慢停止等都有影响，并且都是通过光敏色素实现的。

7.2.3 光与花色素苷和其他类黄酮物质的合成

大多数植物能在特殊的细胞中合成花色素苷和其他类黄酮物质,这个过程往往是光促进的,如苹果果实照光一侧易产生红色,秋天红叶,花瓣着色等。花色素苷产生的作用光谱显示,有效光是红光、远红光和蓝光,而绿光几乎是无效的。在大多数植物的花色素苷合成中,光敏色素和隐花色素可能是主要光受体。

其他促进类黄酮物质合成的光的受体可能是紫外光B受体,UVB还能诱导欧芹悬浮培养细胞大量积累黄酮类物质,研究表明黄酮生物合成的关键酶之一苯丙氨酸氨裂合酶(phenylalanine ammonia-lyase,PAL)的活性受紫外光调节。在促进类黄酮合成中,UVB与光敏色素可能呈现协同作用。UVB对植物细胞有一定程度的伤害作用(UVB能降低黄瓜、向日葵、大豆、水稻等的株高、叶面积和光合能力),因此在表皮细胞中由紫外光诱导形成能够吸收UVB的花青素苷和黄酮类物质,这可能是植物的一种自我保卫反应。

7.2.4 光与叶绿体的向光性反应

光可以调节叶绿体在细胞内的移动。当外界光照强度很强时,细胞中的叶绿体能在径向细胞壁上排列,并将窄面朝向阳光,使叶绿体受光面变得最小,从而防止强光伤害;反之,在弱光或黑暗时,叶绿体在横向细胞壁上排列,并将扁平面朝向阳光,以增加对光的吸收。

实验指出,在藓类和被子植物中,叶绿体向光性反应的作用光谱以蓝光区为最大,向光素参与了这些植物中叶绿体的向光性反应,而光敏色素没有涉及。而在一些如转板藻的绿藻中,叶绿体的向光性可能与光敏色素和向光色素均有关系,光敏色素处在转板藻细胞的质膜附近,随不同光波和方向诱导叶绿体的向光反应。

在上述植物中,叶绿体本身没有吸收引起向光性反应的光,而光在细胞的其他地方首先被吸收,引起微管和微丝相互作用,改变细胞质的流动,推动叶绿体向光性运动,使叶绿体适应外界光照条件的变化。

7.2.5 光与细胞器的形成

细胞器的形成也受到光的调节。如被子植物必须在光下才能形成叶绿体,否则只能分化成不富含原片层体的黄化质体而无类囊体膜系统,同时也不能形成叶绿素,只能积累原脱植基叶绿素。只有在光下随着叶绿素的形成才能出现完善的类囊体膜系统从而发育成叶绿体。在这个转变过程中,光敏色素起了主要的作用。光敏色素还控制着膜上捕光叶绿素 a/b 蛋白复合体、二磷酸核酮糖羧化酶、磷酸烯醇式丙酮酸羧化酶等的形成。

种子成熟和萌发时,细胞内的线粒体也同叶绿体一样发生形态结构上的转变。随着种子的成熟,含水量逐渐降低,其膜结构和呼吸酶类消失,代谢活跃的线粒体为贮存形式的原线粒体所代替;当种子萌发并在光的触发和光敏色素控制下,才能重新转变为结构完善和代谢活跃的线粒体。

7.2.6 光与气孔开启

光是影响气孔开闭最重要的外界因子。光诱导的气孔反应依赖于保卫细胞中向光素、隐花色素和光敏色素三种光受体的共同作用。用饱和的红光[250 μmol/(m^2·s)]照射鸭跖草叶片,维持保卫细胞叶绿体和叶肉细胞正常的光合作用,在连续的强红光背景下,30 s蓝闪光[250 μmol/(m^2·s)]立即引起气孔导度增加,15 min后达最大值。

7.2.7 光周期反应

在一天之中,白天和黑夜的相对长度称为光周期(photoperiod),光周期对植物的花诱导有着极为显著的影响(见第9章),除此之外,光周期也影响着植物其他的许多生长发育过程,如块根、块茎的形成,马铃薯块茎为短日诱导,木薯、胡萝卜以及其他植物作为贮藏器官的根的形成也为短日促进,但洋葱鳞茎的形成为长日促进。另外,许多植物的性别表现也常常受光周期的影响,光周期反应与光敏色素有着密切的关系。我国发现的光敏核不育水稻农垦58 s的雄性器官发育过程,也是通过光敏色素去感受日照的长短。

思 考 题

1. 光受体有哪几种类型？它们参与哪些生理反应？
2. 何为光敏色素？试述其性质和作用。
3. 设计试验，证明光敏色素在植物体内的存在。
4. 试述光敏色素的特点及其在植物成花中的作用。
5. 举例说明种子的需光萌发并论述光在萌发中的作用。
6. 试述光对植物营养生长的作用。
7. 叙述光敏色素的发现过程。
8. 举例说明光敏色素的快反应和慢反应并说明作用机制。
9. 试述蓝光受体调控植物蓝光反应的机制。

第8章 植物的生长生理

提 要

植物生长(plant growth)是指植物在体积和重量上的不可逆增加,生长的基础是细胞的分裂、伸展、分化以及水分和物质的不可逆增加过程。种子的萌发就是一个生长过程。植物从种子萌发到幼苗形成,经历了从异养到自养的转变。幼苗的形成标志着自养体系的建成,从此植物进入了营养体迅速发展时期。这一时期的主要特征是营养器官(根、茎、叶)的旺盛生长,这是以旺盛的代谢活动为物质基础的。在此基础上,植物体不断地成长壮大,到一定的时期就开花结实,形成新的种子。本章介绍细胞分裂、伸展和分化生理,种子的萌发,根、茎、叶等营养器官生长的规律以及与植物生长密切相关的植物组织培养、植物运动机制等方面的知识。

8.1 细胞的分裂、伸展和分化生理

细胞的生长是植物体生长的基础。通常把细胞生长的过程分为三个时期:分裂期、伸展期和分化期。通过细胞分裂(cell division)增加细胞的数目,通过细胞伸展(cell expansion)或伸长(cell elongation)增加细胞的体积,通过细胞分化形成不同的组织和器官。

8.1.1 细胞周期及调控

植物的分生组织细胞处在不断分裂的过程中。具有分裂能力的细胞体积小、细胞质浓厚、无大液泡、细胞核大、细胞壁薄、合成代谢旺盛。植物分生组织的细胞生长到一定阶段就要发生有丝分裂,一分为二。新生的细胞长大后,再分裂为两个子细胞。通常把从母细胞一次分裂结束形成子细胞到下一次再分裂成两个子细胞之间的时期称为细胞周期(cell cycle)。细胞周期包括分裂间期(interphase)和分裂期(mitotic stage, M期)。分裂期是指细胞的有丝分裂过程,也就是从染色体凝缩、分离到平均分配到两个子细胞为止,分裂后细胞内 DNA 减半。根据染色体形态指标可细分为前期、中期、后期和末期。分裂期以外的时间称为分裂间期,又分为三个时期:① G_1 期(gap 1),从有丝分裂完成到 DNA 复制之前的这段时间,此时细胞内进行 RNA 和蛋白质的大量合成,细胞体积也显著增大。② S 期(synthesis phase),DNA 复制期,DNA 和有关组蛋白在此时合成,完成染色体的复制,DNA 的含量增加一倍。③ G_2 期(gap 2),从 DNA 复制完成到有丝分裂开始的这段时间,此时细胞继续进行 RNA 和蛋白质的合成,为细胞分裂做好准备(图 8.1)。G_2 期完成后,细胞进入分裂期。分裂形成的新细胞有的可以继续进行细胞周期的循环,另一些细胞可能转入 G_0 期。G_0 期并非是细胞周期的一个阶段,G_0 期细胞是暂时离开细胞周期处于"静止"状态的细胞,在一定条件的诱导下可以重新进入细胞周期,进行增殖。如果细胞有液泡,则液泡在分裂间期不断增大,在分裂期液泡也一分为二,随后被分配到两个子细胞中(图 8.1)。

细胞周期的运转是十分有序的,沿着 $G_1 \rightarrow S \rightarrow G_2 \rightarrow M$ 的次序进行,这是细胞周期有关基因顺序表达的结果。与细胞分裂有关的 *cdc* (cell division cycle)基因的有序表达受细胞周期中检验点(check point)的调节控制,这样的检验点有 3 个:G_1 期晚期、S 期晚期和 G_1 期/S 期的过渡期。

细胞周期中各个时期的有序更迭和整个细胞周期的运行是在细胞周期蛋白依赖性蛋白激酶(cyclin-

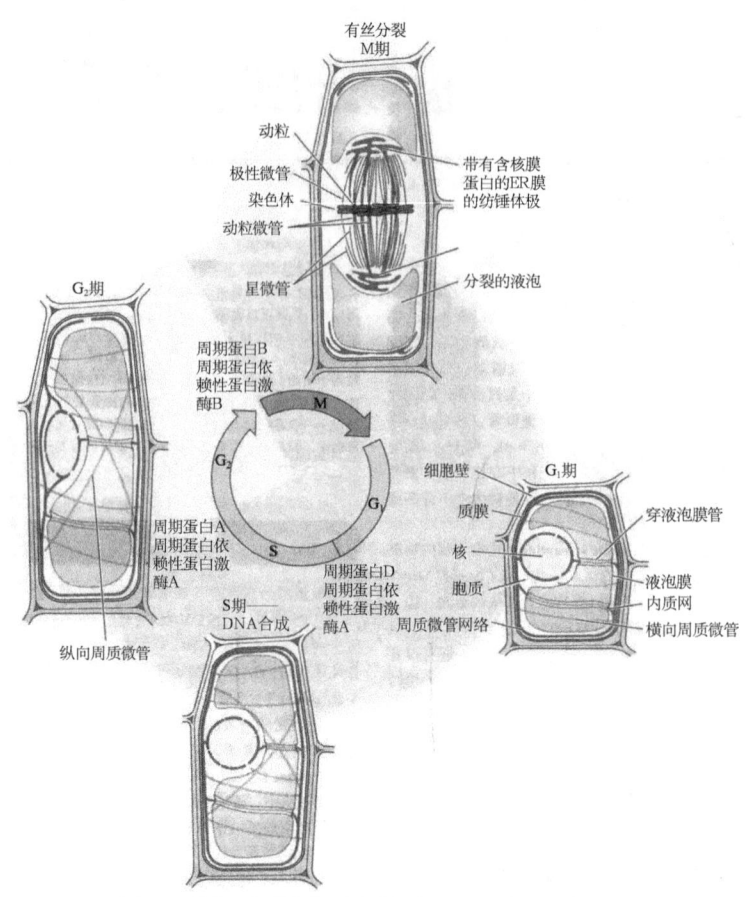

图 8.1　有液泡细胞的细胞周期(改自 Taiz et al.,2010)

dependent protein kinase，CDK)的调控下进行的。CDK 单独存在没有活性，只有与相应的周期蛋白形成复合物后才能使靶蛋白磷酸化，进而调控细胞周期不同时期的进程。细胞通过主动合成或降解周期蛋白调控 CDK 的活性。因此周期蛋白水平与细胞周期同步，呈现周期性变化。目前，已经从植物、动物和酵母中鉴定了几种周期蛋白。烟草中有 3 种周期蛋白(周期蛋白 A、周期蛋白 B 和周期蛋白 D)参与细胞周期的调控，其中周期蛋白 A 为 S 周期蛋白，在 S 期晚期活跃；周期蛋白 B 为 M 周期蛋白，在有丝分裂前期活跃；周期蛋白 D 为 G_1/S 周期蛋白，在 G_1 期晚期活跃。另外，CDK 上关键氨基酸残基的磷酸化状态也可调节 CDK 活性。CDK 有两个酪氨酸磷酸化位点，一个使 CDK 激活，另一个使 CDK 失活。当两个磷酸化位点均被磷酸化后，周期蛋白-CDK 复合物没有活性，只有活化位点被磷酸化，而抑制位点未被磷酸化时，周期蛋白-CDK 复合物才具有活性。这两个位点的磷酸化状态受到严格调控。

在细胞周期进行过程中，发生了极为复杂的生理生化变化，其中最显著的变化是核酸和蛋白质含量的变化，尤其是 DNA 含量的变化。从图 8.2 可以看出，洋葱根尖分生组织中的 DNA，在分裂间期的初期，每个细胞核的 DNA 含量还较少。只有当达到分裂间期的中期，也就是当细胞核体积增到最大体积一半的时候，DNA 含量才急剧增加，并维持在最高水平，然后才开始进行有丝分裂。到分裂期的中期以后，因为细胞核分裂为两个子细胞核，所以细胞核的 DNA 含量大大下降，一直到末期。

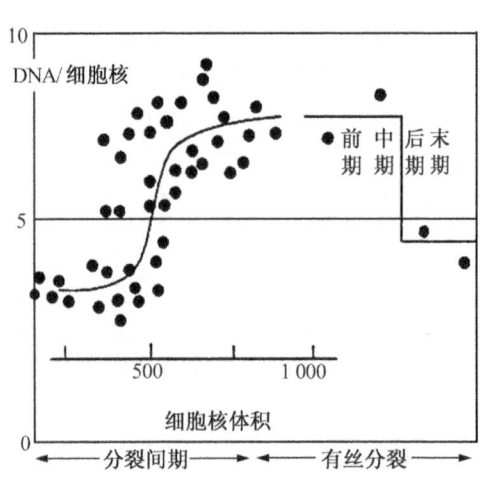

图 8.2　洋葱根尖分生组织每个细胞的 DNA 含量(引自曾广文等，2000)

细胞核体积单位为 μm^3，DNA 含量是相对量

细胞在分裂期的呼吸速率较低，而分裂间期的 G_1 期和 G_2 期

后期呼吸速率都很高。G_2 期后期保持较高的呼吸速率,可为分裂期提供充足的能量。

植物激素可影响细胞分裂。实验证明,在小麦胚芽鞘和烟草茎髓的离体培养中,赤霉素可以促进从 G_1 期到 S 期的过程,从而缩短 G_1 期和 S 期所需的时间;细胞分裂素促进 DNA 的合成;生长素是在细胞分裂的较晚时期才起作用,它促进核糖体 RNA 的形成。

此外,多胺可促进 G_1 期后期 DNA 的合成,从而促进细胞分裂。维生素,特别是 B 族维生素,如 B_1(硫胺素)、B_6(吡哆醇)促进细胞分裂。

不同物种、不同组织的细胞周期及各个分期所经历的时间不同(表 8.1)。

表 8.1 各种植物分生组织细胞周期及各个分期持续时间/h

植 物 种 类	G_1	S	G_2	M	全周期	温度/℃
向日葵(Helianthus annuus)	1.2	4.5	1.5	0.6	7.8	25
洋葱(Allium cepa)	1.5	6.5	2.4	2.3	11.7	24
小麦(Triticum aestivum)	0.8	10.0	2.0	1.2	14.0	23
蚕豆(Vicia faba)	4.0	9.0	3.5	1.9	24.3	23
玉米(Zea mays)						
根尖静止中心	19.3	11.7	3.3	5.1	39.6	23
紧邻静止中心的分生组织	2.2	6.1	3.4	2.5	14.2	23

8.1.2 细胞伸展生理

根尖和茎端分生组织的细胞分裂形成的新细胞,其体积只有母细胞的一半左右,子细胞必须增大至母细胞同样大小时才能进行下一次分裂,在这些子细胞中,除了靠近生长点的一部分仍保留强烈的分生能力外,大多数过渡到细胞伸展时期。

在细胞伸展时期,细胞的体积显著增加,植物体生长迅速。如豌豆距根尖 5～6 mm 的部位的细胞体积比分生组织的增加 20 倍。细胞体积的增加,主要是由于水分的进入所造成。由分生组织刚形成的新细胞,细胞体积较小,细胞核相对较大,细胞质浓厚,液泡不明显。细胞进入伸展生长阶段后,细胞中出现小液泡,然后小液泡逐渐增大并合并为一个大液泡,而把细胞核和细胞质挤到边缘。细胞形成液泡后,可进行渗透性吸水,随着水分的进入,细胞体积显著增大。在此过程中,细胞质、细胞核和细胞壁等的干物质都有增加。当细胞体积伸展时,细胞代谢活动十分旺盛,如呼吸速率增快 2～6 倍,使细胞生长所需的能量供应能得到保证;与此同时,蛋白质合成也显著增加,最高可增大 6 倍左右(与分生组织细胞相比);二肽酶、蔗糖酶和磷酸酯酶等酶活性加强。呼吸作用的加强和蛋白质合成的增加是细胞伸展的基础。

植物细胞的生长主要是基于原生质的增加。由于原生质体外面有细胞壁的限制,如果没有细胞壁相应地延伸,细胞的生长是不可能的。因此,许多学者从细胞壁的物理化学特性来探讨细胞生长的机制。

植物体的分生组织区(如茎尖、根尖)在生长过程中不断产生新细胞。子细胞开始伸展生长时,即为初生壁的形成时期。这些新细胞的细胞壁为初生细胞壁,它比较薄,且具有一定的弹性,以便适应细胞的生长。高等植物的初生细胞壁的基本构成为:以纤维素微纤丝为骨架,以其他两种多糖(半纤维素和果糖)以及糖蛋白为基质,通过共价键和非共价键的结合,交叉形成一个高度复杂的、抗张力强的网状结构。植物细胞壁的基本结构物质主要是纤维素,许多纤维素分子构成微纤丝,细胞壁就是以纤维素微纤丝为基本网状骨架,网眼中充满水、半纤维素、果糖和糖蛋白等。

初生壁中包含多种糖蛋白,其中很重要的一类为伸展蛋白(extensin)。它是一种富含羟脯氨酸的糖蛋白,其分子结构包含两个组成部分:蛋白质骨架和寡糖侧链。蛋白质的氨基酸序列已经被检测,由 305 个氨基酸组成,分子质量约为 34 kDa,其中含 25 个 Ser-(Hyp)$_4$ 重复序列,其他序列如 Try-Lys-Tyr-Lys, Thr-Pro-Val 也有多次重复,其中羟脯氨酸残基占 30%。伸展蛋白中碳水化合物的主要成分是阿拉伯糖和半乳糖。阿拉伯糖是以寡聚形式与蛋白质骨架上的羟脯氨酸相连结;半乳糖则以 O-糖苷键的形式与蛋白质骨架上的丝氨酸相结合。伸展蛋白对细胞壁的弹性张力和韧性起着加强作用。实验证明,当初生壁向次生壁转变时，随着伸展蛋白含量的增加，细胞壁的刚性也增加。在烟草原生质体的培养中，若抑制伸展蛋白的合成，则不能再生正常的细胞壁。这说明伸展蛋白对于初生壁的完整性，以及使其他细胞壁多聚物的正确装配是必需的。此外，近年来研究结果表明，伸展蛋白对植物的抗病性可能具有重要作用。扩张蛋白（expansin）是对细胞壁状态有调节作用的细胞壁蛋白。扩张蛋白有以下特点：扩张蛋白不是细胞壁的结构物质，通常只占细胞壁干重的 1/5 000；扩张蛋白对 pH 敏感，可以使热失活的细胞壁恢复酸生长活性；扩张蛋白的活性有高度专一性，只有在生长迅速的细胞（如下胚轴、胚芽鞘等部位）的细胞壁中的扩张蛋白才具有生理活性；扩张蛋白可以与纤维素组成的不溶性细胞壁结合，而不能和可溶性的基质以及结晶状纤维素微纤丝结合，但扩张蛋白无水解酶活性，不能水解纤维素、半纤维素、木葡聚糖和果胶等细胞壁的结构物质。因此，扩张蛋白通过可逆结合在细胞壁中纤维素微纤丝和基质多糖结合的交叉处，使其非共价键断裂，从而促进聚合物间的滑动，使细胞壁松弛。

子细胞伸展时形成初生壁。当细胞生长接近停止时，才开始产生次生壁。有迹象表明，伸展蛋白在壁中的大量沉积可能是细胞壁木质化的先兆。次生壁除含纤维素和半纤维素外，还常含木质素和栓质等。微纤丝的沉积方向受到质膜下微管排列方向的控制。微纤丝沿细胞纵轴排列，并与纵轴成一定角度，而且，在次生壁的外、中、内三层中，微纤丝的走向也不一致，这样的排列方式大大增强了细胞壁的坚固性。

赤霉素和生长素通过影响细胞壁的可塑性，使细胞壁变得松弛而促进细胞的伸长；脱落酸抑制细胞伸长；细胞分裂素和乙烯则促进细胞扩大。

8.1.3　细胞分化生理

高等植物个体是由不同器官组成的，器官由不同组织构成，而组织又由结构和功能相同的细胞构成的。不同器官和组织的细胞具有不同的结构和功能。在个体发育过程中，细胞后代在形态、结构和功能上发生差异的过程称为细胞分化（cell differentiation）。通过细胞分裂和分化，同样来源于分生组织的细胞分别发育为形态、结构和功能各异的细胞类型。如植物分生组织可分化为：薄壁组织、输导组织、机械组织、保护组织和分泌组织等。因此，个体发育是通过细胞分化过程实现的。细胞分裂和分化有着严格的程序和规律。细胞分化过程的实质是基因按一定程序选择性地活化或阻遏，也就是说，细胞分化是基因有选择地表达的结果。

1. 细胞的全能性

植物细胞全能性（totipotency）的概念是 1902 年由德国著名植物学家哈伯兰特（Haberlandt）首先提出的。他认为，高等植物的器官和组织可以不断分割直至单个细胞，每个细胞都具有进一步分裂和发育的能力，并提出一个大胆的设想：从一个体细胞可以得到人工培养的胚。具体地讲，植物细胞全能性是指植物体的每一个活细胞都有该物种一套完整的基因组，并具有发育成完整植株的潜在能力。植物体的所有细胞都来源于一个受精卵的分裂。受精卵在不断分裂分化过程中，会形成根、茎、叶等不同器官或组织，但它们都具有相同的基因组成，都携带着亲本的全套遗传特性。因此，只要培养条件适宜，离体培养的细胞就有发育成完整植株的潜在能力。

为了验证自己的设想，哈伯兰特也曾做了大量的研究，但由于当时技术和条件的限制，实验均未能成功。随着细胞和组织培养技术的不断发展，在细胞悬浮培养的实验基础上，1958 年斯图尔德等利用胡萝卜根的韧皮部组织培养出了完整的新植株。后来，维塞尔（Visil）和希尔德布兰特（Hildebrandt）又用烟草组织培养的单个细胞培养出了可育的完整植株。1969 年尼奇（Nitch）将烟草的单个单倍体孢子培养成了完整的新植株。1970 年斯图尔德用悬浮培养的胡萝卜单个细胞也培养成了可育的植株。这些实验结果有力地证明：① 高度分化的植物细胞，遗传物质并没有丢失，细胞具有全能性；② 在二倍体的同源染色体中只要有一个基因组，即含有该物种的全部基因，就可能培养成完整的新植株。

植物细胞全能性的揭示，不仅推动了植物细胞生物学的理论研究，而且为生产实践开辟了广阔的途径。植物组织培养、细胞培养、原生质体培养技术已得到了很大的发展，产生了巨大的经济效益。

2. 影响分化的因素

细胞分化既受遗传基因的控制又受环境因素的影响。目前,对控制细胞分化的详细机理仍然不清楚,但人们从细胞的体外培养实验中,已经获得了一些线索。

首先,植物激素对细胞分化有重要作用。在植物组织培养过程中,由愈伤组织分化为根和芽,是由细胞分裂素与生长素含量的比值决定的。CTK/IAA 比值低时,促进根的形成;CTK/IAA 比值高时,促进芽的形成;两种激素含量相当时,则愈伤组织不分化,继续形成新的愈伤组织。此外,植物激素在维管组织分化中起重要作用,如生长素可诱导愈伤组织分化形成木质部。在丁香愈伤组织中插入一小块丁香的茎尖,发现在接触点之下的愈伤组织里有零散的木质部管胞的分化。如果用 IAA 代替茎尖,也有相同的现象发生。可见,茎尖在诱导木质部分化过程中与生长素有相似效应。

其次,糖(蔗糖或葡萄糖)浓度与木质部和韧皮部的分化也有关系。在丁香茎髓的愈伤组织培养时,若培养基中糖浓度较低,将诱导形成木质部;若糖浓度较高,将形成韧皮部;若糖浓度在中等水平(2.5%~3.5%),则诱导木质部和韧皮部的同时形成,而且中间还有形成层。

此外,细胞分化还受环境因素的影响。光照、温度、营养、矿质元素以及地球的引力等都能影响细胞组织的分化。例如,光对植物细胞分化的影响就非常复杂:光能影响植物的形态建成,促进组织的分化;光照的长短还能影响植物的开花期;低温处理,能使小麦通过春化作用而进入幼穗分化;对作物多施氮肥,能使植物营养生长旺盛,延迟开花;由于地球的引力而使植物具有向重力性的特征。

植物体无论是器官或组织水平,还是细胞水平,在形态、结构和生理生化上常常表现出两极差异,这种两极分化的现象就是极性(polarity)(详见 8.5)。极性是分化的控制因素,还是分化的一种早期表现,仍然是一个争论的问题。

8.2 植物组织培养

8.2.1 植物组织培养的概念及类型

植物组织培养(plant tissue culture)是指在无菌和人工控制的环境条件下培养植物的离体器官、组织或细胞的技术。用于离体培养进行无性繁殖的各种植物材料称为外植体(explant)。根据外植体的不同,把组织培养分为5种类型,即愈伤组织培养、悬浮细胞培养、器官培养(包括胚、花药、子房、根和茎的培养等)、茎尖分生组织培养和原生质体培养,其中愈伤组织培养是一种最常见的培养形式。愈伤组织(callus)原是指植物在受伤之后伤口表面形成的一团薄壁细胞,在组织培养中,则指在人工培养基上由外植体长出来的一团无序生长的薄壁细胞。除茎尖分生组织培养和一部分器官培养以外,其他几种培养形式最终也都要经历愈伤组织才能产生再生植株。此外,愈伤组织还常常是悬浮培养的细胞和原生质体的来源。

外植体在培养基中培养时,首先脱分化形成愈伤组织,然后再根据不同的实验目的进行愈伤组织培养。在进行愈伤组织培养时,可通过调节营养物质和生长调节物质的适当配比来诱导愈伤组织分化出芽和根的顶端分生组织,由此产生新的植株。愈伤组织培养物也可放在摇床上,通过试管液体悬浮培养分散成单个细胞。这种单个细胞具有丰富的细胞质、小型的液泡和大的细胞核,具有胚性细胞的特征。这种细胞在适宜的培养基中可发育成胚状体,然后再继续发育成植株。还可通过细胞壁的水解酶(纤维素酶和果胶酶)除去细胞壁,获得原生质体,然后通过原生质体培养也可产生再生植株。广泛的研究结果表明,几乎植物体上所有各部分的组织细胞,包括根、茎、叶、花药、子房及胚珠等,均可通过诱导出来的培养细胞再生新植株。这些结果说明,植物体的每个生活细胞都具有遗传上的全能性。

组织培养的优点:① 用料少,节约母株资源;② 繁殖系数高,一块组织或小植株一年内可以繁殖成千上万株小苗;③ 占地面积少,繁殖速度快,在 20 m² 的培养室中一年可以繁殖 30 万株试管苗;④ 不受自然气候变化影响,在人工条件下能每年进行大规模生产;⑤ 生产周期短,繁殖一代小苗仅需一个月左右;⑥ 可以脱去自然无性繁殖的植物体内所感染的病毒,使之复壮;⑦ 可意外地在培养中获得突变体、多倍体与有经济价值的新类型;⑧ 由于组织培养是在试管中进行,携带方便,利于地区间、国际上的种质交流;⑨ 在引种时许多植物由于地理及气候等原因不能开花结实,可以用组织培养进行营养繁殖。

8.2.2 植物组织培养的原理

组织培养的理论依据是植物细胞具有全能性。完整植株中的每个生活细胞都保持着潜在的全能性,细胞分化完成后,就受到所在环境的束缚而稳定下来,但这种稳定是相对的。一旦脱离原来所在的环境,成为离体状态时,在适宜的营养和外界条件下,就会表现出全能性,生长发育成完整的植株。因此,在组织培养中就有一个细胞脱分化和再分化过程。脱分化(dedifferentiation)是指已经分化的植物器官、组织或细胞在离体培养时,失去原有的形态和机能,又恢复细胞分裂的能力并形成与原有状态不同的细胞的过程。新形成的一团细胞就是愈伤组织。再分化(redifferentiation)是指脱分化形成的愈伤组织细胞在适宜的培养条件下又分化为胚状体(embryoid),或直接分化出根和芽等器官形成完整的植株。胚状体具有根、茎两个极性结构,因此可以一次性形成完整的植株(图8.3)。

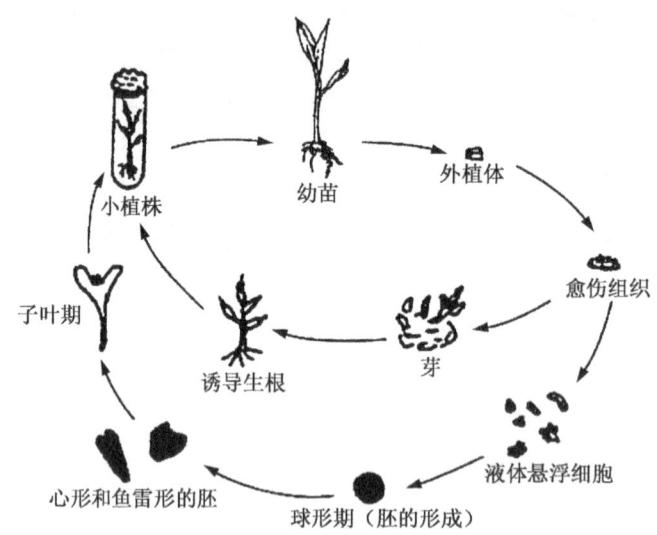

图8.3 植物组织培养的过程(引自李合生,2002)

8.2.3 植物组织培养的方法

1. 外植体的选择

植物细胞具有全能性,但全能性表达与否以及表达的难易程度因外植体的生理状态而异。一般来说,与成熟并高度分化的细胞相比,由分生细胞和胚细胞产生的愈伤组织具有较强的再生能力。受精卵、发育中的分生组织细胞和雌雄配子体以及单倍体细胞是较易表达全能性的。由根、下胚轴及茎形成的愈伤组织分化成根的频率很高;由叶或子叶形成的愈伤组织分化成叶的频率很高;由茎端形成的愈伤组织分化成芽和叶的频率亦很高;靠近上部的茎段与接近基部的茎段相比能形成较多的花枝和较少的营养枝。因此,在植物组织培养中,要根据研究目标,有针对性地选择外植体。

2. 培养基的配制

培养基(medium)中含有外植体生长所需的各种营养物质。不同的外植体、不同的培养方法、不同的培养目的等,都要求采用不同的培养基。现有培养基种类很多,其中White培养基是最早的植物组织培养基之一,包含了所有必需的营养成分,被广泛用于离体根的培养;MS培养基中含有较高的硝态氮和铵态氮,适合于多种外植体的生长;N_6培养基含有与MS培养基差不多的硝态氮,但铵态氮仅为MS培养基的1/4多一些,特别适合于禾本科花粉的培养;B_5培养基则适合于十字花科植物的培养。通常把大量元素、微量元素、螯合铁和除蔗糖之外有机附加物配成母液,再配制成所需培养基。表8.2列出目前较常用的几种培养基。

表 8.2　几种常用培养基的配方/(mg/L)

培养基成分	MS(1962)	White(1963)	N_6(1974)	Miller(1967)	B_5(1968)
NH_4NO_3	1 650			1 000	
KNO_3	1 900	80	2 830	1 000	2 500
$(NH_4)_2SO_4$			463		134
KCl		65		65	
$CaCl_2 \cdot 2H_2O$	440		166		150
$Ca(NO_3)_2 \cdot 4H_2O$		300		347	
$MgSO_4 \cdot 7H_2O$	370	720	185	35	250
Na_2SO_4		200			
KH_2PO_4	170		400	300	
$FeSO_4 \cdot 7H_2O$	27.8		27.8		27.8
Na_2-EDTA	37.3		37.3		37.3
Na-Fe-EDTA				32	
$Fe_2(SO_4)_3$		2.5			
$MnSO_4 \cdot 4H_2O$	22.3	4.5	4.4	4.4	
$MnSO_4 \cdot H_2O$					10
$ZnSO_4 \cdot 7H_2O$	8.6	3	1.5	1.5	2
$CoCl_2 \cdot 6H_2O$	0.025				0.025
$CuSO_4 \cdot 5H_2O$	0.025	0.001			0.025
$Na_2MoO_4 \cdot 2H_2O$	0.25	0.002 5			0.25
KI	0.83	0.75	0.8	0.8	0.75
H_3BO_3	6.2	1.5	1.6	1.6	3.0
$NaH_2PO_4 \cdot H_2O$		16.5			150
盐酸硫胺素(B_1)	0.5	0.3	1.0		1
烟酸	0.5	0.1	0.5		1
肌醇	100		100	100	
盐酸吡哆醇(B_6)	0.5	0.1			1
甘氨酸	2	3	2		100
蔗糖	30 000	20 000	50 000	30 000	20 000
pH	5.8	5.8	5.8	6.0	5.5

如上所述，表中各种培养基配方虽有所不同，但其主要成分是相同的，都是由五大类物质组成。

(1) 无机营养物　包括大量元素和微量元素，即植物生长所必需的 N、P、K、Ca、Mg、S、Zn、Fe、B、Cu、Mo、Mn、Cl 等。N 一般用铵态氮和硝态氮。当作为唯一的氮源时，硝酸盐的作用要比铵盐好得多，但在单独使用硝酸盐时，培养基的 pH 会向碱性方向漂移。若与硝酸盐一起加入少量铵盐，则会阻止这种漂移。因此，有多种培养基中都既含有硝酸盐，也含有铵盐。P 常用磷酸盐，S 常用硫酸盐。由于铁盐易于形成沉淀，故一般用乙二胺四乙酸二钠(Na_2-EDTA)与铁盐配制成铁盐螯合物。

(2) 碳源　一般用蔗糖，其浓度为 2%～4%，有时也用葡萄糖作为碳源。碳源还具有维持培养基渗透压的作用。

(3) 维生素　硫胺素(B_1)是必需的，烟酸、盐酸吡哆醇(B_6)、肌醇对生长起促进作用。

(4) 有机附加物　如氨基酸(甘氨酸)、水解酪蛋白、酵母提取物、椰乳等，它们能促进外植体细胞的分化。但若基本培养基的配方适当，则这些有机附加物在大多数情况下是不需要的。

(5) 生长调节物质　常用的有生长素类和细胞分裂素类，有时也加入赤霉素。生长素类被用于诱导细胞的分裂和根的分化。常用生长素有 IAA(吲哚乙酸)、IBA(吲哚丁酸)、NAA(萘乙酸)、2,4-D(二氯苯氧乙酸)和 2,4,5-T(三氯苯氧乙酸)，其中 IBA 和 NAA 广泛用于生根，并能与细胞分裂素一起促进茎的增殖。2,4-D 和 2,4,5-T 对愈伤组织的诱导和生长效果明显。生长素一般溶于 95% 酒精或 0.1 mol/L 的 NaOH 中。细胞分裂素可以促进细胞分裂和由愈伤组织或器官上分化不定芽。常用的细胞分裂素有 KT、6-BA、2-iPA(异戊烯基腺嘌呤)、ZT。细胞分裂素一般溶于 0.1 mol/L HCl 或稀薄的 NaOH 中。与生长素和细胞分裂素相比，赤霉素不常使用。据报道，赤霉素能刺激组织培养中形成的不定胚正常发育成小植株。常用的赤霉素是 GA₃,赤霉素易溶于水,但溶于水后不稳定,容易分解,实验中常用 95% 的酒精配成母液在冰箱中保存。

3. 灭菌

组织培养是在严格无菌的条件下进行的,所以灭菌的好坏就成为成功的关键。常见的消毒灭菌方法有以下几种。

(1) 化学灭菌法　　该法适用于外植体。外界采集的外植体的表面携带着各种污染微生物,在把外植体接种到培养基上之前必须进行彻底的表面消毒。常用的消毒剂有:70% 酒精、次氯酸钙(漂白粉)、氯化汞($HgCl_2$,又称升汞)等。消毒所需时间依外植体的种类不同而异,培养材料消毒处理的目的是获得无菌并仍保持着生命力的外植体,因此,应当正确选择消毒剂的浓度和处理时间,以尽量减少对组织的伤害。

(2) 高压蒸汽灭菌法　　将需要灭菌的物品放在密封的高压高温灭菌锅内,在 121℃ 高温和 1 个大气压/cm^2 的压力下,持续 15～20 min,就可杀死一切微生物的营养体及其孢子。该法适用于培养基、器皿和工具等的消毒灭菌。

(3) 干热灭菌法　　将物品放入烘箱,加热到 160℃,持续 1～2 h,可使微生物细胞内的蛋白质凝固而达到灭菌的目的。

(4) 过滤除菌法　　有些试剂或药品受热后不稳定,易分解而失去药效,这类物品的消毒灭菌常采用过滤除菌。将带菌的液体或气体通过孔径小于 0.45 μm 的微孔滤器装置,使杂菌受阻隔留在滤板上,而液体或气体进入无菌瓶内,从而达到除菌目的。

(5) 辐射灭菌法　　通常用紫外线灭菌。该法适用于接种室等灭菌。

4. 接种和培养

植物组织培养是一种无菌培养技术,因此要求工作人员在操作过程中遵守无菌操作规程,一切用具、材料、培养基要求在无菌条件下进行操作。接种时,在接种室的超净工作台上,用无菌镊子将灭过菌的植物组织(材料)从容器中取出,放在无菌培养皿或铺垫上,用无菌解剖刀或剪刀分割植物器官。根据需要切成适当大小(一般外植体为 0.5 cm 左右)的组织块,再用无菌镊子转移接种到预先准备好的培养基中,密封培养瓶(罐)待培养。

无菌培养是将接种在无菌培养基上的外植体,置于培养室的专用培养架上培养,要求培养室里清洁少菌,调控温度、光照和通气等环境因子。植物组织培养通常采用的培养温度为 23～28℃;采用的照光强度在 300～10 000 lx,一般用 1 000 lx 即可,照光时间和强度根据实验目的而定,连续照光或周期性照光均可,光质通常采用的是荧光灯;组织培养在固体培养基上,培养瓶内的空气成分及通气量就能满足培养物的生长,但用液体培养基时,特别是细胞悬浮培养,一般用震荡法通气,震荡速度为 100～150 r/min,也可根据不同培养材料所要求而定。

8.2.4　组织培养的应用

植物组织培养的应用十分广泛,主要表现在以下领域。

1. 无性系的快速繁殖

用组织培养法快速繁殖园艺作物,是组织培养应用最有成效的实例,首先在兰花上成功应用。自莫雷尔(Morel)在 1960 年得到兰花组织培养苗后,很快应用于生产,形成了组织培养繁殖兰花工业。目前可用组织培养繁殖的兰花已有数百种,同时在主要经济作物甘蔗、菠萝、香蕉、草莓、球茎花卉等多种作物繁殖种苗上,已成功应用。

2. 培养无病毒种苗

目前植物病毒病还很难根治,一般只能采用防治蚜虫传播的间接措施,农作物中很多植物都带有病毒,特别是无性繁殖植物,像马铃薯、草莓、大蒜、康乃馨等,常常是带着病毒代代相传,造成产量降低、品质劣化。用茎尖培养可以得到无病毒植株,用它作为继续繁殖的母株,就可以得到大量无病毒幼苗。实践证明,用这种方法可以除去马铃薯携带的各种植物病毒。脱毒植株的产量明显比感病植株高。脱毒大蒜的蒜头比感病的大得多。此法已在草莓、葡萄、康乃馨、百合等多种作物上获得成功,产生了明显的经济效益。

3. 新品种的选育

(1) 花药培养和单倍体育种　　自 1964 年古巴(Guba)等培养曼陀罗花药获得了单倍体植株以来,各国科学家都致力于花药培养,1980 年就有 23 个科、52 个属、160 多个种的植物,通过花药培养获得单倍体植株,到目前已有数百种植物花药培养成功。我国科学家在单倍体育种方面作出了杰出贡献,1974 年用单倍体育种法育成世界上第一个作物新品种——单育 1 号烟草品种。随后又育成大面积栽培的作物新品种,如水稻中花 8 号、小麦京花 1 号等。

(2) 离体胚培养和杂种植株获得　　在远缘杂交中,杂交后形成的胚珠往往在未成熟状态时,就停止生长,不能形成有生活力的种子,因而杂交不孕,给远缘杂交造成极大困难。在 19 世纪 20 年代末,莱巴赫(Laibach)用胚培养技术培养亚麻种间杂交胚,第一个获得了杂种植物,这为远缘杂交时克服杂交不亲和的障碍提供了一项有用的技术。这项技术发展至今,已相当成熟,可以说多数植物的成熟或未成熟胚通过培养都可获得成功。幼胚培养可使约 50 个细胞大小的极幼龄的胚状结构培养成植株。远缘杂交中,由于生理上和遗传上的障碍而不能杂交成功,可采用试管授精加以克服,即将母本胚珠离体培养,使异种花粉在胚珠上萌发受精,产生的杂种胚在试管中发育成完整植株。用此法已获得甘蓝属种间杂种。

(3) 体细胞诱变和突变体筛选　　培养细胞处在不断分生状态,它容易受培养条件和外加压力(如射线、化学物质)的影响而产生诱变,从中可以筛选出对人们有用的突变体,从而育成新品种,目前用这种方法筛选到抗病、抗盐、高赖氨酸、高蛋白、抗除草剂的突变体,有的已用于生产。

(4) 细胞融合和杂种植株的获得　　通过原生质体融合,可部分克服有性杂交不亲和性,而获得体细胞杂种,从而创造新种或育成优良品种。自 1972 年获得烟草第一个种间体细胞杂种以来,即在多种植物上进行试验,已获得种内、种间和属间杂种植物,但这些杂种尚未能表现实际应用价值,有待进一步研究解决稳定性等问题。

4. 人工种子和种质保存

1978 年,Murashige 首次提出了人工种子的概念,即利用植物组织培养具有体细胞胚胎发生的特点,把胚状体包裹在胶囊内形成球状结构,使其具有种子的机能并可直接播种田间。人工种子(artificial seed)又称人造种子,它包括人工胚状体类培养物、人工胚乳和人工种皮三个部分。基托(Kitto)和雅尼克(Janick)用聚氧乙烯包埋胡萝卜胚状体,首次制成了人工种子。人工种子具有巨大的应用潜力,它在快速繁殖优良品种与无性系、固定杂种优势、简优育种程序及基因工程,在去病毒技术及其他生物技术相结合等方面,均有非常诱人的前景。目前该技术尚处于发展研究阶段。

种质资源的保存引起科学家和各国政府的极大重视,因为世界种质资源日益枯竭,大量有用基因损失,特别是那些不产籽或种子寿命短的生物更为严重。利用组织和细胞培养法低温保存种质,给保存和抢救有用基因带来希望和可能,体外培养物在 $-196 \sim -20$℃的低温下贮藏数月甚至更久,尚能恢复生长,再生成植株。

5. 药用植物和次生物质的工业化生产

植物几乎能生产人类所需要的一切天然有机化合物,如蛋白质、脂肪、糖类、药物、香料、生物碱及其他天然活性物质,而这些化合物都是在细胞内合成的。利用次生物质的细胞工程来开发天然植物资源,可以克服植物本身有用成分含量低,生长速度慢,种群稀少等造成的资源紧缺现状,国际上植物次生物质细胞工程研究已有四十年的历史,迄今为止从培养细胞中分离的次生物质近 600 多种,其中有近 40 种成分超过了原植物体含量,紫草细胞有效成分紫草素含量达细胞干重的 10% 以上,像人参、紫草、黄连、毛地黄等细胞培养生产其有用药用成分已实现了工业化生产。

8.3　种子的萌发

8.3.1　种子萌发的概念

种子是由受精胚珠发育而来的种子植物所特有的延存器官。植物个体的生命周期是从受精卵分裂形成胚开始的，但人们习惯上还是以种子萌发作为个体发育的起点。所谓种子萌发（seed germination）是指种子从吸水到胚根突破种皮期间所发生的一系列生理生化变化过程。风干种子的生理活动极为微弱，处于休眠状态。在足够的水分、适宜的温度和正常的空气中，种子开始萌发。从形态上看，种子萌发是具有生活力的种子吸水后，胚生长突破种皮并形成幼苗的过程。通常以胚根突破种皮作为萌发的标志。从生理上看，萌发是无休眠或已解除休眠的种子吸水后由相对静止状态转为生理活动状态，呼吸作用增强，贮藏物质被分解并转化为可供胚利用的有机物，使胚生长的过程。

种子萌发过程大致可分为以下步骤：种子吸水萌动；内部的物质与能量转化；胚根突破种皮形成幼苗。但是，这些过程不是彼此孤立，而是相互联系的。

8.3.2 种子的寿命和活力

1. 种子的寿命

种子的寿命（seed longevity）是指种子从成熟到丧失发芽能力所经历的时间。根据植物种类和所处条件的不同，种子的寿命可以由几小时到很多年。寿命极短的种子如柳树种子，成熟后只在 12 h 内有发芽能力。杨树种子的寿命一般不超过几个星期。大多数栽培作物如水稻、小麦、大麦、大豆、菜豆等的种子寿命为 1~3 年。少数种子寿命较长的，如蚕豆、绿豆、豇豆、紫云英等能达 5~11 年。种子寿命长的甚至可达百年以上。北京植物园曾对从泥炭土层中挖出的沉睡千年的莲子进行催芽，莲子竟仍能发芽和正常开花结果。远在更新世（距今 1 万年前）时期埋入北极冻土层淤泥中的北极羽扁豆种子，挖出后可在实验室里迅速萌发，这些都是长命种子。

种子寿命的长短主要是由遗传因素决定的，但也受环境因素、贮藏条件等的影响。根据植物种子保存期的特点，将种子分为正常型种子（orthodox seed）和顽拗型种子（recalcitrant seed）。正常型种子耐脱水性很强，通常在干燥低温状态下可长期贮藏而不丧失活力，大多数植物种子属于这一类。而顽拗型种子是不耐脱水干燥，也不耐零下低温贮藏。产生顽拗型种子的植物主要有两大类：① 原产于热带或亚热带地区的许多果树，如椰子、荔枝、龙眼、芒果等；② 一些水生草本植物，如水浮莲、茭白、菱等。

关于正常型种子耐脱水和顽拗型种子不耐脱水的机制，现在认为可能与 LEA 蛋白基因的表达有关。LEA 蛋白基因在种子发育晚期表达，其产物被称为胚胎发育晚期丰富蛋白（late embryogenesis abundant protein, LEA）。LEA 蛋白的特点是具有很高的亲水性和热稳定性，并可被 ABA 和水分胁迫等因子诱导合成。LEA 蛋白在种子成熟脱水过程中起到保护细胞免受伤害的作用。LEA 蛋白在成熟的正常种子中含量很高，如在棉花的成熟种子中，约占贮藏性蛋白的 30%。对于顽拗型种子，由于这些植物大多生长在温湿地区或水域中，随时具备适宜萌发的环境，一旦种子成熟即可萌发，毋须经过脱水阶段，因而体内 LEA 蛋白积累不多，表现出对脱水的敏感性。

2. 种子的生活力与活力

种子生活力（seed viability）是指种子能够萌发的潜在能力或种胚具有的生命力。一般来说，种子的生活力就是指种子的发芽力。没有生命力的种子是不能萌发的。为了准确、全面地评价种子萌发质量，人们又引入了种子活力的概念。种子活力（seed vigor）是指种子在田间状态（即非理想状态）下迅速而整齐地萌发并形成健壮幼苗的能力。种子活力可以用活力指数（vigor index, Vi）表示：

$$Vi = S \times \Sigma Gt/Dt \tag{8.1}$$

式中，S 为幼苗生长势（如地上部分或根的平均鲜重）；$\Sigma Gt/Dt$ 为种子的发芽指数；Gt 在时间为 t 日的发芽数；Dt 为相应的发芽日数。

在一般情况下，种子的活力水平随着种子的发育而上升，至生理成熟期达到高峰。成熟后的种子，因品种特性和贮藏条件不同，其生理机制以不同的速度发生恶化，活力水平也就逐渐下降。种子活力的高低，可直接影响农作物生产。在播种时选用高活力的种子有利于形成健壮的幼苗，从而提高作物的抗逆能力和增产潜力。

8.3.3 影响种子萌发的外界条件

有生活力并已破除休眠的种子要萌发,还需有适宜的外界环境条件。影响种子萌发的外界条件主要有水分、温度、氧气,有些种子的萌发还受光的影响。

1. 水分

吸水是种子萌发的第一步。种子只有在吸收了足够的水分以后,各种与萌发有关的生理生化作用才能逐渐开始。这是因为水分可使种皮变软,氧气容易透过种皮,增加胚的呼吸,同时也使胚易于突破种皮;水分可使原生质由凝胶状态转化为溶胶状态,使酶活性提高,为呼吸、物质转化、运输等一系列代谢活动提供基本条件;促进不溶性的大分子化合物转化为可溶性的低分子化合物,供胚萌发生长之用;使种子内储藏的植物激素由束缚型转化为游离型,以调节胚的生长。因此,充足的水分是种子萌发的首要条件。

在萌发过程中,种子吸水的程度和速率与种子成分、温度以及环境中水分的有效性有关。一般淀粉和油料种子吸水达风干重的30%～70%即可发芽,蛋白质含量高的种子吸水要达风干重的110%以上才能发芽,这是因为蛋白质有较大的亲水性。表8.3列举了几种主要作物种子萌发时的吸水量。

表8.3 各种主要作物种子萌发时的最低吸水量(占风干重的百分率)

作物种类	吸水率/%	作物种类	吸水率/%
水 稻	35	棉 花	60
小 麦	60	豌 豆	186
玉 米	40	大 豆	120
油 菜	48	蚕 豆	157

种子吸水速率不仅与种子内贮藏物质的种类有关,还受土壤含水量、土壤溶液浓度以及环境温度的影响。一般情况下,土壤含水量充足,土壤溶液浓度较低,环境温度较高,均能促进种子吸水。

2. 温度

种子萌发过程中的一系列生理生化过程,是在一系列酶的催化下完成的,而酶促反应与温度密切相关,因此温度也是影响种子萌发的一个重要的外界条件。温度对种子萌发的影响有三基点:最低、最高和最适温度。最低和最高温度是种子萌发的极限温度,低于最低温度或超过最高温度,种子都不能萌发。最适温度是指在最短的时间内种子萌发率最高的温度。常见作物种子萌发的温度范围见表8.4。

表8.4 几种作物种子萌发的温度三基点

作物种类	最低温度/℃	最适温度/℃	最高温度/℃
玉米、高粱类	8～10	32～35	40～45
大麦、小麦类	3～5	20～28	30～40
水 稻	10～12	30～37	40～42
棉 花	10～12	25～32	38～40
大 豆	6～8	25～30	39～40
花 生	12～15	25～37	41～46
黄 瓜	15～18	31～37	38～40
番 茄	15	25～30	35

各种种子所要求的适宜的萌发温度,一般与其原产地的生态条件有密切关系。萌发的最适温度,尽管是生长最快的温度,但由于种子消耗的有机养分较多,往往使幼苗生长很快但并不健壮,经不起不良环境侵袭。所以生产上常采用比萌发最适温度稍低的协调最适温度,即指生长快而又健壮的温度。掌握种子萌发的最低温度和最高温度,在生产上是决定不同播种期的主要依据。适宜的播种期一般以稍高于最低温度为宜,如棉花播种期一般以表土5 cm土温稳定在12℃为宜。为了提早播种,早稻可进行薄膜育秧,其他植物可利用温室、大棚、温床、阳畦、风障等设施育苗。

变温处理(通常是低温下 16 h,高温下 8 h,其变温幅度大于 10℃)有利于种子的萌发,而且还可提高幼苗的抗寒力。自然界中的种子大都是在变温的情况下萌发的。

3. 氧气

种子萌发是活跃的生长过程,要进行旺盛的物质代谢,包括合成原本不存在于干种子中的酶(如 α 淀粉酶),贮藏在胚乳或子叶中的有机物被分解并运输到胚根、胚芽进行再合成等。这些反应过程所需的能量主要由有氧呼吸提供,因此,种子萌发过程中必须要有充足的氧气供应。如果种子萌发期间供氧不足则导致无氧呼吸,一方面贮藏物质消耗过多过快,另一方面无氧呼吸产生酒精引起中毒。在农业生产上,实行土壤深耕、平整土地、改良土壤、中耕松土等措施,目的之一就是为了增加土壤中的氧气,改善土壤的通气条件。

种子的种类不同,萌发时对氧的要求也不同。一般种子正常萌发要求空气中氧浓度在 10% 以上,当氧浓度在 5% 以下时,大部分种子不能萌发。含脂肪较多的种子,如花生、大豆和棉花等萌发时,比淀粉种子要求更多的氧气。水稻对缺氧的忍耐能力较强,其种子在淹水的情况下能依靠无氧呼吸来萌发。但缺氧时,水稻种子萌发后只长胚芽鞘,不长根,幼苗生长也十分细弱。若无氧呼吸进行太久,会消耗较多的有机物而释放能量少,同时还会积累酒精使种子中毒等。胚芽鞘的生长,只有细胞伸展而没有细胞分裂,仅靠无氧呼吸产生的能量已可发生;而胚根和胚芽的生长,既有细胞伸展又有细胞分裂,只有依赖有氧呼吸才能满足它们对能量和物质的需求。因此,在水稻育秧时,要注意秧田排水,以保证供氧充足。

4. 光

大多数作物的种子萌发时对光照不敏感,只要水分、氧气和温度条件满足了就能萌发。但有些植物,如莴苣、烟草、紫苏、桦木和许多杂草的种子,需要光照才能萌发,这类种子称为需光种子。而另一类植物,如韭菜、苋菜、番茄、茄子、瓜类等的种子,只能在暗处萌发,光照会抑制萌发过程,这类种子称为需暗种子。光对种子萌发的影响是通过光敏色素(详见第 7 章)实现的。

8.3.4 种子萌发时的生理生化变化

具有生活力并已解除休眠的种子在满足水分、氧气、温度以及光照等条件后,就进入种子萌发的过程。种子萌发包括胚的萌动与生长,以及胚乳或子叶中贮藏产物的动员。种子的贮藏物质需要经酶的分解后才能以可利用的方式动员到胚中去,以支持胚的迅速生长。种子萌发过程中的生理生化变化主要包括:种子的吸水、呼吸作用的变化、酶的活化和合成以及种子中贮藏物质的动员等过程。

1. 种子的吸水

种子萌发过程中的吸水可分为三个阶段(图 8.4)。第一阶段是种子迅速吸水。这一阶段的吸水是一个物理过程,称为吸胀作用。由于这个阶段的吸水主要依赖种子的衬质势,因此不论种子是否休眠,是否具有生命力,均能进行。第二阶段是种子吸水停滞期。经过第一阶段的快速吸水,原生质的水合程度趋向饱和;细胞膨压增加,阻碍了细胞的进一步吸水。活种子在这一阶段的代谢活动却非常旺盛,细胞利用已吸收的水进行各种代谢活动。第三阶段是生长吸水阶段,由于胚的迅速生长,胚根突破种皮,有氧呼吸加强,种子重新大量吸水,这时的吸水是与代谢作用相关的渗透性吸水。对于休眠或死亡种子却只停留在第二阶段的状态。

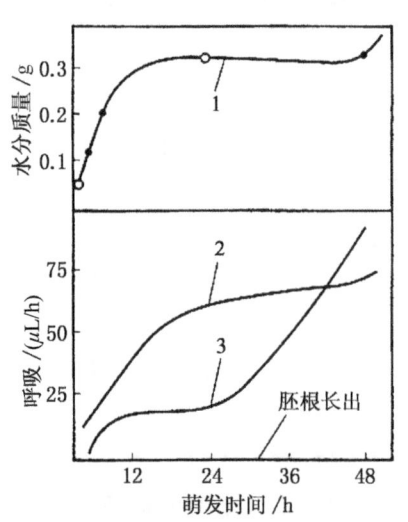

图 8.4 豌豆种子萌发时吸水和呼吸的变化
(引自李合生,2002)

1. 种子吸水过程的变化;2. CO_2 的变化;3. O_2 吸收的变化

2. 呼吸作用的变化

种子萌发过程中呼吸作用的变化与吸水过程相似,也分为三个阶段。种子吸水的第一阶段,呼吸作用也迅速增加,这主要是由已经存在于干种子中并在吸水后活化的呼吸酶及线粒体系统完成的。吸水的第二阶段是吸水的停滞期,呼吸作用也停滞在一定水平,一方面是因为干种子中已有呼吸酶及线粒体系统已经活化，而新的呼吸酶及线粒体还没有大量形成；另一方面，此时胚根还没有突破种皮，氧气的供应也受到一定限制。吸水的第三阶段，呼吸作用又迅速增加，因为胚根突破种皮后，氧气供应得到改善，而且此时生长的胚轴细胞合成新的线粒体和呼吸酶系统。

由图 8.4 可见在种子吸水的第一和第二阶段，R·Q＞1；到第三阶段，胚根长出，种子鲜重持续增加，R·Q＜1。这说明种子萌发的初期主要是无氧呼吸，而随后进行的是有氧呼吸。

3. 酶的变化

种子萌发时，由休眠状态转入生理活动活跃状态，需进行酶的活化和合成过程。种子的贮藏物质也需要经过分解后，才能以可利用的形式动员到胚中去，这样就需要一些分解酶类的迅速合成。种子萌发时，这些酶类有多种不同的来源：一是在种子形成时产生，即已经存在于干燥种子中，在种子吸水后立即具有活性的，如 β 淀粉酶、磷酸酯酶、支链淀粉葡萄糖苷酶以及呼吸系统的酶和蛋白质合成系统中的酶；二是由贮藏 mRNA 在萌发过程翻译而成的，一般在吸水几小时后就有活性；三是酶活性在吸水后较晚时期才出现，这类酶可能是在种子吸涨后，由基因转录成新的 mRNA 合成新的酶，如 α 淀粉酶。

种子萌发所需的大多数酶需要在吸水后重新合成。酶重新合成所需的 mRNA，或已经存在于干燥种子中，或是种子吸水后由 DNA 转录而来。已经存在于干燥种子中的 mRNA 是在种子发育期间形成的，在种子萌发初期作为模板合成萌发所需要的蛋白质，人们把这类 mRNA 称为贮存 mRNA（长命 mRNA，预先形成的 mRNA 等）。贮存 mRNA 对萌发早期几种水解酶的形成，以及胚根的发端可能起着重要作用。推测在种子形成时合成的 RNA 有可能并不立即全部用于当时的蛋白质合成，其中一部分可用于编码种子萌发时蛋白质的合成。贮存 mRNA 可与细胞质中的蛋白质合成信息体（informosome）而保存在干燥种子中。除了贮存 mRNA 以外，在种子萌发过程中还有许多新的 mRNA 是由基因转录而来。

4. 有机物的转变

胚乳或子叶中贮藏有丰富的营养物质，主要为糖类、蛋白质和脂肪。不同植物种子中，这三类有机物的含量有很大差异。据此，将种子区分为淀粉种子（淀粉含量多）、油料种子（脂肪含量多）和豆类种子（蛋白质含量多）。这些贮藏物质在种子萌发时分解为简单的有机物，以可利用的形式运输到胚中，作为幼胚生长的营养物质。

（1）碳水化合物的转变　种子萌发时，淀粉被淀粉酶、去分支酶（debranching enzyme）和麦芽糖酶等水解为葡萄糖。水解直链淀粉的淀粉酶包括 α 淀粉酶和 β 淀粉酶。α 淀粉酶是淀粉内切酶，它从直链淀粉上一次切下 6 个或 12 个葡萄糖分子，将淀粉水解为小分子的糊精；β 淀粉酶是淀粉外切酶，它从直链淀粉或糊精的末端葡萄糖起，每次切下一个麦芽糖分子。两者同时作用，可将直链淀粉完全水解为麦芽糖。麦芽糖在麦芽糖酶的作用下，可进一步分解为葡萄糖。支链淀粉除有 α-1,4 糖苷键外，还有分支处的 α-1,6 糖苷键。水解 α-1,6 糖苷键的酶是去分支酶，亦称 R 酶。淀粉在上述多种酶的作用下，逐渐被降解为分子量递减的各种糊精，最后被彻底水解为葡萄糖。不同分子量的淀粉和糊精与碘反应呈不同的颜色，可用于检查淀粉的水解程度。

除上述酶促水解外，淀粉也可以磷酸解（phosphorolysis）。在磷酸参与下，淀粉磷酸化酶把淀粉降解成葡糖-1-磷酸。淀粉磷酸化酶普遍存在于高等植物中。在禾谷类和豆类种子的萌发初期，淀粉的降解主要是依靠淀粉的磷酸化作用。到后期，淀粉的水解作用才成为淀粉降解的主要途径。淀粉降解的产物是以蔗糖形式从胚乳或子叶运输到生长中的胚芽和胚根中。

在种子萌发的早期，胚乳或子叶中的贮藏物质还不能作萌发时的结构和能源物质使用，大多数干种子中含有一定量的蔗糖、棉籽糖等寡糖。蔗糖的水解是在转化酶（亦称蔗糖酶）的作用下，水解为葡萄糖和果糖。

在种子萌发过程中，由于水解酶的作用，淀粉含量迅速下降，同时葡萄糖和其他单糖含量很快增加，以后又逐渐减少，这一方面是由于呼吸作用的消耗，另一方面是由于用作纤维素合成和蛋白质合成的碳骨架，在幼苗的生长过程中，不断形成新的细胞壁，所以纤维素的含量不断增加。

（2）脂肪的转变　大多数种子中贮藏的脂肪是甘油三酯。脂肪在脂肪酶的作用下，水解生成甘油和脂肪酸。由于脂肪酶的活性在酸性条件下较强，而脂肪水解所产生的脂肪酸可提高反应介质的酸性，所以脂肪酶具有自动催化的性质。

脂肪水解的产物甘油在酶的催化下,可氧化并磷酸化成磷酸丙糖(磷酸二羟丙酮、甘油醛-3-磷酸),进一步通过糖的有氧氧化途径(三羧酸循环)而氧化分解为 CO_2 和 H_2O,或逆糖酵解途径转变为葡萄糖、蔗糖等。

脂肪的另一种水解产物脂肪酸经过 β-氧化形成乙酰 CoA,然后经过乙醛酸循环途径形成琥珀酸,再进入线粒体进行三羧酸循环循环,产生苹果酸。苹果酸运到细胞质,被氧化为草酰乙酸,进一步羧化为磷酸烯酮式丙酮酸。再经过葡糖异生途径(gluconeogenic pathway),形成葡萄糖,最后转变为蔗糖,并转运至胚轴供生长之用。

(3) **蛋白质的转变** 种子中的贮藏蛋白质积累在蛋白体中,禾谷类种子糊粉层中的蛋白体被称为糊粉粒。种子萌发时,贮藏蛋白质要从贮藏部位运到利用部位,以及由一种蛋白质转变为另一种蛋白质,都必须首先经过蛋白质水解过程。

蛋白质是在蛋白酶和肽酶的作用下水解为氨基酸的。首先蛋白质在蛋白酶的作用下分解为许多小肽,而后在肽酶的作用下完全水解为氨基酸。氨基酸在转氨酶的作用下,形成其他种类的氨基酸,使氨基酸种类增多,有利于新器官中蛋白质的合成。种子中的含氮化合物主要以酰胺(谷氨酰胺和天冬酰胺)的形式进行运输,运到新形成的器官中,重新合成蛋白质,供幼胚生长的需要。

种子中蛋白质水解产生的氨基酸,除了可以作为再合成蛋白质的原料外,也可以通过脱氨基作用,转变为有机酸和游离的氨(NH_3)。有机酸可进入呼吸代谢途径,也可作为形成氨基酸的碳骨架。而氨对细胞有毒害作用,一般不会在细胞内积累,而是迅速转变为酰胺的方式贮存。以后在酶的作用下,酰胺又将 NH_3 释放出来,供新的氨基酸合成之用。

综上所述,种子萌发时,胚乳中贮藏的碳水化合物、脂肪和蛋白质等大分子化合物,在水解酶的作用下,分解成各种简单的小分子化合物,从原来的不溶解状态变为可溶解状态。这些简单的有机物被运到正在生长的部位,经过合成作用形成新细胞的构成物质。种子萌发经历从异养到自养的过程。种子萌发初期只能动用种子内贮藏的物质,这就是异养。见光之后,开始了自养生活。当幼苗长出足够的叶片,进行旺盛的光合作用,制造充分的有机养料时,才进入完全自养生活。因此,种子内贮藏的养分越多,越有利于幼胚的生长。在农业生产上要选取粒大粒重的种子,就是这个道理。

种子萌发过程中,各种贮藏物质的分解和再利用可归纳为图 8.5。

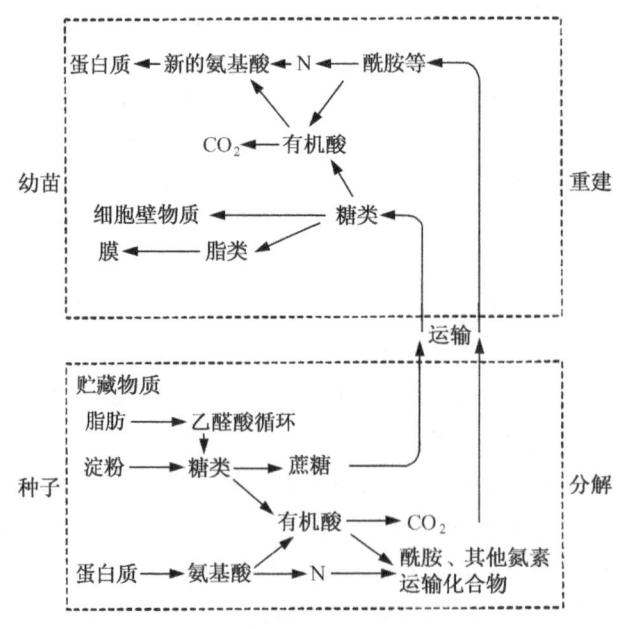

图 8.5 种子萌发过程中贮藏物质的转变和再利用情况
(引自李合生,2002)

8.3.5 种子预处理与种子萌发的调节

种子是种子植物所特有的延存器官。播种活力高的种子是提高产量的必要条件。具有较高活力的种子，在田间状态下萌发迅速，能形成整齐度高且健壮的幼苗。而种子的活力水平随着种子的发育逐渐上升，至生理成熟期达到高峰。成熟后的种子处于脱水状态，并随着种子的采收、加工、贮藏、运输等，以不同速度发生劣变，活力水平又逐渐下降。在种子已发生劣变，活力有所下降的情况下，播种前进行种子的预处理，可以提高种子活力，改善其田间成苗状态，这对干旱和盐碱地区特别重要。如干旱和盐碱地区小麦播种前，用过磷酸钙等预处理具有显著提高出苗率及增产作用。施用生理活性物质的形式有喷施、撒施、涂于种子表面（制成颗粒状或带状，即种子包皮）、通过有机溶剂渗入等，所施用的物质包括生长调节剂、矿质元素、杀虫剂、杀菌剂、杀鼠剂等。

对种子进行渗透处理（osmotic treatment）可以缩短播种至出苗所需的时间，提高幼苗的整齐度。所谓渗透处理，一般是利用一定浓度的聚乙烯二醇（polyethylene glycol，PEG）溶液对种子进行处理。PEG是一种分子质量较大的惰性物质，渗透处理中通常使用平均分子质量为6 000的PEG。种子在PEG溶液中吸水后开始萌动，进而引发细胞中的生理生化过程。可是由于PEG溶液具有一定的渗透势，因而可以控制水分进入细胞中的量，使萌发过程进行到一定程度后就停留在某一阶段而不能完成萌发的整个过程，这样所有种子的萌发最终都将停留在相同的阶段。一旦重新吸水后，所有种子都从相同阶段继续完成萌发过程，这样所产生的幼苗就具有较高的整齐度。近年的研究表明，渗透处理还可以促进萌发种子中RNA、蛋白质的合成，有利于种子中DNA损伤的修复等。

8.4 植物的生长

8.4.1 顶端分生组织的结构及发育调控

顶端分生组织是指位于根和茎形态学顶端的分生组织。植物体的大部分器官都是在胚后由茎尖分生组织（stem apical meristem，SAM）和根尖分生组织（root apical meristem，RAM）中的干细胞分裂和分化而成。在各种生物体内，干细胞都集中分布于一个特异区域并受到严格调控，这个维持干细胞特性的区域被称为干细胞微环境（stem cell niche）。

在模式植物拟南芥的RAM中，静止中心（quiescent center，QC）及其周围的干细胞一起组成根尖干细胞微环境。QC细胞含较少线粒体、内质网和质体等，与其周围细胞相比，细胞分裂较缓慢（不是不分裂），细胞周期长，故称为静止中心。拟南芥的QC由4~7个细胞组成，其周围围绕着4种起始干细胞：根冠柱起始细胞（位于QC正下方）、表皮/侧根冠起始细胞（位于QC侧面）、皮层/内皮层起始细胞（紧邻表皮/侧根冠起始细胞）以及中柱起始细胞（位于QC正上方）。这些干细胞不断分裂和分化形成根的表皮、皮层、内皮层及中柱等结构。

SAM具有与RAM的QC相似的细胞群，称为组织中心（organizing center，OC），它的正上方是干细胞中心区（central zone，CZ），由外向内分为L1、L2和L3三层，可分别分化为茎的表皮、亚表皮及内部组织。与OC相邻的周围区（peripheral zone，PZ）干细胞经分裂分化可形成叶原基，而OC正下方的肋状区（rib zone，RZ）细胞可分化形成茎的内部组织。

研究表明，RAM和SAM中干细胞稳态的维持受到来自干细胞微环境各种因子的精确调控。在SAM中的核心信号通路是转录因子WUS（wuschel）与CLE（clavata3/esr-related）家族的CLV3（clavata3）之间形成的负反馈调节环，即WUS蛋白在OC细胞表达，通过在细胞层之间的移动，在CZ细胞促进*CLV3*的转录活性。*CLV3*编码一个含96个氨基酸的分泌型小分子多肽。一旦合成，CLV3多肽就被分泌到质外体，并在质外体中自由扩散。当与附近细胞表面的类受体激酶复合物CLV1/CLV2/CRN结合后，介导信号转导，反过来抑制WUS对CLV3的诱导作用。这样通过CLV3-WUS组成的反馈调节机制使SAM干细胞微环境的大小和活性得以维持（图8.6）。

在 RAM 中，与 WUS 具有序列同源性的 WOX5（wus-related homeobox 5）在 QC 特异性表达。CLE40（clavata3/esr-related 40）与 CLV3 的同源性最高，在 QC 正下方的根冠柱起始细胞中特异性表达。它通过与受体激酶复合物 ACR4/CLV1 结合并进行信号转导，抑制 WOX5 的表达。因此，CLE40 通过 ACR4/CLV1 对 WOX5 表达进行调控，也构成一个负反馈调节机制，控制 RAM 干细胞微环境稳定性的维持（图 8.6）。

SAM 和 RAM 干细胞微环境是产生植物地上和根器官的源头，它们通过分泌 CLV3 和 CLV40 调控 WUS 和 WOX5 的表达，维持干细胞微环境的功能，从而使茎尖和根尖不断地形成各类细胞，这些细胞不断地分裂、伸展或伸长及分化形成茎、叶、花、果实和主根、侧根、不定根及根毛等不同器官。

植物激素特别是生长素和细胞分裂素对于 SAM 和 RAM 具有重要的调控作用。例如，在根尖，生长素通过生长素反应因子 ARF10 和 ARF16 的作用抑制 WOX5 在 QC 的表达，从而促进相邻干细胞子细胞的分化。而在茎尖，细胞分裂素通过其信号转导组分 AHK2/4 而保持 WUS 的表达。

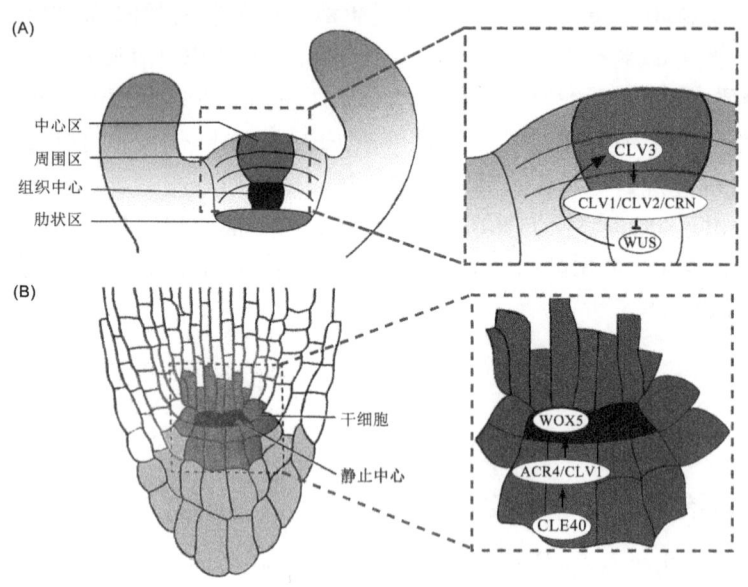

图 8.6 茎尖和根尖顶端分生组织的结构（引自王小菁，2019）
A. 茎尖分生组织结构及调控；B. 根尖分生组织结构及调控

8.4.2 植物生长的周期性

在自然条件下，植物或植物器官的生长速率随昼夜或季节发生有规律的变化，这种现象叫做植物生长周期性（growth periodicity）。植物生长周期性包括昼夜周期性（温周期性）和季节周期性。

1. 植物的生长曲线和生长大周期

根、茎、叶、种子、果实等器官及一年生植物的整株植物，在整个生长过程中，生长速率都表现出"慢—快—慢"的特点，即开始时生长缓慢，以后逐渐加快，达到最高速度后又减慢直至最后停止。以植物（或器官）体积对时间作图，可得到植物的生长曲线。生长曲线表示植物在生长周期中的生长变化趋势，典型的生长曲线呈"S"形（图 8.7）。植物体或个别器官所经历的"慢—快—慢"的整个生长过程，称为生长大周期（grand period of growth）。

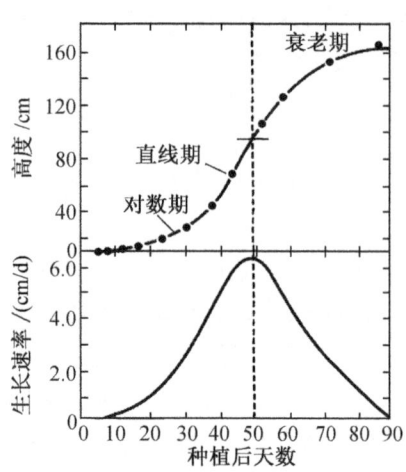

图 8.7 玉米的生长曲线
（引自李合生，2002）

植物个体生长是以器官生长为基础，器官生长是以细胞生长为基础，由于细胞生长速率存在"慢—快—慢"的变化规律，即细胞处于分裂时期，虽然细胞数量多但体积小，因此生长缓慢；细胞进入伸长期，由于液泡的出现并不断合并使体积迅速增大，所以生长迅速；而细胞处于分化期，因此体积基本定型，故生长极为缓慢乃至停止，从而使个体与器官的生长同样表现出这种规律。此外,一年生植物的生长速率表现出生长大周期的原因是生长初期植株幼小,合成干物质的量少,因而生长缓慢;以后因为枝繁叶茂,光合作用大大加强,合成大量有机物,干重急剧增加,因而生长加快;最后由于植株进入衰老期,光合作用下降,合成有机物的量减少,加上呼吸作用的消耗,因此,植株生长缓慢以至停止。

掌握植物一生生长速率的变化规律,有利于促进或控制植物的生长。农作物的前期生长缓慢,有延迟期。在农业生产上,可以采取以肥水及其他农业措施来促进营养体的生长,达到早发快长的目的。而作物生长的中期是生长直线上升或指数增长期,任何促进或控制植物生长的措施都必须在生长速率达到最高前施用,才能有效。如要促进作物稳定生长,需要及时供应肥水;如要防止作物过度生长,则需要控肥水供应或使用矮壮素等措施。后期作物生长缓慢,要适当供应肥料,以防止早衰,但又不能过量施肥,以防止植株贪青晚熟。

2. 生长的昼夜周期性

影响植物生长的因子主要是光照强度、温度和植物体内的水分状况。在地球自转的 24 h 中,昼夜光照强度不同,温度也不同,因而植物的生长速率也不同,表现出生长的昼夜周期性变化。植物的生长随温度的昼夜周期性而发生规律变化的现象,称为植物生长温周期性(thermoperiodicity of growth),也称为植物生长昼夜周期性(daily periodicity of growth)。

植物生长产生昼夜周期性的原因主要是由于昼夜的温度、水分和光照的不同。一般来说,在夏季,植物生长速率白天较慢,夜晚较快。因为白天温度高,光照强,蒸腾量大,植物易缺水,此外,强光会抑制植物细胞的伸长;晚上温度降低,呼吸作用减弱,物质消耗减少,积累增加;较低的夜间温度还有利于根系的生长以及细胞分裂素的合成,从而有利于植物的生长。但在冬季,植物在白天的生长速率比夜晚快,这是由于冬季的夜晚温度太低,植物的生长受阻。

3. 生长的季节周期性

植物在一年中的生长速率,随季节变化而发生有规律变化,称为植物生长的季节周期性(seasonal periodicity of growth)。这是因为一年四季中,光照强度、温度和水分等影响植物生长的外界因素是不同的。在温带地区,四季分明。春天,气温回升,日照延长,植株上的休眠芽开始萌动,长出茎、叶;夏天,温度与日照进一步升高和延长,水分较为充足,植株进行旺盛生长;秋天,气温逐渐下降,日照逐渐缩短,植株的生长速率逐渐减慢、停止,叶子脱落,进入休眠状态;到了冬天,植株处在休眠状态下。次年春季又开始生长,周而复始。

生长的季节性变化是建立在体内代谢活动的基础之上的。当秋天来临时,日照长度缩短,这个信号被叶片感受后,经信号转导产生一系列代谢变化,导致植物对冬季的气候产生种种生理上的适应,如物质从叶片转移到根、茎和芽中储藏起来,体内糖分与脂肪等物质的含量提高,组织含水量下降,原生质转为凝胶状态,植物抗性增强;生长素、细胞分裂素、赤霉素由游离态转变为束缚态,脱落酸等抑制生长的激素逐渐增加,体内代谢活动大大降低,生长停止,进入休眠状态。进入第二年春季后,内源激素发生变化,休眠逐渐解除,恢复生长。

植物的生长习性使植物体内营养物质经历生产、分配、再分配和再利用的动态变化。多年生木本植物尤为明显。春、夏季节,植物主要依靠当时光合作用生产的有机物供应茎、叶、花和果实的生长,秋季将营养物质储藏到根、茎和芽中,次年又利用它们供生长之用。所以,从植物体内物质分配、利用和储藏以及不同器官的生长状况,也可以看出植物生长的季节周期性变化(图 8.8)。

此外,植物的年轮也是植物生长季节周期性的一个具体表现。年轮是由于形成层在不同季节所形成的次生木质部在形态上的差异而形成的。在同一圈年轮中,由于春夏季的气温适于树木生长,形成层的活动旺盛,所形成的木质部细胞较大,细胞壁较薄,因而木材质地疏松,被称为"早材";到了秋冬季,由于气候逐渐干冷,形成层活动逐渐减弱以至停止,所形成的木质部细胞小,细胞壁厚,木材质地紧密,颜色较深,被称为"晚材"。前一年的晚材和第二年的早材界限分明,此即年轮线。

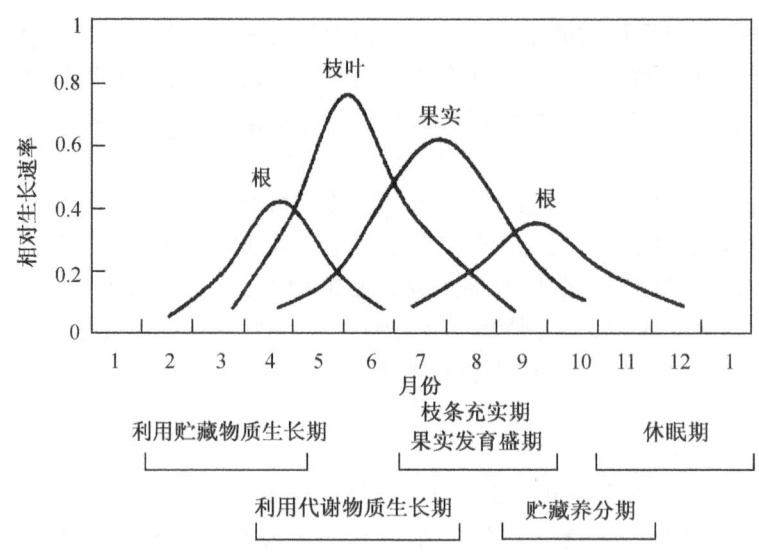

图 8.8　梨树周期性生长动态示意图(引自王忠,2000)

8.4.3　影响植物生长的外界条件

植物的生长是在各种生理活动协调的基础上进行细胞生长的结果。这些生理活动包括光合、呼吸、水分的吸收与蒸腾、矿物质的吸收与转运、有机物的转化与运输等过程。因此,凡能影响这些生理活动的外界条件都能影响植物的生长,主要包括温度、光照和水分。此外,矿质元素和植物生长调节剂对植物生长也起调节作用。

1. 温度

温度对植物生长的影响是通过酶而影响各种代谢过程的一种综合效应。温度不仅影响水分与矿质的吸收,而且影响物质的合成、转化、运输与分配,因而影响细胞的分裂与伸长。在一定温度范围内,温度升高植物生长加快,温度降低植物生长减慢。每种植物的生长都有温度三基点,即生长的最低温度、最适温度和最高温度。温度三基点与植物的原产地有关(表 8.5),原产热带及亚热带的植物,其温度三基点较高,而原产温带的植物,其温度三基点较低。

表 8.5　几种农作物生长的温度三基点(引自曾广文等,2000)

作　物	最低温度/℃	最适温度/℃	最高温度/℃
水　稻	10~12	20~30	40~44
大麦、小麦	0~5	25~31	31~37
向 日 葵	5~10	31~37	37~44
玉　米	5~10	27~33	33~50
大　豆	10~12	27~33	33~40
南　瓜	10~15	37~44	44~50
棉　花	15~18	25~30	30~38

生长的最适温度是指植物生长最快的温度,但并不是植物生长最健壮的温度,因为在最适温度下,由于植物体内的物质消耗太多,因此,在生产实践中培养健壮的植株常用比生长最适温度略低的温度,这种对植物生长最健壮而且比最适温度稍低的温度称为协调最适温度。植物生长的温度范围是比较窄的。在生长的最低温度与维持生命的最低温度之间,以及生长最高温度和维持生命的最高温度之间,新陈代谢活动仍能进行,但生长完全停止了,这是因为生长是一个复杂的过程,是体内各种生理活动协调统一的结果,超过一定温度范围后,代谢活动虽然能够进行,但整体的协调已被破坏。

植物不同生育期对温度的要求不同。一年生植物从种子萌发到开花结实各个时期所要求的温度,一般正好和自然界从春季到秋季的气温变化相吻合。因此,作物栽培要注意适时播种。从外地引种时,也必须注意温度条件是否适合。

植物不同器官生长的温度范围也有区别。温带木本植物根生长的最低温度在 2~5℃，较枝条生长所要求的温度低。春季枝条从芽中抽出以前，根已开始生长，晚秋地上部分停止生长后，根仍可继续生长。

如前所述，植物的生长还具有温周期性。我国劳动人民很早就已注意到夜间降温的有利作用，这就是温周期现象在生产实践中的应用。

在农业、林业和园艺生产中，了解各种植物的生长对温度条件的要求，在温室栽培中，调节昼夜温度的变化，对于使栽种作物能正常生长发育、提高产量，具有重要的意义。

2. 光照

光对植物生长的影响可分为间接作用和直接作用两个方面。光对植物生长的间接作用，是指光通过影响光合作用、蒸腾作用和物质运输等，从而影响植物的生长。这个间接作用是一种高能反应，因为光是光合作用的能源，光照不足就不能产生足够的有机物，植物生长也就失去物质基础。此外，光还可以影响植株的蒸腾作用，在土壤水分不足的情况下，往往会使植物体内产生水分亏缺而抑制植物的生长。光对植物生长的直接作用是指光形态建成作用。黑暗中生长的幼苗（图 8.9 右）与光下生长的幼苗（图 8.9 左）在形态上有很大的差异。黑暗中生长的幼苗，植株瘦长，茎细长而脆弱、机械组织不发达、顶端呈弯钩状、节间很长、叶片细小、不能展开、无叶绿素、不能进行光合作用，同时根系发育不良。由于黑暗中生长的幼苗茎、叶均为黄色，因而被称为黄化苗（图 8.9 右）。黑暗中生长产生黄化苗的现象称为黄化（etiolation）现象。红光促进幼叶的展开，而抑制茎的过度伸长，对消除黄化现象起着最有效的作用（图 8.9 中）。

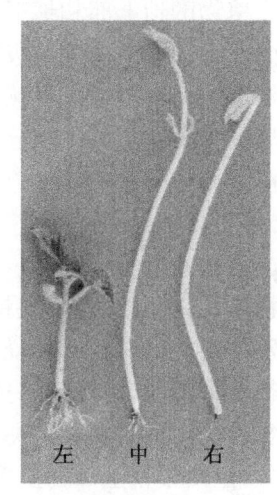

图 8.9　光对菜豆幼苗生长的影响
（引自 Hopkins,2003）
左图：正常光照条件下生长的幼苗；中图：每天照射 5 分钟微弱红光（足以引起去黄化反应）下生长的幼苗；右图：黑暗下生长的幼苗（黄花苗）

了解光对植物生长的影响，对于农业生产实践具有指导意义。在作物栽培中，要合理密植。若栽种过密会导致群体内光照减弱，一方面影响光合作用，另一方面还使茎秆长得细长，容易倒伏。黑暗中培养韭黄、蒜黄和豆芽的栽培技术，正是利用黄化现象。又如在低温下塑料薄膜覆盖育秧，浅蓝色薄膜的效果比无色的好，秧苗苗壮，插秧后成活快。这是因为，一方面浅蓝色薄膜能吸收大量 600 nm 的橙光，使膜内温度升高，有利于秧苗生长；另一方面浅蓝色薄膜能透过 400~500 nm 的蓝紫光，抑制秧苗生长，使幼苗苗壮。

3. 水分

植物要进行正常的生长活动，细胞原生质必须处于水分饱和状态。不论细胞的分裂、生长和分化，还是组织、器官和个体的生长，均需有充分的水分供应。植物细胞的伸展（体积的扩大）主要是水分增加的结果，因为吸水引起膨压的增大是细胞生长的动力。水分对植物的其他生命活动也有重要的作用。

4. 矿质元素

土壤中含有植物生长必需的矿质元素。这些元素中有些是原生质的基本成分，有些是酶的组成成分或激活剂，有些能调节质膜的透性，并参与缓冲体系以及维持细胞的渗透势。植物缺乏这些元素便会引起生理失调，影响生长发育，并出现特定的缺素症状。土壤中的矿质元素分为必需元素、有益元素和有害元素，其中前二者促进植物生长，有害元素则抑制植物生长。例如，氮肥能使出叶期提早、叶片增大和叶片寿命相对延长，但施用过量，叶大而薄，容易干枯，寿命反而缩短。氮肥同样显著促进茎的生长，但若氮肥过多，反而会引起徒长倒伏。

5. 植物生长调节物质

生长调节物质对植物的生长具有显著的调节作用。GA_3 能显著促进茎的伸长生长。GA_3 对水稻茎秆的节间伸长有非常明显的效果，因此生产上利用赤霉素促进杂交水稻亲本的抽穗，减少包颈率，便于亲本间传粉。生长延缓剂 CCC 等抑制菊花近顶端分生组织的细胞分裂和茎的生长，外施 GA_3 可抵消 CCC 的抑制效果。

8.5 植物生长的相关性

高等植物体是由各种器官组成的统一的有机体。构成植物体的各个部分,既有精细的分工又有密切的联系,既相互协调又相互制约,这种植物体各部分间的相互协调与制约的现象称为相关性(correlation)。植物生长的相关性包括地下部与地上部的相关、主茎与侧枝的相关、营养生长与生殖生长的相关等。

8.5.1 地下部与地上部的相关性

地下部是指植物体的地下器官,包括根、块茎、鳞茎等,而地上部是指植物体的地上器官,包括茎、叶、花、果等。地下部与地上部的相关性常用根冠比(root/shoot ratio,R/S)表示,即地下部分的重量与地上部分的重量的比值。植物的地上部和地下部各处在不同的外部环境中,地上部所处的环境可以使植物获得充足的阳光、空气,而地下部可从土壤中吸取足够的水分和矿质元素,两者之间通过维管束进行营养物质与信息物质的交换。根部的活动和生长有赖于地上部分所提供的光合产物、生长素(IAA)和维生素 B_1 等;而地上部的生长和活动则需要根系提供水分、矿质盐、部分氨基酸以及根中合成的植物激素(CTK、GA、ABA)等,通过物质的交换使两部分的生长相互依存,缺一不可。一般而言,植物根系发达,地上部分才能很好地生长。所谓"壮苗必须先壮根""根深叶茂"和"本固枝荣"等民谚深刻地说明植物地上部分和地下部分相互促进协调生长的关系。但在水分、养料供应不足的情况下,常常由于竞争而相互制约。

对于植物来说,根冠比能反映植物的生长状况以及环境条件对植物地上部和地下部生长的不同影响。当环境条件发生变化时,植物地下部和地上部的生长就会发生变化,从而改变了根冠比。对于一定的植物体或一定的生长发育阶段,根冠比保持一定的数值。影响根冠比的因素很多,主要有以下几方面。

(1)土壤水分　　土壤水分缺乏对植物地上部的影响远比对地下部的影响要大。虽然根和地上部的生长都需要水分,但由于根生活在土壤中容易得到水分,而地上部是植物体散失水的部位而其水分是靠根来供应的,所以缺水时地上部会更早更严重,这时地上部的生长会受到一定限制,根的相对重量增加,而地上部的相对重量减少,使根冠比增大。相反,当土壤水分过多时,由于土壤通气性不良,氧气含量减少,根的生长受到一定程度影响,而地上部由于水分供应充足而保持旺盛生长,因而根冠比减少。水稻生产上出现"旱长根、水长苗"现象,就是这个道理。

(2)温度　　低温可使根冠比增大,这是因为根部的活动和生长所需要的温度比地上部分低一些。在气温低的秋末至早春时期,植物地上部分的生长处于停滞期,而根系仍有生长,因此根冠比增大;当气温升高,地上部分的生长加快,根冠比就下降。

(3)光照　　在一定的范围内光照加强,光合产物积累增多,地下部的碳水化合物供应得到改善,因而促进根的生长,使根冠比增大。光照不足时,地上部向下输送的光合产物减少,影响根部生长,而对地上部的生长相对影响较小,因此根冠比降低。

(4)矿质元素　　不同营养元素或不同的营养水平,对根冠比的影响有所不同。当土壤中氮素缺乏时,地上部比地下部更缺氮,因而地上部的生长受到抑制,根冠比增大;当土壤中氮肥充足时,有利于地上部分蛋白质的合成,茎叶生长旺盛,同时消耗较多糖类,使运到地下部的糖类减少,因而根的生长受到抑制,根冠比降低(表8.6)。磷、钾肥有调节碳水化合物转化和运输的作用,可促进光合产物向根和贮藏器官的转移,通常能使根冠比增大。

表 8.6　氮素水平对胡萝卜根冠比的影响

处理	整株鲜重/g	地上部分		根部		根冠比	根部含糖量(占鲜重/%)
		鲜重/g	百分率/%	鲜重/g	百分率/%		
低浓度	38.50	7.46	0.19	31.04	0.80	4.16	6.08
中浓度	71.14	20.64	0.29	50.30	0.71	2.15	3.36
高浓度	82.45	27.50	0.33	54.95	0.67	2.00	3.23

(5)生长调节剂　　整形素、矮壮素、缩节胺、三碘苯甲酸、PP_{333} 等生长抑制剂或生长延缓剂对茎的顶端

或亚顶端分生组织的细胞分裂和伸长有抑制作用，使节间变短，可增大植物的根冠比。赤霉素、油菜素内酯等生长促进剂，能促进叶菜类如芹菜、菠菜、苋菜等茎叶的生长，使根冠比降低，从而提高作物产量。

在农业生产上，常通过水肥措施来调控作物的根冠比，促进收获器官的生长，以达到增产的目的。对收获器官是地下部分的作物如甘薯、胡萝卜、甜菜、马铃薯等，前期应保证充足的水肥供应，以促进茎叶的生长，增加光合面积，多合成光合产物；而在后期则应减少氮肥和水的供应，增施磷、钾肥，以利于光合产物的向下运输及淀粉的积累，从而促进这些作物的增产。

植物的地下部与地上部之间除了进行物质和能量的交换外，各部分之间还进行着信息的传递。图8.10概括了土壤干旱时根冠间的物质和信息交流。其中ABA被认为是一种逆境信号，在水分亏缺时，根系快速合成并通过木质部蒸腾流将ABA运输到地上部分，调节地上部分的生理活动，如缩小气孔开度，抑制叶的分化与扩展，以减少蒸腾来增强植物对干旱的适应性。植物地上部也合成一些微量活性物质并影响根系的生理功能，如叶片的水分状况信号、细胞膨压，以及叶片中合成的化学信号物质(IAA)也可以传递到根部，影响根的生长。除ABA外，根系合成的细胞分裂素及氨基酸在这一过程中也可能起着某些作用。除根冠间有化学信号的传递以外，有报道指出根冠间还有电信号传递，目前关于根冠间的信息传递及其相互影响的研究正吸引着许多学者。

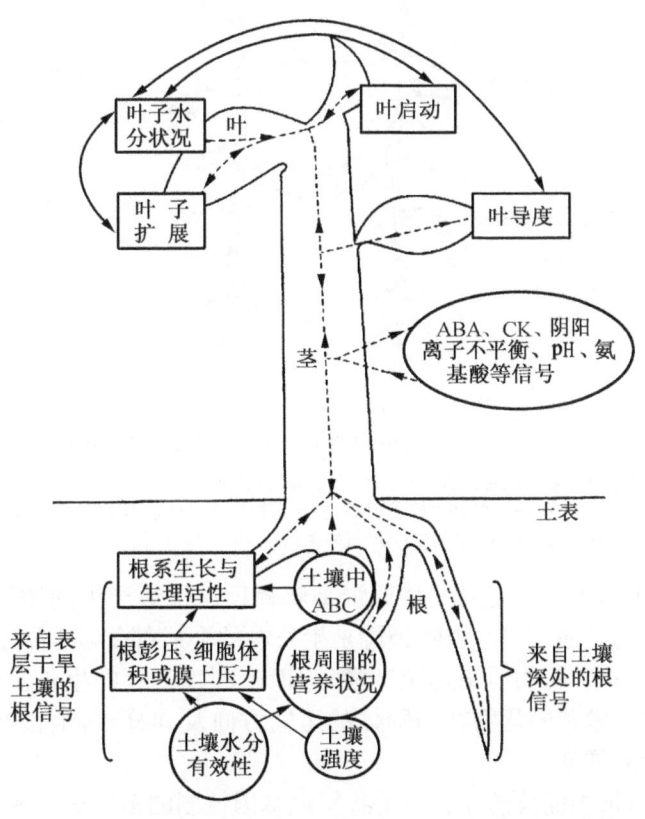

图8.10　土壤干旱时根中化学信号的产生以及根冠间的相关性
（引自 W. J. Davies et al.，1991）

←—→代表化学信号的传递；圆圈代表土壤作用；矩形代表植物生理过程

8.5.2　主茎与侧枝的相关性

植物的顶芽长出主茎，侧芽长出侧枝，通常主茎生长很快，而侧枝或侧芽则生长较慢或潜伏不长。这种由于植物的顶芽生长占优势而抑制侧芽生长的现象，称为顶端优势(apical dominance 或 terminal dormancy)。

顶端优势现象普遍存在于植物界。在木本植物(杉树、桧柏)中，由于顶芽长得很快，而侧芽长得慢，树冠呈宝塔形。在草本植物中的双子叶植物(如烟草、油菜、向日葵)中，顶端优势也很显著。不同的植物，顶端优势的强弱有很大差别。例如禾谷类作物中，玉米的顶端优势较强，所以不易分枝；而稻、麦的顶端优势较弱，可以长出多级分蘖。

关于顶端优势产生的原因，很早就引起了学者们的重视，一般都认为这与营养物质的供应和内源激素的调控有关。有多种假说用来解释植物顶端优势。

最早是戈贝尔(K. Goebel)于1900年提出的"营养假说"，认为顶端构成营养库，垄断了大部分营养物质。顶芽分生组织比侧芽分生组织先形成，具有竞争优势，能优先利用营养物质并优先生长，侧芽因缺乏营养物质而生长受到限制。从形态解剖结构看，侧芽与主茎之间没有维管束的连接，不易得到充分的营养供应，而顶芽由于输导组织发达，成为生长中心，因而竞争营养的能力强。用亚麻实验表明，缺乏营养物质时亚麻的侧芽生长完全被抑制，而营养充足时侧芽可以生长。营养假说未涉及植物激素对生长的调节作用。

1934年，蒂曼(K. V. Thimann)和斯科格(F. Skoog)认为顶端优势是由于生长素对侧芽的抑制作用而产生的。植物顶端形成生长素，通过极性运输到侧芽，侧芽对生长素敏感性比顶芽强，而使侧芽生长受到抑制。距离顶芽愈近，生长素浓度愈高，对侧芽的抑制作用愈强。其最有力的证据是，植物去顶芽后，可导致侧芽的生长；使用外源的生长素可代替植物顶端的作用，抑制侧芽的生长(图8.11)。另外，施用生长素运输抑制剂，或对主茎作环割处理，阻止生长素的运输，可导致处理部分下方的侧芽生长。

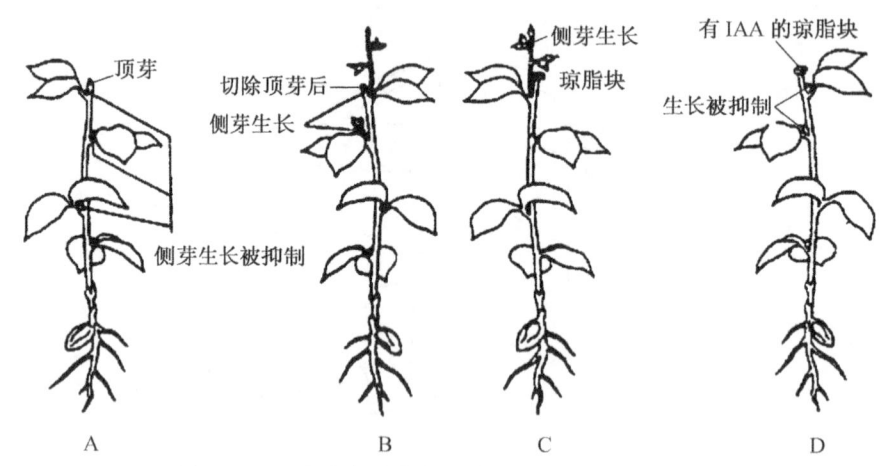

图8.11 生长素与植物的顶端优势(引自王忠，2000)

A. 有顶芽时，侧芽生长被抑制；B. 切除顶芽上部，侧芽萌发生长，并代替顶芽抑制下部侧芽生长；C. 切除顶芽，并在切口处放上琼脂，生长情况同B；D. 在切口处放上含IAA的琼脂，即使没有顶芽，含IAA的琼脂也抑制侧芽生长

1936年文特(Went)提出营养物质定向转移假说来解释顶端优势产生的原因。该学说认为生长素既能调节生长又能影响营养物质的运输方向。植物顶端是生长素的合成部位，高浓度的IAA使顶端成为生长活动中心和物质交换中心，并能将营养物质调运至茎端，因而不利于侧芽的生长。许多实验也证明，植物顶端产生的生长素可以决定矿质元素和同化物在植物体的运输方向及其分布，生长素通过影响同化物在韧皮部的运输来控制植物茎中的营养梯度。

近年来的研究表明，植物顶端优势的存在是某些特定基因控制的多种内源植物激素相互作用的结果，这些基因的沉默会导致顶端优势的丧失和产生大量侧芽。实验证明，用细胞分裂素处理侧芽，可以解除顶端对侧芽的抑制作用，使侧芽在有顶端存在的情况下也可萌发生长。因此认为，侧芽生长受抑制是因为根部合成的细胞分裂素优先供应给顶芽，而侧芽缺少细胞分裂素所致。赤霉素有加强植物顶端优势的作用，用赤霉素处理顶芽，可加强对侧芽的抑制作用，但在顶芽被去除的情况下，赤霉素不能代替生长素来抑制侧芽的生长，相反会引起侧芽的强烈生长。

对植物顶端优势的研究，虽然提出了众多假说，但有一点是共同的，即都认为顶端是信号源。这信号源是由顶端产生并向下极性运输的生长素，它直接或间接地调节着其他激素和营养物质的合成、运输与分配，从而促进顶端生长而抑制侧芽生长。而细胞分裂素等其他植物激素、营养物质以及Ca^{2+}浓度等也影响着顶端优势，因此顶端优势可能是多种因子综合影响的结果。

在生产上，常常利用顶端优势的原理来控制植物的生长。我们有时需要利用和保持植物的顶端优势，如麻类、向日葵、玉米、高粱、烟草等作物及用材树木,需抑制其侧芽生长;有时则需消除顶端优势,以促进分枝生长,如棉花整枝、果树修剪等,就是破坏顶端优势来合理分配养料。棉花在不整枝时,养分运到主茎及营养枝上较多,果枝得不到足够养分,蕾铃就会脱落。整枝后,可以重新分配植株体内的养分,使它集中到果枝上,减少枝叶徒长,促进光合作用,因而可以避免蕾铃脱落,提高棉花产量和质量。在果树栽培上,正确地修剪枝条非常重要。在花卉栽培上,也可以用打顶或去蕾的方法来控制花的数目和大小。有时,也可以利用植物生长调节剂代替打顶,如三碘苯甲酸处理大豆,可去除顶端优势,增加分枝,促进多开花结荚。

植物的根也有顶端优势,主根生长很旺,使侧根生长受到抑制。在主根受损时,侧根才较快生长。树苗、菜苗移栽时,主根被截断,可使侧根生长加快,这有利于吸收水分和肥料。实验表明,根的顶端优势可能与细胞分裂素有关,根尖合成细胞分裂素并向上运输,抑制侧芽的生长。脱落酸和黄质醛也能抑制侧根的生长,但要求的浓度较细胞分裂素为高。

8.5.3 营养生长与生殖生长的相关性

营养生长和生殖生长是植物生长周期中的两个不同阶段,通常以花芽分化作为生殖生长开始的标志,但这两个阶段并不能彼此截然分开。在植物一生中,只一次开花结实的植物如水稻、小麦、玉米、高粱、向日葵、竹子等,它们的营养生长和生殖生长阶段一般明显地前后分开。这类植物开花后,营养器官所合成的有机物,主要向生殖器官转移,营养器官逐渐停止生长,整个植株走向衰老死亡。另一类植物,一生能多次开花结实如棉花、番茄、瓜类及多年生果树等植物,营养生长和生殖生长不能截然分开,而是有所重叠,即在开花阶段,营养生长仍在继续进行,开花结果并不马上引起营养器官的衰老、死亡。多年生果树从种子萌发到开始花芽分化之前的时期为营养生长期,以后便进入营养生长和生殖生长的并进阶段,而且可持续多年。

植物的营养生长和生殖生长之间是既相互依赖又相互制约的关系。首先,营养生长为生殖生长奠定了物质基础。生殖器官生长所需要的养料,大部分是由营养器官所供给的,因此,营养器官生长的好坏直接关系到生殖器官的生长发育。营养器官生长不好,生殖器官的生长发育就不好。其次,在生殖生长过程中,生殖器官会产生一些激素类物质,反过来影响营养器官的生长。营养生长和生殖生长之间还存在着相互制约的关系。营养器官生长过旺,会消耗过多的养分,影响生殖器官的生长发育。例如,水稻、小麦若前期肥水过多,造成茎、叶徒长,会延迟幼穗分化,显著增加空瘪粒;后期肥水过多,则造成贪青迟熟,影响粒重。又如果树、棉花、大豆等,若枝叶徒长,会造成不能正常开花结实,严重的甚至落花落果。相反,生殖器官的生长也会抑制营养器官的生长。如番茄,在自然状态下开花结实后,让果实自然成熟,营养器官的生长就日渐减弱,最后衰老死亡;如果不断摘除花、果,则营养器官就可以继续旺盛生长。

由于开花结果过多而影响营养生长的现象在农业生产上经常遇到,如苹果、梨、荔枝和龙眼等果树,常发生一年产量高,次年产量低的大小年现象。当果树结实过多时,花、果消耗了大量的养分,致使枝叶中储备的养料不足,花芽分化受阻,来年花果减少。相反,在小年结实少,消耗养分少,枝叶积累营养较多,可形成较多花芽,来年开花结果就多。另外,大小年现象与果树中激素的变化有关,特别是赤霉素含量的变化会影响花芽的分化。因此,在果树生产中适当疏花疏果,可以使果树在营养分配方面收支平衡,以消除大小年,使果树年年丰收。

8.5.4 植物的极性与再生

极性是指植物体的器官、组织甚至细胞在不同轴向上存在某种形态结构和生理生化上的梯度差异。主要表现在细胞质浓度的不均一,细胞器数量的多少,核位置的偏向等方面。极性的建立会引发不均等分裂,使两个子细胞的大小和内含物不等,由此引起分裂细胞的分化。因此,极性是植物细胞分化的基础。植物体的极性在受精卵中已形成,受精卵第一次分裂所形成的基细胞及顶端细胞即进入不同的发育途径,由基细胞分裂形成高度分化的胚柄细胞,而由顶端细胞分裂形成胚本身。在胚中,又明显表现出极性,即在胚的一端形成胚根,另一端形成胚芽。极性一旦建立,即难以逆转。

植物的再生实验能证明植物体中存在极性。再生是指植物体的离体部分具有恢复植物体其他部分的能力。例如,植物组织培养中的外植体(包括器官、组织或细胞)都能培育成植株。又如,将柳树枝条悬挂在潮

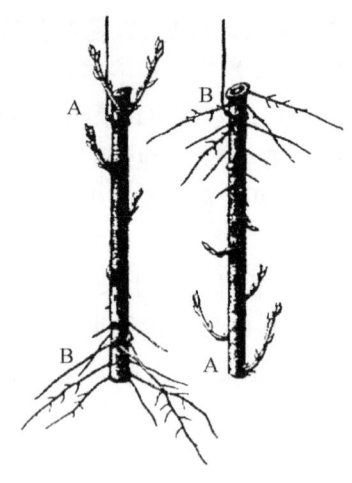

图 8.12 柳树枝条的极性与再生
（引自曾广文等，2000）
A. 形态学上端；B. 形态学下端

湿的空气中，枝条基部切口附近的一些细胞可能由于受生长素和营养物质的刺激而恢复分生能力，形成愈伤组织，再分化出不定根和芽。无论柳树枝条是正挂还是倒挂，总是在其形态学的上端长芽，形态学的下端长根，而且越靠形态学上端切口处的芽越长，越靠形态学下端切口处的根越长（图 8.12）。对根的切段来说，也是形态学的上端长芽，形态学的下端长根。高等植物各种器官的极性强弱不同，一般来说，茎的极性最强，根次之，叶的极性很弱。

在植物器官再生过程中，总是形态学的上端长芽，形态学的下端长根，与生长素的极性运输有关。生长素在茎中极性运输，集中于形态学的下端，有利于根的形成，而生长素含量少的形态学上端则发生芽的分化。另外，由于不同器官生长素的极性运输强弱不同，如茎＞根＞叶，因此不同器官的极性强弱也存在差异。

植物的极性现象在指导生产实践方面有重要意义。在扦插繁殖时，应注意将形态学的下端插入土中，而不能颠倒。在嫁接时，砧木和接穗要在同一个形态学方向，才能成功。

8.5.5 植物生长的相互竞争和相生相克

植物个体的生长要受到与它周围一起生活的植物和其他生物的影响。植物体之间的关系可概括为竞争、共生和寄生这三种关系：① 竞争（competition）是指同种或异种的两个或更多个体，利用共同的有限资源，从而发生对环境资源争夺的现象。绿色植物的竞争主要是对光、水、矿质养分和生存空间的竞争，两个种越相似，对相同资源的竞争也就越激烈。② 共生（symbiosis）关系又分为互惠共生和附生（也称为偏利共生）。互惠共生（mutualism）是指所有有利于共生双方的相互作用，如菌根、根瘤和地衣等现象；附生（epiphytism）是指两个种之间的关系只对一方有利，对另一方无利害的共生。附生植物的产生是长期进化的结果，它们避开了生长在土壤上与其他植物的竞争，使植物能获得更合适的生长条件，如光照。但附生植物过多地繁殖生长，也可引起对宿主不利的影响，甚至导致宿主的死亡，使它们的关系转变为拮抗作用（antagonism）。③ 寄生（parasitism）是指某一物种的个体依靠另一物种个体的营养而生活的现象。寄生于其他植物上并从中获得营养的植物称寄生植物，如菟丝子。寄生植物会使寄主植物的生长减弱，轻者引起寄主植物的生物量降低，重者引起寄主植物的养分耗竭，并使组织破坏而死亡。

植物体也可以通过改变生态环境来影响其他生物体，这表现在两个方面：一方面是它们之间相互竞争（allelospoly），即对环境生长因子，如光照、水分、矿质元素和生存空间等的竞争，由于同种或异种的植物个体利用共同的有限资源，从而发生对环境资源争夺的现象。例如，高秆植物对矮秆植物生长的影响；杂草的滋生蔓延等；另一方面是它们之间相生相克，亦称为化感作用（allelopathy）。化感作用的概念是莫利施（Molish）于 1937 年首次提出的。1984 年 E. L. Rice 提出植物化感作用就是指生活的或腐败的植物通过向环境释放化学物质而产生促进或抑制其他植物生长的效应，这一概念已被广泛接受。植物一般通过地上部分茎叶挥发、淋溶和根系分泌物以及植物残株的分解等途径向环境中释放化学物质，从而影响周围植物（受体植物）的生长和发育。植物的化感作用广泛存在于自然界中，与植物间的光照、水肥和空间的竞争一起构成了植物之间的相互作用，它在森林更新、植被演替及农业生产中具有重要的意义。

对引起化感作用的物质的分离和鉴定已有很多研究，涉及的化学物质很多，它们几乎都是一些分子质量较小、结构较简单的植物次生物质，如阿魏酸、对-叔丁基苯甲酸、醚、醛、酮、酚类、有机酸类物质，但许多具体物质并没有分离出来。

植物所产生的化感物质能明显影响植物的种间关系。有些植物产生的化感物质能促进它周围植物的生长，如茄的提取物对水稻生长有促进作用；禾本科与豆科植物（如小麦与豌豆、玉米与大豆）混种，相互有促进作用；在种过苜蓿的土壤里种植番茄、黄瓜、莴苣等植物，生长良好；皂荚、白蜡与七里香，黑果红瑞木与白蜡槭一起生长时，相互之间都有明显的促进作用。研究更多的是一种植物产生的化感物质对另一种植物的抑制作用,如番茄植株释放鞣酸、香子兰酸、水杨酸等能严重抑制莴苣、茄子种子的萌发和幼苗的生长,对玉米、黄瓜、马铃薯等作物的生长也有抑制作用;小麦提取物能抑制繁缕、反枝苋和升马唐等的生长;一些水稻品系能抑制稗和异型莎草的生长;植物残体也会产生化感物质,如玉米、小麦、燕麦和高粱的残株分解产生的咖啡酸、氯原酸、肉桂酸等抑制高粱、大豆、向日葵、烟草生长;小麦残株腐烂产生异丁酸、戊酸和异戊酸,抑制小麦本身生长;水稻秸秆腐烂产生羟基苯甲酸、苯乙醇酸、香豆酸等,抑制水稻秧苗的生长;甘蔗残株腐烂产生羟基苯甲酸、香豆酸、丁香酸等,抑制甘蔗截根苗的萌发与生长。

对化感作用的研究在农林业生产上具有重要意义。某些树种不能与另一些树种种在一起,如白桦与松树;苹果树旁不能种玉米等。在作物布局上可利用有益的作物组合,尽量避免与相克的作物为邻,对有自毒的应避免连作。在农业杂草防除上,还可以通过对化感物质的确定,以便人工合成该物质,不仅可以用来控制杂草,而且因为这种化学物质的易降解性,不会给土壤环境带来污染。

8.6 植物的运动

高等植物虽然不能像动物或低等植物那样整体移动,但是它的某些器官在内外因素的作用下能发生有限的位置变化,这种器官的位置变化就称为植物运动(plant movement)。植物从接受刺激到产生运动一般包括三个基本步骤:① 刺激感受,植物体内的感受器感受环境中的刺激。② 信号传导,感受器接受的刺激转换成一种信号,继而把信号传递到产生运动的器官。一般来说,这种信号是对环境刺激产生反应的某种化学或物理的变化,如动作电位、化学信号的激素等。③ 运动反应。关于前两个步骤详见第5章。

高等植物的运动可分为向性运动(tropic movement)、感性运动(nastic movement)和昼夜节律(circadian rhythm)。

8.6.1 向性运动

向性运动是指植物的某些器官由于受到外界环境中单方向的刺激而产生的运动。

根据刺激因素的不同,向性运动可分为向光性、向重力性(向地性)、向化性等,并规定向着刺激方向运动的为正运动,背着刺激方向运动的为负运动。

所有的向性运动都是生长性运动,都是由于生长器官不均等生长所引起的,是不可逆的运动。当器官停止生长或者除去生长部位时,向性运动随即消失。

1. 向光性

植物生长器官受单方向光照射而引起弯曲生长的现象称为向光性(phototropism)。根据植物向光弯曲的特性不同,可将向光性分为三种类型:① 植物器官向着光照的方向弯曲,称为正向光性(positive phototropism),如向日葵、棉花等植物的茎向光源方向弯曲;② 植物器官背着光照的方向弯曲,称为负向光性(negative phototropism),如拟南芥和常春藤的气生根背光弯曲;③ 植物器官保持与光照方向垂直的能力,称为横向光性(diaphototropism),如叶片通过叶柄扭转使其处于对光线适合的位置。

植物感受光刺激的部位主要是嫩茎尖、芽鞘尖端、根尖、某些叶片或生长中的茎等。燕麦、小麦、玉米等禾本科植物的黄化幼苗及豌豆、向日葵的上下胚轴等,都常用作向光性的研究材料。向光性是植物的一种生态反应,如茎叶的向光性,能使叶子尽量处于吸收光能的最适合位置进行光合作用。

植物向光性是由光照引起的,那么向光性反应的光受体是什么?实验发现,燕麦胚芽鞘对向光性起主要作用的光是420~480 nm的蓝光,其峰值在445 nm左右,其次是360~380 nm紫外光,其峰值在370 nm(图8.13)。比较燕麦胚芽鞘向光性的作用光谱和β-胡萝卜素以及核黄素的吸收光谱,发现二者类似,但又不完全相同。因此,有人认为向光性的光受体是与β-胡萝卜素及核黄素类似的物质,有人甚至认为这两种色素就是向光性的光受体,更多研究者认为可能是黄素蛋白类。目前,向光素被认为是向光性光受体,属于蓝光受体(第7章)。光受体接受光照刺激后,所引起的原初反应,目前仍然不清楚。但光受体接受光照刺激后所引起的一系列反应最终使器官的向光面和背光面不均等生长的原因,有两种对立的看法:一是生长素分布不均匀;二是抑制物质分布不均匀。长期以来，人们认为不均等生长是由于单侧照光后导致生长素在向光面和背光面分布不均匀而引起的。文特用生物测定法证明，燕麦胚芽鞘经单侧照光后，背光一侧顶部扩散到琼脂的生长素活性比向光一侧多，二者的分布比率约为向光面32%，背光面68%（相对比值为27∶57）。至于照光引起生长素不均等分布的原因，可能是单方向光照引起燕麦胚芽鞘尖端不同部位产生电势差，向光的一侧带负电荷，背光的一侧带正电荷，由于生长素（吲哚乙酸）呈弱酸性带负电荷，因而向带正电荷的背光一侧移动，背光一侧生长素含量升高，生长加快，植株便向光弯曲。

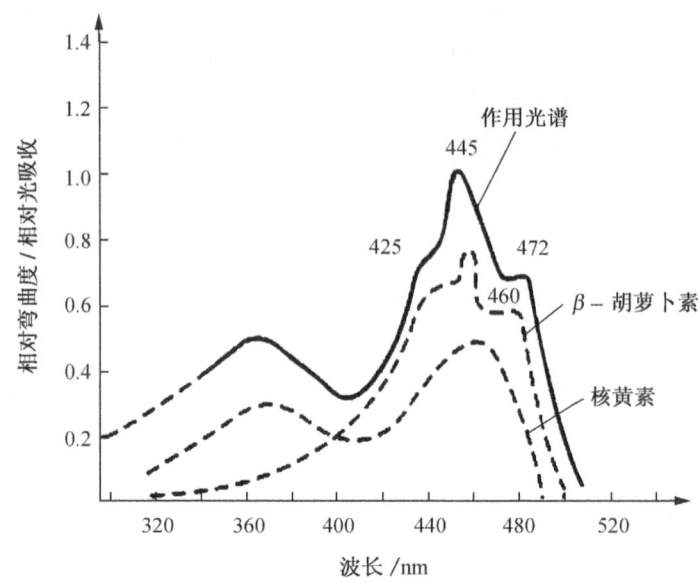

图 8.13　燕麦胚芽鞘向光性的作用光谱与β-胡萝卜素及核黄素的吸收光谱比较
（引自李合生，2002）

20世纪80年代以来，许多学者提出向光性的产生是由于抑制物质分布不均匀的看法。他们采用气相-质谱等物理化学方法测得单侧照光后，黄化燕麦胚芽鞘、绿色向日葵下胚轴和绿色萝卜下胚轴都会向光弯曲，但向光一侧和背光一侧的生长素含量并没有差别（表8.7）。相反，却发现向光一侧的生长抑制物质的含量多于背光一侧，而且与光强呈正相关（表8.8）。有实验证明，萝卜下胚轴的生长抑制物质可能是萝卜宁（raphanusanin）和萝卜酰胺（raphanusamide），向日葵下胚轴的生长抑制物质可能是黄质醛。燕麦胚芽鞘的生长抑制物质尚不清楚。

表 8.7　向日葵、萝卜和燕麦向光性器官中 IAA 的分布

器官	IAA分布/%			测定方法
	向光一侧	背光一侧	黑暗（对照）	
绿色向日葵下胚轴	51	49	48	分光荧光法
绿色萝卜下胚轴	51	49	45	电子俘获检测法
黄化燕麦芽鞘	49.5	50.5	50	电子俘获检测法

表 8.8　绿色向日葵下胚轴受单侧光照射后生长抑制剂活性的相对分布（Franssen，1981）

刺激持续时间/min	抑制剂/%		弯曲度
	向光一侧	背光一侧	
0	51.5	48.5	0°
30～45	66.5	33.5	15.5°
60～80	59.5	40.5	34.5°

注：采用水芹根生物测定法，幼苗平均抑制物含量相当于每克鲜重 60 ng 顺式-黄质醛。

据此，有人提出单方向光照导致生长抑制物质在向光一侧积累，胚芽鞘向光一侧的生长受到抑制，因而向光

弯曲。生长抑制剂抑制生长的原因可能是妨碍了 IAA 与 IAA 受体结合,减少 IAA 诱导与生长素有关的 mRNA 的转录和蛋白质的合成。还有实验表明,生长抑制物质能阻止表皮细胞中微管的排列,引起器官的不均衡伸长。

2. 向重力性

植物在重力的影响下,保持一定方向生长的特性,这种特性称为向重力性(gravitropism)。根顺着重力方向向下生长,称为正向重力性(positive gravitropism);茎背离重力方向向上生长,称为负向重力性(negative gravitropism);地下茎、侧枝、叶柄、次生根等以垂直于重力的方向水平生长,称为横向重力性(diagravitropism)。通常初生根有明显的正向重力性,次生根趋于水平生长;主茎有明显的负向重力性,但侧枝、叶柄、地下茎却偏向水平生长。根的正向重力性有利于根向土壤中生长,以固定植株并吸收水分和矿质元素。茎的负向重力性则有利于叶片伸展,并从空间上获得充足的空气和阳光。如果将植物幼苗横放,过一段时间后,根会向下弯曲,而茎则向上生长;作物由于风或其他原因倒伏后,茎会弯曲向上生长等现象都是植物向重力性的表现。近年来的太空实验证明,在无重力作用的条件下,植物的根和茎都不发生弯曲。

对植物的向重力性现象长期以来一直用平衡石学说来解释。平衡石(statolith)原指甲壳类动物的一种器官中管理平衡的砂粒,起着平衡的作用。植物的平衡石是一种淀粉体(amyloplast),植物体内平衡石的分布因器官而异。根部的平衡石在根冠的柱细胞中(图 8.14),茎部的平衡石分布在维管束周围的淀粉鞘中。在植物器官变换位置时,确实可以观察到平衡石的移动,并对原生质产生一种压力,这种压力则是被细胞感受的刺激。接受重力刺激的部位是根、茎和胚芽鞘的尖端。有人发现拟南芥突变体不能合成淀粉,但仍有向重力性反应,提出无淀粉突变体中无淀粉质体可能是平衡细胞中的平衡石。

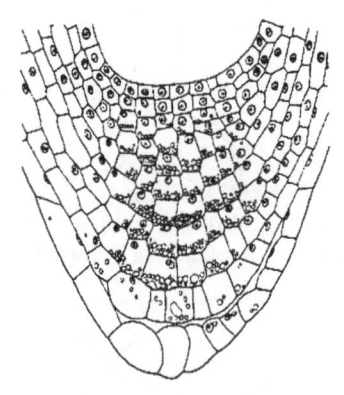

图 8.14　两栖蔊菜(*Rorica amphilia*)根冠中的淀粉粒
(引自曾广文等,2000)

细胞感受到由于平衡石的"沉降"而带来的刺激后,如何导致器官的弯曲生长呢?一般认为,向重力性导致的弯曲生长是由于生长素的不均匀分布引起的。当植株水平放置时,由于重力的作用,器官上侧的生长素将向下侧移动,从而导致上侧生长素减少,下侧生长素增多。生长素向下侧移动可能是由于重力的影响而造成的电势差引起,上侧带负电荷,下侧带正电荷。带负电荷的生长素于是就向下移动。由于根对生长素很敏感,微量的生长素促进根的生长,生长素稍多时,根的生长就受到抑制。因此,根横放时,下侧的生长将由于生长素增多而受到抑制,根就向下弯曲生长,呈正向重力性。与此相反,由于茎对生长素不敏感,因而茎横放时,下侧的生长将由于生长素的增多而加快,茎就向上弯曲生长,呈负向重力性。

根冠中含有脱落酸。图 8.15 说明了脱落酸影响弯曲生长,将玉米根冠作各种处理,则得出不同结果。

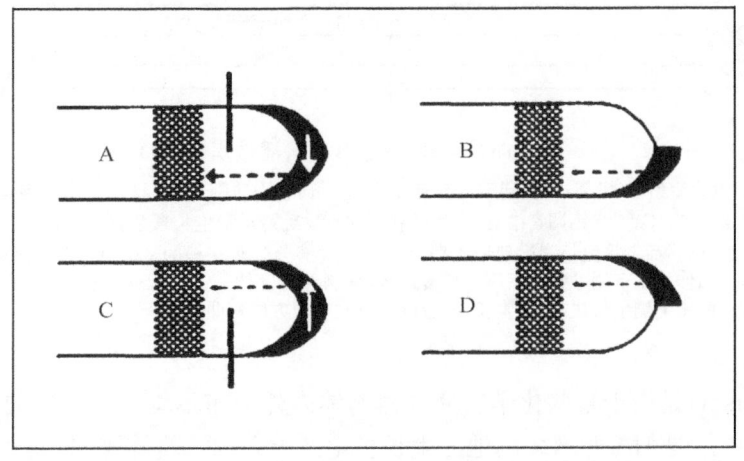

图 8.15　不同处理对玉米根弯曲生长的影响(引自曾广文等,2000)
A、C 生长部位上下方分别插入云母片,将 B、D 的根冠各切去一半。结果,A、B 处理都向下弯曲,A 向下弯曲大于 B,C、D 处理都向上弯曲,C 向上弯曲略小于 D

根横置时,根冠内的脱落酸向下移动,然后向根的生长部位(如分生区和伸长区)运输,该处下侧的脱落酸含量较高,于是抑制该侧细胞分裂和伸长,根向下弯曲生长(A、B处理),C、D处理则向上弯曲生长。

近年来的研究表明,Ca^{2+}在向重力性反应中起着重要作用(图8.16)。均匀地外施$^{45}Ca^{2+}$于根上,水平放置,发现$^{45}Ca^{2+}$向根的下侧移动。将含有钙离子螯合剂的琼脂块放在横放玉米根的根冠上,无重力反应;如改用含Ca^{2+}的琼脂块,则恢复向重力性反应。进一步研究发现,玉米根内有钙调素,根冠中的钙调素浓度是伸长区的4倍。外施钙调素的抑制剂于根冠,则根丧失向重力性反应。

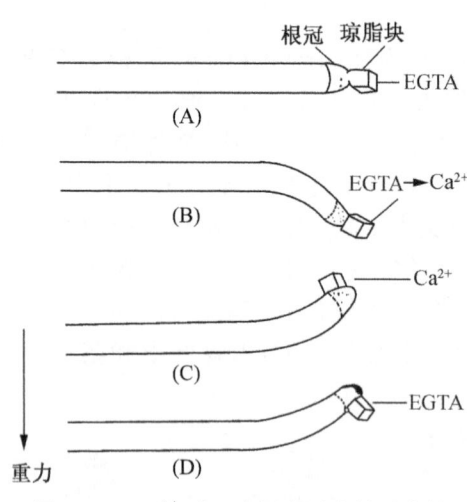

图8.16 Ca^{2+}对玉米根向重力性反应的影响(引自Poovaiah,1987)

A. 涂在根冠上的EDTA妨碍向重力性反应;
B. EDTA预处理后涂上Ca^{2+}恢复向重力性反应;C. Ca^{2+}涂在根冠一侧引起向Ca^{2+}侧弯曲;
D. EDTA涂在根冠一侧引起偏离EDTA弯曲

综上所述,结合平衡石、生长素、Ca^{2+}、钙调素和脱落酸对向重力性的影响,有人提出向重力性的机制:根横放时,平衡石"沉降"到细胞下侧的内质网上,产生压力,诱发内质网释放Ca^{2+}到细胞质中,Ca^{2+}和钙调素结合,激活细胞下侧的生长素泵和钙泵,引起细胞下侧生长素和Ca^{2+}的积累(图8.17)。与此同时,在横放根的下侧积累较多的ABA,从而抑制下侧的生长,引起根尖向下弯曲生长。

根的向重力性具有重要的生物学意义。当种子播种到土中,不管胚的方向如何,总是根向下生长,茎向上生长。禾谷类作物倒伏后,茎节可向上弯曲,恢复直立生长。

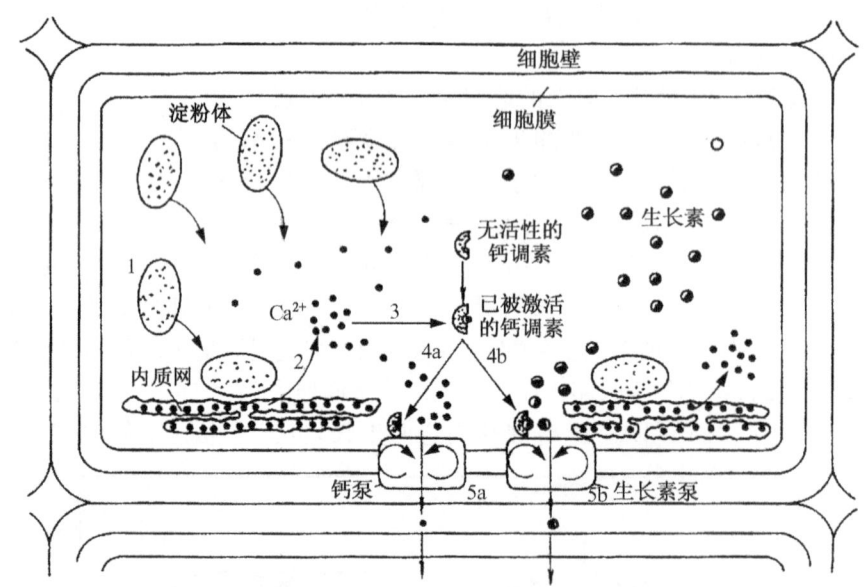

图8.17 向重力性的机理(引自潘瑞炽,2001)

1. 根冠的淀粉体(平衡石)受到重力影响,向下运动压在内质网上;2. 诱使内质网将Ca^{2+}释放出来;3. Ca^{2+}与钙调素结合,呈激活状态;4. 激活钙泵和生长素泵;5. 前者将Ca^{2+}运到细胞壁,后者将生长素运到细胞壁。生长素大部分分布在根的下侧,Ca^{2+}也促进生长素返回伸长区下侧,这样,下侧生长素过多,抑制伸长区伸长,而上侧生长素较少,生长正常。由于上侧生长快,下侧生长慢,所以根就向重力方向弯曲生长

3. 向化性

向化性(chemotropism)是由于某些化学物质在植物体内外分布不均匀引起的向性生长。植物根的生长就有向化性。根在土壤中总是朝着肥料多的地方生长。生产上采用深耕施肥,就是为了使根向深处生长,从而可以吸收更多营养。此外,花粉管的生长也表现出向化性,当花粉落在柱头上,凡是亲和的,在胚珠细胞分泌物(如退化助细胞释放的Ca^{2+})的诱导下花粉管向胚珠生长。近年来,根的向水性和向盐性受到越来越多

的关注。

根的向水性(hydrotropism)也是一种向化性。当土壤干燥而水分分布不均时,根总是趋向潮湿的地方生长,干旱土壤中根系能向土壤深处伸展,其原因是土壤深处的含水量较土表高。种植香蕉、竹子时,可以采用以肥养芽的措施,把它们引到人们希望它生长的地方出芽生长,就是利用根和地下茎在水肥充足的地方生长较为旺盛的生长特点。

当土壤含盐量变化时出现的根生长方向发生改变的现象,称为向盐性(halotropism)。向盐性可分为正向盐性和负向盐性。例如,盐生植物二色补血草等的根在盐渍环境中正常生长,即具正向盐性。非盐生植物如拟南芥、番茄和高粱等的根在盐渍环境中生长受到抑制,或避开盐渍环境生长,即具负向盐性。根的正向盐性生长是盐生植物长期适应盐渍生境的结果。

8.6.2 感性运动

感性运动是指由没有一定方向的外界刺激所引起的运动,运动的方向与外界刺激无关。根据外界刺激的种类又可分为感夜性、感温性、感震性等。感性运动多数是由细胞膨压的变化所引起,因而也称为紧张性运动(turgor movement)或膨胀运动,如感震性、感夜性。但也有一些感性运动是由生长的不均匀引起的,如感温性运动。

1. 感夜性

感夜性运动(nyctinasty movement)主要是由昼夜光暗变化引起的。例如,一些豆科植物(如大豆、花生、合欢、木瓜、含羞草、酢浆草等)的叶子,白天叶片张开,夜间合拢或下垂。三叶草、酢浆草的花和蒲公英等许多菊科植物的花序在晚上闭合,白天开放,月亮花、甘薯、烟草等植物花的昼闭夜开,也都是由光引起的感夜性运动。感夜性运动的器官是叶柄基部的叶枕或小叶基部。在叶枕或小叶基部上下两侧,其细胞的体积、细胞壁的厚薄和细胞间隙的大小都不同,当细胞质膜和液泡膜因感受光的刺激而改变其透性时,两侧细胞的膨压变化也不同,使叶柄或小叶朝一定方向弯曲。感夜运动的产生是由于叶柄基部叶枕的细胞发生周期性的膨压变化所致。叶片在白天合成生长素,运到叶柄下半侧,K^+和Cl^-也运到生长素浓度高的地方,水分就进入叶枕,细胞膨胀,导致叶片高挺。到晚上,生长素合成和运输量均减少,进行相反过程,叶片下垂。在此过程中,光敏色素在接受光暗变化的刺激中起重要作用,且这种昼夜内在节奏的变化是由生物钟控制的。

2. 感温性

由于温度变化而使器官背腹两侧不均匀生长引起的运动,称为感温性运动(thermonasty movement)。如番红花和郁金香花的开放或关闭受温度变化的影响,在温度升高时,花朵开放;温度下降时,花瓣合拢;如将番红花和郁金香从较冷处移至温暖处后,很快又会开花。花的这种感温性运动是不可逆的生长性运动,是由于花瓣上下组织生长速率不同所致。花的感温性运动对植物来说具有重要的意义,因为这样可使植物在适宜的温度下进行授粉,并且可保护花的内部免受不良条件的影响。

3. 感震性

植物的感震性运动(seismonasty movement)是由于机械刺激而引起的与生长无关的植物运动。含羞草叶片的运动是典型的感震性运动。含羞草不仅在夜晚将小叶合拢,叶柄下垂,即使在白天,当部分小叶受到震动(或其他刺激如烧灼、电刺激)时,小叶也会成对地合拢。如刺激较强,这种刺激可以很快地依次传递到邻近的小叶,甚至可传递到整个复叶的小叶,引起复叶叶柄下垂。如果是更强刺激,则会使整株植物的小叶合拢,复叶叶柄下垂。但经过一定时间,整株植物又可以恢复原状。含羞草对震动的反应很快,刺激后 0.1 s 就开始,几秒钟就完成。上下传递速度极快,可达 40~50 cm/s。另外,食虫植物捕蝇草的触毛对机械触动产生的捕食运动也是一种反应速度很快的感震性运动。

含羞草叶子感受震动的机制,被认为是由于小叶和复叶叶柄基部叶褥细胞膨压的改变而引起的。叶褥是含羞草叶柄基部的一群特殊细胞,具有特殊的解剖结构。小叶叶褥上半部细胞的间隙较大,细胞壁较薄。当小叶受到震动或其他刺激时,叶褥上半部细胞的透性加大,细胞内的水分和溶质排入细胞间隙,细胞的膨压下降,组织疲软,而此时叶褥下半部的细胞还保持紧张状态,因而小叶成对合拢。一定时间后,水分和溶质又回到叶褥上半部细胞中,小叶又张开。复叶叶褥的结构则正好与小叶叶褥的结构相反,即复叶叶褥的上半部细胞排列紧密,细胞壁较厚,而下半部细胞的间隙较大,细胞壁较薄,受到外界震动或其他刺激导致膨压改变时,复叶就下垂。

震动刺激被植物感受后,转换成什么样的信号,并引起细胞膨压的变化呢?对此,目前有两种不同的观点:一种观点认为是由电信号的传递,诱发了感震性运动;另一种观点认为是由化学信号的传递,诱发了感震性运动。20世纪80年代以来许多学者对此进行了深入的研究。有些学者认为是电传递。震动植株,植株就会产生动作电位(action potential),并有一个特征高峰(图8.18)。含羞草的动作电位类似于动物神经细胞,但比较慢。具体过程是,含羞草的小叶和食虫植物捕蝇草的触毛接收刺激后,其中感受刺激细胞的膜透性和膜内外的离子浓度会发生瞬间改变,引起膜电位的变化。感受细胞膜电位的变化还会引起邻近细胞膜电位的变化,从而引起动作电位的传递,当其传至产生动作的部位后,使动作部位细胞膜的透性和膜内外的离子浓度发生改变,从而造成膨压变化,引起感震运动。有些学者认为还存在化学信号传递。目前有人已从含羞草、合欢等植物中分离到一些化合物,它们能引起这些植物的叶褥细胞膨胀,其结构是没食子酸的β-葡萄糖苷。从其他植物中也获得这样一些类似物质。有人把这一类物质称为膨压素(turgorin),因为它们能使叶枕细胞膨胀,并且在 $10^{-7} \sim 10^{-5}$ mol/L 时就有活性。卡拉斯(Kallas)等人证实,在含羞草质膜外侧有它们专一性的受体存在,推测可能是一种蛋白质。从感震反应的速度来看,似乎动作电位更可能是刺激感受的传递信号。

感震性运动不是由生长的不均匀所引致,而是由细胞膨压的改变而引起的,因而是一种可逆性的运动。

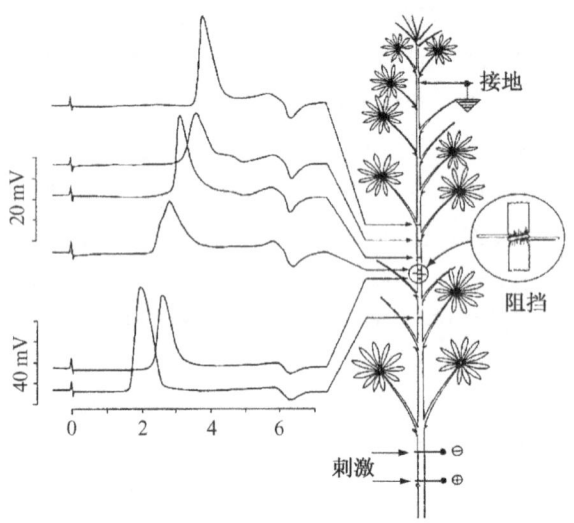

图 8.18　测定狭叶羽扇豆(*Lipinus angustifolius*)动作电位的实验和结果(引自潘瑞炽,2001)

茎基部给予刺激,一定时间后在茎上部测到动作电位;若对茎进行阻隔处理则使动作电位减小

8.6.3　昼夜节律——生物钟

植物的很多周期性生理活动是环境因素的周期性变化引起的,但也有一些生理活动是由植物体内部的测时系统控制的,不决定于环境条件的变化,如菜豆叶片的昼夜运动(图8.19)。菜豆叶片在白天呈水平方向伸展,而在夜间呈下垂状态。即使在外界连续光照或连续黑暗以及恒温条件下仍能在较长的时间内保持原来的周期性变化。在自然条件下,其周期性运动与昼夜的变化是同步的。但是在弱光和20℃的恒定条件下,叶子平举与下垂的周期约为27 h。菜豆的昼夜运动,是一种内源性节律现象。由于这种生命活动的内源性节律的周期是在 20～28 h 之间,接近 24 h,因此称为昼夜节律,亦称生理钟(physiological clock)或生物钟(biological clock)。

昼夜节律的现象在生物界中广泛存在,植物、动物和人类都存在生物钟。高等植物中除了上述的菜豆叶片的感夜性运动外,还有花朵开放、气孔开闭、蒸腾作用、细胞分裂、膜的透性、胚芽鞘的生长速度等过程中都存在昼夜节律。

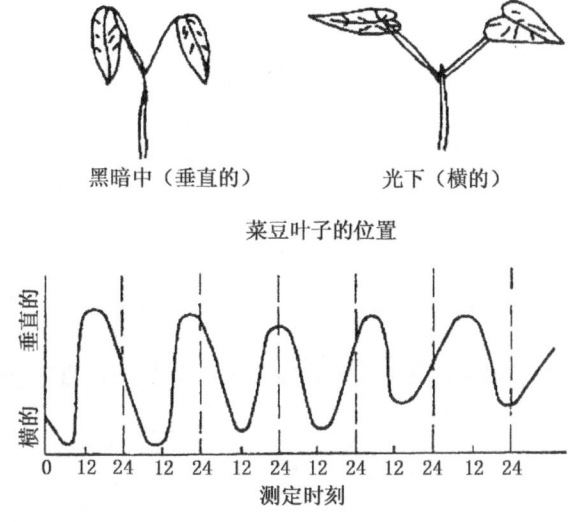

图 8.19　菜豆叶在恒定条件（微弱光，20℃）下的运动
（引自潘瑞炽，2001）
高点代表垂直的叶（左上）；低点代表横的叶（右上）

生物钟是植物体内部的测时机制。它可以保证一些生理活动按时进行，如菜豆叶片在黎明前就挺起呈水平状态，显然有利于吸收阳光，进行光合作用。

生物节律的引起必须有一个启动信号。在菜豆叶片的运动中，这个启动信号就是暗期跟随着一个光期，并且具有自调重拨功能。一旦节奏开始，就以大约 24 h 的节奏自由地运行。植物就是借助于生物钟准确地进行测时过程。

那么生物钟是如何运行的呢？2017 年度诺贝尔生理学或医学奖授予杰弗理·霍尔（Jeffrey C. Hall）、迈克尔·罗斯巴赫（Michael Rosbash）和迈克尔·杨（Michael W. Young），以表彰他们用模式动物果蝇解析了生物钟的调控机制。而包括植物在内的其他多细胞生物体的生物钟通过类似的调控机制发挥作用。

植物的生物钟包括 3 个组分：输入途径（input pathway）、中央振荡器（central oscillator）和输出途径（output pathway）（图 8.20）。外界的光照、温度、湿度和营养等环境信号通过输入途径传递到中央振荡器，中央振荡器整合外界环境信号，在细胞中产生内源性的昼夜节律，并将节律信号传导到输出途径，从而调节特定的生理反应和形态变化。

生物钟中央振荡器主要由不同时间段表达的多种生物钟核心组分基因构成，其中早晨基因（morning-phased gene）包括 *CCA1*（*circadian clockassociated 1*）、*LHY*（*late elongated hypocotyl*），夜晚基因（evening-phased gene）包括 *LUX*（*lux arrhythmo*）、*ELF3/ELF4*（*early flowering*）和 *TOC1*（*timing of cab expression 1*，即 *PRR1*）。白天基因（day-phased gene）包括 *PRR5/PRR7/PRR9*（*pseudo-response regulator*）。这些基因的表达产物构成了中央振荡器最为重要的"转录-翻译反馈环"（transcriptional-translational feedback loop，TTFL）。转录因子 CCA1 和 LHY 形成的异源二聚体抑制 *TOC1* 和夜晚复合体（evening complex，EC）LUX-ELF3-ELF4 的转录，TOC1 和 LUX-ELF3-ELF4 复合体则反过来抑制 *CCA/LHY* 和 *PRR5/PRR7/PRR9* 的表达。目前发现，在模式植物拟南芥中已鉴定到 50 多个生物钟相关基因，其分子调控网络高度复杂而精细。

生物钟中央振荡器的核心组分除存在转录水平的调控外，还存在如磷酸化、泛素化和糖基化等翻译后修饰及转录水平的表观遗传修饰的调控，如 F-box 类蛋白 ZEITLUPE（ZTL）参与 PRR5 和 TOC1 的泛素化降解过程。

最新的研究表明，生物钟调节的不同生理和形态反应，其输出途径的关键基因各不相同，如在光调节下胚轴伸长反应中，输出途径的主要组分为光敏色素互作因子（phytochrome interacting factor，PIF）PIF4/5，而在光周期调节开花反应中，CO（constans）是输出途径的主要因子。

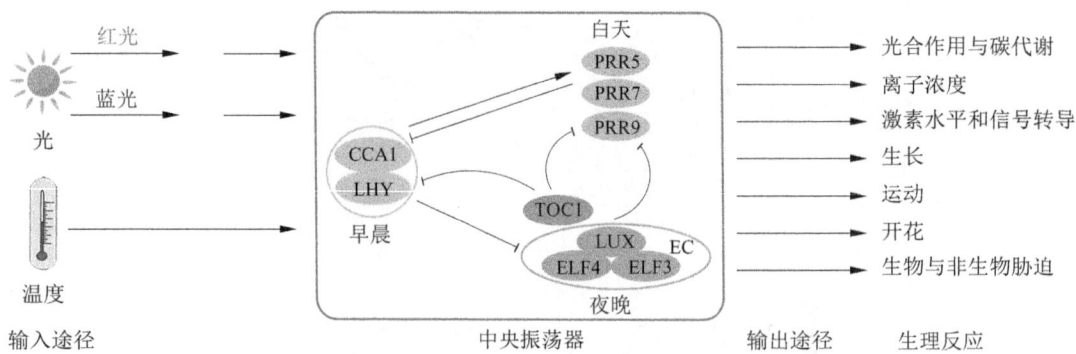

图 8.20　生物钟的组成和中央振荡器的转录反馈调控(引自王小菁,2019)

思　考　题

1. 试述根尖分生组织和茎尖分生组织在植物胚后发育中的作用及调控机制。
2. 以根尖为例,说明处在细胞分裂、细胞伸长阶段的细胞以及已分化的细胞在形态结构和生理生化方面有何不同？细胞的分化受哪些因素调控？
3. 利用植物组织培养技术将菊花叶的切片培养为一株完整的植株,要经过哪些步骤？
4. 种子的生活力和活力有何不同？用哪个概念更能准确地描述种子萌发的情况？
5. 试述种子萌发的三个阶段,以及各阶段的代谢特点。
6. 种子萌发过程中吸水的动力是如何变化的？
7. 种子萌发的早期能动用胚乳或子叶中的贮藏物质作为呼吸作用的底物吗？长命 mRNA 是在何时被合成？何时起作用的？
8. 总结种子萌发过程中贮藏物质的动员及再利用情况。
9. 用你所学的知识解释"根深叶茂""本固枝荣""旱长根、水长苗"。
10. 产生顶端优势的可能原因是什么？举出实践中利用或抑制顶端优势的 2～3 个例子。
11. 植物地上部与地下部相关性表现在哪些方面？在生产上如何调节植物的根冠比以提高产量？
12. 植物生长的最适温度和协调最适温度有何不同？温度三基点对生产实践有何指导意义？
13. 试述光对植物生长的影响。
14. 简述植物向光性、向重力性的机制。
15. 向性运动的类型及产生的原因是什么？
16. 简述生物钟的概念及其组成成分。

第 9 章 植物的生殖生理

提 要

植物的生殖过程包括花熟状态的完成、成花诱导、花器官的形成、授粉和受精等重要环节。植物达到花熟状态后,并感受合适的外界条件才能开花,低温和光周期是主要的外界条件。

一些二年生和冬性一年生的植物成花需要低温诱导,即春化作用。不同植物或品种通过春化作用所需的温度和时间各异。接受低温的部位是茎尖生长点或其他具有细胞分裂能力的组织,春化过程中植物体内发生一系列生理生化变化。光周期对植物的成花诱导极为重要。植物的光周期反应类型主要有长日植物、短日植物和日中性植物三种。感受光周期的部位是叶片,形成的开花刺激物可以传导。暗期间断抑制短日植物开花而促进长日植物开花,用红光进行暗期间断最有效。光敏色素控制植物开花,短日植物要求暗期前期的"高 Pfr 反应",后期的"低 Pfr 反应",长日植物则相反。植物成花诱导的信号转导途径主要有低温(春化作用)途径、光周期途径、年龄途径、赤霉素途径和糖类途径等。

花器官发育的基因控制和 ABCDE 模型在一定程度上揭示了花器官形成的分子基础。花的性别分化有多样性和易变性等特点,光周期、植物生长物质和营养条件等影响性别的分化。花粉与柱头相互识别并发生亲合,花粉才能正常萌发和完成受精作用,人为干预可打破其亲合性,也可利用自交不亲合特点进行育种。授粉和受精后会引起植物体特别是雌蕊组织发生一系列形态和生理生化变化。

植物在营养生长的基础上,个体达到一定的大小和形态,此时在一定的外界条件诱导下,茎尖分生组织从分化枝叶转为分化生殖器官(花芽),花芽的分化是植物由营养生长转入生殖生长的重要标志。大多数高等植物在其生活周期中均存在一个共同的特点,就是在开花之前要达到一定的年龄或处于一定的生理状态,然后才能具有接受外界环境诱导而开花的能力。植物在感受外界刺激而开花之前必须达到的生理状态称为花熟状态(ripeness to flower state),又称成年生殖期(adult reproductive phase)。植物在达到花熟状态之前的营养生长阶段称为幼年期(juvenile phase)。处于幼年期的植物即使满足了其开花所需的外界条件也不能开花。已经达到花熟状态的植物,也只有在适宜的外界条件下才能开花。也就是说当植物已达花熟状态时,外界环境的某些因素对植物的开花起主导作用。植物总是在合适的季节才能开花,而季节的变化主要与温度和日照长度的变化有关。研究证明,植物的开花与温度高低和日照长短有密切的关系。因此,花熟状态、温度(主要是低温)和光周期是控制植物开花的重要因素,它们可作为信号触发植物体开花所必需的生理变化。除此之外,营养以及其他条件与开花也有较为密切的关系。

9.1 幼年期与花熟状态

高等植物幼年期的长短因种类不同而差异很大。一般来说,草本植物的幼年期较短,只需几天或几个星期,如山嵛菜(*Eutrema yunnanense*)发芽后 7 周、甘蓝发芽后 11 周左右是幼年期;还有的草本植物根本或几乎没有幼年期,如花生种子在休眠芽中已出现了花序原基,随着植株的生长,花芽也分化完成;矮牵牛、油菜等植物也几乎没有幼年期,即使在刚发芽之后,只要在适当的外界条件下就可以长出花芽。但大多数木本植物的幼年期较长,从几年甚至到几十年不等,例如果树的幼年期一般为 3~15 年,山毛榉的幼年期长达

40年。

植物的幼年期与花熟状态无论从形态上还是从生理特征上均有明显的区别,如多年生桧柏幼年期为针状叶,成年后叶为鳞片状;幼年期的代谢活动旺盛,生长速度较快,而成年期的代谢活动和生长速度较幼年期相对缓慢。由于植株发育是由幼年期逐渐转入成年期,所以同一株植物自基部向顶端不同的部位成熟度不一样。从器官本身出现的早晚而言,显然下部枝叶先出现为老,而上部枝叶后出现为幼,但从它们所代表的植物生活时间而言,则情况恰恰相反,下部枝叶因其出现时植株较年轻而为幼年枝叶,上部枝叶由于出现时植株较年老而为成年枝叶,即下部的枝叶较年轻而上部的枝叶较年老,中部则为中间型(图9.1)。这是在认识植物开花现象时必须加以注意的"生理年龄"。"生理年龄"现象在园艺生产实践中早已引起了人们的注意。例如,桦树不同部位获取切段进行嫁接的实验表明:从树木基部得到的接穗嫁接到幼年期砧木上时,2年内不开花,相反从树木顶端得到的接穗进行嫁接时,则很快开花。以常青藤的基部或顶端的枝条为接穗嫁接,前者一二年后仍不开花,而后者一两年后则开花。Tran Thanh Van曾用烟草花茎不同部位的切段做薄层培养,试图建立一个与正常花芽形成方式类似的外植体花芽形成系统。她在研究中发现,在同样的培养基上,靠近叶片着生部位的切段在培养中只长叶芽,而靠近花着生部位的切段则可以直接长出花芽,在两者之间,花芽的发生能力有一个梯度变化。由此可见,植物的年龄或状态对植物的开花起着非常重要的作用。植株从幼年期向成年生殖期转变的调控机制取得了一定进展。研究表明,小分子RNA(miR156)是控制植物从幼年期向成年生殖期转变的重要因子,其靶基因 *SPL*(squamosa promoter binding protein-like)能够促进植物向成年生殖期转变。因此,通过转基因技术过表达 *miR156* 或抑制 *SPL* 都能延缓植物进入成年生殖期,反之亦然。

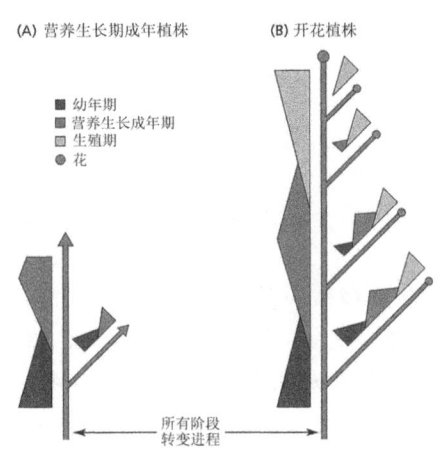

图9.1 植株幼年期和成年生殖期的部位
(引自 Taizet al.,2002)

由于植物处于幼年期不能开花,所以在生产上往往设法缩短幼年期以提早开花,常采用的方法有加速生长、减慢生长、嫁接、化学处理等。如将桦树在连续长日照下生长,可使幼年期由5~10年缩短到不足1年;苹果和柠檬一般开花需要4~15年,如果进行环割处理,则可在1~2年内形成花芽;用减缓营养体生长速度的方法来缩短幼年期。例如,用石膏把萝卜的幼芽固定使其生长被抑制,则可提早开花,用植物生长抑制剂马来酰肼或高浓度的糖液处理也可以提早开花;在温室中进行强烈熏蒸消毒或摘心等处理均能抑制茎的生长,同样可使花芽形成提早;外施赤霉素可使杉科、柏科和松科中的一些植物提早开花;外施生长素对凤梨和夏威夷荔枝花芽形成有强烈的诱导作用。

9.2 春化作用

9.2.1 春化作用的发现

早在19世纪中叶,人们就发现自然界许多二年生植物(如芹菜、胡萝卜和白菜等)及许多秋播作物(如冬小麦、油菜等),冬前经过一定的营养生长,然后度过寒冷的冬季,在第二年的夏初开花结实。若将秋播的作物改为春播时,则不能开花或大大延迟开花。实验表明,出现此种现象的原因是因为秋播作物的开花需要一定时间的低温。在自然条件下秋播,冬季能满足其所需要的低温条件,因此作物能开花结实,而春播时则不能满足其开花所需的低温条件,因此不能开花结实或大大延迟开花。我国劳动人民很早就利用"闷麦法"解决了冬麦春播的问题,即把吸水萌动的小麦种子放在0~5℃的环境下40~50 d,然后在春天播种就可开花结实,从而避免了因秋季干旱等原因无法播种所带来的损失。但是,在一些高寒地区,如我国的东北和新疆等西北地区以及原苏联的大部分地区冬季酷寒,无法在秋季播种冬小麦,只能种植春小麦。最早提出春化概念的是原苏联学者李森科(Lysenko),他将浸泡吸胀萌动的冬小麦种子经低温处理后春播,便可使其在当年的夏初抽穗开花。李森科将这种技术称为春化,意为冬小麦春麦化了。后来春化的概念除了种子对低温的要求以外,还包括在成花诱导中植物其他生育期对低温的反应。低温促进植物开花的作用称为春化作用(vernalization)。

需要春化作用才能开花的植物包括一些冬性一年生植物(如冬小麦、冬黑麦、冬大麦等)、大多数二年生植物(如白菜、萝卜、胡萝卜、油菜、天仙子、芹菜等)及一些多年生的草本植物(如牧草、黑麦草等)。这些植物在通过低温春化后还需要在长日照条件下才能开花。

9.2.2 春化作用的条件

1. 低温和时间

低温是春化作用的主导因子,但各种植物和同一种植物不同品种春化所要求的低温范围和低温持续的时间不同。对绝大多数要求低温的植物而言,有效温度为-1～10℃。最适温度为1～7℃。有些植物只需要几天的低温处理,而某些冬性强的植物则需要低温的天数较长。根据原产地的不同,可将小麦分为冬性、半冬性和春性三种类型。一般冬性越强,要求春化的温度就越低,春化持续的时间也越长(表9.1)。我国华北地区的秋播小麦多为冬性品种,黄河流域一带的多为半冬性品种,而华南一带的则多为春性品种。在春化过程结束之前,将植物转移在较高的温度下,低温的效果会被减弱或消除,这种现象称为解除春化、去春化作用或脱春化作用(devernalization)。脱春化的温度一般为25～40℃。通常植物经低温春化的时间越长,脱春化就越困难。一旦低温春化过程已完成,春化效应就非常稳定,高温处理不再起作用。脱春化作用可用于生产实践,如越冬储藏的洋葱鳞茎用高温处理脱春化,便可防止生长期开花而获得大鳞茎,提高洋葱产量。大多数脱春化的植物再返回低温条件后,又可重新进行春化过程,而且低温春化的效应还可以累加,这种脱春化后再重新恢复春化作用的现象称为再春化作用(revernalization)。

表 9.1 不同类型小麦通过春化需要的温度及天数

类 型	春化温度范围/℃	春化天数/d
冬 性	0～3	40～45
半冬性	3～6	10～15
春 性	8～15	5～8

2. 氧气、水分和糖分

氧对于春化作用是必要的,植物在缺氧条件下给予合适的低温不能完成春化作用。充足的氧气有利于呼吸作用的加强,在春化期间为具有分生能力的细胞提供必要的物质与能量。吸胀的小麦种子可以感受低温通过春化,如将已萌动的小麦种子失水干燥,使其含水量低于40%时,用合适的低温处理,不能通过春化。缺少作为呼吸底物的营养物质植物也不能完成春化,如将小麦的胚在室温下萌发至体内糖分消耗尽时,进行低温诱导不表现春化效果,若将去掉胚乳的小麦种子培养在含有蔗糖的培养基中,则能感受低温通过春化。

3. 光照

一般将需要春化才能开花的植物在春化之前进行充足的光照对其通过春化起促进作用,这可能与充足的光照储备了足够的营养物质有关。绝大多数植物在春化完成之后,还必须经长日照诱导才能开花。例如,冬小麦、油菜、菠菜和天仙子等完成春化后若在短日照条件下则只进行营养生长不能开花,只有经低温春化后并且处于长日照条件下,植株才能开花。但也有例外,如菊花就是需春化的短日植物;还有蚕豆、甜豌豆等则属于需要春化的日中性植物,即在低温下完成春化以后,在长日照或短日照条件下均可开花。

某些植物的春化作用与光周期效应有时可以相互替代或影响,如甜菜是长日植物,但若将其春化时间延长,则可在短日条件下开花;冬性禾谷类的某些植物用短日照处理,可以部分或全部代替低温春化,这种现象称为短日春化现象(short day vernalization)。

9.2.3 春化作用的时期和部位

春化作用的时期因植物的种类而异,一般植物从种子萌发期到植物营养体生长的苗期都可感受低温而通过春化。某些植物如冬小麦、冬黑麦等在种子吸胀后即可感受低温诱导进行春化,也可在苗期进行春化,其中以三叶期为最快。而另一些二年生和多年生植物只有当幼苗生长到一定大小后才能感受低温,而不能在种子萌发状态下进行春化,如甘蓝幼苗在茎粗超过 0.6 cm、叶宽 5 cm 以上时才能接受春化,月见草 6~7 片真叶时才能接受低温通过春化。

植物感受春化低温的部位是茎尖端的生长点。例如栽培于温室中的芹菜,由于得不到花诱导所需要的低温而不能开花结实。但若用橡胶管把芹菜茎顶端缠绕起来,管内不断通过冷水流,使茎尖生长点获得局部低温处理,就能通过春化而在长日下开花结实;反之将整株芹菜置于低温条件下,而在缠绕芹菜茎顶端的橡胶管内不断通过温水流(水温 25℃左右),使茎尖生长点获得局部高温处理,植株即使在长日条件下也不能开花结实。后来,人们用甜菜进行试验,也得到了同样的结果。以上实验表明,植物感受低温春化的有效部位是茎尖端的生长点。

研究发现,冬性禾谷类作物如冬小麦等,正在母体中发育的幼胚亦能有效地感受低温,芹菜茎尖端生长点周围的幼叶也能被春化,多年生银扇草(Lunaria rediviva)正在展开的幼叶也能感受低温完成春化,而成熟组织则无此反应。说明植物在春化作用中感受低温的部位是分生组织和能进行细胞分裂的组织。

9.2.4 春化作用刺激的传导

实验证明,春化作用的刺激在有些植物体内可以进行传导。例如,将春化过的二年生植物天仙子枝条或叶片嫁接到没有春化的同种植物的砧木上,可导致没有春化的植株开花。在烟草、甜菜、胡萝卜等作物中也观察到类似的结果。这说明通过低温春化的植株产生了某种物质,这种物质可在植株间传导并引起没有春化的植株开花。德国学者梅尔彻斯(Melchers)把这种由低温诱导而产生的能够促进植物开花的特殊物质称为春化素(vernalin),但这种物质至今没有从植物体中分离出来。然而,也有一些植物的春化素是不能传导的,如将未春化的萝卜植株的顶芽嫁接到已春化的萝卜植株上,该顶芽长出的枝梢不能开花;将一株菊花部分枝条的顶端给予局部低温处理可开花,但另一部分未被低温处理的枝条则仍保持营养生长而不能开花,春化过的植株通过嫁接也不能引起没有春化的植株开花。目前的研究表明,春化作用刺激通过信号转导网络,最终启动关键基因表达调控植物开花。

9.2.5 春化作用的生理生化变化

植物在春化作用过程中,虽然形态上并无明显的改变,但体内的生理过程却发生了各种各样且相互关联的变化。一般表现为蒸腾作用增强,水分代谢加快,叶绿素含量增多,光合、呼吸速率加快,核酸、蛋白质含量及酶、激素水平等的显著变化。

春化作用使冬小麦的呼吸速率增高,许多酶活力加强,可见春化作用需要氧气和糖供应的必要性。用氧化磷酸化解偶联剂 2,4-二硝基苯酚(DNP)处理,发现 DNP 在抑制氧化磷酸化的同时,也抑制春化的过程,且抑制的效果在春化处理前期最明显。这说明氧化磷酸化即形成 ATP 的过程对春化作用有重要影响。同时,冬性禾谷类作物在春化过程中其呼吸途径以 EMP 占优势,在春化 2~5 周 HMP 途径活跃进行,由 HMP 途径产生的 $NADPH+H^+$,可能与新的脂肪酸合成有关。春化过程中的末端氧化酶也表现出多样性,在春化前期以细胞色素氧化酶起主导作用,伴随着低温处理时间的延长(15~20 天后),细胞色素氧化酶活性降低,而抗坏血酸氧化酶和多酚氧化酶的活力显著增高。

春化作用使核酸含量增加,且 RNA 性质发生变化。试验表明,冬小麦胚经 50 d 低温诱导后,RNA 含量增加 1.8 倍,DNA 含量则无显著变化。Sarhan 发现经低温处理的冬小麦幼苗中可溶性 RNA 及 rRNA 含量增高。从经过 60 d 低温处理的冬小麦苗中提取出来的染色体,主要合成沉降系数大于 20 s 的 mRNA,而常温处理的冬小麦苗中的染色体,主要合成 9~20 s 的 mRNA。这种低温诱导合成大分子的 mRNA 的现象表明,春化处理的一个极重要的作用是促使冬小麦幼苗内某些特异基因的表达,这可能对冬小麦以后的成花起重要作用。

春化作用是低温诱导植物体内某些与开花有关的基因特异表达的过程。早在20世纪40年代初期就观察到,经低温处理的冬小麦种子中可溶性蛋白质和游离氨基酸含量增加,尤其是脯氨酸含量增加明显。蛋白质合成抑制剂环己亚胺、氯霉素等对春化过程均有显著抑制作用。电泳分析表明,冬小麦和冬黑麦经春化后,有特异的新蛋白质的出现,而未经春化处理的则没有这些蛋白质的出现,表明这些蛋白质是由低温诱导产生的,若将已进行春化的冬小麦置高温下进行脱春化处理,则低温诱导产生的特异蛋白质消失。在春化过程中,低温诱导新的蛋白质组分的合成是一个缓慢过程,出现在春化的中后期。

春化作用引起植物激素发生变化。许多植物,如冬小麦、油菜、燕麦等经低温处理后体内赤霉素的含量明显增加,用赤霉素合成抑制剂处理冬小麦会抑制春化作用;一些需春化的一二年生长日植物如油菜、天仙子、白菜、胡萝卜等不经低温处理则呈莲座状,不能抽薹开花,如外施赤霉素则能开花(图9.2)。这些都说明赤霉素与春化作用有关,甚至有人认为赤霉素就是春化过程中形成的春化素。但研究结果表明,并不是所有需春化的植物在低温处理后体内的赤霉素含量都明显增加,赤霉素处理能使需春化的植物不经低温即可开花的现象也只发生在某些需春化的植物中,如短日植物对赤霉素就不发生反应;另外,植物对赤霉素的反应也不同于春化反应,经春化处理的植物花芽的形成与茎的伸长几乎同时发生,而赤霉素对开花的诱导反应是茎先伸长,之后花芽才出现,即先抽薹后开花。孟繁静等发现冬性植物在春化期间体内产生玉米赤霉烯酮(zearaienone),用玉米赤霉烯酮处理植物萌动的种子或幼苗可部分代替低温,有促进开花的作用。赤霉素和玉米赤霉烯酮与春化之间的关系,还有待于进一步研究。

图9.2　低温和外施赤霉素对长日照下生长的胡萝卜开花的影响(引自 Lang,1975)
A. 对照;B. 未低温处理,每天施用 0.01 mg 赤霉素;C. 低温处理8周

9.2.6 春化作用的机制

春化作用尽管已被研究了几十年,但对春化作用的机制还了解甚少。关于春化作用的机制已有多个假说。这里重点介绍 Melchers 和 Lang 提出的假说。他们根据二年生植物天仙子的嫁接试验和高温解除春化的试验认为,春化作用至少由两个阶段组成:第一阶段是春化作用的前体物在低温下转变成不稳定的中间产物;第二阶段是不稳定的中间产物再在低温下转变为热稳定物质,即能诱导植物开花的春化作用的最终产物,从而促进春化植物的开花。不稳定的中间产物如果遇到高温则可被破坏或钝化,不能生成最终产物,也就不能促进春化植物的开花。所以,若在春化过程中遇到高温则不能完成春化或出现去春化现象。

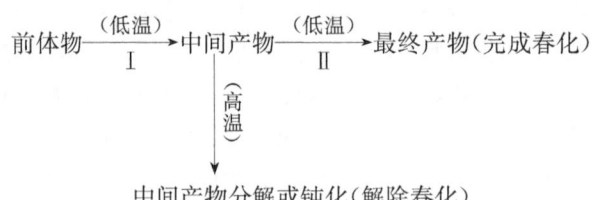

随后,不少研究者试图进一步从分子生物学的角度阐明春化作用的机制。Burn 等认为,DNA 的甲基化程度与春化作用有密切关系。他们用去甲基化试剂 5-氮胞苷(5-azacytidine)处理冬小麦、拟南芥晚花型突变体及十字花科植物遏蓝菜(*Thlaspi anvense*)萌发的种子,均可诱导这些植物在非春化处理条件下比对照开花明显提前,而对春化不敏感的春小麦则对 5-氮胞苷无反应。同时发现,低温处理或 5-氮胞苷处理后,都使其 DNA 链上的 5′-甲基化胞嘧啶水平大大降低,使营养生长向生殖生长转变。由此可见,DNA 的甲基化阻止了某些与春化相关基因的表达,春化作用通过去甲基化使这些特异的基因活化、转录和翻译,从而导致一系列生理生化过程的改变,最终进入花芽分化和开花结实。

近年来利用分子生物学技术已得到冬小麦 *Verc17*、*Verc69* 和 *Verc203*,以及 *VRN1*、*VRV2* 和 *VRN3* 等春化相关的基因。冬小麦春化作用主要通过促进 *VRN1* 的表达抑制 *VRN2* 的表达而促进冬小麦开花。种康课题组发现,冬小麦春化诱导过程中,VRN2 蛋白可通过解除 GRP2 对 VRN1 的抑制作用,促进冬小麦开花。

近期以拟南芥不同生态型和突变体为模式的研究结果表明,*FLC*(*flowering locus C*)和 *FRI*(*fridida*)是春化作用的两个关键基因。*FLC* 的表达对开花起抑制作用,一般低温处理时间越长,*FLC* 的表达越弱。春化对开花的促进作用主要是通过对 *FLC* 表达的抑制来实现的。去甲基化对 *FLC* 起负调控的作用。低温春化可能先引起相关基因的去甲基化,以某种机制抑制了 *FLC* 的表达,从而使植株转向生殖生长。*FRI* 的作用是促进 *FLC* 的表达,从而抑制开花。另外两个与春化作用相关的基因 *VRN1* 和 *VRN2* 起抑制 *FLC* 的作用。春化对 *FLC* 表达抑制的维持依赖于 *VRN1* 和 *VRN2* 的协同作用。

9.3 光周期

9.3.1 光周期现象的发现

一昼夜中白天和黑夜的相对长度称为光周期。地球不同纬度的光周期具有季节性变化。光周期对花诱导有着极为重要的影响。对大多数植物来说,当同一品种植物种植在同一地区时,即使播种时间不同,但每年开花的日子却相差不大。某些需春化的植物在完成低温诱导后,也要在适宜的季节才能进行花芽的分化和开花。季节变化的明显特征主要是温度和日照长短的变化,而日长的变化是季节变化最可靠的信号,不同纬度地区日照长度的季节性变化不同。我国地处北半球,其不同纬度地区日照长度的季节性变化如图 9.3。日照在夏至(22/6)最长,在冬至(22/12)最短,在春分(21/3)和秋分(23/9)各为 12 h。

早在 1912 年法国的图尔努瓦(J. Tournois)就发现大麻(*Cannabis sativa*)和啤酒花(*Humulus lupulus*)

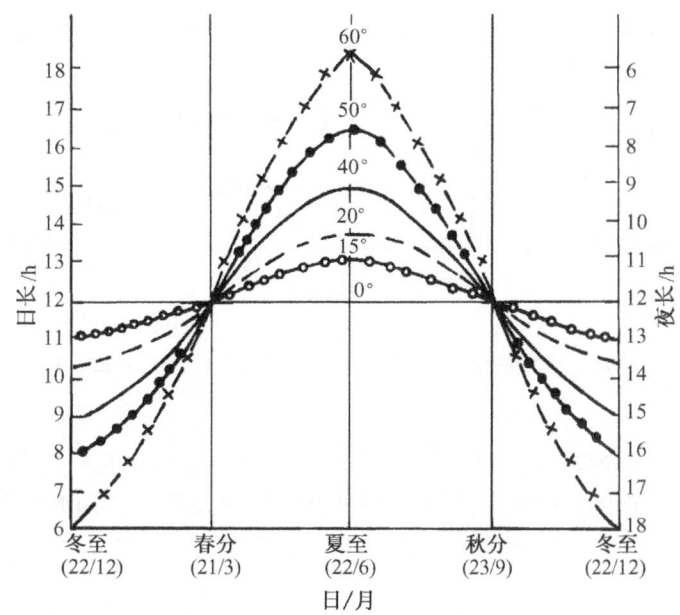

图 9.3　北半球不同纬度地区昼夜长度的季节性变化
北纬 20°：海口；北纬 31°：上海；北纬 40°：北京；北纬 50°：黑河

的开花受到日照长度的控制,在冬天温室中提早开花。真正对植物开花光周期现象的发现作出杰出贡献的是美国园艺学家加纳尔(W. W. Garner)和阿拉尔德(H. A. Allard)。在 1920 年,他们观察到烟草的一个变种(*Nicotiana tabacum* cv. *Maryland mammoth*)在夏季生长旺盛,株高能达 3～5 m 但不开花,而在冬季温室中栽培时,株高不到 1 m 即可开花,如果在冬季温室中人工延长光照时间,则烟草保持营养生长状态不开花,在夏季人为缩短日照时间,则烟草开花(图 9.4)。他们由这些实验证明并提出了日照长度控制着植物的成花诱导。此后,又观察到不同植物的开花对日照长度有不同的反应。加纳尔和阿拉尔德杰出的工作,为植物成花的光周期现象的深入研究奠定了良好的基础。此外,植物的休眠、落叶以及鳞茎、块茎、球茎等地下贮藏器官的形成等,也受到日照长度的调节。植物对白天和黑夜的相对长度的反应,称为光周期现象(photoperiodism)。

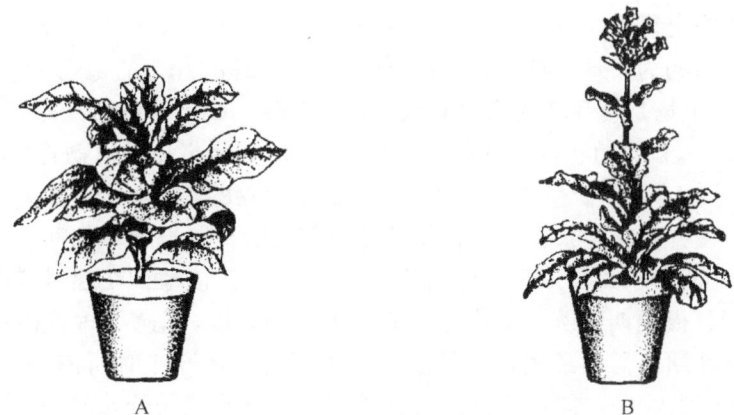

图 9.4　日照长短对美洲烟草诱导开花试验(引自曾广文等,2000)
A. 长日照条件下的植株　B. 短日照条件下的植株

9.3.2　光周期的反应类型

一般植物开花对光周期的反应主要有三种类型,即长日植物、短日植物和日中性植物。

1. 长日植物

长日植物(long-day plant, LDP)是指在昼夜周期中,日照长度长于某一临界值时才能开花的植物(图 9.5A)。如果延长日照缩短黑暗可促进其提早开花,相反,延长黑暗则延迟开花或不开花。常见的长日照植物有小麦、大麦、黑麦、燕麦、油菜、甜菜、菠菜、洋葱、甘蓝、芹菜、胡萝卜、萝卜、白菜、杜鹃、天仙子等。

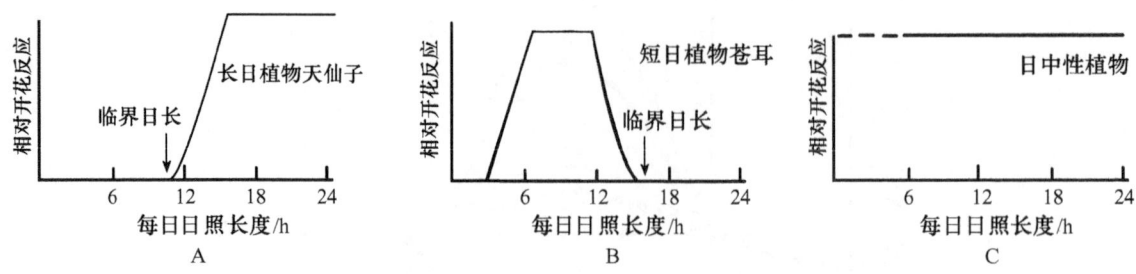

图9.5 三种主要的光周期反应类型(引自曾广文等,2000)

2. 短日植物

短日植物(short-day plant,SDP)是指在昼夜周期中,日照长度短于某一临界值时才能开花的植物(图9.5B)。如果适当缩短日照延长黑暗可促进其提早开花,相反,如果延长日照则延迟开花或不开花。常见的短日植物有美洲烟草、大豆、菊花、苍耳、晚稻、蜡梅、大麻、紫苏、高粱、日本牵牛等。

3. 日中性植物

日中性植物(day-neutral plant,DNP)是指在任何日照长度条件下都能开花的植物(图9.5C)。这类植物的开花对日照长度的要求范围很广,只要温度合适,一年四季均能开花。常见的日中性植物有番茄、茄子、黄瓜、辣椒、四季豆、蒲公英、月季花等。

除了上述三类典型的光周期反应类型外,有些植物花诱导和花器官形成的两个过程是明显分开的,且要求不同的日照长度。因此,这类植物被称为双重日长类型或双重日长植物(dual day length plant)。例如,大叶落地生根(*Kalanchoe daigremontiana*)、芦荟等植物,在长日照下完成花诱导,但在诱导完成后若继续给以长日照,则不能形成花器官,只有进行短日照处理才能成花,这类植物称为长-短日植物(long-short-day plant,LSDP)。而风铃草、白三叶草、瓦松等植物则相反,其花诱导须在短日照条件下完成,花器官的形成则需要长日照,这类植物称为短-长日植物(short-long-day plant,SLDP)。还有一类植物,只有在某一特定的中等日照长度条件下才能开花,如甘蔗只有在11.5~12.5 h的日照长度下才能开花,若延长或缩短这一日照长度都抑制其开花。这类植物称为中日性植物(intermediate daylength plant,IDP)。

加纳(Garner)等当时假定每天在短于12 h的日照条件下才能开花的植物为短日植物,每天在长于12 h的日照条件下才能开花的植物为长日植物,而在每天任何日照下都能开花的植物为日中性植物。试验表明,以12 h为短日植物和长日植物是否开花的临界日长(critical day length)的假定是不正确的。例如,短日植物苍耳的临界日长是15.5 h,长日植物菠菜的临界日长是13 h,如果将短日植物苍耳和长日植物菠菜同时放置在14 h的日照长度下,因14 h短于苍耳的临界日长和长于菠菜的临界日长,所以二者都能开花。因此,长日植物开花所需的日照长度并不一定长于短日植物开花所需要的日照长度。判断一种植物是长日植物还是短日植物,不是看植物开花所要求的具体日照时间的长短,而是依据该植物在超过或短于某一临界日长时的开花反应。临界日长是指昼夜周期中诱导植物开花的极限日照长度,即诱导短日植物开花所必需的最长日照长度或诱导长日植物开花所必需的最短日照长度。诱导不同植物开花时所需的临界日长不同(表9.2)。对长日植物来说,当日照长度大于临界日长时即可诱导开花,且日照越长开花越早,在24 h连续光照下开花最早。而对短日植物来说,日照长度必须小于其临界日长时才能开花,适当缩短每天的照光时间可提早开花,但日长过短也不能开花,可能因光照不足,植物缺乏供给开花的营养物质。

表9.2 部分植物的临界日长

植物名称	临界日长/h	植物名称	临界日长/h
短日植物		一品红	12.5
菊花	15	大豆 曼德临(早熟种)	17
苍耳	15.5	北京(中熟种)	15

续 表

植 物 名 称	临界日长/h	植 物 名 称	临界日长/h
美洲烟草	14	比洛克西(晚熟种)	13～14
长日植物		大麦	10～14
天仙子	11.5	小麦	12 以上
木槿	12	菠菜	13
拟南芥	13	红叶三叶草	12
晚稻	12	白芥	约 14
牵牛	15	燕麦	9

在自然条件下，昼夜总是在 24 h 的周期内交替出现的，与临界日长相对应的还有临界暗期(critical dark period)。所谓临界暗期是指在昼夜周期中短日植物开花所必需的最短暗期长度或长日植物开花所必需的最长暗期长度。植物的开花究竟取决于日长还是暗长？哈姆纳(Hamner)以短日植物大豆为材料进行试验，将日长分别固定为 16 和 4 h，暗期时间在 4～20 h 之间改变，发现暗期在 10 h 以下无花芽分化，只有当暗期长于 10 h 以上才能开花。又如长日植物天仙子，在 12 h 日长和 12 h 暗期交替的环境下不开花，但以 6 h 日长和 6 h 暗期交替处理则开花。这些结果表明，临界暗期比临界日长对植物的开花更为重要。因此，短日植物应称为长夜植物(long-night plant)，长日植物应称为短夜植物(short-night plant)。

9.3.3 光周期刺激的感受和传导

光周期敏感植物受到适宜的光周期诱导后，其成花反应表现在茎尖生长点花芽的分化。然而实验证明，植物感受光周期的部位并不是茎尖的生长点，而是叶片。Knott 首先在长日植物菠菜中观察到这种情况，随后在其他具有光周期反应的植物中也得到证实。柴拉轩(Chailakhyan)将短日植物菊花作如图 9.6 所示的四种处理，结果表明，只有对叶片进行适宜的光周期处理，才能诱导植物开花；若只对茎尖进行合适光周期处理，而叶片暴露在不适宜的光周期下，植物就不开花。因此，植物开花感受光周期诱导的部位应是叶片。叶片感受合适的光周期刺激后，将其影响传导到生长点去，引起成花反应。一般植株要生长到一定时期后，叶片才有感受光周期诱导的能力。不同植物开始对光周期表现敏感的年龄不同，大豆是在子叶伸展期，水稻是在七叶期左右，红麻则在六叶期。一般植株通过光周期诱导的时间随着年龄的增大而缩短。

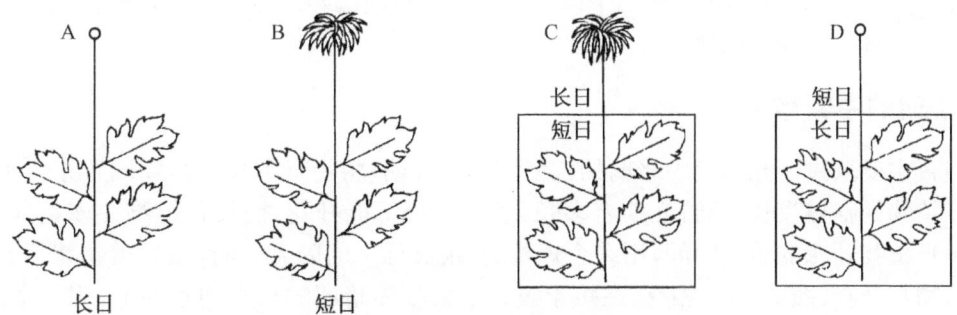

图 9.6 叶片和顶芽以不同的光周期处理对菊花开花的影响
(引自 Chailakhyan, 1937)

感受光周期刺激的器官是叶片，而诱导开花的部位是茎尖端的生长点。叶和茎尖生长点之间隔着叶柄和一段茎，因此设想在合适的光周期诱导下叶片可能产生某种化学物质运输到茎尖生长点。20 世纪 30 年代，柴拉轩用嫁接试验证明了这种设想。他将 5 株短日植物苍耳互相嫁接在一起，只把其中一株上的一片叶暴露在合适的光周期(短日照)下进行诱

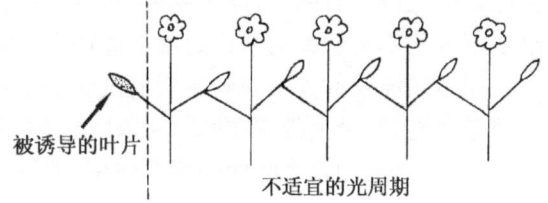

图 9.7 苍耳开花刺激物的嫁接传递

导,结果所有的植株都能开花(图9.7)。在短日植物紫苏中也有与苍耳类似的报道。这就充分证明了经过合适光周期诱导的叶片能向未经诱导的植株运输某种成花物质。更有趣的发现是,经过短日处理的短日植物可以通过嫁接引起未经长日诱导的长日植物开花;经过长日处理的长日植物也可以通过嫁接引起未经短日诱导的短日植物开花。例如,把长日植物蝎子掌(*Sedum spectabile*)嫁接到短日植物高凉菜(*Kalanchoe blossfeldiana*)上并置于短日照条件下,结果蝎子掌可开花。反之,若把短日植物高凉菜嫁接到长日植物大叶落地生根上并置于长日照条件下,高凉菜也可大量开花。将长日植物天仙子(*Hyoscyamus niger* L.)和短日植物烟草嫁接后,无论是在长日照还是在短日照条件下两者都能开花。这些现象都说明了两种不同光周期反应类型的植物所产生的开花刺激物可能具有相同的性质。

利用蒸汽杀伤、局部冷却、环割和麻醉剂等处理叶柄或茎,以阻止韧皮部物质的运输,可抑制叶片在适宜光周期下产生的开花刺激物对茎尖成花的诱导作用,说明开花刺激物的运输途径是韧皮部。这种可以从经过合适光周期诱导能够开花的一株植物通过韧皮部传递到未被诱导的另一株植物并使之开花的物质被称为成花素或开花素(florigen)。目前已知,开花素是FT(flowering locus T)蛋白,是一种具有调控功能的小球蛋白,通过调节基因表达而诱导植物开花。

9.3.4 光周期诱导

对光周期敏感的植物必须经适宜的光周期条件诱导才能开花,但引起植物开花的适宜的光周期处理并不需要一直持续到植物花芽的分化为止。达到一定生理年龄的植株,只需要一定时间的适宜的光周期处理,以后即使处在不适宜的光周期条件下,仍然可以长期保持光周期刺激的效果而诱导植物开花,这种现象称为光周期诱导(photoperiodic induction)。因此,适宜的光周期处理只是对植物的成花反应起诱导作用,花芽的分化并不出现在光周期诱导的当时,而是大多出现在光周期诱导之后的一定时期。不同植物诱导成花所需的光周期处理天数不同,一般植物光周期诱导的天数为一至十几天不等。例如,短日植物水稻、苍耳、浮萍、日本牵牛等只要1 d,大豆2～3 d,大麻4 d,苎麻7 d,菊花、红叶紫苏、高凉菜约12 d;长日植物菠菜、油菜、毒麦等也只需1 d,天仙子2～3 d,拟南芥4 d,胡萝卜、甜菜15～20 d等。植物通过光周期诱导所需的时间,与植株的年龄及环境条件特别是温度、光强、光照长度等的变化有关。增加适宜光周期诱导的天数,可加速花原基的发育,增加花的数目。例如,大豆经三个以上适宜的光周期诱导即可开花,但开花节数随诱导天数的增加而增加(图9.8)。

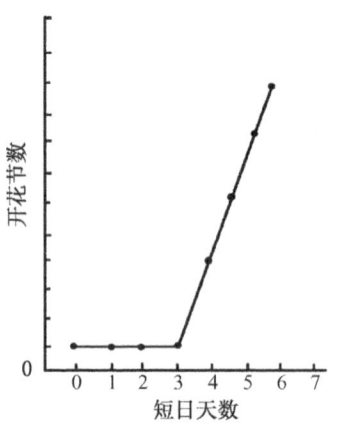

图9.8 诱导天数对大豆开花节数的影响

(引自曾广文等,2000)

9.3.5 光对暗期的中断效应

植物开花与否主要取决于光周期中暗期的长度。试验证明,将短日和长日植物同置于人工光照室内,只要暗期超过短日植物的临界夜长,不管光期有多长,短日植物都能开花,而长日植物在该条件下不开花。假如在足以引起短日植物开花的暗期中间,用一个短暂的、足够强度的闪光中断,短日植物就不能开花,而置于同室内的长日植物却开花(图9.9)。相反,在短于短日植物临界暗期的长光期条件下,用一个简短的黑暗来中断光期,既不会阻止长日植物开花,也不会诱导短日植物开花。这些结果证明,光周期中的暗期长度对植物开花起决定性的作用。试验表明,中断暗期的闪光强度很低(日光的10^{-5}倍或月光的3～10倍)。但是,光照强度低所需时间长,反之则短(数分钟至几十分钟)。暗期中断一般在接近暗期中间时进行效果最好,在暗期刚开始不久和即将结束时则不能产生中断效应。

用不同波长的光来间断暗期的试验证明:无论是抑制短日植物开花,还是诱导长日植物开花,最有效的光都是红光,其最大效应在600～660 nm区域内,蓝光效果很差,绿光几乎无效。若在红光照过之后立即照以远红光,就不能发生暗期中断的作用,即红光的暗期间断效应可以被远红光所抵消,且这个反应可以逆转多次,最终是长日植物开花还是短日植物开花则取决于最后一次照射的是红光还是远红光。如在短日条件

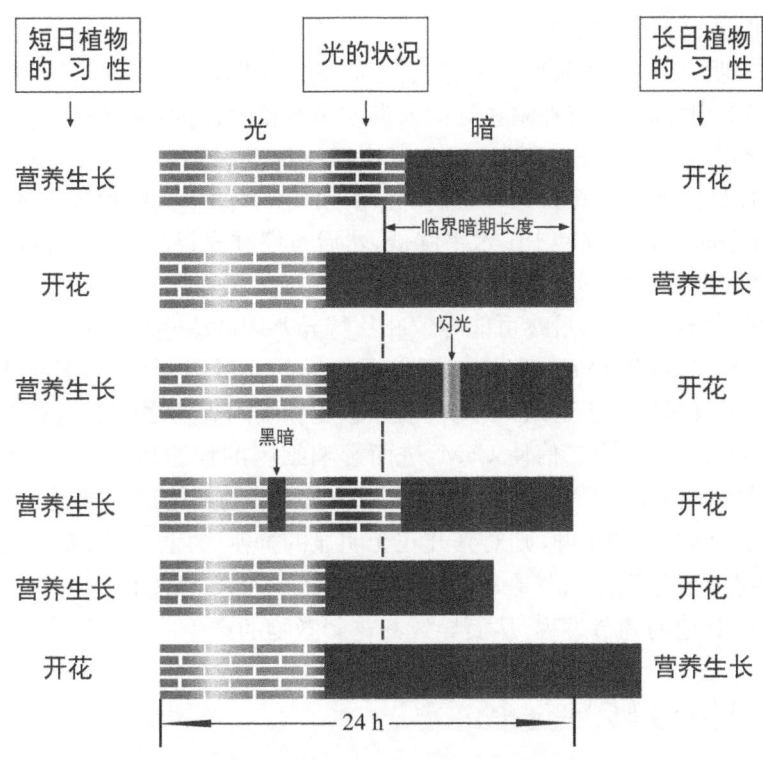

图 9.9 暗期闪光中断对长日植物和短日植物开花的作用
（引自 Taiz et al.,2018）

下用红光中断长夜,其结果阻止短日植物开花,促使长日植物开花;但如果红光照射后再立即照射远红光,则短日植物开花而长日植物不开花(图 9.10)。这些结果表明光敏色素参与了光周期对开花诱导的过程。

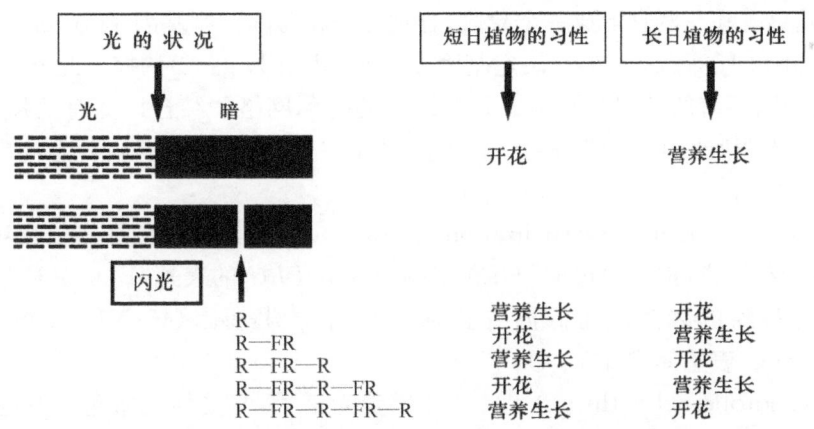

图 9.10 暗期中断时红光(R)和远红光(FR)对长日植物和短日植物开花的可逆控制
（引自潘瑞炽,2001）

9.3.6 光敏色素与开花诱导

一般认为,光敏色素在植物成花过程中的作用,并不取决于植物体内光敏色素 Pr 或 Pfr 绝对含量的高低,而是取决于 Pfr/Pr 或光稳态平衡值(Φ=[Pfr]/[Ptot])的大小。短日植物开花要求低的 Pfr/Pr 值,而长日植物开花要求较高的 Pfr/Pr 值。对短日植物来说,当光期结束时其体内积累的 Pfr 水平较高,即 Pfr/Pr 值高,从而阻止开花刺激物的合成,进入暗期后,随着 Pfr 转变为 Pr 或 Pfr 因降解而减少,使 Pfr/Pr 值逐渐降低,当 Pfr/Pr 降低到一定的阈值时即可诱发开花刺激物的形成而促进开花。如果在暗期中用红光或白光中断,则可使 Pfr/Pr 值升高并超过阈值,开花刺激物的合成受阻,从而抑制短日植物开花。对长日植物而言则相反,长日植物诱导开花刺激物的形成需要较高的 Pfr/Pr 值,长日条件或短日条件下进行暗期中断,均可使 Pfr/Pr 值升高,从而促进长日植物开花。

然而近年来的研究表明,对许多短日植物来说,若在暗期的初期就照以远红光,使 Pfr 转变为 Pr, Pfr/Pr 值降低,则反而使其开花受到抑制;只有在暗诱导的前期使短日植物体内保持较高的 Pfr 的水平,后期 Pfr 的水平下降,Pfr/Pr 值降低才可诱导开花。所以,短日植物的开花诱导要求的是暗期的前期"高 Pfr 反应",后期的"低 Pfr 反应"。当长日植物处在短日条件下时,在暗期刚刚开始不久就照以红光,对成花的促进作用并不明显,若先加入照射几小时的远红光使 Pfr 水平降低,然后再照红光提高 Pfr 的水平,能有效促进开花。可见,长日植物开花要求在暗期前期是"低 Pfr 反应",后期是"高 Pfr 反应"。

光周期信号由光敏色素系统感受,最终可能导致叶片特异基因的表达,产生开花刺激物诱导开花。拟南芥有 5 个光敏素基因(*PHYA* 到 *PHYE*),每个基因编码特异的光敏素蛋白质,其中 PHYA、PHYB 参与开花调节。但是,光敏素并不直接作用于基因,因此在信号感受和基因表达之间必定存在着信号转导过程。光敏素控制植物开花过程可能是通过第二信使 CaM,进而影响细胞的代谢过程。已有证据表明,Ca^{2+} 参与成花的信号转导。弗里德曼(Friedman)等用 Ca^{2+} 螯合剂和 CaM 拮抗剂施于诱导前的裂叶牵牛子叶,对其开花表现出抑制作用,但施于诱导后的子叶,则对其开花无明显的抑制作用。曹宗巽等也证明 Ca^{2+}-CaM 在日本青萍的光周期诱导中起重要作用。Ca^{2+} 在参与植物成花的信号转导过程中可能有两方面的作用:一是 Ca^{2+} 介导激活蛋白激酶或其他的调节过程,从而导致开花刺激物的产生;二是 Ca^{2+} 介导基因表达的改变。

9.4 成花诱导的信号转导途径

大量研究证明,在适宜的温度、光周期和其他综合条件的诱导下,植物体内发生了一系列生理生化变化,如开花刺激物、蛋白质和核酸的合成,最后完成花的诱导过程,从而由营养生长转变为生殖生长。影响成花诱导的外界因子除了低温春化和光周期之外,植物发育的年龄、激素、糖类水平等也影响植物的开花。上述内外因子作为信号被相应受体识别并接受,启动花发育相关基因的表达,进而调控植物开花。植物花的发育分为成花决定、花原基形成和花器官形成三个阶段,分别由开花时间控制基因(flower time gene)、分生组织决定基因(meristem identify gene)和器官决定基因(organ identify gene)调控。此外,还有介于这三类基因之间及位于器官决定基因下游的基因共同组成开花调控的基因网络。结合以往有关植物开花的假说,应用现代遗传学理论和分子生物学手段,以拟南芥、金鱼草、矮牵牛等模式植物为材料,总结出 5 条植物成花诱导的信号转导途径(图 9.11)。

(1) 自主/春化途径(autonomous/vernalization pathway) 植物需达到一定的年龄才能开花,称为自主途径。与低温诱导开花一样,都是通过抑制开花阻抑物基因 *FLC* 的表达,FLC 又通过抑制 *SOC1* 的表达而抑制下游器官决定基因的表达。而低温春化通过诱导春化基因(*VRN1*、*VRN2*、*VRN3*、*Verc17* 和 *Verc203*)的表达抑制 *FLC* 表达促进开花。

(2) 光周期途径(photoperiod pathway) 叶片感受光信号,光受体光敏色素和隐花色素参与这个途径,随后调节生物钟基因 *CO*(*constans*)的表达。适宜光周期条件下,CO 诱导 *FT*(*flowering locus T*)基因表达。FT 蛋白可运输到茎尖顶端细胞,与 FD(flowering locus D)蛋白形成复合体后激活花序分生组织中的 *SOC1*(*suppressor of overexpression of CO 1*)基因,进而调控花分生组织中的 *AP1*(*apetala1*)与 *LFY*(*leafy*)等基因的表达,从而促进植物开花。*SOC1* 也称为 *AGL20*(*agamous-like 20*)。

(3) 年龄途径(age pathway) 植物随着生长年龄的增长,体内小分子 RNA miR156 的表达量逐渐下降,miR156 靶基因 *SPL* 的表达量逐渐升高,当 SPL 积累达到一定阈值后进而通过促进 *FT*、*SOC1* 等基因的表达而促进植物开花。

(4) 赤霉素途径(gibberellin pathway) 赤霉素被受体接受之后,通过一系列信号转导促进 *SOC1* 的表达,进而促进植物提前开花或者在非诱导日照条件下开花。然而,GA 如何调控 *SOC1* 的表达尚不清楚。

(5) 糖类途径(sucrose pathway) 糖类途径主要通过调控植物的代谢状态调控植物开花。蔗糖可能通过促进 *SOC1* 基因的表达而促进成花诱导。同样,蔗糖如何促进 *SOC1* 基因的表达还不清楚。

上述不同途径最后都集中于 FT、SOC1 等基因，这些基因通过整合不同途径传递来的信号而调节下游花分生组织决定基因的表达，如 LFY、AP1 等，形成花原基的分生组织，从而使植物进入生殖发育阶段。相信随着植物成花诱导途径分子机制的不断深入研究，更多参与成花诱导的基因将被克隆和鉴定，植物开花的详细分子机制将被揭示。届时人们将任意调控植物的开花过程，这对植物生产具有巨大意义。

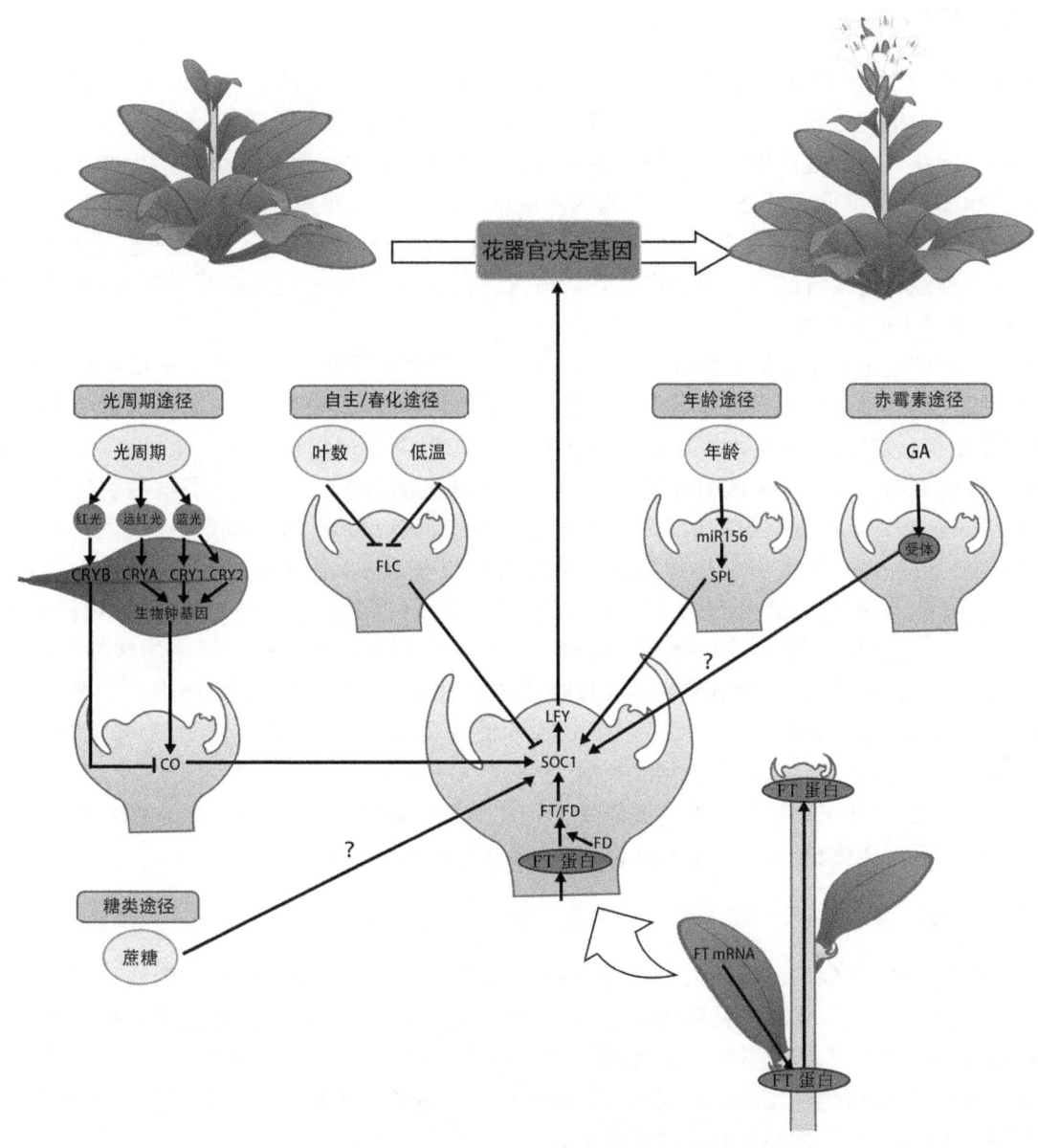

图 9.11　拟南芥中成花诱导的信号转导途径
（引自 Taiz et al.，2018）

9.5　春化和光周期理论在生产实践中的应用

9.5.1　春化处理

人为的低温处理使植物完成春化作用的措施称为春化处理。春季补种冬小麦因为没有通过冬天的低温春化，将只会长苗而不开花结实。我国北方农民很早就知道利用罐埋法（闷麦法）、七九小麦等方法，将冬小麦吸水萌动后进行低温处理使之完成春化作用，春播后即可在当年的夏初抽穗开花。经春化处理后，可加速植物花诱导的过程,使其提早开花、成熟,因此可避开干热风对籽粒发育的不利影响;在育种工作中,利用春化处理的方法,可加速冬性作物的育种过程。

在花卉生产中,利用低温处理还可使某些秋播的一二年生草本花卉改为春播,在当年开花。例如,用 $0\sim5℃$ 的低温处理石竹可促进其花芽的分化。

9.5.2 指导引种

在生产实践中,往往需要从外地引进优良的作物品种,以获得优质高产。但应该注意的是,首先必须了解该作物原产地与引进地之间生长季节日照条件和温度条件的差异。因为,在一个地区种植能够优质高产的优良品种不一定在另一个地区也能获得同样的结果。应注意尽量避免因盲目引种给生产造成的损失。我国北方地区的纬度高、温度低、日照长,而南方地区纬度低、温度高、日照短。需要低温春化和长日照才能开花的植物,在有些南方地区种植有可能无法满足它们对低温和日照长度的要求,从而只进行营养生长而不能开花结实。过去曾经将河南省的小麦引到广东省栽培,结果只进行营养生长而不开花结实,造成了无法弥补的损失,这是一个严重的历史教训。

自然界的光周期决定了植物的地理分布与生长季节,植物对光周期反应的类型是植物对自然的光周期长期适应的结果。低纬度地区的生长季节是短日条件,因此多分布短日植物;高纬度地区的生长季节是长日条件,因此多分布长日植物;中纬度地区则长短日植物共存。但由于自然选择和人工培育,同一种植物可以在不同纬度和地区分布。从一个地区引种某一植物到不同纬度的地区时,首先要了解被引种植物的光周期特性,同时还要了解作物原产地与引种地之间在生长季节的日照条件的差异。例如,在我国将短日植物从北方引种到南方,会提前开花,如果所引作物是以生殖器官为收获对象,则应选择晚熟品种;从南方引种到北方,会推迟开花,则应选择早熟品种。对长日植物而言,从北方引种到南方,会延迟开花,宜选择早熟品种;而从南方引种到北方,会提早开花,则应选择晚熟品种。一些对日照条件要求较为严格的作物品种,若原产地与引进地区光周期条件差异太大,会造成过早或过晚开花而引起减产或颗粒无收,在生产中要加以注意。例如,将南方大豆引到北京种植时,因短日条件来得较晚而使开花推迟,生育期延长,由于开花时天气已变冷,造成结实不多,产量不高。东北大豆引种到北京时,生育期大大缩短,植株很小时就开了花,产量也不高。

麻类是短日植物,将我国南方地区的麻类作物引到北方地区栽培,可使其营养生长期延长,开花期推迟,从而使麻类作物的营养体生长旺盛,增加植株的高度,提高纤维的产量和质量。

9.5.3 控制花期

在花卉植物栽培中,已经广泛采用人为控制光周期的办法来提早或推迟花期。例如,菊花是短日植物,在自然条件下秋季开花,但为了某种特殊的观赏需要,可用人工控制光照时间的办法使其在一年内的任何时期开花。若使菊花提早开花,应对其进行遮光成短日照的处理;若使菊花推迟开花,则应在其开花所需要的短日照到来之前,对其进行延长光照或暗期闪光中断处理。一些长日植物花卉,如杜鹃、山茶花等,进行人工延长光照或暗期光中断处理,能够使开花时期提早。

在育种工作中,可利用人为延长或缩短光照时间的方法控制植物花期,使两亲本植物同时开花,便于杂交授粉,以解决杂交育种工作中花期不遇的问题。例如早稻和晚稻杂交时,可对处于 $4\sim7$ 叶期的晚稻秧苗进行遮光处理,使其开花提前到与早稻同期。

9.5.4 调节营养生长和生殖生长

对以营养体为收获对象的作物,可通过控制光周期或温度等方法抑制开花。例如,短日植物烟草、红麻等,可提早播种或向北移栽,利用长日照延长营养生长时期,以增加产量。但如果引种地区与原产地相距过远,则应考虑留种问题。例如,将广东、广西等地的红麻引种到北方,9月下旬才能现蕾,种子不能正常成熟,可在留种地采用苗期短日处理的方法,解决留种的问题。此外,某些甘蔗的品种为短日植物,当自然的短日照来临时,利用暗期光中断处理使其继续进行营养生长而不开花,从而提高产量。

对于冬性植物,可利用去春化作用的方法来抑制开花以达到增加营养体收获的目的,如二年生药用植物当归,当年收获的块根质量及药效不佳,不宜入药,往往需要进行第二年栽培,但第二年又易抽薹开花而影响块根的产量和品质。为此,生产上常采取第一年将其块根挖出,贮藏在较高的温度下使之不能完成春化作用,以大量减少次年的抽薹开花率,从而提高块根的产量、质量和药用价值。

9.6 花器官形成及性别分化生理

植物达到花熟状态后,经适宜环境条件(春化作用和光周期)的诱导,茎尖生长点的分生组织在形态上发生显著变化,由叶原基转而形成花原基,即从营养生长锥变成生殖生长锥,然后经花芽分化过程而逐步形成花器官。

9.6.1 花器官形成的形态和生理变化

大多数植物发生成花反应最明显的标志是茎尖分生组织在形态上发生显著的变化,如小麦、水稻、玉米和高粱等禾本科植物和棉花、苹果等双子叶植物的花分化过程,都是从茎生长锥的伸长开始的。但胡萝卜等伞形科植物在花芽分化开始时,生长锥不是伸长而是变为扁平状。无论上述哪种情况,都使生长锥的表面积增大。由于生长锥表面和内部的细胞分裂速率不均匀,从而使生长锥的表面出现皱褶,使在原来分化形成叶原基的地方形成花原基,再由花原基逐步分化产生花器官各部分的原基,进而形成花或花序。例如,小麦在春化作用结束之后,当进入光周期诱导时,生长锥开始伸长,其表面的一层或数层细胞分裂加速,形成的细胞小、细胞质浓稠,而内部的一些细胞分裂较慢并逐渐停止,细胞变大,原生质变稀薄,有的细胞出现液泡,这样由外向内逐渐分化形成若干轮突起,在原来形成叶原基的部位逐步分化出花器官的各个部分。短日植物苍耳在经过合适的光周期诱导后,生长锥由营养生长状态转变为生殖生长状态的形态变化首先是生长锥的膨大,然后自生长锥基部周围形成球状突起并逐步向上部推移。索尔兹伯里(Salisbury)将此过程分为 8 个阶段,并称之为成花阶段(图 9.12)。

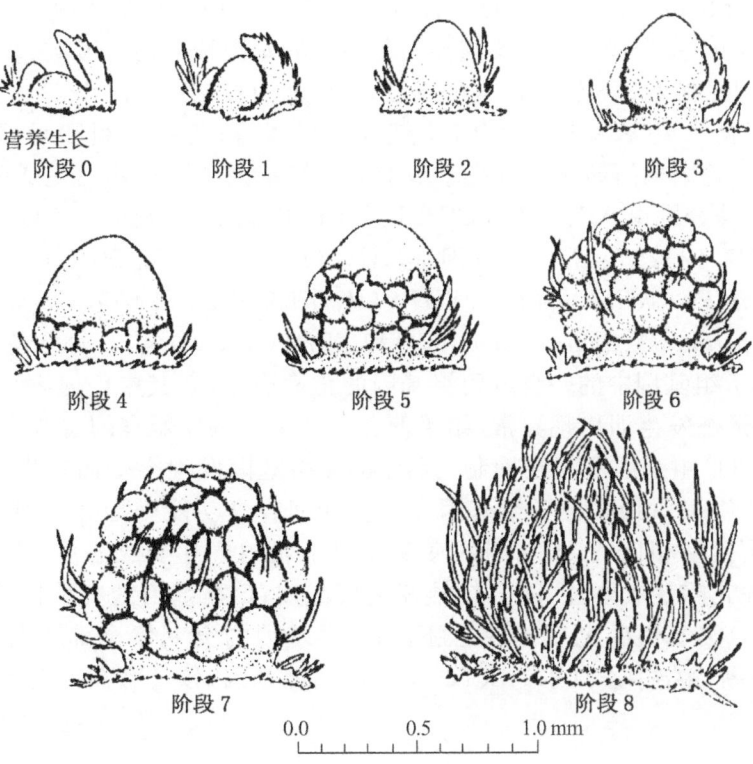

图 9.12　苍耳经短日照诱导后生长锥的变化过程(引自 Salisbury,1955)

在生长锥分化成花芽的过程中，其内部也发生了一系列的生理生化变化。花芽开始分化时，生长锥中可溶性糖含量增加，细胞的代谢水平明显升高。例如水稻幼穗分化时，葡萄糖、果糖和蔗糖的含量均增加，其中蔗糖含量在花器官分化后一直继续上升。在花芽分化前，生长锥中的多糖（如淀粉等）积累增多，开始分化时逐渐减少，但分化后的幼穗里的多糖又再次增加。

短日植物苍耳经光周期诱导后，茎顶中心区和边缘细胞中 RNA 合成加速，有丝分裂明显加快，蛋白质含量也增多。利用 RNA 合成抑制剂 5-氟尿嘧啶（5-FU）处理在诱导暗期初始 8 h 的苍耳芽部，可抑制其开花。可见核酸的合成对花芽的分化具有关键性的作用。实验证实，与花芽分化有关的特异 mRNA 的转录发生在茎尖分生组织区域。

在花器官分化时，氨基酸和蛋白质的含量均增加。前者不仅含量增加，而且种类也增多。日本牵牛在花芽分化时，其分生组织中的内质网和核糖体增多，这可能是为了适应分化时蛋白质合成的需要。这也表明某些基因的有序表达参与了花器官的分化和形成。

9.6.2 花器官发育的基因控制和 ABCDE 模型

在合适的环境条件下，茎顶端发生了系列生理生化和形态变化并最终使顶端分生组织发育成花的过程叫花的发端（floral evocation）。在雌雄同花植物的花发育早期，茎尖花分生组织分为 5 个同心圆的环，称为轮（whorl），不同的轮发育成不同的花器官，由外向内依次为：第一轮为萼片，第二轮为花瓣，第三轮为雄蕊，第四轮为心皮，第五轮为胚珠。近年来，以拟南芥和金鱼草突变体为材料，根据对花器官发育的特异性基因研究发现，这些基因改变花器官特征而不改变花的发端，这类基因称为同源异型基因（homeotic gene）。同源异型基因的突变可导致花的某一重要器官位置发生了被花的另一类器官所替代，如花瓣的部位被雄蕊替代等，这类个体叫同源异型突变体（homeotic mutant）。

迈耶罗维茨（Meyerowitz）实验室对拟南芥萼片、花瓣、雄蕊、心皮发育不正常的突变体进行了详细的观察研究，克隆了 *AP1*、*AP2*、*AP3* 和 *PI* 基因。在此基础上，库恩（Coen）和迈耶罗维茨提出了花器官形成的"ABC"模型。之后，科伦坡（Colombo）和亚诺夫斯基（Yanofsky）等又鉴定了 D 和 E 基因，逐步发展为花器官发育的"ABCDE"模型。该模型的要点是：两性花由外到内由五轮排列：萼片、花瓣、雄蕊、心皮和胚珠，分别用 1、2、3、4 和 5 表示（图 9.13）。参与控制花结构的基因按功能分五类：A 组基因控制第 1、2 轮花器官的发育；B 组基因控制第 2、3 轮花器官的发育；C 组基因控制第 3、4、5 轮花器官的发育；D 组基因控制第 5 轮花器官的发育；E 组基因控制所有 5 轮花器官的发育；其中 A 组和 C 组基因可相互抑制。根据这个模型，正常花的五轮结构的形成是由花原基中的五组基因共同作用而完成的，即花的五轮结构萼片、花瓣、雄蕊、心皮、胚珠分别由 AE、ABE、BCE、CE 和 DE 组基因决定（图 9.13）。在拟南芥中，A 基因是 *AP1*（*apetala 1*）和 *AP2*（*apetala 2*），B 基因是 *AP3*（*apetala 3*）和 *PI*（*pistillata*），C 基因是 *AG*（*agamous*），D 基因是 *SHP1*（*shatterproof1*）、*SHP2*（*shatterproof2*）和 *STK*（*seedstick*），E 基因是 *SEP1*（*sepallata1*）、*SEP2*（*sepallata2*）、*SEP3*（*sepallata3*）和 *SEP4*（*sepallata4*）。每一轮花器官特征的决定分别依赖于 A、B、C、D、E 五组基因中的一组或两组基因的正常表达，若其中任何一组或更多的基因发生突变而丧失功能，则花的形态发生即出现异常，结果使花出现某一重要器官的位置由另一类器官所替代的突变现象。由于 A 组和 C 组基因可相互抑制，因此若 A 组基因发生突变而丧失功能，C 组基因的功能即扩大到整个花的分生组织；相反，若 C 组基因发生突变而丧失功能则导致 A 组基因的功能扩大到整个花的分生组织。与野生型相比，A 类基因的突变体第 1 轮的萼片变成心皮，第 2 轮花瓣变成雄蕊；B 类基因的突变体第 2 轮花瓣变成萼片，第 3 轮雄蕊变成心皮；C 类基因的突变体第 3 轮雄蕊变成花瓣，第 4 轮心皮变成萼片；D 类基因的突变体缺乏胚珠；E 类基因的突变体全部花器官结构变成叶片结构（表 9.3）。目前已在多种植物中发现了 ABCDE 基因的同源基因，该模型在一定程度上揭示了花器官形成的分子基础。

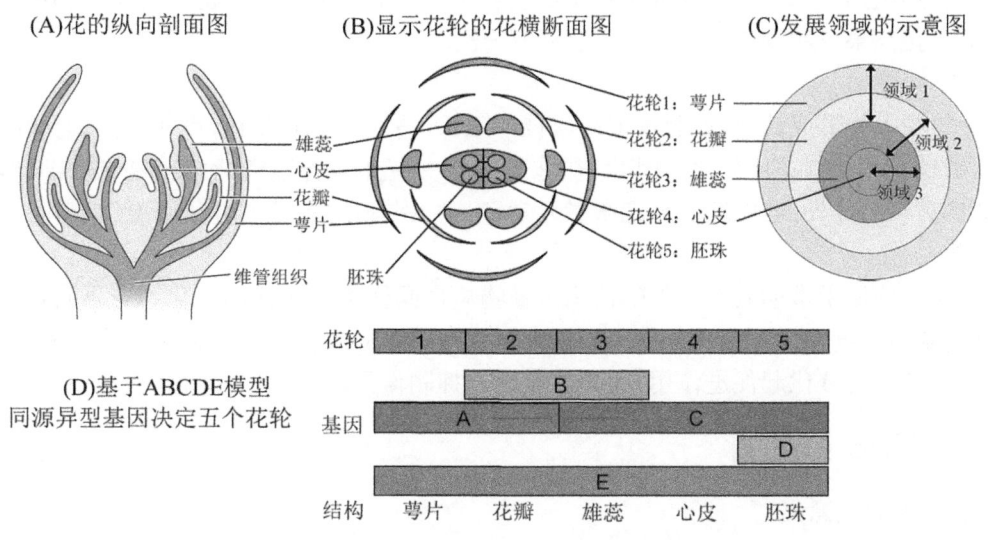

图 9.13 拟南芥花分化组织同源异型基因的 ABCDE 模型（引自 Taiz et al.，2018）

表 9.3 拟南芥同源异型基因发生突变对花器官形成的影响

突变基因组	突变体表型
A 组（AP1/Ap2）	第 1 轮萼片变成心皮，第 2 轮花瓣变成雄蕊
B 组（AP3/PI）	第 2 轮花瓣变成萼片，第 3 轮雄蕊变成心皮
C 组（AG）	第 3 轮雄蕊变成花瓣，第 4 轮心皮变成萼片
D 组（SHP1/SHP2/STK）	第 5 轮无胚珠
E 组（SEP1/SEP2/SEP3/SEP4）	第 1 轮至第 5 轮全部发育成叶片结构
A 组和 B 组（AP1/Ap2 和 AP3/PI）	第 1 轮至第 4 轮全部发育成心皮
B 组和 C 组（AP3/PI 和 AG）	第 1 轮至第 4 轮全部发育成萼片

9.6.3 影响花器官形成的外界条件

1. 光照

光对花器官的形成影响最大。一般植物在完成光周期诱导之后，光照时间越长，光照强度越大，有机物合成越多，对成花越有利；反之，则花芽分化受阻。例如，生产中栽培密度过大时，因相互遮阴严重、群体受光不足而造成花芽分化减少，引起减产。农业生产上对果树进行整形修剪、棉花整枝打杈等，主要是为了改善光照条件，以利于花芽的分化。不同植物开花所需要的最低光强不同，如阴地植物开花要求的最低光强低于阳地植物。雄蕊发育对光强比较敏感，如在小麦花粉母细胞形成前期遮光 72 h，会使花粉全部败育。此外，光周期还影响植物的育性，如石明松在 1973 年发现的湖北光敏感核不育水稻（HPGMR），在短日（每天 14 h 以下光照）下花粉正常可育，在长日（每天 14 h 以上光照）下花粉败育。这种水稻育性随光照长度的变化而发生改变的现象称为育性转换（fertility change），目前已在两系法杂交水稻生产中得到应用。

2. 温度

温度是影响花器官分化的另一重要因素。一般情况下，在一定范围内，植物花芽分化随温度升高而加快。温度主要通过影响光合作用、呼吸作用、有机物质的转化和运输等过程而间接影响花芽的分化。低温延缓花器官的分化，甚至使其中途停止。例如，水稻减数分裂期间，若遇到 17℃ 以下的低温就使花粉母细胞损坏，进行异常分裂，同时绒毡层细胞肿胀肥大，不能为花粉输送足够的养料，导致形成不育花粉而造成严重减产。低于 10℃ 时，苹果的花芽分化则处于停滞状态。温度过高也不利于花器官的分化，因为在高温下花器官分化过快，由于得不到充足的营养，不能保证花的质量。

3. 水分

水分对花的形成十分重要，不同植物的花芽分化对水分的需求不同。在雌雄蕊分化期和花粉母细胞减数分裂期对缺水特别敏感。例如，稻、麦等作物孕穗期若水分供应不足会使幼穗形成延迟，并导致颖花退化。而夏季适度干旱可提高果树的碳氮比，有利于花芽的分化。

4. 矿质营养

土壤中氮肥过少不能形成花芽，氮肥过多造成枝叶旺长，消耗过多的养料，也使花芽的分化受阻；增施磷肥可增加花数，缺磷时则抑制花芽分化。因此，在施肥过程中应注意合理搭配施用氮、磷、钾肥，才能促进花芽分化，增加花的数目。此外，若能适当补充微量元素锰、硼、钼等，对花芽的分化则更为有利。

5. 植物生长物质

花芽分化受植物内源激素的调控。外施植物生长物质也同样影响花芽的分化和花器官的形成。细胞分裂素、脱落酸和乙烯可促进果树花芽的分化。赤霉素则可抑制多种果树的花芽分化。生长素的作用较复杂，低浓度的生长素对花芽的分化起促进作用，而高浓度则起抑制作用。

9.6.4 植物性别分化

1. 植物性别分化的特点及意义

植物的性别特征主要表现是花器官构造上的差异，所以在花芽的分化过程中，伴随着性别分化（sex differentiation）。高等植物的性别主要分为雌雄同株和雌雄异株两大类。在雌雄同株的植物中又主要分为雌雄同株同花和雌雄同株异花。多数高等植物在花芽分化中逐渐在同一朵花内形成雌蕊和雄蕊，即两性花，这类植物叫做雌雄同株同花植物（hermaphroditic plant），如小麦、水稻、番茄、大豆、油菜、棉花等；另有一些植物，在同一植株上有两种花，即单性雄花和单性雌花，这类植物叫做雌雄同株异花植物（monoecious plant），如玉米、西葫芦、黄瓜、西瓜、蓖麻、马尾松等；还有一类植物，在单个植株上，要么只有雌性花，要么只有雄性花，即同一植株上只有单性花，这类植物叫做雌雄异株植物（dioecious plant），如大麻、银杏、杨柳、杜仲、千年桐、番木瓜、芦笋、菠菜等。此外，经过长期的人工选择，还得到了一些其他性别特征的植物，如雌花、两性花同株植物（gynomonoecious plant），即在同一植物体上既有雌花又有两性花，如金盏菊等；雄花、两性花同株植物（andromonoecious plant），即在同一植物体上既有雄花又有两性花，如槭树等；雌花、两性花异株植物（gynodioecious plant），即雌花和两性花分别在不同的植物体上，如小蓟等；雄花、两性花异株植物（androdioecious plant），即雄花和两性花分别在不同的植物体上，如柿树等。

高等动物在受精的刹那即决定了其性别，且性别表现明显，不易逆转。而植物的性别表现一方面取决于自身的决定机制，即对某些植物来说，其性别在受精时便由雌雄配子上含有的物质所决定；另一方面则与性别分化密切相关，也就是说在受精时没有性别决定的问题，雌雄花的出现完全取决于性别分化。植物的性别分化受环境的变化影响很大，从而使植物的性别存在易变性和多样性的特点。

必须注意的是性别分化只是一种表型表现，并不改变植物的基因型。例如黄瓜、南瓜等植物，同一植株上的任何节位其基因型都是相同的，但一些节发育为雄花，一些节则发育成雌花，而此时的基因型并未因此而改变。

植物花器官性别的分化在实践中具有重要意义。在许多雌雄异株植物中，其雄株和雌株的经济价值不同。以收获果实、种子为栽培目的的作物（如番木瓜、银杏、千年桐以及留种用的大麻、菠菜等）除留够一定数量的雄株外，主要是需要保留大量的雌株；而以收获纤维为目的的植物（如大麻等），其雄株纤维长且拉力强、品质优，因此应多保留雄株。栽培雌雄同株异花的植物（如黄瓜、南瓜、西瓜等）时，则应大大增加雌花数，以便多结实提高产量。

2. 影响植物性别分化的环境因素

（1）光周期　适宜的光周期不但能诱导植物开花，而且也影响雌雄花的比例。一般植物在合适的光周期诱导之后继续处于合适的光周期条件下，可促进其雌花的形成；如果处于不合适的光周期条件下，则促进雄花的形成。即短日照促进短日植物多开雌花，长日植物多开雄花；而长日照则促进长日植物多开雌花，短日植物多开雄花。如长日植物菠菜在经过长日诱导后，给以短日照处理，在雌株上可以形成雄花；短日植物玉米在光周期诱导后，继续处于短日照条件下，可在雄花序上形成一个发育良好的小雌穗。

(2) 植物生长物质　植物生长物质对性别分化同样有显著作用。生长素和乙烯对很多瓜类植物雌花的分化起促进作用,赤霉素则促进其雄花的分化。试验表明,对雌雄异株的大麻施用赤霉素后,可使其雄株由50%增加到80%;抗生长素类物质三碘苯甲酸等抑制黄瓜雌花的分化,抗赤霉素类物质矮壮素等则抑制雄花的分化。生产中用烟熏等方法可促进开雌花,是因为烟中有乙烯和一氧化碳等气体,一氧化碳的作用是抑制吲哚乙酸氧化酶的活力,减少吲哚乙酸的破坏,保持较高的生长素水平,所以促进雌花的分化。但值得注意的是,植物生长物质对花性别的控制作用往往因植物的种类不同而结果不同,同一种植物生长物质在不同的植物上可能会出现完全相反的结果。例如,赤霉素对玉米可促进雌花的分化,而对黄瓜则可促进雄花的分化。

(3) 其他因素　长期以来,人们对环境条件对植物性别分化的影响做了大量的观察和对比试验,发现营养条件、温度、光质、光照强度、水分供应、空气成分等因子对植物性别分化均有一定的影响。一般来说,丰富的氮素营养、充足的水分供应、较低的夜温与较大的昼夜温差、蓝光照、CO处理、播种前种子的冷处理等都有利于雌花的分化;而丰富的钾肥、土壤干旱、较高的夜温、红光照等因子则促进雄花的分化。

此外,机械损伤也影响植株的性别分化。例如,番木瓜的雄株伤根或折伤地上部分,新产生的全是雌株;黄瓜茎被折断后,长出的新枝条全开雌花,这可能与植物受伤后产生较多的乙烯有关。

9.7　授粉和受精生理

花发育的分子生物学研究

植物在开花之后,经过授粉、花粉在柱头上的萌发、花粉管进入胚囊和配子融合等一系列过程才能完成受精作用(fertilization)。所以被子植物的受精作用是一个较长而复杂的过程,包含一系列的代谢和形态变化。大多数农作物收获的器官就是其受精后发育成的种子或果实,因此受精与否及受精的质量直接影响着农作物的经济产量,如水稻的空秕粒、玉米的"秃顶"、棉花的落蕾、大豆和果树的落花等,多是由于未完成受精而造成的。受精的好坏,还影响作物的品质。所以,了解和掌握花粉、柱头和受精的生理规律,采取有效措施,才能保证受精作用的顺利进行,获得稳产、优质和高产。

9.7.1　花粉的生理生化特点

花粉是花粉粒的总称,花粉粒是由花粉母细胞经减数分裂而形成的,最初形成的一个花粉单核细胞称小孢子,小孢子继续分裂为二,各为一团细胞质所包围,但没有细胞壁隔开,较大的一个叫营养细胞,较小的一个叫生殖细胞。生殖细胞包围在营养细胞内,所以实际上,花粉是"细胞中细胞"。成熟的花粉粒又叫雄配子体。被子植物成熟的花粉一般有两类,一类是上述的二核花粉,如木兰、百合等科的花粉,属于较原始的类型;另一类是三核花粉,即生殖细胞再分裂一次,产生两个精子。三核花粉多见于进化类型,如十字花科、菊科、禾本科等。经分析证明,花粉虽小,但化学组成极为复杂,含有糖类、油脂、蛋白质、各类矿质元素和维生素、激素等。

1. 花粉的生物化学组成

(1) 花粉壁　成熟的花粉具有两层细胞壁。外壁较厚,主要由纤维素、孢粉素(sporopollenin)和蛋白质等构成,其中孢粉素是花粉特有的,含量较高,是纤维素的2~3倍。孢粉素为类胡萝卜素的氧化聚合物,其性质稳定,具有很强的抗酸碱、耐高温高压和抗微生物分解的能力,对保护花粉和保持花粉一定的形态起重要作用。孢粉素吸水性强有利于花粉的吸水,但在开花时若遇雨水过多易导致花粉过度吸水而膨胀破裂,影响正常的授粉和受精。花粉的内壁较薄,主要由果胶物质、纤维素和蛋白质等组成。由此可知,无论花粉的外壁还是内壁均含有活性蛋白质,外壁的蛋白质为糖蛋白,具有种的特异性,与授粉后花粉和柱头的相互识别有关;内壁的蛋白质主要是酶蛋白,与花粉管萌发及进入花柱有关。

(2) 糖和脂类　不同植物的花粉中,糖的含量及糖的种类不同。松科花粉中游离糖的93%以上是蔗糖,而被子植物的花粉中蔗糖占游离糖的20%~25%。正常的小麦花粉中含有葡萄糖、果糖和蔗糖,而不育花粉中只有葡萄糖和果糖,缺乏蔗糖。花粉中含有少量脂肪,松科花粉的总脂肪酸占花粉干重的0.79%~

1.33%,矮牵牛花粉则高达4%以上。一般风媒花的花粉含淀粉较多,属淀粉型花粉;而虫媒花的花粉脂肪和糖较多,属脂肪型花粉。在淀粉型花粉中,淀粉的有无或多少可作为判断花粉发育程度的指标。例如,甘蔗、高粱、水稻等植物的花粉,凡呈球形遇碘变蓝色的,为正常的花粉;凡呈三角形遇碘不变蓝色的,为未发育的花粉。

(3) 蛋白质和氨基酸　　除花粉壁具有蛋白质以外,花粉内部也含有丰富的蛋白质、酶和游离的氨基酸。其中蛋白质含量为7%～30%。花粉中含有组成蛋白质的全部种类的氨基酸,其中游离精氨酸和丙氨酸相对较少,而游离的脯氨酸含量特别高。脯氨酸的含量与花粉的育性密切相关,如正常硬粒小麦花粉中含较多的脯氨酸,而不育的小麦花粉中则几乎不含脯氨酸。花粉中进行着活跃的代谢反应,因而含有丰富的酶类,在各类植物花粉中已先后被鉴定出来的酶有上百种。花粉中淀粉酶、蔗糖酶、果胶酶、脂肪酶、蛋白酶等水解酶的含量特别高,当pH偏酸性时,水解酶具有活性,而花粉本身的pH通常呈中性或偏碱性,其水解酶不具活性。柱头的pH却偏酸性,在授粉后花粉的水解酶被激活,从而加速花粉的代谢活动。总之,花粉中酶的特点是有利于花粉粒的萌发、花粉管的伸长及受精等过程的。

(4) 矿质元素　　花粉与其他植物组织一样,含有各种各样的矿质元素,其中主要元素有P、Ca、K、Mg、S等。花粉中还有许多微量元素,如Mn、Cu、Fe、Zn、Cl、Co、Na、Ni、Si等。

(5) 植物激素　　花粉中含有生长素、赤霉素、细胞分裂素、乙烯和油菜素内酯等内源激素,其中生长素的含量较高。这些激素对花粉管的萌发、花粉管的伸长以及受精、结实等过程均起着重要的调节作用。在自然状态下,往往不授粉的柱头,其子房就不会生长,这与花粉中的激素作用于子房有关。

(6) 维生素类　　维生素作为酶的辅基,在花粉中广泛分布,花粉中含有丰富的维生素B、维生素E、维生素C等,其中维生素E对生殖过程有重要的作用。肌醇在玉米和禾本科植物中特别多,而抗坏血酸在松科和椰科植物中含量较多。由于花粉中含有各种维生素及营养物质,近年来花粉制品发展为前景可观的营养补品。

(7) 色素　　成熟的花粉具有颜色,尤其是虫媒花的花粉含有丰富的色素,主要包括类胡萝卜素和花色素苷等,色素分布于花粉外壁的表面。这些色素的存在一方面可吸引昆虫,有利于传粉;另一方面可防止紫外线对花粉的破坏作用。因此,高原植物花粉中的色素含量较高。另外,花粉中的色素可能还与某些植物的自花授粉不亲和性有关。例如,连翘的花粉中含槲皮苷(quercitrin)和芸香苷(rutin)两种色素,均能抑制自身花粉的萌发,有效地防止自花授粉。

2. 花粉的生活力和贮存

花粉的生活力亦称花粉的寿命。在自然条件下,花粉成熟并从花药中散出以后,其生活力可保持一段时间,但不同植物花粉的生活力有很大差异。一般禾谷类作物花粉的生活力维持时间较短,如水稻花药开裂后,在田间条件下5 min后即有50%以上花粉失去生活力,10～15 min几乎完全丧失生活力。小麦在花药开裂5 h授粉结实率下降到6.4%。玉米花粉的生活力较强,但也只能维持1～2 d。果树花粉的生活力较长,如苹果、梨可维持70～210 d,向日葵花粉的寿命可长达1年。

植物花粉生活力的大小直接影响其受精效率和种子与果实的产量。在杂交育种和人工辅助授粉过程中,若亲本花期不遇或异地植物间进行人工授粉,则需要采集花粉贮藏备用。因此,如何贮存花粉,延长花粉寿命,在理论和实践中都具有重要的意义。

植物的花粉一般较小,贮藏的营养物质有限,而花粉的呼吸作用又比较强烈,花粉生活力的降低主要是由于高强度的呼吸导致花粉的养分消耗过度所致。因此,凡是能降低呼吸作用的条件,如干燥、低温、空气中CO_2量的增多和O_2的减少等都有利于花粉的贮存。

(1) 温度　　适当的低温可使花粉降低呼吸速率,减少贮藏物质的消耗,从而延长其生活力。试验证明,一般花粉贮藏的最适温度是1～5℃。例如,小麦花粉在0℃时可贮存48 h,而在20℃时只能生活15 min左右。玉米花粉在20℃时只能生活25 h,在5℃时可生活56 h,在2℃时则可生活120 h。某些果树(如苹果、梨)和蔬菜(如番茄)的花粉,在零下低温保存效果更好。例如,苹果花粉在−15℃下贮存9个月时还有95%可以萌发。

(2) 湿度　　研究表明，一般相对湿度在10%～40%的范围内，花粉的代谢减弱，能较长时间保持其生活力。相对湿度过高或过低，对保持花粉的生活力都不利。例如，苹果花粉在3℃、相对湿度为10%～25%以下的条件下，保存350天时萌发率仍在60%以上；烟草花粉在-5℃和50%相对湿度条件下贮藏1年，萌发率仍与新鲜花粉相差无几。但禾本科植物的花粉不耐干燥，要求40%以上的相对湿度。

(3) 空气中CO_2和O_2的含量　　增加空气中CO_2的含量，降低O_2的含量，减少氧分压，可使花粉保持生活力的时间延长。例如在干冰（固态的CO_2）上贮存花粉，可明显延长花粉的寿命。近年来，采用超低温、真空及充N_2等技术贮存花粉，使花粉的寿命大为延长。苜蓿花粉在-21℃下真空保存，经11年后尚有一定的生活力。其他如豌豆、番茄、柑橘、桃和马铃薯等植物的花粉，也都有曾在低温真空下保存1～3年的历史。

(4) 光线　　光对花粉的贮存也有影响，一般应将花粉贮存在遮阴或黑暗处较好。例如苹果花粉在黑暗处贮存萌发率是33.4%，在散光下贮藏萌发率是30.7%，而将花粉置于日光直射下则萌发率仅为1.2%。

此外，近年来还发现，在某些有机溶剂中保存花粉效果很好。例如，梨、苹果、杏、桃、银杏、山茶花、百合等的花粉在丙酮、乙醚、苯、甲苯、三氯甲烷、乙醇等有机溶剂中保存，可保持其生活力达数月之久。具体方法是：将花粉浸泡在有机溶剂中，在0～5℃下保存，在人工授粉之前用漏斗滤去有机溶剂，把盛有花粉的滤纸在45℃以下的温箱中放置10～15 min，或在干燥器内抽气减压，使有机溶剂挥发。

无论采取上述何种方法保存花粉，在人工授粉之前都要对其进行生活力的检测，以确保受精的成功。一般常用检测花粉生活力的方法主要有人工培养法、氯化三苯四氮唑（TTC）显色法和亚历山大染色法等。淀粉型花粉还可以其遇碘是否变蓝色来判断花粉的生活力。

9.7.2　柱头的生理特点

受精的第一步是花粉落在柱头上并萌发。花粉粒之所以能附着在柱头上，一方面因为柱头上有许多乳突细胞，可以容纳花粉粒；另一方面是因为柱头表皮细胞分泌出黏性很大的油脂类物质、可溶性糖和硼酸等混合组成的黏液，可以黏着花粉粒并可促进花粉的萌发和花粉管的生长。柱头分泌物在角质层的外面形成一层膜，具有一定的渗透势，能调节花粉粒对水分的吸收。在植物开花时若雨水过多，柱头的黏液易被雨水冲洗，使花粉粒周围的水势升高，加上花粉粒的透水性很强，因此会引起花粉过量吸水而膨胀破裂，失去萌发力，影响受精。

雌蕊柱头的生活力与花粉管的萌发、生长及受精的成败密切相关。柱头的生活力一般都能保持一定的时间，比花粉的生活力要长，具体时间的长短因植物种类不同而异。在一般情况下，水稻柱头的生活力可持续6～7 d，但其受精能力却日渐下降，在开花当日进行授粉，其花粉的萌发率和结实率均最高。小麦柱头在麦穗从叶鞘抽出2/3时就开始有受精能力，麦穗完全抽出后第3天结实率最高，到第6天则结实能力下降，但通常可维持到第9天。玉米雌穗基部的花柱长度达当时穗长的一半时，柱头开始有受精能力，在花丝抽齐后1～5 d柱头的受精能力最强，6～7 d后开始下降，到第9天急剧下降。一个雌穗上柱头丧失生活力的顺序和花丝在穗轴上发生的先后顺序是一致的，即穗中下部先丧失，顶端后丧失。

在杂交育种和农业生产实践中，要准确把握柱头的生活力，即什么时间开始有受精能力？什么时间受精能力最佳以及什么时间丧失受精能力？从而为杂交育种工作和农业生产提供科学的依据，以便提高作物产量和制种、育种工作的质量。

9.7.3　花粉和柱头的相互识别

1. 花粉和柱头的"识别反应"

在自然条件下柱头可能接受多种植物的花粉，但不是所有落到柱头上的花粉都能正常萌发。花粉落在雌蕊柱头上能否正常萌发并导致受精，决定于双方的亲和性，即取决于花粉和柱头之间的"认可"或"拒绝"的识别反应（recognition）。这个识别反应决定于花粉外壁蛋白质和柱头乳突细胞表面的蛋白质薄膜（pellicle）之间的相互关系。当种内花粉落到柱头表面后，花粉很快释放出外壁识别蛋白，扩散进入柱头表面，与柱头的表面感受器——蛋白质薄膜中所含的识别糖蛋白相互作用。如果双方是亲和的，花粉管尖端

(内壁)产生能溶解柱头薄膜下角质层的酶(角质酶,cutinase),使花粉管穿过花柱而生长,直至受精。若花粉释放的外壁识别蛋白与柱头表面的识别蛋白是不亲和的,柱头的乳突细胞立即产生胼胝质(callose,化学成分是 β-1,3-葡聚糖),阻碍花粉管进入柱头,且花粉管尖端也被胼胝质所封闭,花粉管无法继续生长,使受精失败。

在自然界中有许多植物都表现出自交不亲和性,而远缘杂交中出现不亲和性的现象更为普遍。因此,花粉和柱头的识别反应,可防止遗传差异过大或过小的个体间进行交配,保证物种的稳定与繁荣,这是植物在长期进化过程中所形成的保持物种相对稳定和增强对环境适应能力的一种表现。

也有人认为,花粉和柱头的不亲和性,是花粉和柱头中抑制生长的物质含量高,阻碍了花粉的萌发和伸长生长;花粉和柱头亲和时,二者所含生长素不断增多,生长抑制物迅速下降,造成向着有利于花粉萌发伸长的激素平衡状态发展。

S 基因与花粉识别机制

2. 克服不亲和的途径

在育种制种工作中,远缘杂交或自交的不亲和性影响到工作的开展,特别是给远缘杂交育种工作带来困难。人们在实践中创造出了多种克服花粉和雌蕊组织之间不亲和性的方法,从而达到远缘杂交育种的目的。

(1)花粉蒙导法　在授不亲和性花粉的同时,混合一些杀死的亲和性花粉,由于亲和花粉的存在可使柱头不能很好地识别不亲和的花粉,这些已丧失生活力的亲和性花粉起蒙导作用,蒙骗柱头,克服杂交的不亲和性,实现受精。因此,有人将这些已丧失生活力的亲和性花粉称为蒙导花粉(mentor pollen)。一般可用甲醇处理、反复冷冻解冻、黑暗中饥饿或以 γ-射线处理等方法杀死蒙导花粉,但一定要保持花粉识别蛋白质的活力,否则无效。例如三角杨和银白杨进行种间杂交时,本是不亲和的,但在银白杨花粉中混入用 γ-射线杀死的三角杨花粉后再给三角杨授粉,便能克服种间杂交的不亲和性,获得 15% 的结实率。用这种方法也曾在波斯菊等植物中得到种间或属间杂交种。

(2)蕾期授粉法　在蕾期雌蕊组织尚未成熟、不亲和因子尚未定型或不亲和因素尚处在比较弱的情况下进行剥蕾授粉,以克服不亲和性。利用这种授粉法,已在芸薹属、矮牵牛属和烟草属等植物中获得了自交系的种子。

(3)染色体加倍法　有些双子叶植物如甜樱桃、矮牵牛和梨属等植物,往往二倍体植株的自交不亲和。但是,若将二倍体植株进行人工加倍成四倍体,就会表现出自交的亲和性。

(4)物理化学处理法　采用变温、辐射、植物生长物质处理雌蕊组织等方法可打破不亲和性。例如,梨、樱桃、月见草、百合、三叶草、黑麦、番茄等自交不亲和的植物,可采取高温处理柱头的措施,即以 32~60℃ 的热水浸烫柱头或将植株置于 32~60℃ 高温下,由于识别蛋白的热变性,因此打破了其不亲和性;用某些生长物质如生长素等处理花器官,可抑制植物的落花,这样生长慢的不亲和花粉管能在落花前到达子房而受精;用放线菌素 D 处理能抑制花柱中 DNA 的转录过程,阻止识别蛋白的合成,亦可部分抑制其不亲和性。此外,还可利用 X 线处理法(2000 伦琴 X 线处理牵牛花柱可克服 50% 不亲和性)、电助授粉法(90~100 V 的电压刺激柱头)、CO_2 处理法(3.6%~5.9%的 CO_2 处理雌蕊组织 5 h)和盐水处理法(5%~8%的 NaCl 溶液处理雌蕊)等方法,都可在一定程度上克服自交不亲和性。

(5)离体培养法　利用胚珠、子房的离体培养以及进行试管授精或杂交幼胚培养等方法,可克服原来自交不亲和植物及种间或属间杂交的不亲和性。例如,在试管中授给胚珠花粉使之受精的试管授精法,已使烟草、矮牵牛等植物的胚珠再生出了植株。

此外,利用细胞杂交、原生质体融合或转基因技术等手段,也可克服种间、属间杂交的不亲和性,达到远缘杂交育种的目的,如马铃薯中的 *Sli*(*S-locus inhibitor*)基因可以打破二倍体马铃薯的自交不亲和性,为杂交育种提供新思路。

9.7.4　花粉的萌发和花粉管的伸长

植物开花以后,成熟的花粉借助于地心引力、风、昆虫、鸟类、其他动物以及人等各种媒介传播到雌蕊的柱头上，这一过程称为授粉。具有生活力的花粉在雌蕊柱头分泌物的刺激下，便从柱头吸水，花粉内壁通过外壁的萌发孔向外突出，形成细长的花粉管，此过程称为花粉的萌发。从授粉至长出花粉管所需的时间因植物而异。水稻、高粱和甘蔗等几乎是在传粉后立即萌发，玉米也只需 5 min 左右，甜菜约需 2 h，棉花 1~4 h，甘蓝 2~4 h。

花粉萌发时，呼吸速率剧增，蛋白质合成也加快，花粉中磷酸化酶、淀粉酶、转化酶等活性剧烈增强，这对花粉取得营养物质和使花粉管生长有重要的作用。在花粉管的生长过程中，一方面利用花粉粒本身贮藏的物质，另一方面也从花柱组织中吸收营养物质，以供花粉管的生长和新壁的合成。

花粉萌发和花粉管的伸长有"群体效应"（population effect）。在花粉落到柱头上和人工培养花粉时，花粉的密度越大萌发的比例就越高，花粉管的生长也越快。这可能是因为花粉中产生促进生长的物质，花粉的密度越大时该物质就越多，使花粉管的萌发和生长也就越好。因此，在生产中大量授粉比限量授粉更有利于受精。如对玉米进行人工辅助授粉以增加柱头上的花粉密度，能明显提高其结实率，增加产量。

花粉管在花柱中的生长方式为顶端生长，生长只局限于花粉管顶端区。花粉管生长时，细胞质集中于顶端区，而花粉管基部被胼胝质堵住（图 9.14）。花粉管经柱头细胞间隙进入花柱的引导组织（transmitting tissue）与细胞外基质（extra cellular matrix, ECM）紧密接触。从烟草 ECM 中分离出的引导组织特异糖蛋白（transmitting tissue-specific glycoprotein, TTS）属于阿拉伯半乳聚糖家族，具有刺激和引导花粉管向子房生长的功能。

花粉管沿着花柱生长，最后进入胚囊，发生受精作用。花粉管向着胚囊的定向生长可能是由于花粉管的向化性所引起的。雌蕊组织中分布的向化性物质浓度呈梯度变化，引起花粉管尖端向着向化性物质浓度递增的方向（胚珠）而定向延伸。一些学者认为，向化性物质是 Ca^{2+}。有人在金鱼草中观察到，Ca^{2+} 的分布从柱头到胎座是递增的，这可能是引导花粉管生长的基本因素；Ca^{2+} 还可能起着信号作用，因为花粉管在生长过程中，顶端分泌 Ca^{2+}，这些 Ca^{2+} 有指引花粉管生长方向的作用。硼对花粉的萌发和伸长也有显著的促进作用，如玉米花粉在体外培养很难萌发，但当培养基中加入一定量的硼和钙（0.01% 硼酸，0.03% 硝酸钙），能使花粉管萌发率高且生长好。还有人认为，花粉管的定向生长可能与生长素的梯度分布有关，这说明花粉管的向化性生长可能是多种物质共同作用的结果。在此过程中，相关基因也参与其中，如拟南芥中的 *PRK3*（*pollen-specific receptor kinase 3*）和 *PRK6* 特异定位在花粉管顶端，在花粉管的生长和引导中发挥至关重要的作用。也有研究表明，拟南芥中受体激酶基因 *FER*（*feronia*）以及糖基磷脂酰肌醇锚定蛋白基因 *LRE*（*LORELEI*）参与花粉管生长的 Ca^{2+} 信号转导过程。

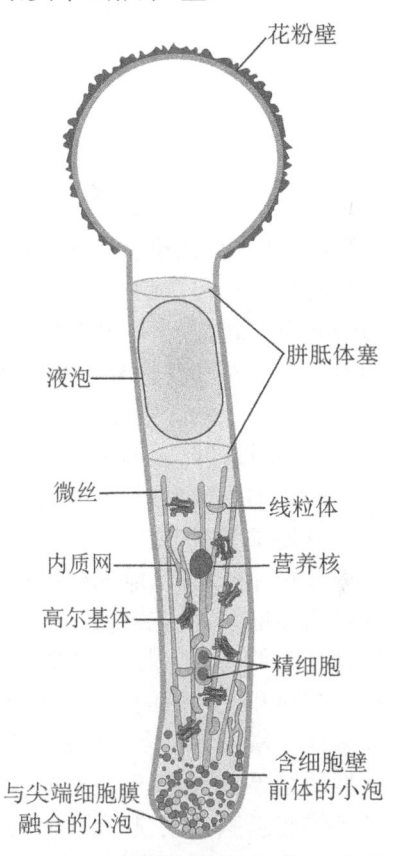

图 9.14 花粉管顶端扩展生长，胼胝体塞限制细胞质于在花粉管的顶端
（引自 Jones et al.，2013）

9.7.5 受精前后雌蕊的生理生化变化

当花粉管进入胚囊后，花粉管的先端破裂，这可能是由于胚囊分泌酶的作用，或是受胚囊的刺激而产生自溶作用的结果。破裂后的花粉管在胚囊中释放出两个精子，一个含质体较多的精子和卵细胞结合，形成具有 $2n$ 的合子，随后发育成胚；另一个含线粒体较多的精子与中央细胞融合，形成具有 $3n$ 的胚乳核，随后发育成胚乳（图 9.15）。两个精细胞分别与卵细胞和中央细胞相融合的现象，称为双受精（double fertilization）。

不同植物从授粉到受精整个过程所需要的时间不同，多在几个或几十个小时之间，如小麦为 1~24 h，棉花是 36 h，烟草约 40 h；有些植物例外，如橡胶草仅 10 min 左右，兰科植物约需几个月时间才能完成受精，而栎属则需 1 年以上。

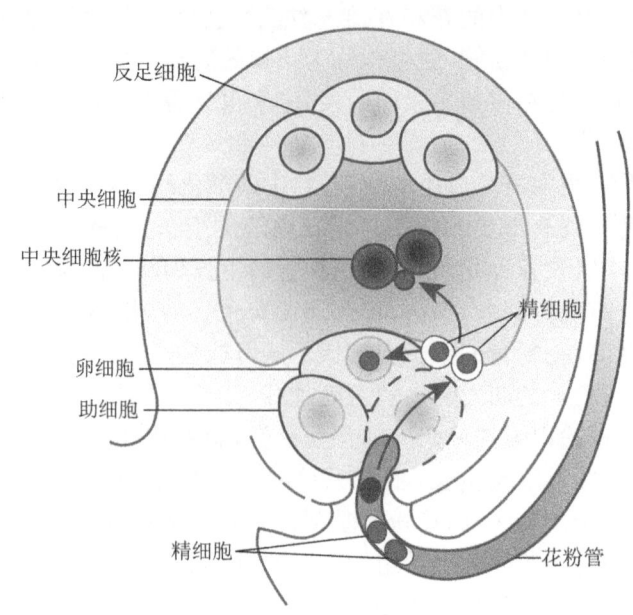

图 9.15　拟南芥双受精过程中的精子细胞行为（引自 Taiz et al.，2018）

授粉后，从花粉萌发到花粉管的生长直至受精作用的完成，花粉和花粉管与雌蕊的柱头和花柱之间不断进行着物质和信息的交换，互相产生深刻的影响，这个影响不仅仅局限于彼此直接接触的部位，而是广泛地影响着整个花柱、子房乃至整株植物。在花粉萌发和花粉管生长的过程中不断向花柱组织吸取糖类等物质，同时也向柱头和花柱分泌各种酶，使雌蕊组织中的糖类和蛋白质的代谢加强，呼吸速率剧增。例如，棉花受精时雌蕊组织的呼吸速率增加两倍；兰科植物授粉几十小时后，合蕊柱的呼吸速率和过氧化氢酶的活力增加约 1 倍，花被的呼吸速率也迅速增加 2 倍多。百合花在受精后，子房呼吸速率出现两次明显升高，一次是在精子和卵细胞接触时，另一次是在胚乳游离核的旺盛分裂时期。此时雌蕊组织呼吸的升高为其受精后的生长发育提供了能量。

授粉和受精后，雌蕊组织吸收水分和矿物质的能力增强。如兰科植物授粉后，合蕊柱吸水增加 1/3，N、P 含量明显增多，而花被的 N、P 含量则下降，蒸腾作用急剧加强，造成花被枯萎。玉米在授粉后，大量的 ^{32}P 由植株其他部位流入雌蕊，使雌蕊中 P 的含量增加约 0.7 倍。

授粉和受精后的另一个显著变化是雌蕊组织的生长素含量大大增加。如烟草授粉后 20 h，花柱中的生长素含量增加 3 倍多。研究发现，雌蕊中生长素含量增加的主要原因不是花粉带去的生长素在雌蕊组织中扩散的结果，而是由于花粉中含有合成生长素（由色氨酸转变成吲哚乙酸）的酶系，在花粉管生长的过程中分泌到雌蕊组织中，引起大量生长素合成。从柱头到子房中生长素的合成能力逐渐加强，使柱头到子房的生长素含量依次递增。此外，也有人发现授粉和受精后，雌蕊组织中细胞分裂素等一些促进生长的激素类物质含量增加。

受精后雌蕊中生长素等促进生长的物质含量增加，是引起子房代谢剧烈变化的重要原因之一。大量生长素等物质的存在使子房成为一个"引力"很强的代谢库，吸引营养物质从营养器官大量运输到生殖器官，使其迅速生长膨大。在生产中，用生长素类（2，4 - D，NAA 等）、赤霉素类（GA_3 等）、细胞分裂素类（6 - BA，KT 等）处理未受精的番茄、黄瓜等雌蕊，可促进子房膨大并得到无籽果实。而在自然界中，香蕉、柑橘和葡萄等植物的一些品种存在单性结实现象，就是由于其未受精的子房中含有高浓度的生长素等物质所致。我国北方冬季温室栽培的番茄，常因温度过高使花粉败育，造成严重落花。用 10～15 mg/L 的 2，4 - D 蘸花处理，就可使其坐果并形成无籽果实。再如，成熟的草莓在膨大的肉质花托上生长着许多瘦果，这些瘦果能供给花托膨大过程中所需的生长素，如果在草莓果实发育的早期将瘦果去掉，由于断绝了花托膨大所需的生长素来源，花托就不能膨大。但如果去掉瘦果后，在花托上涂抹生长素，花托又可正常膨大。

思 考 题

1. 举例说明植物的主要光周期反应类型。
2. 设计实验证明植物感受春化低温的部位和感受光周期的部位及开花刺激物的传导。
3. 简述光敏色素参与了植物成花诱导的理由,光敏色素与植物成花之间的关系如何?
4. 举例说明春化作用、光周期理论在生产实践中的应用。
5. 试述植物成花诱导的信号转导途径及主要机制。
6. 简述花器官形态发生 ABCDE 模型的主要内容。
7. 试述花粉与柱头相互识别的物质基础、过程及意义。
8. 授粉和受精后,雌蕊组织发生了哪些生理生化变化?
9. 设计实验证明 A 植物的光周期反应类型。
10. 光在植物花器官诱导和形成过程中是如何起作用的?
11. 为什么说暗期长度比光照长度对某些植物成花更重要?

第10章 植物的成熟和衰老生理

提要

植物经双受精后,受精卵发育成胚,胚珠发育成种子,子房壁发育成果皮,子房发育成果实。种子和果实在成熟过程中在形态、生理生化及基因表达方面均发生一系列重要的变化。种子成熟过程中主要把葡萄糖、蔗糖和氨基酸等小分子有机物质合成为淀粉、蛋白质和脂肪等高分子有机物质,并积累在子叶或胚乳中。果实成熟过程中,果肉中的有机物经过一系列变化,使果实变甜,涩味消失,酸味减少,香味产生,由硬变软及色泽变艳等。肉质果实成熟过程中有呼吸骤变现象,这与果肉乙烯增加有关。休眠是植物的重要适应现象。休眠的原因有种皮限制、种子未完成后熟、胚未完全发育和存在抑制物质等。在生产实践中可以根据休眠的原因人为地解除或延长休眠。衰老和脱落都是植物正常的生命现象。衰老和脱落过程中会发生一系列相应的衰退性的生理生化变化。衰老和脱落的机制还没有完全搞清楚。

本章主要讨论植物成熟、衰老、休眠和脱落的生理生化变化及其机制,为人为调控植物成熟、衰老、休眠和脱落提供理论依据。

10.1 种子的发育和成熟生理

高等植物受精后即完成了生殖过程,在此基础上开始新的个体发育。受精卵发育成胚,珠被发育成种皮,胚珠发育成种子,子房壁发育成果皮,子房发育成果实。在种子和果实形成时,不只是形态上发生很大的变化,而且内部也发生一系列的复杂的生理生化变化。果实和种子的发育好坏,是下一代生长和发育的基础,也决定着作物产量的高低和品质的优劣。所以,研究果实和种子的发育和成熟生理,具有重要的理论和实践意义。

10.1.1 种子的发育过程

种子的形成和成熟过程,实质上是胚由小变大,以及营养物质在种子中变化和积累的过程。

1. 胚的发育

胚(embryo)是种子中最重要的部分。受精卵(合子)经过不均等的细胞分裂形成胚和胚柄,胚经过原胚期、球形胚期、心形胚期、鱼雷胚期和子叶期,最后形成完整的胚。一般植物的胚和胚乳的分化常在受精后几天开始,但也有的植物受精后要经过几个月的休眠,胚才开始分化。合子休眠期的长短因植物而异,短的几个小时到几天,长的可达几个月,禾本科植物合子的休眠期较短,如水稻 $4\sim6$ h,小麦 $16\sim18$ h,玉米 $15\sim20$ h。

在胚的发育过程中,原胚时期细胞数目增加缓慢,在器官分化时期则细胞数目的增加都类似于指数增长的趋势。胚柄仅由几个细胞组成,它的作用是维持胚的定位和定向,它将原胚固定在胚囊和胚珠的组织上,并使原胚伸入到胚乳体中吸取来自母体孢子体的营养,但在心形胚期后胚柄开始衰老,逐渐退化。种胚发育到子叶期后,已完成了根分生组织和茎分生组织的分化,并加强核酸、蛋白质等的合成作用。在胚成熟后期,有机物质合成结束,种子失去95%以上水分,ABA含量增加,胚进入休眠。

2. 胚乳的发育

胚乳（endosperm）是种子贮藏物质的仓库。被子植物种子的胚乳有四种情况，即有内胚乳或外胚乳，或内、外胚乳均有，或无胚乳。在胚发育之前，受精的中央细胞就开始发生核分裂，形成很多核以后，再产生细胞壁，进行胞质分裂，形成胚乳细胞。在许多植物中，胚发育时，胚乳继续存在并膨大，成为胚的营养贮藏组织，如单子叶的禾谷类植物的种子。但另一些植物种子进行发育时，差不多所有的胚乳组织都被吸收掉，营养物质贮藏在肥大的子叶中，如豆类。棉花的子叶虽薄而卷曲，也是营养物质贮藏的场所。

3. 种皮的发育

种皮（seed coat）由一层或两层株被发育而成，包裹在胚和胚乳的外面，起保护作用。由两层珠被发育而成的种皮又分为内种皮和外种皮。也有一些植物虽然具有两层珠被，但在发育过程中，只有一层珠被发育成种皮，另外一层珠被退化消失。种皮结构具有多样性，不仅与珠被数目有关，还与细胞壁的厚度、色素的种类和有机物的沉积、表皮细胞的特化等因素有关，使种子呈现不同颜色。例如，棉花的种皮表皮细胞伸长，向外延伸形成纤维细胞，是人类棉花的主要来源；蓖麻种皮细胞由于沉积不同色素而带有不同的花纹，大豆种子有黑色的，也有黄色的。种皮在受精后即开始发育，在种子成熟时种皮才停止生长。如果种皮生长提前停止，种子的发育会受到抑制，种子明显变小。某些植物种子种皮中含有抑制物质，是导致其休眠的原因之一。

10.1.2 种子发育过程中主要有机物质的变化

1. 糖类的变化

淀粉型种子在成熟过程中，可溶性糖含量逐渐降低，而淀粉的含量逐渐增加。淀粉型种子在成熟时，与糖类相关的变化主要有两个方面：一是催化淀粉合成的酶类（如Q酶、淀粉磷酸化酶等）活性增强；二是可溶性的小分子化合物转化为不溶性的大分子化合物（如淀粉、纤维素等）。例如，水稻种子成熟时，胚乳中的蔗糖与还原糖（果糖和葡萄糖）的含量逐渐减少，而淀粉的含量急剧增长（图10.1）。这表明淀粉是由糖类转化而来的，并且在形成淀粉的同时，还形成构成细胞壁的不溶性物质如纤维素和半纤维素等。淀粉的积累，以乳熟期和糊熟期最快，因此干重迅速增加。殷宏章等研究证实，在水稻开花后十多天内，淀粉磷酸化酶活性变化与种子内淀粉增长率相一致（图10.2）。

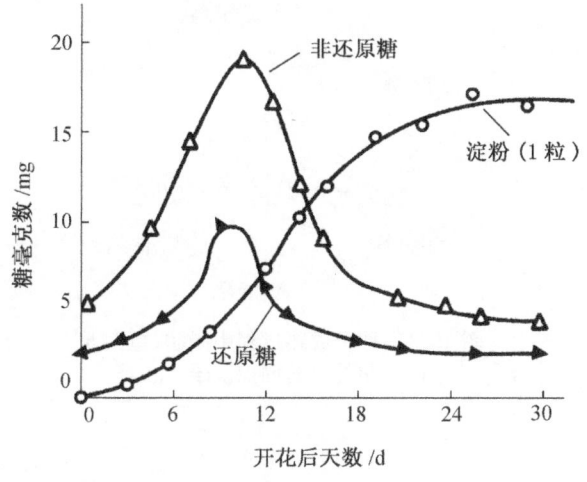

图10.1 水稻成熟过程中胚乳内主要糖类的变化（引自李合生，2002）

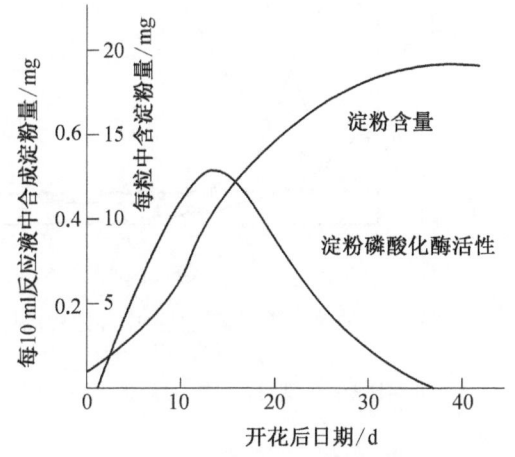

图10.2 水稻种子成熟过程中淀粉磷酸化酶活性与淀粉含量变化的关系（引自潘瑞炽，2004）

2. 蛋白质的变化

种子的贮存蛋白（storage protein）主要有清蛋白、球蛋白、谷蛋白和醇溶蛋白等。贮藏蛋白没有明显的生理活性，它主要的功能是提供种子萌发时所需的氮和氨基酸。种子贮藏蛋白的生物合成是在种子发育的中后期开始的,合成活动至种子干燥成熟阶段终止。如小麦籽粒的氮素总量,从乳熟期到完熟期变化很小。但随着成熟度的提高,非蛋白氮的含量逐渐下降,蛋白质逐渐增加,这说明蛋白质是由非蛋白氮化物转化而来的。与此相适应,成熟小麦种子的 RNA 含量较多,以合成丰富的蛋白质。豌豆种子发育期间贮存蛋白合成始于花后一周左右,最大合成期在花后 12~20 d,花后 24 d 后贮存蛋白的合成基本上停止。

豆科植物的种子富含蛋白质,其种子积累蛋白质首先是叶片或其他营养器官的氮素以氨基酸或酰胺的形式运到荚果,在荚皮中氨基酸或酰胺合成蛋白质,暂时成为贮存状态;然后,暂存的蛋白质分解,以酰胺态运至种子转变为氨基酸,最后合成蛋白质,用于贮存。

3. 脂肪的变化

油料种子在成熟过程中,脂肪的含量不断升高,而糖类总含量不断下降(图 10.3),这说明,脂肪是由糖类转化而来的。种子成熟时的脂肪代谢有以下两个特点:① 成熟期所形成的大量的游离脂肪酸逐渐被用于形成甘油酯,随着种子的成熟逐渐合成为复杂的油脂。此时种子的酸价(中和 1 g 油脂中游离脂肪酸所需 KOH 的毫克数)逐渐降低。② 种子成熟时先形成饱和脂肪酸,然后由饱和脂肪酸转变成不饱和脂肪酸,所以,一般油料种子,如大豆、芝麻、花生、油菜等种子油脂的碘价(指 100 g 油脂所能吸收碘的克数)随着种子的成熟度而增加,这表明组成油脂的脂肪酸不饱和程度与数量的提高。当然,在常温下为固体油脂的油料种子(如椰子种子),其碘价变化很小。

4. 有机物变化的分子调控

研究发现,在种子成熟过程中,LAFL(LEC1、LEC2、ABI3 和 FUS3)及 WRI1 等转录因子是蛋白质与脂肪积累的重要调控因子,其中 LEC2 和 FUS3 主要调控种子蛋白质的积累,LEC2 和 WRI1 共同调控脂肪的积累,LEC1 可以通过调控 ABI3 和 FUS3 调控种子的耐脱水性(图 10.4)。

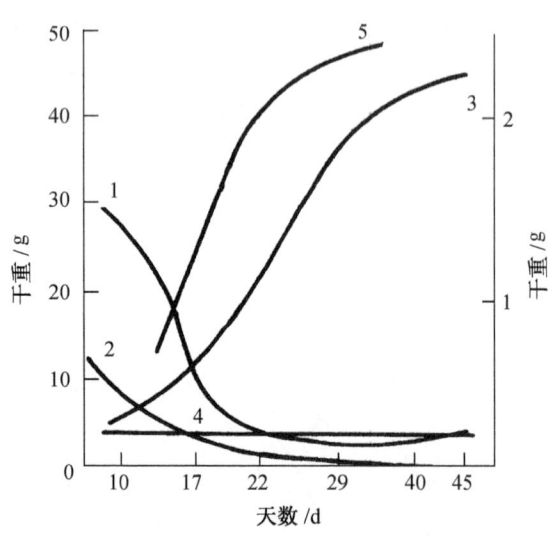

图 10.3 油菜种子在成熟过程中各种有机物变化情况
(引自潘瑞炽,2001)
1. 可溶性糖;2. 淀粉;3. 千粒重;4. 含氮物质;5. 粗脂肪

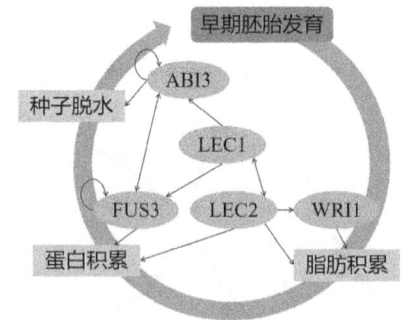

图 10.4 种子成熟过程中脂肪、蛋白质和脱水的调控因子

10.1.3 种子成熟过程中的其他生理生化变化

1. 呼吸速率

种子成熟过程是有机物质的合成与积累过程,新陈代谢旺盛,需要呼吸作用提供能量。所以,种子成熟时,随着胚的进一步分化和贮藏物质的合成与积累,呼吸作用亦旺盛,呼吸速率上升并达到最高;种子

接近成熟时,呼吸速率逐渐降低。例如,水稻开花后15 d内呼吸速率急剧上升,到第15天时达到高峰,以后逐渐下降(图10.5)。

2. 内源激素

在种子成熟过程中,内源激素不仅含量发生变化,而且种类亦发生演替。例如,小麦胚珠在受精之前,玉米素很少。在受精末期,达到最大值,然后减少。抽穗到受精之前,赤霉素浓度有一个小的峰,然后下降,这可能与穗的抽出有关。受精后籽粒开始生长时,赤霉素浓度迅速增加,受精第3周达到最大值,然后减少。胚珠内含少量生长素,受精时稍增加,然后减少,当籽粒生长时再增加,收获前1周鲜重达最大值之前,达到最高峰,籽粒成熟时生长素消失(图10.6)。这些内源激素的交替变化和顺序出现,可能与其作用有关,调节着种子发育过程中的细胞分裂、生长、扩大及有机物质的合成、积累和运输等生理和生化过程。例如首先出现的玉米素,可能调节建成籽粒的细胞分裂过程,然后是赤霉素和生长素,可能调节有机物向籽粒的运输和积累过程。此外,籽粒成熟期ABA大量增加,可能和籽粒的休眠有关。

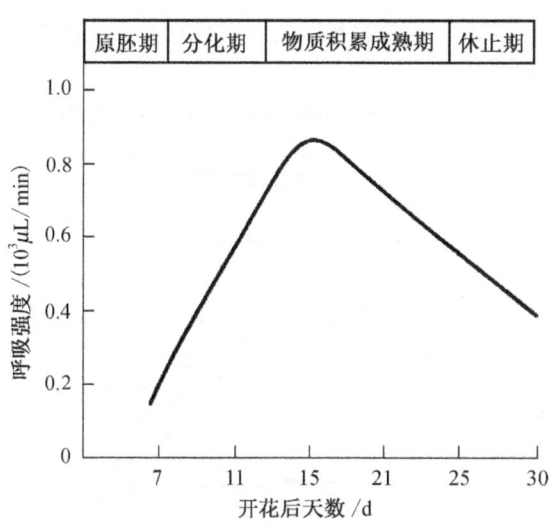

图10.5 水稻胚发育过程中的呼吸速率
(引自李合生,2002)

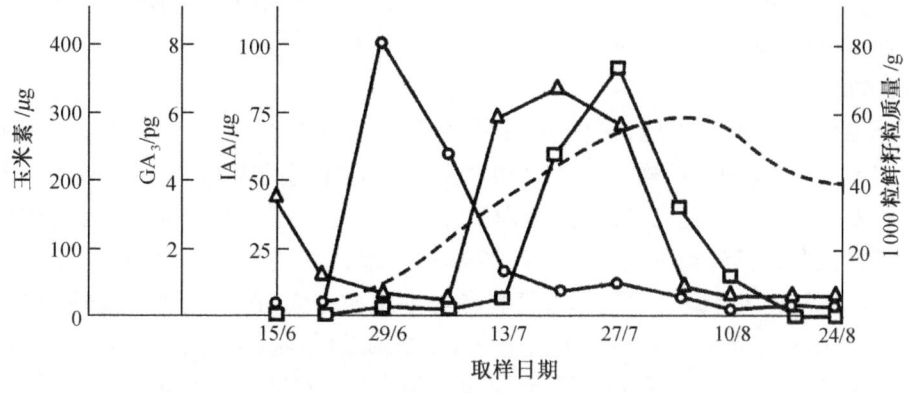

图10.6 小麦籽粒发育时期玉米素(○)、GA$_3$(△)、IAA(□)
含量(以1 000籽粒计算)的变化(引自李合生,2002)
虚线表示千粒鲜重的变化

3. 含水量

种子的含水量与有机物的积累恰好相反,它随着种子的成熟而逐渐减少。种子成熟时幼胚细胞具有浓厚的细胞质而无液泡,因此,自由水含量很少。小麦籽粒成熟时总重量减少,但干物质却在增加,原因是含水量减少。

种子成熟时与脱水相应的是种子耐脱水性的提高,否则脱水会导致种子生活力的下降,现认为种子的耐脱水性提高与胚胎发生晚期富集蛋白(LEA)的合成与积累、ABA水平和可溶性碳水化合物含量的增加有关。

4. 植酸的合成

淀粉型种子成熟脱水时,Ca、Mg和Pi离子同肌醇形成非丁(phytin,或叫做肌醇六磷酸钙镁盐,或植酸钙镁盐),它是禾谷类等淀粉型种子中磷酸及钙镁的贮存库与供应源,是植物对磷酸及钙镁含量的一种自动调控方式。例如,水稻成熟时有80%的磷以非丁的形式贮存于糊粉层。当种子萌发时,非丁分解释放出钙、磷、镁等,供幼苗生长之需。

10.1.4 种子发育过程中的基因表达

植物胚胎发育过程是一个有序的、有选择性的基因表达过程。通过转录生成特异的mRNA,再合成特异的蛋白质或酶,最终导致种胚、胚乳或子叶发育成熟。研究结果表明,在种子发育的任何一个阶段,大约有

20 000个不同的基因在mRNA水平上被表达,同时,胚轴、子叶以及非胚性化的胚乳组织中有相似数量的基因表达。

大豆后期发育阶段的合子胚研究表明:处于中熟阶段胚内存在的15 000种mRNA中,90%以上也在子叶胚和成熟胚中存在,并且贮存在成熟种子中和出现在幼苗、长成叶中,只有少量的基因仅在胚中表达(图10.7)。在小麦、水稻、大豆等作物种胚中均有上述"长命"(long lived)mRNA的存在,它们对种子萌发早期水解酶的形成以及胚根的发端起着重要作用。作为基因表达产物的磷酸酯酶、呼吸氧化酶等活性,均伴随着胚胎发生过程而表现出相应的变化。

在玉米细胞中编码玉米醇溶蛋白的基因,一般处于潜伏状态不表达;而在玉米开花后约20 d,该基因才开始表达,其mRNA迅速增加,乳熟种子中达到高峰,在完熟种子中该mRNA几乎消失,但此时在种子的蛋白体中已贮存了大量的玉米醇溶蛋白。

近年来,人们在拟南芥等模式植物中获得了大量胚、胚乳和种皮发育突变体,同时结合正、反向遗传学等分子生物学技术克隆了许多重要的基因并初步了解了其功能。

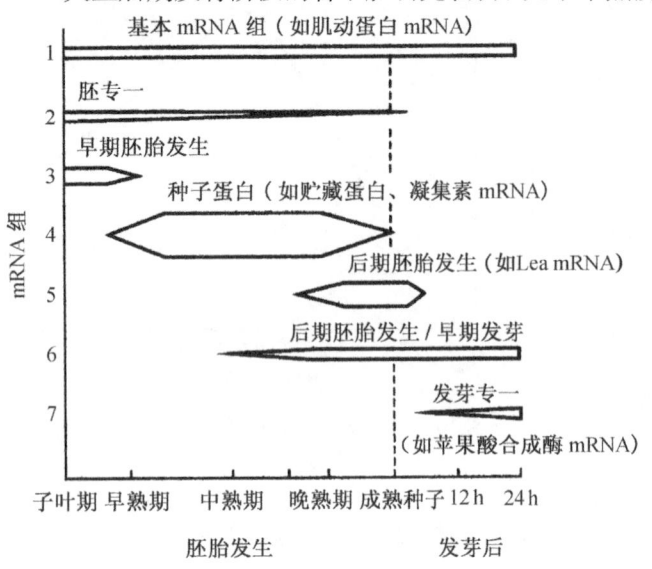

图10.7 种子发育和发芽过程中丰富型mRNA的表达
(引自李合生,2002)
图中标志的粗细表示每组mRNA的丰度

1. 胚发育相关基因的表达

GN基因影响胚胎顶端—基部极性,它在整个胚胎发育进程中持续表达,编码的蛋白可能参与囊泡的定向运输,从而影响细胞分裂、延伸和粘连。从白菜和拟南芥中克隆到的含MADA box的AGL15(agamous-like 15)优先在胚胎发生过程中表达,其编码的蛋白质在受精前存在于雌配子体的细胞质中,受精后,在最先进行的几次细胞分裂时,即转移到细胞核中。AGL15极有可能在胚胎发生过程中以转录因子的形式来调控其他基因的表达;KMOLLE基因编码的蛋白质可能参与细胞质分裂;FUS6基因编码一种新的与信号转导有关的蛋白质;LEC2(leafy cotyledon 2)编码一个含B3结构域(植物特有的一种DNA结合基序)的转录因子,它控制胚发育的正确启动,在胚发育早期和后期均大量表达。GNOM基因编码鸟嘌呤核苷酸交换因子(GEF),它作用于ADP核糖基化因子(ARF)-G型蛋白,影响合子第一次分裂。与正常合子第一次不对称分裂相反,GNOM基因突变体(gnom)的受精卵第一次分离是对称的,表现出顶-基极性(apical-basal polarity)缺陷型,没有根和下胚轴。MP(monopteros)基因编码一种含DNA结合域的蛋白,它影响胚中维管组织和胚体模式的建立。FACKEL编码参与脂类生物合成的一种固醇还原酶,它影响发育中胚细胞的分裂、扩展和有序排列。FACKEL基因突变特异地减少了下胚轴形成,使得胚根几乎贴到子叶上。胚在从球形胚到心形胚的发育过程中,双子叶植物的胚形成两片子叶,单子叶植物的胚形成一片子叶。在AMP1(altered meristem programming 1)基因突变体中,子叶数目变化比较大,有时还产生多个胚。这些结果表明AMP1基因在植物胚胎发育的模式建成过程中起着关键作用。RGE1(retarded growth of embryo 1)编码一个bHLH型转录因子,rge1突变体的胚在心型胚后出现发育迟缓的现象,但是胚的形态转变和形成模式是正常的,从而导致干瘪和变小的种子。在胚发育后期,还有一些具有特殊生理功能的蛋白质基因的表达,如胚胎发育晚期丰富蛋白(LEA蛋白),LEA蛋白在胚发育后期的含量很高,但在种子萌发早期迅速消失。LEA蛋白富含不带电荷的氨基酸,具有高度的稳定性,可保护细胞结构;LEA蛋白参与种子的抗脱水过程,LEA蛋白是高度亲水的,避免种子成熟时高度脱水对细胞的破坏;LEA蛋白还能作为渗透调节物质缓解高盐和干旱等非生物胁迫的伤害。另外,植物胚胎发育过程中小分子肽的基因克隆及功能研究近年来也取得了很大进展。

2. 胚乳发育相关基因的表达

胚乳沿着前后极轴分为三个不同的区域:珠孔端胚乳(拟南芥)或紧邻胚的胚乳(玉米);外周胚乳(拟南

芥)或淀粉胚乳(玉米),是胚乳的主要组成部分;合点区(拟南芥)或基部胚乳转移层(玉米)。3个区域各自的有丝分裂动态模型不同,一个区域的有丝分裂与其他区域无关,而且合点区的胚乳常发生核内再复制。对胚乳3个区域的基因表达分析表明,这3个区域基因表达有差异。例如,在玉米种子紧邻胚的胚乳中,编码小蛋白的基因 *ESR*(*embryo surrounding region*)特异表达。珠孔端胚乳与胚相邻,二者发育存在互作。*ALE1*(*abnormal leaf shape 1*)既在胚组织中表达,也在紧接胚的珠孔端胚乳中表达,该基因可能参与胚和胚乳接触面表皮的形成。禾谷类作物种子的基部胚乳转移层参与把母体营养物质运送到胚乳。现已鉴定了在该区域表达的4个 *BETL*(*basal endosperm transfer layer*)基因,它们亦编码小分子蛋白质,其中有些小分子蛋白质能抵抗病原菌侵染。另外,研究发现与细胞壁完整性相关的 *Sus1*(*sucrose synthase 1*)和玉米 MYB 型蛋白 ZmMRP-1(zea mays myb-related protein 1)也在基部胚乳转移层中特异表达。TITAN 蛋白与 ADP 核糖基化因子相关,是小分子 GTP 结合蛋白 RAS 家族的成员,调控真核细胞多种功能。*titan* 突变体改变了胚乳发育中的减数分裂和细胞循环控制。编码类受体激酶的 *CRINKLY4* 和编码钙调蛋白的 *DEK1*(*defective kernel 1*)基因的突变,会产生禾谷类种子糊粉层发育不正常的表型。3个不依赖于受精而形成种子的 *FIS*(*fertilization-independent seed*)基因,即 *FIS1*、*FIS2* 和 *FIS3*,任何一个发生突变,都引起胚乳核分裂及胚乳发育模式建成的紊乱。属于 FIS 类型的3个突变体均是雌配子体突变体,这种突变可在不受精的情况下自发诱导胚乳的生长。任何一个 *FIS* 基因,在胚乳的发育中至少有3个功能:启动胚乳发育所需基因的遏制,胚乳前后极轴的排序和胚乳核的分裂数目。遗传有母本 *fis1* 或 *fis2* 基因突变拷贝的胚很少发育到心形阶段,*fis3* 基因突变体的胚不发育。带有母本 *fis* 突变基因拷贝的种子卷缩或者几乎观察不到。虽然 *FIS* 基因突变表型与一些无融合生殖过程相似,如胚乳的自发生长。但这些突变不足以完成无融合种子的发育。*IKU1*(*haiku1*)和 *IKU2* 编码 LRR 型类受体激酶,*MINI3*(*miniseed3*)编码一个 WRKY 家族转录因子,这三个基因在同一个遗传通路,*iku1*、*iku2* 和 *mini3* 突变体抑制游离核时期胚乳核的增殖,导致胚乳细胞化提前发生,胚乳数量减少,间接抑制了胚的增殖和珠被细胞的伸长,导致种子变小。SHB1(short hypocotyl under blue1)是 SYG1 蛋白家族的成员,SHB1 直接调控 *MINI3* 和 *IKU2* 的表达促进胚囊的扩大和胚乳的发育。水稻中的 MADS box 转录因子基因 *MADS29* 的反义转基因植株出现种子皱缩、淀粉粒形态异常和灌浆速率下降等表型。*MADS29* 通过调控细胞程序化死亡(PCD)过程促进珠心细胞和珠心突起处的降解,进而影响胚乳发育。

3. 种皮发育相关基因的表达

研究发现,*KLU*(*kluh*)基因在胚珠发育时的内珠被中表达,并且 KLU 能促进胚珠中珠被细胞的增殖,通过其活性水平控制珠被细胞的增殖程度,决定种皮的生长,最终限制种子的大小。*EOD3* 编码拟南芥细胞色素 P450,*EOD3* 通过调控珠被细胞的大小最终调控种子的大小。

总之,人们已经找到一些决定胚胎发育过程中细胞命运和胚胎模式形成的关键基因,并对这些基因时空表达及功能进行了研究,这对最终弄清胚胎发育的分子机制并定向改变胚胎发育具有重要意义。

10.1.5 影响种子成熟和化学组成的外界因素

虽然植物种子的生物学特性是由其遗传性所决定的,但外界因素仍对种子的化学成分、饱满度和成熟过程等产生重要的影响,影响种子的产量和品质。

1. 水分

种子在成熟过程中,需要水分的参与。土壤干旱会破坏作物体内水分平衡,使可溶性糖来不及转变为淀粉,被糊精胶结而相互黏结起来,形成玻璃状而不是糊状的籽粒,造成籽粒不饱满,导致减产。但此时蛋白质的积累过程受阻较淀粉为小,因此,干旱使种子中蛋白质含量相对较高,又因北方雨量及土壤水分比南方少,这也是我国北方小麦的蛋白质含量显著高于南方的原因。据测定,黑龙江克山、北京、济南、杭州的小麦干重中蛋白质的含量分别为 19.0%、16.1%、12.9% 和 11.7%。

种子成熟过程中最怕遇到干热风,我国河西走廊的小麦,常因遭遇干热风而减产。叶片细胞必须在水分供应充足时才能进行物质的运输,如在干热风袭来的情况下(气温高、风速大、空气湿度低),植物蒸腾剧烈,加上土壤干旱会很快导致植株萎蔫,同化产物便不能继续流向正在灌浆的籽粒,水解酶活性增强,妨碍了贮存物质的积累,造成籽粒干缩和过早成熟,籽粒瘦小,产量大减。但若土壤水分过多,导致根系缺氧,呼吸和光合下降,种子也不能正常成熟。

2. 温度

温度适宜有利于物质的积累,促进种子成熟;温度过高使呼吸消耗过大,籽粒不饱满;温度过低则不利于有机物质运输和转化,种子瘦小,成熟推迟。气温可影响光合作用和物质运输,从而影响种子的灌浆及种子的饱满度。

油料种子成熟过程中,温度对含油量和油分性质影响也很大。成熟期适当的低温有利于油脂的积累。在油脂品质上,亚麻种子成熟时昼夜温差大,有利于不饱和脂肪酸的形成。因此,优质的干性油往往来自纬度较高或海拔较高的地区。吉林市农业科学院大豆研究所的分析表明我国各地的大豆种子的化学成分有很大差别。北方大豆种子含油量高,蛋白质含量较低,南方的则正好相反(表 10.1)。

表 10.1 我国不同地区大豆的品质

不同地区品种	蛋白质占干重的百分比/%	脂肪占干重的百分比/%
北方春大豆	39.9	20.8
黄淮海夏大豆	41.7	18.0
长江流域春夏秋大豆	42.5	16.7

3. 光照

光照强度直接影响种子内有机物质的积累。例如,小麦籽粒 2/3 的干物质来源于抽穗后叶片及穗子本身的光合产物,此时光照强,叶片同化物多,输入到籽粒的多,产量就高。小麦灌浆期遇到连阴天,千粒重明显减小,导致减产。此外,光照也影响籽粒的蛋白质含量和含油率。

4. 矿质营养

矿质营养对种子成熟过程也有显著影响。例如,对淀粉型种子而言,氮肥可提高种子蛋白质含量;钾肥能加速糖类由叶、茎向籽粒或其他贮存器官(如块根、块茎)的运输并转化成淀粉。对油料种子而言,磷肥和钾肥对脂肪的形成也有积极的影响;但氮肥过多会使大量的光合产物流向植株的茎、叶,引起营养体的返青而与种子争夺光合产物而导致减产,同时,氮肥过多会使植物体内大部分糖类和氮化合物结合成蛋白质,此时糖分的减少会影响脂肪的合成及其在种子中的含量。

10.2 果实的发育和成熟生理

10.2.1 果实生长的特点

果实的生长过程呈现周期性特点,但植物的种类不同,果实生长的特点也不同。果实的生长曲线主要有两种类型:单 S 形曲线和双 S 形曲线(图 10.8)。肉质果实(如苹果、番茄、菠萝、草莓、香蕉、茄子、梨等)的生长一般也和营养生长一样,呈单 S 形曲线,即在开始生长时速度较慢,以后逐渐加快,达到高峰后又逐渐减慢,最后停止生长。有一些核果(如桃、李、杏、樱桃等)及一些非核果(如葡萄等)在生长中期有一段缓慢生长时期,使其生长呈双 S 形曲线。此生长缓慢期正是果肉暂停生长,而内果皮木质化、果核变硬和胚迅速生长的时期,主要进行中果皮细胞的膨大和营养物质的大量积累,而珠心和珠被的生长停止。

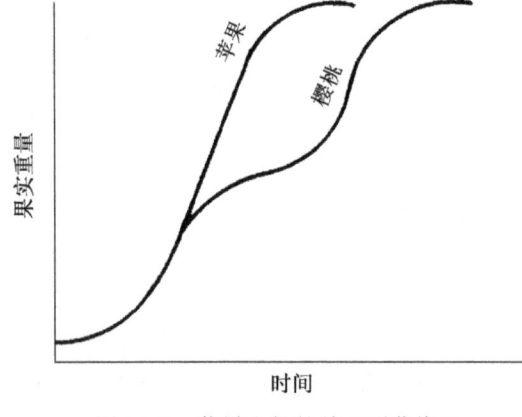

图 10.8 苹果生长的单 S 形曲线和樱桃生长的双 S 形曲线
(引自潘瑞炽,2001)

植物的单性结实

10.2.2 果实发育成熟时的生理生化变化

1. 呼吸骤变

在细胞分裂迅速的幼果期，呼吸速率很高，当细胞分裂停止，果实体积增大时，呼吸速率逐渐降低，然后急剧升高，最后又下降。即果实达到一定的成熟度时，呼吸速率下降，接着突然升高，出现呼吸高峰，最后又下降，果实成熟之前发生的这种呼吸突然升高的现象称为呼吸跃变（respiratory climacteric）或呼吸峰（图10.9）。呼吸跃变的出现，标志着果实进入了完熟期并达到可食状态，完熟期的果实是不耐贮存的。

根据果实是否有呼吸跃变现象，可将果实分为跃变型和非跃变型两类。跃变型果实有香蕉、芒果、鳄梨、苹果、番茄、西瓜、桃、梨、李、杏、番木瓜、白兰瓜、哈密瓜等；非跃变型果实有草莓、葡萄、柑橘、柠檬、凤梨、樱桃、黄瓜和橙等，其果实在成熟期呼吸速率逐渐下降，不出现高峰。跃变型果实成熟比较迅速，而非跃变型果实成熟比较缓慢。

跃变型果实与非跃变型果实的主要区别是：跃变型果实含有复杂的贮存物质（淀粉或脂肪等），在摘果后达到可食状态之前，贮存物质强烈水解，呼吸加强，而非跃变型果实并非如此。在跃变型果实中，香蕉的淀粉水解过程很迅速，呼吸跃变出现较早，成熟也快；而苹果的淀粉水解较慢，呼吸跃变出现较迟，成熟也慢一些（图10.10）。

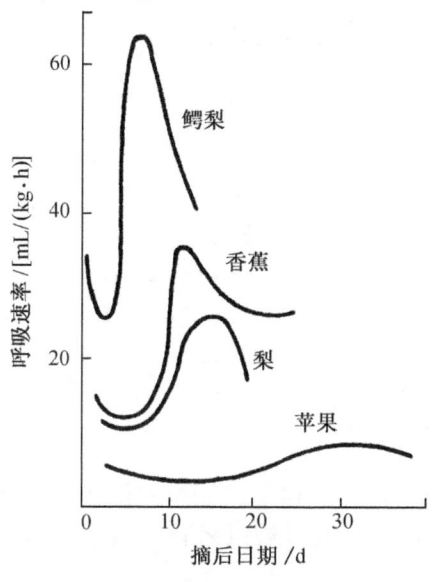

图10.9 果实成熟过程中的呼吸跃变
（引自潘瑞炽，2001）

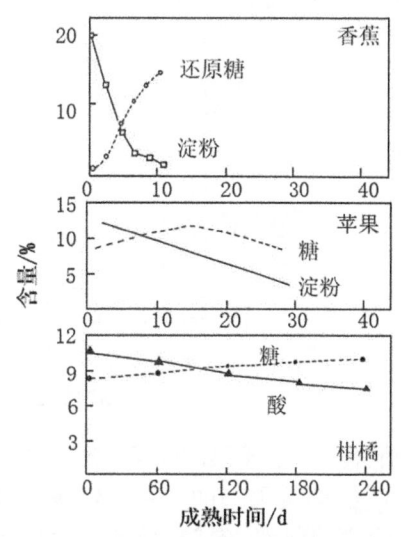

图10.10 不同类型果实成熟过程中淀粉的水解与糖、酸的生成

在果实呼吸跃变正在进行或正要开始前，果实内乙烯的含量有明显的升高（图10.11）。因此，人们认为果实发生呼吸跃变的另一重要原因是乙烯的产生和释放。乙烯影响呼吸作用的机制可能是：乙烯通过受体与细胞膜结合，增强膜透性，使气体交换加速，提高果实内部的氧浓度，使氧化作用加强，促进淀粉、脂肪等迅速转化成可溶性糖，提高呼吸底物的浓度，促进呼吸出现呼吸高峰，进而加速了果实成熟；乙烯可诱导呼吸酶的mRNA的合成，提高呼吸酶的含量，并可提高呼吸酶活性，对抗氰呼吸有显著的诱导作用，可明显加速果实的成熟和衰老过程。

2. 有机物质的转化

果实成熟的全过程可分为三个阶段：第一阶段是成熟前的准备阶段，果实充分生长和积累养分，为果实成熟准备物质条件，这一阶段比较长，自受精后果实开始生长直到采收后乙烯高峰的出现；第二阶段是成熟起始阶段，在乙烯的作用下启动了RNA、酶和蛋白质合成；第三阶段是果实完熟后的可食阶段，此阶段包括呼吸骤变的出现和在酶催化下发生一系列的物质转化。肉质果实在食用上有重要的意义，其生长过程中，不断积累有机物。这些有机物大部分从营养器官运输而来，但也有一部分是果实本身制造的，因为幼果的果皮

乙烯在呼吸跃变中的作用

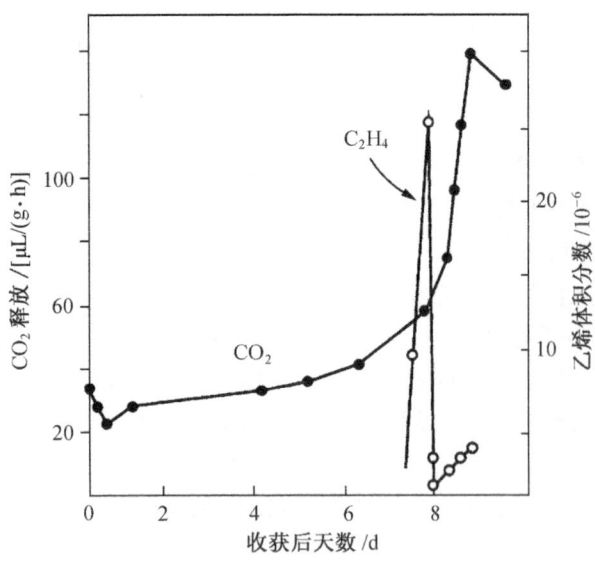

图 10.11 香蕉呼吸骤变期乙烯产生与呼吸峰的关系
(引自李合生，2002)

往往含有叶绿体，可以进行光合作用。当果实长到一定大小时，果肉已贮存了不少有机养料，但还未成熟，因此果实不甜、不香、硬、酸、涩。这些果实在成熟过程中，经过一系列复杂的生理生化转变，才能使果实的色、香、味发生变化，进而达到成熟状态。

（1）甜味增加　　未成熟的果实贮存许多淀粉，所以早期果实无甜味，到成熟末期，不溶性淀粉转化为可溶性的葡萄糖、果糖、蔗糖等并积累在细胞液中，使果实变甜。例如，香蕉果实成熟过程中，淀粉由占鲜重的20%～25%降低到1%，而可溶性糖则由10%以上升至15%～20%，并且这一变化很快，约为10 d。

（2）酸味降低　　未成熟的果实中，在果肉细胞的液泡中积累着很多有机酸，所以有酸味，如柑橘中有柠檬酸，苹果、桃、杏、梨中有苹果酸，葡萄中有酒石酸，黑莓中有异柠檬酸等。随着果实的成熟，有机酸逐渐降低，其去向是：一些有机酸转变成为糖，一些由呼吸作用氧化为 CO_2 和 H_2O，还有一些被 K^+、Ca^{2+} 等离子中和而生成盐。一般果实的含酸量在 0.1%～0.5%，口感较好（图 10.12）。

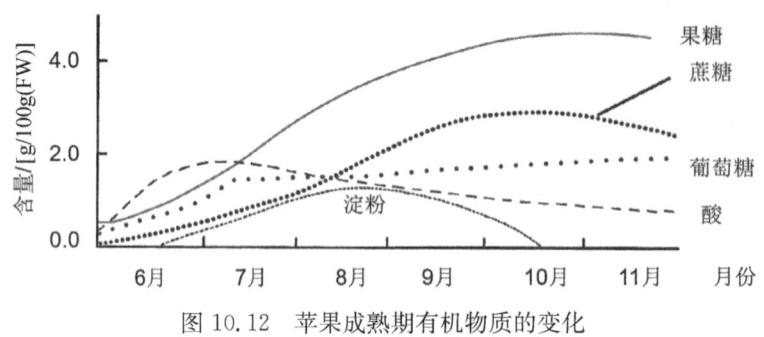

图 10.12 苹果成熟期有机物质的变化

（3）涩味消失　　未成熟的柿子、李子、香蕉、梨等果实有涩味，这是由于细胞液内含有单宁所致。果实中的单宁以皮部为多，为果肉的 4～5 倍。随着果实的成熟，单宁或者被过氧化物酶氧化成无涩味的过氧化物，或者凝结成不溶于水的胶状物质，因此涩味消失。

（4）香味产生　　果实成熟时可产生一些具有芳香味的挥发性物质，赋予果实特殊的香味。这些物质主要是小分子酯类，包括脂肪族的酯和芳香族的酯，如苹果中含乙酸丁酯、乙酸乙酯，香蕉中含乙酸戊酯、甲酸甲酯，葡萄中含氨茴酸甲酯，番茄中含醋酸丙酯等；另外还有一些特殊的醛类等，如柑橘的香味是由柠檬醛产生的。

（5）由硬变软　　未成熟的果实因其初生细胞壁中沉积不溶于水的原果胶，尤其是苹果、梨中含有较多的原果胶，因而果实很硬。随着果实的成熟，果胶酶和原果胶酶的活性增强，把原果胶水解成可溶性果胶、果胶酸和半乳糖醛酸，果肉细胞彼此分离，于是果肉变软。此外，果肉细胞中的淀粉转化成糖，也是果实变软的一个原因。果实变软是果实成熟的一个重要标志。

（6）色泽变艳　　香蕉、苹果、柑橘等果实在成熟时，果皮的颜色由绿逐渐转变成黄、红或橙色。因为成熟时，果皮中的叶绿素被逐渐破坏而丧失绿色，但叶绿体中原有的类胡萝卜素不容易被破坏且较多存在，故使果实呈现黄、红或橙色。此外，随着果实的成熟，可形成一些花色素，也使果实颜色变艳。光可促进花色素苷的合成，因此，树冠外围果实或果实的向阳面色泽总是鲜艳一些。

（7）维生素含量增高　　果实中含有丰富的维生素，主要是维生素 C。不同果实维生素含量差异很大，以 100 g 鲜重计算，番茄含维生素 8～33 mg，香蕉 1～9 mg，红辣椒 128 mg。

在果实成熟过程中,肉质果实果肉中有机物质的变化,明显受到温度和湿度等环境因素的影响。在夏凉多雨的条件下,果实中酸多糖少;而在阳光充足、气温较高及昼夜温差较大的条件下,果实明显含酸量减少而糖分增多。新疆吐鲁番的哈密瓜和葡萄特别甜,与当地的光照充足、气温较高及昼夜温差大有密切关系。

3. 蛋白质和内源激素的变化

果实成熟与蛋白质合成有关。苹果和梨等成熟时,蛋白质含量上升,如用蛋白质合成抑制剂亚胺环己酮处理成熟的果实,则 ^{14}C-苯丙氨酸结合到蛋白质的速度降低,果实成熟延迟。

在果实成熟时,各种内源激素都发生明显变化。一般在幼果生长期,生长素、赤霉素和细胞分裂素的含量增高;到了果实成熟时,都下降至最低点,而乙烯、脱落酸含量则明显升高(图10.13)。

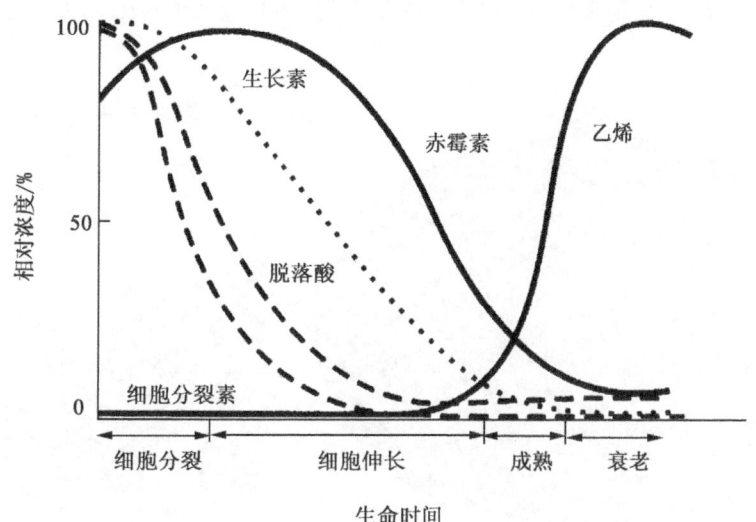

图10.13　苹果果实各生育时期激素的动态变化
(引自李合生,2002)

10.2.3　果实成熟的分子调控机制

果实成熟的分子调控机制研究对于提高果实品质、优化保鲜技术具有重要指导意义。近年来,通过番茄成熟过程相关突变体的分子机制研究,分离、鉴定了一系列调控果实成熟的重要转录因子和基因。乙烯是调控果实成熟的重要激素,下调乙烯合成的关键基因会显著抑制果实的成熟。ACC合酶(ACS)和ACC氧化酶(ACO)是乙烯合成的关键酶,用基因沉默技术沉默 ACS 和 ACO 基因,沉默株系的果实不能正常成熟。大量影响乙烯信号转导过程或相关转录因子活性的突变导致成熟缺陷。已经发现成熟相关的转录因子调节乙烯的生物合成。例如,MADS结构域蛋白 RIN(ripening-inhibitor)、SBP转录因子 CNR(colorless non-ripening)和NAC家族转录因子 NOR(nonripening)一起调控果实成熟相关基因表达。rin 和 cnr 突变体阻止了成熟过程,导致果实既不能产生升高的乙烯,也不能对外源性乙烯的应用作出反应。RIN在果实开始成熟时被诱导表达,还与许多成熟相关基因的启动子区结合,以直接控制其表达,如调控乙烯合成关键酶基因(通过直接调控 ACS2/4 或通过调控 HB1 间接调控 ACO1)、细胞壁扩展蛋白基因(EXP)和聚半乳糖醛酸酶基因(PG)、类胡萝卜素合成基因(PSY1)以及香味物质合成基因(LOXC)的表达,以此调控果实的成熟。TAGL1(tomato agamous-like1)在果实成熟期间高表达,TAGL1 基因沉默株系产生黄橙色果实、类胡萝卜素减少和果皮薄等表型。FUL1(fruitfull 1)和 FUL2 在成熟过程中具有冗余功能,同时沉默这两个基因会导致成熟的果实具有显著减少的番茄红素。AP2(apetala2a)转录因子通过调节乙烯生物合成和信号传导来调节果实成熟。RNA干扰(RNAi)介导的 AP2 的抑制导致果实形状的改变、橙色成熟的果实和类胡萝卜素积累的改变。在 AP2 RNAi 果实的果皮中,CNR 的 mRNA 水平升高,表明 AP2 负调控 CNR 的表达(图10.14A)。

另外,MADS结构域基因在干果的发育和成熟中也起到很重要的作用,并控制开裂过程。拟南芥 SHP

（*shatterproof*）和 *FUL* 基因可能是番茄 *TAGL1* 和 *TDR4* 的同源基因。拟南芥中有两个 *SHP* 基因，沉默这两个基因会导致果荚不开裂。*FUL* 基因是维持果荚果瓣特性所必需的。在 *ful* 突变体中 *SHP* 基因在果瓣组织中异位表达。因此，*FUL* 至少部分地通过抑制果瓣组织中果瓣边缘识别基因的表达来指定果瓣细胞的命运。*SHP* 基因正向调控 *IND*（*indehiscent*）转录因子基因的表达。*IND* 基因表达的增加与分裂区生长素水平的改变和细胞壁降解酶（如聚半乳糖醛酸酶）的上调有关。*RPL*（*replumless*）的表达维持了果瓣中间侧的胎座框的组织特征，并且花同源性基因 *AP2* 已被证实抑制了胎座框的发育（图 10.14B）。因此，似乎有许多相同的转录因子家族在鲜果和干果的成熟过程中发挥重要作用。

除此之外，DNA 的表观遗传修饰（胞嘧啶甲基化和组蛋白修饰等）通过影响转录因子的结合和活性在调节基因表达中发挥重要作用。在番茄中，*cnr* 突变是表观遗传的，导致 *CNR* 基因上游区域的高度甲基化，从而抑制果实的成熟。

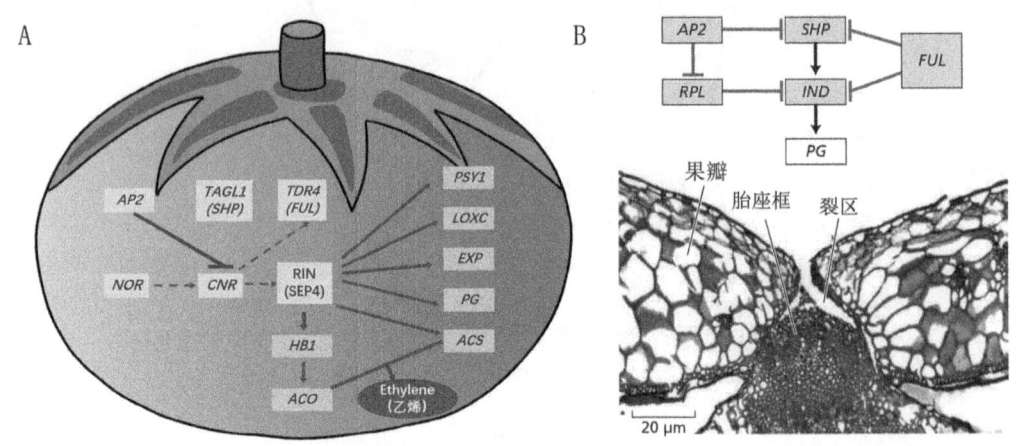

图 10.14　果实成熟的分子调控机制（引自 Karlova et al.，2014）

10.3　植物的休眠生理

植物的休眠（dormancy）是指植物生长极为缓慢或暂时停顿的一种现象。它是植物抵抗和适应不良环境的一种保护性的生物学特性。例如，植物暴露在季节性的严酷气候条件下，若没有某些保护性或自卫性的生理措施，就不能度过恶劣的环境，以至死亡。若种子或芽进入休眠状态，停止生长，就能渡过难关。植物的休眠器官有多种，如一、二年生的植物多以种子为休眠器官；多年生落叶树木以休眠芽过冬；多年生草本植物则以休眠的根系、块根、块茎过冬。依据休眠的深度和原因，通常将休眠分为强迫休眠（imposed dormancy）和生理休眠（physiological dormancy）两种类型。把由于环境条件不适宜而引起的休眠称为强迫休眠，而因为植物本身的原因引起的休眠称为生理休眠或真正休眠。了解植物休眠的原因，人为调控休眠在农业生产中具有重要意义。

10.3.1　种子的休眠原因

种子成熟后，即使在适宜的外界条件下仍不能萌发的现象称为种子的休眠。通常情况下，种子的休眠主要指由于内部的生理抑制或种皮的障碍而引起的休眠。

1. 种皮限制

种皮（果皮）可从三个方面影响种子的休眠：一是不透水性。许多植物的种子（如豆科、藜科、锦葵科的种子）外层有厚而坚硬的组织，或者种皮上附有厚而致密的蜡质或角质，种皮的透水性很差，很难从外界吸收萌发所需的水分，造成休眠。二是不透气性。有些种子（如椴树种子）的种皮虽可让水透过，但是外界的 O_2 不能透过，种子内的 CO_2 也不能透出种皮，降低了胚的生理活性，造成休眠。三是种皮对胚的生长有机械阻碍作用。有些种子（如苋菜、狭叶泽泻的种子等），虽能透水透气，但因种皮太坚硬，胚不能突破种皮，也难以萌发。

在自然条件下,由于空气氧化种皮的组成成分,微生物分泌的酶类水解种皮及其他环境因素的作用,种皮吸水变软,透水透气性增加,可以逐步破除休眠,但这个过程通常需要几周或几个月。生产实践中多用物理或化学的方法来破坏种皮,使其透水透气,如用机械方法使紫云英种皮磨损,用氨水(1∶50)处理松树种子或用98%的浓H_2SO_4处理皂荚种子1 h,清水洗净,再用40℃温水浸泡86 h等,都可以破除休眠,提高萌发率。

2. 胚休眠与后熟

由于胚而导致种子休眠有两种情况:① 胚未完全发育。这类植物的种子在采收时从种子外部看已经成熟,但内部的胚还很幼嫩,需要从胚乳中继续吸取养分生长发育到完全成熟。如银杏的种子从树上掉下来时胚并未发育成熟。欧洲白蜡树种子脱离母体后,必须经过一段时间的种胚发育才能萌发。一些共生、腐生或寄生植物如兰科、列当科以及一部分毛茛科植物的种胚也属于这一类型,其休眠的原因是胚形态未成熟。② 胚未完成后熟作用。这类种子形态上已经发育完全,但在生理上尚未完全成熟,必须经后熟作用才能萌发。所谓后熟(after ripening)是指种子采收后需经过一系列的生理生化变化达到真正成熟,才能萌发的过程,如一些蔷薇科植物(苹果、桃、梨、樱桃等)和松柏类植物的种子必须经过低温处理,即用湿沙将种子分层堆积在低温(5℃左右)的地方1~3个月,经过后熟才能萌发。这种催芽技术称为层积处理(stratification)或低温预冷(prechilling)处理。大麦、小麦、棉花等种子经过1~2个月的常温干藏,即可完成后熟作用,达到最高发芽率。此外,晒种也可加速其后熟过程。当归种子脱离母体后,一个心形胚仅为种子干重的0.4%,当经过后熟作用到能萌发时,胚增大到约占种子干重的30%,这说明在后熟期间,胚乳的物质向胚运输转化,使胚发育完全。

种子经过后熟作用后,种皮透气、透水性增强,有机物质开始水解为可溶物,有利于种子打破休眠而萌发。但种子在后熟过程中发生了哪些具体变化?低温如何促进休眠的解除?有关这些问题尚未全部解释清楚。在后熟过程中胚的生长、贮藏物质的转化、有关酶的活性、内源激素和代谢途径均发生着变化,如磷酸戊糖途径常常与休眠的解除有关。

3. 抑制物质的存在

有些植物的种子不能萌发是由于存在抑制种子萌发的物质。早在1922年就发现肉质果汁中有抑制种子萌发的抑制物质存在,如番茄和黄瓜等浆果的种子,将种子从果实中取出,经洗涤后很容易萌发。以后在非肉质果实以及种皮、果皮和胚乳等种胚覆被物中也分离出了抑制萌发的物质。例如甜菜的蒴果果皮及盐生植物碱蓬的果皮中有抑制物质,当清洗或剥去果皮就很容易萌发;大麦、燕麦的谷壳对种子萌发有影响,去壳后种子就能顺利萌发;鸢尾胚乳中有抑制物质,当剥去胚乳时,胚可以萌发。即使胚只连接一小部分胚乳,萌发和生长仍受到抑制。

天然的发芽抑制物大都是一些简单的低分子量有机物,如HCN、NH_3、乙烯、乙醛等,较复杂的有芥子油、精油等;酚类物质有水杨酸、没食子酸、阿魏酸、香豆素等;醛类化合物有肉桂醛等;生物碱类有咖啡碱、古阿碱等;还有内源激素ABA。这些物质存在于果肉(梨、苹果、柑橘、番茄、黄瓜、甜瓜等)、果皮(大麦、燕麦、苍耳、甘蓝等)中,也有存在于胚乳(莴苣、鸢尾等)和子叶(菜豆)中。有时候,萌发抑制物质来自其他植物,如甜菜种子可释放出强烈的萌发抑制物,阻碍与其一起播种的种子的萌发。

种胚中抑制物的存在有其重要生态学意义。例如生长在沙漠中的植物,在充分降雨后,淋洗掉抑制物质,种子立即发芽并利用尚湿润的环境条件完成生活周期。从某些种子淋洗出来的抑制物,还可以抑制周围的其他植物种子的萌发,从而使这种植物本身在生存竞争中幸存下来。如果雨量不足,不能完全淋洗掉抑制物质,种子就不能萌发,继续休眠,以适应极度干旱的沙漠环境。

4. 植物激素与休眠调控基因

植物激素脱落酸和赤霉素含量的平衡在调控种子休眠和破除休眠中发挥主导作用。脱落酸和赤霉素在种子休眠维持与解除中有拮抗作用,脱落酸促进和维持种子休眠,赤霉素抑制休眠,促进萌发。脱落酸和赤霉素的合成、降解以及信号通路的突变可显著改变种子的休眠程度。参与脱落酸生物合成的*NCED*基因、

参与脱落酸降解的 *CYP707A* 基因、参与赤霉素降解的 *GA2ox* 基因和赤霉素合成的 *GA3ox* 基因分别在休眠诱导和打破休眠中起到重要作用。同样的,脱落酸信号转导通路关键基因(如 *ABRE*)和赤霉素信号转导通路的关键基因在种子休眠中也发挥关键作用。外界环境信号如温度和光照能够通过影响种子中脱落酸和赤霉素含量的比率使种子处于休眠或者非休眠状态。休眠状态的种子脱落酸含量高,对赤霉素的敏感性降低;破除休眠后的种子对脱落酸敏感性降低,对赤霉素敏感性增强,并且对外界环境中的温度和光照的敏感性逐渐增加。其他植物激素如乙烯、油菜素内酯、独脚金内酯、生长素及一些类似植物激素的小分子化合物等在植物种子休眠调控中发挥重要作用(图10.15)。乙烯是一种萌发刺激剂,它可能通过降解介导种子中活性氧和活性氮信号传导的 ERF 转录因子来打破休眠促进萌发。在寄生植物独脚金中,发芽很大程度上取决于对寄主植物根部分泌独脚金内酯的感知。

近年来克隆了多个休眠调控关键基因,如第一个克隆到的种子休眠基因是拟南芥中的 *DOG1*(*delay of germination 1*),该基因编码一个未知功能的蛋白质。在 *dog1* 突变体出现没有休眠状态表型,这表明 *DOG1* 是诱导种子休眠的关键基因。研究发现 *DOG1* 在不同植物中普遍存在,受到低温等外界环境的诱导表达,是调控种子休眠水平的特异基因,其表达水平越高,种子休眠程度越深。*Sdr4*(*seed dormancy 4*)被鉴定为水稻休眠的主要决定基因之一,*Sdr4* 调控水稻 *DOG1-LIKE* 基因的表达。后来的研究发现 C3HC4 型 RING 锌指蛋白基因 *DEP*(*despierto*), HD-ZIP(homeodomain-leucine zipper)家族基因 *ATHB20* 和 PP2C 磷酸酶基因 *RDO5*(*reduced dormancy 5*)也参与了拟南芥种子的休眠。*RDO5* 通过脱落酸信号通路调控 *APUM9*(*PUMILIO9*)和 *APUM11* 的表达调控种子的休眠。

许多化学物质,如呼吸抑制剂、巯基化合物、氧化剂、含氮化合物(硝酸盐、一氧化氮)和森林火灾产生的烟雾等,已被证明可以打破特定物种的种子休眠。除了打破休眠,在生产实践中,有些小麦、水稻品种的种子休眠期短,成熟后遇到阴雨天气,就会在穗上发芽;春播花生成熟后,阴雨土壤湿度大,花生仁会在土中发芽,这都影响了作物的产量和质量。

因此,通过延长种子休眠来降低穗上发芽、减少产量损失是农业生产的重要方面。

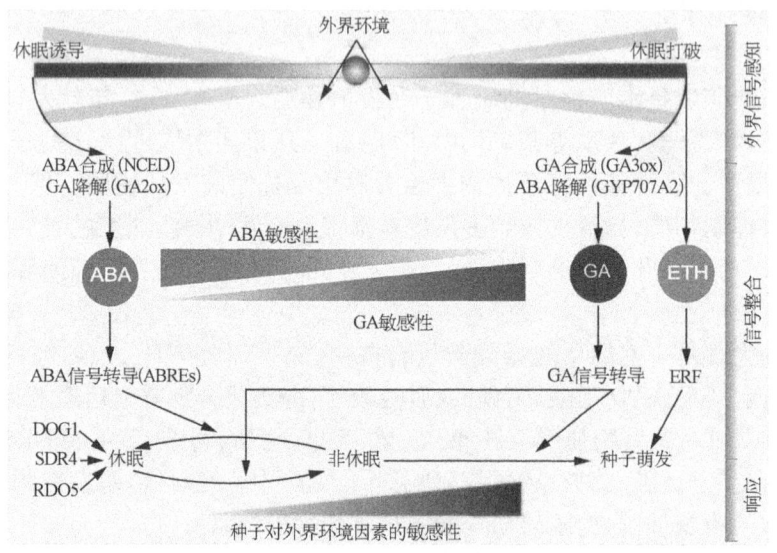

图 10.15　植物激素与休眠调控基因(改自 Taiz et al., 2015)

10.3.2　休眠的人工调节

休眠不仅具有重要的生物学意义,在生产实践中也有重要的应用价值。例如,马铃薯块茎和洋葱的鳞茎等在长期贮藏后,一旦度过休眠期就会萌发,失去其商品价值,所以要设法延长休眠。在生产上可用 0.4% 的萘乙酸甲酯粉剂(用土混制)处理,使其安全贮藏。将马铃薯块茎放在架上摊成薄层,保持通风,也可延长其休眠期,安全贮藏达 6 个月。大蒜用 γ 射线处理,显著延长储藏期已广泛应用于农业生产。

此外,生产上还需要人为打破植物休眠。例如,马铃薯块茎在收获后一般有较长一段时间的休眠期(其休眠期因品种而异,一般是 40~60 d),立即作薯种有困难,可用赤霉素破除其休眠,马上进行第二轮播种。具体做法是:将种薯切成小块,冲洗过后在 0.5~1 mg/L 的赤霉素溶液中浸泡 10 min,然后上床催芽。也可用 5 g/L 的硫脲溶液浸泡薯块 8~12 h,发芽率可达 90% 以上。此外,用晒种法效果也较好,即收获后晾干 2~3 d,使薯块水分减少,然后在阳光下晒种,经常翻动,使薯块各部分受热均匀,两周左右,芽眼有明显突起,即可切块播种。

常用的解除种子休眠的方法如下。

(1) 机械破损　　多种植物种子,特别是豆类种子,常用此法促进萌发,如擦破、切破种皮以及去除种皮等。

(2) 温度处理　　常用的是加热法,某些植物的种子(如棉花、黄瓜、小麦等)经日晒和用 35~45℃ 温水处理,促进萌发。刺槐、合欢种子用 100℃ 水浸种 24 h,油松、沙棘种子用 70℃ 水浸种 24 h,可增加透性,促进萌发。对于需要后熟的种子的萌发,温度条件十分重要,前面所述的低温层积处理也是破除此类种子休眠的重要方法。

(3) 化学处理　　如用酒精处理莲子的种子,用硫酸处理棉花、皂角、合欢、漆树、国槐等种子,均可增加种皮的透性,促进萌发。GA 处理可有效打破银杏、人参种子的休眠。热带豆类的硬实浸入甘油可促进萌发。

(4) 清水冲洗　　西瓜、甜瓜、番茄、辣椒和茄子等种子的外壳上含有萌发抑制剂,播前反复冲洗,能够提高种子的发芽率。

(5) 物理因素　　利用 X 射线、超声波、高低频电流、电磁场等处理种子也有破除休眠的作用。

10.4　植物的衰老生理

10.4.1　植物衰老的类型与生物学意义

植物的衰老(senescence)是植物体生命周期的最后阶段,是成熟的细胞、组织、器官和整株植物自然地终止生命活动的一系列衰退过程。其主要特征:① 衰老是细胞结构逐步瓦解衰退的过程;② 衰老是一个走下坡路的正常生理阶段,是不可逆的;③ 这一阶段包括一系列的代谢变化,错综复杂。所以蒂曼(Thimann)又将这些复杂的衰退过程称为"衰老综合征"(senescence syndrome)。衰老的普遍特征之一是蛋白质水平的明显下降(图 10.16),即衰老过程总的表现为氮的负平衡。与此同时,在植物衰老过程中还伴随着呼吸速率的变化和乙烯的产生等。植物的自然死亡是衰老过程的终极。衰老不同于成熟,因为成熟是生命周期中另一个发育高峰的开始。衰老也不同于老化(aging),老化是指在生命活动的发育进程中,在结构和生理功能方面出现进行性的衰退变化,其特点是机体对环境的适应能力逐渐减弱,但不立即死亡,它主要由遗传基因控制,但也受环境条件影响。而衰老的结果是导致死亡,这是自然界生命发展的必然规律。

植物的不同器官、组织有不同的衰老表现:除某些常绿木本植物外,叶子每年要衰老死亡。常绿月桂树叶子可有 6 年寿命,而松树叶寿命为 2~3 年;花器官在开花后往往花瓣首先开始凋落;果实衰老后种子却延存下来。因此衰老是在不同时间、不同空间上不断发生的。根据植物与器官衰老和死亡的情况,一般将植物衰老分为 4 种类型。

(1) 整株衰老型　　即整个植株衰老,如一年生或二年生草本植物(如玉米、花生、冬小麦等)在开花结实后出现整株衰老死亡。但多年生植物(如竹),一旦开花也整株衰老死亡,这类植物也称为一稔植物(monocarpic plant)。

(2) 地上部分衰老型　　多年生草本植物(如苜蓿、芦苇等)地上部分随着生长季节的结束而每年死亡,但根仍可以继续生存多年,这类植物也称为多稔植物(polycarpic plant)。

(3) 渐进衰老型　　多年生常绿木本植物较老的器官和组织随时间的推移逐渐衰老脱落,并被新的器官取代。小麦、棉花等的叶子,新叶片长出来,下部叶片即衰老,最终逐渐死亡。

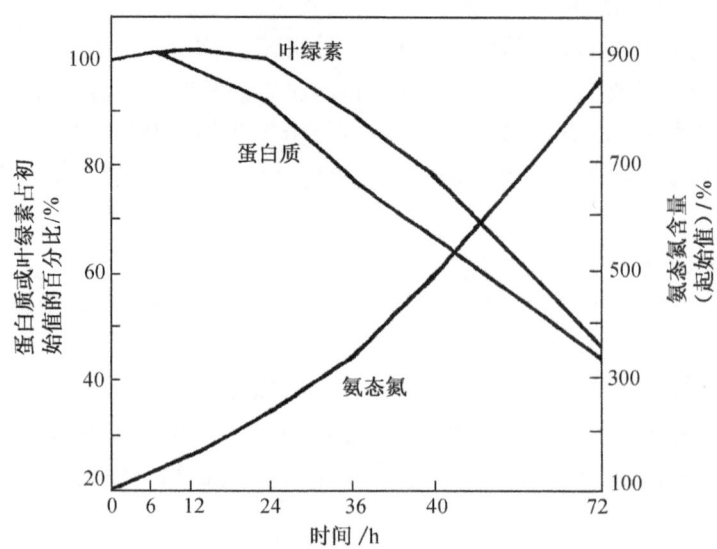

图 10.16　离体燕麦胚芽鞘在诱导衰老(暗中,25℃)过程中叶绿素、
氨基酸和蛋白质的变化(引自 Martin et al.，1972)

（4）落叶衰老型　多年生落叶木本植物的茎和根能生活多年，而叶子每年衰老死亡和脱落。

衰老是生物生长发育必须经历的正常的生理过程，不应把衰老单纯地看成消极的导致死亡的过程。从生物学意义上说，没有衰老就没有新的生命的开始。如叶片或子叶的衰老可促进幼苗其他生长点的更好生长，多年生植物秋天叶子衰老脱落之前，把大量营养物质运送到茎、芽、根中，以供再分配和再利用；花的衰老使刚刚授粉而产生的受精卵能正常发育；果实与种子成熟后的衰老与脱落，有利于借助其他媒介传播种子，便于种的生存，对物种的繁衍和人类的生产是有益的；一、二年生的植物成熟衰老时，其营养器官贮存的物质降解，运转到发育的种子、块茎、块根等器官中，以利于新器官的生长发育等等。因此，衰老具有积极的生物学意义，但农作物受到某些不良因素影响时，适应能力降低，引起营养体生长不良，造成过早衰老，籽粒不饱满，使粮食减产，这是不利的，因此在生产实践中应予以克服和提高植物的抗衰老能力。

10.4.2　植物衰老时的生理生化变化

植物衰老时，内部发生着一系列的生理和生化变化(图 10.17)。衰老过程可表现在分子、细胞、器官、整体等不同水平上，其中以叶片为研究衰老最广泛使用的材料。研究得知，我国当前主要粮油作物(水稻、小麦、棉花、油菜等)的部分推广品种在生育后期均出现不同程度的叶片早衰现象，已成为提高农作物产量的限制因素。所以，研究植物叶片的衰老生理十分重要。

1. 蛋白质含量显著下降

叶片衰老时，蛋白质合成能力降低，分解加快，总的表现为蛋白质含量显著下降(图 10.17A)。蒂曼对叶子衰老过程中各种变化进行综合分析后指出：蛋白质水解是衰老的第一步。他对衰老各过程的顺序提出如下假设：在没有衰老的细胞中，液泡膜把液泡中的蛋白水解酶及其他水解酶与细胞质中的蛋白质相隔离，液泡膜蛋白也以某种方式与蛋白水解酶分开。当液泡膜蛋白与蛋白水解酶接触而引起膜结构变化时即启动衰老过程，蛋白水解酶以某种方式进入细胞质引起蛋白水解，继而酶到达并进入叶绿体膜，使叶绿素破坏，光合能力下降。在蛋白质水解的同时，伴随着游离氨基酸的积累。不但可溶性蛋白质水解，而且膜结合蛋白也水解。

2. 核酸含量降低

叶片衰老时，DNA 和 RNA 的含量均下降，但 RNA 含量下降更快(图 10.17A)。例如，烟草叶片衰老在 3 d 内 RNA 下降 16%，而 DNA 只下降 3%。一般认为，衰老时 RNA 含量下降主要与 RNA 合成能力降低有关，如具有放射性的前体在离体衰老叶片中结合到核酸的数量是比较低的，若用激素延迟衰老，则结合到核酸的放射性前体数量就较多，说明 RNA 含量下降与其合成能力降低有关。但也有试验证明，叶片

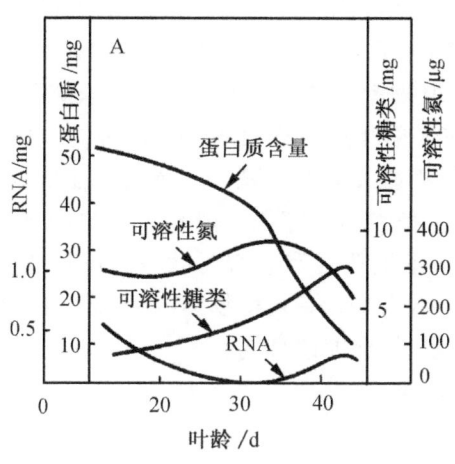 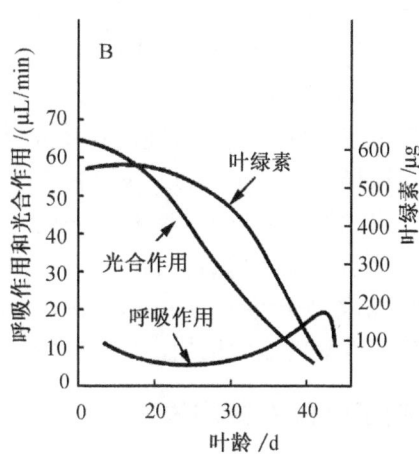

图 10.17　蚕豆衰老叶片中生理生化变化（引自李合生，2002）
光合作用、呼吸作用以 CO_2 计

衰老时核糖核酸酶活性增强，RNA 降解加快。因此，RNA 含量下降应是其合成能力降低和分解加快综合所致。

3. 光合速率下降

在叶片衰老过程中，叶绿体被破坏。具体地讲是，叶绿体的基质破坏，类囊体膨胀裂解，嗜锇体的数目增加，体积增大。叶片衰老时，叶绿素含量也迅速下降，导致光合速率下降（图 10.17B）。此外，Rubisco 分解、光合电子传递和光合磷酸化受阻也是光合速率下降的重要原因。

4. 呼吸速率下降

叶片衰老时，线粒体的变化不如叶绿体那么大。在衰老早期，线粒体体积变小，褶皱膨胀，数目减少，然而其功能一直到衰老末期仍保留着。叶片衰老时，呼吸速率迅速下降，后来又急剧上升，再迅速下降，有呼吸骤变现象（图 10.17B）。这种现象和乙烯出现高峰有关，因为乙烯可加速膜透性，使呼吸加强。应当指出，在离体叶的试验中，整个衰老过程的呼吸商与正常呼吸的不同，说明衰老时的呼吸底物有所改变，它利用的不是糖而是氨基酸。此外，衰老时呼吸过程的氧化磷酸化逐步解偶联，产生的 ATP 的量减少，细胞合成过程所需的能量供应不足，更促进了衰老的发展。

5. 生物膜结构变化

正常情况下，细胞膜为液晶态，流动性大。不饱和脂肪酸的含量越多，越能增加膜的流动性、柔软性和保持膜的完整性；当有 Ca^{2+}、Mg^{2+} 等二价离子结合到磷脂"头"部时，能提高膜的稳定性。研究发现在细胞趋向衰老的过程中，膜脂的脂肪酸饱和程度逐渐增高，脂肪链加长，使膜由液晶态逐渐转变为凝固态，磷脂尾部处于"凝胶"状态，完全失去流动性。各种延迟或加速衰老的处理（如温度、pH、乙烯或乙烯抑制剂等）可引起膜流动性的相应变化。膜流动性降低与磷脂含量下降是同步的，磷脂含量下降，一方面由于磷脂合成减少；另一方面则由于磷脂酶活性增加造成。衰老细胞的另一个明显特征是生物膜结构选择透性功能丧失，透性加大，膜脂过氧化加剧，膜结构逐步解体。另外，一些具有膜结构的细胞器如叶绿体、线粒体、核糖体等，在衰老期间其膜结构发生衰退、破裂甚至解体，从而丧失其有关的生理功能并会释放出各种水解酶类及有机酸使细胞发生所谓自溶现象，也加速细胞的衰老解体。

6. 内源激素的变化

在植物衰老过程中，植物内源激素有明显变化。研究发现，五大类植物激素都与植物衰老密切相关。一般情况下，IAA、GA、CTK 可抑制衰老，在植物衰老过程中含量逐步下降；而 ABA、茉莉酸，特别是乙烯对衰老有促进作用，其含量随衰老进程而逐渐上升。油菜素内酯和多胺类物质中的腐胺、精胺、亚精胺等也可抑制衰老。

7. 活性氧增加

活性氧（ROS）的积累被认为是植物细胞在胁迫条件下诱导的衰老及自然衰老过程中做出的早期响应。

植物体内的羟基自由基（HO·）、超氧化物阴离子自由基（O_2^-）、超氧物自由基（ROO·和HO_2·）、单线态氧（$^1O_2$）、烃氧基（RO·）及过氧化氢（H_2O_2）等含氧自由基统称为活性氧。ROS可以诱导叶片衰老相关基因（senescence-associated gene，SAG）的表达。H_2O_2能够与植物激素乙烯、脱落酸和生长素以及一氧化氮（NO）等信号形成复杂的调控网络调控植物的衰老进程。在水稻叶片中积累的H_2O_2可诱导硝酸还原酶基因的表达，从而诱导叶片产生NO。外援施用NO清除剂后，细胞衰老明显减轻。蛋白质亚硝基化是NO的主要作用方式，以此方式参与了H_2O_2诱导的叶片细胞衰老。植物体内存在自由基清除剂，如超氧化物歧化酶（SOD）、过氧化氢酶（CAT）、过氧化物酶（POD）、维生素E、维生素C和谷胱甘肽等。正常情况下，这些自由基清除剂随时清除所产生的自由基，使细胞中的ROS维持低水平。一旦植物体内抵御氧化伤害的机制效率下降，或产生活性氧的能力增加，二者失去平衡，自由基积累，就会加速衰老。

10.4.3　影响衰老的外界因素

1. 光照

光能延缓植物衰老，黑暗可加速衰老，但强光和紫外光促进植物体内产生自由基，诱发植物衰老。蒂曼等认为，光延缓叶片衰老是通过环式光合磷酸化供给ATP，用于聚合物的再生成，或降低蛋白质、叶绿素和RNA的降解而起作用的。红光能阻止蛋白质和叶绿素含量的减少，远红光则可抵消这种作用，说明光敏色素在衰老过程中也发挥一定作用。实验证明，蓝光可显著地延缓绿豆幼苗叶绿素和蛋白质的减少，延缓叶片的衰老。日照长度对衰老也有一定影响，长日照促进GA合成，利于生长，短日照促进ABA合成，利于脱落，加速衰老。

2. 温度

低温和高温都会加速叶片的衰老。高温加速叶片衰老，可能是由于Ca^{2+}运转受到干扰，也可能因蛋白质降解，叶绿体功能减退，叶绿素含量降低等引起。

3. 水分

干旱可促使向日葵和烟草叶片衰老，加速蛋白质降解和提高呼吸速率，叶绿体片层结构破坏，光合磷酸化受抑制，光合速率下降。但水涝会造成根系缺O_2而导致根系坏死。

4. 气体

主要是O_2和CO_2两种气体，O_2浓度过高可加速自由基的形成，自由基的产生超过自身的防御能力时引起衰老。O_3污染环境可加速植物的衰老过程。低浓度的CO_2有促进乙烯形成的作用，高浓度的CO_2可抑制乙烯生成和呼吸，对衰老有一定的抑制作用，用5%～10% CO_2并结合低温，可延缓果实和蔬菜等的衰老，延长其贮存期。

5. 矿质营养

氮肥不足，叶片易衰老，增施氮肥，能延缓叶片衰老。Ca^{2+}能延缓植物衰老，用Ca^{2+}处理果实有稳定膜的作用，减少乙烯的释放，延迟果实成熟与衰老；若Ca^{2+}进入果实内部则作用相反，进入内部的Ca^{2+}促进衰老是因为它活化钙调蛋白，从而启动磷脂水解以及随之而来的脂氧合酶对膜的作用。Ag^+（10^{-10}～10^{-9} mol/L）、Ni^{2+}（10^{-4} mol/L）可延缓水稻叶片的衰老，这是因为Ag^+是植物体内乙烯作用的拮抗剂和生物合成抑制剂。Ni^{2+}和Co^{2+}则有抑制植物体内合成乙烯和ABA的双重作用。

10.4.4　植物衰老的机制

有关植物衰老发生的机制目前还不清楚，解释衰老发生原因的假说有多种，常见的有如下几种。

1. 自由基损伤假说

对植物衰老的研究中，自由基假说颇受重视，该假说认为植物衰老是由于植物体内产生过多的自由基，对生物大分子如蛋白质、核酸、膜组分及叶绿素等生物功能分子有破坏作用，进而使器官及植物体衰老、死亡。自由基是具有不配对电子的离子、原子或分子，多数自由基极不稳定，寿命极短，只能瞬时存在；但是其化学性质非常活泼，氧化能力很强，并能持续进行连锁反应，对细胞及许多生物大分子有破坏作用，对生物系统存在潜在危害,自由基引起的代谢失调并在体内积累是植物衰老的机制之一。在植物体内有两种酶与衰老有密切关系:超氧化物歧化酶(SOD)和脂氧合酶(LOX)。SOD 参与自由基的清除和膜的保护,而 LOX 则催化膜脂中不饱和脂肪酸加氧而使膜损伤。衰老时往往伴随着 SOD 活性的降低和 LOX 活性的升高,从而导致自由基增加,使膜损伤加剧,衰老加速。菜豆、水稻、烟草、燕麦等叶片的衰老研究证明,叶片中 SOD 活性随衰老而下降,O_2^- 等随着衰老而增加,同时伴随丙二醛含量的上升,即膜脂过氧化加剧。此外,不同生育期叶片 SOD 活性也有明显差异,如白杨上部叶片 SOD 活性分别比中、下部叶片高约 1 倍(关于细胞自由基的产生与清除的详细机制,见第 11 章)。

2. DNA 损伤假说

奥格尔(Orgel)等提出了与核酸有关的植物衰老的差误理论。该学说认为,植物衰老是由于基因表达在蛋白质合成过程中引起差误积累所造成的。当错误的产生超过某一阈值时,机能失常,导致衰老。这种差误由于 DNA 的裂痕或缺损导致错误的转录、翻译,可能在蛋白质合成轨道一处或几处出现并积累无功能的蛋白质(酶)。无功能蛋白的形成是由于氨基酸排列顺序的错误或者是由于多肽链折叠的错误而引起。

在某些物理化学因子,如紫外线、电离辐射、化学诱变剂等因素的作用下 DNA 受损伤,同时 DNA 结构功能遭到破坏,DNA 不能修复,使细胞核合成蛋白质的能力下降,造成细胞衰老。研究认为,紫外线照射能使 DNA 分子中间同一链上两个胸腺嘧啶碱基对形成二聚体,影响 DNA 双螺旋结构,使转录、复制、翻译等受到影响。

3. 植物激素调节假说

植物激素调节假说认为,植物衰老是由一种或多种植物激素综合控制的。衰老不仅受某一种内源激素的调节,而且激素之间的平衡也起着重要作用。例如,生长素类激素在低浓度时可延缓衰老,但浓度升高到一定程度时可诱导乙烯的合成,从而促进衰老。ABA 对衰老的促进作用可被 CTK 所拮抗。

CTK 是最早被发现具有延缓衰老作用的内源激素。研究发现,植物营养生长时,根系合成的 CTK 运输到叶片,促使叶片蛋白质的合成,推迟植株衰老。但是植株开花、结实时,一方面,根系合成的 CTK 数量减少,叶片得不到足够的 CTK;另一方面,花和果实内 CTK 含量增大,成为植株代谢旺盛的生长中心,促使叶片的养料运向果实,这就是叶片缺乏 CTK 导致叶片衰老的原因。实验证明,在初始衰老的叶片上喷施 CTK,常常显著地延迟,有时甚至是逆转衰老。CTK 还可以通过刺激多胺,继而抑制 ACC 合酶的形成,减少乙烯生成。乙烯不仅诱导果实成熟,也是诱导叶片、花器官衰老的主要激素。叶片只有发育到一定阶段才能感知乙烯信号,幼嫩叶片对乙烯不敏感。研究表明,反义 ACC 氧化酶转基因株系的叶片衰老受到抑制。同样,众所周知,离体的叶片和茎常常迅速衰老,但是如果离体的叶片或茎长出根来,它们的衰老将停止。测定黄化烟草的蛋白质合成能力发现,离体的叶片在衰老过程中,蛋白质合成能力明显降低,一旦离体叶片生根,蛋白质合成速率就开始回升。由此可见,必须由根系供应某种物质,叶片才能保持其蛋白质合成能力。后来试验表明,喷施激动素水溶液能阻止叶片衰老。如果在正在衰老的烟草上滴一滴激动素溶液,处理部分能保持绿色,而周围组织仍继续变黄。因此,很自然得出结论:主要在根尖形成的 CTK 与延衰作用密切相关。赤霉素也能延缓叶片的衰老和蛋白的降解。生长素处理能够延缓叶片衰老并且抑制 *SAGs* 基因的表达。而 ABA 之所以促进叶片衰老,主要是影响了生物大分子的降解和营养的再转运。水杨酸在衰老启动中起到重要作用,其含量在叶绿素开始降低的叶片中快速增加,水杨酸合成和信号转导突变体延缓衰老。茉莉酸能促进叶片和花器官的衰老,并且其促进衰老的效果在老叶中比嫩叶明显。不同激素在植物衰老进程的不同阶段起作用(图 10.18)。

另一种解释是花或种子中形成促进衰老的激素(ABA 和 ETH),运输到营养器官所致。例如,取有两个分枝的大豆植株,一枝作去荚处理,一枝荚正常发育。结果表明,前者枝条保持绿色,后者衰老。由此可见,衰老来源于籽粒本身,而非由根部造成。

4. 程序性细胞死亡理论

所谓程序性细胞死亡(programmed cell death,PCD)是指细胞在一定生理或病理条件下,遵循自身的

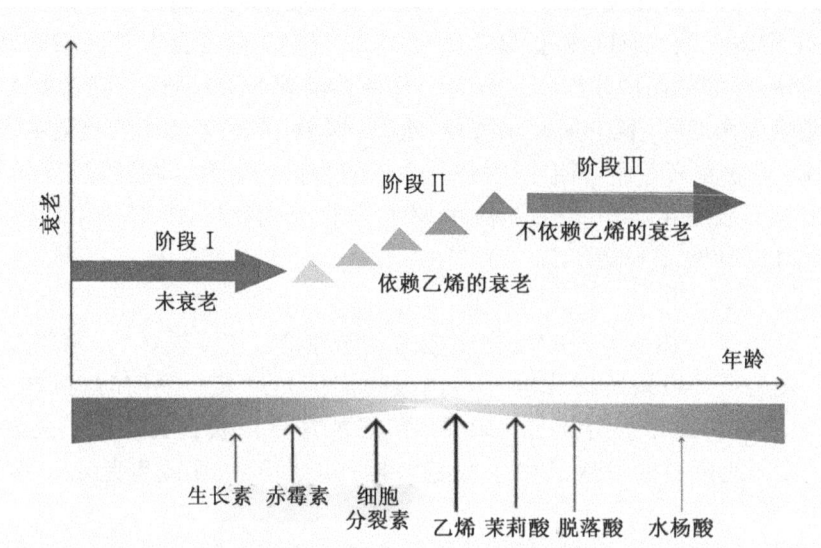

图 10.18　植物激素调控叶片衰老(引自 Guiboileau et al.，2010)

"程序",主动结束其生命的过程,是正常的生理性死亡,是基因程序性活动的结果。克尔(Kerr)将这种现象称为细胞凋亡(apoptosis)。程序性细胞死亡是一种由内在因素引起的非坏死性变化,即包括一系列特有的细胞形态学(如质膜和核膜的囊泡化、DNA 裂解成 180bp 片段及凋亡小体的形成等)和生物化学变化,这些变化都涉及相关基因的表达和调控。目前发现在植物胚胎发育、细胞分化和形态建成过程中普遍存在程序性细胞死亡。叶片衰老过程中包括大量有序事件的发生,如有些植物的叶子是按照它们特有的发育顺序相继发黄、衰老、死亡、脱落;也有些植物在某一段时间内形成的所有叶子会在同一时间里全部衰老死亡。因此,诺登(Nooden)认为叶片衰老是一个程序性细胞死亡过程。实验证明,叶片衰老是在核基因控制下,细胞结构(包括叶绿体、细胞核等)发生高度有序的解体及其内含物的降解,而且大量矿质元素和有机营养物质能在衰老细胞解体后有序地向非衰老细胞转移和循环利用。近年来,对程序性细胞死亡的研究取得了一系列进展。

(1) 程序性细胞死亡的种类　　程序性细胞死亡发生分为两类:一类是植物体发育过程中必不可少的部分,如:

1) 导管的形成。导管分子分化过程中,随着细胞延长和次生壁加厚,细胞开始自溶,细胞质和核发生浓缩,接着破裂成许多小块,DNA 片段化,最后变成管状的死细胞。

2) 雌配子体的形成。高等植物雌配子体的发育过程中,大孢子母细胞经过减数分裂形成四个细胞,其中三个细胞发生程序性死亡,只有一个细胞发育成雌配子体。

3) 糊粉层的退化。谷物成熟时,所有的胚乳细胞发生程序性死亡,只有糊粉层细胞存活。它在种子发芽时,能合成和分泌水解酶到胚乳,水解淀粉等,提供养分给胚后,糊粉层细胞也发生程序性死亡。

另一类是植物体对某些逆境的反应,如防护作用和过敏反应,植物因水涝和供氧不足,导致根茎基部的部分皮层薄壁细胞死亡,形成通气组织,这是对低氧的反应。又如,病原微生物侵染处诱发局部细胞死亡,防止病原微生物进一步扩散,这是对病原微生物的防御性反应。

(2) 程序性细胞死亡的特征和主要阶段　　在程序性细胞死亡过程中,细胞出现如下特征:细胞核的 DNA 断裂成一定长度的片段、染色质固缩、液泡形成,最后形成一个个由膜包被的凋亡小体。研究发现,DNA 酶、酸性磷酸酶、胱天蛋白酶(caspase)、ATP 酶等都参与了程序性细胞死亡过程。

根据研究,发现程序性细胞死亡主要分为 3 个阶段:

1) 启动阶段(initiation stage)。此阶段涉及启动细胞死亡信号的产生和传递过程,其中包括 DNA 损伤应激信号的产生、死亡受体的活化等。

2) 效应阶段(effector stage)。此阶段涉及程序性细胞死亡的中心环节——半胱氨酸蛋白酶的活化和线粒体通透性改变，半胱氨酸蛋白酶家族成员是直接导致程序性死亡细胞原生质体解体的蛋白酶系统。

3) 降解清除阶段(degradation stage)。该阶段涉及半胱氨酸蛋白酶对死亡底物的酶解，染色体 DNA 片段化，最后被吸收转变为细胞的组成部分。

5. 细胞自噬

近年来研究表明，细胞自噬参与植物衰老过程。细胞自噬(autophagy)是真核生物长期进化形成的一种高度保守的细胞内物质降解和周转途径，通过形成双层膜结构的自噬体将包裹其中的待降解大分子物质，如受损伤的蛋白质、蛋白质复合物和细胞器，运送至液泡(植物和酵母)或溶酶体(动物)进行降解并产生可循环利用的降解产物。细胞自噬在植物生长发育和环境应答等过程中发挥重要作用。细胞自噬一般可以分为以下三种类型。

(1) 大自噬　又称宏自噬(macroautophagy)，细胞质中可溶性大分子物质、变性细胞器可被内质网、线粒体来源的单层或双层膜包裹形成自噬体，随后与溶酶体或液泡融合为自噬溶酶体，以内含的水解酶来降解相应底物，最终完成整个的自噬过程。

(2) 小自噬　又称微自噬(microautophagy)，该过程并不会形成自噬体，而是溶酶体或液泡膜自身发生内陷，直接包裹和吞噬细胞内待降解的底物，并在溶酶体或液泡内发生降解。

(3) 分子伴侣介导的自噬(chaperonemediated autophagy，CMA)　分子伴侣蛋白识别并结合带有特定氨基酸序列的可溶性蛋白，再经溶酶体膜上的受体转运到溶酶体内被水解酶降解。此过程在降解蛋白质时具有选择性，而这点是大自噬和小自噬不具备的，目前在植物细胞自噬中该机制尚未被报道。在植物中，大自噬的研究最为广泛。直接参与形成自噬体(autophagosome)或者调控自噬过程的基因被称为自噬相关基因(autophagy-related gene，*ATG*)，这些基因在不同物种中是高度保守的。丝氨酸/苏氨酸蛋白激酶 TOR 是控制 *ATG* 基因的主开关。TOR 作为植物自噬的负调节因子通过磷酸化 ATG1/ATG13 复合物，阻止其与吞噬细胞组装位点(PAS)的结合。反过来，TOR 的活性受到营养限制和其他胁迫信号的负向调控。细胞自噬过程主要包括以下几个阶段：ATG1-ATG13 激酶复合体与 ATG9 一起参与了自噬的起始诱导；ATG6 参与了泡状结构的成核与伸长；ATG8-磷脂酰乙醇胺(ATG8-PE)复合体和 ATG5-ATG12 复合体通过类泛素化途径参与了自噬体的最终形成；自噬体的外膜与液泡膜融合；内膜以及自噬体内容物被降解为生物大分子供再循环使用(图 10.19)。

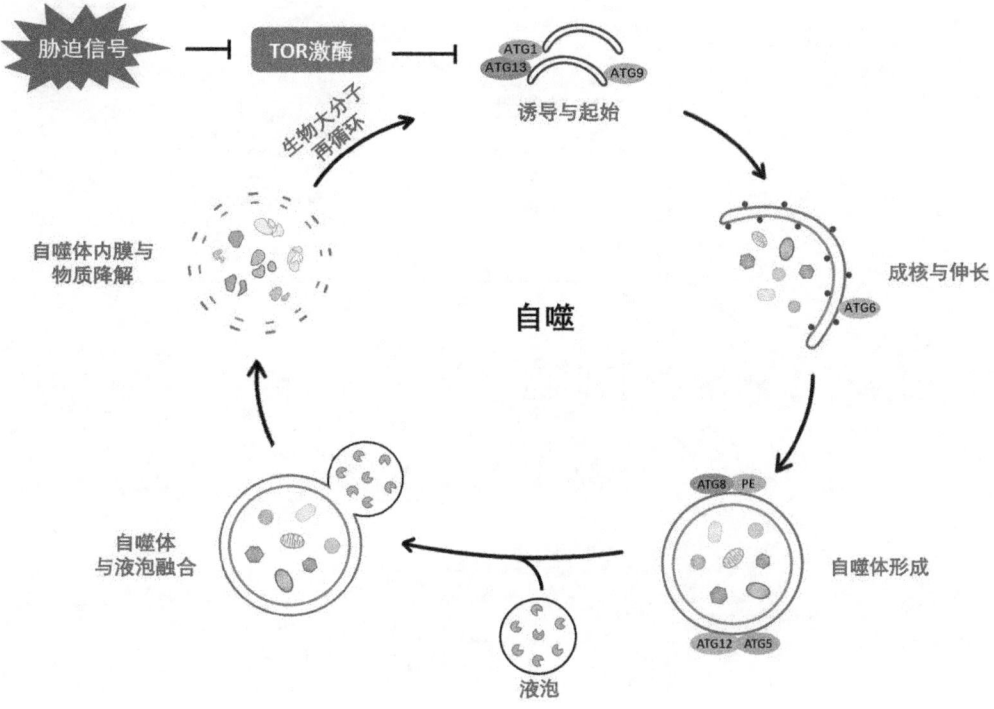

图 10.19　植物自噬体的形成过程

细胞自噬在应激条件下（如饥饿、缺氧、辐射等）可快速切换成"吸尘器"模式，能尽职尽责地清除"废物"（受损、变性或衰老的大分子物质及细胞器）以保证家里（细胞）的清洁。细胞自噬作为细胞内物质的一种降解途径，参与了营养的循环利用，对于逆境下植物衰老的启动尤为关键，阻断细胞自噬途径将使植物衰老加快。

在大多数植物自溶性细胞程序死亡过程中，细胞自噬参与了叶片衰老时蛋白质、叶绿体和线粒体的降解。细胞自噬还参与了小麦的小花发育、水稻花粉绒毡层中脂质的降解以及植物导管分子的分化等细胞程序性死亡。另外细胞自噬还参与了植物抗病免疫反应中由病原体诱导的超敏反应，以及氧化胁迫和其他非生物胁迫导致的细胞程序性死亡。

6. 植物衰老的基因调控

近年来，人们对涉及衰老起始、发育年龄和叶片衰老程序的代谢和基因调控途径有了更多了解，探究叶片等衰老的分子机制对于延缓衰老、提高产量具有重要意义。植物衰老是植物细胞的相应受体接受诱导衰老的信号（如内部因素：植物激素和发育年龄；外部因素：环境胁迫）、启动 SAG 表达、触发生物大分子降解并最终导致细胞死亡的过程（图 10.20）。

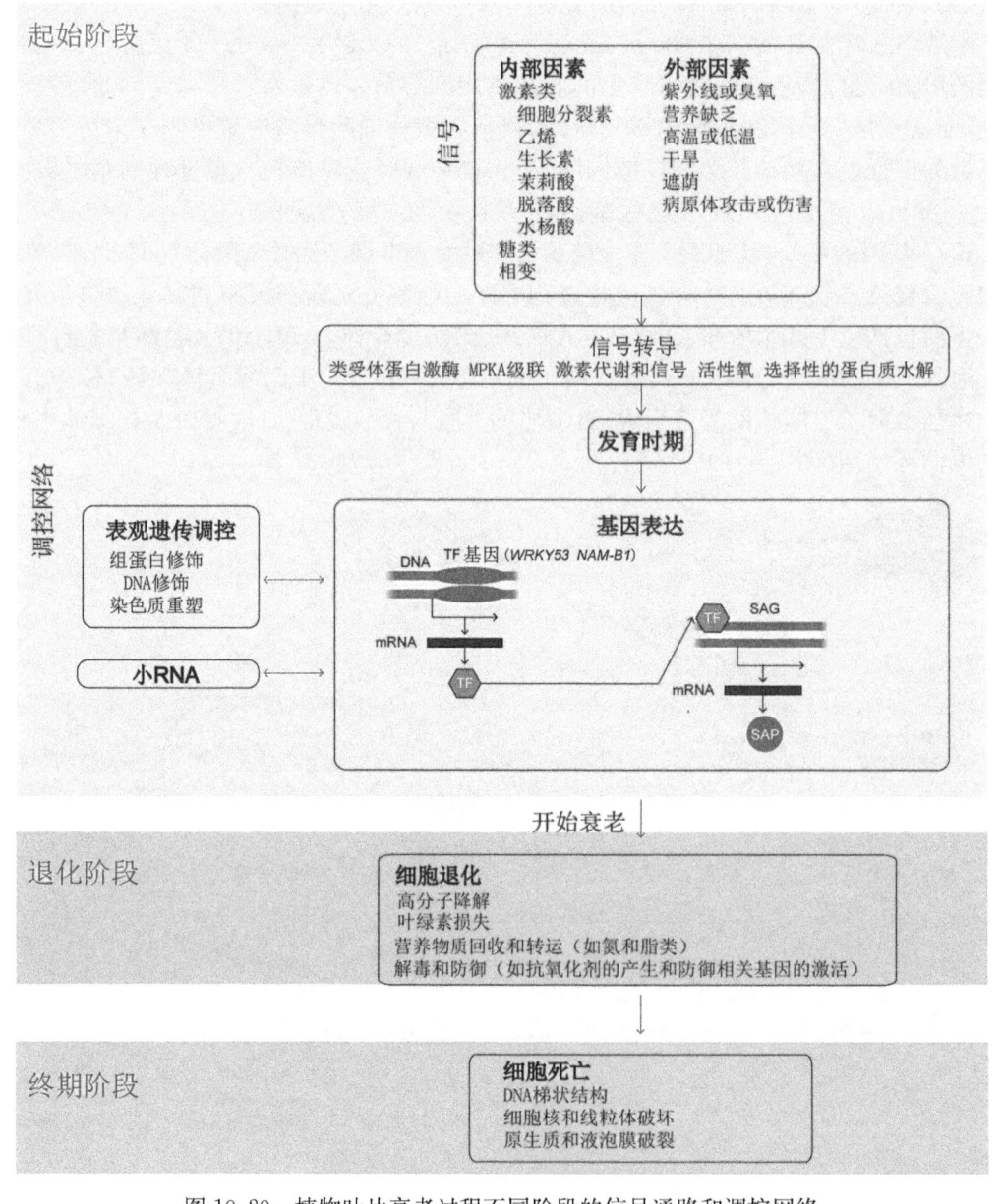

图 10.20　植物叶片衰老过程不同阶段的信号通路和调控网络

衰老诱导信号主要通过活性氧的信号传导、泛素-蛋白酶体途径、蛋白激酶和磷酸酶、丝裂原活化蛋白激酶（MAPK）信号级联和激素信号传导激活或抑制相关转录因子来改变基因表达。其次，表观遗传机制还通过组蛋白和 DNA 修饰以及染色质重塑来改变衰老相关基因表达。小 RNA 在转录后水平调节衰老相关基因表达。衰老相关蛋白（senescence-associated protein，SAP）代表发育年龄信号网络的最终产物，直接促进叶片衰老的发生。

植物转录因子在调控植物衰老的过程中发挥着关键作用。目前认为 NAC（以不同物种中相关的 NAM、ATAF 和 CUC 基因家族命名）和 WRKY（含有保守的 WRKYGQK 而命名）基因是衰老过程中两个最丰富的差异调节转录因子家族。NAC 转录因子包含一个高度保守的 N 端 DNA 结合结构域和一个可变的调节 C 端结构域。NAC 结构域蛋白是最大的植物特异性转录因子家族之一，拟南芥中约有 105 个成员、水稻中约有 140 个成员和大豆中约 101 个成员，它们涉及广泛的发育过程调节。NAC 基因首次被发现与谷物中的叶片衰老有关。功能性 NAC 等位基因（称为 NAM-B1）的存在导致较早的叶片衰老和养分（氮、铁和锌）重新转移到野生二粒小麦（*Triticum turgidum* ssp. *dicoccoides*）发育中的谷物，让谷物充分利用从叶子中回收的养分。在驯化的小麦品种中，四倍体硬粒小麦（*Triticum turgidum* ssp. *durum*）和六倍体面包小麦（*Triticum turgidum* ssp. *aestivum*），移码突变会导致无功能的 NAM-B1 等位基因，从而延缓叶片衰老。驯化的小麦品种还含有另外两个密切相关的 NAC 基因 *NAM-A1* 和 *NAM-B2*，它们缺乏移码突变，因此具有促进衰老的作用。

WRKY 转录因子是另一组植物特异性转录因子，在许多植物代谢、发育和衰老过程中发挥重要调节作用。WRKY 转录因子包含一个 60 个氨基酸区域，该区域以其 N 端结构域中的保守氨基酸序列 WRKYGQK 命名。植物 WRKY 转录因子是植物与病原体相互作用以及衰老的重要调节因子。与 NAC 基因一样，WRKY 转录因子促进叶片的早期衰老。在拟南芥中，*WRKY53* 基因敲除突变体的叶片衰老延迟。已知几个植物衰老相关的 *SAG* 基因和许多其他 WRKY 基因家族成员是 WRKY53 的直接靶基因。WRKY53 还与 WRKY53 自身的启动子结合，在负反馈环中抑制其自身的表达。此外，WRKY22 参与暗诱导叶片衰老的调节。*SAG* 基因的表达被光抑制，被黑暗或活性氧促进（图 10.20）。

10.5 器官脱落生理

10.5.1 器官脱落的类型及生物学意义

脱落（abscission）是指植物细胞、组织或器官脱离母体的过程，如树皮、叶、枝、花和果实的脱落等。研究最多的是器官脱落，常见的器官脱落可分为三种类型：① 由于衰老或成熟引起的脱落叫正常脱落，如果实和种子的脱落，叶片和花朵的衰老脱落；② 因植物自身的生理活动而引起的脱落叫生理脱落，如营养竞争和生殖竞争、光合产物运输受阻或分配失控等生理因素引起的脱落；③ 由于逆境条件（高温、低温、干旱、水涝、盐渍、污染、病害、虫害等）引起的脱落叫胁迫脱落。生理脱落和胁迫脱落都属于异常脱落。

植物器官脱落是一种生物学现象。脱落具有适应环境、保存自身和保证后代繁殖的生物学意义。在正常条件下，适当的脱落，淘汰掉一部分衰弱的营养器官或败育的花果，以保持一定的株型或保存部分种子，有利于保存下来的器官发育成熟，所以脱落是植物自我调节的一种手段；在干旱、雨涝、营养失调的条件下，叶片、花和幼果也会提早脱落，这是植物对环境的一种适应。然而，过量和非适时的异常脱落也常给农业生产带来损失，如棉花蕾铃的脱落率一般都在 70% 左右，大豆的花荚脱落率也很高。此外，果树和番茄等也都有花果脱落问题的存在。如何减少花果的非正常脱落是农业生产上需要解决的问题。

10.5.2 器官脱落的机制

1. 器官脱落与离层

器官的脱落大都发生在离区（abscission zone）的离层（separation layer）。离层在叶柄、花柄和果柄的基部有一特化的区域,称为离区,它是由几层排列紧密的离层细胞组成。离层细胞体积小、排列紧密、细胞壁薄,有浓稠的原生质和较多的淀粉粒,核大而突出(图10.21)。脱落就发生在离层的细胞之间。离层细胞开始发生变化时,首先是核仁变得非常明显,RNA含量增加,内质网增多,高尔基体和小泡(vesicle)也增多,小泡聚积在质膜上,分泌果胶酶和纤维素酶等。离层细胞的分离是由于细胞壁的中间层的分解,离层细胞彼此分离,叶柄仅靠维管束与枝条连接,在重力或风力作用下,维管束折断,器官脱落。离层的生物学意义在于脱落时不损伤原来的组织,同时形成一层新的保护层,使新暴露出来的组织免受干旱和微生物的伤害。

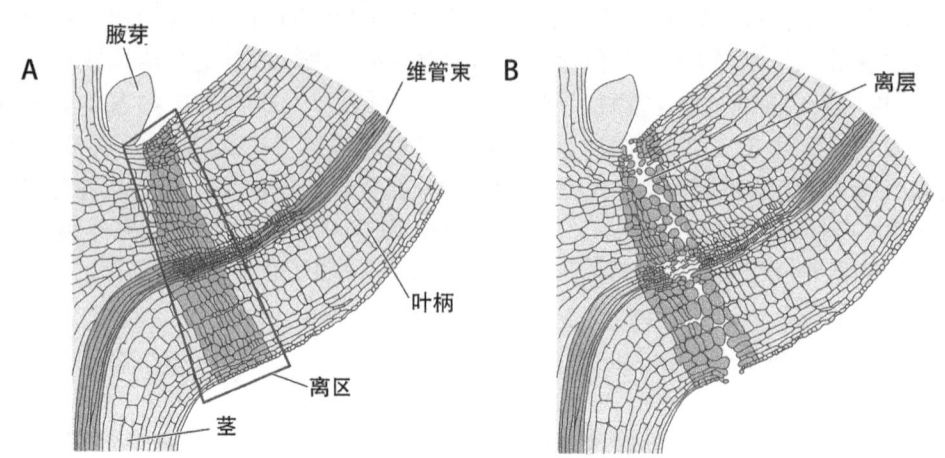

图10.21 叶片脱落时叶柄离区和离层细胞特征及变化
A. 离区细胞(深色);B. 当离层中的细胞壁被破坏时,细胞彼此分离

多数植物的叶片在脱落之前已形成离层,但处于潜伏状态。可见离层的形成并不是器官脱落的唯一原因。一般形成离层之后植物器官才脱落。但也有例外,如烟草、禾本科植物的叶片等,根本不形成离层,因而枯萎后的叶子不脱落;花瓣不形成离层也可脱落;有的植物整个叶子在两个部位形成离层(如葡萄的叶子),一是在叶柄基部,二是在近叶基部,整个叶子也分两步脱落,先脱落叶片,后脱落叶柄。

2. 脱落时的生理生化变化

脱落时的生理生化过程主要是水解离层的细胞壁和中胶层,使细胞分离,成为离层;促使细胞壁物质的合成与沉积,保护分离的断面,形成保护层。在脱落发生之前,植物的叶片或果实内植物激素含量发生变化,在激素信号的作用下,离层内合成RNA,翻译成蛋白质(酶),呼吸加强,提供上述变化的能量,因此脱落是一个需氧过程。与脱落有关的酶类较多,但纤维素酶和果胶酶的作用比较大。

(1)**纤维素酶** 纤维素酶(cellulase)定位在离层,该酶在脱落过程中起重要作用。菜豆、棉花和柑橘叶片脱落时,纤维素酶活性增加。菜豆叶离层的纤维素酶有两种同工酶,分别是pI(isoelectric point)酸性和pI碱性两种纤维素酶,前者与细胞壁的木质化有关,受IAA控制,存在于生长发育的全过程,脱落期间不增加;后者与细胞壁分解有关,受乙烯控制,只在脱落期间形成并移向细胞壁的中胶层内,其活性增大时,折断力下降,叶片脱落。

(2)**果胶酶** 果胶是中胶层的主要成分,基本上是多聚半乳糖醛酸。在脱落过程中,离层内的可溶性果胶含量增多;脱落期间胞壁丧失的糖类(占总量4%)主要是可溶性果胶。果胶酶(pectinase)是作用于果胶复合物的酶的总称,主要有两种:果胶甲酯酶(PEM)和多聚半乳糖醛酸酶(PG),PEM催化果胶甲酯形成果胶,所以果胶酶的活性与脱落过程呈负相关性,而PG主要作用于多聚半乳糖醛酸的糖醛键,使果胶解聚。脱落开始时,PG活性与脱落几乎同步增加。乙烯促进PG活性,也促进脱落。

3. 器官脱落与激素

(1)**生长素** 生长素对植物器官脱落的效应与生长素使用浓度、时间和处理部位有关。低浓度的生长素促进器官脱落,而高浓度的生长素则抑制器官脱落。例如,菜豆叶片随着叶龄的增加,生长素含量逐渐降低,到叶龄为70 d时,生长素含量降至最低,叶片就脱落,说明生长素与脱落有关。外施生长素也确实可以防止脱落。但其他研究表明,生长素对脱落的效应更取决于生长素的施用部位和相对浓度。将生长素施在离层远茎的一端（远轴端），可抑制器官脱落；施在离层距茎近的一端（近轴端），则促进脱落，说明了脱落与离层两侧的生长素含量有关。据此，Addicott 等提出了脱落的生长素梯度学说（auxin gradient theory）。该学说认为不是离层内生长素的绝对含量，而是离层两端生长素的浓度梯度控制着器官的脱落。生长素浓度梯度大，即生长素含量远轴端大于近轴端时，离层不能形成，叶片不脱落。反之，当生长素含量远轴端接近或小于近轴端时，加快离层的形成，促进器官脱落（图 10.22）。

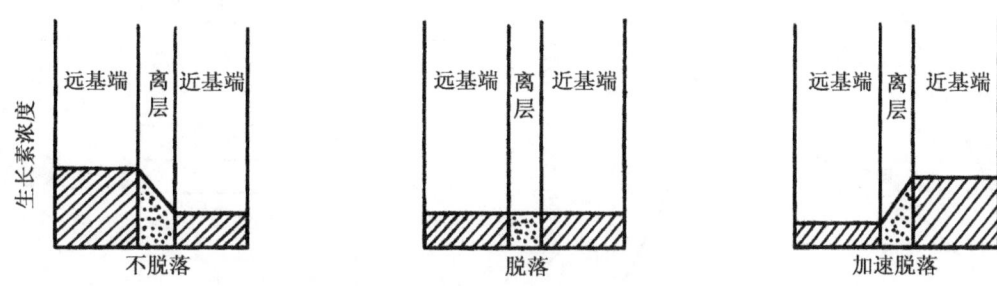

图 10.22　叶子脱落与叶柄离层远基端生长素和近基端生长素的相对含量的关系（引自潘瑞炽，2001）

（2）乙烯　　乙烯含量与器官脱落有密切关系，乙烯可诱发纤维素酶和果胶酶的合成，并能提高这两种酶的活性，使离层细胞壁降解，引起器官脱落。例如，棉花子叶在脱落前乙烯生成增加 1 倍多，柑橘受到霜害后或花生感染病害后，乙烯释放量明显增多，促进脱落。实验发现，CO_2、Ag^+ 和 AVG 可抑制乙烯的形成，也抑制器官的脱落。奥斯本（Osborne）于 1978 年提出双子叶植物的离层内存在着特殊的乙烯响应"靶细胞"，乙烯促进靶细胞分裂，并产生和分泌多聚糖水解酶，使细胞壁中胶层和基质结构疏松，导致脱落。然而，禾本科植物叶片没有离层形成，只在颖果基部有脱落带形成，所以，乙烯对禾本科植物无效。还有学者认为，叶片脱落前乙烯作用的最初部位不是离层，而是在叶片中，乙烯可阻碍生长素向离层转移（极性运输），提高了离层细胞对乙烯的敏感性，即使在乙烯含量不增加的情况下也可导致脱落（图 10.23）。此外，乙烯可增加膜的透性，提高 ABA 含量，促进脱落。

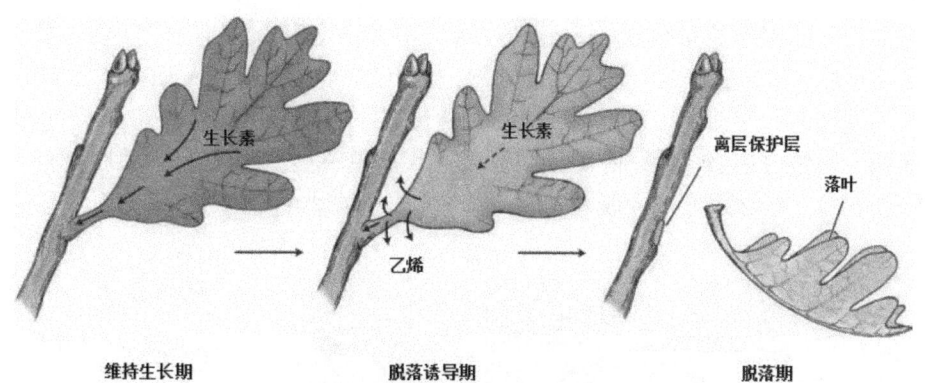

图 10.23　生长素和乙烯在叶片脱落中的作用

维持生长期：叶片中生长素含量高，离层细胞对乙烯不敏感；脱落诱导期：叶片中生长素含量降低，同时乙烯含量增加，离层细胞对乙烯敏感性增加；脱落期：离层细胞对低浓度乙烯反应敏感，乙烯促进细胞壁降解酶的合成，离层细胞壁被水解，导致器官脱落

研究还发现，乙烯对脱落的影响受到离层生长素水平的控制。即只有当其生长素含量降低到一定临界值时，才会促进乙烯的合成和器官的脱落。而在高浓度生长素作用下，虽然乙烯增加，却反而抑制脱落（图 10.24）。

（3）脱落酸　　幼果和幼叶的 ABA 含量低，当接近脱落时，ABA 含量达到最高。ABA 能促进分解细胞壁的酶的分泌，也能抑制叶柄内生长素的传导并促进乙烯的合成，因而促进脱落。短日照有利于 ABA 的形成，导致季节性落叶，这正是短日照成为叶片脱落信号的原因。但 ABA 促进脱落的作用低于乙烯，乙烯能提高 ABA 含量。

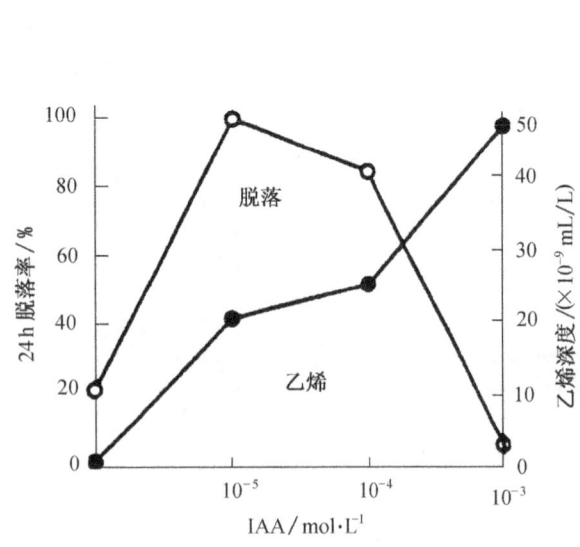

图10.24 IAA 促进与延迟洋紫苏外植体脱落和乙烯生成的关系（引自陈忠辉，2001）

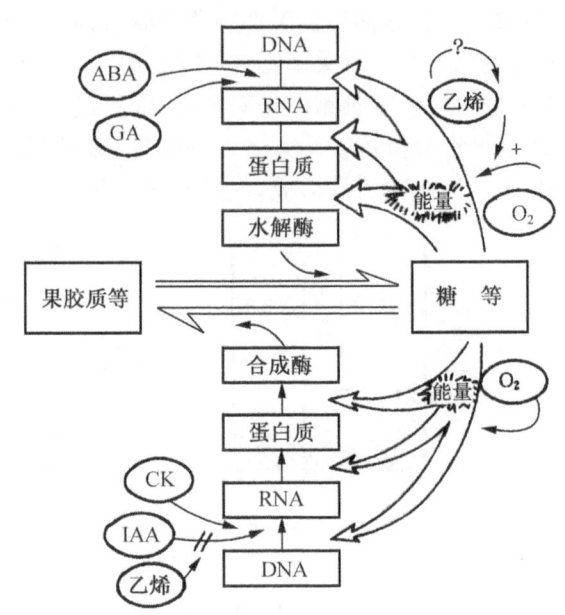

图10.25 激素作用于离层的图解（引自潘瑞炽，2001）

GA 和 CTK 能拮抗 ABA 和乙烯的合成，所以对器官的脱落有抑制作用，但两者的作用不是直接的。例如在玫瑰和香石竹中，CTK 处理能延迟衰老和脱落，这是因为 CTK 能降低组织对乙烯的敏感性，并阻止乙烯的合成。

总之，器官脱落是由各种激素间平衡调节的。阿迪克特（Addicott）将离层内的激素效应总结如图10.25。脱落的关键是果胶和细胞壁等物质和可溶性糖之间的平衡。图的上方是促进水解酶的合成，使细胞壁分解而引起脱落；下方是促进合成酶的形成，延缓脱落。

4. 脱落的基因调控

目前发现一类植物分泌型小分子多肽（inflorescence deficient in abscission，IDA）及其受体，即富含亮氨酸重复序列的类受体激酶（LRR - RLK），HAE（HAESA）和 HSL2（HAESA - LIKE2）参与了植物叶片和花器官的脱落。IDA 与受体复合体 HAE/HSL2 结合后，激活了下游的 MAPK 信号级联途径，进而激活了离层细胞下游参与细胞壁松弛分解、细胞膨胀及细胞分离相关基因的表达，从而促进脱落的发生（图10.26）。研究发现，人工合成的 IDA 能够诱导叶片脱落，进一步证实了其在器官脱落中的作用。

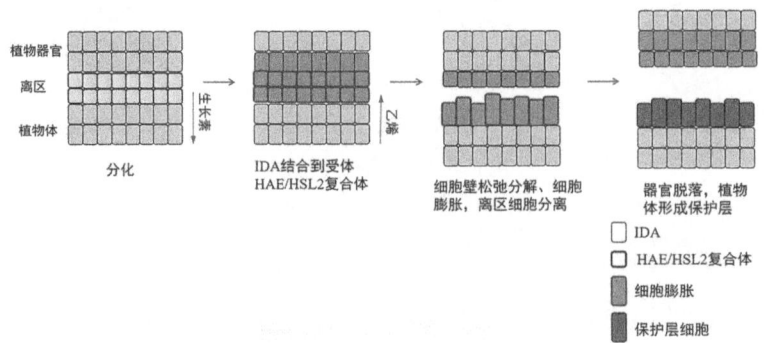

图10.26 分泌型小分子多肽 IDA 调控植物器官脱落的分子机制（引自 Aalen et al.，2013）

10.5.3 影响器官脱落的外界因素

（1）光照　光照强度对器官脱落的影响较大。强光能抑制或延缓脱落，光强度减弱时，促进脱落。因为光强度过弱，不仅使光合速率降低，形成光合产物少，而且光可直接影响碳水化合物的积累与运输，所以使叶、果因营养缺乏而脱落。例如作物种植过密时,行间过分遮阴,易使下部叶片提早脱落。不同光质对脱落的影响不同,远红光促进脱落,而红光延缓脱落。短日照促进落叶而长日照延迟落叶。

（2）温度　　温度过高或过低都会加速器官的脱落。高温可提高呼吸速率,加速物质消耗,促进脱落,如四季豆叶片在 25℃下脱落最快,棉花在 30℃下脱落最快。在田间条件下,高温常引起土壤干旱而加速脱落。低温既降低酶的活性,又影响物质运输,也导致脱落,如霜冻引起的棉花落叶。低温往往是秋天树木落叶的重要因素之一。

（3）水分　　干旱促进器官脱落,主要是由于干旱影响内源激素水平所致,干旱可提高 IAA 氧化酶的活性,使 IAA 含量及 CTK 活性降低,促使离层形成而导致脱落。植物根系受到水涝时,也会出现叶、花、果的脱落现象。水涝主要通过降低土壤中氧气浓度影响植物的生长发育,植物对水涝反应可产生逆境乙烯,因而也与植物激素有关。

（4）氧气　　高浓度 O_2 促进脱落,O_2 浓度在 10%～30%范围内,增加 O_2 浓度会增加脱落率。高浓度 O_2 促进脱落的原因可能是促进了乙烯的合成。低浓度 O_2 抑制呼吸作用,降低根系对水分和矿质元素的吸收,造成植物发育不良,也会导致脱落。

（5）矿质营养　　缺乏 N、P、K、S、Ca、Mg、Zn、B、Fe 等都可导致脱落。例如,缺 N 和 Zn 会影响 IAA 的合成,缺 B 会使花粉败育,引起不孕或果实退化,Ca 是细胞壁中间层的组成成分,因而缺 Ca 会引起严重脱落。

此外,大气污染、盐害、紫外辐射、病虫害等对脱落也有影响。

10.5.4　器官脱落的人工调控

认识脱落的机制,对器官的脱落进行人工调控具有重要的实践意义。在生产上,要保花保果,需要采取下列两种措施:① 改善营养条件,使花、果得到足够的光合产物。可以增加水、肥供应,使形成较多的光合产物,供花果发育所需;也可适当修剪,甚至抑制营养枝的生长,使养分集中供应果枝发育;合理疏花、疏果也可防止多数果实的脱落,保证产量和品质。② 应用植物生长调节剂或化学药剂等。例如,在采果前数天将萘乙酸喷洒到果实上,则可收到防止果实早落的效果,在国外采用乙烯合成抑制剂如 AVG 有效防止果实脱落。在棉花结铃盛期施用 2×10^{-5} 的赤霉素也可减少棉铃的脱落。喷施 10～25 ppm(1×10^{-6})的 2,4-D 溶液喷花或沾花可防止番茄落花落果。化学脱果剂和落叶剂的使用,可有助于控制果实质量和便于机械采收。如用乙烯利,可使棉株老叶脱落,棉田通风透光,提高棉花产量。在棉花采收之前,施用氯酸镁、2,3-二氯异丁酸等脱叶剂可促进叶片集中脱落,便于机械收获。使用萘乙酰胺,可对苹果、梨等果树进行疏花疏果,避免坐果过多,影响果实品质。为了机械收获葡萄或柑橘等果实,常喷洒一定浓度的氟代乙酸、环己亚胺等使果实容易脱离母体枝条。这些药剂能促进脱落是因为它们可诱导乙烯形成,并降低生长素的含量。

思　考　题

1. 简述种子成熟时的生理生化变化及分子调控机制。
2. 简述果实成熟的生理生化变化与色香味关系,分析不同类型果实成熟的分子机制。
3. 简述果实的生长模式及其形成原因。
4. 植物衰老有哪几种类型? 衰老时主要发生哪些生理生化变化?
5. 分析种子休眠的原因。如何破除或延长种子与延存器官的休眠?
6. 简述器官脱落的原因和生物学意义。
7. 实践中如何调控器官的衰老和脱落?
8. 讨论内源激素之间的平衡关系和基因对植物休眠的调控作用。
9. 简述植物衰老的分子调控机制。
10. 程序性细胞死亡和自噬有何不同? 它们在植物衰老中扮演什么角色?
11. IDA 是如何调控植物器官脱落的?

第 11 章　植物的逆境生理

提　要

逆境是指对植物生长和发育不利的各种环境因素的总称。随着全球气候变暖和环境恶化，植物遭受的逆境越来越多，严重影响植物的生存及作物产量。因此，研究植物抗性机制对于提高植物抗性和作物产量具有重要意义。逆境的种类是多种多样的，可分为生物逆境（病害等）和非生物逆境（低温、高温、干旱、盐碱和环境污染等）。植物自身对逆境的适应能力叫做植物的适应性。适应性包括避逆性和抗逆性。抗逆性是指植物对逆境的抵抗能力或耐受能力，简称抗性，包括御逆性和耐逆性。植物对逆境的适应性与植物种类、发育阶段和逆境强度及作用方式等有关。逆境强度超过植物的适应能力就产生伤害。

提高植物对逆境的抗性，可在了解植物抗性机制的基础上通过抗性育种、抗逆锻炼、化学调控以及改善栽培措施来实现。

自然界中的植物为固着生物（sessile organism），其生长发育会受到许多非生物胁迫和生物胁迫的影响，植物进化出了各种各样的机制适应逆境。由于不同的地理位置和气候条件，尤其是工业革命以来人类的活动造成了多种不良的环境，这些环境变化超出了植物正常生长、发育所能忍受的范围，使植物受到伤害甚至死亡。因此，加强对植物逆境生理的研究，弄清植物在不良环境条件下的生命活动规律，对于提高植物的抗性和生产力具有十分重要的意义，同时也为作物抗逆基因工程提供理论依据和新思路，植物对不同逆境胁迫应答不同，但是也有许多共同之处。

11.1　植物逆境生理概述

11.1.1　逆境与植物的抗性

对植物而言，正常条件是指获得最大生物量（包括重量、高度、叶面积、种子和果实等）的环境条件。逆境（environmental stress）指对植物生长和发育不利的各种环境因素的总称，又称环境胁迫。逆境的种类是多种多样的，根据环境的种类，逆境可分为生物逆境（biotic stress）和理化因素逆境，又称非生物逆境（abiotic stress）（图 11.1），这些造成逆境的因子之间可以相互交叉、相互影响。植物在逆境下的生理反应称为逆境生理（stress physiology）。

植物自身对逆境的适应能力叫做植物的适应性（adaptability），植物对逆境的适应方式是多种多样的（图 11.2），分为避逆性和抗逆性。避逆性（stress escape）是指植物整个生长发育过程不与逆境相遇，而是在逆境到来之前已完成其生活史，如沙漠中短命植物只在雨季生长。

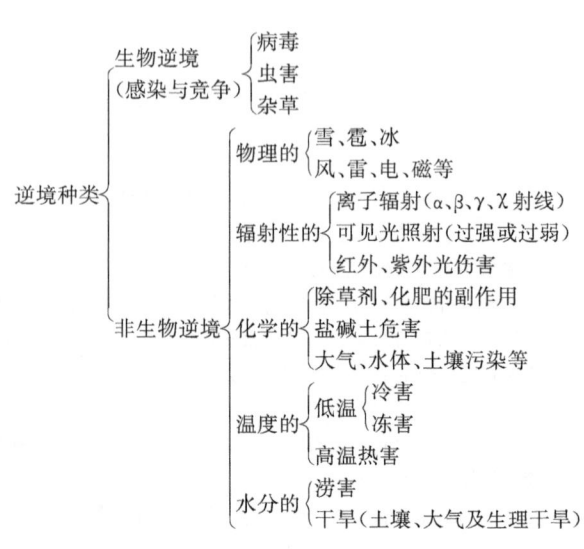

图 11.1　逆境的种类

抗逆性(stress resistance)是指植物对逆境的抵抗能力或耐受能力,简称抗性,包括御逆性和耐逆性。御逆性(stress avoidance)是指植物具有一定的防御环境胁迫的能力,且在逆境条件下仍保持正常状态,如泌盐植物二色补血草通过盐腺把大量盐分排出体外,一些植物叶表面覆盖表皮毛、蜡质,强光下叶片卷缩等避免干旱的伤害。耐逆性(stress tolerance)是指植物通过生理生化变化来阻止、降低甚至修复由逆境造成的损伤,从而保证正常的生理活动,包括御胁变性和耐胁变性。御胁变性(strain avoidance)是指植物在逆境作用下能降低单位胁迫所引起的胁变,起着分散胁迫的作用,植物细胞膜稳定性强、蛋白质间的键合能力强及保护物质多等可以提高植物的抗性。耐胁变性(strain tolerance)又可分为胁变可逆性和胁变修复两种。胁变可逆性(strain reversibility)是指植物在逆境作用下产生一系列生理生化变化,当逆境解除后,各种生理生化功能迅速恢复正常。胁变修复(strain repair)是指植物在逆境作用下通过代谢过程修复被破坏的结构和功能。应该指出,同种植物对逆境的适应性的强弱取决于胁迫强度、胁迫时间、胁迫方式和植物自身的遗传潜力。

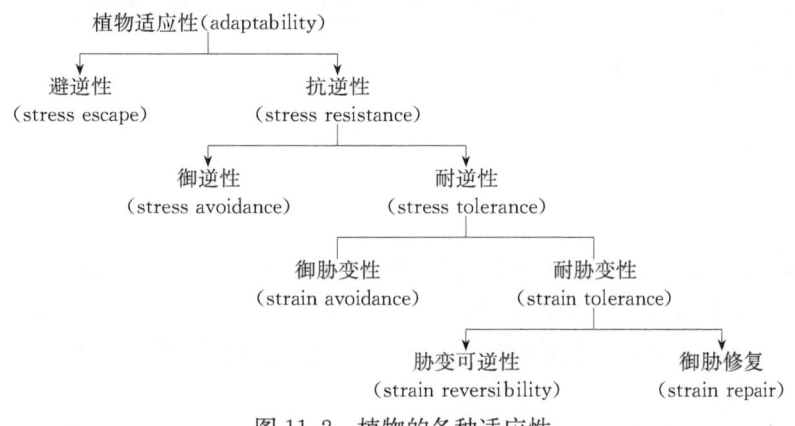

图 11.2 植物的各种适应性

另外,这里有两个概念需要解释:适应(adaptation)和驯化(acclimation)。适应和驯化都是指植物获得对某一逆境的耐性。但是,适应是指植物在形态结构和功能方面获得了可遗传的改变,从而增加了对逆境的抗性,如冰叶日中花(*Mesembryanthemum crystallinum*)经过一定时间的干旱或盐碱处理后,由 C_3 途径变成 CAM 途径,并且在叶片和茎上产生囊泡等结构。驯化是指植物个体在生理生化方面获得不可遗传的改变。这种改变是通过对个体逐步增加逆境强度获得的,一旦逆境解除植物个体获得的抗性也消失,如把烟草的愈伤组织逐步转接到 NaCl 浓度增加的培养基上,经过几十代继代培养后,可以在 1% 以上的 NaCl 培养基上生长,而由此愈伤组织获得植株的种子发育成的植株还是不抗盐。

植物对某一逆境的驯化过程叫做抗性锻炼(hardening),通过锻炼可以提高植物个体对某种逆境的抵抗能力。但植物抗性的强弱主要是遗传决定的。

11.1.2 植物在逆境下的形态与代谢变化

在逆境条件下,植物首先在生理生化代谢方面发生变化,如含水量下降、合成代谢下降、ROS 增加等。随逆境时间的延长,植物细胞超微结构、细胞形态、组织结构、器官结构乃至植物个体形态都会发生明显变化。

1. 形态结构变化

逆境条件下植物形态有明显的变化,如干旱会导致叶片和嫩茎萎蔫,气孔开度减小甚至关闭;淹水使叶片黄化、枯干,根系褐变甚至腐烂;高温下叶片变褐,出现死斑,树皮开裂;病原菌浸染叶片出现病斑。

逆境往往使细胞超微结构也发生改变,如逆境使细胞膜变性,细胞的区域化被打破,细胞膜选择透性降低甚至丧失;叶绿体、线粒体等细胞器膜结构遭到破坏等。

2. 代谢变化

逆境条件下,植物代谢会发生明显改变,如干旱、盐渍、高温和低温胁迫时,细胞对水分和营养元素吸收减少,光合作用下降,水势下降,ROS 增加等。

（1）水分代谢　　实验证明，多种环境胁迫作用于植物体时均能对植物造成水分胁迫，如干旱能导致直接的水分胁迫；低温和冰冻通过胞间结冰形成间接的水分胁迫；盐渍使土壤水势下降，植物难以吸水也间接造成水分胁迫；高温与辐射使植物与大气间水势差增大，叶片蒸腾强烈，亦间接形成水分胁迫。一旦出现水分胁迫，植物就会脱水，对膜系统的结构与功能产生不同程度的影响。

（2）光合作用　　在各种逆境下，植物的光合作用都呈现出下降的趋势，同化产物供应减少，如干旱、寒害、高温、盐渍、涝害等均可使光合酶活性下降、气孔关闭，造成 CO_2 供应不足而使光合下降。

（3）呼吸作用　　植物呼吸作用对不同逆境的反应不同，如冻害、热害、盐渍和涝害时，植物的呼吸速率明显下降；而冷害、旱害时，植物的呼吸速率先升后降；植物发生病害时，植物呼吸显著增强。同时，植物的呼吸代谢途径亦发生变化，如在干旱、病害、机械损伤时 PPP 所占比例会有所增大。

（4）物质代谢　　许多资料表明，在各种逆境下，植物体内的物质分解大于物质合成，水解酶活性高于合成酶活性，大量大分子物质被降解，淀粉水解为葡萄糖；蛋白质水解加强，可溶性氮增加。

11.1.3　植物对逆境的生理适应

逆境条件下，植物的生理适应是多方向的，主要包括生物膜、抗氧化、渗透调节、植物激素和蛋白质的适应性变化。

1. 生物膜与抗性

生物膜的透性对逆境的反应是比较敏感的，当植物受到干旱、冰冻、低温、高温、盐渍、SO_2 污染、病害等环境胁迫时，质膜透性都增大，各种细胞器的内膜系统出现膨胀、收缩或破损。这主要是由于膜脂过氧化、膜蛋白变性及膜脂流动性改变，造成膜相变和膜结构破坏。因此，生物膜结构和功能的稳定性与植物的抗性密切相关。

在正常条件下，生物膜呈液晶相，当温度下降到相变温度时膜脂发生相变，即由液晶相转变为凝胶相。膜脂相变会导致原生质停止流动，膜结合酶活性降低，膜透性增大，电解质及某些小分子有机物大量渗漏，细胞物质交换平衡破坏，代谢紊乱，有毒物质积累。实验证实，植物的抗性与膜脂的种类、碳链的长度和不饱和程度有关。膜脂中脂肪酸碳链越长，膜脂相变温度越高，抗低温能力越弱；碳链长度相同时不饱和脂肪酸越多，膜脂相变温度越低，抗低温能力越强。

膜脂中饱和脂肪酸相对含量与植物的抗旱、抗热性有关。抗旱品种细胞的饱和脂肪酸较多，不抗旱品种的脂肪酸比例（或组成）正好相反。此外，膜脂饱和脂肪酸含量与叶片抗脱水能力和根系吸水能力密切相关。

膜蛋白与植物抗逆性也有关系，如甘薯块根线粒体在 0℃ 下几天，线粒体膜蛋白对磷脂的结合能力明显降低，继而磷脂（PC 等）从膜上游离出来，随后膜解体，组织坏死。这就是以膜蛋白为核心的冷害膜伤害假说。

2. ROS 与抗性

在正常情况下，细胞内 ROS 的产生和清除处于动态平衡状态，ROS 水平很低，不会伤害细胞。可是当植物受到胁迫时，ROS 累积过多，这个平衡就被打破，细胞受到伤害。ROS 伤害细胞的机制在于活性氧导致膜脂过氧化，SOD 和其他保护酶活性下降，同时还产生较多的膜脂过氧化产物，膜的完整性被破坏。此外，ROS 积累过多，也会使膜脂产生脱酯化作用，磷脂游离，膜结构破坏。膜系统的破坏会引起一系列的生理生化紊乱，再加上 ROS 对一些生物功能分子的直接破坏，这样植物就会受到伤害，如果胁迫强度增大，或胁迫时间延长，植物就有可能死亡。因此，逆境条件下，维持 ROS 产生与清除平衡对植物抗性至关重要。

（1）ROS 的产生　　氧气是植物生命活动所必不可少的物质之一，没有氧，植物生命就不能存在。然而氧气在参与新陈代谢的过程中会被活化成为对细胞有伤害作用的 ROS。ROS 是指性质极为活泼、氧化能力很强的含氧物的总称，如超氧阴离子自由基（O_2^-），羟基自由基（OH·），过氧化氢（H_2O_2），脂质过氧化物（ROO—）和单线态氧（$^1O_2$）。在通常情况下，植物体内产生的活性氧不足以使植物受到伤害，因为植物在长期进化过程中形成了一个完善的清除活性氧的防卫系统，使活性氧的产生与清除维持在一个动态平衡，活性氧不会积累。然而，一旦植物遭受逆境胁迫，植物体内的氧代谢就会失调，ROS 的产生加快，而清除系统的功能降低，致使ROS在体内积累，植物的结构与功能就会受到损伤，甚至导致死亡，即植物受到了氧化损伤(oxidative damage)。

和其他生物相比，植物细胞由于光合作用放氧，细胞中氧气的浓度最高，因而更容易产生ROS。ROS产生部位有叶绿体、线粒体、过氧化物体、细胞质、细胞核、质膜、质外体等。其中，叶绿体、线粒体、过氧化物体是活性氧产生的三大主要细胞器。

光合电子传递链是光合细胞活性氧产生的最主要场所。在光合电子传递过程中，ROS主要在三个部位产生(图11.3)：① PSⅡ的放氧复合体在水光解循环中由于状态Ⅲ(S_3)的失活而释放ROS。② ROS在PSⅡ的还原侧产生。电子由PSⅡ还原侧的受体Q_B漏给分子氧而以较低的速率产生H_2O_2。③ PSⅠ的还原侧是产生ROS的主要部位。电子可直接在还原侧传递给分子氧形成O_2^-，也可以经过还原型铁氧还蛋白(Fd_{red})传递给分子氧形成O_2^-。因而，单电子还原$^3O_2$产生O_2^-的梅勒(Mehler)反应是光合链上ROS产生的主要机制。在强光和其他逆境条件下导致光能过剩和$NADP^+$与ADP(相对)不足时，Mehler反应增强。产生的O_2^-可自发地或在SOD的催化下歧化形成H_2O_2，生成的H_2O_2又经过抗坏血酸-谷胱甘肽循环(ascorbate-glutathione cycle)最终生成水，或扩散到其他部位而发生进一步的转变。

另外，叶绿素能够介导$^1O_2$的产生。叶绿素是一种重要的光敏剂，吸收光能后激发形成单线态叶绿素(^1chl)。正常情况下，^1chl以诱导共振的方式最终将能量传递给PSⅠ和PSⅡ的反应中心，但也不可避免地在光能过量或逆境条件下，^1chl通过系统转换形成三线态叶绿素(^3chl)；^3chl将其能量传递给$^3O_2$而形成$^1O_2$。

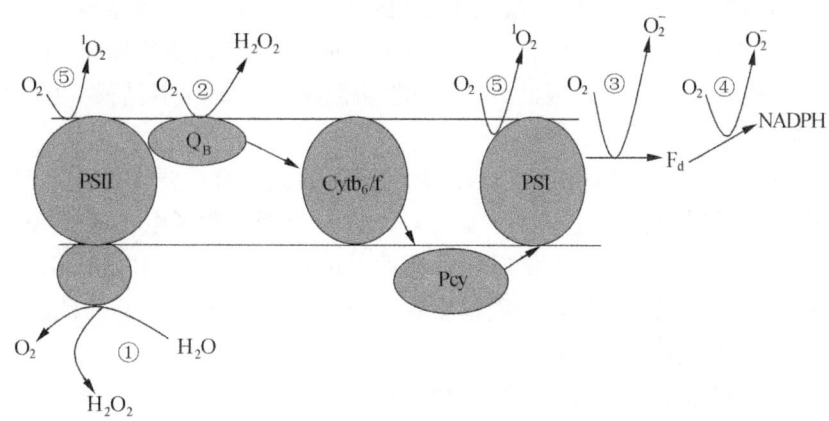

图11.3 光合电子传递链中活性氧的产生位点
①光系统Ⅱ放氧复合体处产生H_2O_2；②光系统Ⅱ受体侧产生H_2O_2；③光系统Ⅰ受体侧和④还原型铁氧还蛋白(Fd)处产生O_2^-；⑤O_2的物理性激活产生$^1O_2$。Q_B：质体醌 Pcy：质体蓝素

在呼吸链上，由于电子的漏出而发生$^3O_2$的单电子还原形成O_2^-，其形成的主要位点为NAD(P)H脱氢酶和细胞色素b/c复合物，后者的还原物质很可能是(半)还原的CoQ。生成的O_2^-可在Mn-SOD的作用下形成H_2O_2。在光合细胞中，由于全部叶绿体中的电子传递速率很容易超过全部线粒体中的电子传递速率，因而，线粒体中O_2^-的绝对生成速率可能要比叶绿体中的低很多。例如，在辣椒果实的线粒体中，传给氧分子的电子只占整个电子流的1%多一点。但是，在一些逆境条件下(如低温等)，线粒体在活性氧的产生中还是起到了很大的作用。

过氧化物体是光呼吸过程的重要细胞器之一。乙醇酸在乙醇酸氧化酶的作用下，氧化生成乙醛酸，同时产生H_2O_2。另外，过氧化物体在其他代谢中也不可避免地会产生O_2^-，如基质中黄嘌呤氧化酶的酶促反应，脂肪酸β-氧化反应等。

除了上述ROS产生的主要部位和过程外，细胞的其他部位和代谢过程也可以产生ROS，如质外体中的草酸氧化酶、胺氧化酶等可产生H_2O_2；质膜中NADPH氧化酶可产生O_2^-；磷脂过氧化反应；氧化还原酶促反应；过渡金属离子催化的哈勃-韦斯(Harber-Weiss)反应等。总之，植物细胞内ROS的产生是多渠道、多途径的。它是细胞代谢不可避免的产物。在逆境条件下，ROS的产生增加。

（2）ROS 的清除　　由于 ROS 潜在的破坏作用，植物在进化过程中就产生了一套行之有效的 ROS 清除系统。在正常条件下，细胞 ROS 的产生与清除处于动态平衡状态，ROS 保持在非伤害的低水平。在逆境条件下 ROS 的产生与清除的平衡被破坏，产生往往大于清除。因此，逆境条件下植物清除 ROS 的能力与抗性有密切关系。

ROS 清除系统由非酶促抗氧化剂和酶促抗氧化剂组成。在高等植物体内，非酶促抗氧化剂主要是一些低分子质量的化合物，主要有谷胱甘肽（GSH）、抗坏血酸（Asa）、维生素 E、类黄酮、酚类化合物、不饱和脂肪酸、有机碱、类胡萝卜素、多元醇（如甘露醇）等。这些物质有的是水溶性的，如谷胱甘肽、抗坏血酸、多元醇；有的是脂溶性的，如维生素 E、类胡萝卜素等，它们分布于膜上。因而，非酶促抗氧化剂在细胞中的亚细胞定位不同，分布也不均一，如谷胱甘肽和抗坏血酸在叶绿体中的浓度可高达 5～25 mmol/L。这使得它们在清除 ROS 的种类以及不同亚细胞器的 ROS 中所起的作用不同。非酶促抗氧化剂既能直接与 ROS 反应而起清除作用，也可以作为酶的底物在活性氧的清除中发挥重要作用。

酶促抗氧化剂为植物体提供了又一高效而专一的 ROS 清除体系，主要有超氧化物歧化酶（SOD）、过氧化氢酶（CAT）、抗坏血酸过氧化物酶（ascorbate peroxidase，APX）、谷胱甘肽过氧化物酶（glutathione peroxidase，GPX）、谷胱甘肽还原酶（glutathione reductase，GR）、单脱氢抗坏血酸还原酶（monodehydroascorbate reductase，MDHAR）、脱氢抗坏血酸还原酶（dehydroascorbate reductase，DHR）等。如同非酶促抗氧化剂，这些酶系统在细胞中的定位不同，分布也不均一。有的是水溶性的，有的结合在膜上，并且多数酶有多种同工酶。不同的同工酶分布在细胞的不同部位，清除 ROS 的功能也不同；加之酶的专一性较强，清除 ROS 的种类也就因酶而异。其中，SOD 催化 O_2^- 与 H^+ 生成 H_2O_2，而 CAT 和 APX 催化 H_2O_2 生成 H_2O 和 O_2。其他酶参与抗坏血酸和谷胱甘肽的再生。因此，酶促和非酶促抗氧化剂并不是孤立的，而是相互联系，相互作用，彼此构成一个复杂的抗氧化网络。

近年来研究发现，交替氧化酶（AOX）在降低活性氧的产生方面具有重要作用。AOX 改变了光合链或呼吸链上的电子传递方向，使电子传给 O_2 生成水。这样，AOX 一方面限制了电子还原 O_2 形成 O_2^-，同时也降低了活性氧产生的反应底物（O_2）的水平，从而降低了活性氧的产生。线粒体中 AOX 含量降低的植物对氧化胁迫的敏感性升高；正常植物在强光下，转基因植物在缺乏 APX 和（或）CAT 的情况下都引起 AOX 的诱导合成，这些都是 AOX 在抗氧化作用的佐证。

植物对逆境引起的氧化胁迫也具有相应的适应和抵抗能力，表现在其体内具有完善的抗氧化防御系统，又称 ROS 清除系统，包括酶促系统和非酶促系统的 ROS 清除剂（抗氧化剂）。

植物在逆境下受到的伤害以及植物对逆境抵抗能力往往与体内的 SOD 活性水平有关。逆境下 SOD、POD、CAT 及其他酶类相互协调，有效地清除代谢过程产生的 ROS，使生物体内活性氧维持在一个低水平上，从而防止了 ROS 引起的膜脂过氧化及其他伤害过程，这可能是抗逆性的重要方面。

（3）ROS 对植物的作用　　植物生命活动中不可避免要产生活性氧，它的产生对植物既有消极的、伤害的一面，又有积极的、有益的一面，对其伤害作用研究得较为广泛和深入。在正常代谢条件下，ROS 的产生与清除处于动态的平衡之中，低浓度 ROS 参与植物体内的许多代谢，如乙烯生物合成、纤维素合成和抗病反应等。一旦此平衡被打破，ROS 就会积累。由于 ROS 的高活性，势必给细胞造成破坏作用，如膜脂过氧化、酶活性丧失、叶绿素降解和叶绿体等细胞器损伤，使细胞受伤甚至死亡。

3. 渗透调节与抗性

多种逆境都会对植物产生直接或间接的水分胁迫。水分胁迫时植物体内主动积累各种水溶性有机和无机物质来提高细胞液浓度，降低渗透势，提高细胞保水力，从而适应水分胁迫环境，这种通过主动积累小分子水溶性物质提高细胞液浓度，降低渗透势维持水分平衡的调节作用称为渗透调节（osmotic adjustment）。渗透调节是在细胞水平上进行的，即由细胞通过合成和吸收积累对细胞无害的溶质来完成，其主要功能在于维持膨压，从而维持原有的生理过程，如气孔开放、细胞伸展、植株生长及其他一些生理生化过程，是植物抵抗逆境的一种重要机制。

参与渗透调节物质的种类很多，大致可分为两大类：一是由外界进入细胞的无机离子，二是在细胞内合成的有机物质。逆境下细胞内常常累积无机离子来降低渗透势,特别是盐生植物常依靠这种方式来调节渗透势,这些离子包括:K^+、Na^+、Ca^{2+}、Mg^{2+}、Cl^-、NO_3^-、SO_4^{2-}。无机离子累积数量和种类与植物种类和器官有关。例如非盐生植物渗透调节物质通常为 K^+,而 Na^+、Cl^- 等常是盐生植物的渗透调节物质。但高浓度的无机离子往往也会引起代谢紊乱。无机离子进入细胞后,主要累积在液泡中,因此无机离子主要是作为液泡的渗透调节物质。作为有机渗透调节物质必须具备以下一些特征:分子质量小;易溶于水;在生理 pH 范围内不带电荷;能为细胞膜所保持;在很高浓度时对细胞内酶的结构和活性无影响或影响最小;生成迅速,且能积累到足以引起渗透调节的量;逆境解除后能被植物转化利用等。有机渗透调节物质主要积累在细胞质和叶绿体等细胞器中,脯氨酸(proline)是最重要和有效的有机渗透调节物质之一。几乎所有的逆境,如干旱、低温、高温、冰冻、盐渍、低 pH、营养不良、病害、大气污染等都会造成植物体内脯氨酸的累积,尤其干旱胁迫时脯氨酸累积最多,可比原始含量高几十倍甚至几百倍。脯氨酸的累积是由脯氨酸合成酶的活化、生物降解的抑制及参与合成蛋白质的减少而产生的。脯氨酸存在于细胞质中,其在抗逆中的作用是:① 作为渗透调节物质,保持原生质与环境的渗透平衡,防止失水;② 脯氨酸与蛋白质结合,能增强蛋白质的水合作用,增加蛋白质的可溶性和减少可溶性蛋白质的沉淀,保护这些生物大分子结构和功能的稳定。

除脯氨酸外,其他游离氨基酸和酰胺也可在逆境下起渗透调节作用,如水分胁迫下小麦叶片中天冬酰胺、谷氨酸等含量增加,但这些氨基酸的积累通常没有脯氨酸显著。

甜菜碱(betaine)是另一类重要的细胞质渗透调节物质,它是一类季铵化合物,化学名称为 N-甲基代氨基酸,通式为 $R_4 \cdot N \cdot X$。植物中的甜菜碱主要有 12 种,其中甘氨酸甜菜碱(*glycine betaine*)是最简单也是最早发现、研究最多的一种,丙氨酸甜菜碱(*alanine betaine*)和脯氨酸甜菜碱(*proline betaine*)也是比较重要的甜菜碱。植物在干旱、盐渍条件下会发生甜菜碱的累积,抗性品种尤为显著,和脯氨酸一样,甜菜碱也主要分布于细胞质中,具有渗透调节和稳定生物大分子的作用。在正常植株中甜菜碱含量比脯氨酸高 11 倍左右;在水分亏缺时甜菜碱积累比脯氨酸慢,解除水分胁迫时,甜菜碱的降解也比脯氨酸慢。

可溶性糖也是一类渗透调节物质,包括蔗糖、葡萄糖、果糖、半乳糖等,如低温逆境下植物体内常常积累大量的可溶性糖。可溶性糖主要来源于淀粉等碳水化合物的分解,以及光合产物形成过程中直接转向低分子质量的物质蔗糖等。此外,盐藻等单细胞生物以甘油作为渗透调节物质。

植物在逆境下的渗透调节是对逆境的一种适应性的反应,不同植物对逆境的反应不同,因而细胞内累积的渗透调节物质也不同,但都在渗透调节过程中起作用。

应该指出,渗透调节参与的溶质浓度的增加不同于通过细胞脱水和收缩所引起的溶质浓度的增加,也就是说渗透调节是每个细胞溶质浓度的净增加,而不是由于细胞失水、体积变化而引起的溶质相对浓度的增加。虽然后者也可以达到降低渗透势的目的,但是只有前者才是真正意义上的渗透调节。在生产实践中,也可用外施渗透调节物质的方法来提高植物的抗性。

4. 植物激素与抗性

逆境通过促使植物体内激素的含量和活性发生变化,并通过这些变化来影响植物生理过程。实验发现,在逆境条件下,ABA 和乙烯含量增加,IAA、GA、CTK 含量降低,其中以 ABA 的变化最为显著。

ABA 是一种胁迫激素(stress hormone),它在激素调节植物对逆境的适应中显得最为重要。ABA 主要通过关闭气孔、保持组织内的水分平衡、增强根对水的透性等来增加植物的抗性。

在低温、高温、干旱和盐渍等多种胁迫下,体内 ABA 含量大幅度升高,这种现象的产生是由于逆境胁迫增加了叶绿体膜对 ABA 的通透性,并加快根系合成的 ABA 向叶片的运输及积累所致。在逆境条件下,许多植物增加的 ABA 含量与其抗性能力呈正相关。

近年来,研究干旱对植物的胁迫时提出了根冠通讯理论,至今已对根源信号的产生、传递及其作用有了较为清晰的认识:植物气孔具有对变化的环境做出最优化反应的能力。当土壤逐渐变干时,处于干旱中的根系脱水,产生某种信号,这些信号随木质部水流移动到地上部分发挥作用,信号强度增加使生长速率与气孔导度降低,以防止细胞的进一步失水,而这一信号物质主要为 ABA。进一步研究证明,干旱条件下根及木质部导管液中 ABA 浓度成倍增加。外施适当浓度($10^{-6} \sim 10^{-4}$ mol/L)ABA 溶液可以提高作物的抗寒、抗旱和抗盐性,其原因可能是:ABA 可延缓 SOD、CAT 等酶活性的下降;提高膜脂不饱和度;促进渗透调节物质的增加及促进气孔关闭等。ABA 参与干旱条件下根冠比调节,如干旱条件下,野生型拟南芥根冠比显著增加,抗旱性提升,而 ABA 突变体根冠比不变,对干旱敏感。

植物在干旱、大气污染、机械刺激、化学胁迫、病害等逆境下,体内乙烯呈几倍或几十倍地增加,当胁迫解除时则恢复正常水平,组织一旦死亡乙烯就停止产生。乙烯的产生可使植物克服或减轻因环境胁迫所带来的伤害,促进器官衰老,引起枝叶脱落,减少蒸腾面积,有利于保持水分平衡;乙烯可提高与酚类代谢有关的酶类(如苯丙氨酸解氨酶、多酚氧化酶、几丁质酶)的活性,并影响植物呼吸代谢,从而直接或间接地参与植物对伤害的修复或对逆境的抵抗过程。

当叶片缺水时,内源赤霉素活性迅速下降,赤霉素含量的降低先于 ABA 含量的上升,这是由于赤霉素和 ABA 的合成前体相同的缘故。

叶片缺水时,叶内细胞分裂素含量减少,吲哚乙酸氧化酶活性随叶水势下降而直线上升,吲哚乙酸含量下降。

各种激素在逆境中的反应速度有差异,如植物在缓慢缺水时乙烯生成先于 ABA,植株失水迅速,ABA 的积累则快于乙烯。

许多实验表明,多种激素的相对含量对植物的抗逆性更为重要。例如,抗冷性较强的柑橘品种国庆 1 号和抗冷性较弱的锦橙在抗冷锻炼期间,前者体内 ABA 含量高于后者,而赤霉素含量低于后者。同一品种在抗冷锻炼期间,随着 ABA/赤霉素的比值升高,抗冷性逐渐增强,而在脱锻炼期间,随着 ABA/赤霉素的比值降低,抗冷性也逐渐减弱。

目前的研究结果表明,植物激素可能是抗逆性基因表达的启动因素,逆境条件改变了植物体内源激素的平衡状况,从而导致代谢途径发生变化,这些变化很可能是抗逆性基因活化表达的结果。

5. 逆境蛋白与抗性

近年来随着分子生物学的发展,人们对植物抗性的研究不断深入。现已发现多种因素刺激(如高温、低温、干旱、病原菌、化学物质、缺氧、紫外线等)都会抑制原来正常蛋白质的合成,同时诱导形成新的蛋白质(或酶),这些在逆境条件下诱导产生的蛋白质可统称为逆境蛋白(stress protein)。植物在逆境胁迫下合成逆境蛋白具有广泛性和普遍性。

(1) 热激蛋白　　在高于植物正常生长温度刺激下诱导合成的新蛋白质称热激蛋白(heat shock protein,HSP),又称为热休克蛋白。一般认为高于其生长最适温度的 11~15℃时 HSP 即迅速合成。根据 HSP 分子质量命名为 HSP90、HSP70、HSP60(详见 11.2.3,表 11.1)等。研究发现,HSP 家族中很大一部分属于侣伴蛋白(chaperone,Cpn),所以将 HSP 改写为 Cpn,命名为 Cpn60,Cpn70,Cpn90,Cpn110 和小分子 Cpn 蛋白(17~30 kDa)。HSP 的产生在植物界具有普遍性,从低等的酵母到农业生产中常见的粮食作物(如大麦、小麦)、油料作物(如大豆、油菜)、蔬菜(如胡萝卜、番茄)以及棉花、烟草等都有。

侣伴蛋白是一类辅助蛋白分子,主要参与植物体内新生肽的运输、折叠、组装、定位,以及变性蛋白质的复性和降解。生物体受热激伤害后体内蛋白质变性剧增,热激蛋白可与这些变性蛋白质结合,维持它们的可溶状态或使其恢复原有的空间构象和生物活性。热激蛋白也可以与一些酶结合成复合体,使这些酶的热失活温度明显提高。高温驯化过的植物,在高温下的存活能力与热激蛋白的存在有关。所以热激蛋白与植物的抗热性有关(详见 11.2.3)。

植物对热激反应是很迅速的,热激处理 3~5 min 就能发现 HSP mRNA 含量增加,20 min 可检测到新合成的 HSP。处理 30 min 时大豆黄化苗 HSP 合成已占主导地位,正常蛋白质合成则受阻抑。

(2) 低温诱导蛋白　　植物经一段时间的低温处理后会合成一些特异性的新蛋白质,称为低温诱导蛋白(low temperature-induced protein),也称冷响应蛋白(cold responsive protein)、冷击蛋白(cold shock protein),如同工蛋白、抗冻蛋白(antifreeze protein)、胚胎发育晚期丰富蛋白(LEA)等,这些新蛋白质的出现与植物抗寒性的提高有关。例如同工蛋白,它能代替"原来"的酶蛋白(低温不能合成)行使功能;抗冻蛋白具有减少冻融过程对类囊体膜等生物膜的伤害、防止某些酶因冰冻而失活的功能。

低温诱导蛋白的出现还与温度的高低及植物的种类有关。水稻在5℃、冬油菜在0℃处理下均能形成新的蛋白。一种茄科植物(*Solanum commerssonii*)的茎愈伤组织在5℃处理的第一天就诱导三种蛋白合成，但若回到20℃，则一天后便停止合成，并逐渐消失。

（3）渗调蛋白　　无论干旱或盐渍都能诱导出一些逆境蛋白，其中研究较多且较为重要的是分子量为26 kDa的蛋白质，该蛋白质在盐适应细胞中的含量相当高，可达总蛋白质的11％～12％。该蛋白质的合成和积累发生在细胞对盐或干旱胁迫进行逐级渗透调整过程中，故将其定名为渗调蛋白(osmotin)或渗压素，它的产生有利于降低细胞的渗透势和防止细胞脱水，有利于提高植物对盐和干旱胁迫的抗性。

（4）病程相关蛋白(PR)　　是植物被病原菌感染后形成的与抗病性有关的一类蛋白质。自从在烟草中首次发现以来，至少在20多种植物中发现了PR的存在。

PR在植物体内的积累与植物局部诱导抗性和系统诱导抗性有关。近年来的研究证实，PR分子质量往往较小，一般不超过40 kDa，常具有几丁酶和β-1,3-葡聚糖酶活性，能够抑制病原真菌孢子的萌发，降解病原菌细胞壁，抑制菌丝生长。β-1,3-葡聚糖酶分解细胞壁的产物还能诱导与其他防卫系统有关的酶系，从而提高植物抗病能力。

（5）其他逆境蛋白　　缺氧环境下植物体内会产生厌氧蛋白(anaerobic protein)；紫外线照射会产生紫外线诱导蛋白(UV-induced protein)；施用化学试剂会产生化学试剂诱导蛋白(chemical-induced protein)等。

逆境蛋白可在植物不同生长阶段或不同器官中产生，可存在于不同的组织中。组织培养条件下的愈伤组织及单个细胞在逆境诱导下也能产生逆境蛋白。

逆境蛋白在亚细胞的定位较为复杂。它可存在于胞间隙(如多种病程相关蛋白)、细胞壁、细胞膜、细胞核、细胞质及各种细胞器中。特别是细胞质膜上的逆境蛋白种类很丰富，而植物的抗性往往与膜系统的结构和功能有关。

逆境蛋白是在特定的环境条件下产生的，通常使植物增强对相应逆境的适应性。例如，热预处理后植物的耐热性往往提高；低温诱导蛋白与植物抗寒性提高相联系；病程相关蛋白的合成增加了植物的抗病能力；植物耐盐性细胞的获得也与盐逆境蛋白的产生相一致。有些逆境蛋白与酶抑制蛋白有同源性。有的逆境蛋白与解毒作用有关。

逆境蛋白的产生是基因表达的结果，逆境条件使一些正常表达的基因被关闭，而一些与适应性有关的基因被启动。从这个意义上讲，逆境蛋白的产生也是植物对多变外界环境的主动适应和自卫。

但是，也有研究表明，逆境蛋白不一定就与逆境或抗性有直接联系。表现在以下方面：① 有的逆境蛋白(如HSP)可在植物正常生长、发育的不同阶段出现，似与胁迫反应无关。② 有的逆境蛋白产生的量与其抗性无正相关性，如在同一植株上下不同叶片中病程相关蛋白量可相差达11倍，但这些叶片在抗病性上并没有显著差异。③ 许多情况下没有逆境蛋白的产生，但植物对逆境同样具有一定的抗性。

虽然关于逆境蛋白的调控可以在转录和翻译水平上进行，但是，关于各种刺激的接受、信号的传递、转换以及逆境蛋白在植物抗逆性中的作用等还有待于深入研究。

6. 植物对逆境的交叉适应

生长在自然环境中的植物，常常会遭受不同逆境的胁迫，任何一种逆境都会影响或干扰植物的正常生理过程，而且各种逆境对植物的危害往往是相互关联的，如干旱往往伴随着高温，反过来高温也会引起干旱；又如盐分胁迫也会引起水分胁迫等。植物对各种逆境的适应也是相互联系的，如抗旱锻炼不仅能提高植物的抗旱性，而且也能提高植物的抗冷性。

植物与动物一样，也存在着交叉适应现象，即植物经历了某种逆境后，能提高对另一些逆境的抵抗能力，这种对不良环境间的相互适应作用称为交叉适应(cross adaptation)，如低温、高温等8种逆境刺激都可提高植物对水分胁迫的抗性；缺水、盐渍等预处理可提高植物对低温和缺氧的抗性；低温锻炼和轻度干旱可增加某些植物的抗冻性等。这些交叉适应现象表明植物对不同逆境的适应存在着某些共同的生理基础。例如，植物在逆境条件下会导致ABA含量增加，ABA作为逆境的信号激素诱导植物发生某些适应性的生理代谢变化，增强植物的抗逆性，因此就可以抵抗其他逆境，即形成了交叉适应性。实验证实，外施ABA能提高植物对多种逆境的抗性。

逆境蛋白的产生也是交叉适应的表现，一种刺激（逆境）可使植物产生多种逆境蛋白，如一种茄属植物(*Solanum commerssonii*)茎愈伤组织在低温诱导的第一天产生分子质量为 21.1 kDa、22 kDa 和 31.1 kDa 三种蛋白，第七天则产生分子质量均为 83 kDa 而等电点不同的另外三种蛋白质。多种刺激可使植物产生同样的逆境蛋白。缺氧、水分胁迫、盐、脱落酸、亚砷酸盐和镉等都能诱导 HSP 的合成；多种病原菌、乙烯、乙酰水杨酸、几丁质等都能诱导病程相关蛋白的合成。

多种逆境条件下，植物都会积累脯氨酸等渗透调节物质，植物通过渗透调节作用可提高对逆境的抵抗能力。

生物膜在多种逆境条件下有相似的变化，而多种膜保护物质（包括酶和非酶的有机分子）在胁迫下可能发生类似的反应，使细胞内活性氧的产生和清除达到动态平衡。

11.2 植物对温度胁迫的应答与适应

植物生长对温度的反应有"三基点"，即最低温度、最适温度和最高温度。植物生长发育有其最适温度，过高或过低的温度抑制植物的生长发育并对其产生伤害，称为温度胁迫（temperature stress），过高温度造成的伤害称为热害（heat injury），而低温产生的伤害称为寒害，称为低温胁迫（low temperature stress）。低温胁迫根据低温程度分为冷害（chilling injury）（零上低温）和冻害（freezing injury）（零下低温）。在长期进化过程中，植物形成了各种各样的机制适应温度胁迫。

11.2.1 冷害与植物抗冷性

1. 冷害

很多热带和亚热带植物不能耐受 0℃以上的低温，这种 0℃以上低温（0～15℃）对植物的危害叫做冷害。而植物对零上低温的适应能力叫做抗冷性（chilling resistance）。

在我国，冷害常发生于早春和晚秋季节，主要危害发生在作物的苗期和籽粒或果实成熟期，如水稻、棉花、玉米和春播蔬菜的幼苗常遇到冰点以上低温的危害，造成烂籽、死苗或僵苗不发。正在长叶或开花的果树遇冷害时会引起大量落花，使结实率降低。冷害对植物的伤害除与低温的程度和持续时间直接有关外，还与植物组织的生理年龄、生理状况及对冷害的相对敏感性有关。温度低，持续时间长，植物受害严重，反之则轻。在同等冷害条件下幼嫩组织器官比老的组织器官受害严重。冷敏感植物受害较严重。冷害是很多地区限制农业生产的主要因素之一。

根据植物对冷害的反应速度，可将冷害分为直接伤害与间接伤害两类。直接伤害是指植物受低温影响后几小时，至多在 1 d 之内即出现伤斑，说明这种影响已侵入胞内，直接破坏原生质活性。间接伤害主要是指由于引起代谢失调而造成的伤害。低温后植株形态上表现正常，至少要在五六天后才出现组织柔软、萎蔫，而这些变化是代谢失常后生理生化的缓慢变化而造成的，并不是低温直接造成的。

2. 冷害引起的生理生化变化

冷害对植物的影响不仅表现在叶片变褐、干枯、果皮变色等外部形态上，更严重的是在细胞的生理生化上发生了剧烈变化。

（1）细胞膜系统受损　　电导仪法证实，冷害使细胞膜透性增加，细胞内可溶性物质大量外渗，可引发植物代谢失调。

（2）根系吸收能力下降　　冷害影响根系的生命活动，根生长减慢，吸收面积减少，细胞原生质黏性增加，流动性减慢，呼吸减弱，供能不足，结果使植物体内矿质元素的吸收与分配受到限制，同时失水大于吸水，水分平衡遭到破坏，导致植株萎蔫、干枯。

（3）光合作用减弱　　低温使叶绿素生物合成受阻，冷害叶片出现缺绿或黄化现象；各种光合酶活性受到抑制，如果伴有阴雨、光照不足则光合速率下降更多。

(4) 呼吸代谢失调　　冷害使植物的呼吸速率大起大落，即先升高后降低，冷害初期呼吸作用增强与低温下淀粉水解导致呼吸底物增多有关。温度降到相变温度之后，线粒体发生膜脂相变，氧化磷酸化解偶联，有氧呼吸受到抑制，无氧呼吸增强，一方面因产生的ATP少而使物质消耗过快，另一方面还会积累大量乙醛、乙醇等有毒物质。

(5) 物质代谢失调　　植物受冷害后，水解酶类活性常常高于合成酶类活性，酶促反应平衡失调，物质分解加速，表现为蛋白质含量减少，可溶性氮化物含量增加，淀粉含量降低，可溶性糖含量增加；活性氧清除系统活性下降，活性氧积累，引发膜脂过氧化伤害，内源乙烯和ABA含量明显增加。

3. 冷害的机制

冷害对植物的伤害大致分为两个步骤：第一步是膜相变，第二步是由于膜损坏而引起代谢紊乱，严重时导致死亡（图11.4）。

在常温下，生物膜呈液晶相，保持一定的流动性。当温度下降到临界温度时，冷敏感植物的膜从液晶相转变为凝胶相，膜收缩，出现裂缝或者通道。此时外界温度称膜相变温度（transition temperature）。这样一方面使膜透性增大，细胞内溶质外渗；另一方面使膜结合酶系统受到破坏，酶活性下降，膜结合酶系统与非膜结合酶（游离酶）系统的平衡丧失，蛋白质变性或解离，于是细胞代谢紊乱，积累一些有毒的中间产物（如乙醛和乙醇等），时间过长，细胞和组织死亡。由于膜的相变在一定程度上是可逆的，只要膜脂不发生降解，在短期冷害后温度立即升高，膜仍能恢复到正常的状态，但如果膜脂降解，则表明膜受到严重伤害，就会发生组织受害死亡。

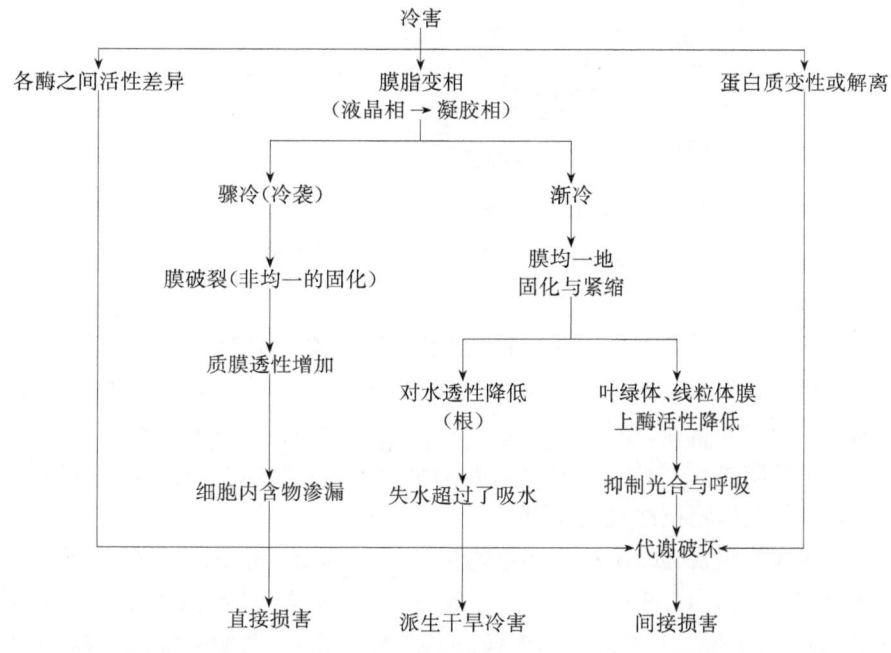

图11.4　冷害的机制图解（引自 J. Levitt，1980）

研究表明，不同植物膜脂相变温度不同，即使同种植物不同发育阶段及生长发育过程所经历的温度等环境不同，膜脂相变温度也不同。膜脂相变温度的高低主要与膜脂中脂肪酸的链长和不饱和键的多少有关。膜脂相变温度随脂肪酸链的加长而增加，随不饱和脂肪酸如油酸（oleic acid）、亚油酸（linoleic acid）、亚麻酸（linolenic acid）等所占比例的增加而降低。也就是说，不饱和脂肪酸愈多，愈耐低温。温带植物比热带植物耐低温的原因之一，就是构成膜脂不饱和脂肪酸的含量较高。同一种植物，抗寒性强的品种其不饱和脂肪酸的含量也高于抗寒性弱的品种。

4. 植物应答低温胁迫的信号转导机制

我国科学家在植物应答低温胁迫信号转导机制方面进行了较为深入研究，取得了较大进展。一般认为植物细胞质膜上受体激酶（如CRPK1、CRLK3）接受低温信号或G蛋白调节因子与G蛋白α亚基RGA1互作，激活Ca^{2+}通道，胞质Ca^{2+}浓度升高，通过Ca^{2+}互作蛋白触发低温应答相关基因表达，从而调节抗冷性

(图 11.5)。种康教授团队发现,水稻细胞质膜 G 蛋白调节因子 COLD1(chilling tolerance divergence 1)与 G 蛋白 α 亚基 RGA1 互作激活 Ca^{2+} 通道,胞质 Ca^{2+} 浓度升高,触发低温应答信号通路。朱健康和杨淑华教授等实验室在拟南芥中发现,质膜受体(如低温响应蛋白激酶,CRPK1)接受低温信号,激活 Ca^{2+} 通道或 Ca^{2+} 转运体 ANN1(annexin 1),导致胞质 Ca^{2+} 浓度升高,触发低温应答信号通路。低温应答信号通路下游反应主要是 CBF (C-repeat-binding factor)转录因子受到低温诱导表达,从而激活低温应答基因(cold-response,COR)表达及一系列低温应答反应。而 CBF 转录因子又受到许多上游调控因子调节,如通过蛋白激酶级联反应磷酸化 ICE1(inducer of CBF expression 1),而磷酸化的 ICE1 抑制 CBF 转录,抗冷性降低。

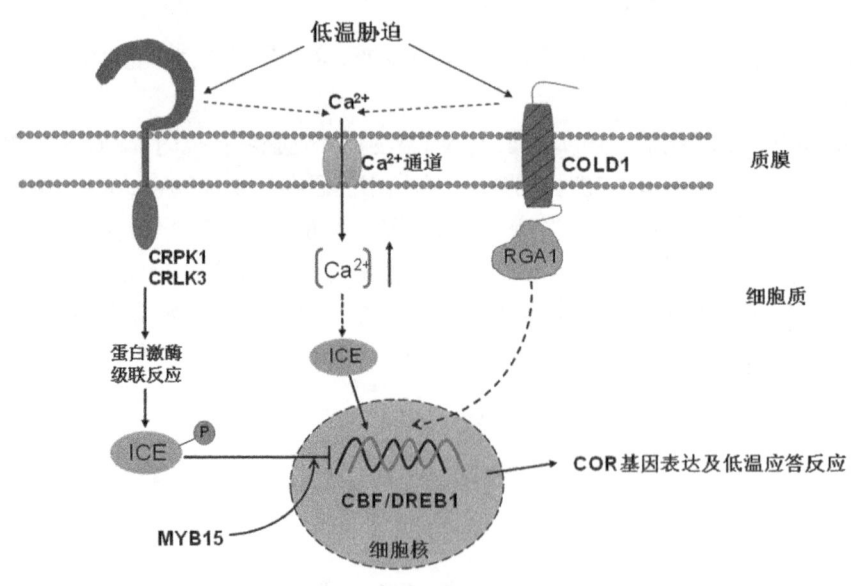

图 11.5　植物低温信号转导途径
→表示促进；⊣表示抑制；⇢表示不确定

5. 提高植物抗冷性的途径

(1) 低温锻炼　植物对低温有一个适应过程,很多植物如预先给予适当的低温锻炼,而后即可抗御更低的温度,否则就会在突然遇到低温时受到伤害。例如,春季在温室、温床育苗,进行露天移栽前,必须先降低室温或床温。番茄苗移出温室前须先经 1~2 天 11℃ 处理,移入大田后即可抗 5℃ 左右低温。经过低温锻炼的植株,其膜脂不饱和脂肪酸含量增加,相变温度降低,膜稳定性提高,细胞内 NADPH/NADP 比值和 ATP 含量增高,这些都有利于植物抗冷性的增强。

(2) 化学诱导　细胞分裂素、ABA 和一些植物生长调节剂及其他化学试剂可提高植物的抗冷性。例如,玉米、棉花种子播前用福美双[$(CH_3)_2NCSS]_2$ 处理,可提高植物抗冷性；将 2,4-D、KCl 等喷于瓜类叶面则有保护其不受低温危害的效应；PP_{333}、抗坏血酸、油菜素内酯等于苗期喷施或浸种,也有提高水稻幼苗抗冷性的作用。

(3) 合理施肥　调节氮、磷、钾肥的比例,增加磷、钾肥比重能明显提高植物抗冷性。

11.2.2　冻害与植物抗冻性

1. 冻害

0℃ 以下低温对植物的危害叫做冻害。植物对 0℃ 以下低温的适应能力叫抗冻性(freezing resistance)。在世界许多地区都会遇到冰点以下的低温,这对多种作物可造成程度不同的冻害。冻害发生的温度限度,可因植物种类、生育时期、生理状态、组织器官及其经受低温的时间长短而有很大差异。大麦、小麦、燕麦、苜蓿等越冬作物一般可忍耐 $-12 \sim -7℃$ 的严寒；有些树木,如白桦、网脉柳可以经受 $-45℃$ 的严冬而不死；种子的抗冻性很强,在短时期内可经受 $-110℃$ 以下冰冻而保持其发芽能力；某些植物的愈伤组织在液氮下,即在 $-196℃$ 低温下保存 4 个月之久仍有活性。

一般剧烈的降温、升温及连续的冰冻对植物的危害较大；缓慢的降温与升温解冻，植物受害较轻。植物受冻害的一般症状为：叶片犹如烫伤，细胞失去膨压，组织变软，叶色变为褐色，严重时导致死亡。

冻害对植物的危害主要是由于组织或细胞结冰引起的伤害。由于温度下降的程度和速度不同，植物体内结冰的方式不同，受害情况也有所不同。

(1) **细胞间隙结冰伤害** 当环境温度缓慢降低，使植物组织内温度降到冰点以下时，细胞间隙的水开始结冰，即所谓的胞间结冰(图 11.6)。胞间结冰对植物造成的伤害是：① 使原生质脱水。由于胞间结冰降低了细胞间隙的水势，使细胞内的水分向胞间移动，随着低温的持续，原生质会发生严重脱水，造成蛋白质变性和原生质不可逆的凝固变性。② 机械损伤。随着低温的持续，胞间的冰晶不断增大，当其体积大于细胞间隙空间时会对周围的细胞产生机械性的损伤。③ 融冰伤害。当温度骤然回升时，冰晶迅速融化，细胞壁迅速吸水恢复原状，而原生质会因为来不及吸水膨胀，可能被撕裂损伤。胞间结冰不一定使植物死亡，大多数植物胞间结冰后经缓慢解冻仍能恢复正常生长。

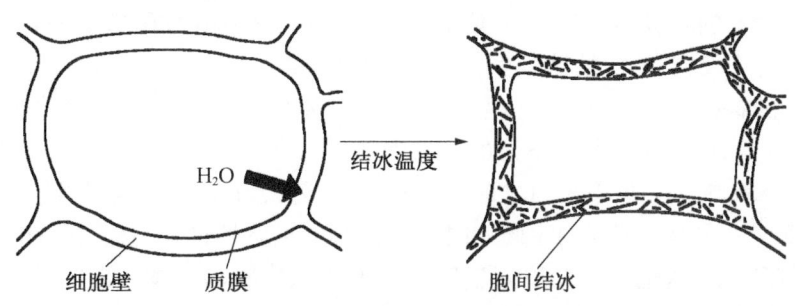

图 11.6 零下低温细胞胞间结冰示意图
(引自 Buchanan et al., 2002)

(2) **胞内结冰伤害** 环境温度骤然降低至冰点以下很多时，不仅细胞间隙结冰，细胞内也会同时结冰。一般先在原生质内结冰，而后在液泡内结冰。细胞内冰晶体积小，数量多，它们的形成会对生物膜、细胞器和基质结构造成不可逆的机械伤害。原生质具有高度精细结构，复杂而又有序的生命活动与这些结构密切相关，原生质结构的破坏必然导致代谢紊乱和细胞死亡。细胞内结冰一般在自然条件下不常发生，一旦发生植物就很难存活。

2. 冻害的机制

关于冻害机制主要有两种假说，一是膜伤害假说，一是巯基假说。

(1) **膜伤害假说** 膜是结冰伤害最敏感的部位，许多实验证明，冰冻引起细胞的损伤主要是膜系统受到伤害。组成膜的脂类分子间非极性程度很高，分子间的内聚力小，当结冰脱水引起原生质收缩而产生内拉外张的应力时，脂质层会被拉破，使膜选择透性丧失，这样一方面造成细胞内的电解质和非电解质大量外渗(外渗液中主要是 K^+、Ca^{2+}、糖类)；另一方面，膜相变使得一部分与膜结合的酶游离而失活，光合磷酸化和氧化磷酸化解偶联，ATP 合成明显下降，引起代谢失调，严重时导致植株死亡。在所有的膜系统的破坏中，叶绿体膜最先受损伤，从而使放氧受抑制，其次是液泡膜，最后是原生质膜的损伤。

(2) **巯基假说** 莱维特(Levitt)提出冰冻使植物受害是由于细胞结冰引起蛋白质损伤，当细胞内原生质遭受冰冻脱水时，随着原生质收缩，蛋白质分子相互靠近，当接近到一定程度时蛋白质分子中相邻的巯基(—SH)氧化形成二硫键(—S—S—)。解冻时蛋白质再度吸水膨胀，肽链松散，氢键断裂，二硫键仍保留，使肽链的空间位置发生变化，蛋白质的天然结构破坏，引起细胞伤害和死亡。因此，组织抗冻性的基础在于阻止蛋白质分子间二硫键的形成。这一假说已得到一些实验的支持。研究发现，冻害发生时，植物组织匀浆中—SH 含量与植物的抗冻性直接相关，抗冻性较强的植物具有一定抗—SH 氧化能力，可避免或减少二硫键的形成。

3. 植物对冻害的适应性

植物为了抵抗冬季低温，在生长习性和生理生化方面有各种特殊的适应方式。例如，一年生植物主要以干燥种子形式越冬；大多数多年生草本植物越冬时地上部死亡，而以埋藏在土壤中的地下茎、根等度过冬天；

落叶木本植物则以休眠芽越冬。

植物在冬季来临之前,随着气温的逐渐降低和日照长度的缩短,植物接受低温和日照缩短信号,触发类似于图 11.5 的信号转导途径,激活编码抗冻蛋白合成等低温应答基因表达,体内发生了一系列适应低温的生理生化变化,抗冻能力逐渐增强。这种提高抗冻能力的过程,称为抗冻锻炼(freezing hardening)或低温驯化(cold acclimation)。植物的抗冻性强弱也因植物种类、生育期、器官等不同而有很大差异,但要获得相应抗冻力,上述锻炼过程是不可避免的,即使抗冻性很强的植物也是如此。例如,针叶树在冬季可以忍耐-30℃到-40℃的严寒,但这些植物在旺盛生长的夏季,如给予-5℃左右的低温便会发生严重冻害,甚至死亡。

植物在生理生化方面对低温的适应变化主要如下:

(1) 植株含水量下降　　随着温度下降,植物含水量逐渐减少,特别是自由水与束缚水相对比值减小。由于束缚水不易结冰和蒸腾,所以总含水量减少和束缚水含量相对增多,有利于植物抗冻性的加强。

(2) 呼吸减弱　　植物的呼吸随着温度的下降而逐渐减弱,很多植物在冬季的呼吸速率仅为生长期中正常呼吸的 0.5%。细胞呼吸弱,消耗的糖分少,有利于糖分积累,从而有利于对不良环境的抵抗。

(3) 激素变化　　随着秋季日照变短、气温降低,许多树木的叶片逐渐形成较多的脱落酸,并将其运到生长点(芽),抑制茎的伸长,而生长素与赤霉素的含量则减少。

(4) 生长停止并进入休眠　　冬季来临之前,植株生长变得很缓慢,甚至停止生长,进入休眠状态。

(5) 保护物质增多　　在温度下降的时候,淀粉水解加剧,可溶性糖含量增加,细胞液的浓度增高,使冰点降低,减轻细胞的过度脱水,这也可以保护原生质胶体不致遇冷凝固。越冬期间,脂类化合物集中在细胞表层,使水分不易透过,代谢降低,细胞内不易结冰,亦能防止过度脱水。此外,细胞内还大量积累蛋白质、核酸等,使原生质贮藏许多物质,这样可以提高其抗冻性。

总之,在严冬来临之前,植物接受到各种信号,主要是光信号(日照变短)和温度信号(气温下降),就会在生理上产生一系列适应性反应,如生长基本停顿,代谢减弱,含水量降低,保护物质增多,原生质胶体性质改变等,以适应零下低温条件,安全越冬(图 11.5)。

4. 提高植物抗冻性的途径

(1) 抗冻锻炼　　在霜冻到来之前,缓慢降低温度,使植物逐渐完成适应低温的一系列代谢变化,增强抗冻能力。

(2) 化学调控　　用植物生长调节剂处理植物,可以提高植物的抗逆性,如生长延缓剂 AMO—1618、多效唑广泛用于果树,使其矮化,促进花芽分化。同时这些生长延缓剂能抑制 GA 的合成,提高树木的抗冻性。用 CCC 处理小麦、水稻、油菜等可以提高其抗冻性也已在生产上应用(详见第 6 章)。

(3) 农业措施　　除选育抗冻品种外,许多农业措施也能在一定程度上提高植物的抗冻性,如适时播种、培土、增施磷钾肥、厩肥、熏烟、冬灌、盖草、地膜覆盖等都可起到保护植物和预防冻害的作用。

11.2.3　热害与植物抗热性

由高温胁迫引起植物伤害的现象称为热害。而植物对高温胁迫的适应则称为抗热性(heat resistance)。但热害的温度很难界定,因为不同种类的植物对高温的忍耐程度有很大差异。

1. 植物对温度适应的类型

(1) 喜冷植物　　例如,某些藻类、细菌和真菌生长温度为 0℃ 以上低温(0~20℃),当温度在 15~20℃ 以上即受高温伤害。

(2) 中生植物　　例如,水生和阴生的高等植物、地衣和苔藓等,生长温度为 11~30℃,超过 35℃ 就会受伤。

(3) 喜温植物　　有些植物在 45℃ 以上就受伤害,称为适度喜温植物,如陆生高等植物、某些隐花植物;有些植物则在 65~110℃ 才受害,称为极度喜温植物,如蓝绿藻、真菌等。

发生热害的温度和作用时间有关,即可忍耐的高温和作用的时间成反比;作用时间愈短,植物可忍耐的温度越高。

2. 高温对植物的伤害

植物受高温伤害后会出现各种症状：树干（特别是向阳部分）干燥、裂开；叶片出现死斑，叶片变褐、变黄；鲜果（如葡萄、番茄等）烧伤，后来受伤处与健康处之间形成木栓，有时甚至整个果实死亡；出现雄性不育，花序或子房脱落等异常现象。高温对植物的伤害是复杂的、多方面的，归纳起来可分为直接伤害与间接伤害两个方面。

（1）直接伤害　高温直接影响组成细胞质的结构，在短期（几秒到几十秒）内出现症状，并向非胁迫部位传递蔓延。其伤害实质较复杂，可能原因如下。

1）蛋白质变性：由于维持蛋白质空间构型的氢键和疏水键的键能较低，因此高温易使这些键断裂，破坏蛋白质的空间构型，失去二、三级结构，使蛋白质分子展开，失去原有生理活性。蛋白质的变性最初是可逆的，但在持续高温作用下很快能转变为不可逆的凝聚状态：

$$\text{自然状态} \underset{\text{正常温度}}{\overset{\text{高温}}{\rightleftharpoons}} \text{变性状态} \xrightarrow{\text{持续高温}} \text{凝聚状态}$$

2）膜脂液化：在高温作用下，构成生物膜的蛋白质与脂类之间的键断裂，使脂类脱离膜而形成一些液化的小囊泡，从而破坏了膜的结构，导致膜丧失选择透性与主动吸收的特性。膜脂液化程度与脂肪酸的饱和程度有关，饱和程度越高越不易液化，则耐热性越强。例如，高温易导致叶绿体类囊体上 OEC 失活、PSⅡ 非光化学荧光增加等都与膜伤害有关。

（2）间接伤害　由于高温引起细胞大量失水，进而引起代谢异常，使植物逐渐受害。

1）代谢性饥饿：植物光合作用的最适温度一般都低于呼吸的最适温度，在生理上通常把光合速率与呼吸速率相等时的温度称为温度补偿点（temperature compensation point），如果植物处于温度补偿点以上的较高温度下，呼吸作用大于光合作用，贮存的营养物质消耗加快，造成饥饿，如高温持续时间较长则会导致植物死亡。

2）有毒物质积累：高温使植物组织内氧分压降低，使无氧呼吸增强，积累乙醛、乙醇等有毒物质；高温下蛋白质分解大于合成，形成大量游离 NH_3 毒害细胞。如果外用有机酸（如苹果酸、柠檬酸等）或提高植物体内有机酸含量，其氨含量减少，酰胺增加，热害症状便会减轻。

3）蛋白质破坏：高温使细胞产生自溶的水解酶类或溶酶体破裂放出的水解酶类均能使蛋白质分解；高温下氧化磷酸化解偶联，ATP 减少，使蛋白质合成受阻；高温破坏了核糖体与核酸的生物活性。因此，高温下不仅蛋白质含量下降，而且还会引起激素代谢及其他代谢紊乱，导致生长不良或引起伤害。

3. 植物抗热性的生理基础

一般说来，生长于干燥和炎热环境的植物，其抗热性高于生长在潮湿和冷凉环境的植物。C_3 植物与 C_4 植物相比，C_4 植物起源于热带或亚热带地区，故其抗热性高于 C_3 植物，C_3 植物光合最适温度在 20~30℃，C_4 植物光合最适温度在 35~45℃，因此两者温度补偿点不同，C_4 植物在 40℃ 以上高温时仍有光合产物积累，而 C_3 植物在温度达 30℃ 以上时已无净光合产物生产。

植物不同的生育时期、不同器官，其抗热性也有差异。成熟叶片的抗热性大于嫩叶，更大于衰老叶；休眠种子抗热性最强，随着种子吸胀萌发，其抗热性逐渐降低；油料种子的抗热性高于淀粉类种子；果实随成熟度增加抗热性也增强；细胞汁液含水量（自由水）愈少，蛋白质分子越不易变性，则抗热性愈强。

植物的抗热性还与自身的代谢有关。抗热性强的植物体内的蛋白质对热稳定，即在高温下仍能维持一定的正常代谢。蛋白质热稳定性主要取决于内部化学键的牢固程度和键能大小。疏水键、二硫键越多的蛋白质其在高温下越不易发生不可逆的变性与凝聚。一价离子可使蛋白质结构松弛，使其抗热性降低，二价离子可加固蛋白质分子结构，增强热稳定性，提高其抗热性。同时，抗热植物体内的核酸也具备一定热稳定性，这样可以维持正常的蛋白质合成，从根本上保证蛋白质的代谢与更新。研究发现，植物的抗热性还与有机酸的代谢强度有关，因为有机酸可以消除因蛋白质分解而释放的 NH_3 的毒害，例如，生长在沙漠和干热山谷中的植物有机酸代谢旺盛，抗热能力相对较高。

4. 热激蛋白与植物耐热性

（1）HSP 的合成　　通常情况下，植物在高于其正常生长温度 8～12℃时迅速产生一类具有分子伴侣功能的蛋白质，这类蛋白质通过维持蛋白质组装、折叠和修复及降解变性蛋白提高植物抗热性，由于这类蛋白质是在热胁迫下迅速产生的，故称为热激蛋白（HSP）。HSP 的热诱导具有应急反应的特征，它的形成极其迅速和强烈。编码 HSP 基因启动子具有热激应答元件（heat shock response element，HSE），其核心序列为 5'-nGAAn-3'。当温度高于某阈值时，热激因子（heat shock transcription factor，HSF）由单体转变成三聚体并结合到热激蛋白基因启动子的 HSE 上激活其转录过程。

（2）HSP 的类型及功能　　HSP 按分子质量大小不同可归成三类：高分子质量热激蛋白（high molecular weight HSP，HMW HSP），分子质量主要在 90 kDa～110 kDa 之间；中等分子质量热激蛋白（medial molecular weight HSP，MMW HSP），分子质量主要在 62 kDa～72 kDa 之间；低分子质量热激蛋白（low molecular weight HSP，LMW HSP），分子质量主要在 15 kDa～30 kDa 之间。植物中有 HMW HSP 存在，但相对动物来说比较少。番茄的 HSP95、小麦的 HSP99、小麦的 HSP100、棉花的 HSP100、大豆的 HSP110 均属这种类型。MMW HSP 在植物中广泛存在，其中 HSP70 是最早发现、最为典型的 HSP，它具有高度的进化保守性。LMW HSP 在植物中特别丰富，小麦、玉米和水稻等作物中有 12～20 种 MMW HSPs。

研究发现，HSP 与植物抗热性有密切关系。在热胁迫下 HSP 可以作为分子伴侣（molecular chaperone）和 ATP 酶参与蛋白质的组装、折叠和变性蛋白的修复和降解等过程。HSP 种类及功能总结于表 11.1。

表 11.1　常见 HSP 种类及其功能（引自曹仪植，2002）

蛋白家族	家族成员	单体大小/kb	真核生物中的细胞定位	功　能　举　例
HSP100	HSP104, ClpA, ClpB	80～110 40(clpx)	细胞质，核，核仁，(HSP104)，叶绿体	1. 极端热忍耐（酵母 HSP104 等）；2. ATP 酶活性
HSP90	HSP82, grp94, HtpG	82～96	细胞质，ER，细胞核	1. 酵母生存必需；2. 高温下生长必需；3. 分子伴侣；4. ATPase 活性
HSP70	Dnak, Hse70, Bip, Ssa, Ssb	67～76	不同成员处在不同区域，细胞质，细胞核，线粒体，叶绿体，ER	1. 蛋白组装、分泌，进入 ER 和细胞器必需的分子伴侣；2. 在中等高温对酵母、大肠杆菌生长需要；3. 极端高温时促进存活；4. 结合伸展蛋白；5. 与 HSP60 一起，使线粒体蛋白组装和变性底物折叠
HSP60	HSP65, Cpn60, Rubisco 结合蛋白	58～65	线粒体，叶绿体	1. 促进单体蛋白折叠和寡蛋白复合物组装的分子伴侣；2. 高温下生长必需
HSP27	HSP18, HSP22, HSP23, HSP26, HSP27 等（在热激后的植物中特别多）	12～40	细胞质，细胞核，叶绿体，ER	1. 热忍耐；2. 分子伴侣活性
遍在蛋白（ubiqutin）	在所有真核生物中发现的高保守蛋白	8	细胞质，细胞核	蛋白质降解

5. 提高植物抗热性的途径

（1）高温锻炼　　高温锻炼能够提高植物的抗热性。一般是将萌动的种子，在适当高温下锻炼一定时间再播种，可明显提高植物的抗热性。

（2）改善栽培措施　　栽培作物时充分合理灌溉，增加小气候湿度，促进蒸腾，有利于降温；采用高秆与矮秆、耐热作物与不耐热作物间作套种，采用人工遮阴等防止高温伤害；氮肥过多不利于抗热，因此高温季节少施氮肥等都是有效的措施。

（3）化学制剂处理　　喷洒 $CaCl_2$、$ZnSO_4$、KH_2PO_4 等可增加生物膜的热稳定性；施用生长素、激动素等生理活性物质，能够防止高温造成损伤。

11.3 植物对水分胁迫的应答与适应

土壤中的水分过少或过多都会对植物生长发育产生伤害,这种水分过少或过多对植物生长发育产生不利影响的因素称为水分胁迫(water stress)。当土壤中含水量下降到一定程度或者在空气非常干燥而温度又高、风速又大的条件下,植物失水就大于吸水,细胞就会产生水分亏缺,组织和幼嫩器官就会表现出水分亏缺现象,严重时发生萎蔫现象,这种水分亏缺现象称为干旱(drought)。另一种情况,土壤表面积水、淹没了植物的一部分或全部时,导致植物伤害称作涝害(flood injury)。而土壤中含水量达到饱和但土壤表面没有积水造成植物受害叫做湿害(wet injury)。随着气候变暖,极端天气越来越多,干旱和涝害发生的面积和频次越来越多,严重威胁粮食安全。因此,了解植物适应水分胁迫的机制,提高作物抗旱、耐涝性具有重要意义。

11.3.1 植物对干旱胁迫的应答与适应

植物经常遭受到干旱胁迫的危害,在我国约有48%的土地面积处于干旱、半干旱地带,其中没有灌溉条件的旱地约占总耕地面积的51.9%。因此,干旱是限制我国农业生产的重要因素之一。从植物本身出发,深入了解植物抗旱特性,揭示其抗旱机制,必将为改进旱地和节水农业栽培措施及选育抗旱品种提供理论依据。

1. 旱害及其类型

旱害(drought injury)指土壤水分缺乏或大气相对湿度过低对植物的危害。

(1) 水分胁迫程度　　植物水分亏缺的程度可用水势和相对含水量(RWC)来表示。肖庆德将一般中生植物水分胁迫程度划分为三个等级:① 轻度胁迫,水势略降低零点几个 MPa 或相对含水量降低 8%～11%;② 中度胁迫,水势下降稍多一些,但一般不超过 -1.2～-1.5 MPa 或相对含水量降低 11%～20%;③ 严重胁迫,水势下降超过 -1.5 MPa 或相对含水量降低 20% 以上。

(2) 干旱类型　　① 大气干旱:高温、强光、大气相对湿度过低(11%～20%),导致植物的蒸腾强烈,失水量大于根系的吸水量而造成植物体内严重水分亏缺,如我国西北、华北地区春末夏初就常有大气干旱的发生。② 土壤干旱:是指由于土壤中可利用水的缺乏,使植物根系吸水困难,体内水分亏缺严重,正常的生命活动受到干扰,生长缓慢或完全停止。我国西北、华北、东北等地常因久旱无雨发生土壤干旱。③ 生理干旱:指由于土壤温度过低、土壤溶液离子浓度过高(如盐碱土或施肥过多)或土壤缺氧(如土壤板结、积水过多等)或土壤存在有毒物质等因素的影响,使根系正常的生理活动受到阻碍,不能吸水而使植物受害的现象。

2. 旱害的机制

植物受到旱害后,细胞失去紧张度,叶片和幼茎下垂,这种现象即称为萎蔫(wilting)。萎蔫可分为两种类型:夏季炎热的中午,蒸腾强烈,水分暂时供应不上,叶片与嫩茎萎蔫,到夜晚蒸腾减弱,根系又继续吸水,萎蔫消失,植物恢复挺立状态,这就是暂时萎蔫;当土壤已无可供植物利用的水分,引起植物整体缺水,根毛死亡,即使经过夜晚也不会恢复,这就是永久萎蔫。永久萎蔫会造成原生质严重脱水,引起一系列生理生化代谢紊乱,如果时间持续过久,就会导致植物死亡。

(1) 细胞膜结构遭到破坏　　植物细胞脱水后,破坏了细胞膜的有序结构。一方面,原生质体收缩(发生质壁分离)本身对膜的结构和功能就造成伤害。另一方面,干旱后,细胞严重失水,膜脂分子结构即呈无序的放射状排列,膜上出现空隙和龟裂、透性增大,电解质、氨基酸、可溶性糖等向外渗漏。此外,某些膜蛋白也会因脱水而从膜上解离。

(2) 光合作用减弱　　水分不足使光合作用显著下降,直至趋于停止。干旱使光合作用受抑制的原因是多方面的,主要原因:水分亏缺后造成气孔关闭,CO_2 扩散的阻力增加;叶绿体片层膜体系结构改变,光系统Ⅱ活性减弱甚至丧失,光合磷酸化解偶联;叶绿素合成速度减慢,光合酶活性降低;水解加强,糖类积累。这些都是导致光合作用下降的因素。

(3) 生长受抑　　发生水分胁迫时,分生组织细胞分裂减慢或停止,细胞伸长受到抑制,生长速率大大降低。故遭受一段时间干旱胁迫后的植株个体低矮，光合叶面积明显减少，导致产量显著降低。生长对干旱的响应是非常迅速的，叶片的伸长生长在干旱数分钟就开始下降。

（4）破坏了正常代谢过程　细胞脱水抑制合成代谢而加强了分解代谢。水分亏缺下，呼吸作用在一段时间内加强，这是由于干旱使水解酶活性增强，合成酶活性降低，细胞内积累许多可溶性呼吸底物，但同时氧化磷酸化解偶联，P/O比值下降，ATP产出减少，呼吸能量大多以热的形式散失，有机物质消耗过速。随着水分亏缺程度加剧，呼吸速率逐渐降到正常水平以下。干旱可改变植物内源激素平衡，总趋势为促进生长的激素减少，而延缓或抑制生长的激素增多，主要表现为ABA大量增多，乙烯合成加强，CTK合成受抑。干旱时植物体内的蛋白质分解加速，合成减少，这与蛋白质合成酶的钝化和能源（ATP）的减少有关。蛋白质分解则加速了叶片衰老和死亡，当复水后蛋白质合成迅速地恢复。所以植物经干旱后，在灌溉与降雨时适当增施氮肥有利于蛋白质合成，补偿干旱的有害影响。与蛋白质分解相联系的是，干旱时植物体内游离氨基酸特别是脯氨酸含量增高，可增加数十倍甚至上百倍之多。因此脯氨酸含量常用作抗旱的生理指标，也可用于鉴定植物遭受干旱的程度。试验表明，干旱胁迫时细胞内DNA和RNA大量降解，其主要原因是干旱促使RNA酶活性增加，使RNA分解加快，而DNA和RNA合成代谢则被削弱。有人认为，干旱下植物衰老乃至死亡与核酸代谢受到破坏直接相关。水分不足时，植物不同器官或不同组织间的水分，按各部分水势大小重新分配。例如，干旱时，幼叶从老叶夺取水分，促使老叶的枯萎死亡，使光合面积下降；地上部分从根系夺水，造成根毛死亡；幼叶从花蕾或果实中吸水，造成空壳秕粒和落花落果等现象。

3. 植物的抗旱性

（1）植物的抗旱类型　植物对干旱的适应和抵抗能力叫抗旱性（drought resistance）。由于地理位置、气候条件、生态因素等原因，使植物形成了对水分需求的不同类型：水生植物（不能在水势为 $-0.5\sim-1$ MPa 以下环境中生长的植物）、中生植物（不能在水势 -2.0 MPa 以下环境中生长的植物）、旱生植物（不能在水势 -4.0 MPa 以下环境中生长的植物）。

旱生植物对干旱的适应、抵抗能力和方式有所不同，大体有两种类型。

1）御旱型植物：这类植物有一系列防止水分散失的结构和代谢功能，或具有发达的根系来维持正常的吸水。景天酸代谢植物如仙人掌夜间气孔开放，固定 CO_2，白天则气孔关闭，这样就防止了较大的蒸腾失水。一些沙漠植物具有很强的吸水器官，它们的根冠比在（30～50）∶1之间，一株小灌木的根系就可伸展到850 m^3 的土壤中。

2）耐旱型植物：这些植物具有细胞体积小、渗透势低和束缚水含量高等特点，可忍耐干旱逆境。植物的耐旱能力主要表现在其对细胞渗透势的调节能力上。在干旱时，细胞可通过增加可溶性物质来改变其渗透势，从而避免脱水。

（2）抗旱植物的一般特征

1）形态特征：根系发达、根冠比大，因而能有效地吸收利用土壤中的水分，特别是土壤深层水分；叶片细胞体积小或体积/表面积比值小，有利于减少细胞吸水膨胀和失水收缩时产生的细胞损伤；叶片气孔多而小，叶脉较密，输导组织发达，表皮毛多，角质化程度高或脂质层厚，这样的结构有利于水分的贮存与供应，减少水分散失。叶片卷缩或随太阳光运动以减少太阳辐射降低蒸腾。

2）生理特征：细胞渗透势较低，吸水及保水能力强；原生质具较高的亲水性、黏性与弹性，既能抵抗过度脱水又能减轻脱水时的机械损伤；缺水时正常代谢活动受到的影响小，合成反应仍占优势，而水解酶类活性变化不大，减少生物大分子的破坏，使原生质稳定，生命活动正常。干旱时根系迅速合成ABA并运输到叶片使气孔关闭，复水后ABA迅速恢复到正常水平。

4. 植物对干旱的信号转导和适应

干旱时，植物根系细胞通过受体感知干旱信号并启动ABA合成，ABA通过木质部导管在蒸腾拉力作用下运输到叶片，干旱时叶片ABA浓度增加10～20倍，然后ABA与保卫细胞质膜上受体（PCAR/PYR/PYL）结合并与PP2C互作，解除PP2C对SnRK2的抑制作用，磷酸化下游靶蛋白（如ABA responsive element-binding factor，ABF）等，从而引起气孔关闭和干旱适应。

关于干旱信号受体尚未完全确定,目前认为细胞膜类受体激酶(RLK)可能参与干旱信号识别。近年来研究表明,干旱时根系迅速合成一种小肽 CLE25(clavata 3/embryo-surrounding region-related 25),通过维管束运到叶片,叶片细胞质膜一种 RLK 识别 CLE25,激活 ABA 合成及 ABA 依赖耐旱性响应。

另一方面,干旱时由于气孔关闭,光合作用下降,光合产物减少,叶片生长停止,把有限光合产物运输到根系以维持根的生长。所以,干旱时植物根/冠比增加,抗旱性也增加。ABA 对于干旱时提高根/冠比起着关键作用,因为 ABA 缺失突变体在干旱时根/冠比没有变化,对干旱敏感(图 11.7)。

5. 提高植物抗旱性的途径

选育抗旱品种是提高作物抗旱性最根本的途径,此外,也可以通过以下措施来提高植物的抗旱性。

(1) 抗旱锻炼　在种子萌发期或幼苗期进行适度的干旱处理,使植物在生理代谢上发生相应的变化,增强对干旱的适应能力。例如,将吸水 24 h 的种子在 20℃下萌发,然后风干,反复三次后播种。我国农民在玉米、棉花、谷子等作物的栽培中,采用"蹲苗"法提高作物的抗旱性,即在作物的苗期给予适度的缺水处理,起到促下(根系)控上(抑制地上)的作用,经过蹲苗的作物根系发达,体内干物质积累较多,叶片保水能力强,渗透调节能力增强,从而提高了抗旱性。

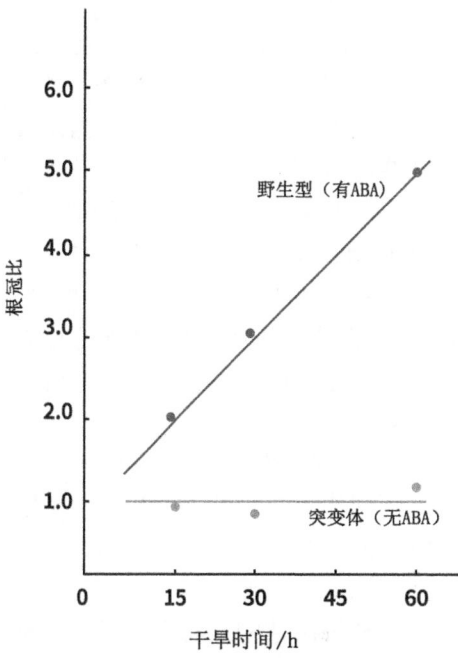

图 11.7　干旱时野生型和 ABA 缺失突变体根冠比变化(Saab et al.,1990)

(2) 合理施肥　合理施用磷、钾和钙,适当控制氮肥,可提高植物的抗旱性。磷促进有机磷化合物的合成,提高原生质的水合度,增强抗旱能力。钾肥能改善作物的糖类代谢,降低细胞的渗透势,促进气孔开放,有利于光合作用。钙能稳定生物膜的结构,提高原生质的黏度和弹性,在干旱条件下能维持原生质膜的选择透性。

(3) 生长延缓剂及抗蒸腾剂的施用　近年来应用生长延缓剂提高植物的抗旱性取得了一定的效果。例如,CCC 能增加细胞的保水能力;施用外源 ABA 可促进气孔关闭,减少蒸腾。抗蒸腾剂是用来降低蒸腾失水的一类药物,如塑料乳剂、高岭土、脂肪醇等。

(4) 节水、集水发展旱作农业　旱作农业是指不依赖灌溉的农业生产技术,其主要措施有:收集保存雨水备用;采用不同根区交替灌水;以肥调水,提高水分利用效率;采用地膜覆盖保墒;掌握作物需水规律,合理用水。

随着分子生物学及转基因技术的迅速发展,人们正在克隆植物抗旱关键基因(如 ABA 代谢等),并利用转基因技术培育抗旱作物新品种。

11.3.2　植物对涝害的应答与适应

随着全球气候变暖,极端天气越来越多,发生涝害和湿害的频次和面积越来越大,严重威胁农业生产和粮食安全。因此,了解作物涝害机制、提高其抗涝性(flood resistance)对于提高粮食产量具有重要意义。

涝害和湿害本质上都是由于土壤氧气分压下降造成的,因此植物适应涝害和湿害的机制类似。

1. 水分过多对植物的伤害

水分过多对植物的危害并不在于水分本身,而是由于水分过多引起缺氧,从而产生一系列危害。在低洼、沼泽地带、河湖边,发生洪水或暴雨过后常有涝害发生,给农业生产造成很大的损失。

(1) 对植物形态和生长的伤害　水涝缺氧使地上部分与根系的生长均受到阻碍。受涝的植株个体矮小、叶色变黄、根尖变黑、叶柄偏上生长。若种子淹水,则芽鞘伸长、叶片黄化、根不生长。水涝缺氧还影响细胞的亚显微结构,使线粒体数量减少,体积增大,嵴减少;如果缺氧时间过长则导致线粒体瓦解凋亡。

(2) 乙烯增加　　许多研究指出,在淹水条件下植物体内乙烯含量增加。高浓度的乙烯引起叶片卷曲、偏上生长、脱落、茎膨大加粗、根系生长减慢、花瓣褪色等。乙烯的合成是个需氧过程,为什么涝害(缺 O_2)反而会促进乙烯合成呢？布拉德福德(Bradford)等证明,水涝促使植物根系大量合成乙烯的前体物质 ACC,上运到茎叶后接触空气即转变为乙烯。

(3) 代谢紊乱　　水涝使植物的光合作用显著下降,其原因可能与阻碍 CO_2 的吸收及同化产物运输受阻有关;水涝使植物有氧呼吸受抑,无氧呼吸加强,ATP 合成减少,同时积累大量的无氧呼吸产物(如丙酮酸、乙醇、乳酸等)。水涝还导致植物营养失调,根系受水涝伤害后,一是根系活力下降,同时无氧呼吸导致 ATP 供应减少,阻碍根系对离子的主动吸收;二是缺氧使嫌气性细菌(如丁酸菌)活跃,增加土壤溶液酸度,降低其氧化还原势,土壤内形成有害的还原物质(如 H_2S 等),使必需元素 Mn、Zn、Fe 等易被还原流失,造成植株营养缺乏。

2. 植物的抗涝性

不同作物抗涝能力有别,如旱生作物中,油菜比马铃薯和番茄抗涝；荞麦比胡萝卜和紫云英抗涝。同一作物不同生育期抗涝程度不同。在水稻一生中以幼穗形成期到孕穗中期最易受水涝危害,其次是开花期,其他生育期受害较轻。

植物抗涝性的强弱决定于对缺氧的适应能力。

(1) 发达的通气系统　　很多植物可以通过胞间空隙把地上部吸收的 O_2 输入根部或缺 O_2 部位,其发达的通气系统可增强植物对缺氧的耐力。据推算水生植物的胞间隙约占植株总体积的 70%,而陆生植物只占 20%。水稻幼根的皮层细胞间隙要比小麦大得多,且成长以后根皮层内细胞大多崩溃,形成特殊的通气组织,而小麦根在结构上没有变化。水稻和玉米等通过通气组织能把 O_2 顺利地运输到根部。例如,玉米在淹水时,根产生大量乙烯触发根皮层细胞程序性死亡和细胞壁降解,从而形成大量通气组织,抗涝性大大提高(图 11.8)。

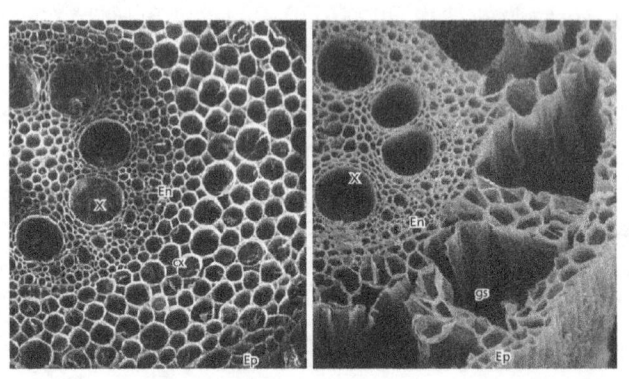

图 11.8　对照(左)和淹水(右)条件下玉米根横切扫描电镜图
X:木质部导管；en:内皮层；cx:皮层；Ep:表皮；gs:通气组织

(2) 提高抗缺氧能力　　缺氧所引起的无氧呼吸使体内积累有毒物质,而耐缺氧的生化机理就是要消除有毒物质,或对有毒物质具忍耐力。某些植物(如甜茅属)淹水时刺激糖酵解途径,以后即以磷酸戊糖途径占优势,这样消除了有毒物质的积累。有一些耐湿的植物通过提高乙醇脱氢酶活性以减少乙醇的积累。

3. 提高植物抗涝性的途径

为了避免湿害,要开深沟降低地下水位；采用高畦栽培,可减轻湿害；兴修水利,防止洪灾涝害发生；及时排涝,结合洗苗,保证光合作用、呼吸作用顺利进行；增施肥料,恢复作物长势。选育抗涝植物或作物品种是提高抗涝性的主要途径。

11.4 植物对盐胁迫的应答与适应

一般在气候干燥的半干旱、干旱地区，由于降雨量少而蒸发强烈，盐分不断积累于地表，造成土壤盐渍化；海滨地区由于咸水灌溉、海水倒灌等原因造成土壤含盐量较高；农业生产中长期不合理施用化肥及用污水灌溉都会导致土壤盐渍化。世界上盐碱地的面积很大，大约有9.5亿公顷，约占陆地面积的6%以上。我国有约0.98亿公顷盐碱地，其中25%为耕地，除滨海地区外，主要分布在西北、华北、东北内陆干旱和半干旱地区。盐碱荒地主要分布在滨海和西北地区，而盐碱耕地则主要分布于黄淮海和东北平原地区。例如，山东省140多万公顷盐碱地中有83万公顷可耕地，占全省盐碱地面积的60%。随着灌溉农业的发展，盐碱土面积还将不断扩大。盐碱地种植的主要作物是小麦和棉花，但产量低，多处于绝产边缘。因此提高作物耐盐性、加强盐碱土的生物治理与综合开发是农业中的重大课题。

一般说来，钠盐是造成盐分过高的主要盐类，习惯上把含 Na_2CO_3 和 $NaHCO_3$ 为主的土壤叫碱土，而把含 $NaCl$ 和 Na_2SO_4 为主的土壤叫盐土，通常统称为盐碱土。土壤含盐量高于0.2%即不利于植物的生长，而重盐碱土的含盐量高达0.6%~11%，严重地伤害植物。

11.4.1 盐害

土壤中盐分过多对植物生长发育产生的危害叫盐害（salt injury）。主要表现在以下几方面。

(1) **渗透胁迫** 由于高浓度的盐分降低了土壤水势，使植物吸水困难，甚至体内水分外渗，造成生理干旱。非盐生植物在土壤含盐量达0.2%~0.25%时出现吸水困难；含盐量高于0.4%时植物就易外渗脱水，生长矮小，叶色暗绿。在大气相对湿度较低的情况下，随着蒸腾作用的加强，盐害更为严重。Na^+ 等随蒸腾流运到叶片等地上部分，水分因蒸腾作用散失到大气中，而细胞又不能及时吸收，使质外体积累高浓度盐，也会导致细胞脱水。

(2) **离子胁迫** 盐碱土中 Na^+、Cl^-、Mg^{2+}、SO_4^{2-} 等含量过高，会引起 K^+、HPO_4^{2-} 或 NO_3^- 等离子的缺乏。大量研究表明 Na^+ 进入植物细胞是通过 K^+ 吸收系统。所以，环境中 Na^+ 浓度过高时，植物对 K^+ 的吸收减少。另一方面，由于高浓度 Na^+ 抑制质膜质子泵等，所以也会间接引起 PO_4^{3-} 和 Ca^{2+} 的缺乏。植物对离子的不平衡吸收，使植物发生营养失调，抑制了生长，甚至导致死亡。

(3) **氧化胁迫** 盐胁迫也会引发氧化胁迫（oxidative stress）及其他代谢紊乱。这是因为盐胁迫下，ROS 的产生大于清除，ROS 积累导致氧化损伤，产生如下代谢改变：① 膜透性改变，将大豆子叶圆切片放入浓度从 20 mmol/L 到 200 mmol/L 的 NaCl 溶液中，观察到渗漏率大致与盐浓度成正比。这是因为 NaCl 浓度的增高造成了植物细胞膜选择透性降低。② 光合作用下降，盐分过多使 PEP 羧化酶和 RuBP 羧化酶活性下降，叶绿素和类胡萝卜素的含量降低，气孔开度减小，气孔阻力增大，导致受胁迫植物的光合速率明显下降。此外，盐分过多对呼吸、蛋白质和核酸代谢也有不利影响，如抑制呼吸作用、蛋白质合成受阻和降解加快等。

11.4.2 植物对盐胁迫的信号转导与适应

环境中盐离子过高时（主要是 Na^+ 和 Cl^-），一方面，Na^+ 和 Cl^- 就会大量进入细胞质，而细胞质是代谢的主要场所，Na^+ 和 Cl^- 在胞质中积累就会产生离子毒害，即为离子胁迫。另一方面，环境中盐浓度过高时土壤水势降低，细胞吸水困难，甚至失水导致渗透胁迫。所以，植物在高盐环境中必须将进入细胞质中 Na^+ 等离子及时转运至液泡中或细胞壁中，以维持胞质低 Na^+ 浓度。当液泡中 Na^+ 积累到一定程度，液泡渗透势就会降低，细胞质就会脱水，为了维持细胞质与液泡之间水势平衡，细胞质就必须主动积累小分子水溶性溶质，如甜菜碱、脯氨酸和 K^+。因此，植物对盐胁迫信号转导途径主要包括：细胞质膜受体识别 Na^+、Cl^- 或渗透胁迫信号，激活 Ca^{2+} 通道，胞质 Ca^{2+} 浓度升高，通过 SOS（salt overly sensitive）途径维持细胞质 Na^+ 稳态。另一方面，通过盐胁迫引起的 ABA 升高，触发 ABA 依赖的盐胁迫响应相关基因表达，从而适应高盐环境（图

11.9)。

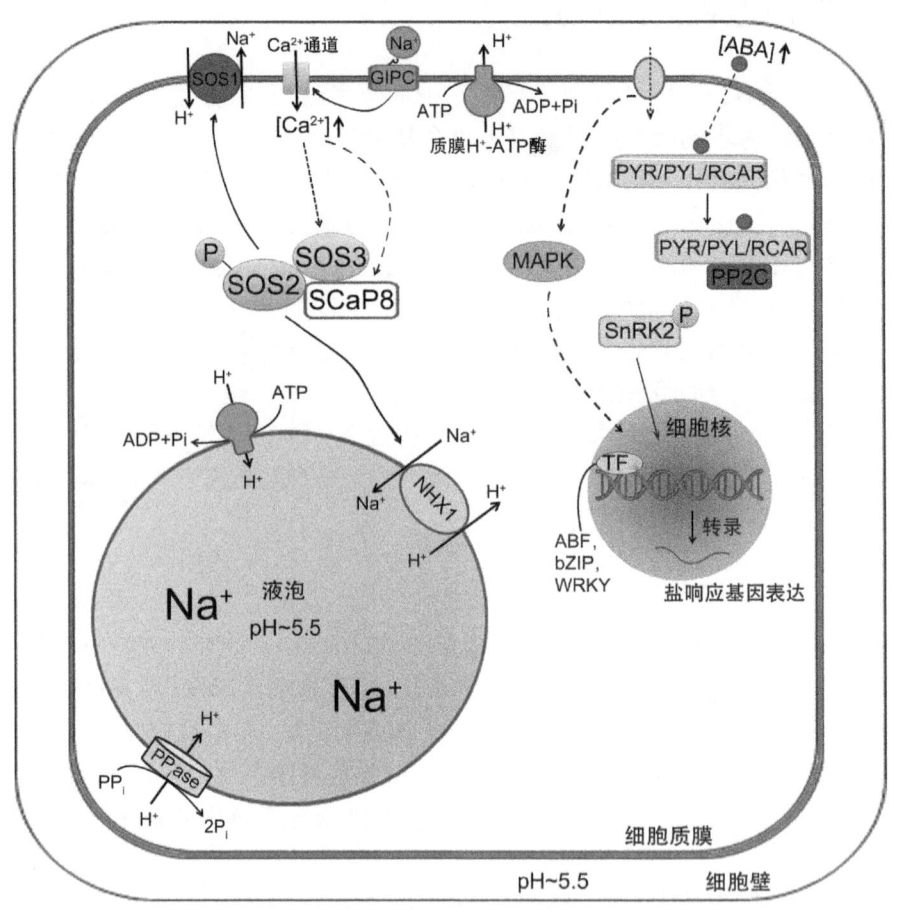

图 11.9 盐胁迫下植物细胞信号转导示意图

关于盐胁迫信号受体取得了一定进展。Yang 等发现,细胞质膜糖基肌醇磷酸神经酰胺(glycosyl inositol phosphoryl ceramide,GIPC)鞘酯可以感受胞外 Na^+ 浓度变化,引发质膜去极化,激活 Ca^{2+} 通道,胞质 Ca^{2+} 浓度升高,触发 SOS 途径维持细胞质中 Na^+ 稳态。

我国科学家朱健康教授是 SOS 途径的主要贡献者。SOS 途径主要由 SOS1、SOS2 和 SOS3 组成,其中 SOS3 为 EF 手型 Ca^{2+} 结合蛋白,可以特异性地感受并结合盐胁迫引起的胞质 Ca^{2+} 升高,SOS3 结合 Ca^{2+} 后与 SOS2 互作激活 SOS2,SOS2 为丝氨酸/苏氨酸激酶,活化的 SOS2 激活 SOS1,SOS1 为质膜 Na^+/H^+ 逆向转运体,从而利用跨质膜 H^+ 梯度将胞质中 Na^+ 泵出细胞外。同时 SOS2 激活液泡膜 Na^+/H^+ 逆向转运体 NHX1,利用跨液泡膜 H^+ 梯度将胞质中 Na^+ 区域化到液泡中,从而维持 Na^+ 稳态,提高植物耐盐性。由于细胞质膜质子 ATP 酶、液泡膜质子 ATP 酶和质子焦磷酸酶是细胞跨质膜和跨液泡膜 H^+ 梯度的主要贡献者,所以它们在植物抗盐中起着关键作用。

此外,盐胁迫诱导的 ABA 积累通过蛋白激酶级联反应把盐胁迫信号传递到下游转录因子(如 ABF、bZIP、MRKY 等),从而激活盐胁迫响应基因表达调控植物抗盐性。

11.4.3 植物的抗盐性

植物对土壤盐分过多的适应能力或抵抗能力叫抗盐性(salt resistance)。根据植物抗盐性可以将植物分为盐生植物(halophyte)和甜土植物(glycophyte)或非盐生植物(non-halophyte)。盐生植物能在高盐生境(大于或等于 200 mol/L NaCl)中生长,一定浓度 NaCl 促进其生长,如藜科的盐地碱蓬(*Suaeda salsa* L.)等。非盐生植物则对盐渍敏感,如大豆、玉米和水稻等,10~50 mmol/L 的 NaCl 就严重抑制其生长,这类植物叫盐敏感植物(salt-sensitive plant);而大麦、甜菜和番茄等能耐受较高盐浓度,这类植物叫耐盐植物(salt-tolerant plant)。不同类型植物生长对盐的响应如图 11.10。

植物对盐渍环境的适应机制主要有两种方式。

1. 御盐

有些植物虽然生长在盐渍环境中,但细胞质盐分含量不高,因而就避免了盐分过多对植物的伤害,这种对盐渍环境的适应能力称为御盐性(salt avoidance),它们可以通过拒盐、排盐和稀盐三种途径来达到避免盐害的目的。

(1) 拒盐　一些植物对某些盐离子的透性很小,在一定浓度的盐分范围内,根本不吸收或很少吸收盐分。也有些植物(如芦苇等)根内、外皮层具有发达的质外体屏障,即内、外皮层细胞径向壁发生显著木质化(凯氏带),然后其次生壁发生显著栓质化。发达的质外体屏障阻挡或减少土壤溶液中 Na^+、Cl^- 通过根质外体途径进入木质部导管及向叶等地上部分运输,Na^+、Cl^- 只能通过跨膜途径和共质体途径运输到根木质部导管,使得这类植物对矿质离子吸收具有更强的选择性(图 11.11)。因此,这类植物在盐胁迫下地上部分 Na^+、Cl^- 含量显著低于根,表现为拒盐性。

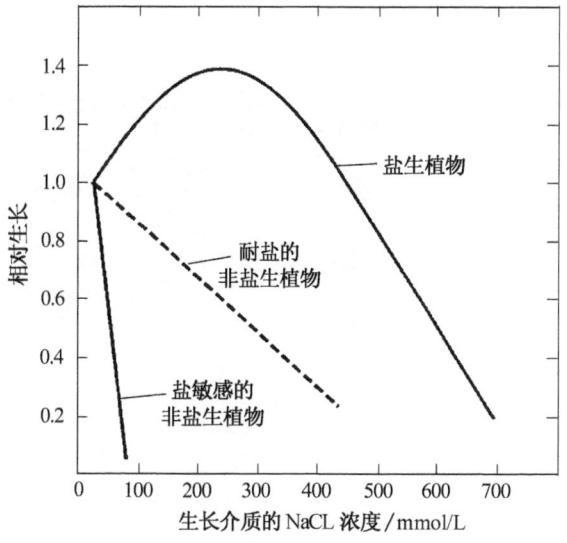

图 11.10　不同类型植物对盐浓度的生长响应

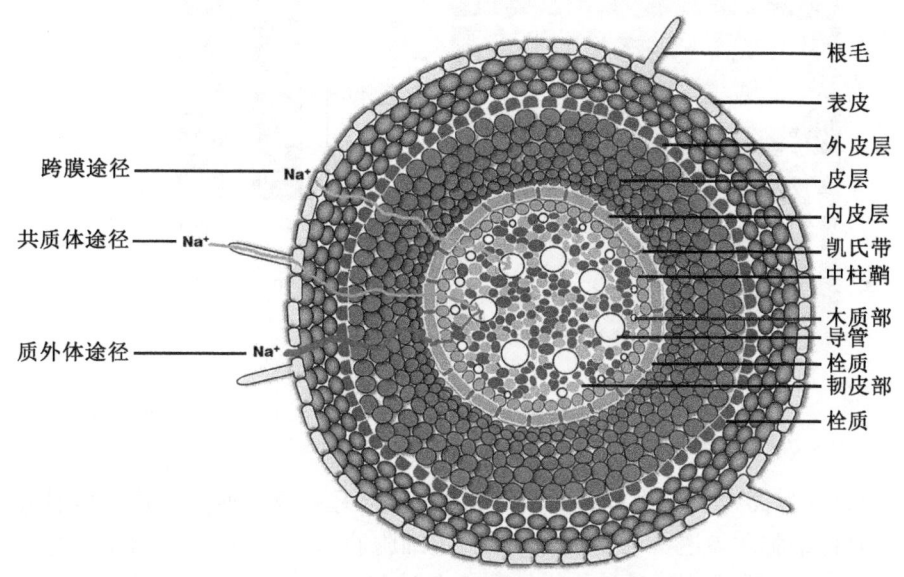

图 11.11　Na^+ 通过根内、外皮层凯氏带及栓质进入木质部导管途径示意图

(2) 排盐　也称泌盐,指植物将吸收的盐分主动分泌到茎叶的表面,而后被雨水冲刷掉,防止过多盐分在体内的积累。盐生植物排盐主要通过盐腺(salt gland,图 11.12a)和盐囊泡(salt bladder,图 11.12b)把盐排出体外。此外有些植物将吸收的盐分转移到老叶中积累,最后叶片脱落,以此来阻止盐分在体内的过量积累,如棉花等。

(3) 稀盐　又称积盐,在盐胁迫下某些盐生植物根吸收的 Na^+、Cl^- 大量运输到茎和叶等地上部分,然后将 Na^+、Cl^- 区域化到茎和叶细胞的液泡中。一方面避免细胞质中 Na^+、Cl^- 积累产生离子毒害,另一方面降低了细胞水势使细胞继续吸水,避免了渗透胁迫伤害。因此,这类植物在盐胁迫下地上部分 Na^+、Cl^- 含量远远高于根,其茎、叶单位质量含水量(鲜重/干重)显著增加,表现为肉质化(图 11.13)。

2. 耐盐

植物在盐分胁迫下,通过自身的生理生化代谢变化来适应或抵抗进入细胞的盐分的危害,称为耐盐(salt tolerance)。植物有多种耐盐的方式:① 耐渗透胁迫。通过细胞的渗透调节以适应由盐渍而产生的渗透胁迫。植物耐盐的主要机制是盐分在细胞内的区域化分配,盐分在液泡中积累可降低其对细胞质代谢酶及功

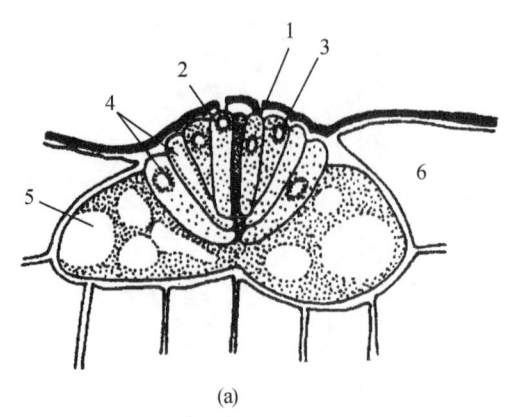
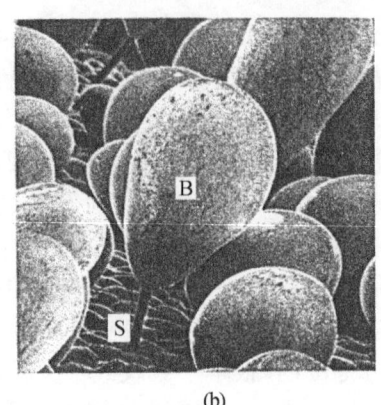

图 11.12 泌盐植物二色补血草(*Limonium bicolor*)盐腺结构(a)
和滨藜(*Atriplex spongiosa*)盐囊泡(b)

(a): 1. 分泌孔; 2. 分泌细胞; 3. 毗邻细胞; 4. 杯状细胞; 5. 收集细胞; 6. 表皮细胞。
(b): B. 气球状囊泡细胞; S. 柄细胞

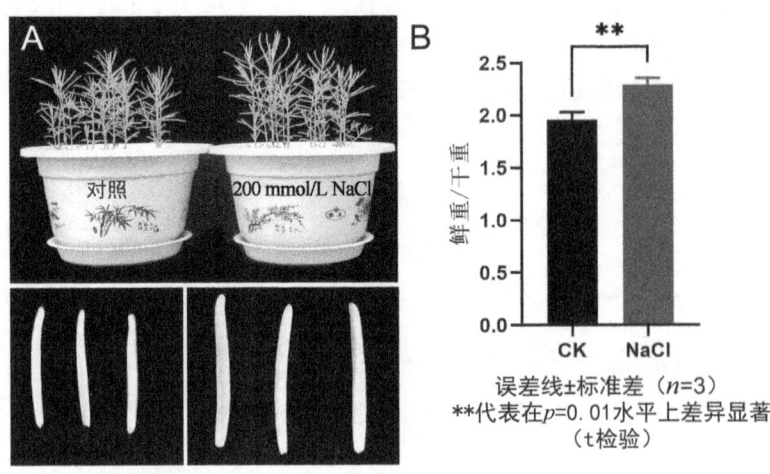

图 11.13 盐处理下盐地碱蓬叶片肉质化

A. 对照(左)和 200 mmol/L NaCl 处理 4 周后(右)叶片表型; B. 对照和 200 mmol/L NaCl 处理 4 周后叶片肉质化程度(鲜重/干重)

能细胞器的伤害。植物一方面将吸收的盐离子积累在液泡里,另一方面通过合成可溶性糖、甜菜碱、脯氨酸等渗透调节物质,来降低细胞质渗透势和水势,从而防止细胞脱水。② 营养元素平衡。有些植物在盐渍时能增加对 K^+ 的吸收,有的蓝绿藻能随 Na^+ 的增加而加大对 N 的吸收,所以它们在盐胁迫下能较好地保持营养元素的平衡。③ 代谢稳定性。在较高盐浓度中某些植物仍能保持酶活性的稳定,维持正常的代谢。例如,大麦幼苗在盐渍条件下仍保持丙酮酸激酶的活性。

11.4.4 提高植物抗盐性的途径

通过常规育种手段或采用组织培养、转基因等新技术选育抗盐突变体、培养抗盐新品种都是提高植物抗盐性的有效手段。此外,植物抗盐性还可以通过一定的栽培措施来提高。

(1) 抗盐锻炼　　植物的抗盐性是在个体发育中形成的,因此利用植物幼龄期可塑性高、适应力强的特点,用一定浓度的盐溶液处理种子,可明显提高抗盐性。

(2) 使用生长调节剂　　利用生长调节剂促进植物生长,稀释其体内盐分。例如,喷施 IAA 或用 IAA 浸种,可促进作物暂时生长和吸水,提高植物抗盐性。

(3) 改造盐碱土　　通过合理灌溉、泡田洗盐、增施有机肥、地膜覆盖、盐土种稻、种植耐盐的绿肥(田菁)、树种(白榆、沙枣、紫穗槐等)和作物(向日葵、甜菜等)等方法改造盐碱土。

11.5 植物对环境污染的应答与适应

随着近代工业的发展,厂矿、居民区、现代交通工具等所排放的废渣、废气和废水越来越多,扩散范围越来越大,再加上现代农业因大量使用农药化肥等化学物质,引起残留的有害物质的增加,造成环境污染(environmental pollution)日趋严重。

环境污染不仅直接危害人类的健康与安全,而且对植物生长发育带来很大的危害,如引起作物严重减产,造成植物死亡,甚至可以破坏整个生态系统。

环境污染可分为大气污染、水体污染和土壤污染三类。其中以大气污染和水体污染对植物的影响最大,不仅范围广,接触面积大,而且容易转化为土壤污染。

11.5.1 大气污染及其对植物的伤害及抗性

大气污染物主要是燃料燃烧时排放的废气、工业生产中排放的粉尘、废气及汽车尾气等。大气中污染物种类很多,主要包括硫化物、氧化物、氯化物、氮氧化物、粉尘和带有金属元素的气体。

1. 大气污染物对植物的伤害

植物叶片与空气不断地进行活跃的气体交换,且植物根植于土壤中,不能移动,不能躲避污染物的侵入,所以很多植物对大气污染敏感,容易受到伤害。大气污染物主要通过气孔进入体内并产生伤害。

大气污染危害植物的程度不仅与植物的类型、发育阶段及其他环境条件有关,而且与有害气体的种类、浓度、持续时间有关。

(1) SO_2　　SO_2 是我国目前最主要的大气污染物,排放量大,危害严重。SO_2 主要来源于炼油厂、冶炼厂、热电站、化肥厂、硫酸厂。不同植物对 SO_2 的敏感性不同。总的来说,草本植物的敏感性大于木本植物,木本植物中针叶树比阔叶树敏感,阔叶树中落叶树比常绿树抗性弱,C_3 植物比 C_4 植物敏感。一般 $0.05\sim 11$ mg/L 的 SO_2 就可能危害植物。其伤害症状为:针叶树先从叶尖黄化;阔叶树则从脉间先失绿,后转为棕色,坏死斑点逐步扩大,最后全叶变白脱落;单子叶植物由叶尖沿中脉两侧产生褐色条纹,逐渐扩展到全叶枯萎。SO_2 伤害的典型特征是,受害的伤斑与健康组织的界线十分明显。如果空气中 SO_2 浓度大并遇上雾等天气就形成酸雨,后者对植物和土壤的危害更大。关于 SO_2 伤害的机制,一般认为:SO_2 是一种还原性很强的酸性气体,进入植物组织后与 H_2O 形成 H_2SO_3,使叶绿素变成去镁叶绿素而丧失功能,而且 H_2SO_3 与光合初产物或有机酸代谢产物(醛)反应生成羟基磺酸,抑制气孔开放、CO_2 固定和光合磷酸化,干扰有机酸与氮代谢;SO_2 破坏生物膜的选择透性,使 K^+ 外渗,既破坏细胞内离子平衡又使气孔调节的灵敏度下降;SO_2 破坏蛋白质的二硫键,使原生质、膜蛋白及酶活性受到影响。SO_2 也通过诱导产生 ROS 对植物产生危害。

(2) 氟化物　　氟化物包括氟化氢(HF)、四氟化硅(SiF_4)和氟气(F_2)等。大气中氟化物的主要来源是使用冰晶石($3NaF \cdot AlF_3$)、含氟磷矿[$Ca_3(PO_4)_2 \cdot CaF$]和萤石(CaF_2)等作为生产原料的工厂,如炼铝厂、磷肥厂、钢铁厂、玻璃厂等。在造成大气污染的氟化物中,排放量最大、毒性最强的是 HF,当其浓度为 $1\sim 5$ μg/L 时,较长时间的接触即可使植物受害。虽然气态或尘态氟化物主要从气孔进入植物体内,但并不损伤气孔附近的细胞,而是顺着输导组织运至叶片的边缘和尖端,并逐渐积累,因此当植物受到氟化物危害时,叶尖、叶缘出现伤斑,受害叶组织与正常叶组织之间形成明显的界限(有时呈红棕色)。表皮细胞明显皱缩、干瘪,气孔变形。未成熟叶片更易受害,枝梢常枯死,严重时叶片失绿、脱落。氟化物主要通过抑制酶活性对植物产生伤害。F 能与酶蛋白中的 Ca^{2+}、Mg^{2+} 等金属离子形成络合物,使其失去活性。F 是一些酶(如烯醇酶、琥珀酸脱氢酶、酸性磷酸酯酶等)的抑制剂;极低浓度 HF 会使气孔扩散阻力增大,降低蒸腾和光合速率。F 可使叶绿素合成受阻,叶绿体被破坏。

(3) 光化学烟雾　　石油化工企业和汽车尾气主要成分是 NO 和烯烃类。这些物质升到高空后,在紫外线作用下发生各种化学反应,产生臭氧(O_3)、NO_2、醛类和硝酸过氧化乙酰(peroyacetyl nitrate,PAN)等有害物质,再与大气中的硫酸液滴和硝酸液滴接触形成浅蓝色的烟雾。由于这种烟雾是通过光化学作用形成的,所以叫光化学烟雾(photochemical smog)。

O_3(ozone)是光化学烟雾中的主要成分,所占比例最大,氧化能力极强。当大气中 O_3 的浓度为 0.1 mg/L,延续 2~3 h,烟草、菜豆、洋葱、苜蓿等敏感作物就会出现受害症状。通常出现于成熟叶片上,伤斑零星分布于全叶,可出现如下几种类型:① 呈红棕、紫红或褐色;② 叶表面变白,严重时扩展到叶背;③ 叶子两面坏死,呈白色或橘红色;④ 褪绿,有黄斑。随后逐渐出现叶卷曲,叶缘和叶尖干枯而脱落。O_3 能氧化质膜的组成成分,如蛋白质和不饱和脂肪酸,增加细胞内物质外渗。由于 O_3 氧化—SH 基为—S—S 键,破坏以—SH 基为活性基团的酶(如多种脱氢酶)结构,导致细胞内正常的氧化—还原过程受阻,影响各种代谢活动;O_3 破坏叶绿素合成,降低叶绿素水平,导致光合速率下降。O_3 抑制氧化磷酸化水平,同时抑制糖酵解,促进戊糖磷酸途径,有利于酚类化合物的形成(通过莽草酸途径)。

NO_2 溶于水,当它由气孔进入叶肉组织,很容易被吸收,少量的 NO_2 被叶片吸收后可被植物利用,但当空气中 NO_2 浓度达到 2~3 mg/L 时,植物就受伤害,而且,浓度愈高吸收愈快,伤害也愈重。叶片上初始形成不规则水渍斑,然后扩展到全叶,并产生不规则白色、黄褐色小斑点。严重时叶片失绿、褪色进而坏死。在黑暗或弱光下植物更易受伤害。NO_2 伤害分直接和间接两种方式:① 对细胞的直接伤害。NO_2 抑制酶活力,影响膜的结构,导致膜透性增大,降低还原能力。② 产生活性氧的间接伤害。可引起膜脂过氧化作用,产生大量活性氧自由基,对叶绿体膜造成伤害,叶片褪色,光合下降。

PAN 毒性很强,当空气中 PAN 浓度达到 20 μg/L 时,植物就受伤害。PAN 主要伤害叶肉海绵组织。初期叶背面呈银灰色或古铜色斑点,严重时变成褐色且扩展到叶片上表面。PAN 主要抑制光合磷酸化和 CO_2 固定,降低光合作用速率。氧化蛋白质—SH,使蛋白质变性,导致代谢紊乱。

当然空气中 Cl_2 等有毒气体超过一定浓度也会对植物产生伤害。

2. 植物对大气污染物的抗性

植物对大气污染物也有一定的抗性,不同植物对不同污染物的抗性差别很大。表 11.2 为不同植物对 SO_2 的抗性。在城市绿化和农业生产中要根据大气污染物的种类和浓度选择植物。

表 11.2 不同植物对 SO_2 的抗性

抗 性 强	夹竹桃、丁香、刺槐、玉米、高粱、马铃薯、侧柏、文竹、仙人掌
抗性中等	桃、水杉、白蜡树、梧桐、女贞、花生、茄子、菜豆、黄瓜、鸢尾
敏 感	油松、马尾松、合欢、杜仲、梅花、棉花、大豆、小麦、玫瑰、月季

11.5.2 水体污染及其对植物的伤害及抗性

随着工业生产的发展和城镇人口的集中,含有各种污染物质的工业废水和生活污水大量排入水系,再加上大气污染物质、矿山残渣、残留化肥农药等被雨水冲淋到江河湖泊中,以致各种水体受到不同程度的污染,超过了水的自净能力,水质显著变劣,即为水体污染。

我国在 2010 年左右水体污染十分严重,据调查,全国 27 条河流中有 15 条被严重污染。污染水体的物质主要包括:重金属、洗涤剂、氰化物、有机酸、含氮化合物、漂白粉、酚类、油脂、染料等。水体污染不仅危害人类的健康,而且危害水生生物资源,影响植物的生长发育。一般讲,环境污染中的五毒是指酚、氰、汞(Hg)、铬(Cr)、砷(As)。

酚类化合物包括一元酚、二元酚和多元酚,来自石化、炼焦、煤气等废水。酚类也是土壤腐殖质的重要组分。当污水中的含酚量达到 50~110 mg/L 时植物生长受到抑制,植株矮小,叶色变黄;当含酚量高达 250 mg/L 以上时植物生长受到严重抑制,基部叶片呈枯黄色,叶片失水,叶缘内卷,主脉两侧有时出现褐色条斑,根系呈褐色,逐渐腐烂死亡。

污水中的氰化物一般可分为两类:一类为有机氰化物,包括脂键氰和苦族氰;另一类为无机氰化物,包括简单氰和较复杂的复盐或络合物,氰的络合物在一定条件下可分解出毒性很强的氢氰酸(HCN)。氰化物对植物的最大危害是抑制呼吸作用。当其浓度达 50 mg/L 时对水稻、油菜和小麦等多种作物的生长与产量都产生不良影响;如果浓度更高将引起急性伤害:根系发育受阻,根短、数量少。

三氯乙醛又叫水合氯醛。在农药厂及制药厂、化工厂的废水中常含三氯乙醛,常使作物发生急性中毒,造成严重减产。单子叶植物易受三氯乙醛的危害,在小麦种子萌发时期,它可以使小麦第一心叶的外壁形成一层坚固的叶鞘,阻止心叶吐出和扩展,以致不能顶土出苗。苗期受害则出现畸形苗,植株矮化,茎基膨大,分蘖丛生,叶片卷曲老化,逐渐干枯死亡。

在工业污染水中常含 Hg、Cr、As、Cd、Pb 等重金属离子,即使浓度很低也会使植物受害。研究表明,重金属致伤的机理可能与蛋白质变性有关。一方面,它们能置换某些酶蛋白中的 Fe、Mn 等辅基,抑制酶的活性,干扰正常代谢;另一方面,它们能与膜蛋白结合,破坏膜的透性;此外,重金属离子浓度过高会使原生质变性。

不同植物对重金属敏感性差别很大。某些植物能够富集重金属离子而不受危害,如蜈蚣草对 As 具有超富集作用,其体内的 As 含量可能达到环境中的上百倍。利用这些植物可以改良重金属污染。

11.5.3 土壤污染

土壤是植物生存的主要环境,土壤污染(soil contamination)直接影响植物的生长发育,最终影响人类的生活和健康。土壤污染是指土壤中积累的有毒、有害物质超出了土壤的自净能力,使土壤的理化性状改变,土壤微生物的活动受到抑制和破坏,或者进入植物体内污染物(如重金属)超过其解毒能力,进而危害了植物的生长发育和人、畜的健康。土壤污染主要来自大气污染和水体污染,用污水灌溉农田,有毒物质会沉积于土壤,大气污染物受重力作用随雨、雪落于地表渗入土壤内,这些途径都可造成土壤污染。此外,施用残留较高的化肥、农药也是土壤污染的一个重要原因。

土壤污染对植物的危害除了大气、水体污染物的伤害外,土壤污染还能引起土壤酸碱度的变化,破坏土壤结构,从而影响土壤微生物的活动和植物的生长发育。例如,水泥厂附近的农田,土壤的碱度较高;而冶炼厂附近的农田,由于 SO_2 形成酸雨后落入地面而提高了土壤的酸度。

11.5.4 提高植物抗污染能力的措施

要使植物和人、畜免受环境污染的危害,最根本的措施是不向环境中排放污染物或尽可能少地排放污染物,保持污染物排放与净化的平衡。改革开放后我国环境污染一度非常严重。党的十八大以来,我国加大了环境保护和治理力度,环境污染得到了极大的改善,大部分河流变清,空气优良天数占比显著增加,环境质量的改善不仅有利于人民身体健康,也有利于植物生长发育和作物产量提高。此外,提高植物抗污染能力也很重要。

(1) 培育抗污染能力强的新品种　　采用组织培养、基因工程等新技术筛选抗污染强的突变体,培育抗污染新品种。

(2) 抗性锻炼　　用较低浓度的污染物来处理种子或幼苗,其抗性能得到一定程度的提高。

(3) 改善土壤营养条件　　改善土壤条件,创造植株生长的适宜 pH 的范围,提高植株代谢强度,有利于增加对污染的抵抗力,例如,当土壤 pH 过低时,施入石灰可以中和酸性,改变植物吸收阳离子的成分,可增强植物对酸性气体的抗性。

(4) 化学调控　　用维生素和植物生长调节物质喷施柑橘幼苗,或加入营养液让根系吸收,提高了对 O_3 的抗性。喷施能固定或中和有害气体的物质,如石灰溶液,结果使氟害减轻。

11.5.5 植物在环境保护中的作用

不同植物对各种污染物的敏感性有差异;同一植物对不同污染物的敏感性也不一样。利用抗性强的植物,可以减轻污染,保护环境;对污染物敏感性强的植物也用来监测污染。此外,植物还可以固土保水、防治风沙、调节温湿度,绿化环境等。因此,植物在环境保护中具有十分重要的作用。

1. 净化环境

高等植物除了通过光合作用保证大气中氧气和二氧化碳的相对平衡外,对各种污染物有吸收、积累和代谢作用,从而分解有毒物质,减轻污染,净化环境。植物可以吸收环境中的污染物,如地衣、垂柳、臭椿、山楂、板栗、夹竹桃、丁香等吸收 SO_2 能力较强,能积累较多硫化物(表 11.2);垂柳、拐枣、油茶有较大的吸收氟化物的能力,即使体内含氟很高,也能正常生长。水生植物中的水葫芦、浮萍、金鱼藻、黑藻等能吸收与积累水中的酚、氰化物、汞、铅、镉、砷等物,因此,对于已积累金属污染物的水生植物要慎重处理。

污染物被植物吸收后,有的分解成为营养物质,有的形成络合物,从而降低了毒性。酚进入植物体后,大部分参加糖代谢,和糖结合成对植物无毒的酚糖苷,贮存于细胞内;另一部分游离酚则被多酚氧化酶和过氧化物酶氧化分解,变成 CO_2、水和其他无毒化合物。NO_2 进入植物体内后,可被硝酸还原酶和亚硝酸还原酶还原成 NH_4^+,然后由谷氨酸合成酶转化为氨基酸。氰化物在植物体内能被分解转变成如天冬氨酸和天冬酰胺等营养物质,参与正常的氮素代谢。

城市中的水域由于大量积累营养物质,导致藻类繁生,水色浓绿浑浊,甚至变黑臭,影响景观和卫生。为了控制藻类生长,可采用换水法和施用化学药剂,也可用水葫芦法。在水面种植水葫芦(凤眼莲,*Eichhornia crassipes*),可抑制水中的藻类生长,使水色澄清,提高景观价值。但是,种植水葫芦必须考虑其过量繁殖所带来的危害。

另外,植物还是天然吸尘器,叶片表面上的绒毛、皱纹及分泌的油脂等可以阻挡、吸附和黏着粉尘。每公顷山毛榉阻滞粉尘的总量为 68 t,云杉林为 32 t,松林为 36 t。有的植物像松树、柏树、桉树、樟树等可分泌挥发性物质,杀灭细菌,有效减少大气中细菌数。

2. 监测环境污染

低浓度的污染物用仪器测定时有困难,但可利用某些植物对某一污染物特别敏感的特性来监控当地的污染程度。植物监测简便易行,便于推广。对某污染物质高度敏感的植物称为指示植物。当环境污染物质稍有积累时,植物就呈现出明显的症状。常用指示植物见表 11.3。

表 11.3　几种常用的污染物指示植物

污染物	指 示 植 物
SO_2	紫花苜蓿、向日葵、胡萝卜、莴苣、南瓜、芝麻、蓼、土荆芥、艾紫苏、灰菜、落叶松、雪松、美洲五针松、马尾松、枫柏、加柏、檫树、杜仲
HF	郁金香、葡萄、黄杉、落叶松、杏、李、金荞麦、唐菖蒲、美洲五针松、欧洲赤松、雪松、玉簪、兰叶云杉、樱桃、萱草
Cl_2、HCl	萝卜、复叶槭、落叶松、油松、桃荞麦
NO_2	悬铃木、向日葵、番茄、秋海棠、烟草
O_3	烟草、碧冬茄、马唐、雀麦、花生、马铃薯、燕麦、洋葱、萝卜、女贞、银槭、丁香、葡萄、木笔、牡丹、梓树、桤木
Hg	女贞、柳树

11.6　植物对生物胁迫的应答与适应

植物在自然界生长和发育过程中经常会遇到一些生物因子的危害,导致植物受害甚至死亡,这些生物因子称为生物胁迫(biotic stress),生物胁迫主要包括病害和虫害。许多微生物包括真菌、细菌、病毒等都可以寄生在植物体内对寄主产生危害,这就叫病害(disease)。植物病害是致病生物与寄主(感病植物)之间相互作用的结果。植物抵抗病菌侵袭的能力称抗病性(disease resistance)。引起植物病害的寄生物称为致病性生物(pathogenic organism),引起植物病害的病原物种类繁多,主要有真菌、细菌、病毒、类菌原体、线虫等。在作物病害中,80% 以上病害是由真菌寄生引起的。若寄生物为菌类,称为病原菌(disease-producing germ),被寄生的植物称为寄主(host)。

既然病害是寄主和寄生物相互作用的结果,它就不是寄主的固有特性。当植物受到病原生物侵袭时,病原生物和寄主相对亲和力的大小,决定了植物不同的反应。亲和性相对较小,使发病较轻时,寄主被认为是抗病的,反之则认为是感病的。因此,病害是作物主要的环境胁迫之一,每年病害都会导致大量作物减产。了解植物病害原因及抗病机理,对于防病治病和提高植物抗病性具有重要意义。

11.6.1 植物对病原微生物的应答与抗病性

1. 病原微生物对植物的伤害

植物染病后,其代谢过程发生一系列的生理生化变化,直至最后出现病状。

（1）水分平衡失调　　植物受病菌感染后,首先表现出水分平衡失调,常以萎蔫或猝倒为特征。造成水分失调的原因主要有:根被病菌损坏,不能正常吸水;维管束被病菌或病菌引起的寄主代谢产物(胶质、黏液等)堵塞,水流阻力增大;病菌破坏了原生质结构,使其透性加大,蒸腾失水过多。

（2）呼吸作用加强　　染病作物的呼吸作用大大加强,染病组织的呼吸一般比健康组织增加11倍。呼吸加强的原因,一方面是病原微生物本身具有强烈的呼吸作用,另一方面是寄主呼吸速率加快。因为健康组织的酶与底物在细胞里是被分区隔开的,病原菌侵染后间隔被打破,酶与底物直接接触,呼吸作用就加强;与此同时,染病部位附近的糖类都集中到染病部位,呼吸底物增多,呼吸就加强。由于病害引起的强烈呼吸,其氧化磷酸化解偶联,大部分能量以热能形式释放出来。所以,染病组织的温度大大升高,反过来又促进呼吸。

（3）光合作用下降　　一般来说,染病组织的叶绿体被破坏,叶绿素含量减少,光合速率减慢。随着感染的加重,光合更弱,甚至完全失去同化二氧化碳的能力。

（4）激素发生变化　　某些病害症状(如形成肿瘤、偏上生长、生长速度猛增等)都与植物激素的变化有关。组织在染病时大量合成各种激素,其中以吲哚乙酸含量增加最突出,如锈病能提高小麦植株吲哚乙酸含量。有些病症是赤霉素代谢异常所致,例如,水稻恶苗病是由于赤霉菌侵染后,产生大量赤霉素,使植株徒长,而小麦丛矮病则是由于病毒侵染使小麦植株赤霉素含量下降,植株矮化,因而喷施赤霉素即可得到改善。

（5）同化物运输受干扰　　感病后同化物比较多地运向病区,糖输入增加和病区组织呼吸提高是相一致的。水稻、小麦的功能叶感病后,严重妨碍光合产物输出,影响籽实饱满。

2. 植物响应病原微生物的形态及生理生化变化

从植物生理学的观点来看,植物的抗病性是植物形态结构和生理生化等方面在时间和空间上综合表现的结果,它是建立在一系列物质代谢基础上,通过有关抗病基因表达和抗病调控物质产生来实现的。

（1）植物形态结构屏障　　植物在地上部分和根形成了各种特化的结构屏障阻止病原微生物及害虫的入侵,这是植物抵抗病虫害的第一道屏障。有些植物地上部分进化出了刺(如玫瑰、仙人掌等),多数植物叶表面有致密的表皮毛,所有陆生植物地上部分表面有蜡覆盖,这些结构可以有效阻止病原菌入侵,减少染病。有些植物具有坚厚的角质层能阻止病原菌侵入植物组织,如三叶橡胶老叶具有坚厚的角质层保护,能抵抗白粉病菌的侵染,而根则在内皮层和外皮层形成凯氏带等结构组织土壤病原微生物入侵。

（2）氧化酶活性增强　　当病原微生物侵入植物体时,该部分组织的氧化酶活性加强,以抵抗病原微生物。植物呼吸作用与抗病能力呈正相关。呼吸加强为什么能减轻病害呢? 原因是:① 分解毒素。病原菌侵入作物体后,会产生毒素(如黄萎病产生多酚类物质,枯萎病产生镰刀菌酸),把细胞毒死。旺盛的呼吸作用能把这些毒素氧化分解为二氧化碳和水,或转化为无毒物质。② 促进伤口愈合。有的病菌侵入作物体后,植株表面可能出现伤口。呼吸有促进伤口附近形成木栓层的作用,伤口愈合快,把健康组织和受害部分隔开,不让伤口发展。③ 抑制病原菌水解酶活性。病原菌靠本身水解酶的作用,把寄主的有机物分解,供它本身生活之需。寄主呼吸旺盛,就抑制病原菌的水解酶活性,从而防止寄主体内有机物分解,病原菌得不到充分养料,病情扩展就受限制。

（3）促进组织坏死　　有些病原真菌只能寄生在活的细胞里,在死细胞里不能生存。抗病品种细胞与这类病原菌接触时,受侵染的细胞或组织就很迅速地坏死,使病原菌得不到合适的环境而死亡。病害就被局限于某个范围而不能发展。越来越多的事实表明受侵染的细胞的死亡是程序性细胞死亡(PCD)。因此,组织坏死是一个保护性反应。

(4) 产生抑制物质　　当病原微生物侵入植物体时,植物体内产生一些对病原微生物有抑制作用的物质,因而使植物有一定的抗病性。植物对某些病原微生物的抵抗力与植物遗传性密切相关,抗病育种的根据就在于此。例如,银杏对各种病害都具有高度免疫力。即使在同一植物不同品种中,对某一病害的抵抗力也不一样。棉花中的海岛棉对枯萎病完全没有抵抗力,而中棉对枯萎病却有较高的抗病力。植物对病原微生物有防御反应的物质很多,主要有下列几种类型：① 植物防御素。植物保卫素(phytoalexin,也称植物防御素或植物抗毒素)是植物受侵染后才产生的一类低分子质量的抗病原微生物的化合物。植物在受侵染前没有植物防御素,一旦受侵染后就会形成植物防御素抑制微生物生长。普遍认为,植物防御素的功能是专门起防御病斑扩展的作用。至今已在 17 种植物中发现 200 多种植物防御素,其中对类萜植物防御素和异黄酮类植物防御素两类研究最多。前者主要从马铃薯和甘薯中获得,有甘薯酮(甘薯黑疤酮)、辣椒素(capsidiol)等;后者主要在豆科植物中,有豌豆素、菜豆抗毒灵、大豆抗毒素(glyceollin)等。② 木质素。植物感染病原微生物后,木质化作用加强,增加木质素以阻止病原菌进一步扩展。由于异黄酮类植物防御素和木质素的生物合成都必须经过苯丙氨酸解氨酶(PAL)的催化,所以 PAL 活性与抗病性密切有关。③ 抗病蛋白。当病原微生物侵染寄主植物时,植物能生成一些抗病蛋白质和酶,以抵御病原体的伤害。抗病蛋白包括几丁质酶、β-1,3-葡聚糖酶、植物凝集素及病程相关蛋白等。几丁质酶(chitinase)能水解许多病原菌细胞壁的几丁质。烟草叶片感染软腐欧氏杆菌后 48 h,几丁质酶活性增加 12 倍,水解病原菌细胞壁,所以几丁质酶起着防卫作用。β-1,3-葡聚糖酶(β-1,3-glucanase)能水解病原菌细胞壁的 1,3-葡聚糖。寄主受感染时,此酶的活性迅速增高,分解病原菌细胞壁。此酶常与几丁质酶一起诱导形成,协同抗病。病程相关蛋白(PR)是植物感染后产生的一种或多种新的蛋白质。目前已在 20 多种植物中发现 PR。它不是病原菌专一的,而是由寄主植物反应类型决定,这表明 PR 是起源于寄主植物。烟草有 33 种 PR,玉米有 8 种 PR。它的积累与抗病性密切相关。植物凝集素(lectins)是一类能与多糖结合或使细胞凝集的蛋白,多数为糖蛋白。小麦、大豆和花生的凝集素能抑制多种病原菌的菌丝生长和孢子萌发。水稻胚中的凝集素能使稻瘟病菌的孢子凝集成团,甚至破裂。

3. 植物天然免疫与系统获得抗性

由于植物生长环境中有大量病原微生物和害虫,为了生存植物进化出了与动物类似的天然免疫,诱导产生一系列防卫反应,以有效地抵御病原微生物和害虫的入侵。防卫反应由三类与病原微生物相关的信号分子引发,一类是存在于病原微生物表面的保守分子结构(又称病原体相关分子模式,pathogen-associated molecular pattern, PAMP),另一类是由侵染病原微生物的受伤植物组织产生的信号分子,统称为损伤相关分子模式(damage-associated molecular pattern, DAMP)。PAMP 和 DAMP 被植物细胞膜上相应的模式识别受体(pattern recognition receptor, PRR)识别和接受,触发一系列防卫反应,称为病原体相关分子模式触发的免疫(PAMP-triggered immunity, PTI),PTI 使植物具有抵抗大多数病原微生物侵染的基本抗性。第三类信号分子是由病原微生物三型(type-Ⅲ)分泌系统运输到植物细胞的效应子(effector),这类效应子被植物膜受体识别,诱导植物产生抗病基因编码的、具有高度特异性的抗病蛋白(R 蛋白),R 蛋白直接或间接地识别特异的病原微生物效应子,从而触发一系列专化性防卫反应,即效应子触发的免疫(effector-triggered immunity, ETI)(图 11.14)。

植物系统获得抗性　　效应子触发的免疫通常引发超敏反应(hypersensitive response, HR),即在侵染部位迅速大量积累 ROS,杀死病原体并导致侵染部位组织死亡,从而阻止其他组织染病。然而,植物除了超敏反应还进化出了系统获得抗性(systematic acquired resistance, SAR)。SAR 是指植株被侵染细胞中产生水杨酸(SA)和甲基水杨酸等信号分子传递到其他非侵染部位甚至整个植株后,使整个植株甚至其他未染病植株获得的抗病能力,SAR 使植物再次被感染时具有抵抗能力,而且这种抗病性具有广谱性。

4. 提高植物抗病性途径

通过传统和分子生物学的方法培育抗病品种是提高作物抗病性的根本途径,其他栽培和化学调控措施

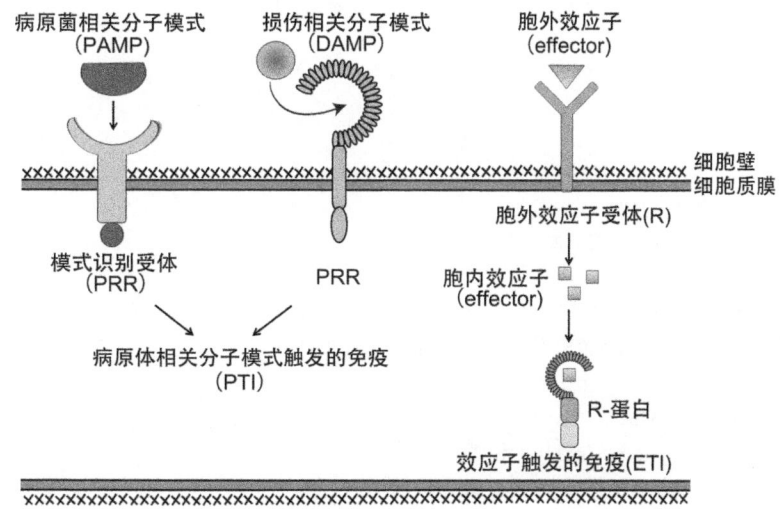

图 11.14　植物对生物胁迫的防卫反应途径

在一定程度上也能提高作物抗病性,如合理施肥,增施磷、钾肥;开沟排渍,降低地下水位;保证田间通风透光,降低温度;施用生长调节剂(水杨酸、乙烯利等)诱导抗病基因表达。

11.6.2　植物对害虫的应答与抗虫性

世界上以作物为食的害虫达几万种之多,其中万余种可造成经济损失,严重危害的达千余种。中国记载的水稻、棉花害虫就有 300 余种,苹果害虫 160 种以上。因害虫种类多、繁殖快、食量大,所以无论产量或质量均遭受到巨大的损失,虫害严重时其危害甚至超过病害及杂草危害。

1. 植物抗虫性及其抗虫机制

植食性昆虫和寄主植物之间复杂的相互关系是在长期进化过程中形成的。这种关系可以分为两个方面,即昆虫选择寄主和植物对昆虫的抗性。

在植物—昆虫的相互作用中,植物用不同机制来避免、阻碍或限制昆虫的侵害,或者通过快速再生来忍耐虫害。植物对昆虫的抵抗能力称为植物的抗虫性(pest resistance)。抗虫性一般可划分为生态抗性和遗传抗性两大类。生态抗性(ecological resistance)是指由于环境条件(特别是非生物因素)变化的影响制约害虫的侵害而表现的抗性。不少害虫有严格的危害物候期,作物的早播或迟播可回避害虫的危害。遗传抗性(inheritance resistance)是指植物可通过遗传方式将拒虫性、抗虫性、耐虫性传给子代的能力。例如,棉花叶、蕾、铃上的花外蜜腺含有促进昆虫产卵的物质,无花外蜜腺的棉花品种可以减少昆虫 40% 的产卵量。拒虫性是植物依靠形态解剖结构的特点或生理生化作用,使害虫不降落、不能产卵和取食的特性。耐虫性是由于植物具有迅速再生能力,可以经受住害虫危害。抗虫性是由于植物体内有毒的代谢产物,可以抑制害虫的生存、发育及繁殖,直至中毒死亡的特性。例如植物体内的番茄碱、茄碱等生物碱均对幼虫取食起抗拒、阻止作用,直至昆虫饥饿死亡;又如许多新抗虫棉:中棉 21、华棉 101 高含棉酚和单宁,可抗红铃、棉铃虫和棉蚜。此外,植物也可以通过 DAMP 和 SAR 进行抗虫反应(图 11.14)。

植物的抗虫性不是绝对的,经常受到气候条件和栽培条件的影响,如光照弱或温度过高或过低都会使植物抗性明显降低,甚至会丧失抗性。栽培过密,通风透光差也会导致植物抗虫性下降,害虫就会大量发生。

2. 提高植物抗虫性的途径

喷洒农药是防治虫害的主要途径。但是,过量使用农药导致环境污染和生物链破坏,而利用害虫天敌和培育抗虫品种是未来农业的趋势。采用生物技术培育抗虫品种将成为 21 世纪提高作物抗虫性的重要手段,如转苏云金杆菌的 BT 基因获得的抗虫棉已广泛应用于生产实践;栽培密度适当,控制氮肥使用,保证田间作物通风透光,健壮生长,可有效提高植物抗虫性,缺钾、缺钙都会降低植物的抗虫性。因此,合理施肥是提高植物抗虫性的重要措施;根据某些害虫的危害物候期,可通过适当早播或迟播来提高植物的抗虫性。

思 考 题

1. 逆境条件下植物形态和代谢发生哪些变化?
2. 植物对非生物逆境的共同生理适应表现在哪些方面?
3. 举例说明植物对逆境的交叉适应。
4. 简述植物细胞膜结构和组成与抗非生物逆境的关系。
5. 简述抗寒锻炼为何能提高植物的抗寒性,以及植物应答低温胁迫信号转导机制。
6. 冷害与冻害有何异同?
7. 简述高温胁迫下 HSP 产生的机制及其功能。
8. 试述干旱对植物的伤害及 ABA 在提高植物抗旱性中的作用。
9. 试述水分过多对植物的伤害及乙烯在提高植物抗涝性中的作用机制。
10. 植物抗盐的形态和生理基础表现在哪些方面?目前植物响应盐胁迫的信号途径有何进展?如何提高植物的抗盐性?
11. 什么是 ROS? 简述植物细胞 ROS 产生与清除的途径及其与抗逆性的关系。
12. 什么是环境污染?为什么环境污染会对植物造成伤害?植物对防治环境污染有什么作用?
13. 试述植物天然免疫与系统获得抗性。

参 考 文 献

白宝璋,汤菊香,李明军,2001.植物生理学.第二版.北京:中国农业科技出版社.
北京植物生理学会,1991.植物生理生化进展.第一期.北京:科学出版社.
曹仪植,2002.植物分子生物学.北京:高等教育出版社.
曹仪植,宋占午,1998.植物生理学.兰州:兰州大学出版社.
曹宗巽,吴相钰,1980.植物生理学.北京:人民教育出版社.
陈雷,1999.节水灌溉是一项革命性的措施.节水灌溉(1):1-6.
陈汝民,1995.现代植物科学引论.广州:广东高等教育出版社.
陈润政,1998.植物生理学.广州:中山大学出版社.
陈忠辉,2001.植物与植物生理.北京:中国农业出版社.
崔澂,桂耀林,1985.经济植物的组织培养与快速繁殖.北京:中国农业出版社.
丁秀英,等,2001.水杨酸在植物抗病中的作用.植物学通报,18(2):163-168.
高坤,常金科,黎家,2018.植物根向水性反应研究进展.植物学报,53(2):154-163.
侯彩霞,苏宝林,张军,等,1997.植物细胞的水孔蛋白.植物生理学通讯,(2):151-156.
侯雷平,李梅兰,2001.油菜素内酯(BR)促进植物生长机理研究进展.植物学通报,18(5):560-566.
胡适宜,杨弘远,2002.被子植物受精生物学.北京:科学出版社.
黄国勤,王兴祥,钱海燕,等,2004.施用化肥对农业生态环境的负面影响及对策.生态环境,13(4):656-660.
荆玉祥,等,1995.植物分子生物学——成就与前景.北京:科学出版社.
李承森,2000.植物科学研究进展(第三卷).北京:高等教育出版社.
李春香,周燮,2002.MeJA对大蒜鳞茎膨大及内源激素含量的影响.生命科学研究,6(2):183-185.
李合生,2002.现代植物生理学.北京:高等教育出版社.
李合生,1981.水势与植物.植物生理学通讯(3):53-60.
李浚明,1992.植物组织培养教程.北京:中国农业大学出版社.
李宗霆,周燮,1996.植物激素及其免疫检测技术.南京:江苏科学技术出版社.
廖建雄,王根轩,2000.植物的气孔振荡及其应用前景.植物生理学通讯(6):272-276.
刘新,张蜀秋,2000.在伤信号传导中茉莉酸与水杨酸的关系.植物学通报,17(2):133-136.
刘祖琪,张石成,1994.植物抗性生理学.北京:中国农业出版社.
陆定志,傅加瑞,宋松全,1997.植物衰老及其调控.北京:中国农业出版社.
罗士韦,许智宏,1988.经济植物组织培养.北京:科学出版社.
骆丹,辛培勇,闫吉军,等,2013.新型植物激素独角金内酯类化合物的电喷雾傅里叶变换离子回旋共振串联质谱研究.质谱学报,34(5):263-268.
孟繁静,2000.植物花发育的分子生物学.北京:中国农业出版社.
倪迪安,许智宏,2001.生长素的生物合成、代谢、受体和极性运输.植物生理学通讯,37(4):346-352.
潘瑞炽,董愚得,2001.植物生理学.第四版.北京:高等教育出版社.
潘瑞炽,李玲,1995.植物生长发育的化学控制.广州:广东高等教育出版社.
邱念伟,王颖,2014.光呼吸的生物化学过程及物质与能量消耗.生物学教学,39(2):2-5.
沈允钢,2000.地球上最重要的化学反应——光合作用.北京:清华大学出版社.
司友斌,王慎强,陈怀满,2000.农田氮、磷的流失与水体富营养化.土壤,32(4):188-193.
宋纯鹏,1998.植物衰老生物学.北京:北京大学出版社.
宋婷,2018.时间生物学——2017年诺贝尔生理或医学奖解读.遗传,40(1):1-11.
孙大业,等,2000.细胞信号转导.北京:中国农业科技出版社.
汤佩松,1965.代谢途径的改变和控制及其与其他生理功能间的相互调节——高等植物呼吸"多条路线"观点.生物科学动态(3):1-3.
汪堃仁,薛绍白,柳惠图,1998.细胞生物学.北京:北京师范大学出版社.
王关林,方宏筠,2002.植物基因工程原理与技术.第二版.北京:科学出版社.
王金祥,李玲,潘瑞炽,2002.高等植物中赤霉素的生物合成及其调控.植物生理学通讯,38(1):1-8.
王镜岩,等,2002.生物化学(下册).第三版.北京:高等教育出版社.
王小菁,2019.植物生理学.第八版.北京:高等教育出版社.
王晓云,邹琦,2002.多胺与植物衰老关系研究进展.植物学通报,19(1):11-20.
王忠,2009.植物生理学.第二版.北京:中国农业出版社.
尾田义治,1981.植物光形态建成.刘瑞弦译.北京:科学出版社.
魏华,王岩,刘宝辉,等,2018.植物生物钟及其调控生长发育的研究进展.植物学报,53(4):456-467.

吴劲松,种康,2002.茉莉酸作用的分子生物学研究.植物学通报,19(2):164-170.

吴平,印莉萍,张立平,等.2001.植物营养分子生理学.北京:科学出版社.

吴相钰,1996.植物生理学补充教材——纪念56年教学讨论会40周年.

吴相钰,赵国凡,1990.简明植物生理学.大连:大连理工大学出版社.

武维华,2003.植物生理学.北京:科学出版社.

肖甫,1993.植物生理学.北京:学术期刊出版社.

熊汉锋,万细华,2008.农业面源氮磷污染对湖泊水体富营养化的影响.环境科学与技术,31(2):25-27.

许一飞,2002.对节水农业的新认识.节水灌溉(2):13-15.

颜昌敬,1990.植物组织培养手册.上海:上海科学技术出版社.

杨世杰,2002.植物生物学.北京:科学出版社.

余叔文,汤章城,1998.植物生理与分子生物学.第二版.北京:科学出版社.

曾广文,蒋德安,2002.植物生理学.北京:中国农业科技出版社.

曾希柏,杨正礼,2006.中国农业环境质量状况与保护对策.应用生态学报,17(1):131-136.

张继澍,1999.植物生理学.西安:世界图书出版公司.

张金锦,段增强,2011.设施菜地土壤次生盐渍化的成因、危害及其分类与分级标准的研究进展.土壤,43(3):361-366.

赵可夫,冯立田,2001.中国盐生植物资源.北京:科学出版社.

郑光植,1992.植物细胞培养及其次级代谢.昆明:云南大学出版社.

Taiz L, Eduardo Z, 2009. 植物生理学. 第四版. 宋纯鹏,王学路,等,译. 北京:科学出版社.

Taiz L, Eduardo Z, 2018. 植物生理学. 第五版. 宋纯鹏,王学路,周云,等,译. 北京:科学出版社.

Turner P C, et al., 1999. Molecular Biology. 北京:科学出版社.

Twyman R M, 2000. Advanced Molecular Biology. 陈淳,等,译. 北京:科学出版社.

Aalen R B, Wildhagen M, Stø I M, et al., 2013. IDA: a peptide ligand regulating cell separation processes in *Arabidopsis*. Journal of Experimental Botany, 64(17): 5253-5261.

Andersen T G, Barberon M, Geldner N, 2015. Suberization — the second life of an endodermal cell. Current Opinion in Plant Biology, 28: 9-15.

Bernier G, Kinet J M, Sachs R M, 1981. The physiology of flowering. Florida: CRC Press.

Binkert M, Crocco C D, Ekundayo B, et al., 2016. Revisiting chromatin binding of the arabidopsis UV-B photoreceptor UVR8. BMC Plant Biology, 16(1): 1-11.

Boerjan W, Ralph J, Baucher M, 2003. Lignin biosynthesis. Annual Review of Plant Biology, 54(1): 519-546.

Bonaventure G, Beisson F, Ohlrogge J, et al., 2004. Analysis of the aliphatic monomer composition of polyesters associated with *Arabidopsis* epidermis: occurrence of octadeca-cis-6, cis-9-diene-1, 18-dioate as the major component. The Plant Journal, 40(6): 920-930.

Buchanan B B, Gruissem W, Jones R L, 2000. Biochemistry & Molecular Biology of Plants. Rockville Maryland: The American Society of Plant Physiologists.

Burn J E, Bagnall D J, Metzger J D, et al., 1993. DNA methylation, vernalization, and the initiation of flowering. Proceedings of the National Academy of Science USA, 90: 287-291.

Chaumont F, Tyerman, S D, 2014. Aquaporins: highly regulated channels controlling plant water relations. Plant Physiology, 164(4): 1600-1618.

Clowe J M, Sassa J M, 1998. Brassinosteriods: Essential regulators of plant growth and development. Annual Review of Plant Physiology and Plant Molecular Biology, 49: 427-451.

Coen E S, Meyerowitz E M, 1991. The war of the whorls genetic in teraction controlling flower development. Nature, 353: 31-37.

DeLong A, Calderon-Urrea A, Dellaporta S L, 1993. Sex determination gene *TASSELSEED2* of maize encodes a short-chain alcohol dehydrogenase required for stage-specific floral organ abortion. Cell, 74(4): 757-768.

Du Z, Su Q, Wu Z, et al., 2021. Genome-wide characterization of MATE gene family and expression profiles in response to abiotic stresses in rice (*Oryza sativa*). BMC Ecology and Evolution, 21(1): 1-14.

Emery R J I V, Longnecker N E, Atkins C A, 1998. Branch development in *Lupinus ugustifolium* L. II. relationship with endogenous ABA, IAA and cytokinins. Journal of Experimental Botany, 49: 555-562.

Franke R, Schreiber L, 2007. Suberin - a biopolyester forming apoplastic plant interfaces. Current Opinion in Plant Biology, 10(3): 252-259.

Galvão V C, Fankhauser C, 2015. Sensing the light environment in plants: photoreceptors and early signaling steps. Current Opinion in Neurobiology, 34: 46-53.

Gan S, Amasinc R M, 1995. Inhibition of leaf Senescence by autoregulated production of cytokinin. Science, 270: 1986-1988.

Gao Q, Wang C, Xi Y, et al., 2022. A receptor—channel trio conducts Ca^{2+} signaling for pollen tube reception. Nature, 607: 534-539.

Ghosh S, Monda U K, Sen A, 2014. Comparative analysis and codon usages study of nifd, nifk and nifh genes linked with free living nitrogen fixing bacteria. International Journal of Integrative Biology, 15(15): 7-10.

Grant S, Hunkirchen B, Saedler H, 1994. Developmental differences between male and female flowers in the dioecious plant *Silene latifolia*.

The Plant Journal, 6(4): 471-480.

Guiboileau A, Sormani R, Meyer C, et al., 2010. Senescence and death of plant organs: nutrient recycling and developmental regulation. Comptes Rendus Biologies, 333: 382-391.

Hanaoka H, Noda T, Shirano Y, 2002. Leaf senescence and starvation-induced chlorosis are accelerated by the disruption of an *Arabidopsis* autophagy gene. Plant Physiology and Molecular Biology, 129(3): 1181-1193.

Hohmann U, Lau K, Hothorn M, 2017. The structural basis of ligand perception and signal activation by receptor kinases. Annual Review of Plant Biology, 68:109-137.

Hopkins W G, 1995. Introduction to Plant Physiology. New York: John Willey & Sons. Inc.

Janoušek B, Široký J, Vyskot B, 1996. Epigenetic control of sexual phenotype in a dioecious plant, *Melandrium album*. Molecular and General Genetics,250: 483-490.

Jay J, Romy R S, Margret S, et al., 2022. Try or die: dynamics of plant respiration and how to survive low oxygen conditions. Plants, 11: 205.

Jiang Z, Zhou X, Tao M, et al., 2019. Plant cell-surface GIPC sphingolipids sense salt to trigger Ca^{2+} influx. Nature, 572: 341-346.

John P, et al., 1998. Plant genetic transformation and gene expression. Oxford: Blackwell Scientific Publications.

Jones R L, Ougham H, Thomas H, et al., 2013. The Molecular Life of Plants. New Jersey: Wiley-Blackwell.

Kardile H B, Patil V U, Sharma N K, et al., 2022. Expression dynamics of S locus genes defining self-incompatibility in tetraploid potato (*Solanum tuberosum* L.) Cv. Kufri Girdhari. Plant Physiology Reports, 27: 180-185.

Karlova R, Chapman N, David K, et al., 2014. Transcriptional control of fleshy fruit development and ripening. Journal of Experimental Botany, 65(16): 4527-4541.

Kendrick R C, Kronenberg G H. 1994. Photomorphogenesis in Plants. 2nd ed. Dordrecht: Kluwer Academic Publishers.

Lee J H. 2016. UV-B signal transduction pathway in *Arabidopsis*. Journal of Plant Biology, 59(3): 223-230.

Legris M, Ince Y Ç, Fankhauser C, 2019. Molecular mechanisms underlying phytochrome-controlled morphogenesis in plants. Natare Communications, 10: 5219.

Leverentz M K, Wagstaff C, Rogers H J, et al., 2002. Characterization of a novel lipoxygenase-independent senescence mechanism in *Alstroemeria peruviana* floral tissue. Plant Physiology and Molecular Biology, 130(1): 273-283.

Levitt J, 1980. Responses of plants to environmenta stress: chilling, freezing, and high temperature stresses. 2nd edition. New York: Academic Press: 163-447.

Li J, Wen J, Lease K A, et al., 2002. BAK1, an *Arabidopsis* LRR receptor-like protein kinase, interacts with BRI1 and modulates brassinosteroid signaling. Cell, 110(2):213-222.

Lin F, Cao J, Yuan J, et al., 2021. Integration of light and brassinosteroid signaling during seedling establishment. International Journal of Molecular Science, 22(23):12971.

Liu Z, Yan H, Wang K, et al., 2004. Crystal structure of spinach major light-harvesting complex at 2.72 Å resolution. Nature, 428: 287-292.

Li X, Deng Z, Liu Z, et al., 2014. The genome of *Paenibacillus sabinae*, t27 provides insight into evolution, organization and functional elucidation of nif, and nif-like genes. BMC Genomics, 15: 723.

Loreti E, Perata P, 2020. The many facets of hypoxia in plants. Plants, 9:745.

Lorna A, Malone L A, Qian P, et al., 2019. Cryo-EM structure of the spinach cytochrome $b_6 f$ complex at 3.6 Å resolution. Nature, 575: 535-539.

López-Arredondo D L, Leyva-González M A, González-Morales S I, et al., 2014. Phosphate nutrition: improving low-phosphate tolerance in crops. Annual Review of Plant Biology, 65: 95-123.

Macháčková I, Konstantinova T N, Sarguva L I, et al., 1998. Periodic control of growth, development and phytohormone balance in *Solanum tuberosum*. Physiologia Plantarum, 102: 272-278.

Maeshima M, 2001. Tonoplast transporters: organization and function. Annual Review of Plant Physiology and Plant Molecular Biology, 52: 469-497.

Ma L, Zhang C, Zhang B, et al., 2021. A nonS-locus F-box gene breaks self-incompatibility in diploid potatoes. Nature Communications, 12: 4142.

Maury S, Geoffroy P, Legrand M, 1999. Tobacco *O*-methyltransferases involved in phenylpropanoid metabolism. Plant Physiology, 121(1): 215-223.

Mena M, Mandel M A, Lerner D R, et al., 1995. A characterization of the MADS-box gene family in maize. The Plant Journal, 8(6): 845-854.

Meng X, Li L, Narsai R, et al., 2020. Mitochondrial signaling is critical for acclimation and adaptation to flooding in *Arabidopsis thaliana*. The Plant Journal, 103:227-247.

Milborrow B V, 2001. The pathway of biosynthesis of abscisic acid in vascular plants: a review of the present state of knowledge of ABA biosynthesis. Journal of Experimental Botany, 52(359): 1145-1164.

Mok D W S, Mok M C, 2001. Cytokinin metabolism and action. Annual Review of Plant Physiology and Plant Molecular Biology, 52: 89-118.

Morsome P, Boutry M. 2000. The Plasma Membrane H^+—ATPase: structure, function and regulation. Biochimicaet Biophysica Acta, 1465: 1-16.

Nakashima K, Yamaguchi-Shinozaki K, 2013. ABA signaling in stress-response and seed development. Plant Cell Reports, 32(7): 959-970.

Pelaz S, Ditta G S, Baumann E, et al., 2000. Floral organ identity functions require SEPALLATA MADS-box genes. Nature, 405: 200-203.

Peters N K, Verma D P S, 1990. Phenolic compounds as regulators of gene expression in plant-microbe relations. Molecular Plant-Microbe Interations, 3(1): 4-8.

Pillitteri L J, Torii K U, 2012. Mechanisms of stomatal development. Annual Review of Plant Biology, 63:591-614.

Podolec R, Demarsy E, Ulm R, 2021. Perception and signaling of ultraviolet-B radiation in plants. Annual Review of Plant Biology, 72: 793-822.

Qin X C, Suga M, Kuang T Y, et al., 2015. Structural basis for energy transfer pathways in the plant PSI-LHCI supercomplex. Science, 348: 989-995.

Romanov G A, Lomin S N, Schmülling T, 2018. Cytokinin signaling: from the ER or from the PM? That is the question! New Phytologist, 218(1): 41-53.

Rosquete M R, Kleine-Vehn J, 2013. Halotropism: turning down the salty date. Current Biology, 23: R927-R929.

Saab I N, Sharp R E, Pritchard J, et al., 1990. Increased endogenous abscisic acid maintains primary root growth seedlings at low water potentials. Plant Physiology, 93: 1329-1336.

Salisbury F B, Ross C W, 1992. Plant physiology. 4th ed. Belmont, California: Wadsworth Inc.

Salisbury F B, Ross C W, 1991. Plant Physiology. California: Wadsworth Publishing Company Inc.

Shen J R, 2015. The structure of photosystem II and the mechanism of water oxidation in photosynthesis. Annual Review of Plant Biology, 66(1): 23-48.

South P F, Cavanagh A P, Liu H W, et al., 2019. Synthetic glycolate metabolism pathways stimulate crop growth and productivity in the field. Science, 363: eaat9077.

Sze H, Li X H, Palmgren M G, 1999. Energization of Plant Cell Membranes by H^+—Pumping ATPases: Regulation and Biosynthesis. The Plant Cell, 11: 677-689.

Taiz L, Eduardo Z, 2010. Plant Physiology. Fifth Edition. Sinauer Associates, Inc.

Taiz L, Zeiger E, 2002. Plant Physiology. 3rd. England: Sinauer Associates. Inc. Publishers.

Taiz L, Zeiger E, Møller I M, et al., 2014. Plant Physiology and Development. Sixth edition. New York: Sinauer associates, Inc. Publishers.

Taiz L, Zeiger E, Møller I M, et al., 2018. Fundamentals of Plant Physiology. New York: Sinauer Associates, Inc. Oxford University Press.

Thomasm H, Stoddart J L, 1980. Leaf senescence. Annual Review of Plant Physiology, 31: 83-111.

Tilman D, 1999. Global environmental impacts of agricultural expansion: the need for sustainable and efficient. Proceedings of the National Academy of Sciences USA, 96(11): 5995.

Tyerman S D, et al., 1999. Plant aquaporins: their molecular biology, biophysics and significance for plant water relations. Journal of Experimental Botany, 50: 1055-1071.

Wang L M, Shen B R, Li BD, et al., 2020. A synthetic photorespiratory shortcut enhances photosynthesis to boost biomass and grain yield in rice. Molecular Plant, 13: 1802-1815.

Weits D A, van Dongen J T, Licausi F, 2021. Molecular oxygen as a signaling component in plant development. New Phytologist, 229: 24-35.

Willlan H, Norman P A, 2008. Hüner, Introduction to Plant Physiology, Fourth Edition. Printed in the United States of America.

Xiao J, Xu S, Li C, et al., 2014. O-GlcNAc-mediated interaction between VER2 and TaGRP2 elicits TaVRN1 mRNA accumulation during vernalization in winter wheat. Nature Communications, 5(1): 1-13.

Yang Y, Niu Y, Chen T, et al., 2022. The phospholipid flippase ALA3 regulates pollen tube growth and guidance in Arabidopsis. The Plant Cell, 34(10): 3718-3736.

Yarden Y, Ulrich A, 1988. Growth factor receptor tyrosine kinases. Annual Review of Biochemistry, 57: 443-478.

Yeung E, Bailey-Serres J, Sasidharan R, 2019. After the deluge: plant revival post-flooding. Trends in Plant Science, 24: 443-454.

York L M, Carminati A, Mooney S J, et al., 2016. The holistic rhizosphere: integrating zones, processes, and semantics in the soil influenced by roots. Journal of Experimental Botany, 67(12): 3629-3643.

Yoshida S, Ito M, Callis J, 2002. A delayed leaf senescence mutant is defective in arginyl-tRNA: protein arginyltransferase, a component of the N-end. The Plant Journal, 32(1): 129-137.

Yoshida T, Mogami J, Yamaguchi-Shinozaki K, 2015. Omics approaches toward defining the comprehensive abscisic acid signaling network in plants. Plant & Cell Physiology, 56(6): 1043-1052.

Yoshiokanishimura, M, 2016. Close relations between the psii repair cycle and thylakoid membrane dynamics. Plant & Cell Physiology, 57:

1115-1122.

Zeng R, Li Z, Shi Y, et al., 2021. Natural variation in a type-A response regulator confers maize chilling tolerance. Nature Communications, 12: 4713.

Zhang Z, Li J, Pan Y, et al., 2017. Natural variation in CTB4a enhances rice adaptation to cold habitats. Nature Communications, 8: 14788.

Zhu J K, 2003. Regulation of ion homeostasis under salt stress. Current Opinion in Plant Biology, 6: 441-445.

Zhu J K, 2002. Salt and drought stress signal transduction in plants. Annual Review of Plant Biology, 53: 247.

索 引

A

埃默森增益效应(Emerson enhancement effect) 69
暗反应(dark reaction) 67

B

巴斯德效应(Pasteur effect) 119
半透膜(semipermeable membrane) 9
胞间信号(intercellular signal) 126
胞内信号(intracellular signal) 126
胞饮作用(pinocytosis) 42
保卫细胞(guard cell) 21
被动吸收(passive absorption) 38
泵(pump) 40
必需元素(essential element) 34
避逆性(stress escape) 282
表观自由空间(apparent free space, AFS) 45
病程相关蛋白(pathogenesis-related protein, PR) 181
捕光色素(light-harvesting pigment) 68

C

CO_2 补偿点(CO_2 compensation point) 93
层积处理(stratification) 267
长-短日植物(long-short-day plant, LSDP) 238
长日植物(long-day plant, LDP) 237
长夜植物(long-night plant) 239
超敏反应(hypersensitive response, HR) 310
超氧化物歧化酶(superoxide dismutase, SOD) 74
衬质势(matrc potential) 9
成花素(florigen) 240
程序性细胞死亡(programmed cell death, PCD) 273
赤霉素(gibberellin, GA) 149
赤霉素途径(gibberellin pathway) 242
初级主动吸收(primary active absorption) 40
春化素(vernalin) 234
春化作用(vernalization) 233
雌花、两性花同株植物(gynomonoecious plant) 248
雌花、两性花异株植物(gynodioecious plant) 248
雌雄同株同花植物(hermaphroditic plant) 248
雌雄同株异花植物(monoecious plant) 248
雌雄异株植物(dioecious plant) 248
次级主动吸收(secondary active absorption) 41
促分裂原活化蛋白激酶(mitogen-activated protein kinase, MAPK) 136

D

大量元素(major element) 35
单向转运体(uniporter) 40
单盐毒害(toxicity of single salt) 44
蛋白激酶(protein kinase, PK) 135
蛋白激酶C(protein kinase C, PKC) 135
蛋白磷酸酶(protein phosphatase, PP) 135
低温胁迫(low temperature stress) 290
第二单线态(second singlet state) 65
第二信使(second messenger) 132
第一单线态(first singlet state) 65
第一三线态(first triplet state) 65
调幅机制(amplitude modulation) 134
调节蛋白(regulatory protein, RP) 193
调敏机制(sensitive modulation) 134
顶端优势(apical dominance 或 terminal dorminance) 219
冻害(freezing injury) 290
豆血红蛋白(leghemoglobin) 55
短-长日植物(short-long-day plant, SLDP) 238
短日春化现象(short day vernalization) 233
短日植物(short-day plant, SDP) 238
短夜植物(short-night plant) 239
多胺类(polyamine, PA) 175

E

二酰甘油(diacylglycerol, DAG) 127

F

发氧化胁迫(oxidative stress) 301
反向转运体(antiporter) 40
反应中心(reaction centre) 68
反应中心色素(reaction center pigment) 68
非生物逆境(abiotic stress) 282
非信使依赖性蛋白激酶(messenger-independant protein kinase) 136
非循环式电子传递(noncyclic electron transport) 74
非移动元素(immobile element) 37
分生根瘤(meristematic nodule) 54
分生组织决定基因(meristem identify gene) 242
酚氧化酶(phenol oxidase) 116
复种指数(multi-cropping index) 97

G

钙调素(calmodulin, CaM) 36
钙依赖性蛋白激酶(calcium-dependent protein kinase, CDPK) 133
干细胞微环境(stem cell niche) 213
感温性运动(thermonasty movement) 227
感性运动(nastic movement) 223
感夜性运动(nyctinasty movement) 227
感震性运动(seismonasty movement) 227
根冠比(root/shoot ratio, R/S) 218
根际(rhizosphere) 52
根尖分生组织(root apical meristem, RAM) 213
根瘤(spherical nodule) 54
根瘤原基(nodule primordium) 53
根压(root pressure) 17
共生体(symbiosome) 53
共生体膜(symbiosome membrane) 53
共振传递(resonance transfer) 68
共质体途径(symplast pathway) 17
固氮(nitrogen fixation) 52
固氮酶(nitrogenase) 55
光饱和点(light saturation point) 91
光补偿点(light compensation point) 91

光反应(light reaction) 67
光合单位(photosynthetic unit) 68
光合磷酸化(photosynthetic phosphorylation 或 photophosphorylation) 75
光合膜(photosynthetic membrane) 61
光合速率(photosynthetic rate) 91
光合"午休"(midday depression of photosynthesis) 95
光合作用(photosynthesis) 59
光呼吸(photorespiration) 87
光化学烟雾(photochemical smog) 306
光敏色素(phytochrome) 128
光稳态平衡(photostationary equilibrium) 191
光形态建成(photomorphogenesis) 188
光抑制(photoinhibition) 74
光周期(photoperiod) 197
光周期途径(photoperiod pathway) 242
光周期现象(photoperiodism) 237
光周期诱导(photoperiodic induction) 240
过氧化物酶体(peroxisome) 87

H

含水量(water content) 5
旱害(drought injury) 297
核酮糖-1,5-双磷酸(ribulose-1,5-bisphosphate, RuBP) 77
核酮糖-1,5-双磷酸羧化酶/加氧酶(RuBP carboxylase/oxygenase, Rubisco) 77
后熟(after ripening) 267
呼吸链(respiratory chain) 112
呼吸商(respiratory quotient, RQ) 106
呼吸速率(respiratory rate) 106
呼吸跃变(respiratory climacteric) 263
呼吸作用(respiration) 105
胡萝卜素(carotene) 62
花的发端(floral evocation) 246
花熟状态(ripeness to flower state) 231
化感作用(allelopathy) 222
化学渗透极性扩散假说(chemiosmotic polar diffusion hypothesis) 143
化学渗透假说(chemiosmotic hypothesis) 75
化学势(chemical potential) 7
化学信号(chemical signal) 126
环境污染(environmental pollution) 305
灰分分析(ash analysis) 33
灰分元素(ash element) 33
活性氧(reactive oxygen species, ROS) 125

J

肌醇三磷酸(inositol triphosphate, IP_3) 134
基粒(grana) 60
基态(ground state) 65
基质(stroma) 60
激发态(excited state) 65
激子传递(exciton transfer) 68
级联(cascade) 136
极性(polarity) 203
极性运输(polar transport) 142
集流(mass flow) 9

己糖磷酸途径(hexose monophosphate pathway, HMP) 108
假循环式电子传递(pseudocyclic electron transport) 74
简单扩散(simple diffusion) 39
交叉适应(cross adaptation) 289
交换吸附(exchange adsorption) 45
交替氧化酶(alternative oxidase, AOX) 115
角质蒸腾(cuticular transpiration) 21
接触交换(contact exchange) 45
节水农业(economical water agriculture) 30
结瘤因子(nod factor) 53
结瘤因子诱导基因(nod factor inducible gene) 53
茎尖分生组织(stem apical meristem, SAM) 213
净光合速率(net photosynthetic rate, Pn) 91

K

卡尔文循环(Calvin cycle) 77
开花时间控制基因(flower time gene) 242
抗旱性(drought resistance) 298
抗坏血酸氧化酶(ascorbic acid oxidase) 116
抗逆性(stress resistance) 282
抗性锻炼(hardening) 283
抗蒸腾剂(antitranspirant) 28
可移动元素(mobile element) 37
跨膜途径(transmembrane pathway) 16
跨膜运输(transmembrane transport) 38
矿质营养(mineral nutrition) 32
矿质元素(mineral element) 33
扩散(diffusion) 9

L

涝害(flood injury) 297
类胡萝卜素(carotenoid) 62
类囊体(thylakoid) 60
类受体激酶(receptor-like kinase, RLK) 130
冷害(chilling injury) 290
离层(separation layer) 277
离子交换(ion exchange) 45
离子拮抗(ion antagonism) 44
离子通道(ion channel) 39
邻近细胞(adjacent cell) 22
临界暗期(critical dark period) 239
临界浓度(critical concentration) 57
临界日长(critical day length) 238
磷光(phosphorescence) 65
磷脂酶C(phospholipase C, PLC) 134

M

毛细管水(capillary water) 15
蒙导花粉(mentor pollen) 252
茉莉酸(jasmonic acid, JA) 177

N

耐逆性(stress tolerance) 283
内聚力学说(cohesion theory) 20
内皮层(inner cortex) 54
能荷(energy charge, EC) 120
逆境(environmental stress) 282

逆境蛋白(stress protein)　288
逆境生理(stress physiology)　282
年龄途径(age pathway)　242

P

胚(embryo)　256
胚乳(endosperm)　257
胚胎发育晚期丰富蛋白(late embryogenesis abundant protein, LEA)　208
配体(ligand)　126
膨压(turgor pressure)　10
皮孔蒸腾(lenticular transpiration)　21
平衡溶液(balanced solution)　45
气孔(stoma)　21
气孔振荡(stomatal oscillation)　25
气孔蒸腾(stomatal transpiration)　21
器官决定基因(organ identify gene)　242
去镁叶绿素[pheophytin, Pheo]　73
缺绿症(chlorosis)　67
群体效应(population effect)　253

R

热害(heat injury)　290
热激蛋白(heat shock protein, HSP)　288
人工种子(artificial seed)　207
韧皮部卸载(phloem unloading)　101
日中性植物(day-neutral plant, DNP)　238
溶液培养(solution culture)　33
溶质势(solute potential)　8

S

三羧酸循环(tricarboxylic acid cycle,　108
砂基培养法(sand culture method)　34
伤流(bleeding)　17
伸展蛋白(extensin)　201
渗透调节(osmotic adjustment)　286
渗透势(osmotic potential)　8
渗透吸水(osmotic absorption of water)　11
渗透作用(osmosis)　9
生长大周期(grand period of growth)　214
生长的季节周期性(seasonal periodicity of growth)　215
生长素(auxin)　139
生长素梯度学说(auxin gradient theory)　279
生长温周期性(thermoperiodicity of growth)　215
生长周期性(growth periodicity)　214
生理碱性盐(physiologically alkaline salt)　44
生理酸性盐(physiologically acid salt)　44
生理休眠(physiological dormancy)　266
生理中性盐(physiologically neutral salt)　44
生理钟(physiological clock)　228
生色团(chromophore)　190
生物固氮(biological nitrogen fixation)　52
生物逆境(biotic stress)　282
生物胁迫(biotic stress)　308
生物钟(biological clock)　228
识别反应(recognition)　251
适应性(adaptability)　282

受精作用(fertilization)　249
受体(receptor)　127
受体激酶(receptor kinase, RK)　130
束缚能(bound energy)　7
束缚水(bound water)　6
衰老(senescence)　269
双受精(double fertilization)　253
水分临界期(critical period of water)　28
水分胁迫(water stress)　297
水孔蛋白(aquaporin, AQP)　12
水势(water potential)　8
水氧化钟(water oxidizing clock)　75

T

糖酵解(glycolysis)　107
糖类途径(sucrose pathway)　242
天线色素(antenna pigment)　68
甜土植物(glycophyte)　302
通道蛋白(channel protein)　39
同化(assimilation)　49
同化力(assimilatory power)　77
同向转运体(symporter)　40
同源异型基因(homeotic gene)　246
同源异型突变体(homeotic mutant)　246
吐水(guttation)　17
脱春化作用(devernalization)　233
脱分化(dedifferentiation)　204
脱辅蛋白质(apoprotein)　190
脱落(abscission)　277
脱落酸(abscisic acid, ABA)　166

W

外皮层(outer cortex)　54
外植体(explant)　203
顽拗型种子(recalcitrant seed)　208
微量元素(minor element)　35
温度补偿点(temperature compensation point)　295
温室效应(greenhouse effect)　93
稳态(homeostasis　41
无氧呼吸(anaerobic respiration)　105
戊糖磷酸途径(pentose phosphate pathway, PPP)　108

X

吸收光谱(absorption spectrum)　64
吸涨作用(imbibition)　12
希尔反应(Hill reaction)　74
系统获得抗性(systematic acquired resistance, SAR)　310
系统素(systemin, SYS)　182
细胞凋亡(apoptosis)　274
细胞分化(cell differentiation)　202
细胞分裂(cell division)　199
细胞分裂素(cytokinin, CTK)　25
细胞全能性(totipotency)　202
细胞色素氧化酶(cytochrome oxidase)　115
细胞伸展(cell expansion)　199
细胞周期(cell cycle)　199
腺苷酰硫酸(adenosine-5'-phosphosulfate, APS)　56

相变温度(transition temperature) 291
相对含水量(relative water content, RWC) 6
相对自由空间(relative free space, RFS) 45
向光素(phototropin) 195
向光性(phototropism) 223
向化性(chemotropism) 226
向性运动(tropic movement) 223
向重力性(gravitropism) 225
硝酸还原酶(nitrate reductase, NR) 49
小孔扩散律(small pore diffusion law) 22
协助扩散(facilitated diffusion) 39
胁迫激素(stress hormone) 169
信号(signal) 126
信号转导(signal transduction) 125
信使依赖性蛋白激酶(messenger-dependant protein kinase) 136
性别分化(sex differentiation) 248
雄花、两性花同株植物(andromonoecious plant) 248
雄花、两性花异株植物(androdioecious plant) 248
休眠(dormancy) 266
需暗种子(dark seed) 195
需光种子(light sensitive seed) 195
选择透性(selective permeability) 11
选择性吸收(selective absorption) 43
驯化(acclimation) 283
循环式电子传递(cyclic electron transport) 74

Y

压力流动学说(pressure-flow theory) 99
压力势(pressure potential) 9
盐害(salt injury) 301
盐生植物(halophyte) 302
氧化磷酸化(oxidative phosphorylation) 112
氧化损伤(oxidative damage) 285
叶黄素(xanthophyll) 62
叶绿素(chlorophyll) 62
叶绿体(chloroplast) 60
叶片营养(foliar nutrition) 47
乙醇酸氧化酶(glycollic acid oxidase 或 glycolate oxidase) 87
乙醇酸氧化途径(glycolic acid oxidation pathway, GAOP) 111
乙醛酸(glyoxylate 或 glyoxylic acid) 87
乙烯(ethylene, ETH) 160
隐花色素(cryptochrome) 128
荧光(fluorescence) 65
营养临界期(critical period of nutrition) 57
营养缺乏症(nutrient deficiency disease) 37
营养最大效率期(maximum efficiency period of nutrition) 57
永久萎蔫(permanent wilting) 15
永久萎蔫系数(permanent wilting coefficient) 15
油菜素甾醇类化合物(brassinosteroid, BR) 173
有氧呼吸(aerobic respiration) 105
幼年期(juvenile phase) 231
诱导酶(induced enzyme) 50
育性转换(fertility change) 247
御盐性(salt avoidance) 303
愈伤组织(callus) 203

原初反应(primary reaction) 67

Z

Z方案(Z scheme) 73
载体蛋白(carrier protein) 39
再春化作用(revernalization) 233
再分化(redifferentiation) 204
再生(regeneration) 78
暂时萎蔫(temporary wilting) 15
藻胆素(phycobilin) 63
真正光合速率(true photosynthetic rate) 91
蒸腾拉力(transpiration pull) 18
蒸腾速率(transpiration rate) 26
蒸腾系数(transpiration coefficient) 26
蒸腾效率(transpiration ratio) 26
蒸腾作用(transpiration) 20
正常型种子(orthodox seed) 208
植物保卫素(phytoalexin) 310
植物激素(plant hormone) 138
植物生长(plant growth) 199
植物生长促进剂(plant growth stimulator) 183
植物生长调节剂(plant growth regulator) 138
植物生长物质(plant growth substance) 138
植物生长延缓剂(plant growth retardant) 184
植物生长抑制剂(plant growth inhibitor) 183
植物生理学(plant physiology) 1
植物运动(plant movement) 223
植物组织培养(plant tissue culture) 203
质壁分离(plasmolysis) 11
质壁分离复原(deplasmolysis) 11
质外体途径(apoplast pathway) 16
质子动力势(proton motive force, PMF) 40
中日性植物(intermediate daylength plant, IDP) 238
种皮(seed coat) 257
种子的寿命(seed longevity) 208
种子活力(seed vigor) 208
种子萌发(seed germination) 208
种子生活力(seed viability) 208
重力势(gravitational potential) 9
重力水(gravitational water) 15
昼夜节律(circadian rhythm) 223
主动吸收(active absorption) 40
贮存蛋白(storage protein) 257
柱状根瘤(cylindrical nodule) 54
转运蛋白(transport protein) 38
紫外光B受体(UVB receptor) 195
自磷酸化(autophosphorylation) 136
自噬(autophagy) 275
自噬体(autophagosome) 275
自由空间(free space) 45
自由能(free energy) 7
自由水(free water) 6
自主/春化途径(autonomous/vernalization pathway) 242
总光合速率(gross photosynthetic rate) 91